数学书之补遗

时 宝 周 刚 赵文飞 著

科学出版社

北京

内 容 简 介

本书用丰富的脚注和简略的叙述方式，以希腊、中国及其他国家的数学家出生时间为序，围绕初等数学和微积分学的内容，兼顾近代数学，为广大读者展现了一幅幅活生生的数学历史画面，使读者在不经意间就能了解数学发展概略，特别是能增强读者对数学学习的兴趣，并希望能够为读者的著书立说提供简明清晰的、尽可能准确的数学史实资料，本书也有可能成为读者在著书立说中的脚注、附录和数学课程思政内容. 在开卷前的"著者的话"中，读者还可以看到一些有趣的介绍.

本书适合高等院校需要学习数学的学生和相关研究人员，其中相当一部分内容，即使中学生也能大体看得明白.

图书在版编目(CIP)数据

数学书之补遗/时宝，周刚，赵文飞著. —北京: 科学出版社, 2022.8
ISBN 978-7-03-072860-9

Ⅰ. ①数… Ⅱ. ①时… ②周… ③赵… Ⅲ. ①数学史–世界 Ⅳ. ①O11

中国版本图书馆 CIP 数据核字 (2022) 第 144312 号

责任编辑: 胡庆家 李香叶 / 责任校对: 彭珍珍
责任印制: 吴兆东 / 封面设计: 无极书装

科 学 出 版 社 出版
北京东黄城根北街 16 号
邮政编码: 100717
http://www.sciencep.com
北京中石油彩色印刷有限责任公司印刷
科学出版社发行　各地新华书店经销
*
2022 年 8 月第 一 版　开本: B5 (720 × 1000)
2025 年 1 月第三次印刷　印张: 27 3/4
字数: 557 000
定价: 168.00 元
(如有印装质量问题, 我社负责调换)

著 者 的 话

著者无意编撰一本数学史方面的书, 或编撰一本数学家的传记, 只是将散见于编著者的几本书 (如 [22]—[26] 等) 中的脚注或注释等进行了稍稍的整理和扩展. 本书的书名《数学书之补遗》大概说明了这方面的意思. 希望能为读者在著书立说时提供一个脚注或附注的材料, 或者提供一个参考的样板例子.

著者在学习生涯, 或是教学生涯, 或是学术生涯中发现, 很多人撰写的数学教科书或专著中往往出现很多数学家的名字, 或是一个概念的名称 (如 Cauchy 序列), 或是一个公式或不等式的名称 (如 Jensen[①]不等式), 或是一个定理的名称 (如 Stolz[②]-Cesàro[③]定理), 让人往往对这个名字没有什么感觉, 也不知道他的全名是什么, 也不知道他的生卒时间、生平简介和生活逸事等. 例如:

(1) 可能略知科学史上有 Bernoulli 家族的故事, 略知数学上的 Bernoulli 方程、最速降线问题和流体力学上的 Bernoulli 定律, 然而却弄不清楚究竟是归属于 Jacob Bernoulli, Johann Bernoulli, 还是归属于 Daniel Bernoulli.

甚至还有很多人更是喜欢用汉字写出非华人的人名, 例如:

(2) de Cauchy 的名字在不同的书中就有勾犀、柯希或柯西等.

(3) M. Rolle 的名字在不同的书中就有罗尔、洛尔或洛耳等.

(4) de l'Hôpital 的名字在不同的书中就有洛必达、罗比达或罗比塔等.

(5) J. Poincaré 的名字在不同的书中就有庞加莱、彭加勒或庞卡勒等, 如同 "路人甲" "路人乙" 和 "路人丙" 等.

梁宗巨[④]在为李心灿[⑤]著作 [17] 写的序言中说: "可惜目前的教科书很少讲数学发展的历史, 某些概念、公式和定理依惯例冠以创立者之名, 但常不加注释, 以致读者不知他是何许人."

---

① Johan Ludwig William Valdemar Jensen (1859.05.08—1925.03.05), 丹麦人, 工程师, 他的数学基本上是自学的, 1899 年给出一个与 Riemann 假设有关的定理, 1906 年给出 Jensen 不等式, 还给出凸、凹函数概念.

② Otto Stolz (1842.05.03—1905.10.25), 奥地利人, 1864 年在维也纳大学获博士学位, 1882 年在 "Zur Geometrie der Alten, insbesondere über ein Axiom des Archimedes" 中给出术语 "Archimedes 公理", 1885 年在 "Vorlesungen über Allgemeine Arithmetrik" 中给出 Stolz-Cesàro 定理, de los Santos (Manuel Balanzat de los Santos, 1912.03.31—1994.10.16, 西班牙人) 在 1977 年的 "Evolución del concepto de diferential" 中指出, 1893 年 Stolz 在 "Grundzüge der Differential und Integralrechnung, I" 中第一个给出正确的二元函数微分定义.

③ Ernesto Cesàro (1859.03.12—1906.09.12), 意大利人, 1888 年给出 Stolz-Cesàro 定理, 1896 年的 "Lezione di geometria intrinseca" 提出内蕴微分几何.

④ 梁宗巨 (1924.02.27—), 广西百色人.

⑤ 李心灿 (1934.01—2019.09.18), 四川自贡人.

还有的书或研究生的学位论文中, 时而出现李雅普诺夫, 时而出现 Lyapunov 等.

很多时候需要用原文的名字表达时根本无法得到原文. 例如, 著者曾在研究生的课上问过:

(1) 大家知道冯纽曼是谁吗? 他们回答说: 不知道.

再问:

(2) 大家知道冯·诺依曼是谁吗? 部分同学回答说: 知道.

其实, 它们都是 von Neumann 的名字音译而来的.

为了防止 "门修斯" 现象, 著者在编写本书过程中, 对书中的人名均采用原文、不做翻译, 而有一些人名实在无法得到原文的, 依据本书的初衷, 只能放弃, 这是很可惜的.

所谓 "门修斯" 现象, 是指 Giddens 男爵[①]在他 1985 年的 "The Nation-State and Violence" (《民族–国家与暴力》) 中引用了中国古代一位名叫 Mencius (实际上是我国先秦思想家孟子[②]) 的哲人的一句话, 而译者却是这样翻译的: 门修斯 (Giddens 男爵提到的 Mencius) 的格言 "普天之下只有一个太阳, 居于民众之上的也只有一个帝王", 以适用于大型帝国所建立的界域.

类似地还有 "常凯申" (Chiang Kai-shek, 即蒋介石的错译名) 现象, 与 "门修斯" 现象如出一辙.

数论里有一个 Wilson 定理:

$$n \text{ 是素数当且仅当 } n|((n-1)! + 1),$$

而 Wilson 是英美人的常见姓氏, 有名的数学家和物理学家就有:

(1) A. Wilson (Alexander Wilson, 1714—1786.10.18), 苏格兰人, 1771 年给出 Wilson 定理;

(2) B. Wilson (Bertram Martin Wilson, 1896.11.14—1935.03.18), 苏格兰人;

(3) E. Wilson (Edwin Bidwell Wilson, 1879.04.25—1964.12.28), 美国人, J. Gibbs[③] 的学生, 1901 年在 Yale 大学[④]的博士学位论文是 "The decomposition of

---

① Anthony Giddens (Baron Giddens, 1938.01.18—), 英格兰人, 英国社会学家, 1961 年在剑桥大学国王学院获博士学位, 1993 年当选为欧洲科学院院士, 也是美国人文与科学院院士, 中国社会科学院外籍学部委员.

② 孟轲 (Mencius, 公元前 372—前 289), 字子舆, 邹国 (今山东邹城) 人, 中国古代著名思想家和教育家, 儒家代表人物, 有 "亚圣" 之称, 与孔子 (孔丘, Confucius, 公元前 551.09.28—前 479.04.11, 字仲尼, 鲁陬邑人, 今山东曲阜人, 儒家学派创始人, 有 "圣人" 之称) 合称 "孔孟".

③ Josiah Willard Gibbs (1839.02.11—1903.04.28), 美国人, H. Newton (Hubert Anson Newton, 1830.03.19—1896.08.12, 美国人, M. Chasles 的学生, 1850 年在 Yale 大学获博士学位, 美国国家科学院创建院士之一) 的学生, 1863 年在 Yale 大学的博士学位论文是 "The form of the teeth of wheels in spur gearing", 1897 年当选为皇家学会会员, 1901 年获 Copley 奖, 美国数学会设立 Gibbs 讲座.

④ Yale 大学 (Yale University) 创建于 1701 年 10 月, 最初为 Collegiate School, 1718 年, E. Yale (Elihu Yale, 1649.04.05—1721.07.08, 英格兰人, 商人和奴隶贩卖者) 捐赠后, 学校改名为 Yale College, 1861 年授予了全美第一个博士学位, 是全美第三古老的大学, 是世界著名的私立研究型大学. 校训: Lux et veritas (光明与真知).

the general collineation in space into three skew reflections", 美国人文与科学院①院士, 1927—1931 年任院长, 美国国家科学院②院士, 1949—1953 年任副院长;

(4) Sir Wilson (Sir John Wilson, 1741.08.06—1793.10.18), 英格兰人, 1782 年 3 月 13 日当选为皇家学会③会员 (FRS), 4 月 24 日任国王的顾问, 1786 年 11 月 6 日封爵, 上面的 Wilson 定理就是他给出的;

(5) J. Wilson (John Wilson, 1847.11.21—1896.12.08), 苏格兰人;

(6) C. Wilson (Charles Thomson Rees Wilson, 1869.02.14—1959.11.15), 苏格兰人, Lord Rutherford④的学生, 1895 年发明云雾室 (1911 年制造了第一个云雾室), 1896 年获博士学位, 1900 年当选为皇家学会会员, 1911 年根据 α 粒子散射实验现象提出原子结构的行星模型, 1912 年拍摄了 α 粒子的图像, 1919 年发现质子, 1922 年获皇家奖, 1927 年获 Nobel 物理学奖.

我们看到, 这里有两个 John Wilson.

例如, 看到 Hopf 这个名字, 我们就会把 H. Hopf⑤和 E. Hopf⑥弄混. 事实上, 后者给出了分支的概念.

在本书中, 著者对外国人名一般采用原文或拉丁字母名称, 有中文名字的外

---

① 美国人文与科学院 (The American Academy of Arts and Sciences, AAAS) 创建于 1780 年 5 月 4 日.

② 美国国家科学院 (National Academy of Sciences, NAS) 起源于 1850 年成立的 "科学丐帮"(Scientific Lazzaroni), 1851 年, 发起人之一的 A. Bache (Alexander Dallas Bache, 1806.07.19—1867.02.17, 美国人, 1845 年当选为美国人文与科学院院士, 1860 年 5 月 24 日当选为皇家学会会员) 首次提出国家科学院的雏形, 1863 年 2 月得到批准, 1863 年 3 月 3 日正式创立.

③ 皇家学会 (The Royal Society, RS) 的全称是伦敦皇家自然知识促进学会 (The Royal Society of London for Improving Natural Knowledge), 创建于 1660 年 7 月 15 日, 1663 年 5 月 20 日产生首批会员 150 名, 它是世界上历史最长而又从未中断过的科学学会, 其地位和作用相当于英国国家科学院. 1662—1677 年, Lord Brouncker (Lord William Brouncker, 2nd Viscount Brouncker of Castle Lyons, 1620—1684.04.05, 爱尔兰人, 1655 年计算了抛物线的积分) 首任会长, 1662 年, J. Wilkins (John Wilkins, 1614—1672.11.19, 英格兰人, 1641 年发表密码方面的工作, 1648 年的 "Mathematical magic" 给出机械装置的说明) 和 H. Oldenburg 首任秘书.

④ Lord Ernest Rutherford (1st Baron Rutherford of Nelson, 1871.08.30—1937.10.19), 新西兰人, Sir Thomson (Sir Joseph John Thomson, 1856.02.18—1940.08.30, 英格兰人, 电子的发现者, 1883 年在 Cambridge 大学获博士学位, 1884—1919 年任剑桥大学 Cavendish 物理学教授, 1906 年获 Nobel 物理学奖) 的学生, 1908 年获 Nobel 化学奖, 1919—1937 年任剑桥大学 Cavendish 物理学教授, 1925 年任皇家学会会长, 1931 年封 Nelson 男爵.

⑤ Heinz Hopf (1894.11.19—1971.06.03), 德国人, 是 E. Schmidt (Erhard Schmidt, 1876.01.13—1959.12.16, 爱沙尼亚人, 是 D. Hilbert 的学生, 1905 年在 Göttingen 大学的博士学位论文是 "Entwicklung willkürlicher Funktionen nach Systemen vorgeschriebener", 1907 年给出 Gram-Schmidt 正交化过程, 1908 年定义了 ℓ^2 中元素的范数和两个元素之间的内积, 给出了 Hilbert-Schmidt 算子, 奠基了抽象泛函分析, 1929—1930 年任柏林大学副校长, 第二次世界大战后, 直到 1958 年任德国科学院数学研究所所长, 1948 年创办 "Mathematische Nachrichten", 首任主编) 和 L. Bieberbach 的学生, 1925 年在柏林大学的博士学位论文是 "Über Zusammmenhänge zwischen Topologie und Metrik von Mannigfaltigkeiten", 1928 年定义了同调群, 从此组合拓扑学演变成代数拓扑学.

⑥ Eberhard Frederich Ferdinand Hopf (1902.04.04—1983.07.24), 奥地利人, E. Schmidt 和 I. Schur 的学生, 1926 年在柏林大学的博士学位论文是 "Über die Zusammenhänge zwischen gewissen höheren Differenzenquotienten reeller Funktionen einer reellen Variablen und deren Differenzierbarkeitseigenschaften", 1981 年获 Steele 奖.

国人将使用他们的中文名字, 如高德纳①和李约瑟②等.

著者发现在物理学等一些专业的教科书撰写得很好, 书中会有这些科学家的生平简介和生卒时间等, 很值得我们学习.

著者自己写的几本书还是很注意这件事的, 并且也养成了习惯. 根据以往的做法, 碰到一些数学家的名字时一般是以脚注的形式对其生平简介等做一介绍 (不是详细的传记).

还有一件事情是, 著者的很多学生, 甚至是硕士研究生或博士研究生, 都不知道我国数学家陈景润证明的 (1 + 2) 是怎么回事. 他们时而还会问我: "陈景润证明 $1 + 2 = 3$ 有意义吗?"

1908 年, J. Poincaré 在 "La science et méthode"(《科学与方法》)中说: "若要预见数学的未来, 适当的途径就是研究这门科学的历史和现在."

Sir Dampier③曾经说过: "再没有什么故事能比科学思想发展的故事更有魅力了."

陈省身也指出: "了解历史的变化是了解这门科学的一个步骤."

H. Weyl 在 "A half century of mathematics" 中说: "如果不知道远溯古希腊各前辈所建立和发展的概念、方法和成果, 我们就不能理解近 50 年数学的目标, 也不能理解它的成就."

本书的开篇就从 "希腊篇" 开始介绍.

R. Courant 也说: "微积分, 或者数学分析, 是人类思维的伟大成果之一. 它处于自然科学和人文科学之间的地位, 使它成为高等教育的一种特别有效的工具. 遗憾的是, 微积分的教学方法有时流于机械, 不能体现出这门学科乃是一种撼人心灵的智力奋斗的结晶."

本书准备要比数学史的书或数学家传记的书写得精练一些, 而比简单的脚注

---

① 高德纳 (Donald Ervin Knuth, 1938.01.10—), 美国人, Tex 计算机排版系统的发明者, 被称为 "算法分析之父", M. Hall (Marshall Hall, 是 O. Ore 的学生, 1936 年在 Yale 大学的博士学位论文是 "An isomorphism between linear recurring sequences and algebraic rings") 的学生, 1963 年在 California 理工学院的博士学位论文是 "Finite semifields and projective planes", 1974 年获 Turing 奖, 1975 年当选为美国国家科学院院士, 1975 年和 1993 年两获 Ford 奖, 1979 年获美国科学奖, 1992 年当选为法国科学院助理院士, 1986 年获 Steele 奖, 2003 年当选为皇家学会会员, 2012 年当选为挪威皇家科学与人文院院士. 他的中文名字是在他 1977 年访华前夕由姚期智 (Andrew Chi-Chih Yao, 1946.12.24, 上海人, Sheldon Lee Glashow 和刘炯朗 (Dave Chung Laung Liu, 1934.10.25—2020.11.07) 的学生, 1972 年在 Harvard 大学获物理学博士学位, 1975 年在 Illinois 大学的计算机科学博士学位论文是 "A study of concrete computational complexity", 1987 年获 Pólya 奖, 1996 年获高德纳奖, 1998 年当选为美国国家科学院院士, 2000 年获 Turing 奖, 并当选为美国人文与科学院院士, 2004 年当选为中国科学院院士) 的夫人储枫给取的.

② 李约瑟 (Noel Joseph Terence Montgomery Needham, 1900.12.09—1995.03.24), 英格兰人, 1941 年当选为皇家学会会员, 1971 年当选为英国学术院 (British Academy, 创建于 1902 年) 院士, 1994 年 6 月 8 日当选为中国科学院首批外籍院士.

③ Sir William Cecil Dampier (1867.12.27—1952.12.11), 原姓 Whetham, 英格兰人, 1901 年当选为皇家学会会员, 1929 年的 "A history of science and its relations with philosophy and religion" 已成为科学史经典, 他还发明了从牛奶中提取乳糖的方法.

要丰富一些, 更注重形式和内容, 以使读者在撰写数学书时能适当地选用, 还有可能使学生学起来更有趣一些. 有些数学家是科学全才, 本书重点关注他们在数学方面的工作. 希望本书能成为教师和学生的课外读物, 让他们在不经意间就能了解到简明的数学史和科学史, 与教育部倡导的 "课堂思政" 也是合拍的, 读者有更多兴趣时再去阅读专门的书, 更希望教师在编写教科书或撰写专著时使用本书提供的材料.

本书选取的人物一般是 "厚古薄今", 围绕微积分学, 兼顾近代数学. 而现代的数学家, 以及有关的科学院、数学会和高等院校等可能会出现在正文, 还可能出现在脚注或附注等, 还有可能由于家族等原因出现在章节中, 并且尽可能多地予以介绍. 著者已经尽了最大努力, 遗憾的是, 个别资料目前还是残缺不全.

在本书选取人物的重要性方面, 是否单列一节, 主要是著者的观点, 可能会不妥. 在脚注中, 一般第二层出现的人会简单介绍, 如家庭成员、导师和学生等, 而出现在第三层的一般就不介绍了.

在介绍过程中, 师承关系是著者关注的一个重要方面.

由于本书重点是介绍数学家, 因此没有编排 "术语索引", 但在书中仍对部分基础术语做了外文注释 (主要是英文). 为方便读者, 本书列有人名索引.

事实上, 国外的数学书一般都有术语索引等, 这样对读者会有很大的帮助, 而国内的数学方面的书很少看到. 这里顺便也建议各位教师在编写教科书或撰写专著时可采纳.

对于国名、首都等重要城市名, 包括曾经是国名或首都的, 本书均采用了通用的汉语译名, 而一般的城市名则采用原文或拉丁字母名称.

任何一门学科的发展与进步往往伴随着相关专业术语的不断创造与积累, 数学史源远流长, 众多独特的数学术语背后聚焦着一段段曲折坎坷的数学发展历程. 因此, 著者在书中只追溯了基础数学术语的词源[①], 它往往可以帮助我们触摸到数学发展与进步的脉搏. 更重要的是, 我们可以从源头上细细品味这些历史, 如数学[②]、哲学[③]和科学[④]等.

著者多次查询百度百科、搜狗百科、Wikipedia 和 MacTutor History of Mathematics 等以核对数学家们的史实, 如姓名原文全名、准确的生卒日期、重要结果的时间和原文历史文献、著名名言的原文等, 对于有争议的生卒日期和国籍等一般只采纳其中一种而不去多做说明, 而学术师承关系, 主要是指攻读博士学位的,

---

① 词源 (etymology) 来源于希腊文 "$\varepsilon\tau\upsilon\mu\omicron\lambda\omicron\gamma\iota\alpha$" ("真实的意思" 之意). 类似的一个词是地名研究 (toponymy), 它来源于希腊文 "$\tau\omicron\pi\omicron\varsigma$" ("位置" 之意) 和 "$\omicron\nu\omicron\mu\alpha$" ("名字" 之意) 的合成.

② 数学 (mathematics) 来源于希腊文 "$\mu\alpha\vartheta\eta\mu\alpha\tau\iota\kappa\alpha$" ("学习" 和 "学问" 之意).

③ 哲学 (philosophy) 来源于 Pythagoras 创造的 "$\varphi\iota\lambda\omicron\sigma\omicron\varphi\iota\alpha$", 由 "$\varphi\iota\lambda$" ("爱" 之意) 和 "$\sigma\omicron\varphi\iota\alpha$" ("智慧" 之意) 合成.

④ 科学 (science) 来源于拉丁文 "scientia" ("知识" 之意).

更多地查阅了 Mathematical Genealogy Project, 在基本术语或词汇的词源方面更多地查阅了 Online Etymology Dictionary, 在此表示感谢!

由于著者在数学和史学方面的知识所限, 本书难免有遗漏或不足, 请读者不吝赐教!

现为烟台南山学院教授的第一著者时宝感谢南山控股有限公司和烟台南山学院所给予的大力支持!

时　宝

烟台南山学院

周　刚　赵文飞

海军航空大学

2022 年 1 月 17 日于烟台

目 录

第 1 章　希　腊　篇

1.1　古希腊数学简介

古希腊数学发展于公元前 7 世纪到 7 世纪年间, 它的成就是辉煌的, 它为人类创造了巨大的精神财富, 更是产生了演绎推理[①]的数学精神. 数学的抽象化以及自然界依数学方式设计的信念, 对数学乃至科学的发展起了至关重要的作用. 而由这一精神所产生的理性、确定性和规律性等一系列思想, 则在人类文化发展史上占据了重要的地位.

古希腊数学大概分为三个时期:

(α) 从 Ionia 学派[②]或 Miletus 学派到 Plato 学派为止 (公元前 7 世纪—前 3 世纪).

Ionia 学派的贡献在于开创了命题的证明[③], 为建立几何[④]的演绎推理体系迈出了第一步.

Pythagoras 学派是一个有神秘色彩的政治[⑤]、宗教[⑥]和哲学团体, 以 "万物皆数"(All things are numbers) 作为信条, 将数学理论从具体的事物中抽象出来, 给予数学以特殊独立的地位.

Elea 学派的 Zeno 悖论[⑦]迫使人们深入思考无穷[⑧]的问题.

智人学派或诡辩[⑨]学派的几何作图三大问题促进了关于圆周率 π[⑩]和穷竭法[⑪]的探讨. 而三大问题不能用尺规作图法解出, 又使人们闯入未知的领域, Apollonius 的圆锥曲线就是最典型的例子.

[①] 演绎推理 (deductive reasoning) 借译于希腊文 "$\alpha\pi\alpha\gamma\omega\gamma\eta$".

[②] 学派 (school) 来源于希腊文 "$\sigma\chi o\lambda\eta$".

[③] 证明 (proof) 来源于拉丁文 "probare" ("检验" 之意).

[④] 几何 (geometry) 来源于希腊文 "$\gamma\varepsilon\omega\mu\varepsilon\tau\rho\iota\alpha$" ("大地测量" 之意).

[⑤] 政治 (politics) 来源于希腊文 "$\Phi o\lambda\iota\tau\iota\kappa\alpha$" ("城市事物" 之意).

[⑥] 宗教 (religion) 来源于拉丁文 "religio".

[⑦] 悖论 (paradox) 来源于希腊文 "$\pi\alpha\rho\alpha\delta o\kappa\eta\iota\nu$" ("多想一想" 之意).

[⑧] 无穷 (infinity) 来源于 Anaximander ($A\nu\alpha\xi\iota\mu\alpha\nu\delta\rho o\varsigma$, 公元前 610—前 546, 土耳其人, 发明了日晷, 绘制了世界地图与星象图) 最早引入的希腊文词汇 "$\alpha\pi\varepsilon\iota\rho\alpha\varrho$" ("无限" 之意).

[⑨] 诡辩 (sophistry) 来源于希腊文 "$\sigma o\varphi\iota\sigma\mu\alpha$" ("智慧" 之意).

[⑩] π 来源于希腊文 "$\pi\varepsilon\rho\iota\mu\varepsilon\tau\rho o\varsigma$" ("圆周" 之意) 的第一个字母.

[⑪] 穷竭法 (method of exhaustion) 来源于拉丁文 "methodus exhaustionibus", de Saint Vincent 在 1647 年的 "Opus geometricum quadraturae circuli et sectionum coni" 中首次使用.

Plato 学院①培养了一大批数学家, 成为早期 Pythagoras 学派和后来长期活跃的新 Plato 学派之间联系的纽带. Eudoxus 是 Plato 学院最著名的人物之一, 他创立了同时适用于可通约量及不可通约量的比例理论. Aristotle 是形式主义的奠基者, 其逻辑②思想为日后将几何整理在严密逻辑体系之中开辟了道路.

(β) Alexandria 前期, 从 Euclid 时期到公元前 146 年希腊陷于罗马人统治为止. Euclid 用公理③建立起数学演绎推理体系是最早的典范.

Archimedes 将实验的经验研究方法和几何的演绎推理方法有机地结合起来, 使力学④科学化, 既有定性分析又有定量计算, 已蕴含着微积分⑤的思想.

Apollonius 把圆锥曲线⑥予以严格的系统化, 对 17 世纪数学的发展有着巨大的影响.

(γ) Alexandria 后期, 从罗马人统治到 641 年 Alexandria 陷于阿拉伯人统治为止. Diophantus 的代数⑦在古希腊数学中独树一帜.

Pappus 的工作是前期学者研究成果的总结和补充. 之后, 古希腊数学处于停滞状态.

415 年, 新 Plato 学派的领袖 Hypatia 遭到基督徒的野蛮杀害, 标志着希腊文明的衰弱, 在相当的历史阶段, 这个空前有创造力的时期也随之一去不复返.

529 年, 东罗马帝国 Iustinianus 大帝⑧下令关闭雅典的学校, 严禁研究和传播数学, 数学发展再次受到致命的打击.

641 年, 阿拉伯人攻占 Alexandria, 图书馆⑨再度被焚 (第一次是在公元前 46 年). 古希腊数学悠久灿烂的历史至此终结, 欧洲中世纪黑暗时代到来.

1.2 科学之祖——Thales of Miletus, $\Theta\alpha\lambda\eta\varsigma$ o $M\iota\lambda\eta\sigma\iota o\varsigma$

Thales (公元前 624—前 548), 土耳其人.

---

① 学院 (academy) 来源于希腊文 "$A\kappa\alpha\delta\eta\mu\iota\alpha$", 是希腊英雄 "$A\kappa\alpha\delta\mu o\varsigma$" 名字的变形.
② 逻辑 (logic) 来源于希腊文 "$\lambda o\gamma\iota\kappa\eta$" ("词语" 或 "言语" 之意, 引申为 "思维" 或 "推理").
③ 公理 (axiom) 来源于希腊文 "$\alpha\xi\iota\omega\mu\alpha$" ("明显" 之意).
④ 力学 (mechanics) 来源于希腊文 "$\mu\eta\chi\alpha\nu\iota\kappa\eta$".
⑤ 微积分 (calculus) 是一个拉丁文词汇 ("小石子" 之意).
⑥ 圆锥曲线 (conic section) 来源于希腊文 "$\kappa\omega\nu\iota\kappa o\varsigma$".
⑦ 代数 (algebra) 来源于公元 800 年 al-Khwārizmī 的 "Hisab al-jabr w'al-muqabala" 书名中引入的术语 "al-jabr" ("折断部分再连接" 之意).
⑧ Iustinianus I, Justinian the Great, Flavius Petrus Sabbatius Iustinianus, $\Phi\lambda\alpha\beta\iota o\varsigma$ $\Pi\varepsilon\tau\rho o\varsigma$ $\Sigma\alpha\beta\beta\alpha\tau\iota o\varsigma$ $I o\upsilon\sigma\tau\iota\nu\iota\alpha\nu o\varsigma$ (483.05.11—565.11.14), 527.08.01—565.11.14 在位.
⑨ 图书馆 (library) 来源于希腊文 "$\beta\iota\beta\lambda\iota o\theta\eta\kappa\eta$" ("书架" 之意), 1907 年南京的 "江南图书馆" 首次使用图书馆一词.

Thales 生卒于 Miletus, 今属土耳其.

父母: Examyes 和 Cleobuline[①].

Thales 是 "希腊七贤"[②]之首, 被称为 "第一个数学家" 和 "科学和哲学之祖". 他创建 Ionia 学派, 认为 "万物源于水".

Herodotus[③]的 "$I\sigma\tau o\varrho\iota\alpha\iota$" (《历史学》)记载了 Thales 准确预报公元前 585 年 5 月 28 日的日食[④].

公元前 575 年, Thales 将古巴比伦数学带到希腊, 并使用几何知识解决实际问题, 如游访埃及时利用相似三角形原理测量了金字塔[⑤]的高度和船离岸边的距离.

Thales 引入对命题逻辑证明的思想, 标志着人们对客观事物的认识从经验上升到理论, 这在数学史上是一次不寻常的飞跃. 他曾发现不少平面几何的命题, 如

(α) 直径[⑥]平分圆周.

(β) 三角形两等边对等角[⑦].

(γ) 等腰[⑧]三角形两底角相等[⑨].

(δ) 两条直线相交, 对顶角相等.

(ε) 相似三角形的各对应边成比例.

(ζ) 若两三角形两角与一边对应相等, 则三角形全等.

(η) 三角形两角和夹边已知, 此三角形完全确定.

(ϑ) (Thales 定理[⑩]) 直径所对的圆周角是直角[⑪].

Thales 定理是内接角定理的特例, 是 Euclid 的 "Elements[⑫]" (《几何原本》)第三卷的第 31 个命题. 它的逆也是成立的.

Aristotle 认为他是 "哲学史上第一人".

---

① Cleobuline ($K\lambda\varepsilon o\beta o\upsilon\lambda\iota\nu\eta$, 公元前 6 世纪), 诗人, Cleobulus (Cleobulus of Lindos, $K\lambda\varepsilon o\beta o\upsilon\lambda o\varsigma$ o $\Lambda\iota\nu\delta o\varsigma$, 公元前 600—?, 希腊人, Lindos 僭主, 主张女子应该和男子一样受教育) 的女儿.

② 希腊七贤 (seven sages of Greece) 的希腊文是 "$o\iota$ $\varepsilon\pi\tau\alpha$ $\sigma o\varphi o\iota$".

③ Herodotus, $H\varrho o\delta o\tau o\varsigma$ (公元前 480—前 425), "历史学之父".

④ 日食 (solar eclipse), eclipse 来源于希腊文 "$\varepsilon\kappa\lambda\varepsilon\iota\psi\iota\varsigma$" ("离弃" 之意).

⑤ 金字塔 (pyramid) 来源于希腊文 "$\pi\upsilon\varrho\alpha\mu\iota\varsigma$".

⑥ 直径 (diameter) 来源于希腊文 "$\delta\iota\alpha\mu\varepsilon\tau\varrho o\varsigma$" ("通过测量" 之意).

⑦ 角 (angle) 来源于拉丁文 "angulus" 或希腊文 "$\alpha\nu\kappa\upsilon\lambda o\varsigma$" ("脚踝" 之意).

⑧ 等腰 (isosceles) 来源于希腊文 "$\iota\sigma o\varsigma$" ("相等" 之意) 和 "$\sigma\kappa\varepsilon\lambda o\varsigma$" ("腿" 之意) 的合成.

⑨ 相等 (equal) 来源于拉丁文 "aequalis" ("相同" 之意).

⑩ 定理 (theorem) 来源于希腊文 "$\vartheta\varepsilon\omega\varrho\eta\mu\alpha$".

⑪ 直角 (right angle) 中的 "right" 可能来源于拉丁文 "rectus", 对应的希腊文是 "$o\varrho\vartheta o\varsigma$", 整个词组可能来源于希腊文 "$o\varrho\vartheta o\gamma o\nu\iota\varsigma$".

⑫ "Elements" 的希腊文原文是 "$\Sigma\tau o\iota\chi\varepsilon\iota\alpha$" ("元素" 之意).

1.3 数学之父——Pythagoras of Samos, $\Pi\upsilon\vartheta\alpha\gamma o\varrho\alpha\varsigma\ o$ $\Sigma\alpha\mu\iota o\varsigma$

1.3.1 Pythagoras

Pythagoras (公元前 580—前 500), 希腊人.

Pythagoras 生于 Samos, 今属希腊, 终身未婚.

父母: Mnesarchus[①]和 Pythias.

Pythagoras 是 "希腊七贤" 之一和 "第二个数学家". 传说他早年拜访过 Thales, 并听从劝告前往埃及进一步做研究, 还创造了 "数学" 和 "逻辑" 这两个词.

公元前 520 年左右, Pythagoras 创建 Pythagoras 学派, 这是第一个数学学派, 它的信条是 "万物皆数", 对整数[②]或有理数[③]规律感兴趣.

Pythagoras 研究了黄金分割[④]:

$$\frac{a}{b} = \frac{b}{a+b} = \frac{\sqrt{5}-1}{2} \approx 0.61803398874989484820458683436564\cdots.$$

图 1.1(a) 给出了黄金分割的几何作图方法.

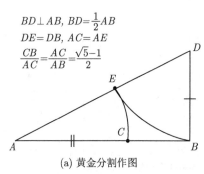

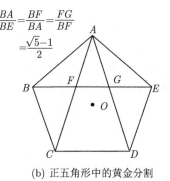

(a) 黄金分割作图   (b) 正五角形中的黄金分割

图 1.1　黄金分割

---

① Mnesarchus, 来自 Tyre(在今黎巴嫩) 的商人, 把谷物带到了 Samos.

② 整数 (integer) 来源于拉丁文 "integer" ("整体" 之意).

③ 有理数 (rational number) 的 "rational" 来源于拉丁文 "rationalis".

④ 黄金分割 (golden section) 来源于拉丁文 "sectio aurea", 首次出现在 1815 年 M. Ohm (Martin Ohm, 1792.05.06—1872.04.01, 德国人, G. Ohm 的弟弟, von Langsdorf 的学生, 1811 年在 Erlangen 大学的博士学位论文是 "De elevatione serierum infinitarum secundi ordinis ad potestatem exponentis indeterminati") 的 "Die reine Elementar-Mathematik" 中.

Pythagoras 发现了正五角形[①]和相似多边形[②]的作法, 其中正五角形中含有多组黄金分割, 如图 1.1(b) 所示.

Pythagoras 证明了正多面体[③]只有五种: 正四面体[④](正棱锥)、正六面体[⑤](立方体)、正八面体[⑥]、正十二面体[⑦]和正二十面体[⑧], 如图 1.2 所示.

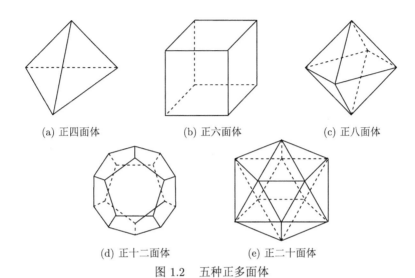

(a) 正四面体　　　　　(b) 正六面体　　　　　(c) 正八面体

(d) 正十二面体　　　　　　(e) 正二十面体

图 1.2　　五种正多面体

公元前 320 年, Eudemus[⑨]在 "$T\varepsilon\omega\mu\varepsilon\tau\varrho\iota\kappa\eta\ \iota\sigma\tau\varrho\varrho\iota\alpha$" (《几何学史》)中说: "Pythagoras 创立了数学, 并把它变成一门高尚的艺术." 因此, 他被称为 "数学之父".

1993 年, J. Mattéi [⑩]写了 "Pythagore et les Pythagoriciens" (Pythagoras 和 Pythagoras 学派).

---

① 五角形 (regular pentagon) 来源于希腊文 "$\pi\varepsilon\nu\tau\varepsilon$" ("五" 之意) 和 "$\gamma\omega\nu\iota\alpha$" ("角" 之意) 的合成.

② 多边形 (regular polygon) 来源于希腊文 "$\pi o\lambda\upsilon\gamma\omega\nu o\nu$", 由 "$\pi o\lambda\upsilon\varsigma$" ("多" 之意) 和 "$\gamma\omega\nu\iota\alpha$" 合成.

③ 多面体 (regular polyhedron) 来源于希腊文 "$\pi o\lambda\upsilon\varepsilon\delta\varrho o\nu$", 由 "$\pi o\lambda\upsilon\varsigma$" 和 "$\varepsilon\delta\varrho\alpha$" ("底" 之意) 的合成.

④ 四面体 (regular tetrahedron) 来源于希腊文 "$\tau\varepsilon\tau\varrho\alpha$" ("四" 之意) 和 "$\varepsilon\delta\varrho\alpha$" 的合成.

⑤ 六面体 (regular hexahedron) 来源于希腊文 "$\varepsilon\xi\alpha$" ("六" 之意) 和 "$\varepsilon\delta\varrho\alpha$" 的合成.

⑥ 八面体 (regular octahedron) 来源于希腊文 "$o\kappa\tau\alpha$" ("八" 之意) 和 "$\varepsilon\delta\varrho\alpha$" 的合成.

⑦ 十二面体 (regular dodecahedron) 来源于希腊文 "$\delta o\delta\varepsilon\kappa\alpha$" ("十二" 之意) 和 "$\varepsilon\delta\varrho\alpha$" 的合成.

⑧ 二十面体 (regular icosahedron) 来源于希腊文 "$\varepsilon\iota\kappa o\sigma\iota$" ("二十" 之意) 和 "$\varepsilon\delta\varrho\alpha$" 的合成.

⑨ Eudemus of Rhodes, $E\upsilon\delta\eta\mu o\varsigma\ o\ P o\delta o\varsigma$ (公元前 370—前 300), 希腊人, 是历史上有资料可查的第一位科学史家. 不要与 Eudemus of Pergamum (公元前 3 世纪) 混淆.

⑩ Jean François Mattéi (1941.03.09—2014.03.24), 法国人.

1.3.2 完美数和亲和数

1.3.2.1 完美数

Pythagoras 把全部真因子之和[1]等于本身的数称为完美数[2], 而将本身大于其真因子之和的数称为盈数, 将小于其真因子之和的数称为亏数, 它来源于 Euclid 的 "Elements" 第七卷命题 22 的定义, 开创完美数的研究, 并给出完美数定理:

若 $2^n - 1$ 是素数, 则 $2^{n-1}(2^n - 1)$ 是一个完美数.

最小的两个完美数是

$$2^1(2^2 - 1) = 6 = 1 + 2 + 3, \quad 2^2(2^3 - 1) = 28 = 1 + 2 + 4 + 7 + 14.$$

公元 100 年, Nicomachus 找到第三和第四两个完美数

$$2^4(2^5 - 1) = 496, \quad 2^6(2^7 - 1) = 8128,$$

并称完美数只能是偶数.

1456 年, Hudalrichus Regius 发现第五个完美数 $2^{12}(2^{13} - 1) = 33550336$, 这是古代以来的首次发现. 他证明了

当 n 是素数时, $2^n - 1$ 不一定是素数.

1555 年, J. Scheubel[3]给出第六个完美数 $2^{16}(2^{17} - 1) = 8589869056$, 但他的工作直到 1977 年才被知晓.

1603 年, P. Cataldi[4]在 "Operetta delle linee rette equidistanti et non equidistanti" 中证明:

若 n 是合数, 则 $2^n - 1$ 也是合数,

并发现第六和第七两个完美数

$$2^{16}(2^{17} - 1) = 8589869056, \quad 2^{18}(2^{19} - 1) = 137438691328.$$

他还曾在其中试图证明 Euclid 的第五公设.

再后面的完美数是 2305843008139952128.

截至 2013 年, 人们发现的最大的完美数有 34850340 个数字.

---

[1] 真因子之和 (aliquot sum), "aliquot" 是拉丁文词汇.

[2] 完美数 (perfect number) 来源于希腊文 "$\tau\epsilon\lambda\epsilon\iota\sigma\varsigma\ \alpha\varrho\iota\vartheta\mu\sigma\varsigma$".

[3] Johannes Scheubel (1494.08.18—1570.02.20), 德国人.

[4] Pietro Antonio Cataldi (1548.04.15—1626.02.11), 意大利人, 1613 年的 "Trattato del modo brevissimo di trovar la radice quadra delli numeri" 用连分数求平方根.

1.3.2.2 亲和数

Pythagoras 给出一对亲和数[1]的概念, 即两个数中任何一个数的真因子之和是另一个数的真因子之和. 最小的一对亲和数是

$$
\begin{cases}
220 = 1 + 2 + 4 + 71 + 142, \\
284 = 1 + 2 + 4 + 5 + 10 + 11 + 20 + 22 + 44 + 55 + 110.
\end{cases}
$$

他曾说: "朋友是你灵魂的倩影, 要像 220 和 284 一样亲密." 又说: "什么叫朋友, 就像这两个数, 一个是你, 另一个是我."

850 年, Thābit ibn Qurra[2]的 "Book on the determination of amicable numbers" 给出构造亲和数的 Thābit ibn Qurra 公式[3]:

设 $a = 3 \cdot 2^{x-1} - 1$, $b = 3 \cdot 2^x - 1$, $c = 9 \cdot 2^{2x-1} - 1$, 其中 $x > 1$ 是自然数. 若 a, b, c 全是素数, 则 $2xab$ 与 $2xc$ 是一对亲和数.

1636 年, de Fermat 发现亲和数 17296 和 18416.

事实上早于 de Fermat, 16 世纪, M. Yazdi[4]发现亲和数 9363584 和 9437056, 但人们仍把它归功于 R. Descartes 于 1638 年 3 月 31 日的重新发现, 打破了 2500 多年的沉寂, 激起了数学界重新寻找亲和数的波涛.

1750 年, L. Euler 的 "De numeris amicabilius"(《亲和数》)一口气抛出了 60 对亲和数: 2620 和 2924, 5020 和 5564, 6232 和 6368, 10744 和 10856, 12285 和 14595, 63020 和 76084, 66928 和 66992, 等等.

1866 年, 16 岁的 B. Paganini[5]发现 L. Euler 遗漏于眼皮底下的 1184 和 1210, 它们是仅仅比 220 和 284 稍大一些的第二对亲和数.

1972 年, W. Borho[6]的 "On Thābit ibn Kurrah's formula for amicable numbers" 推广了 Thābit ibn Qurra 公式.

长久以来, 人们猜测所有亲和数都是 2 或 3 的倍数, 但 1988 年发现的亲和数

$$42262694537514864075544955198125,$$

$$42405817271188606697466971841875$$

却是 5 的倍数.

---

① 亲和数 (amicable number) 来源于 L. Euler 在 1750 年的 "De numeris amicabilius" 拉丁文书名.

② Ai-Sābi Thābit ibn Qurra al-Harrānī (826—901.02.18), 伊拉克人.

③ 公式 (formula) 是一个拉丁文词汇, "规则、方法" 之意.

④ Muhammad Baqir Yazdi, 伊朗人, 人们称其为 "最后一个著名阿拉伯数学家".

⑤ B. Niccolò I. Paganini (1850—?), 意大利人.

⑥ Walter Borho (1945.12.17—?), 德国人, E. Witt 的学生, 1973 年在 Hamburg 大学的博士学位论文是 "Wesent-liche ganze Erweierungen kommutativer Ringe".

人们又猜测所有亲和数都是 2, 3 或 5 的倍数, 但 1997 年发现了一个有 193 位数字的亲和数反例.

截至 2020 年 1 月, 人们已经知道 1225063681 对亲和数.

1.3.2.3　交际数

1918 年, P. Poulet[1]的 "Parfaits, amiables et extensions" 发现, 12496 是亲和数的变异, 真因子之和是 14288, 而 14288 的真因子之和是 15472, 继续下去会得到 14536, 14264, 最后回到 12496, 这个 5 链记为

$$12496 \to 14288 \to 15472 \to 14536 \to 14264 \to 12496.$$

这样的数链被其称为交际数 (sociable number).

目前知道的最长的是一个 28 链:

$$14316 \to 19116 \to 31704 \to 47616 \to 83328 \to 177792 \to 295488 \to 629072$$
$$\to 589786 \to 294896 \to 358336 \to 418904 \to 366556 \to 274924 \to 275444$$
$$\to 243760 \to 376736 \to 381028 \to 285778 \to 152990 \to 122410 \to 97946$$
$$\to 48976 \to 45946 \to 22976 \to 22744 \to 19916 \to 17716 \to 14316.$$

1.3.3　Pythagoras 定理与 $\sqrt{2}$

1.3.3.1　Pythagoras 定理

Pythagoras 还发现了 Pythagoras 定理 (证明如图 1.3 所示):

直角三角形的两直角边平方和等于斜边的平方.

这是 Euclid 的 "Elements" 第一卷的命题 47. 它的逆是最后一个命题, 即命题 48.

"Pythagoras 三元数组" 指的是可作为直角三角形三条边的三数组的集合. 例如

$$2mn, \quad m^2 - n^2, \quad m^2 + n^2 \quad 或 \quad \frac{m^2-1}{2}, \quad m, \quad \frac{m^2-1}{2}$$

都是 Pythagoras 三元数组.

Pythagoras 定理在我国称勾股定理. 成书于公元前 1 世纪的《周髀算经》记载了托古传闻商高[2]答周公旦[3]: "数之法出于圆方, 圆出于方, 方出于矩, 矩出于九九八十一, 故折矩, 以为勾广三, 股修四, 径隅五." 说明至少在成书时已经知道了勾股定理的一个特例. 书中弦图 (图 1.3(c)) 是赵爽的 "周髀算经注" 所做.

---

[1] Paul Poulet (1887—1946), 比利时人, 自学成才的数学家.

[2] 商高 (公元前 11 世纪左右), 主要有三方面数学成就: 勾股定理、测量术和分数运算.

[3] 姬旦 (公元前 11 世纪左右), 周文王姬昌第四子, 周武王姬发 (周文王次子) 的弟弟, 第一代周公, 谥 "文", 690 年追封为 "褒德王", 1008 年追封为 "文献王", 被尊为 "元圣" 和 "儒学先驱".

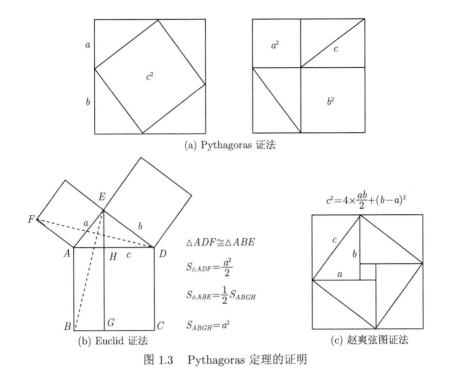

(a) Pythagoras 证法

$$\triangle ADF \cong \triangle ABE$$
$$S_{\triangle ADF} = \frac{a^2}{2}$$
$$S_{\triangle ABE} = \frac{1}{2} S_{ABGH}$$
$$S_{ABGH} = a^2$$

$$c^2 = 4 \times \frac{ab}{2} + (b-a)^2$$

(b) Euclid 证法   (c) 赵爽弦图证法

图 1.3   Pythagoras 定理的证明

Bhāskara II 的 "Siddhānda iromani" (《天文学极致》) 中也有类似的图形, 只是没有外面的那个正方形, 可能是从赵爽的弦图传入印度的.

E. Loomis[①]的 "The Pythagorean proposition" 给出了勾股定理的 367 种证明.

1.3.3.2 $\sqrt{2}$ 是数吗?

"万物皆数" 是说宇宙间各种关系都可以用整数或有理数来表达. 但是, Hippasus[②]发现, 边长为 1 的正方形, 其对角线[③]长 $\sqrt{2} \approx 1.4142135623730950488$ 却不是一个 "数". 这就触犯了这个学派的信条, 于是不准任何人泄露这个秘密. 天真的 Hippasus 无意中向别人谈到了他的发现, 结果被杀害. 但 $\sqrt{2}$ 很快就引起了史上第一次数学危机.

Hippasus 的这个发现对古希腊的数学观点有极大的冲击, 也反映出直觉和经验不一定靠得住, 而推理和证明才可靠. 古希腊数学形成了 Euclid 的公理体系与 Aristotle 的逻辑体系.

---

① Elisha Scott Loomis (1852.09.18—1940.12.11), 美国人, 1988 年在 Wooster 学院 (College of Wooster, 创建于 1866 年, 是一所历史悠久、享誉全美乃至世界的私立文理学院) 获博士学位.

② Hippasus of Metapontum, $I\pi\pi\alpha\sigma\sigma\varsigma$ o $M\epsilon\tau\alpha\pi\sigma\nu\iota\sigma\nu$ (公元前 530—前 450).

③ 对角线 (diagonal) 来源于希腊文 "$\delta\iota\alpha\gamma\omega\nu\iota\sigma\varsigma$", 前缀 "$\delta\iota\alpha$" 是 "通过" 之意.

公元前 6 世纪, Āpastamba[1]的 "Sulbasutra" 求出 $\sqrt{2} \approx 1.4142156$, 有五位精确小数, 用了非常精确的公式

$$1 + \frac{1}{3} + \frac{1}{3 \times 4} + \frac{1}{3 \times 4 \times 34},$$

还给出了一次方程的解法.

公元前 425 年, Theodorus[2]证明某些平方根是无理数. 其实早就被人证明了, 但他本人不知道.

1.3.4 Pythagoras 奖

意大利的 Croton 市代表 Calabria 大学[3]设立 Pythagoras 奖, 每年奖励一次, 奖金两万欧元.

2004 年, Sir Wiles 获首个 Pythagoras 奖.

1.4 辩证法发明人——Zeno of Elea, $Z\eta\nu\omega\nu\ o\ E\lambda\varepsilon\alpha$

1.4.1 Zeno 与 Zeno 悖论

Zeno (公元前 490—前 425).

Zeno 生卒于 Elea, 今意大利 Velia.

Zeno 是 Elea 学派的重要人物, 有一句名言: "一个人的知识就像一个圈, 圈外是未知的世界. 知识越多, 圈越大, 周长越长, 也就越能发现自己的无知." 比他名言更被人所争议的, 是他提出的几个 Zeno 悖论. Aristotle 的 "Physica" 和 Simplicius[4]为这本书作的注释是了解 Zeno 悖论的主要依据.

(α) Achilles[5]和乌龟. Achilles 的速度[6]为乌龟的十倍, 乌龟在前面百米处跑, 他在后面追, 但他不可能追上乌龟. 因为他必须先到达乌龟的出发点, 当他追到百米时, 乌龟又向前爬了十米, 他必须继续追, 而当他追到乌龟爬的这十米时, 乌龟又向前爬了一米, 他只能再向前追一米. 就这样, 他永远也追不上乌龟.

Plato 在他的对话 "Parmenides[7]" 篇中描述, Zeno 说这样的悖论只是一个小玩笑. 首先, Parmenides 编出这个悖论用来嘲笑 Pythagoras 的 $1 - 0.999 \cdots > 0$.

---

[1] Āpastamba (公元前 6 世纪), 印度人.

[2] Theodorus of Cyrene, $\Theta\varepsilon o\delta\omega\rho o\varsigma\ o\ K\upsilon\rho\eta\nu\alpha\iota o\varsigma$ (公元前 465—前 398), 利比亚人.

[3] Calabria 大学 (Università della Calabria) 创建于 1972 年, 是意大利一所综合性国立大学, 是意大利唯一一所提供住宿的学校.

[4] Simplicius of Cilicia, $\Sigma\iota\mu\pi\lambda\iota\kappa\iota o\varsigma\ o\ K\iota\lambda\iota\kappa\iota\alpha$ (490—560), 土耳其人.

[5] Achilles, $A\chi\iota\lambda\lambda\varepsilon\upsilon\varsigma$, 是古希腊神话中善跑的英雄.

[6] 速度 (velocity) 来源于拉丁文 "velocitatem" ("快" 之意).

[7] Parmenides of Elea, $\Pi\alpha\rho\mu\varepsilon\nu\iota\delta\eta\varsigma\ o\ E\lambda\varepsilon\alpha$ (公元前 515—前 470), 意大利人, Elea 学派创始人.

然后, 他又用这个悖论嘲笑 Zeno 的 $1 - 0.999 \cdots = 0$ 且 $1 - 0.999 \cdots > 0$. 最后, Zeno 用这个悖论反过来嘲笑 Parmenides 的 $1 - 0.999 \cdots = 0$ 或 $1 - 0.999 \cdots > 0$.

(β) 两分法[①]. 一个人从 A 点走到 B 点, 要先走完路程的二分之一, 再走完剩下总路程的二分之一 $\cdots\cdots$ 如此循环下去, 永远不能到终点.

《庄子[②] · 天下篇》中也提出庄子悖论: "一尺之棰, 日取其半, 万世不竭" 和 "至大无外, 谓之大一, 至小无内, 谓之小一".

两个悖论的区别为 Zeno 悖论是一定时间内行走的距离不变 (即速度不变), 而庄子悖论是时间不变, 这段时间里的工作却越来越少 (速度越来越慢), 可以看出 Zeno 悖论限制了时间, 而庄子悖论的理论可以使时间为无穷大.

(γ) 飞箭. 设想一支飞箭, 在每一时刻, 它位于空间中的一个特定位置. 由于时刻无持续时间, 飞箭在每个时刻都没有时间而只能是静止的. 鉴于整个运动期间只包含时刻, 而每个时刻又只有静止的飞箭, 所以飞箭总是静止的, 它不可能在运动; 对于时刻有持续时间的情况, 时刻是时间的最小单元. 假设飞箭在这样一个时刻中运动了, 那么它将在这个时刻的开始和结束位于空间的不同位置. 这说明时刻具有一个起点和一个终点, 从而至少包含两部分. 但这明显与时刻是时间的最小单元这一前提相矛盾. 总之, 飞矢不动.

(δ) 操场. 在操场上, 在一瞬间 (一个最小时间单位) 里, 相对于观众席 A(由 ¶ 表示), 队列 B(由 ♠ 表示) 和队列 C(由 ♣ 表示) 将分别各向右和向左移动一个距离单位.

观众席¶   ♠ ♠ ♠ ♠   ♣ ♣ ♣ ♣
观众席¶   ♠ ♠ ♠ ♠   ♣ ♣ ♣ ♣

如上面所示, 相对于观众席 A, 队列 B 和队列 C 分别向右和向左各移动了一个距离单位. 而此时, 对队列 B 而言队列 C 移动了两个距离单位, 即队列既可以在一瞬间里移动一个距离单位, 也可以在半个最小时间单位里移动一个距离单位, 这就产生了半个时间单位等于一个时间单位的矛盾. 因此队列是移动不了的.

1.4.2 对 Zeno 悖论的评价

直到 19 世纪中叶, Aristotle 关于 Zeno 悖论的引述及批评几乎是权威的, 人们普遍认为它们只是一些诡辩. 下半叶, 人们推测它们没能得到完整和正确的评说, 而是被诡辩家们用来倡导怀疑和否定知识. 人们对 Zeno 提出这些悖论的目的还不清楚, 但他的悖论不是简单的否认运动, 这些悖论后面有着更深的内涵.

---

① 两分法 (dichotomy) 来源于希腊文 "$\delta\iota\chi o\tau o\mu\iota\alpha$", 由 "$\delta\iota\chi\alpha$" ("两分" 之意) 和 "$\tau o\mu\eta$" ("切割" 之意) 合成.

② 庄周, 别名庄子, 字子休 (公元前 369—前 286), 宋国蒙人, 道家学派代表人物, 创立哲学上的庄子学派, 与老子并称 "老庄".

F. Cajori[①]说: "Zeno 悖论的历史, 大体上也就是连续性[②]、无穷大和无穷小[③]这些概念的历史."

P. Tannery[④]首先提出, 不是 Parmenides 而是 Pythagoras 学派发现的不可公度 (incommensurate) 量对 Zeno 悖论的提出产生了深刻的影响.

G. Hegel[⑤]的 "Vorlesungen über die Geschichite der Philosophie" (《哲学史讲演录》)指出: "Zeno 主要是客观和辩证地考察了运动", 并称其为 "辩证法[⑥]的创始人".

Lord Russell 感慨地说: "在这个变化无常的世界上, 没有什么比死后的声誉更变化无常了. 死后得不到应有评价的最典型例子莫过于 Zeno 了. 他虽然发明了四个无限微妙、无限深邃的悖论, 后人却宣称他只不过是个聪明的骗子, 而他的悖论只不过是一些诡辩. 遭到 2000 多年的连续驳斥之后这些诡辩才得以正名."

1922 年, A. Koyré[⑦]在 "Remarques sur les paradoxes Zénon" 中说: "为了理解 Zeno 悖论, 我们不仅需要分析运动, 还要分析运动借助时空参量概念化时涉及 '无限' 和 '连续' 观念的方式."

E. Bell[⑧] [1] 认为 Zeno 毕竟曾 "以非数学语言记录下了最早同连续性和无限性

[①] Florian Cajori (1859.02.28—1930.08.14), 瑞士人, 1894 年在美国 Tulane 大学 (Tulane University, 前身 Medical College of Louisiana 创于 1834 年, 是世界顶级私立研究型大学, 1837 合并到 Louisiana 大学, University of Louisiana, 1861 年因南北战争而关闭, 1865 年重新招生, 1884 年以 Paul Tulane (1801.05.10—1887.03.27) 命名. 校训: Not for oneself, but for one's own) 的博士学位论文是 "Semi-convergent series", 1917—1918 年任美国数学会会长.

[②] 连续性 (continuity) 来源于拉丁文 "continuitatem" ("连接" 之意).

[③] 无穷小 (infinitesimal) 来源于 17 世纪的现代拉丁文 "infinitesimus".

[④] Paul Tannery (1843.12.20—1904.11.27), 法国人, J. Tannery (Jules Tannery, 1848.03.24—1910.12.11, 法国人, C. Hermite 的学生, 1874 年在高等师范学校的博士学位论文是 "Propriétés des intégrales des équations différentielle linéaires à coefficients variables", 1876 年任 "Bulletin des Sciences Mathématiques" 主编) 的二哥, 数学史专家.

[⑤] Georg Wilhelm Friedrich Hegel (1770.08.27—1831.11.14), 德国人, 1829 年 10 月至 1830 年 10 月任柏林大学校长, 其哲学思想被钦定为国家学说.

[⑥] 辩证法 (dialectic) 来源于希腊文 "$\delta\nu\alpha\lambda\epsilon\chi\epsilon\iota\chi\ \tau\epsilon\chi\nu\eta$" ("语言的艺术" 之意).

[⑦] Alexandre Koyré (1892.08.29—1964.04.28), 俄罗斯人, 1923 年在巴黎高等研究实践学校 (École Pratique des Hautes Études, 创建于 1868 年) 的博士学位论文是 "L'idée de dieu dans la philosophie de St Anselme".

[⑧] Eric Temple Bell (1883.02.07—1960.12.21), 苏格兰人, 笔名是 John Taine, F. Cole 和 C. Keyser (Cassius Jackson Keyser, 1862.05.15—1947.05.08, 美国人, 1902 年在 Columbia 大学的博士学位论文是 "The plane geometry of the point in space of four dimension") 的学生, 1912 年在 Columbia 大学 (Columbia University in the City of New York, 创建于 1754 年, 其前身是 King's College, 1784 年更名为 Columbia College, 以 Cristoforo Colombo (1451 秋—1506.05.20, 意大利人) 命名, 1896 年更名为现名, 是美洲大陆最古老的大学之一, 是最具国际视野的一所大学. 校训: In lumine tuo videbimus lumen, 借汝之光, 得见光明) 的博士学位论文是 "The cyclotomic quinary quintic", 1924 年获 Bôcher 纪念奖, 1927 年当选为美国国家科学院院士, 1931—1933 年任美国数学会副会长. 周培源 (1902.08.28—1993.11.24, 江苏宜兴人, E. Bell 的学生, 1955 年 6 月当选为中国科学院首批学部委员 (院士), 中国近代力学和理论物理奠基人, 1978 年 3 月至 1981 年 5 月任中国科学院副院长, 1978 年 6 月 27 日至 1981 年任北京大学校长, 1982 年获国家自然科学奖) 是他的学生, 1928 年在 California 理工学院 (California Institute of Technology, 创建于 1891 年, 先后为 Throop University, Throop Polytechnic Institute 和 Throop College of Technology, 1920 年改为现名. 校训: The truth shall make you free) 的博士学位论文是 "The gravitational field of a body with rotational symmetry in Einstein's theory of gravitation".

格斗的人们所遭遇到的困难". 他的功绩在于把动静、无限有限和连续离散的关系惹人注意地摆了出来, 并进行辩证的考察.

H. Hasse[1]和 H. Scholz[2]则认为 Zeno 是对古代数学的发展起决定影响的人物. 人们试图证明, Pythagoras 学派曾假定存在无穷小的基本线段[3], 想以此来克服因发现不可公度量而引起的矛盾, 而 Zeno 悖论反对了这种不准确的做法, 从而迫使人们去寻找真正的原因所在.

1.5 近代极限先驱——Antiphon the Sophist, $A\nu\tau\iota\varphi\omega\nu$

Antiphon (公元前 480—前 411), 希腊人.

Antiphon 生卒于雅典.

母亲: Perictione[4].

同母弟弟: Plato.

Antiphon 是智人学派或诡辩学派的代表人物, 是古希腊早期十大演说家 (attic orator) 之一. 这个学派以教授学生三艺——修辞学[5]、辩证法和文法[6], 以及四学——逻辑、数学、天文学[7]和音乐等为业. 他们经常出入群众集会场所, 发表应时演说, 研究的主要目标之一是 "用数学来了解宇宙是怎样运转的". 智人学派提出过三大作图问题, 它们是

(α) 化圆为方[8], 即作一个正方形, 使其面积等于给定圆的面积;

---

① Helmut Hasse (1898.08.25—1979.12.26), 德国人, K. Hensel (Kurt Wilhelm Sebastian Hensel, 1861.12.29—1941.06.01, 德国人, P. Hensel (Paul Hugo Wilhelm Hensel, 1860.05.17—1930.11.11, 德国人, A. Riehl 的学生, 1885 年在 Freiburg 大学的博士学位论文是 "Über die Beziehung des reinen Ich bei Fichte zur Einheit der Apperception bei Kant") 的弟弟, L. Kronecker 的学生, 1886 年在柏林大学的博士学位论文是 "Arithmetische Untersuchungen über Diskriminaten und ihre ausserwesentlichen Teiler", 1897 年发明 p 进整数, 1917 年任德国数学会会长, 1919 年建立 p-adic 数论) 的学生, 1921 年在 Marburg 大学 (Philipps-Universität Marburg, 创建于 1527 年 7 月 1 日, 是世界上第一所新教大学) 的博士学位论文 "Über die Darstellbarkeit von Zahlen durch quadratische Formen im Körper der rationalen Zahlen" 给出了 Hasse 原理, 即 "local-global" 原理, 任《Crelle 杂志》编辑 50 年, 还是芬兰科学与人文院院士、德国科学院院士和西班牙皇家科学院院士.

② Heinrich Scholz (1884.12.17—1956.12.30), 德国人, Adolf von Harnack (Karl Gustav Adolf von Harnack, 1851.05.07-1930.06.10, 爱沙尼亚人, Axel von Harnack 的孪生兄弟, M. Drobisch 和 Georg Karl Wilhelm Adolf Ebert 的学生, 1873 年在 Leipzig 大学的博士学位论文是 "Zur Quellenkritik der geschichte des Gnosticismus"), A. Riehl (Alois Adolf Riehl, 1844.04.27—1924.11.21, 奥地利人) 和 R. Falckenberg (Richard Falckenberg, 1851.12.23—1920.09.28, 德国人, Kuno Ernst Berthold Fischer 的学生, 1877 年在 Jena 大学的博士学位论文是 "Über den intelligiblen Charakter; Zur Kritik der Kantischen Freiheitslehre") 的学生, 1909 年在柏林大学的博士学位论文是 "Christentum und Wissenschaft in Schleiermachers Glaubenslehre".

③ 线段 (segment) 来源于 "segmentum" "secare".

④ Perictione, $\Pi\varepsilon\rho\iota\kappa\tau\iota\sigma\nu\eta$.

⑤ 修辞学 (rhetoric) 来源于希腊文 "$\rho\eta\tau\sigma\rho\iota\kappa\eta\ \tau\varepsilon\chi\nu\eta$" ("讲话的艺术" 之意).

⑥ 文法 (grammar) 来源于希腊文 "$\gamma\rho\alpha\mu\mu\alpha\tau\iota\kappa\eta\ \tau\varepsilon\chi\nu\eta$" ("用词的艺术" 之意).

⑦ 天文学 (astronomy) 来源于希腊文 "$\alpha\sigma\tau\rho\sigma\nu\sigma\mu\iota\alpha$".

⑧ 第一个知道和提出化圆为方 (squaring a circle) 的应该是 Anaxagoras.

(β) 倍立方①, 即作一个立方体, 使其体积为给定立方体体积的两倍;

(γ) 三等分角②, 即分一个给定的任意角为三个相等的部分.

M. Kline③ [10] 认为, Antiphon 在解决 Anaxagoras④的 "化圆为方" 时提出了穷竭法.

一般认为, Antiphon 是发现穷竭法的鼻祖, 经过 Eudoxus 的修补和扩充, 建立了完善的穷竭法原理:

> 对于任意两不等量, 若从较大量中减去大于其半的量, 再从所余
> 量中减去大于其半的量, 重复这一过程, 则所余之量必小于原来
> 较小的量.

这已包含近代极限⑤思想的雏形, 故 Antiphon 也被认为是近代极限先驱.

1837 年, P. Wantzel⑥第一次证明了只用尺规倍立方和三等分角是不可能的. 1845 年, 他又给出一个新的证明.

1.6 原子论奠基人——Democritus of Abdera, $\Delta\eta\mu o\kappa\rho\iota\tau o\varsigma$ o $A\beta\delta\eta\rho\alpha$

Democritus (公元前 460—前 370), 希腊人, Abdera 执政官.

Democritus 生于 Abdera, 今属希腊.

Democritus 继承和发展了 Leucippus⑦的原子⑧论, 还提出了他的天体演化学说. 他认为, 万物的本原是原子和虚空, 原子是不可再分的物质微粒, 虚空是原子运动的场所. 人们的认识是从事物中流射出来的原子形成的 "影像" 作用于人们的感官与心灵而产生的.

Democritus 的原子论后来又被 Epicurus⑨, 以及 Lucretius⑩的 "De rerum

---

① 倍立方 (doubling a cube) 也称为 Delian 问题, Delian 是 delos 的形容形式, Delos ($\Delta\eta\lambda o\varsigma$) 是希腊的一个岛.

② 据传, 三等分角 (trisecting an angle) 与 Ptolemaios 一世有关.

③ Morris Kline (1908.05.01—1992.06.10), 美国人, 1936 年在纽约大学的博士学位论文是 "Homomorphism and isomorphism of rings and fields of point sets".

④ Anaxagoras of Klazomenai, $A\nu\alpha\xi\alpha\gamma o\rho\alpha\varsigma$ o $K\lambda\alpha\zeta o\mu\epsilon\nu\alpha\iota$ (公元前 499—前 428), 希腊人, Ionia 学派主要人物.

⑤ 极限 (limit) 来源于拉丁文 "limes" ("边界" 之意).

⑥ Pierre Laurent Wantzel (1814.06.05—1848.05.21), 法国人, 1829 年编辑 A. Reynaud (Antoine-André-Louis Reynaud, 1771.09.12—1844.02.24, 法国人) 的 "Traité d'arithmétique" 第二版, 并给出广泛应用的求平方根的方法.

⑦ Leucippus of Miletus, $\Lambda\epsilon\upsilon\kappa\iota\pi\pi o\varsigma$ o $M\iota\lambda\eta\sigma\iota o\varsigma$ (公元前 500—前 440), 土耳其人, 原子论学派奠基人之一.

⑧ 原子 (atom) 来源于希腊文 $\alpha\tau o\mu o\varsigma$ ("不可分" 之意).

⑨ Epicurus ($E\pi\iota\kappa o\upsilon\rho o\varsigma$, 公元前 341—前 270), 希腊人, 第一个无神论哲学家.

⑩ Titus Lucretius Carus (公元前 99.10.15—前 55), 古罗马人, Epicurus 学派著名人物.

natura"(《物性论》)所继承, 再后来 J. Dalton[1]在 1808 年发现化学上的倍比定律, 从而形成了近代的科学原子论.

Democritus 将原子观点应用于数学, 他认为, 线段、面积[2]和体积[3]是由有限个不可分的原子构成的, 并以此来计算圆锥[4]、棱锥[5]和球体[6]等, 第一个得出

锥体体积是等底等高柱体体积的三分之一.

M. Cicero[7]说: "他的伟大, 不仅在于其天才, 更在于其精神, 谁可与之比肩?"

D. Laërtius[8]的 "$Bιoι$ $και$ $υνωμαι$ $τωνεν$ $φιλoσoφια$ $ευδoκιμησαντων$"(《名哲言行录》)称 Democritus 通晓哲学的每一个分支, 是古希腊杰出的全才.

马克思[9]和恩格斯[10]称 Democritus 是古希腊 "第一个百科全书式的学者".

1.7 哲学之父——Plato of Athens, $Πλατων$ o $Aϑηνα$

1.7.1 Plato

Plato (公元前 427—前 347), 希腊人, 原名 Aristocles.

Plato 生卒于雅典.

父母: Ariston[11]和 Perictione[12].

同母哥哥: Antiphon.

师承: Socrates[13].

---

[1] John Dalton (1766.09.06—1844.07.27), 英格兰人, "近代化学之父", 1794 年 10 月 31 日的 "Extraordinary facts relating to the vision of colours" 第一个提出色盲问题, 故色盲症也被称为 Dalton 症, 1816 年当选为法国科学院通讯院士 (1830 年为正式院士), 1822 年当选为皇家学会会员, 1826 年获皇家奖, 1834 年当选为美国人文与科学院院士, 还是德国科学院院士.

[2] 面积 (area) 来源于拉丁文 "arere" ("空地" 之意).

[3] 体积 (volume) 来源于拉丁文 "volumen" ("空间的量" 之意).

[4] 圆锥 (cone) 来源于希腊文 "$κωνoς$".

[5] 以 "金字塔" 的名字命名.

[6] 球体 (spheroid) 来源于希腊文 "$σφαιρoειδης$", 由 "$σφαιρα$" ("球" 之意) 和 "$oειδης$" ("形" 之意) 合成.

[7] Marcus Tullius Cicero (公元前 106.01.03—前 43.12.07), 意大利人, 公元前 64 年当选为罗马共和国执政官, 他的主要贡献是将希腊哲学思想通俗化, 将许多哲学术语翻译为拉丁文, 在西欧广泛沿用.

[8] Diogenes Laërtius, $Διoγενης$ $Λαερτιoς$ (200—250), 古罗马人, 哲学史专家.

[9] 马克思, Karl Heinrich Marx (1818.05.05—1883.03.14), 德国人, 马克思主义创始人之一, 1841 年在 Jena 大学 (Friedrich-Schiller-Universität Jena, 创建于 1558 年 2 月 2 日, 是德国最古老、最优秀的研究型大学之一, 1934 年以 Johann Christoph Friedrich von Schiller 命名, 校训: Light, life, liberty) 的博士学位论文是 "Differenz der demokritischen und epikureischen Naturphilosophie".

[10] 恩格斯, Friedrich von Engels (1820.11.28—1895.08.05), 德国人, 马克思主义创始人之一.

[11] Ariston of Collytus, $Αριστων$ o $Κoλλυτoς$ (?—公元前 424), 雅典王族后裔.

[12] Perictione, $Περικτιoνη$.

[13] Socrates, $Σωκρατης$ (公元前 469—前 399), 希腊人, "哲学之父", 几乎与孔子在中国历史上的地位相同, 故被称为 "西方的孔子".

20 岁时, Plato 开始了跟随 Socrates 的八年学习. 公元前 387 年, 他创建了 Plato 学院和 Plato 学派, 延续了 900 多年. 他继承了 Pythagoras 学派 "万物皆数" 的观点, 提出数学的研究对象应该是抽象的数和理想的图形. 他说: "数学是一切知识中的最高形式."

Plato 第一个把严密推理法则加以系统化, 提出分析的证明方法, 将其提炼成普遍适用的合乎理性的形式, 引进 "分析①" 和 "综合②" 术语, 最早论述了归纳法和归谬法③, 推动对立体几何的研究, 研究了棱柱④、棱锥、圆柱⑤和圆锥. 特别地, 他在他的对话 "Timaeus⑥" 篇中对 Pythagoras 的五种正多面体的特征和作图做了系统的论述. 后人将这五种正多面体称为 Plato 体.

Plato 认为创造世界的神是一个 "伟大的几何学家", 因此他在学院门口刻着 "$A\gamma\varepsilon\omega\mu\varepsilon\tau\rho\eta\tau\sigma\varsigma \ \mu\eta\delta\varepsilon\iota\varsigma \ \varepsilon\iota\sigma\iota\tau\omega$"(不懂几何者禁入) 的铭文. 他认为 "学习几何的人在学习其他任何学问时, 要比未学过几何的人快得多".

Plato 提出了比 Socrates 更为完整的教育理论, 集中表现在他的 "$\Pi o\lambda\iota\tau\varepsilon\iota\alpha$"(《理想国》)中. 他认为抓好教育应该是统治者的头等大事. 他主张国家办教育、聘教师、审查教学内容. 他认为, 所有公民, 不分男女, 不论是统治者还是被统治者 (奴隶除外), 都应该从小受到强制性的教育. 他提出的教育内容非常广泛, 主张受教育者应该德智体和谐发展. 他提倡早期教育, 是最早提出胎教的人. 按照他的主张, 儿童受学前教育应该愈早愈好. 学前教育应该以游戏为主.

1945 年, A. Koyré 关于 Plato 的对话写了 "Introduction à la lecture de Platon".

1.7.2　Socrates 与 Plato

一天, Socrates 对他的学生们说: "今天我们只做一件事, 每个人尽量把手臂往前甩, 然后再往后甩." 说着, 他做了一遍示范. "从今天开始, 每天做 300 下, 大家能做到吗?" 学生都笑了, 这么简单的事, 谁做不到呢. 可是一年以后, 他再问的时候, 他的全部学生中却只有一个人坚持了下来. 这个学生就是 Plato.

一天, Socrates 拿出一个苹果说: "请大家闻闻空气中的味道!" 一位学生举手回答: "我闻到了, 是苹果的香味!" 他举着苹果慢慢地从每一个学生的面前走过, 并叮嘱道: "大家再仔细闻一闻, 空气中有没有苹果的香味?" 这时已有半数的学生举起了手. 他又重新提出刚才的问题. 这一次, 除了一个学生没有举手外, 其他人

---

① 分析 (analysis) 来源于希腊文 "$\alpha\nu\alpha\lambda\upsilon\sigma\iota\varsigma$".

② 综合 (synthesis) 来源于希腊文 "$\sigma\upsilon\nu\vartheta\varepsilon\sigma\eta\varsigma$".

③ 归谬法 (reductio ad absurdum) 是拉丁文词组.

④ 棱柱 (prism) 来源于希腊文 "$\pi\rho\iota\sigma\mu\alpha$".

⑤ 圆柱 (cylinder) 来源于希腊文 "$\kappa\upsilon\lambda\iota\nu\delta\varrho\sigma\varsigma$" ("滚筒" 之意).

⑥ Timaeus, $T\iota\mu\alpha\iota\sigma\varsigma$ (公元前 345—前 250), 意大利人, 古希腊历史学家.

全都举起了手. 他走到这位学生面前问: "难道你真的什么气味也没闻到吗?" 那个学生肯定地说: "我真的什么也没闻到!" 这时, 他对大家宣布: "他是对的, 因为这是一只假苹果." 这个学生就是 Plato.

Plato 称 Socrates 是 "人世间最有智慧的人".

1.8 神明似的人——Eudoxus of Knidus, $E\upsilon\delta o\xi o\varsigma$ o $K\nu\iota\delta\iota o\varsigma$

Eudoxus (公元前 390—前 337), 土耳其人.

Eudoxus 生卒于 Knidus, 今属土耳其.

父亲: Aeschines of Knidus.

Eudoxus 一度是 Plato 学院的学生, 建立了纯几何学派, 即 Eudoxus 学派.

据 Aristotle 的有关记述和后来评注家对 "Elements" 的分析, 可断定第五和第十二两卷主要来自 Eudoxus 的工作. 他首先引入 "量" 的概念, 将 "量" 和 "数" 区别开来. 用现代的术语来说, 他的 "量" 指的是 "连续量", 如长度、面积和重量等, 而 "数" 是 "离散的", 仅限于有理数. 其次改变 "比" 的定义: "比" 是同类量之间的大小关系. 如果一个量加大若干倍之后就可以大于另一个量, 则说这两个量有一个 "比". 这个定义含蓄地把零排除在可比量之外, 它实质上就是 Archimedes 公理:

$$\text{对任意 } a, b \in \mathbb{R}, \text{ 存在 } n \in \mathbb{Z}^+, \text{ 使得 } na > b.$$

Archimedes 将此公理归功于 Eudoxus. 不过在现存文献中正式作为公理形式提出的, 则以 Archimedes 为最早. 根据现代比例理论, 如果 A, B, C, D 四个量成比例: $A : B = C : D$, 两边分别乘以 $\dfrac{m}{n}$, 得到 $(mA) : (nB) = (mC) : (nD)$. Eudoxus 比例理论的关键是将性质:

(α) 由 $mA > nB \Rightarrow mC > nD$;

(β) 由 $mA = nB \Rightarrow mC = nD$;

(γ) 由 $mA < nB \Rightarrow mC < nD$

作为比例的定义, 彻底摆脱有些量是不可公度的困难. 从这一定义出发, 可推出有关比例的若干命题, 而不必考虑这些量是否可公度. 这在古希腊数学史上是一个大突破. 不难看出, 当两个量 a, b 不可公度时, 可按 $\dfrac{m}{n} > \dfrac{a}{b}$, 把全体有理数划分成两个不相交的集合 L, U, 使得 L 的每一元素都小于 U 的每一元素, 并以此定义无理数 $\dfrac{a}{b}$. 这令人想起了 "Dedekind 分割" (Dedekindscher Schnitt).

　　事实上, 19 世纪的完备化就是 Eudoxus 思想的继承和发展. 不过这个理论是建筑在几何量基础之上的, 因而回避了把无理数作为数来处理, 部分解决了第一次数学危机. 尽管如此, 他的这些定义无疑给不可公度比提供了逻辑基础. 为了防止在处理这些量时出错, 他进一步建立了以明确公理为依据的演绎推理体系, 从而大大推进了几何的发展. 从此以后, 几何成了古希腊数学的主流.

　　穷竭法起源于 Antiphon, Hippocrates①也使用过, 但只是到了 Eudoxus 手里, 它才成为一种合格的几何方法. 它的逻辑依据是由上面的定义推出 Eudoxus 原理:

> 给定两个不相等的量, 如果从其中较大的量减去比它的一半大
> 的量, 再从所余的量减去比这余量的一半大的量, 继续重复这一
> 过程, 必有某个余量将小于给定的较小的量.

这可看成是微积分的第一步.

　　Archimedes 曾明确地指出:

　　(α) 棱锥体积是同底同高的棱柱体积的三分之一;

　　(β) 圆锥体积是同底同高的圆柱体积的三分之一.

　　这个定理是 Eudoxus 首先证明的. 不过曾由 Democritus 未加证明地提出过.

　　根据 Eudemus 的记载, "Elements" 第五卷命题 5 原先是根据比例的一般性质用分析法予以证明的. 这一证法很可能出自 Eudoxus 之手. 他在解倍立方问题时, 像 Archytas②一样, 曾应用机械来解几何问题, 为此遭到主张把作图工具严格限制为尺规的 Plato 的批评.

　　Eratosthenes③称 Eudoxus 是一位 "神明似的人", 也曾引述过他的解法.

---

　　① Hippocrates of Chios ($I\pi\pi o\kappa\varrho\alpha\tau\eta\varsigma$ o $X\iota o\varsigma$, 公元前 470—前 410), 希腊人, 公元前 440 年给出月牙定理: 直角三角形两条直角边为直径向外作两个半圆, 以斜边为直径向内作半圆, 则三个半圆所围成的两个月牙形面积之和等于该三角形的面积, 还指出相似弓形的面积与其弦的平方成正比, 并写了 "Elements", 第一次编辑了几何原理, 首创将字母注在图形上的方法. 注意: 今天仍有人将其与 Hippocrates of Kos (Hippocrates II, Hippocrates of Kos, 公元前 460—前 370, 希腊人, 被称为 "医学之父", Hippocrates 誓言 ($O\varrho\kappa o\varsigma$ $\tau o\upsilon$ $I\pi\pi o\kappa\varrho\alpha\tau\eta$) 就是医生行医前的誓言) 弄混.

　　② Archytas of Tarentum, $A\varrho\chi\upsilon\tau\alpha\varsigma$ o $T\alpha\varrho\alpha\nu\tau\alpha\varsigma$ (公元前 428—前 350), 意大利人, 在音乐中应用数学并建造了第一个自动机器.

　　③ Eratosthenes of Cyrene, $E\varrho\alpha\tau o\sigma\vartheta\varepsilon\nu\eta\varsigma$ o $K\upsilon\varrho\eta\nu\alpha\iota o\varsigma$ (公元前 276—前 194), 利比亚人, Callimachus ($K\alpha\lambda\lambda\iota\mu\alpha\chi o\varsigma$, 公元前 305—前 240, 利比亚人, 被称为 "图书馆学之父") 的学生, Alexandria 学派的重要人物, 曾任 Alexandria 图书馆馆长, 提出 "素数筛法", 相当精确地估计了地球周长, 只多了 15%.

1.9 哲学之父——Aristotle, $A\varrho\iota\sigma\tau\sigma\tau\varepsilon\lambda\eta\varsigma$

Aristotle (公元前 384—前 322.03.07), 希腊人.

Aristotle 生于 Stagirus ($\Sigma\tau\alpha\gamma\varepsilon\iota\varrho\alpha$), 卒于 Chalcis ($X\alpha\lambda\kappa\iota\delta\alpha$), 今均属希腊.

父母: Nicomachus① 和 Phaestis. 师承: Plato.

公元前 367 年, Aristotle 在 17 岁时成为 Plato 的学生, 从师有 20 年, 被 Plato 誉为 "学院之灵".

公元前 335 年, Aristotle 在雅典建立了自己的学派 ($\Lambda\upsilon\kappa\varepsilon\iota\sigma\nu$, Lyceum), 开始对数学等进行了综合的研究, 有了更广的领域, 在系统化演绎推理方面做了重要贡献. 他有一个重要的学生, 即 Alexander 大帝②.

Aristotle 在 "$A\nu\alpha\lambda\upsilon\tau\iota\kappa\alpha$ $\Pi\varrho\sigma\tau\varepsilon\varrho\alpha$" (《分析前篇》, "Analytica priora") 中提出著名的三段论法③, 实际上是代数公式的一个抽象翻版. 例如,

(α) 每个希腊人是人;

(β) 每个人会死的;

(γ) 每个希腊人会死的.

Aristotle 的 "$A\nu\alpha\lambda\upsilon\tau\iota\kappa\alpha$ $Y\sigma\tau\varepsilon\varrho\alpha$" (《分析后篇》, "Analytica posteriora") 在人类所有知识领域都有重要贡献.

Aristotle 的 "$\Phi\upsilon\sigma\iota\kappa\eta$ $\alpha\kappa\varrho\sigma\alpha\sigma\iota\varsigma$" (《物理学》, "Physica") 中已有连续和无穷的观点.

Aristotle 不是第一个提出公理系统的, Plato 曾提出过粗浅的公理系统, 但 Euclid 的几何公理系统来自 Aristotle.

Aristotle 在 "$\Pi\varepsilon\varrho\iota$ $\gamma\varepsilon\nu\varepsilon\sigma\varepsilon\omega\varsigma$ $\kappa\alpha\iota$ $\varphi\vartheta\sigma\varrho\alpha\varsigma$" (《论生灭》) 中说: "体积相等的两个物体, 较重的下落得快."

马克思称 Aristotle 是 "古希腊哲学家中最博学的人物".

恩格斯称 Aristotle 是 "古代的 Hegel".

1.10 几何学之父——Euclid of Alexandria, $E\upsilon\kappa\lambda\varepsilon\iota\delta\eta\varsigma$ o $A\lambda\varepsilon\xi\alpha\nu\delta\iota\alpha$

1.10.1 Euclid

Euclid (公元前 325—前 265), 埃及人.

---

① Nicomachus, $V\iota\kappa\sigma\mu\alpha\chi\sigma\varsigma$, 宫廷御医.

② Alexander the Great, Alexander III of Macedonia, $A\lambda\varepsilon\xi\alpha\nu\delta\varrho0\varsigma$ (公元前 356.07.20—前 323.06.10), 公元前 336—前 323.06.10 在位.

③ 三段论法 (syllogism) 来源于希腊文 "$\sigma\upsilon\lambda\lambda\sigma\gamma\iota\sigma\mu\sigma\varsigma$" ("演绎" 之意).

Euclid 生卒于 Alexandria, 今埃及第二大城市.

Euclid 是 Alexandria 学派的重要人物, 希腊 "三大数学巨人" 之一.

Euclid 的 "Elements" 是数学史上了不起的八本著作之第一本和十大名著之一. 它的重要性不在于书中提出的哪一条定理, 而是将这些材料做了整理, 作了全面的系统阐述. 这包括首次对公理和公设作了适当的选择 (这是非常困难的工作, 需要超乎寻常的判断力和洞察力). 然后, 他仔细地将这些定理做了安排, 使每一个定理与以前的定理在逻辑上前后一致. 在需要的地方, 他对缺少的步骤和不足的证明也作了补充, 形成了完整的演绎推理结构.

"Elements" 作为教科书使用了 2000 多年. 在形成文字的教科书之中, 无疑它是最成功的. Euclid 的杰出工作使以前类似的东西黯然失色. 该书问世之后, 很快取代了以前的几何学教科书. 在训练人的逻辑推理思维方面, 它比 Aristotle 任何一本有关逻辑的著作影响都大得多, 是现代科学产生的一个主要因素.

Euclid 提出了分析法、综合法和归谬法.

(α) 分析法: 先假设结论已得到, 再分析它成立的条件, 由此得到证明的步骤.

(β) 综合法: 从已知事实出发, 逐步导出结论.

(γ) 归谬法: 先否定结论, 再导出与已知事实或已知条件相矛盾的结果, 从而证实结论正确.

Sir Newton 的 "Philosophiae naturalis principia mathematica" (《自然哲学之数学原理》)就是类似于 "Elements" 的形式写成的. Lord Russell 和 A. Whitehead[①]在 1910 年的 "Principia mathematica"(《数学原理》)也是如此. 甚至 de Spinoza[②]的 "Ethics demonstrated in geometrical order" (《伦理学》)也是这样.

Proclus[③]在注释 "Elements" 时记述过这样一则逸事: 公元前 3000 年, 古埃及法老 Ptolemaios 一世[④]问 Euclid 有无学习几何的捷径? Euclid 回答说: "几何无王者之道."(There is no royal road to geometry)

注记　1872 年 3 月 18 日, 马克思在 "Das Kapital I" 法文版序言中说: "在科学上没有平坦的大道."(Il n'y a pas de route royale pour la science.)

---

① Alfred North Whitehead (1861.02.15—1947.12.30), 英格兰人, J. Whitehead 的叔叔, E. Routh 的学生, 1884 年在剑桥大学获博士学位, 1903 年当选为皇家学会会员, 1925 年获 Sylvester 奖, 并在发表的 "Science and the modern world" 中称 17 世纪是 "天才的世纪", 并以此命名第三章, 1931 年当选为英国学术院院士, 伦敦数学会设立 Whitehead 奖 (Whitehead Prize).

② Baruch de Spinoza (1632.11.24—1677.02.21), 荷兰人, 理性主义者, 与 R. Descartes 和 von Leibniz 齐名.

③ Proclus Diadochus ($\Pi\varrho\varkappa\lambda o\varsigma\ o\ \Delta\iota\alpha\delta o\chi o\varsigma$, 410.02.08—485.04.07), 土耳其人, 是 Plato 学派最后的哲学家之一.

④ Ptolemaios I Soter, $\Pi\tau o\lambda\varepsilon\mu\alpha\iota o\varsigma\ A\ o\ \Sigma\omega\tau\eta\varrho$ (公元前 367—前 283), 公元前 305—前 283 年在位, Ptolemaios 王朝创建者, 在 Demetrius (Demetrius Phalereus, $\Delta\eta\mu\eta\tau\varrho\varepsilon o\varsigma\ \Phi\alpha\lambda\eta\varrho\varepsilon\upsilon\varsigma$, 公元前 350—前 280, 编辑了第一部《Aesop 寓言集》) 的建议下, 下令建造 Alexandria 图书馆, 公元前 259 年始建.

J. Stobaeus[1]还记述过另一则逸事: 一次一个学生学了第一个几何命题就问学了几何将得到什么. Euclid 吩咐仆人说: "给这位先生三个分币, 因为他一心想从学过的东西中捞点什么."

A. Einstein[2]认为: "如果 Euclid 未激发你少年时代的科学热情, 那你肯定不是天才科学家."

1.10.2 Elements

"Elements" (中译名《几何原本》) 大约成书于公元前 300 年, 包含了五个 "公理"、五个 "公设"、五个 "一般性概念"、23 个定义和 48 个命题. 在每一卷内容当中, Euclid 都采用了与前人完全不同的叙述方式, 即先提出公理、公设和定义, 然后再由简到繁地证明命题. 这使得全书的论述更加紧凑和明快. 而在整部书的内容安排上, 也同样贯彻了他的这种独具匠心的安排, 由浅到深, 从简至繁.

按照 Euclid 几何体系, 所有命题都是从一些公理演绎推理出来的, 命题的证明必须以公理为前提, 或以已证命题为前提, 得出结论. 它标志着几何已成为一门有着比较严密的理论系统和科学方法的学科, 对后世产生了深远的影响.

"Elements" 共十三卷. 第一卷首先给 23 个定义:

(α) 点没有部分.

(β) 线只有长度而没有宽度.

(γ) 一线的两端是点.

(δ) 直线是它上面的点一样地平放着的线.

(ε) 面只有长度和宽度.

(ζ) 面的边缘是线.

① Joannes Stobaeus, $I\omega\alpha\nu\nu\eta$ o $\Sigma\tau o\beta\alpha\iota o\varsigma$ (401—?), 马其顿人.

② Albert Einstein (1879.03.14—1955.04.18), 德国人, 现代物理学开创者和奠基人, A. Kleiner(Alfred Kleiner, 1849.04.24—1916.07.03, 瑞士人, Johann Jakob Müller 的学生, 1874 年在苏黎世大学的博士学位论文是 "Zur Theorie der intermittirenden Netzhautreizung") 和 H. Burkhardt (Heinrich Friedrich Karl Ludwig Burkhardt, 1861.10.15—1914.11.02, 德国人, G. Bauer 的学生, 1887 年在 München 大学的博士学位论文是 "Bezirhungen zwischen der Invariantentheorie und der Theorie algebraischer Integrale und ihrer Umkehrungen", 1894 年研究了一般边值条件下方程的边值问题, 并引进 Green 函数, 在 1904—1908 年的著作中给出了很有价值的数学史注记) 的学生, 1905 年在苏黎世大学 (Universität Zürich, UZH, 创建于 1833 年 4 月 29 日, 是瑞士最大的综合性大学) 的博士学位论文是 "Eine neue Bestimmung der Moleküldimensionen", 同年的 "Zur Elektrodynamik bewegter Köper" 给出狭义相对论, 1907 年给出等价性原理, 1915 年的 "On the influence of gravitation on the propagation of light" 给出广义相对论, 1915 年与 K. Schwarzschild (Karl Schwarzschild, 1873.10.09—1916.05.11, 德国人, Ritter von Seeliger 的学生, 1897 年在 München 大学的博士学位论文是 "Die Poincarésche Theorie des Gleichgewichts einer homogenen rotierenden Flüssigkeitsmasse", 1913 年当选为德国科学院院士) 把 Riemann 几何用于广义相对论, 解出球对称的场方程, 从而可计算水星近日点的移动等问题, 1920 年当选为荷兰皇家人文与科学院院士, 并获 Barnard 科学杰出服务奖, 1921 年当选为皇家学会会员, 并获 Nobel 物理学奖, 1925 年获 Copley 奖, 1999 年 12 月 26 日被 "Time" 评为 "世纪伟人".

(η) 平面①是它上面的线一样地平放着的面.

(ϑ) 平面角是在一平面内但不在一条直线上的两条相交线相互的倾斜度.

(ι) 当包含角的两条线都是直线时, 这个角叫直线角.

(κ) 当一条直线和另一条直线交成邻角彼此相等时, 这些角的每一个叫直角, 而且称这一条直线垂直于另一条直线.

(λ) 大于直角的角叫钝角.

(μ) 小于直角的角叫锐角.

(ν) 边界是物体的边缘.

(ξ) 图形是一个边界或者几个边界所围成的.

(o) 圆②是由一条线包围着的平面图形, 其内有一点与这条线上任何一个点所连成的线段都相等.

(π) 这个点 (指 (o) 中提到的那个点) 叫圆心.

(ρ) 圆的直径是任意一条经过圆心的直线在两个方向被圆截得的线段, 且把圆二等分.

(σ) 半圆是直径与被它切割的圆弧所围成的图形, 半圆的圆心与原圆心相同 (接 (ρ)).

(τ) 直线形由线段围成, 三边形由三条线段围成, 四边形由四条线段围成, 多边形由四条以上线段围成.

(υ) 在三边形中, 三条边相等的, 叫等边三角形; 只有两条边相等的, 叫等腰三角形.

(φ) 在三边形中, 有一角是直角的, 叫直角三角形; 有一个角是钝角的, 叫钝角三角形; 三个角都是锐角的, 叫锐角三角形.

(χ) 在四边形中, 四边相等且四个角是直角的, 叫正方形; 角是直角, 但四边不全相等的, 叫长方形; 四边相等, 但角不是直角的, 叫菱形; 对角相等且对边相等, 但边不全相等且角不是直角的, 叫斜方形; 其余的四边形叫不规则四边形.

(ψ) 平行线③是在同一个平面内向两端无限延长不能相交的直线.

之后是五个公理:

(α) 等于同量的量彼此相等.

(β) 等量加等量, 其和相等.

(γ) 等量减等量, 其差相等.

(δ) 彼此能完全重合的物体是全等的.

(ε) 整体大于部分.

① 平面 (plane) 来源于希腊文 "πλανος".

② 圆 (cycle) 来源于希腊文 "Κυκλος".

③ 平行线 (parallel) 来源于希腊文 "παραλληλος".

再后是五个公设:

(α) 从一点到另一点画一条直线.

(β) 在直线上连续地截取有限线段.

(γ) 给一原点和一半径①画一个圆.

(δ) 所有直角都是相等的.

(ε) 第五公设或平行公设: 一条直线与另外两条直线相交, 在它一侧做成的两个同侧内角的和小于 180° 时, 则这两条直线经无限延长后在这一侧一定相交.

这前三个公设实际上就是 Euclid 先假定了下列作图是可能的:

(α) 从某一点向另一点画直线.

(β) 将一有限直线连续延长.

(γ) 以任意中心和半径作圆.

即假定了点、直线和圆的存在性作为其几何的基本元素, 如此他就可以证明其他图形的存在性.

它们一起构成了整部书的基础.

前六卷是平面几何内容, 其中, 前两卷的内容可能是来源于 Pythagoras 学派.

第一卷: 几何基础. 重点内容有全等三角形判定定理、三角形边角大小关系、平行线理论、三角形和多角形等积条件.

第二卷: 几何与代数. 14 个命题是第一卷命题 44 和命题 45 有关面积变换问题的继续, 讲如何把三角形变成等积的正方形.

第三卷: 圆与角. 37 个命题论述圆、弦②、切线、割线、圆心角和圆周角的一些定理.

第四卷: 圆与正多边形. 16 个命题全是有关圆的问题, 尤其圆的内接与外切直线图形, 包括圆内接多边形和外切多边形的尺规作图法和性质, 命题 16 就是正十五边形的尺规作图.

第五卷: 比例. 发展了一般比例理论, 多数是继承 Eudoxus 的比例理论, 被认为是 "最重要的数学杰作之一". Pythagoras 学派的比例理论只适用于可公度量, 而这里的一般比例理论则适用于一切可公度量与不可公度量. 该卷的核心即含于开篇的定义中, 定义 4 给出了 Archimedes 公理, 定义 5 给出了比例的定义, 被认为是古希腊数学中几个最具创造的成果之一. 余下的定义有关多种比的变换——交比、反比、合比和分比等. 后面的 25 个命题应用了以上各种运算.

第六卷: 相似. 应用第五卷建立的一般比例理论于相似多边形理论, 给出了 33 个命题, 并以此阐述了比例的性质.

---

① 半径 (radius) 是拉丁文词汇.

② 弦 (chord) 来源于拉丁文 "chorda" ("琴弦" 之意).

下面的三卷是算术①内容, 主要讲数论, 各有 39 个、27 个和 36 个命题.

第七卷命题 1 给出了 Euclid 关于两个数最大公约数的算法, 即 Euclid 辗转相除法, 其中命题 22 到命题 32 是关于素数的.

高德纳在 "The Art of Computer Programming" (《计算机程序设计艺术》) 第二卷 (Seminumerical Algorithms) 中说: Euclid 算法是所有算法的鼻祖, 因为它是现存最古老的非凡算法.

第八卷主要处理成连比例的序列②和研究几何中的数. 后来, van der Waerden③指出它已在前面包含了.

第九卷命题 20 相当于证明了 "素数个数无穷多" 这一结论. 事实上, 如果只有有限个素数 $p_1, p_2, \cdots, p_n$, 则构造新的数 $p_1 p_2 \cdots p_n + 1$ 即可得到矛盾.

第十卷: 初等几何数论. 这一卷是篇幅最大的一卷, 115 个命题试图将无理线段进行分类, 详尽讨论了可表示为线段的各种可能形式, 主要是 Theaetetus④的工作, Euclid 改变了几个定理的证明使它们适合 Eudoxus 的比例定义, 其中命题 1 是极限思想的雏形.

最后三卷致力于立体几何.

第十一卷: 立体几何. 大量命题有关平行六面体.

第十二卷: 立体的测量. 主要是应用穷竭法证明了图形的面积和体积之比的一些命题.

第十三卷: 建正多面体. 讲述立体几何的相关体积、侧面积和表面积的计算与证明, 研究了五种正多面体的性质.

150 年左右, Hypsicles⑤可能写了 "Elements" 的第十四和第十五两卷, 他的 "On the ascension of stars" 第一次将 12 宫图⑥分为 360°.

---

① 算术 (arithmetic) 来源于 al-Khwārizmī 的名字.

② 序列 (sequence) 来源于拉丁文 "sequentia" ("跟随" 之意).

③ Bartel Leendert van der Waerden (1903.02.02—1996.01.12), 荷兰人, F. Rellich 的内兄, de Vries (Hendrik de Vries, 1867.08.25—1954.03.03, 荷兰人, D. Korteweg 的学生, 1901 年在阿姆斯特丹大学的博士学位论文是 "Over de restdoorsnede van twee volgens eene vlakke kromme perspectivische kegels, en over satelliet krommen") 的学生, 注意还有另一个 de Vries (Gustav de Vries, 1866.01.22—1934.12.16, 荷兰人, D. Korteweg 的学生, 1894 年在阿姆斯特丹大学的博士学位论文 "Bildrage tot de kennis der lange golven" 给出 KdV 方程), 他们年龄相仿, 又都是 D. Korteweg (Diederik Johannes Korteweg, 1848—1941, 荷兰人) 的学生, 不要弄混, 1926 年 3 月 24 日在阿姆斯特丹大学 (Universiteit van Amsterdam, UvA, 创建于 1632 年, 时名 Athenaeum Illustre, 1815 年更名为 Gemeentelijke Universiteit van Amsterdam, 1960 年成为国立大学, 1961 年改为现名) 的博士学位论文是 "De algebraiese grondslagen der meetkunde and het aantal". 周炜良 (Wei-Liang Chow, 1911.10.01—1995.08.10, 安徽建德人, 今安徽省东至县) 是 van der Waerden 和 P. Koebe 的学生, 1936 年在 Leipzig 大学的博士学位论文是 "Die geometrische Theorie der algebraischen Funktionen für beliebige vollkommene Körper".

④ Theaetetus of Athens, $\Theta \varepsilon \alpha \iota \tau \eta \tau o \varsigma$ o $A \vartheta \eta \nu \alpha$ (公元前 417—前 369), 希腊人, 证明了只有五种正多面体, Crater Theaetetus.

⑤ Hypsicles of Alexandria, $\Upsilon \psi \iota \kappa \lambda \eta \varsigma$ o $A \lambda \varepsilon \xi \alpha \nu \delta \iota \alpha$ (公元前 190—前 120), 埃及人.

⑥ 12 宫图 (zodiac) 来源于希腊文 "$\zeta \omega \delta \iota \alpha \kappa o \varsigma$".

第一个将 "Elements" 译成阿拉伯文的是 al-Hajjāj[①].

1142 年, Adelard[②] 又将 "Elements" 译成了拉丁文.

1260 年, Campanus[③] 出版了 "Elements" 拉丁文版, 作为标准的教材使用了两百多年. 1482 年, Campanus 的版本又成为第一本印刷的数学著作.

1551 年, R. Recorde[④] 精简了 "Elements", 名字为 "The path way to knowledge".

1570 年, Sir Billingsley[⑤] 最早给出英译本, 但误将 Euclid of Megara[⑥] 作为作者.

到 19 世纪末, "Elements" 的印刷版本达千种以上.

1.11 数学之神——Archimedes of Syracuse, $A\varrho\chi\iota\mu\eta\delta\eta\varsigma$ o $\Sigma\upsilon\varrho\alpha\kappa o\sigma\alpha\iota$

1.11.1 Archimedes

Archimedes (公元前 287—前 212), 意大利人.

Archimedes 生卒于 Syracuse, 今意大利 Siracusa.

父亲: Phidias[⑦].

在父亲的影响下, Archimedes 从小热爱学习, 善于思考, 喜欢辩论, 受到良好教育. 在 Alexandria 求学期间, 他经常到尼罗河畔散步, 在久旱不雨的季节, 他看到农民吃力地一桶一桶地把水从尼罗河提上来浇地, 便创造了一种螺旋提水器, 通过螺杆的旋转把水从河里取上来, 省了农民很大力气. 它沿用到今天, 而且也是当代用于水中和空中的一切螺旋推进器的原始雏形.

Archimedes 是 Alexandria 学派的重要人物, 希腊 "三大数学巨人" 之一, 是创造性和精确性的典范, 是古代唯一走到微积分边缘的人. 他的著作有:

(α) "$K\upsilon\kappa\lambda o\upsilon$ $\mu\varepsilon\tau\varrho\eta\sigma\iota\varsigma$"(《论圆的测量》)开创理论计算圆周率近似值的先河, 利用外切正 96 边形 (enneacontahexagon) 和内接正 96 边形给出

---

① al-Hajjāj ibn Yūsuf ibn Matar (786—833), 伊拉克人.

② Adelard of Bath (1075—1160), 英格兰人.

③ Campanus of Novara (1220—1296.09.13), 意大利人, 教皇牧师.

④ Robert Recorde (1510—1558), 威尔士人, 1557 年的 "The Whetstone of Witte" 引入 "=" 符号, 经过 F. Viète 和 von Leibniz 的广泛使用才为人们普遍接受.

⑤ Sir Henry Billingsley (1530—1606.11.22), 英格兰人, D. Whytehead (David Whytehead, 1492—1571, 英格兰人) 的学生, 伦敦城市长.

⑥ $E\upsilon\kappa\lambda\varepsilon\iota\delta\eta\varsigma$ o $M\varepsilon\gamma\alpha\varrho\varepsilon\upsilon\varsigma$ (公元前 435—前 365), 希腊人, Megara 学派 (Megarian school) 创始人, 给出的最著名悖论是关于 "说谎者" 的解释, 即 "自称正在撒谎者是否能讲真话".

⑦ Phidias, $\Phi\varepsilon\iota\delta\iota\alpha$, 天文学家.

$$\frac{223}{71} \approx 3.1408 < \pi < \frac{22}{7} \approx 3.1429,$$

$$\frac{265}{153} \approx 1.7320261 < \sqrt{3} < \frac{1351}{780} \approx 1.7320513.$$

他用到了迭代和逼近①的概念, 是 "计算数学的鼻祖". 他的方法允许改进近似, 提出了积分②思想以计算物体的面积和体积.

(β) "Περι σφαιρας και κυλινδρου"(《论球和圆柱》)证明球③的表面积四倍于大圆的面积, 发现球冠的面积, 证明了:

(1) 球的体积是外接圆柱的体积的三分之二;

(2) 球的表面积是外接圆柱 (包括上下底) 的表面积的三分之二.

Archimedes 的墓碑上就刻着一个圆柱内切球的图形, 如图 1.4 所示.

Archimedes 还给出用平面切球使两个球冠的体积之比等于给定比值, 他使用了无穷小, 很多证明已接近微积分的思想方法, 还得到了 Archimedes 公理.

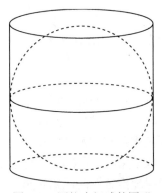

图 1.4   圆柱内切球的图形

(γ) "Περι κωνοειδεων και σφαιροειδεων"(《论锥体和球体》)研究旋转抛物面和旋转双曲面的体积.

(δ) "Τετραγωνισμος παραβολης" (《抛物线求积》) 研究曲线④图形求积问题, 并巧妙地用穷竭法求得

抛物线弓形的面积等于底边相同和顶点相同 (弓形顶点为到底
边垂直距离最大的点) 的内接三角形面积的三分之四.

---

① 逼近 (approximation) 来源于拉丁文 "approximatus" ("很近" 之意).

② 积分 (integral) 来源于拉丁文 "integer" ("整的" 之意).

③ 球 (sphere) 来源于希腊文 "σφαιρα".

④ 曲线 (curve) 来源于希腊文 "καμπυλη".

其方法接近现在的积分法, 是公比为四分之一的第一个几何级数例子.

(ε) "Περι επιπεδων ισορροπιων" (《论平面的平衡》) 利用几何方法给出平面图形重心的力学基本原理, 包括平行四边形、三角形、梯形①和抛物线弓形的重心, 还给出了杠杆原理. 他曾自豪地说: "给我一个支点, 我将撬起地球."

(ζ) "Ψαμμιτης"(《论砂的计算》)设计一种可以表示任何大数目的方法, 已能表示的最大数是 $8 \cdot 10^{63}$, 纠正了有的人认为沙子是不可数的, 即使可数也无法用算术符号表示的错误看法.

迄今为止, 葛立恒②数曾被视为在正式数学证明中出现过最大的数. 现在已被 TREE(3) 取代.

(η) "Περι ελικων" (《论螺线》)定义了 Archimedes 螺线或等速螺线 (图 1.5), 给出螺线与向径所围面积和螺线长度的基本性质, 后人们从他做螺线的切线和计算螺线面积的方法中已感受到了微积分的思维方式, 其实已是微积分的先声, 是所有工作中最光彩夺目的部分.

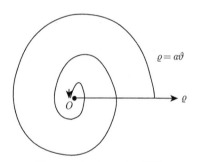

图 1.5　Archimedes 螺线

(ϑ) "Περι των επιπλεοντων σωματων" (《论浮体》) 给出 Archimedes 原理, 即浮力定律, 标志着流体静力学的发端. 迄今, 人们还在利用它测定船舶载重量等.

Archimedes 继承了 Euclid 证明定理时的严谨性, 而才智和成就却远远高于 Euclid. 他把数学与力学紧紧地联系在一起, 用数学研究力学和其他实际问题.

---

① 梯形 (trapezium) 来源于希腊文 "τραπεζιον" ("小桌子" 之意).

② 葛立恒, Ronald Lewis Graham (1935.10.31—2020.07.06), 美国人, D. Lehmer 的学生, 1962 年在 California 大学 (Berkeley) 的博士学位论文是 "On finite sums of rational numbers", 1971 年获第一个 Pólya 奖, 1985 年当选为美国国家科学院院士, 1994 年与高德纳和 O. Patashnik (Oren Patashnik, 1954—, 美国人, 高德纳的学生, 1988 年在 Stanford 大学的博士学位论文是 "Optimal circuit segmentation for pseudo-exhaustive testing", 与 LATEX 的发明人 Leslie Lamport 创造了 BibTEX) 合作的 "Conrete mathematics: A foundation for computer science" 非常著名, 有中译本《具体数学: 计算机科学基础》, 2003 年 1 月 16 日获 Steele 终身成就奖, 2013 年获 Euler 图书奖, 曾任美国数学会会长和美国数学联合会会长, 曾获 Ford 奖. 妻子金芳蓉 (Fan-Rong King Chung Graham, 1949.10.09—), 中国台湾人, 1998 年当选为美国人文与科学院院士.

Archimedes 证明了正七边形①不能由尺规作出.

Archimedes 还给出一个 Archimedes 中点定理:

> 圆上有两点 A, B, M 为弧 AB 的中点, 任取圆上一点 C, D 为 AC 上的点使得 $MD \perp AC$, 则 $AD = DC \pm CB (M, C$ 在弦 AB 同侧或异侧).

Plinius Secundus②将 Archimedes 称为 "数学之神".

510 年, Eutocius③写了 Archimedes 著作的评论.

L. Plutarchus④说: "Archimedes 志气如此之高, 心灵如此之幽深, 科学知识如此之丰富 …… 一心追求那美妙的不夹杂俗世需求的学问."

1558 年, F. Commandino⑤编辑了他的全集 "Archimedis Opera non nvlla".

von Leibniz 说: "了解了 Archimedes 的人, 对后来杰出人物的成就就不会再那么钦佩了."

E. Bell [1] 说: "任何一张列出有史以来三个最伟大的数学家名单, 一定包括 Archimedes."

1.11.2 Archimedes 逸事

Syracuse 僭主⑥Hieron 二世⑦对杠杆威力表示怀疑, 他要求 Archimedes 移动载满重物和乘客的新三桅船. Archimedes 叫工匠在船的前后左右安装了一套设计精巧的滑车和杠杆, 叫 100 多人在大船前面, 抓住一根绳子, 他让僭主牵动一根绳子, 大船居然慢慢地滑到海中. 群众欢呼雀跃, 僭主也高兴异常, 当众宣布: "从现在起, 我要求大家, 无论 Archimedes 说什么, 都要相信他!"

僭主让金匠做了一顶新的纯金王冠, 但他怀疑金匠掺假了, 可做好的王冠无论从重量和外形上都看不出问题. 他把这个难题交给了 Archimedes. 他日思夜想. 一天, 他去澡堂洗澡, 当他慢慢坐进浴池时, 水从池边溢了出来, 他望着溢出来的水, 突然大叫一声: "$E\nu\varrho\eta\kappa\alpha$!" ("找到" 之意) 竟然一丝不挂地跑回家中. 他把王冠放进一个装满水的缸中, 一些水溢出来了. 他再将一块同王冠一样重的金子放进

---

① 七边形 (heptagon) 来源于希腊文 "$\varepsilon\pi\tau\alpha\gamma\omega\nu\upsilon\nu$", 由 "$\varepsilon\pi\tau\alpha$" ("七" 之意) 和 "$\gamma\omega\nu\iota\alpha$" 合成.

② Gaius Plinius Secundus, 也称 Pliny the Elder (23—79), 意大利人, 百科全书式的作家, "Naturalis Historia" 已成为后人百科全书的编辑 "典范". 不要与其侄 Plinius Caecilius Secundus (Gaius Plinius Caecilius Secundus, 61—112, 意大利人, 被称为 Pliny the Younger, 是古罗马的律师、法官和作家) 弄混.

③ Eutocius of Ascalon ($E\upsilon\tau o\kappa\iota o\varsigma$ o $A\sigma\kappa\alpha\lambda\omega\nu\iota\tau\eta\varsigma$, 480—540), 巴勒斯坦人.

④ Lucius Mestrius Plutarchus ($\Lambda o\upsilon\kappa\iota o\varsigma$ $M\varepsilon\sigma\tau\varrho\iota o\varsigma$ $\Pi\lambda o\upsilon\tau\alpha\varrho\chi o\varsigma$, 46—120), 希腊传记家.

⑤ Frederico Commandino (1506—1575.09.05), 意大利人.

⑥ 僭主 ($\tau\upsilon\varrho\alpha\nu\nu o\varsigma$, tyrant) 是古希腊独有的统治者称号, 指通过政变或其他暴力手段夺取政权的独裁者, 后来演变为 "暴君" 的意思.

⑦ Hieron II, $I\varepsilon\varrho\omega\nu$ B (公元前 308—前 215), 公元前 270—前 215 在位.

水里, 又有一些水溢出来. 他发现第一次溢出的水多于第二次. 于是他断定金冠中掺了银了. 经过一番试验, 他算出银子的重量, 金匠目瞪口呆.

公元前 215 年, Marcellus 将军[1]率领大军, 乘坐战舰来到了 Syracuse 城下, 他以为会不攻自破, 听到罗马大军的显赫名声, 城里的人还不开城投降? 然而, 回答罗马军队的是一阵阵密集可怕的镖箭和石头. 罗马人的小盾牌抵挡不住数不清的大大小小的石头, 他们被打得丧魂落魄, 争相逃命. 突然, 从城墙上伸出了无数巨大的起重机式的机械巨手, 它们分别抓住罗马人的战船, 把船吊在半空中摇来晃去, 最后甩在海边的岩石上, 或是把船重重地摔在海里, 船毁人亡. 将军只好带着舰队远远离开了 Syracuse 附近的海面. 他们采取了围而不攻的办法, 断绝城内外的联系. 公元前 212 年, 他们占领了 Syracuse 城.

将军十分敬佩 Archimedes 的聪明智慧, 下令不许伤害他, 还派一名士兵去请他. 此时, Archimedes 不知城门已破, 还在凝视着木板上的几何图形沉思呢. 当士兵的利剑指向他时, 他却用身子护住木板, 大叫: "不要动我的图形!" 但激怒了那个鲁莽无知的士兵, 他竟用利剑刺死了 75 岁的老人. Marcellus 将军勃然大怒, 处死了那个士兵, 为 Archimedes 开了追悼会并建了陵墓.

传说, Archimedes 还曾利用抛物镜面的聚光作用, 把集中的阳光照射到入侵的罗马船上, 让它们自己燃烧起来. 罗马的许多船只都被烧毁了, 但罗马人却找不到失火的原因. 900 多年后, 有人按 Archimedes 方法制造了一面凹面镜, 成功地点着了距离镜子 45 米远的木头, 而且烧化了距离镜子 42 米远的铝. 所以, 人们通常把他看成是人类利用太阳能的始祖.

1.12　大几何学家——Apollonius of Perga, $A\pi o\lambda\lambda\omega\nu\iota o\varsigma$ o $\Pi\varepsilon\rho\gamma\alpha\iota o\varsigma$

Apollonius (公元前 262—前 190), 土耳其人.

Apollonius 生于 Perga, 今土耳其 Murtina, 卒于 Alexandria.

Apollonius 是 Alexandria 学派的重要人物, 希腊 "三大数学巨人" 之一.

Menaechmus[2]尝试解决倍立方时, 发现了圆锥曲线. 他取三个正圆锥, 若其两条母线的最大交角是直角, 该圆锥叫 "直角圆锥"; 若是锐角, 该圆锥叫 "锐角圆锥"; 若是钝角, 该圆锥叫 "钝角圆锥". 然后各作一平面垂直于一条母线, 此平面与圆锥面相截的截线, 分别称为 "直角圆锥曲线" "锐角圆锥曲线" 和 "钝角圆锥曲线", 这是最早为圆锥曲线的定名.

---

[1] Marcus Claudius Marcellus (公元前 268—前 208), 古罗马高级将领和执政官.

[2] Menaechmus, $M\varepsilon\nu\alpha\iota\chi\mu o\varsigma$ (公元前 380—前 320), 希腊人, 给出三次方程式最古老的解法.

Apollonius 改进了 Menaechmus 的方法, 定义了双圆锥 (图 1.6), 指出过定点的直线绕与定点不共面的圆周运动, 则直线生成双圆锥之表面. 进而证明圆锥曲线都能靠变化截面的角度从双圆锥面上得到, 而不必要求垂直于母线[1]. 他是第一个依据同一个圆锥的截线来研究圆锥曲线理论的人.

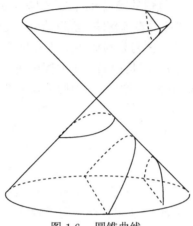

图 1.6   圆锥曲线

Apollonius 是几何中综合法的能手, 以 Euclid 和 Archimedes 的写作风格写了 "$K\omega\nu\iota\kappa o\varsigma$" (《圆锥曲线论》, "Conics"), 其中除了综合前人的成就外, 还有自己的独到见解, 几乎将圆锥曲线的性质网罗殆尽, 几乎使后人无从下手, 是古希腊几何的登峰造极之作. 直到 R. Descartes 和 B. Pascal, 才有实质性进展. 他创用抛物线 (齐曲线)[2]、双曲线 (超曲线)[3]和椭圆 (亏曲线)[4], 取代了 Menaechmus 所用的术语. 他第一个发现双曲线有两支, 独创渐近线[5]概念. 他的 "Conics" 可以说是希腊几何演绎推理的最高成就, 将圆锥曲线的性质网罗殆尽.

Apollonius 的 "Conics" 已有坐标[6]思想的萌芽. 他以圆锥底面直径为横坐标[7], 过顶点的垂线为纵坐标[8], 但这一思想没有充分发挥. 现代术语 "坐标" 是 von Leibniz 首先创用的.

值得指出的是, Apollonius 引用前人的许多成果但不加声明, 而且言词颇不谦逊, 这一点常为后世评论者所非议.

---

① 母线 (generatrix) 是拉丁文词汇.

② 抛物线 (parabola) 来源于希腊文 "$\pi\alpha\varrho\alpha\beta o\lambda\eta$" ("贴合" 之意).

③ 双曲线 (hyperbola) 来源于希腊文 "$\upsilon\pi\epsilon\varrho\beta o\lambda\eta$" ("过剩" 之意).

④ 椭圆 (ellipse) 来源于希腊文 "$\epsilon\lambda\lambda\epsilon\iota\psi\iota\varsigma$" ("不足" 之意).

⑤ 渐近线 (asymptote) 来源于希腊文 "$\alpha\sigma\upsilon\mu\pi\tau\omega\tau o\varsigma$" ("不可能相交" 之意).

⑥ 坐标 (coordinate) 来源于拉丁文 "coordinare" ("安排在一起" 之意).

⑦ 横坐标 (abscissa) 是 "linea abscissa" 的简写, 是拉丁文词汇.

⑧ 纵坐标 (ordinate) 来源于拉丁文 "ordinare", 是 "linea ordinare" 的简写.

"Conics" 共有八卷, 前七卷有 387 个命题, 但希腊原文本只有前四卷被保存了下来, 在中世纪发现了另外三卷的阿拉伯文译本, 第八卷已失传.

第一卷给出了三种截线的一般定义和主要性质, 其中的命题 11—命题 13 分别给出了抛物线、双曲线和椭圆的定义.

第二卷主要讨论双曲线的渐近线, 其中命题 1 给出了渐近线的定义和存在性.

第三卷主要是关于面积和比例的问题, 讨论了焦点[①]和准线[②]问题, 但没有抛物线的焦点, 也没有给出焦点的术语.

第四卷继续讨论圆锥曲线的极点与极线的调和性质, 还讨论了圆锥曲线交点的个数, 证明了两圆锥曲线相交至多有四个交点.

第五卷讨论极大极小问题, 考虑从某一点到圆锥曲线的最大和最小距离.

第六卷主要讨论全等和相似圆锥曲线, 圆锥曲线弓形.

第七卷是关于共轭直径的问题.

第八卷可能是第七卷的继续或补充.

1537 年, J. B. Menus 出版了 "Conics" 前四卷的拉丁文译本, 但比较粗糙.

1566 年, F. Commandino 出版了 "Conics" 前四卷公认的拉丁文译本, 还在 1604 年的 "Astronomiae pars optica" (《天文学的光学部分》) 中研究了圆锥面的截曲线.

1661 年, A. Ecchellensis[③]和 G. Borelli[④]最早出版了 "Conics" 第五卷至第七卷的拉丁文译本 "Apollonius Pergaeus conicorum libri v. vi. vii.".

1710 年, E. Halley[⑤]重新校订了 "Conics" 前七卷的拉丁文版本.

一些人对 Apollonius 的其他著作进行了复原工作.

1600 年, F. Viète 复原了 Apollonius 的 "$E\pi\alpha\varphi\alpha\iota$" (《论相切》, "De tactionibus").

1607 年, M. Ghetaldi[⑥]复原了 "$N\varepsilon\upsilon\sigma\varepsilon\iota\varsigma$" (《论倾斜》, "De inclinationibus").

1704 年和 1749 年, R. Simson[⑦] 复原了 Apollonius 的 "$\Delta\iota\omega\rho\iota\sigma\mu\varepsilon\nu\eta \ \tau\omega\mu\eta$" (《确定的截线》, "De sectione determinata")和 "$T\omega\pi\omega\iota \ \varepsilon\pi\iota\pi\varepsilon\delta\omega\iota$" (《平面轨迹》, "De loci plani").

---

① 1604 年, J. Kepler 创用术语 "焦点"(focus), 是拉丁文词汇.

② de Witt 发明了术语 "准线"(directrix), 是拉丁文词汇.

③ Abraham Ecchellensis (1605—1664), 意大利人, 语言学家.

④ Giovanni Affonso Borelli (1608.01.28—1679.12.31), 意大利人, 第一个用静力学和动力学定律解释了肌肉运动和身体其他功能.

⑤ Edmond Halley (1656.11.08—1742.01.14), 英格兰人, 1678 年当选为皇家学会会员, 1693 年发表 Wrocław 的死亡率表, 1704 年任牛津大学 Savile 几何学教授, 1758 年 12 月 25 日出现他预见的 Halley 彗星.

⑥ Marino Ghetaldi (1568.10.02—1626.04.11), 克罗地亚人, 1621 年当选为 Lincei 科学院院士.

⑦ Robert Simson (1687.10.14—1768.10.01), 苏格兰人, 给出 Simson 线的概念: 设 P 为三角形 ABC 上的任意一点, $PD \perp BC$, $PE \perp CA$, $PF \perp AB$, D, E, F 为垂足, 则它们共线, 该直线叫 Simson 线.

1706 年, E. Halley 复原了 Apollonius 的 "$\Lambda o\gamma o\upsilon\ \alpha\pi o\tau o\mu\eta$" (《截取定比线段》, "De rationis sectione") 和 "$X\omega\varrho\iota o\upsilon\ \alpha\pi o\tau o\mu\eta$" (《截取已知面积》, "De spatii sectione").

值得一提的是, 1629 年, de Fermat 在复原 "De loci plani" 的过程中受到启发, 发现了解析几何, 因而这本书在数学上有特殊的地位.

Apollonius 还研究过从定点到已知圆锥曲线的最大最小距离问题, 还用较好的算术方法改进了 Archimedes 首先定出的 π 的近似值.

Eutocius 在注释 "Conics" 时说, 当时的人们称 Apollonius 为 "大几何学家".

Apollonius 给出了 Apollonius 圆 (图 1.7) 的概念, 即

一动点与两定点的距离之比等于定比, 则动点的轨迹是以定比内分和外分定线段的两个分点的线段为直径的圆.

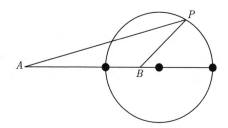

图 1.7   Apollonius 圆

Apollonius 还给出了 Apollonius 定理:

三角形两边的平方和等于第三边一半和中位线平方和的两倍.

E. Bell 说: "Apollonius 作为综合的 '纯' 几何学家, 在 19 世纪的 J. Steiner[1]以前, 是无与匹敌的," 并对 17 世纪数学的发展产生了深远的影响.

1.13   Zenodorus, $Z\eta\nu o\delta\omega\varrho o\varsigma$

Zenodorus (公元前 200—前 140), 希腊人, 据说是 Alexandria 图书馆[2]首任馆长.

---

① Jakob Steiner (1796.03.18—1863.04.01), 瑞士人, 近代射影几何奠基人之一, 1824 年发展综合几何, 于 1832 年发表 "Systematische Entwicklung der Abhangigkeit geometrischer Gestalten voneinander", 1834 年 6 月 5 日当选为德国科学院院士, 1836 证明了等周定理 (先后给出五种方法), 1854 年当选为法国科学院院士, 设立 Steiner 奖, K. Weierstraβ 编辑了他的全集, 他还有一个 Steiner 定理: 设 H 为三角形的垂心, P 是三角形外接圆上的一点, 则从点 P 引出的 Simson 线平分 PH.

② Alexandria 图书馆 (The Library of Alexandria) 是 Alexandria 博物馆 (The Mouseion at Alexandria, $M o\upsilon\sigma\epsilon\iota o\nu\ \tau\eta\varsigma\ A\lambda\epsilon\xi\alpha\nu\delta\varrho\epsilon\iota\alpha\varsigma$) 的一部分, 1995 年, 联合国教科文组织资助下, 埃及在原址附近重建.

Zenodorus 生于雅典.

Diocles[①]的 "On burning mirrors" (包括大多数证明圆锥曲线的 16 个命题) 中提到 Zenodorus 研究等周问题的 "On isometric figures", 其中有 14 个命题, 但没有给出详尽证明. 直到 1884 年, H. Schwarz[②]才完成了这些命题的详细证明, 其中:

(α) (第一个命题) 周长相同的正多边形中, 边数越多, 面积越大.

(β) 圆面积大于同周长的任意正多边形的面积.

(γ) 同底三角形中, 等腰三角形的面积比任何同周长的三角形的面积都大.

(δ) 给定两个相似直角三角形, 两斜边[③]上的正方形面积之和等于四直角边上的四个正方形面积之和.

(ε) 周长相等的 n 边形中, 以正 n 边形的面积为最大.

(ζ) 异底的两相似等腰三角形面积之和大于任何与它们周长之和相同的同底不相似两等腰三角形面积之和.

(η) 表面积相同的正多面体, 面愈多体积愈大.

(ϑ) (最后一个命题) 表面积相等的所有立体体积中, 球的体积最大.

最古老的等周问题 (isoperimetry) 要追溯到远古, 即所谓 Dido[④]问题:

在面积给定的情况下, 求周长最小的平面区域, 或等价地, 用给定的周长围成最大面积的平面区域.

随着数学和物理的发展, 产生了许多类似的问题. 最著名的一个是由 Lord Rayleigh[⑤]提出来的:

给定鼓膜面积, 它应该具有什么形状, 使震动的频率最小?

很明显, 这个问题与 Dido 问题一样, 应该取圆形. 但是要证明它却并非易事. Dido 问题最精巧和直观的解法是由 J. Steiner 给出的 "对称法". G. Pólya 认为同

---

① Diocles of Karystus (Διοκλης ο Καρυστιος, 公元前 240—前 180), 希腊人, 在研究倍立方时发现 Diocles 蔓叶线.

② Hermann Amandus Schwarz (1843.01.25—1921.11.30), 波兰人, E. Kummer 的女婿和学生, K. Weierstraß 的学生, 1864 年在柏林大学的博士学位论文是 "De superficiebus in planum explicabilibus primorum septem ordinum", 有著名的 Cauchy-Schwarz 不等式.

③ 斜边 (hypotenuse) 来源于希腊文 "η υποτεινουσα".

④ Dido, Elissar (Ελισσα, 公元前 840—前 760), 希腊传说中 Carthage(在今突尼斯) 著名的建国者和女王, Tyre 国王的女儿.

⑤ John William Strutt, 3rd Baron Rayleigh (1842.11.12—1919.06.30), 英格兰人, E. Routh 和 Sir Stokes 的学生, 1868 年在剑桥大学获博士学位, 1873 年当选为皇家学会会员 (1905—1908 任会长), 1876—1878 年任伦敦数学会会长, 1877 年出版的 "The theory of sound" 今天仍被使用, 1879—1884 年任剑桥大学 Cavendish 物理学教授, 1882 年获皇家奖, 1894 年发现氩 (Ar, Argon, 18), 并获 Matteucci 奖, 1895 年获第一个 Barnard 科学杰出服务奖, 1897 年当选为瑞典皇家科学院院士, 1898 年发现氪 (Kr, Krypton, 36)、氙 (Xe, Xenon, 54), 1899 年获 Copley 奖, 并最早提出基于统计概念的 Monte Carlo 方法的思想, 1900 年获 de Morgan 奖, 1904 年获 Nobel 物理学奖, 1908—1919 年任剑桥大学校长, 1913 年获 Cresson 奖, 1914 年获 Rumford 奖.

样的方法也可以运用于类似的几何与数学和物理问题中, 并给出了 Rayleigh 问题的最优美的解答.

1.14   Heron of Alexandria, $H\varrho\omega\nu\ o\ A\lambda\varepsilon\xi\alpha\nu\delta\iota\alpha$

Heron (10—75), 埃及人.

Heron 生于 Alexandria.

Heron 将 π 的近似值 $\dfrac{22}{7}$ 推广到很多书中.

Heron 的 "Metrica" (《量度》)直到 1896 年才由 R. Schone 在 Istanbul 中发现, 共三卷, 分别论述平面图形的面积、立体图形的体积和将图形分成比例的问题, 其中第一卷给出著名的 Heron 公式:

$$S = \sqrt{p(p-a)(p-b)(p-c)},$$

其中 a, b, c 是三角形三边边长, $p = \dfrac{a+b+c}{2}$.

Heron 还给出过最小路径问题:

在直线的一边给定两个点 A 和 B, 在直线上找一点 C 使得 $AC + BC$ 为最小.

1.15   Nicomachus of Gerasa, $N\iota\kappa o\mu\alpha\chi o\varsigma\ o\ \Gamma\varepsilon\varrho\alpha\sigma\alpha$

Nicomachus (60—120), 约旦人.

Nicomachus 生于 Gerasa, 今为约旦 Jarath.

Nicomachus 在哲学思想和数的理论方面继承了 Pythagoras 学派的衣钵, 并企图恢复 Pythagoras 精神, 故被称为新 Pythagoras 学派. 他开辟了古希腊数学的新途径, 影响达千年之久. 公元 90 年, 他的 "$A\varrho\iota\vartheta\mu\eta\tau\iota\kappa\eta\ \varepsilon\iota\sigma\alpha\gamma\omega\gamma\eta$"(《算术入门》, "Arithmetike eisagoge")是一本真正摆脱几何形式的算术, 只是借用了几何名称, 此后算术开始成为独立学科. 这本书将平面多角形推广到立体多角形, 实际上这类问题可归结为高阶等差级数的范畴. 他还研究了几何级数 (或等比级数)、算术级数 (或等差级数), 以及调和级数的种种性质.

Nicomachus 叙述了 "Eratosthenes 筛法" 和 "Euclid 辗转相除法".

(α) Eratosthenes 筛法: 就是筛去合数留下素数的方法, 即对于从 1 到 N 的自然数, 先把 1 筛去; 此时将最小素数 2 留下, 所有 2 的倍数筛去; 再将 2 后面第一个没被去掉的 3 留下, 所有 3 的倍数筛去; 再将 3 后面第一个没被去掉的 5 留下, 所有 5 的倍数筛去; 以此类推, 最后留下的就是 N 以内的所有素数. Eratosthenes 还指出, 整数 p 所含的素数个数不大于 $\sqrt{p}$.

(β) Euclid 辗转相除法: 就是找两个数的最大公约数的方法, 即用较小数除较大数得第一个余数; 用第一个余数除较小数得第二个余数; 用第二个余数除第一个余数; 以此类推, 直至最后余数是 0, 最后的除数即这两个数的最大公约数. 我们可以把这个过程表示为 $\gcd(a, b) = \gcd(b, a(\mathrm{mod}\ b))$, 其中 $\gcd$ 表示最大公约数.

1.16 "地理学之父"——Claudius Ptolemy, $K\lambda\alpha\upsilon\delta\iota\sigma\varsigma$ $\Pi\tau\sigma\lambda\varepsilon\mu\alpha\iota\sigma\varsigma$

1.16.1　C. Ptolemy

C. Ptolemy (85—165), 埃及人, Alexandria 图书馆馆长.

C. Ptolemy 生于 Hermiou ($E\varrho\mu\varepsilon\iota\sigma\upsilon$), 今属埃及, 卒于 Alexandria.

C. Ptolemy 的 "$M\varepsilon\gamma\iota\sigma\tau\eta$"(《天文学大成》, "Almagest")是根据 Hipparchus[1]的工作写成的一部西方古典天文学百科全书, 主要论述 Aristotle 的地心说 (geocentric theory), 奠定了三角学[2]的基础. "Almagest" 记载的天文观测记录从 127 年 3 月 26 日至 141 年 2 月 2 日. 这本书在中世纪被尊为天文学的标准著作, 直到 1543 年, N. Copernicus[3]的 "De revolutionibus orbium celestium"(《天体运行论》) 给出颠覆性的日心说 (heliocentric theory), 地心说才被推翻.

C. Ptolemy 的 "$\Gamma\varepsilon\omega\gamma\varrho\alpha\varphi\iota\kappa\eta\ \Upsilon\varphi\eta\gamma\eta\sigma\iota\varsigma$"(《地理学》, "Geographia")是古希腊有关地理知识的总结, 提出了两种新的地图投影: 圆锥投影和球面投影, 主要以 Maninus[4]的工作为基础, 参考 Alexandria 图书馆的资料撰成.

第一卷阐述了他的地理学[5]体系, 修正了 Maninus 的制图方法.

第二卷至第七卷列有欧亚非三大洲 8100 处地点位置的一览表, 并采用 Hipparchus 所建立的经纬度网, 把圆周分为 360 份, 给每个地点都注明经纬度坐标, 这是古代坐标的示例.

第八卷由 27 幅世界地图和 26 幅局部区域图组成, 以后曾多次刊印, 称为 "Ptolemy 地图".

---

① Hipparchus of Nicaea, $I\pi\pi\alpha\varrho\chi\sigma\varsigma\ \sigma\ N\iota\kappa\alpha\iota\alpha$ (公元前 190—前 120), 土耳其人, 发现岁差, 计算一年长度的误差仅 6.5 分, 三角学奠基人.

② 三角学 (trigonometry) 来源于希腊文 "$\tau\varrho\iota\gamma\omega\nu\sigma\nu$" 和 "$\mu\varepsilon\tau\varrho\sigma\nu$" 的合成, "三角形测量" 之意.

③ Nicolas Copernicus, Mikołaj Kopernik(波兰语), Nicolaus Koppernigk (1473.02.19—1543.05.24), 波兰人, 终身未婚, z Dobczyc (Leonhard Vitreatoris z Dobczyc, Leonhard von Dobschütz, 1450—1508, 波兰人) 和 D. Novara (Domenico Maria Novara da Ferrara, 1454.07.29—1504.08.15, 意大利人, J. Regiomontanus 和 L. Pacioli 的学生) 的学生.

④ Maninus of Tyre, $M\alpha\varrho\iota\nu\sigma\varsigma\ \sigma\ T\upsilon\varrho\iota\sigma\varsigma$ (450—500), 叙利亚人.

⑤ 地理学 (geography) 来源于希腊文 "$\gamma\varepsilon\omega\gamma\varrho\alpha\varphi\iota\alpha$" ("地球描述" 之意).

C. Ptolemy 在 "Geographia" 中采用了 Posidonius[①]错误的地球周长数据, 又在绘制陆地向东延伸中增加了误差, 把人居的世界想象为一片连续的陆块, 中间包围着一些海盆, 并在地图上标明, 印度洋的南面还存在一块未知的大陆. 直到 Cook 海军上校[②]的探险航行才消除这个错误.

C. Ptolemy 求出

$$\pi \approx \frac{377}{120} \approx 3.14167,$$

用圆周运动组合解释了天体视动, 这在当时被认为是绝对准确的.

C. Ptolemy 还论证了 Ptolemy 定理 (可直接推出勾股定理):

凸四边形两组对边乘积之和不小于两条对角线的乘积. 特别地, 圆内接四边形两组对边乘积之和等于两条对角线的乘积, 逆也成立.

1.16.2 关于三角学的一些注记

920 年, al-Battānī 的 "Kitāb az-Zīj" (《天文星表》)研究三角学, 创立了系统的三角学术语. 据说, N. Copernicus 常引用该书.

970 年, Abū'al-Wafā[③]的 "Kitāb al-Majistī" 是 "Almagest" 的简写版. 他还给出几个三角恒等式, 发现了球面三角学的正弦定理, 引进了 "sec" 和 "csc" 函数, 改进了计算三角函数表的方法, 精确到八位小数, 而 C. Ptolemy 仅到三位小数.

1342 年, Gersonides[④]的 "De sinibus, chordis et arcubus" 证明了正弦定理, 给出五位数的正弦表.

1437 年, U. Beg[⑤]的 "Zij-i sultani" (《星表》)给出精确到八位三角函数表.

1533 年, R. Frisius[⑥]第一个提出三角学精确测量的方法.

1542 年, G. Rhaeticus[⑦]的 "De lateribus et angulis triangulorum" 直接将正弦[⑧]定义在直角三角形上.

1551 年, G. Rhaeticus 的 "Magnus canon doctrinae triangulorum" 第一次给出三角函数表.

---

① Posidonius of Rhodes, Ποσειδωνιος ο Ροδιος (公元前 135—前 51), 希腊人.

② James Cook, Captain Cook (1728.11.07—1779.02.14), 苏格兰人, 1776 年 2 月 29 日当选为皇家学会会员, 1776 年获 Copley 奖.

③ Muhammad Abū'al-Wafā Būzjānī (940.06.10—998.07.15), 伊朗人.

④ Gersonides, Levi ben Gerson (1288—1344.04.20), 法国人, 1321 年的 "Maaseh hoshev" 处理算术运算、排列与组合, 最早严格使用了归纳法.

⑤ Ulugh Beg (1393—1449.10.27), 伊朗人.

⑥ Regnier Gemma Frisius (1508.12.08—1555.05.25), 荷兰人, de Corte (Pieter de Corte, Petrus Curtius, 1495.04.16—1552.04.21) 的学生.

⑦ Georg Joachim de Porris, Georg Joachim von Leuchen Rhaeticus (1514.02.16—1574.12.04), 奥地利人, N. Copernicus 唯一的学生.

⑧ 正弦 (sine) 来源于拉丁文 "sinus", 错译自阿拉伯文 "Jayb".

1595 年, B. Pitiscus①的 "Trigonometria: sive de solutione triangulorum trac-tatus brevis et perspicuus" 第一个使用 "三角学" 术语, 并在 1596—1613 年完成了三角函数间隔 10 秒的 15 位小数表 "Thesaurus mathematicus", 改进了 G. Rhaeticus 的三角函数表.

1984 年, G. Toomer②英译了 "Almagest".

1.17　代数学之父——Diophantus of Alexandria, $\Delta\iota o\varphi\alpha\nu\tau o\varsigma\ o\ A\lambda\epsilon\xi\alpha\nu\delta\iota\alpha$

Diophantus (200?—284?), 埃及人.

Diophantus 生卒于 Alexandria.

Diophantus 的 "$A\rho\iota\vartheta\mu\eta\tau\iota\kappa\alpha$"(《算术》, "Arithmetica")共有十三卷, 是可与 "Elements" 相媲美的著作, 它讨论了一次方程和二次方程, 以及个别的三次方程, 还有大量的不定方程. 对于具有整数系数③的不定方程, 如果只考虑其整数解④, 这类方程就叫 Diophantus 方程.

Diophantus 的出生日期不可考, 但他的墓碑上有很经典的一道代数题, 简单地概括了一生的经历:

坟中安葬着 Diophantus, 多么令人惊讶, 它忠实地记录了所经历的道路. 上帝给予的童年占六分之一, 又过了十二分之一, 两颊长胡, 再过七分之一, 点燃起结婚的蜡烛. 五年之后天赐贵子, 可怜迟来的宁馨儿, 享年仅及其父之半, 便进入冰冷的墓. 悲伤只有用数论的研究去弥补, 又过了四年, 他也走完了人生的旅途. 终于告别数学, 离开了人世.

1464 年 2 月 15 日, von Regiomontanus⑤写信给 G. Bianchini⑥, 说他在 Venezia 发现了这本书的希腊文本六卷 (应该是第一卷至第三卷和第八卷至第十卷). 1973 年, G. Toomer 在伊朗境内又发现了四卷阿拉伯文本 (应该是原书的第四卷至第七卷). 这样, 现存的这本书只有十卷, 共 290 个问题, 具有东方色彩, 其用纯分析角度处理数论问题代表了希腊算术与代数的最高途径. 它传到欧洲是比较晚的.

---

① Bartholomaeus Pitiscus (1561.08.24—1613.07.02), 波兰人.

② Gerald James Toomer (1934.11.23—), 英国人, 天文学家和数学史专家.

③ F. Viète 给出术语 "系数"(coefficient).

④ 解 (solution) 来源于拉丁文 "solutionem" ("解释、回答" 之意).

⑤ Johann Müller von Regiomontanus (1436.06.06—1476.07.06), 德国人, 1464 年的 "De triangulis omni-modis" 给出了正弦与余弦定理, 1474—1506 年的天文表提出利用月亮计算经度的方法; 1475 年的 "De triangulis planis et sphaericis" 研究了球面三角学并应用到天文学.

⑥ Giovanni Bianchini (1410—1469), 意大利人.

1575 年, W. Xylander①出版了拉丁文译本 "Diophanti Alexandrini resum Arithmeticarum libri sex, et de numeris multiangulis liber unus".

1621 年, de Méziriac②出版了希拉对照本.

1885 年, Sir Heath③的 "Diophantus of Alexandria: A study in the history of Greek algebra" 是最流行的英译本.

1893—1895 年, P. Tannery 编校了 Diophantus 的 "Arithmetica" 的希拉对照本 "Diophanti Alexandrini opera omnia Greacis commentariis".

古希腊数学自 Pythagoras 学派后, 兴趣中心在几何, 他们认为只有经过几何论证的命题才是可靠的. 为了逻辑的严密性, 代数也披上了几何的外衣. 一切代数问题, 甚至简单的一次方程的求解, 也都纳入了几何的模式之中. 直到 Diophantus, 才把代数解放出来, 摆脱了几何的羁绊. 他认为代数方法比几何的演绎推理更适宜解决问题, 而在解题的过程中更能显示出高度的巧思和独创性, 在古希腊数学中独树一帜. 他被后人称为 "代数学之父".

1.18　古希腊最后一位伟大的几何学家——Pappus of Alexandria, Παππος ο Αλεξανδια

Pappus (290—350), 埃及人,

Pappus 生于 Alexandria.

Pappus 生前有大量著作, 注释了 Euclid 的 "Elements" 和 C. Ptolemy 的 "Almagest" 等, 引用和参考了 30 多位前人的著作, 传播了大批原始命题及其进展、扩展和历史注释, 只有 340 年的 "Συναγωγη"(《数学汇编》, "Synagoge") 保存了下来. 由于许多原著已散失, 这本书对数学史具有重大的意义, 它对前人的著作做了系统整理, 并发展了前辈的某些思想, 保存了很多古代珍贵数学作品的资料. 这部著作共有八卷. H. Eves④[4] 说: "Pappus 的 'Synagoge' 是名副其实的几何宝库 …… 它可以称为是希腊几何的安魂曲."

---

① Wilhelm Xylander (1532.12.26—1576.02.10), 德国人, 1564 年任 Heidelberg 大学 (Ruprecht-Karls-Universität Heidelberg, 创建于 1386 年 7 月 26 日, 是德国最古老的大学, 也是神圣罗马帝国继布拉格大学和维也纳大学之后的第三所大学. 校训: Semper apertus, 永远开放) 校长.

② Claude Gaspar Bachet de Méziriac (1581.10.09—1638.02.26), 法国人, 1612 年发表数学难题和诀窍的书, 形成后来几乎所有数学趣题的基础, 还设计了构造魔方的方法, 1635 年当选为法兰西学术院院士.

③ Sir Thomas Little Heath (1861.10.05—1940.03.16), 英格兰人, 1909 年封爵, 1912 年 5 月当选为皇家学会会员, 1921 年写了 "History of Greek Mathematics", 1932 年当选为英国学术院院士.

④ Howard Whiteley Eves (1911.01.10—2004.06.06), 美国人, I. Hostetter (Ingomar M. Hostetter, 1893.06.27—1969.08.16, 美国人, 在华盛顿大学的博士学位论文是 "A new solution of the simplest problem of the calculus of variations by vector methods …") 的学生, 1948 年在 Oregon 州立学院的博士学位论文是 "A class of projective space curves".

第一卷为算术.

第二卷提出了连乘法.

第三卷关于平面与立体几何.

第四卷是三个已知圆彼此外切问题, 讨论 Archimedes 螺线、Nicomedes[1]蚌线及 Hippocrates 和 Hippias[2]割圆曲线等, 并涉及三等分角和化圆为方问题.

第五卷是面积体积问题, Zenodorus 的 "On isometric figures" 经加工编入该卷中, 对希腊几何三大问题也作了历史回顾, 并给出几种用二次或高次曲线的解法.

第六卷是对前人著作的评注.

第七卷阐述了术语 "分析" 和 "综合" 以及定理和问题之间的区别, 探讨了三种圆锥曲线焦点的性质, 给出 Pappus 定理:

(1) 平面曲线绕同一平面内不与之相交的轴旋转所产生的旋转曲面的面积等于该曲线的弧长乘以图形重心所描画出的圆周长;

(2) 平面图形绕同一平面内不与之相交的轴旋转所产生的立体体积等于该图形的面积乘以图形重心所描画出的圆周长.

1635—1641 年, P. Guldin[3]在 "Centrobaryca seu de centro gravitatis trium specierum quantitatis continuae" (《重心》)中独立地发现了 Pappus 定理.

第八卷主要是关于力学.

下面再看一个 Pappus 定理 (图 1.8):

设 U, V, W, X, Y, Z 为平面上六条直线. 若

(α) U 与 V 的交点, W 与 X 的交点, Y 与 Z 的交点共线;

(β) U 与 Z 的交点, X 与 V 的交点, Y 与 W 的交点共线,

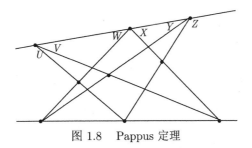

图 1.8　Pappus 定理

① Nicomedes, $\Nu\iota\kappa\omega\mu\eta\delta\eta\varsigma$ (公元前 280—前 210), 希腊人.

② Hippias of Elis, $I\pi\pi\iota\alpha\varsigma$ o $H\lambda\epsilon\iota o$ (公元前 460—前 400), 希腊人.

③ Paul Guldin (1577.06.12—1643.11.03), 瑞士人, C. Clavius 的学生.

则 U 与 W 的交点, X 与 Z 的交点, Y 与 V 的交点共线.

Pappus 在注释 "Elements" 时已注意到它的三个缺陷: 没有基本概念, 许多定义含糊, 公理不足等.

公元前 146 年, Alexandria 被罗马人占领. 除 Menelaus[①]和 C. Ptolemy 在三角学方面有所建树外, 几何的活力逐渐凋萎.

1.19 第一位女数学家——Hypatia of Alexandria, $Y\pi\alpha\tau\iota\alpha$ o $A\lambda\varepsilon\xi\alpha\nu\delta\iota\alpha$

Hypatia (370—415.03), 埃及人.

Hypatia 生卒于 Alexandria, 终身未婚.

父亲: Theon[②].

公元前 47 年, Caesar 大帝[③]焚毁了 Alexandria 图书馆. 基督教兴起后排斥异教, 鄙视数学、天文学和物理学[④]等, 严禁 "沾染希腊和埃及学术这个脏东西".

325 年, Constantinus 大帝[⑤]以宗教为统治工具, 逐渐把数学、哲学和教育等都置于宗教的控制之下. 此后, 基督徒摧毁埃及和希腊文化的行径变得有恃无恐和变本加厉, 有人甚至说: "数学家应该被野兽撕碎或者活埋."

Theon 不遗余力地培养这个极有天赋的女儿. 10 岁左右, 她已掌握了相当丰富的算术和几何知识, 并懂得如何利用金字塔的影长去测量其高度, 倍受父亲及其好友的赞赏. 这进一步提高了她学习数学的兴趣, 开始阅读数学大家的专著. 17 岁时, Hypatia 参加了全城 Zeno 悖论的辩论, 一针见血地指出 Zeno 的错误所在, 即 Zeno 的推理包含了一个不切实际的假定, 他限制了赛跑的时间. 这次辩论使她的名声大振, 人们都知道她是一个非凡的女子, 容貌美丽, 而且聪明. 20 岁以前, 她几乎读完了当时所有的名著.

---

① Menelaus of Alexandria ($M\varepsilon\nu\varepsilon\lambda\alpha o\varsigma$ o $A\lambda\varepsilon\xi\alpha\nu\delta\iota\alpha$, 70—130), 埃及人, Alexandria 学派的重要人物, 110 年的 "Sphaerica" 给出 Menelaus 定理: 设 X, Y, Z 分别是三角形三边 BC, CA, AB 上或延长线上的点, 则它们共线当且仅当 $\frac{XB}{XC}\frac{YC}{YA}\frac{ZA}{ZB} = 1$, 1678 年, G. Ceva (Giovanni Benedetto Ceva, 1647.09.01—1734.05.13, 意大利人, 1711 年的 "De re nummerraria" 是数理经济学的最早期著作之一) 的 "De lineis rectis se invicem secantibus statica constructio" 中重新发现 Menelaus 定理, 并给出 Ceva 定理: 在三角形 ABC 中, 过每个顶点做相交于一点 P 的直线, 分别交 BC, CA, AB 上或延长线上三点 D, E, F, 则它们共线当且仅当 $\frac{BD}{DC}\frac{CE}{EA}\frac{AF}{FB} = 1$, 110 年的 "Sphaerica" 包括球的几何, 并附有球面三角学的讨论和在天文学上的应用.

② Theon of Alexandria, $\Theta\varepsilon\omega\nu$ o $A\lambda\varepsilon\xi\alpha\nu\delta\iota\alpha$ (335—405), 埃及人.

③ Gaius Julius Caesar (公元前 100.07.13—前 44.03.15), 公元前 49—前 44 年为罗马独裁者.

④ 物理学 (physics) 来源于希腊文 "$\varphi\upsilon\sigma\iota\kappa\eta$" ("自然" 之意).

⑤ Constantinus I Magnus, Flavius Valerius Aurelius Constantinus (272.02.27—337.05.22), 306—337.05.22 在位.

390 年, Hypatia 先后访问雅典和意大利. 395 年, 她回到家乡便成为 Alexandria 图书馆里的教师. 来自欧亚非的许多青年拜她为师, 学生们都非常喜欢听她讲课, 说她不仅学识渊博而且循循善诱, 讲话如行云流水, 引人入胜. 几年后, Hypatia 便是 Alexandria 最引人注目的学者了, 成为新 Plato 学派的领袖.

父女俩一起搜集了能够找到的各种版本 Euclid 的 "Elements", 通过认真修订、润色、加工及大量评注, 一个新版的 "Elements" 问世了, 后世的版本都基于此. 他们还评注了 C. Ptolemy 的 "Almagest" 等. Hypatia 评注了 Diophantus 的 "Arithmetica" 和 Apollonius 的 "Conics", 并在此基础上写出适于教学的普及读本.

395—399 年, Hypatia 的声望吸引了一些基督徒的关注, 如 Synesius① 向她请教的信件至今尚存. 教会为自己的教徒被一个不信教的人吸引而恼火, 攻击她为 "异教徒". 尽管发现处于危险境地, 但她相信邪不压正, 仍执着地追求科学进步.

412 年, Alexandria 主教 St Cyril② 在全城系统推行反对 "异教邪说" 的计划. 415 年 3 月的一天, Hypatia 照常到图书馆讲学, 行至一座教堂旁, 一伙暴徒立刻冲过去, 把她拖进教堂, 然后用锐利的蚌壳割她的皮肉, 直割得她全身血肉模糊, 奄奄一息, 暴徒们仍不罢手, 又砍去她的手脚, 将她那颤抖的四肢投入熊熊烈火之中焚毁······ 一颗数学明星就这样陨落了.

1.20 Constantin Carathéodory, $K\omega\nu\sigma\tau\alpha\nu\tau\iota\nu o\varsigma$ $K\alpha\rho\alpha\vartheta\varepsilon o\delta\omega\rho\eta$

C. Carathéodory (1873.09.13—1950.02.02), 希腊人, 1919 年当选为德国科学院③院士, 还是雅典科学院④第一个选举产生的院士.

C. Carathéodory 生于柏林, 卒于 München.

父母: S. Carathéodory⑤和 D. Petrocochino⑥.

---

① Synesius of Cyrene, $\Sigma\upsilon\nu\varepsilon\sigma\iota o\varsigma\ o\ K\upsilon\rho\eta\nu\eta$, 利比亚人, Ptolemais 主教.

② St Cyril, Cyril of Alexandria, $K\upsilon\rho\iota\lambda\lambda o\varsigma\ o\ A\lambda\varepsilon\xi\alpha\nu\delta\iota\alpha$ (376—444), 埃及人, 412—444 年任 Alexandria 主教.

③ 德国科学院 (Deutsche Akademie der Wissenschaften zu Berlin, DAW) 起源于 1652 年成立的 Leopoldina 科学院, 是德国近代最早的科学研究机构. 1695 年, von Leibniz 首先提出在柏林建立科学院的计划, 1700 年 1 月 11 日成立. 开始的名字是 Kurfürstlich Brandenburgische Sozietät der Wissenschaften, 1701 年改为 Königlich-Preußische Sozietät der Wissenschaften, 1744 年, Nouvelles Société Littéraire 和 Society of Sciences 并入 Königlich Akademie der Wissenschaften, 1972 年改为 Akademie der Wissenschaften der DDR, 1993 年重建为 Berlin-Brandenburgische Akademie der Wissenschaften. 2008 年 Leopoldina 科学院升格为德国国家科学院 (德国科学院).

④ 雅典科学院 ($A\kappa\alpha\delta\eta\mu\iota\alpha\ A\vartheta\eta\nu\omega\nu$) 创建于 1926 年 3 月 18 日, 名称来源于 Plato 学院, 是希腊的国家科学院.

⑤ Stephanos Carathéodory (?—1907), 驻比利时、圣彼得堡和柏林大使.

⑥ Despina Petrocochino (?—1895).

师承: H. Minkowski.

1900 年, C. Carathéodory 进入柏林大学[1]. 1902 年进入 Göttingen 大学[2]. 1904 年 7 月 13 日在 Göttingen 大学的博士学位论文 "Über die diskontinuirlichen Lösungen in der Variationsrechnung" 研究了变分法[3]与一阶偏微分方程的关系, 并应用于解 Lagrange 问题, 把光滑曲线理论推广到有角曲线上, 提出了解曲线场的概念.

1909 年, C. Carathéodory 的 "Investigations on the foundations of thermodynamics" 利用力学概念和 J. Pfaff[4]的微分形式给出热动力学的第一个公理化基础, 受到 M. Born[5]的肯定, 但受到 M. Planck[6]的批评.

1914 年, C. Carathéodory 对测度论进行了公理化研究, 提出的测度扩张方法在大学教科书中普遍采用, 提出了定义 Lebesgue 可测集的 Carathéodory 条件, 在各种

① 柏林大学 (Humboldt-Universität zu Berlin, HU Berlin) 创建于 1810 年, 原为 Friedrich-Wilhelm 大学, 倡导 "学术自由" 和 "教学科研相统一", 树立了现代大学的完美典范, 被尊为 "现代大学之母", 1949 年为纪念 Humboldt 兄弟改为现名. 柏林自由大学 (Freie Universität Berlin, FU Berlin) 是 1948 年部分师生从柏林大学出走在西柏林建立, 校训: Veritas, iustitia, libertas (真理、公平、自由).

② Göttingen 大学 (Georg-August-Universität Göttingen) 模仿牛津大学和剑桥大学创建于 1734 年, 以 George 二世 (George II August, King of Great Britain and Ireland, 1683.11.09—1760.10.25, 1727.06.11—1760.10.25 在位) 命名, 世界一流综合研究型大学, 校训: In publica commede (为全人类之福利).

③ 变分法 (calculus of variations) 是 L. Euler 在 1744 年给出的术语.

④ Johann Friedrich Pfaff (1765.12.22—1825.04.21), 德国人, A. Kästner (Abraham Gotthelf Kästner, 1719.09.27—1800.06.20, 德国人, Christian August Hausen 的学生, 1739 年在 Leipzig 大学的博士学位论文是 "Theoria radicum in aequationibus", 1789 年当选为皇家学会会员) 和 J. Bode (Johann Elert Bode, 1747.01.19—1826.11.23, 德国人, Johann Georg Büsch 的学生, 1789 年当选为皇家学会会员, 1794 年当选为瑞典皇家科学院院士, 确定了天王星的轨道, 给出了行星的名字) 的学生, 1786 年在 Göttingen 大学的博士学位论文是 "Commentatio de ortibus et occasibus siderum apud auctores classicos commemoratis", 1815 年发表 Pfaff 型的重要工作.

⑤ Max Born (1882.12.11—1970.01.05), 波兰人, C. Runge (Carl David Tolmé Runge, 1856.08.30—1927.01.03, 德国人, du Bois-Reymond 的女婿, K. Weierstraß 和 E. Kummer 的学生, 1880 年 6 月 23 日在柏林大学的博士学位论文是 "Über die Krümmung, Torsion und geodätische Krümmung der auf einer Fläche gezogenen Curven", 1890 年 9 月 18 日创建德国数学会, 1901 年与 M. Kutta (Martin Wilhelm Kutta, 1867.11.03—1944.12.25, 波兰人, von Lindemann 和 G. Bauer 的学生, 1900 年在 München 大学的博士学位论文是 "Beiträge zur näherungsweisen Integration totaler Differentialgleichungen") 提出 Runge-Kutta 方法, 1914 年任德国数学会会长) 的学生, 1906 年在 Göttingen 大学的博士学位论文是 "Untersuchungen über Stabilität der elastischen Linie in Ebene und Raum unter verschiedenen Grenzbedingungen", 1939 年 3 月当选为皇家学会会员, 1948 年获 Planck 奖, 1954 年获 Nobel 物理学奖, 1972 年设立 Born 奖 (Born Medal and Prize). 程开甲 (1918.08.03—2018.11.17, 江苏苏州人, 1948 年在 Edinburgh 大学获博士学位, 1980 年当选为中国科学院学部委员 (院士), 2013 年获国家科学技术最高奖, 2019 年 9 月 17 日获 "人民科学家" 国家荣誉称号) 和彭桓武 (1915.10.06—2007.02.28, 吉林长春人, 1945 年在 Edinburgh 大学获博士学位, 1948 年当选为爱尔兰皇家科学院院士, 1955 年当选为中国科学院首批学部委员 (院士), 1982 年获国家自然科学奖一等奖, 1999 年获 "两弹一星功勋奖章") 是他的学生.

⑥ Max Karl Ernst Ludwig Planck (1858.04.23—1947.10.04), 德国人, von Brill (Alexander Wilhelm von Brill, 1842.09.20—1935.06.08, 德国人, R. Clebsch 的学生, 1864 年在 Gießen 大学 (Justus-Liebig-Universität Gießen, 创建于 1607 年 5 月 19 日, 以化肥发明者 Justus Freiherr von Liebig (1803.05.12—1873.04.18) 命名) 获博士学位) 的学生, 1879 年 2 月在 München 大学的博士学位论文是 "Über den zweiten Hauptsatz der mechanischen Wärmetheorie", 1894 年当选为德国科学院院士, 1918 年获 Nobel 物理学奖, 1926 年当选为荷兰皇家人文与科学院院士和皇家学会会员, 1927 年获 Lorentz 奖, 1929 年获 Copley 奖和第一个以自己名字命名的 Planck 奖.

非线性问题中起着重要的作用. 这一年, 他任 "Mathematische Annalen"[①]主编.

1918 年, C. Carathéodory 的 "Vorlesungen über reelle Funktionen"(《实变函数论》)非常有影响, 科学出版社于 1957 年出版了中译本.

1920 年 7 月 14 日, C. Carathéodory 奉诏回国建立希腊的第二所大学——Smyrna 大学 (Ioanian University of Smyrna), 并任校长. 1922 年 9 月还未开学, 土耳其便摧毁了 Smyrna. 他抢救了图书馆的资料, 移到了雅典大学[②].

1924 年, C. Carathéodory 到 München 大学[③]接替了 von Lindemann[④]的职位.

1943 年, 在极其困难的情况下, C. Carathéodory 建议雅典大学授予 C. Papakyriakopoulos[⑤]博士学位.

徐瑞云 (Süe-yung Kiang, 1915.06.15—1969.01), 浙江慈溪人, 是 C. Carathéodory 和 A. Schmauß[⑥]的学生, 1940 年在 München 大学的博士学位论文是 "Über die Fouriersche Entwicklung der singulären Funktion bei einer Lebesguesschen Zerlegung", 是我国首个女数学博士, 1955 年翻译了 I. Natanson[⑦]的《实变函数论》.

---

① 1868 年, 由 R. Clebsch 与 C. Neumann (Carl Gottfried Neumann, 1832.05.07—1925.03.27, 德国人, F. Neumann 的儿子, F. Richelot 的学生, 1855 年在 Königsberg 大学的博士学位论文是 "De Problemate quodam mechanico, quod ad primum integralium ultraellipticorum classem revocatur", 1893 年当选为德国科学院通讯院士, 1919 年为正式院士) 创办.

② 雅典大学 ($E\vartheta\nu\iota\kappa o$ $\kappa\alpha\iota$ $K\alpha\pi o\delta\iota\sigma\tau\rho\iota\alpha\kappa o$ $\Pi\alpha\nu\epsilon\pi\iota\sigma\tau\eta\mu\iota o$ $A\vartheta\eta\nu\omega\nu$, UoA) 创建于 1837 年 5 月 3 日, 原名是 Othon 大学, 以 Othon 一世 (Othon I Vasileus tis Ellados, Otto Friedrich Ludwig von Bayern, $O\vartheta\omega\nu$ $B\alpha\sigma\iota\lambda\epsilon\upsilon\varsigma$ $\tau\eta\varsigma$ $E\lambda\lambda\alpha\delta o\varsigma$, 1815.06.01—1867.07.26, 1832.05—1862.10 为希腊首任国王, 后遭废黜) 命名, 是希腊的第一所大学, 也是 Balkan 和地中海中部地区的第一所大学, 1932 年改为现名.

③ München 大学 (Ludwig-Maximilians-Universität München, LMU) 创建于 1472 年, 以 Bayern-Landshut 公爵 (Ludwig IX, Herzog von Bayern-Landshut, 1417.02.23—1479.01.18) 和 Maximilian 一世 (Maximilian I, Römisch-deutscher Kaiser, 1459.03.22—1519.01.12, 1508—1519.01.12 在位) 命名, 是德国历史最悠久、文化气息最浓厚的大学之一, 校训: Veritas, libertas (真理与自由).

④ Carl Louis Ferdinand von Lindemann (1852.04.12—1939.03.06), 德国人, C. Klein 的学生, 1873 年在 Erlangen 大学的博士学位论文是 "Über unendlich kleine Bewegungen und über Kraftsysteme bei allgemeiner projektivischer Maßbestimmung", 1882 年的 "Über die Zahl π" 用 C. Hermite 的方法证明了 π 是超越数.

⑤ Christos Dimitriou Papakyriakopoulos ($X\rho\eta\sigma\tau o\varsigma$ $\Delta\eta\mu\eta\tau\rho\iota o\upsilon$ $\Pi\alpha\pi\alpha\kappa\upsilon\rho\iota\alpha\kappa o\pi o\upsilon\lambda o\varsigma$, 1914.06.29—1976.06.29), 希腊人, 1964 年获第一个 Veblen 几何奖.

⑥ August Schmauß (1877.11.26—1954.10.10), 德国人, 1900 年在 München 大学的博士学位论文是 "Über anomale elektromagnetische Rotationsdispersion".

⑦ Isidor Pavlovich Natanson, (Исидор Павлович Натансон, 1906.02.08—1964.07.03), 苏联人, G. Fichtengolz 的学生.

第 2 章 中 国 篇

2.1 中国古代数学简介

中华民族源远流长, 起源甚早, 在祖先从蛮荒走向开化的路途中, 少不了对于数字和形状的研究与琢磨.

《易·系辞》记载: "上古结绳而治, 后世圣人易之以书契."

《史记·夏本纪》中说大禹治水时已使用了 "左准绳, 右规矩" "身为度" 等作图和测量工具, 并已发现 "勾三股四弦五".

甲骨文卜辞中有很多记数的文字, 从一到十及百千万, 共有 13 个独立符号, 其中有十进制记数法, 出现最大的数字为三万.

战国时期, 尸佼①的《尸子》记载: "古者, 倕②为规矩准绳, 使天下效焉", 即公元前 2500 年前已有圆方平直等形的概念.

墨子③的《墨经》④有关于某些几何名词的定义和命题, 如 "圆, 一中同长也", "平, 同高也" 等.

《庄子》记载了惠施⑤等的名家学说, 桓团⑥和公孙龙⑦等辩者提出的论题, "至大无外谓之大一, 至小无内谓之小一" 和 "一尺之棰, 日取其半, 万世不竭" 等这些几何概念和极限思想是相当可贵的数学思想.

此外,《易经》已有了组合⑧数学的萌芽, 并反映出二进制的思想.

600 年, 刘焯⑨在制订 "皇极历" 时, 在世界上最早提出了等间距二次内插公式, 这在数学史上是一项杰出的创造. 张遂⑩在 729 年颁行的 "大衍历" 中将其发展为

---

① 尸佼 (公元前 390—前 330), 魏 (今山西曲沃) 人.

② 传说为黄帝或尧时期的人.

③ 墨子 (公元前 468—前 376), 墨翟, 鲁 (今山东滕州) 人, 墨家学派创始人, 被称为 "科圣", 中国历史上唯一一位农民出身的哲学家.

④ 《墨经》, 亦称《墨辩》, 是墨子于公元前 388 年写的, 是战国后期墨家的著作, 是指《墨子》中的 "经上" "经下" "经说上" "经说下" "大取" 和 "小取" 等六篇, 主要讨论认识论、逻辑和自然科学.

⑤ 惠施 (公元前 370—前 310), 宋 (今河南商丘) 人, 是名家学派的开山鼻祖.

⑥ 桓团, 名家代表人物, 以辩论闻名于世.

⑦ 公孙龙 (公元前 320—前 250), 赵 (今河北邯郸) 人, 名家离坚白派的代表人物, "诡辩学" 祖师.

⑧ 组合 (combination) 来源于拉丁文 "combinationem" ("连接在一起" 之意).

⑨ 刘焯 (544—610), 字士元, 信都昌亭 (今河北冀州) 人, 曾任太学博士.

⑩ 张遂 (683—727), 法号一行, 魏州昌乐 (今河南南乐) 人, 张公谨 (594—632.05.02, 魏州繁水人, 字弘慎, 唐将领, 凌烟阁二十四功臣之一, 封邹国公, 追赠左骁卫大将军, 追封郯国公, 谥 "襄") 的曾孙.

不等间距二次内插公式.

唐末, 计算技术有了进一步的改进和普及, 出现了很多种实用算术书, 对于乘除算法力求简洁.

标志着中国古代数学高峰的书, 传下来的主要有十种, 称为《算经十书》, 主要是指汉唐间的十部数学著作. 656 年, 在国子监设立算学馆, 设有算学博士和助教, 由李淳风[①]等编纂注释, 作为算学馆学生用的课本, 对保存古代数学经典起了重要的作用. 《算经十书》包括:

(1) 《周髀算经》提出勾股定理的特例及普遍形式及其在测量上的应用和天文学上的计算, 以及测太阳高远的陈子[②]测日法, 为后来测量城池、山高和井深的方法——重差术的先驱. 此外, 还有较复杂的开方问题和分数[③]运算等.

(2) 《九章算术》.

(3) 刘徽的《海岛算经》, 原书名《重差》, 唐时易名为《海岛算经》.

(4) 《张丘建[④]算经》成书于 466—485 年, 比较突出的成就是最大公约数与最小公倍数的计算、各种等差级数的解决和某些不定方程的求解, 其中的一个典型问题 "百鸡问题", 即 "今有鸡翁一, 值钱五; 鸡母一, 值钱三; 鸡雏三, 值钱一. 凡百钱买百鸡, 问鸡翁母雏各几何" 引出三个未知数的不定方程组.

(5) 《夏侯阳算经》成书于 450 年左右, 叙述了筹算[⑤]的计算方法、乘除法则和分数法则, 并将筹算的三行式演算改革为一行中演算, 非常适合于珠算. 它是我国最早提出对筹算进行改革, 同时又是最早提出补数除法的著作.

这里曾有一个误会. 由于 770 年的《韩延算术》书首有 "夏侯阳曰: 夫算之法, 约省为善" 云云约六百字而被欧阳修[⑥]撰《新唐书·艺文志》时误写作《韩延〈夏侯阳算经〉》而坎坷流传至今.

(6) 甄鸾[⑦]的《五经算术》对《易经》《诗经》《尚书》《周礼》《礼仪》《论语》和《左传》等儒家经典及其古注中与数字有关的地方详加注释, 对研究经学的人可能有一定的帮助, 就数学而论, 价值有限.

(7) 王孝通[⑧]的《缉古算经》成书于 626 年 5 月, 主要是通过土木工程中计算

① 李淳风 (602—670), 岐州雍 (今陕西岐山) 人, 世界上第一位给风定级的科学家, 曾任太史令.

② 陈子 (公元前 7 世纪至前 6 世纪).

③ 分数 (fraction) 来源于拉丁文 "fractio" ("折断" 之意).

④ 张丘建 (5 世纪), 北魏清河 (河北清河) 人.

⑤ 筹算的产生年代已不可考, 但可以肯定的是筹算在春秋时代已很普遍. 用算筹记数, 有纵横两种方式: 表示一个多位数字时, 采用十进位值制, 各位值的数目从左到右排列, 纵横相间 (法则是: 一纵十横, 百立千僵, 千十相望, 万百相当), 并以空位表示零. 算筹为加、减、乘、除等运算建立起良好的条件.

⑥ 欧阳修 (1007.08.01—1072.09.22), 字永叔, 号醉翁, 六一居士, 吉州永丰 (今江西) 人, 1030 年进士, "唐宋八大家" 之一, 官至翰林学士, 枢密副使, 参知政事, 太子少师, 谥文忠.

⑦ 甄鸾 (535—566), 字叔遵, 今河北无极人, 曾任司隶校尉和汉中太守, 编写的 "天和历" 在 566 年被采用.

⑧ 王孝通 (580—640), 623 年任算历博士, 626 年任通直郎太史丞.

土方工程的分工与验收以及仓库和地窖计算等实际问题, 讨论如何以几何方式建立三次方程, 发展了《九章算术》少广和勾股章中开方理论, 这是中国现存最早解三次方程的记载, 是继祖冲之《缀术》失传后, 在此方面的新贡献. 王孝通说: "开立方除之, 所得, 又开方", 即将三次方程归结为连续解两次二次方程, 在代数和几何方面有所创新.

(8) 祖冲之的《缀术》.

(9) 甄鸾注的《五曹算经》也是一本经学书, 就数学来说, 价值有限, 是为地方官员撰写的应用数学书, 内容浅近, 不超出《九章算术》的内容, 其中 "五曹" 是指五类官员, 其中 "田曹" 是各种田亩的计算; "兵曹" 是关于军队配置和给养运输等的军事数学问题; "集曹" 是贸易交换问题; "仓曹" 是粮食税收和仓窖体积问题; "金曹" 是丝物交易等问题.

(10) 《孙子算经》成书于四五世纪, 卷上叙述算筹记数的纵横相间制度和筹算乘除法; 卷中举例说明筹算分数算法和筹算开方法; 卷下是后世 "鸡兔同笼" 问题的始祖: "今有雉兔同笼, 上有三十五头, 下有九十四足, 问雉兔各几何?" 给出 "物不知数" 问题, 并作了解答, 是求解一次同余方程组在中国的发端.

宋元时期筹算数学达到极盛, 在很多领域都达到了当时世界数学的巅峰. 这一时期出现了被称为 "宋元数学四大家" 的李冶、秦九韶、杨辉和朱世杰等一批著名的数学家和数学著作, 如:

(1) 贾宪[①]在 1050 年的《黄帝九章经法细草》创造了开任意高次幂[②]的 "增乘开方法", 并列出了二项式定理系数表, 这是现代组合数学的早期发现, 后人所称的 "杨辉三角形" 即指此法.

(2) 刘益[③]在 1080 年的《议古根源》中, 有 22 个问题.

(3) 秦九韶的《数书九章》.

(4) 和 (5) 李冶的《测圆海镜》和《益古演段》.

(6) 至 (8) 杨辉的《详解九章算术》《日用算法》和《杨辉算法》.

(9) 和 (10) 朱世杰的《算学启蒙》和《四元玉鉴》.

1093 年, 沈括[④]在《梦溪笔谈》中从 "酒家积罂" 数与 "层坛" 体积等问题提出了 "隙积术", 即二阶等差级数的求和法, 开始对高阶等差级数的求和进行研究, 并创立了正确的求和公式. 他还提出已知圆的直径和弓形的高, 求弓形的弦和弧长

---

① 贾宪 (1010—1070).

② 幂 (power) 是 Euclid 使用的希腊文 "$\delta\upsilon\nu\alpha\mu\iota\varsigma$" ("放大" 之意) 的错译.

③ 刘益, 字益之, 中山 (今河北定州) 人.

④ 沈括 (1031—1095), 字存中, 号梦溪丈人, 杭州钱塘 (今浙江杭州) 人, 大理寺卿沈曾庆的曾孙, 沈英的孙子, 太子洗马许仲容的外孙, 沈周 (?—1051, 字望之, 1015 年进士) 的儿子, 沈同 (1000 年进士, 官至太常少卿) 的侄子, 许洞 (976—1015, 字洞夫, 吴郡人, 今江苏苏州人, 1000 年进士) 的外甥, 1063 年进士, 1078 年升龙图阁直学士, 最早提及磁盘.

的方法 "会圆术", 得出了我国古代第一个求弧长的近似公式. 他还运用运筹思想分析和研究了后勤供粮与运兵进退的关系等问题. 这部著作被李约瑟在 1954 年的 "Science and Civilisation in China" (《中国科学技术史》) 中称为 "中国科学史上的里程碑".

明代是中国数学的衰落与日用数学的发展时期, 最大的成就是珠算的普及, 出现了许多珠算读本, 及至程大位^①在 1592 年 5 月的《算法统宗》问世, 珠算理论已成系统, 标志着从筹算到珠算转变的完成.

李俨^②在《中国数学简史》中指出: "在中国古代数学发展过程中,《算法统宗》是一部十分重要的著作. 从流传的长久以及广泛和深入来讲, 那是任何其他数学著作不能相比的."

从明末开始, 由于制定天文历法的需要, 传教士开始将与天文历算有关的西方初等数学知识传入中国, 中国数学家在 "西学中源" 思想支配下, 数学研究出现了一个中西融会贯通的局面. 1631 年, 邓玉函^③编译的《大测》和《割圆八线表》, 罗雅谷^④编译的《测量全义》介绍了西方三角学.

入清后, 梅文鼎^⑤坚信中国数学 "必有精理", 同时又能正确对待西方数学, 使之在中国扎根. 与他同时代的还有王锡阐^⑥和年希尧^⑦等人. 康熙帝^⑧写了《积求勾股法》, 创译 "元" "次" 和 "根" 等方程术语, 他御定于 1723 年出版的《数理精蕴》是一部比较全面的初等数学书, 对当时的数学研究有一定影响.

现传最早的数学专著是 1984 年在湖北江陵张家山出土的成书于西汉初的汉简《算数书》. 而与其同时出土《汉简历谱》所记的是公元前 186 年.

---

① 程大位 (1533—1609), 字汝思, 号宾渠, 安徽休宁 (今黄山) 人, 中国 "珠算鼻祖".

② 李俨 (1892.08.22—1963.01.14), 字禄骥, 后改字乐知, 福建闽侯 (今福州) 人, 1955 年 6 月当选为中国科学院首批学部委员 (院士), 中国数学史研究先驱之一.

③ 邓玉函, Johann Schreck (1576—1630.05.11), 字涵璞, 德国人, 1619 年 7 月 22 日来华传教, 第一个把望远镜带进中国, 1611 年 5 月 3 日被 Lincei 科学院接纳为第七位院士, 仅比 Galileo 略晚几天.

④ 罗雅谷, Giacomo Rho (1593—1638.04.27), 字味韶, 意大利人, 1617 年来华传教.

⑤ 梅文鼎 (1633.03.16—1721), 字定九, 号勿庵, 宣城人, 被称为清 "历算第一名家" 和 "天文算法开山之祖", 1705 年, 康熙帝赐 "积学参微", 与 Sir Newton 和关孝和并称 17 世纪的 "三大世界科学巨擘",《中西数学通》几乎包括了当时数学的全部知识, "几何补篇" 介绍了球面三角学, 并对立体几何做出论述和发展.

⑥ 王锡阐 (1628.07.23—1682.10.18), 字寅旭, 号晓庵, 又号天同一生, 江苏吴江人, 他的 "晓庵新法" 是从天文入门到进阶的一部天文学著作.

⑦ 年希尧 (1671—1738), 字允恭, 一作名允恭, 字希尧, 号偶斋主人, 奉天广宁 (辽宁北宁) 人, 曾抚广东, 工部右侍郎和内务府总管, 在郎世宁 (Giuseppe Castiglione, 1688.07.19—1766.07.16, 意大利人, 清廷画家, 官至正三品, 赠侍郎衔) 的帮助下于 1729 年写了《视学》, 1735 年再版, 比 1799 年 G. Monge 的 "Géométrie descriptive" 早 60 多年. 祖父年仲隆 (?—1727), 1655 年进士, 曾署理督湖广; 父亲年遐龄 (1642—1727.05), 曾抚湖广, 封一等公, 加太傅衔; 弟弟年羹尧 (1679—1726.01.13), 字亮功, 号双峰, 1700 年进士, 曾督川陕, 封一等公; 妹妹是雍正帝敦肃皇贵妃.

⑧ 爱新觉罗·玄烨 (1654.05.04—1722.12.20), 清圣祖, 1661.02.08—1722.12.20 在位.

2.2　赵　　爽

赵爽 (182—250), 又名婴, 字君卿.

赵爽研究过张衡①的《灵宪》和刘洪②的"乾象历③".

赵爽在 222 年深入研究了《周髀算经》, 写了序并作了《周髀算经注》, 逐段解释《周髀算经》经文. 其中一段五百余字的《勾股圆方图》注文是数学史上极有价值的文献. 他将勾股定理表述为

勾股各自乘, 并之, 为弦实. 开方除之, 即弦,

又给出了新的证明:

按弦图 (图 1.3(c)), 又可以勾股相乘为朱实二, 倍之为朱实四, 以勾股之差自相乘为中黄实, 加差实, 亦成弦实.

他在注文中证明了勾股形三边及其和差关系的 24 个命题.

赵爽还研究了二次方程, 得出与 Viète 定理类似的结果和求根公式之一.

赵爽还在《旧高图论》中给出重差术的证明.

赵爽自称负薪余日, 研究《周髀算经》, 遂为之作注, 可见他是一个未脱离体力劳动的天算学家.

1799 年, 阮元④和李锐⑤等人的《畴人传》开数学史研究之先河, 说勾股圆方图注"五百余言耳, 而后人数千言所不能详者, 皆包蕴无遗, 精深简括, 诚算氏之最也".

2.3　中国数学史上的 Newton——刘徽

2.3.1　刘徽

刘徽 (225—295), 今山东邹平人, 1109 年追封淄乡男.

---

① 张衡 (78—139), 字子平, 南阳西鄂 (河南南阳) 人, 张堪 (字君游, 曾任蜀郡太守、渔阳太守) 的孙子, 南阳 "五圣" 之一, "汉赋四大家" 之一, 111 年任太史令, 136 年任尚书, 发明浑天仪和地动仪, 被誉为 "木圣" (科圣), 追封西鄂伯.

② 刘洪 (129—210), 字元卓, 泰山蒙阴 (今山东) 人, 汉光武帝的侄子鲁王刘兴后裔, 我国杰出的天文学家, 158—166 年 "以校尉应太史征拜良中", 178—184 年任太史部中, 专门从事历法研究, 190 年发明 "正负数珠算", 被称为 "算圣".

③ "乾象历" 是人类传世的第一部引进月球运动不均匀性理论的历法.

④ 阮元 (1764.02.21—1849.11.27), 字伯元, 号芸台, 又号雷塘庵主, 晚号怡性老人, 江苏仪征人, 1789 年进士, 曾督两广, 1826 年督云贵, 1835 年升体仁阁大学士, 1838 年加太子太保、太傅, 谥文达.

⑤ 李锐 (1769.01.15—1817.08.12), 字尚之, 号四香, 江苏元和 (今苏州) 人.

刘徽思维敏捷, 方法灵活, 既提倡推理又主张直观, 是我国最早明确主张用逻辑推理的方式来论证数学命题的人, 以一己之力完善了中国古代数学体系. 他在数学上的贡献极多, 大致为两个方面:

一是整理中国古代数学体系并奠定它的理论基础, 集中体现在 263 年的《九章算术注》中. 因《九章算术》中的解法比较原始, 缺乏必要证明, 他对此均作了补充证明, 并显示了他在众多方面的创造性贡献, 还提出了许多公认正确的判断作为证明的前提, 他的大多数推理和证明都合乎逻辑, 十分严谨, 从而把《九章算术》及他自己提出的解法和公式建立在必然性的基础之上.

(1) 在代数方面, 他的 "今两算得失相反, 要令正负以名之" 正确地提出了正负数的概念, 给出了加减运算法则, 改进了线性方程组的解法, 用数的同异类阐述了通约分和四则运算, 以及繁分数化简等的运算法则; 在《开方术》的注释中, 他在开方不尽的问题中提出 "求微数" 的思想, 即从开方不尽的意义出发, 论述了无理根的存在, 并用十进小数来无限逼近无理根. 7 世纪的印度开始使用负数, 但在欧洲却发展缓慢, 甚至到 16 世纪, F. Viète 的工作中还在回避负数.

(2) 在演算方面, 他给 "率" 比较明确的定义, 又以遍乘、通约和齐同等三种基本运算为基础, 建立了数与式运算统一的理论基础, 他还用 "率" 来定义 "方程", 即增广矩阵的概念.

(3) 在勾股方面, 他论证了勾股定理 (图 2.1):

> 勾自乘为朱方, 股自乘为青方, 令出入相补, 各从其类, 因就其余
> 不动也, 合成弦方之幂. 开方除之, 即弦也.

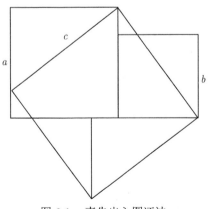

图 2.1　青朱出入图证法

他还给出解勾股形的计算原理, 发展了勾股测量术, 通过对 "勾中容横" 与 "股中容直" 典型图形的论析, 形成了相似理论.

(4) 在面积体积方面, 用出入相补和以盈补虚的原理及 "割圆术", 即用圆内接正多边形面积无限逼近圆面积的极限方法提出了刘徽原理, 为圆周率的研究工作奠定了理论基础, 提供了科学的算法, 并解决了多种几何形体的面积体积计算问题. 这些理论价值至今仍闪烁着余晖.

二是在继承的基础上提出了自己的创见, 代表性的有:

(1) 割圆术与圆周率. 在几何方面, 他在《九章算术・圆田术》注中, 提出了 "割圆术", 并证明了圆面积的精确公式. 他从直径为两尺的圆内接正六边形开始割圆, 每次边数倍增, 依次算到圆内接正 192 边形, 又算到圆内接正 3072 边形, 分别得到

$$\pi \approx \frac{157}{50} = 3.14, \quad \pi \approx \frac{3927}{1250} = 3.1416,$$

称为 "徽率".

刘徽的 "割之弥细, 所失弥少, 割之又割, 以至于不可割, 则与圆周合体而无所失矣" 可视为中国古代极限观念的佳作. 他的方法除了缺少极限表达式外, 与现代方法相差无几, 奠定了此后千余年在世界上的领先地位.

如果设圆的半径为 r, 内接正 n 边形的一边长为 ℓ_n, 则刘徽已得到

$$\ell_{2n} = \sqrt{\left(r - \sqrt{r^2 - \left(\frac{\ell_n}{2}\right)^2}\right)^2 + \left(\frac{\ell_n}{2}\right)^2}.$$

设圆的面积为 S, 内接正 n 边形的面积为 S_n, 则他已得到不等式[①]:

$$S_{2n} < S < S_{2n} + (S_{2n} - S_n),$$

而 S_{2n} 可由 $S_{2n} = S_n + \dfrac{n}{2}\ell_n \cdot d_n$ 算出, 其中 $d_n = r - \sqrt{r^2 - \left(\dfrac{\ell_n}{2}\right)^2}$ 为立于内接正 n 边形一边上圆弓形的高, 如图 2.2 所示.

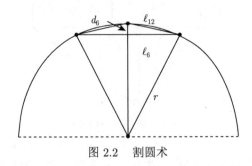

图 2.2   割圆术

---

① 不等式 (inequality) 来源于拉丁文 "inaequalis" ("不同" 之意).

(2) 刘徽原理. 在《九章算术·阳马术》注中, 他在用无限分割的方法求解锥体①体积时, 提出了关于多面体体积计算的刘徽原理, 即由一个堑堵分成的阳马和鳖臑. 所谓阳马就是底面为长方形而有一棱与底面垂直的锥体.

(3) "牟合方盖"②说. 在《九章算术·开立圆术》注中, 他指出球体积公式 $V = 9D^3/16$ (D 为球直径) 的不精确性, 并引入 "牟合方盖" 这一著名的几何模型, 如图 2.3 所示. 这个方法虽然指出了一条正确的思路, 但他还是对自己没能彻底解决球体积的计算问题而感到遗憾. 他说: "敢不阙疑, 以俟能言者." 2019 年, 郭书春③[6] 点评说: "这反映出刘徽具有 '知之为知之, 不知为不知' 的严谨治学态度, 敢于承认自己不足的高贵品质, 寄希望于后学的宽大胸怀."

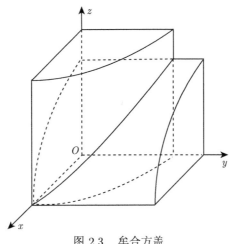

图 2.3　牟合方盖

(4) 方程新术. 在《九章算术·方程术》注中, 他提出了解线性方程组的新方法, 运用了比率算法的思想, 创造了比直除法更简便的互乘相消法, 与现今解法基本一致, 并在中国数学史上第一次提出了 "不定方程问题".

(5) 重差术. 在《海岛算经》一书中, 他论述了有关测量和计算海岛的距离和高度的方法. 他精心选编了九个测量问题, 它们的创造性、复杂性和代表性都在当时为西方所瞩目. 他提出了重差术, 采用了重表、连索和累矩等测高测远方法. 他还运用 "类推衍化" 的方法, 使重差术由两次测望发展为 "三望" 和 "四望". 而印度在 7 世纪, 欧洲在十五六世纪才开始研究两次测望的问题.

2.3.2　《九章算术》

《九章算术》大约成书于东汉初, 是中国最重要的一部经典数学著作, 奠定了

---

① 锥体 (conoid) 来源于希腊文 "$\kappa\omega\nu\sigma\epsilon\iota\delta\eta\varsigma$", 由 "$\kappa\omega\nu\sigma\varsigma$" ("锥" 之意) 和 "$\sigma\epsilon\iota\delta\eta\varsigma$" 合成.

② "牟合方盖" 是指立方体的两个轴互相垂直的内切圆柱体的贯交部分.

③ 郭书春 (1941.08.26—), 山东胶州人.

中国古代数学发展的基础.

《九章算术》(包括《海岛算经》) 在明代失传, 1772 年开 "四库全书" 馆时, 戴震[①]等从《永乐大典》中辑出, 但没有图形, 戴震为之补绘. 现存《九章算术》, 即戴震所辑出之本. 另有李潢[②]的《九章算术细草图说》, 附《海岛算经细草图说》.

《九章算术》全书采用问题集的形式编写, 共有 246 个问题, 分为九章, 在许多方面, 如解联立方程、分数四则运算、正负数运算和几何图形的体积面积计算等, 都属于世界先进之列, 其中:

(1) "方田" 章主要是分数四则运算和平面图形面积的算法.

(2) "粟米" 章主要是谷物粮食交换的算法.

(3) "衰分" 章主要是配比比例和等差等比序列问题.

(4) "少广" 章主要是从平面图形或球的体积求出边长或径长的算法, 其中有多位数开平方、开立方的方法.

(5) "商功" 章主要是各种立体体积的算法.

(6) "均输" 章主要是处理粮食运输和均匀负担等问题.

(7) "盈不足" 章主要是盈亏类问题的解法. 盈不足术即现在的线性插值法.

(8) "方程" 章所引入的负数概念及正负数加减法法则, 在世界数学史上都是最早的记载, 书中关于线性方程组的解法实质上相当于对方程组的增广矩阵施行初等行变换从而消去未知量的方法, 即 Gauss 消元法, 和现代方法基本相同.

(9) "勾股" 章主要是勾股定理的应用和简单测量问题的解法.

刘徽认为: "周公制礼有九数, 九数之流, 则 '九章' 是矣. …… 汉非平侯张苍[③]、大司农中丞耿寿昌[④]皆以善算命世. 苍等因旧文之遗残, 各称删补. 故校其目则与古或异, 而所论多近语也."

《广韵》卷四有 "九章术, 汉许商[⑤]、杜忠、吴陈炽[⑥]、王粲[⑦]并善之",《后汉书·

[①] 戴震 (1724.01.19—1777.07.01), 字东原, 又字慎修, 号杲溪, 休宁隆阜 (今安徽黄山) 人, 1775 年进士, 梁启超 (1873.02.23—1929.01.19, 字卓如, 号任公, 广东新会人) 和胡适 (1891.12.17—1962.02.24, 字适之, 安徽绩溪人, 1938 年驻美大使, 1946 年 7 月任北京大学校长) 称其为中国近代科学界的先驱者.

[②] 李潢 (1746—1812), 字云门, 湖北钟祥人, 1771 年进士, 1789 年任内阁学士, 1790 年任浙江学政, 1795 年任兵部右侍郎, 1798 年任兵部左侍郎.

[③] 张苍 (公元前 256—前 152), 阳武 (今河南原阳) 人, 公元前 201 年封北平侯, 公元前 176 年拜相.

[④] 耿寿昌, 汉宣帝时大司农中丞, 后封关内侯.

[⑤] 许商, 字长伯, 长安人, 公元前 20—前 10 年为帝师, 公元前 14 年为少府, 公元前 8 年为大司农, 数月后为光禄勋.

[⑥] 陈炽, 字公熙, 豫州汝南 (今河南平舆) 人, 三国吴大将军 (上任途中去世).

[⑦] 王粲 (177—217), 字仲宣, 山阳高平 (今山东邹平) 人, 王龚 (字伯宗, 136 年十二月任司空、太尉) 的曾孙, 王畅 (字叔茂, 168 年任司空, 东汉 "八俊" 之一) 的孙子, 王谦 (大将军何进的长史, 司空) 的儿子, 任魏王曹操侍中, 丞相掾, 封关内侯, 建安 "七子" 之冠冕.

马援①传》有马续②"博观群籍, 善九章算术" 的记载.

此外, 史书中还有郑玄③和刘洪等人《通九章算术》的记述, 可知该书是当时学习数学的重要教材.

在 179 年一块铜版上的铭文规定: "大司农以戊寅诏书 ⋯⋯ 特更为诸州作铜斗、斜、称. 依黄钟律历,《九章算术》以均长短、轻重、大小, 以齐七政, 令海内都同." 这说明该书在东汉时期不仅广为流传, 而且度量衡研制涉及的数学问题也要以书中的算法为依据.

许商和杜忠可能最早研究过成书后的《九章算术》.《汉书·艺文志》著录有《许商算术》和《杜忠算术》. 这两部书都是公元前 26 年尹咸④校对数术著作之前撰写的. 许商和杜忠的著作完成年代与耿寿昌删补《九章算术》的年代相去不远, 他们的数学著作应该是在研究了《九章算术》的基础上完成的.

《九章算术》对两汉时期数学的发展产生了很大的影响, 还传到印度和阿拉伯, 再传到欧洲, 促进了世界数学的发展.

郭书春 [6] 说: "《九章算术》并不如数学史界以前认为的那样是一部纯粹的应用问题集, 而是具有一种算法统帅例题的形式; 以《九章算术》为代表的中国古典数学具有构造性和机械化的特点, 是世界数学发展史上的主流形态之一; 刘徽将逻辑方法引入数学研究, 从而奠定了中国古典数学理论的基础, 并由此而建立了具有演绎推理风格的 '数学之树';《九章算术》和刘徽的数学思想不仅可以对现代数学带来启迪, 而且对现代数学教育也有积极意义."

2.4　圆周率之父——祖冲之

2.4.1　祖冲之

祖冲之 (429.04.20—500), 字文远, 范阳逎县 (今河北涞水) 人.

祖冲之生于丹阳建康 (今江苏南京).

祖父: 祖昌⑤.

父亲: 祖朔之⑥.

---

① 马援 (公元前 14—公元 49), 字文渊, 扶风茂陵 (今陕西兴平) 人, 东汉开国功臣之一, 因功累官伏波将军, 封新息侯, 谥忠成.

② 马续 (70—141), 字季则, 扶风茂陵 (今陕西兴平) 人, 马余 (字圣卿, 马援兄, 新莽扬州牧) 的孙子, 马援的侄孙, 马严 (18—99, 字威卿, 汉将作大匠) 的儿子, 马融 (字季长, 79—166, 汉南郡太守, 追封扶风伯) 的弟弟, 马敦 (马严弟, 虎贲中郎将) 的侄子, 度辽将军.

③ 郑玄 (127.08.29—200), 字康成, 北海高密 (今山东) 人, 唐贞观年间列 22 "先师" 之列, 配享孔庙, 宋追封高密伯.

④ 尹咸, 汝南 (今河南上蔡) 人, 尹更始子, 官至大司马.

⑤ 祖昌, 南朝宋大匠卿, 是朝廷管理土木工程的官吏.

⑥ 祖朔之, 做 "奉朝请", 学识渊博, 常被邀请参加皇室的典礼和宴会.

儿子: 祖暅[1].

孙子: 祖皓[2].

在《周髀算经》和《九章算术》中就提出径一周三的古率, 定圆周率为三. 此后, 经过历代的相继探索, 推算出的近似值日益精确.

公元 1 年, 刘歆[3]使用了 $\pi \approx 3.1547$, 称为 "歆率". 张衡推出近似值为 $\frac{92}{29} \approx 3.17241$ 或 $\sqrt{10} \approx 3.162278$. 王蕃[4]推出近似值为 $\frac{142}{45} \approx 3.156$. 何承天[5]的近似值为 3.1428. 皮延宗[6]的近似值为 $\frac{22}{7} \approx 3.14$.

祖冲之认为秦汉以来研究圆周率成绩最大的是刘徽, 但并未达到精确程度. 于是他进一步精益钻研, 去探求更精确的数值. 他在刘徽开创的方法基础上, 480 年首次得到 $3.1415926 < \pi < 3.1415927$, 即精算到小数第七位. 他定 3.14159265 为 "正率", 并求得 "约率" 为 $\frac{22}{7}$ 和 "密率" 为 $\frac{355}{113}$, 其中密率是分子分母在千以内的最佳值. 三上义夫[7]称其为 "祖率".

2019 年 1 月 15 日传出消息, 江苏昆山将要设立 "祖冲之奖". 据说, 祖冲之的 "祖率" 是在任娄县 (昆山旧称) 县令时做出的.

祖冲之幼时 "专功数术, 搜烁古今", 把从上古直至他生活时代的各种文献、记录和资料, 几乎全都找来进行考察. 同时, 他主张决不 "虚推古人", 每每 "亲量圭尺, 躬察仪漏, 目尽毫厘, 心穷筹策". 由于博学多才的名声, 他被南朝宋孝武帝派至华林学省做研究工作, 后又到总明观任职. 总明观分设文、史、儒、道和阴阳五门学科, 实行分科教授制度, 请各地有名望的学者任教. 在这里, 他接触了大量朝廷藏书, 包括天文、历法和算术方面的书籍, 具备了借鉴与拓展的先决条件.

462 年, 祖冲之把在儿子三次建议的基础上精心编成的《大明历》送给孝武帝请求公布实行, 孝武帝令懂历法的官员对其优劣进行讨论. 最终, 465 年改行新历. 直到 510 年, 《大明历》才以《甲子元历》之名颁行. 《大明历》第一次将 "岁差" 引入历法, 这是当时最科学最先进的, 计算出来的一回归年的长度为 365.24281481, 偏差仅 $50''$ 上下, 为后世提供了正确方法. 《隋书》评论: "学官莫能究其深奥, 是

---

[1] 祖暅 (456—536), 字景烁, 历任太府卿、南康太守、材官将军和奉朝请等职.

[2] 祖皓 (489—550), 字皓安, 志节慷慨, 有文武才, 少传家业, 善算历, 545 年任广陵太守.

[3] 刘歆 (公元前 50—公元 23), 字子骏, 沛 (江苏沛县) 人, 汉高祖四弟楚元王刘交五世孙宗正刘向的儿子, 编制中国第一部较完整历法, 是世界上最早的天文年历, 公元 1 年已使用了十进制小数.

[4] 王蕃 (228—266), 字永元, 庐江松滋 (今安徽宿松) 人, 先后任尚书郎和散骑中常侍等.

[5] 何承天 (370—447), 东海郯 (今山东郯城) 人, 历任御史中丞等, 编写了《元嘉历》, 创调日法, 以有理分数逼近实数, 发展了古代的不定分析与数值逼近算法.

[6] 皮延宗, 官至员外散骑郎.

[7] 三上义夫, みかみよしを (1875.02.16—1950.12.31), 日本人, 1931 年英文版的 "The development of mathematics in China and Japan" 介绍中日数学的发展.

故废而不理."

祖冲之提出了开差幂和开差立. 差幂在刘徽的《九章算术》注中指的是面积之差. 开差幂即已知长方形面积和长宽差, 用开平方方法求其长宽, 它的解法已是用二次方程求正根的问题. 而开差立就是已知长方体体积和长宽高差, 用开立方办法来求其边长; 同时也包括已知圆柱体和球体体积来求直径的问题, 所用到的方法是用三次方程求正根的问题. 他的三次方程解法是一项创举.

华罗庚 [9] 说: "祖冲之不仅是一位数学家, 同时还通晓天文历法、机械制造和音乐, 并且还是一位文学家. 祖冲之制订的《大明历》, 改革了历法, 他将圆周率算到了小数点后七位, 是当时世界最精确的圆周率数值, 而他创造的 '密率' 闻名于世."

祖暅利用牟合方盖给出了球体体积公式, 纠正了刘徽的错误, 还给出祖暅原理:

$$缘幂势既同, 则积不容异.$$

该原理在西方直到 17 世纪才由 B. Cavalieri 给出. 1926 年, 三上义夫在《中国算学之特色》中赞誉为 "中国算学上几何的处理方法之最高发达".

2.4.2　π

499 年, Āryabhata I 的 "Āryabhatīya"(《Āryabhata 历数书》)用 384 边形的周长给出

$$\pi \approx \frac{62832}{20000} = 3.1416.$$

628 年, Brahmagupta 的 "Brāhmasphutasiddhānta" (《Brahmagupta 修正体系》)给出

$$\pi \approx \sqrt{10} \approx 3.16227766016837933200.$$

800 年, al-Khwārizmī[①]的 "Hisab al-jabr w'al-muqabala" (《算法与代数学》)给出 $\pi \approx 3.1416$.

1150 年, Bhāskara II 给出 $\pi \approx 3.14156$.

1220 年, Fibonacci 给出 $\pi \approx 3.141818$.

1400 年, Mādhava[②]已得到 Gregory-Leibniz 级数[③]:

---

① Abu Ja'far Muhammad ibn Mūsā al-Khwārizmī (780—850), 伊拉克人, 他的 "Hisab al-jabr w'al-muqabala" 用配方方法解出二次方程, 1145 年, Robert (Robert of Chester, Robertus Castrensis, 英格兰人, 阿拉伯学家) 将这本书译成拉丁文的 "Liber algebrae et almucabola", 作为标准的数学课本在欧洲使用了数百年, 他的另一本 "Algoritmi de numero Indorum" 也是数学史上十分有价值的数学著作, 其中系统地介绍了古印度数码和十进制记数法, 现代术语 "algorithm" 来源于此.

② Mādhava of Sangamagramma (1350—1425), 印度人, 证明了 $\sin x$, $\cos x$ 和 $\tan x$ 等三角函数的 Taylor 展开式.

③ 据说是 1673 年 von Leibniz 从巴黎到伦敦旅行期间得到的.

$$\frac{\pi}{4} = 1 - \frac{1}{3} + \frac{1}{5} - \frac{1}{7} + \cdots,$$

得到 $\pi \approx 3.14159265359$, 精确到 11 位.

1424 年, al-Kāshī[1]的 "Risala al-water wa'l-jaib" (《算术之钥》)中精确 π 到小数第 16 位, 打破祖冲之保持千年的记录. 他还给出了余弦定理.

1501 年, Nilakantha[2]在 "Tantrasamgraha" 中给出 π 的级数表示:

$$\pi = 3 + \frac{4}{2 \cdot 3 \cdot 4} - \frac{4}{4 \cdot 5 \cdot 6} + \frac{4}{6 \cdot 7 \cdot 8} - \frac{4}{8 \cdot 9 \cdot 10} + \cdots.$$

1573 年, V. Otto[3]得到密率.

1584 年, A. Anthonisz[4]得到密率, 错误地称为 "Anthonisz 率".

1593 年, F. Viète 的 "Supplementum geometriae" (《几何补篇》)给出历史上第一个得到严格证明的无穷乘积[5], 即关于 π 的 Viète 公式:

$$\frac{2}{\pi} = \frac{\sqrt{2}}{2} \cdot \frac{\sqrt{2+\sqrt{2}}}{2} \cdot \frac{\sqrt{2+\sqrt{2+\sqrt{2}}}}{2} \cdots = \prod_{n=1}^{\infty} \cos\frac{\pi}{2^{n+1}},$$

用 Archimedes 的方法通过 $6 \times 2^{16} = 393216$ 边形得到

$$3.1415926535 < \pi < 3.1415926537,$$

即精算到小数第七位, 在相当长的时间里处于世界领先地位.

1593 年, van Roomen[6]计算 π 到 16 位.

1596 年, van Ceulen[7]在 "Vanden circkel" 中给出 π 的 20 位近似值. 1609 年几乎用了一生时间计算到圆的内接正 15×2^{62} 边形得到

$$\pi \approx 3.14159265358979323846264338327950288.$$

在德国, 人们在很长的时间里称其为 Ludolph 数, 并刻在他的墓碑上.

---

① Ghiyaāth al-Dīn Jamshīd Mas'ū d al-Kāshī(1380—1429.06.22), 伊朗人, 第一次解出了二次方程的根, 1410—1411 年写了 "Compendium of the science of astronomy", 1427 年的 "The key to arithmetic" 包含很深入的关于分数的工作, 提供了各种问题的算术和代数方法, 是中世纪最好的文献之一.

② Kelallur Nilakantha Somayaji (1444.06.14—1544), 印度人.

③ Valentinus Otto, Valentin Otho (1550—1605), 德国人.

④ Adriaan Anthonisz (1527—1607), 荷兰人, 1582 年任 Alkmaar 市长, 其子 A. Anthonisz (Adriaan Mirtius Anthonisz, 1541—1620) 是数学家, 其子 Jacob Mirtius Anthonisz 是磨光棱镜专家.

⑤ 乘积 (product) 来源于拉丁文 "productum" ("产生" 之意).

⑥ Adriaan van Roomen (1561.09.29—1615.05.04), 比利时人.

⑦ Ludolph van Ceulen (1540.01.28—1610.12.31), 德国人.

1621 年, van Roijen[①]的 "Cyclometricus" 给出 van Ceulen 的 π 的 35 位近似值.

1630 年, C. Grienberger[②]给出 π 的 39 位近似值.

1699 年, A. Sharp[③]利用 Gregory-Leibniz 级数给出 π 的 71 位近似值.

1700 年, 关孝和给出 π 的 10 位近似值.

1706 年, J. Machin[④]将 Gregory-Leibniz 级数改造为 Machin 公式:

$$\frac{\pi}{4} = 4\arctan\frac{1}{5} - \arctan\frac{1}{239},$$

并给出 π 的百位近似值.

W. Jones[⑤]在 "Synopsis palmariorum matheseos" (《新数学汇编》)中首次有 π 符号.

1719 年, de Lagny[⑥]用 Gregory-Leibniz 级数给出 π 的 127 位近似值 (112 位正确).

1723 年, 建部贤弘[⑦]的《缀术算经》(てつじゅつさんけい)给出 41 位近似值.

1727 年 9 月, L. Euler 在 "Testamen explicationis phaenomenorum aeris" 首次使用 π 符号. 1734 年普及开来.

1739 年, 松永良弼[⑧]在《方圆算经》中给出 π 的 50 位近似值.

1761 年 (1768 年发表), J. Lambert[⑨]的 "Mémoire sur quelques propriétés remarquables des quantités transcendentes circulaires et logarithmiques" 用类似于 L. Euler 的方法证明了 π 是无理数. 他的方法是将 $\tan x$ 写成连分数:

---

① Willebrord Snel van Roijen (1580.06.13—1626.10.30), 荷兰人, van Roijen (Rudolph Snel van Roijen, 1546.10. 05—1613.03.02, 荷兰人) 的儿子, 1606 年第一次测量地球子午线的度数, 从而决定地球的大小, 1617 年的三角测量方法, 提高了制图测量的精度.

② Christoph Grienberger (1561.07.02—1636.03.11), 奥地利人, 著作曾被传教士带到中国.

③ Abraham Sharp (1653—1742.07.18), 英格兰人.

④ John Machin (1680—1751.06.09), 英格兰人, 1710 年 11 月 30 日当选为皇家学会会员 (1718—1747 年任秘书).

⑤ William Jones (1675—1749.07.01), 威尔士人, 1711 年当选为皇家学会会员.

⑥ Thomas Fantet de Lagny (1660.11.07—1734.04.11), 法国人, 1695 年 12 月 11 日当选为法国科学院助理院士, 1718 年当选为皇家学会会员.

⑦ 建部贤弘, たけべかたひろ或たけべけんこ (1664—1739.08.24), 日本人, 关孝和的学生, 其长兄建部贤雄 (1654—1723) 和次兄建部贤明 (たけべかたあき, 1661—1716) 也是数学家. 1996 年日本数学会设立建部贤弘赏 (たけべしょう).

⑧ 松永良弼 (1692—1744.06.23), 日本人, 荒木村英 (1640—1718) 的学生, 原名寺内平八郎良弼, 号东冈, 龙池, 探玄子, 葆真斋和东溟等.

⑨ Johann Heinrich Lambert (1728.08.26—1777.09.25), 德国人.

$$\tan x = \cfrac{x}{1 - \cfrac{x^2}{3 - \cfrac{x^2}{5 - \cfrac{x^2}{\cdots}}}}.$$

1777 年, de Buffon[1]用 Buffon 针计算 π, 即在平面上画一些距离为 d 的平行线, 向此平面任投长度为 $\ell < d$ 的针, 则针与平行线相交的概率是 $\dfrac{2\ell}{d\pi}$.

1789 年, von Vega[2]利用公式:

$$\frac{\pi}{4} = 5\arctan\frac{1}{7} + 2\arctan\frac{3}{79}, \quad \frac{\pi}{4} = 4\arctan\frac{1}{5} - 2\arctan\frac{1}{408} + \arctan\frac{1}{1393},$$

$$\frac{\pi}{4} = 2\arctan\frac{1}{3} + \arctan\frac{1}{7} \tag{2.4.1}$$

给出 π 的 140 位近似值 (137 位正确).

1841 年, W. Rutherford[3]给出 π 的 208 位近似值 (152 位正确). 1853 年又给出 440 位近似值.

1844 年, J. Dase[4]利用 Straßnitzky[5]公式:

$$\frac{\pi}{4} = \cot^{-1}2 + \cot^{-1}5 + \cot^{-1}8$$

给出 π 的两百位近似值.

1847 年, T. Clausen[6]利用式(2.4.1)给出 π 的 250 位近似值 (247 位正确).

1853 年, W. Shanks[7]的 "Contributions to mathematics, comprising chiefly of the rectification of the circle to 607 places of decimal" 用了 15 年的时间利用 Machin 公式给出 π 的 707 位 (527 位正确). 人们将其刻在他的墓碑上.

1882 年, von Lindemann 的 "Über die Zahl π" 用 C. Hermite 的方法证明了 π 是超越数. 这证明了化圆为方问题的不可解性.

[1] Georges Louis Leclerc Comte de Buffon (1707.09.07—1788.04.16), 法国人, 1734 年 1 月 9 日当选为法国科学院院士, 1771 年封爵, 1774 年用数学方法计算地球的年龄约 7.5 万年.

[2] Baron Jurij Bartolomej Vega, Georg Freiherr von Vega (1754.03.23—1802.09.26), 斯洛文尼亚人, 炮兵军官.

[3] William Rutherford (1798—1871.09.16), 英格兰人.

[4] Johann Martin Zacharias Dase (1824.06.23—1861.09.11), 德国人, 神算能力受到 von Gauß 的关注.

[5] Leopard K. Schulz von Straßnitzky (1804—1873), 德国人.

[6] Thomas Clausen (1801.01.16—1885.05.23), 丹麦人, 1854 年证明第七个 Fermat 数

$$2^{2^6} + 1 = 67280421310721 \times 274177,$$

1856 年当选为俄罗斯科学院院士.

[7] William Shanks (1812.01.25—1882.06), 英格兰人.

1914 年, S. Rāmānujan 在 "Modular equations and approximation to π" (《模方程和 π 的逼近》)中给出了一系列共 14 条关于 π 的计算公式, 其中有两个 Rāmānujan 公式:

$$\sum_{n=1}^{\infty} \frac{1}{(2n-1)!!} = \cfrac{1}{1+\cfrac{1}{1+\cfrac{2}{1+\cfrac{3}{1+\cdots}}}} = \sqrt{\frac{\pi e}{2}},$$

$$\frac{1}{\pi} = \frac{2\sqrt{2}}{9801} \sum_{n=0}^{\infty} \frac{(4n)!}{(n!)^4} \cdot \frac{1103+26390n}{396^{4n}}.$$

1946 年, D. Ferguson[1]的 "Evaluation of π: Are Shanks' figures correct?" 用公式

$$\frac{\pi}{4} = 3\arctan\frac{1}{4} + \arctan\frac{1}{20} + \arctan\frac{1}{1985}$$

计算 π 时发现 W. Shanks 的第 528 位错了, 并给出 620 位近似值. 1947 年, L. Smith[2], Sir Wrench[3]和 D. Ferguson 的 "A new approximation to π" 共同计算 π 到 808 位. 1949 年, Sir Wrench, L. Smith 和 D. Ferguson 首次用计算机计算 π 到 2037 位. 1954 年又计算到 3089 位.

1947 年, I. Niven[4]的 "A simple proof that π is trrational" 利用微积分和归谬法严格证明了 π 是无理数.

1957 年, G. Felton[5] 的 "Electronic computers and mathematicians" 利用 Klingenstierna[6]公式

$$\frac{\pi}{4} = 8\arctan\frac{1}{10} - \arctan\frac{1}{239} - 4\arctan\frac{1}{515}$$

---

① Daniel F. Ferguson, 英国人.

② Levi B. Smith, 美国人.

③ Sir John William Wrench (1911.10.13—2009.02.27), 美国人, 1938 年在 Yale 大学的博士学位论文是 "The derivation of arctangent relations", 曾任 "Mathematics of Computation" 主编, 曾计算 Euler-Mascheroni 常数 γ 到 328 位, 计算 Khinchin 常数到 65 位, 还是美国国家科学院院士.

④ Ivan Morton Niven (1915.10.25—1999.05.09), 加拿大人, L. Dickson (Leonard Eugene Dickson, 1874. 01.22—1954.01.17, 美国人, E. Moore 的学生, 1896 年的 "The analytic representation of substitutions on a power of a prime number of letters with a discussion of the linear group" 是 Chicago 大学的第一个数学博士学位论文, 1901 年发表 "Linear groups with an exposition of the Galois field theory", 1913 年当选为美国国家科学院院士, 1917—1918 年任美国数学会会长, 1928 年获第一个 Cole 代数奖, 还是美国人文与科学院院士、法国科学院院士) 的学生, 1938 年在 Chicago 大学的博士学位论文是 "A Waring problem", 1970 年获 Ford 奖, 1983—1984 年任美国数学联合会会长.

⑤ George Eric Felton (1921.02.03—2019.06.14), 英国人, 他的儿子 Matthew Felton 是 Windows NT 操作系统的设计者.

⑥ Samuel Klingenstierna (1698—1765), 瑞典人, 这个公式是 1730 年发现的, 1832 年, Schellbach 又重新发现.

计算 π 到 7480 位. 1958 年, 他又计算到 10020 位.

1961 年, D. Shanks[1]和 Sir Wrench 的 "Calculation of π to 100000 decimals" 计算 π 到十万位. 1966 年又计算 π 到二十五万位.

1973 年, J. Guilloud 和 Martin Bouyer 计算 π 到百万位.

1981 年, 金田康正[2]计算 π 到 20036 位. 1982 年分别计算到 4194288 位和 8388576 位. 1983 年分别计算到 10013395 位、16777206 位和 33554414 位. 1986 年 10 月计算到 67108839 位. 1987 年 1 月 15 日计算到 134214700 位. 1988 年 1 月 27 日的 "Vectorization of multiple-precision arithmetic program and 201326000 decimal digits of π calculation" 计算到 21326551 位. 1989 年 11 月 19 日又计算到 1073741799 位. 1995 年与高桥大介[3]分别计算到 429496 万位和 60 亿位. 1997 年 8 月 3 日, 他们计算到 51539607510 位. 1999 年 10 月 4 日, 他们又计算到 206158431630 位. 2002 年 12 月 6 日计算到 124117730 万位. 2009 年, 高桥大介 计算到 257698037 万位.

1985 年, R. Gosper[4]利用 Rāmānujan 公式计算 π 到 1700 万位.

1986 年, D. Bailey[5]计算到 2900 万位.

1989 年, D. Chudnovsky[6]和 G. Chudnovsky[7]兄弟的 "The computation of classical constants" 给出了 Chudnovsky 公式:

$$\frac{1}{\pi} = 12 \sum_{k=0}^{\infty} (-1)^k \frac{(6k)!(13591409 + 54514013k)}{(3k)!(k!)^3 \cdot 640320^{3k+\frac{3}{2}}},$$

分别计算 π 到 53500 万位和 101100 万位. 1994 年计算到 404400 万位. 1996 年 计算到 80 亿位.

---

① Daniel Shanks (1917.01.17—1996.09.06), 美国人, 1954 年在 Maryland 大学 (University of Maryland, 前身 Maryland 农业学院创建于 1856 年 3 月 6 日, 1916 年更名为 Maryland 州立学院, 1920 年 4 月 9 日改为现名, 美国著名公立研究型大学) 的博士学位论文是 "Nonlinear transformations of divergent and slowly convergent sequences", 1959—1996 年任 "Journal of Mathematics and Computation" 主编, 有著名的 "Solved and unsolved problems in number theory".

② 金田康正, かなだやすまさ (1949—), 日本人.

③ 高桥大介, たかはしだいすけ, 日本人.

④ Bill Gosper, Ralph William Gosper (1943.04.26—), 美国人, 计算机专家.

⑤ David Harold Bailey (1948—), 美国人, 1993 年获 Chauvenet 奖, 2017 年获 Conant (Levi Leonard Conant, 1857.03.03—1916.10.11, 美国人, 1976 年, 第二任妻子 Emma B. Fisher 去世时根据丈夫的遗愿捐赠美国数学会. 2000 年, 美国数学会设立 Conant 奖) 奖.

⑥ David Volfovich Chudnovsky, Давид Вольфович Чудновский (1947—), 乌克兰人, Yu. Daletsky (Yurii Lvovich Daletsky, Юрий Львович Далецкий, 1926.12.16—, Selim Grigorievich Krein 的学生) 的学生.

⑦ Gregory Volfovich Chudnovsky, Григорий Вольфович Чудновский (1952—), 乌克兰人, 1981 年获第一个 MacArthur 奖, 1994 年获 Pólya 奖.

1995 年, S. Plouffe[1]给出 Bailey-Borwein[2]-Plouffe 公式:

$$\pi = \sum_{k=0}^{\infty} \frac{1}{16^k} \left(\frac{4}{8k+1} - \frac{2}{8k+4} - \frac{1}{8k+5} - \frac{1}{8k+6} \right).$$

1996 年, 地球科学家 Hans Henrik Stølum 在 "Science" 上的一篇文章中计算出了世界所有河流的蜿蜒度的平均值是 π.

2009 年 12 月 31 日, F. Bellard[3]计算 π 到 2699999990000 位.

2010 年 8 月 2 日, 近藤茂[4]计算 π 到 5 万亿位. 10 月 19 日计算到 10 万亿位.

2010 年, Nicholas Sze 利用 Yahoo 云计算, 计算出 π 的第 2000 万亿位数字是 0.

2016 年 11 月, Peter Trueb 花 105 天计算 π 到 22.4 万亿位.

2019 年 3 月 14 日, Google 宣布, π 已由岩尾[5]利用云计算, 花 121 天计算到 31415926535897 位.

2019 年 11 月 26 日, 联合国教育、科学及文化组织 (United Nations Educational, Scientific and Cultural Organization) 第四十届大会将每年的 3 月 14 日定为国际数学日.

2.5 "宋元数学四大家" 之一——李冶

2.5.1 李冶

李冶 (1192—1279), 原名李治, 字仁卿, 号敬斋, 真定栾城 (今河北元氏) 人, 金哀宗正大七年进士, 知钧州, 谥文正.

李冶生于大兴城, 今属北京, 卒于元氏.

---

① Simon Plouffe (1956.06.11—), 加拿大人, F. Bergeron (François Bergeron, 加拿大人, Pierre Berthiaume 和 Pierre Leroux 的学生, 1986 年在 Montréal 大学的博士学位论文是 "Une systématique de la combinatoire énumérative") 和 G. Labelle (Gilbert Labelle, 1944.06.08—, 加拿大人, Qazi Ibadur Rahman 的学生, 1969 年在 Montréal 大学的博士学位论文是 "Sur cetaines classes de fonctions analytiques") 的学生, 1992 年在 Québec 大学 (Université du Québec, 创建于 1968 年, 加拿大规模最大的大学之一, 具有全球影响力的公立综合性大学) 的博士学位论文是 "Approximations de séries génératrices et quelques conjectures".

② Jonathan Michael Borwein (1951.05.20—2016.08.02), 苏格兰人, M. Dempster (Michael Alan Howarth Dempster, Morris Herman DeGroot 的学生, 1965 年在 Carnegie-Mellon 大学的博士学位论文是 "On stochastic programming") 的学生, 1974 年在牛津大学的博士学位论文是 "Optimization with respect to partial orderings", 1987 年给出 Rāmānujan 公式的证明, 1993 年获 Chauvenet 奖, 1994 年加拿大皇家科学院 (The Academy of Science of the Royal Society of Canada, 创建于 1882 年) 院士, 2003 年保加利亚科学院 (Bulgarian Academy of Sciences, 创建于 1869 年 9 月 26 日, 原名为保加利亚文学学会, 1911 年改为现名) 院士, 2010 年当选为澳大利亚科学院院士, 2017 年获 Conant 奖.

③ Fabrice Bellard (1972—), 法国人, 2011 年获 O'Reilly 开源奖 (Google O'Reilly Open Source Awards).

④ 近藤茂, こんとうしげる (1955—), 日本人.

⑤ Emma Haruka Iwao (1986—), 女, 日本人.

父亲: 李遹[1].

1232 年, 蒙军攻破钧州, 李冶不愿投降, 换上平民服装, 北渡黄河避难. 此后, 李冶对天元术[2](一元高次方程) 进行了全面总结, 使之成为中国独特的半符号代数, 比欧洲早 300 年左右. 1248 年的《测圆海镜》是我国现存最早的一部系统讲述天元术的著作, 系统介绍了用天元术建立二次方程的方法, 研究直角三角形内切圆和旁切圆的性质, 这在数学史上是一项杰出的成果. 1259 年的《益古演段》是普及天元术的著作. 《元朝名臣事略》中说: "公幼读书, 手不释卷, 性颖悟, 有成人之风."

李冶一生著作虽多, 但他最得意的还是《测圆海镜》. 在序中, 他批判了轻视科学实践, 以数学为 "九九贱技" 和 "玩物丧志" 等谬论. 他在弥留之际对儿子说: "吾平生著述, 死后可尽燔去. 独《测圆海镜》一书, 虽九九小数, 吾常精思致力焉, 后世必有知者. 庶可布广垂永乎?" 时人称其 "经为通儒, 文为名家".

1982 年, 林力娜[3]以《测圆海镜》为题的论文获北巴黎大学的博士学位.

2.5.2 天元术

《九章算术》中建立了二次方程, 王孝通的《缉古算经》已能列出三次方程, 但仍是用文字叙述的, 而且尚未掌握列方程的一般方法. 随着数学问题的日益复杂, 迫切需要一种普遍的建立方程的方法, 天元术便在宋代应运而生了. 但在李冶之前, 天元术还是比较幼稚的, 记号混乱、演算烦琐. 李冶在前人的基础上, 将天元术改进成一种更简便而实用的方法. 当时, 北方出了不少算书, 除石信道的《铃经》外, 还有李文一的《照胆》和刘汝锴[4]的《如积释锁》等, 这无疑为他提供了条件.

特别值得一提的是, 李冶得到了洞渊的一部算书, 内有九容之说, 专讲勾股容圆 (即切圆) 问题. 该书对他启发甚大.

李冶讨论了在各种条件下用天元术求圆径的问题, 写成《测圆海镜》, 这是他一生中的最大成就. 《测圆海镜》不仅保留了洞渊九容公式, 即九种求直角三角形内切圆直径的方法, 而且给出一批新的求圆径公式. 卷一的《识别杂记》阐明了圆城图式中各勾股形边长之间的关系以及它们与圆径的关系, 共六百余条, 每条可看作一个定理或公式, 这部分内容是对中国古代关于勾股容圆问题的总结. 后面各卷的习题都可以在《识别杂记》的基础上以天元术为工具推导出来. 他以演

---

① 李遹, 字平甫, 自号寄庵先生, 1191 年进士, 大兴府推官, 博学多才的学者.

② 天元术是利用未知数列方程的一般方法, 与现代数学中列方程的方法基本一致.

③ 林力娜 (Karine Chemla, 1957.02.08—), 法国人, 2004 年与郭书春合作翻译《九章算术》中法对照本, 2013 年当选为欧洲科学院院士, 2020 年获 Neugebauer (Otto Eduard Neugebauer, 1899.05.26—1990.02.19, 奥地利人, R. Courant 和 D. Hilbert 的学生, 1926 年在 Göttingen 大学的博士学位论文是 "Die Grundlagen der ägyptischen Bruchrechnung", 1986 年获 Balzan 奖, 是丹麦皇家科学与人文院院士, 比利时皇家科学、人文和艺术院院士, 奥地利科学院院士, 英国学术院院士, 爱尔兰皇家科学院院士, 美国国家科学院院士) 奖.

④ 刘汝锴, 平水 (今山西新绛) 人.

绎推理方法著书, 这是中国数学史上的一个进步. 他总结出一套简明实用的天元术程序, 并给出化分式方程为整式方程的方法. 他引入了负号, 是在数字上画一条斜线. 而在国外, J. Widman①是在 1489 年的 "Algorithmus linealis" (《商业速算法》)中才引入正负号的, M. Stifel②是在 1544 年的 "Arithmetica integra" (《整数算术》)中才引入正负号的. 李冶还发明了一套相当简明的小数记法, 完全用数码表示小数. 直到 17 世纪, Sir Napier 发明小数点后才有了更好的记法, 采用了从 0 到 9 的完整数码. 除 0 以外的数码古已有之, 是筹式的反映. 但筹式中遇 0 空位, 没有符号 0. 从现存古算书来看, 他的《测圆海镜》和秦九韶的《数书九章》是较早使用 0 的, 它们成书的时间相差不过一年. 《测圆海镜》重在列方程, 对方程的解法涉及不多. 但书中用天元术导出许多高次方程 (最高为六次), 给出的根全部准确无误.

《测圆海镜》的成书标志着天元术的成熟, 对后世有深远影响. 1280 年, 王恂③和郭守敬④的《授时历》告成, 以 365.2425 日, 即 365 天 5 小时 49 分 12 秒为一岁, 距近代观测值 365.2422 仅差 26 秒, 精度与现通用之公历相当, 但却早了 300 年. 《授时历》是中国历史上一部精良的历法, 在编撰过程中, 用招差法编制日月的方位表, 用天元术求周天弧度, 列出了三次内插公式. 郭守敬还运用几何方法求出相当于现在的两个球面三角公式. 不久, 沙克什⑤用天元术解决水利工程中的问题, 收到良好效果. 朱世杰说: "以天元演之、明源活法, 省功数倍." 阮元说: "立天元者, 自古算家之秘术; 而海镜者, 中土数学之宝书也."

《测圆海镜》无疑是当时世界上第一流的数学著作. 但由于内容较深, 粗知数学的人看不懂, 而且当时数学不受重视, 所以天元术的传播速度较慢. 李冶清楚地看到了这一点, 他坚信天元术是解决数学问题的一个有力工具, 同时深刻认识到普及天元术的必要性, 《益古演段》便是在这种情况下写成的.

由于摆脱了几何思维束缚, 李冶的《测圆海镜》在数学方面有十大贡献:

(1) 一个文词按不同位置及系数以表示未知数的各次项, 使得由文词代数能顺利地演变成符号代数.

(2) 对十进制小数的表示法, 与现在的十进制小数表示法只差一个小数点.

(3) 利用乘法消去分母, 使分式化为整式, 与现在的分式方程解法相一致.

---

① Johannes Widman (1462—1498), 捷克人.

② Michael Stifel (1487—1567.04.19), 德国人.

③ 王恂 (1235—1281), 字敬甫, 中山唐县 (今河北) 人, 1261 年升为太子赞善, 1276 年任太史令, 分掌天文观测和推算方面的工作, 主要工作是用 "天元术" 建立和求解高次方程, 1315 年追赠推忠守正功臣、光禄大夫、司徒、上柱国, 追封定国公, 谥文肃. 父亲王良曾任金中山府吏, 数学研究颇有造诣.

④ 郭守敬 (1231—1316), 字若思, 顺德邢台 (今河北) 人, 官至太史令、昭文馆大学士、知太史院事. 祖父郭荣是一位学者.

⑤ 赡思 (1277—1351), 字得之, 大食, 清改译沙克什, 追赠嘉议大夫、礼部尚书和上轻车都尉, 追封恒山郡侯, 谥文孝.

(4) 利用乘法消去根号, 使根式化为有理式, 与现在的无理方程解法相一致.

(5) 创立升位法或降位法, 对某些特殊方程在解法上提供了方便.

(6) 在某种意义上, 对整指数幂与负指数幂的理解, 与现在的理解比较接近.

(7) 在所列方程的次数上, 比王孝通时代有显著增高.

(8) 所列方程突破了秦九韶 "实常为负" 的限制.

(9) 筹式的写法, 给四元术提供了有利条件.

(10) 在书末出现了文词代数式的初步尝试.

《测圆海镜》的研究对象是离生活较远而自成系统的圆城图式, 《益古演段》则把天元术用于解决实际问题, 研究对象是日常所见的方圆面积. 为了使人们理解天元术, 就需回顾它与几何的关系, 给代数以几何解释, 而对二次方程进行几何解释是最方便的, 于是便选择了以蒋周①二次方程为主要内容的《益古集》.

正如《四库全书·益古演段》提要所说的: "此法虽为诸法之根, 然神明变化, 不可端倪, 学者骤欲通之, 茫无门径之可入. 惟因方圆幂积以明之, 其理尤届易见." 李冶在序言中说: "使粗知十百者, 便得入室哜其文, 顾不快哉!"

《益古演段》全书 64 题, 主要是平面图形面积问题, 所求多为圆径、方边和周长之类, 除四题是一次方程外, 其余全是二次方程问题, 内容安排也是从易到难的.

李冶在完成《测圆海镜》之后写《益古演段》, 书中新旧二术并列, 新术是李冶的天元术, 旧术是蒋周的条段法②, 这是一种图解法. 该书揭示了两者的联系与区别, 对了解条段法向天元术的过渡和探讨数学发展规律有重要意义. 书中常用人们易懂的几何方法对天元术进行验证, 这对于人们接受天元术是有好处的. 该书图文并茂, 深入浅出, 利于教学, 便于自学. 正如砚坚③序中说: "说之详, 非若溟津黯淡之不可晓; 析之明, 非若浅近粗俗之无足观." 这些特点, 使它成为一本受人们欢迎的数学教材, 对天元术的传播发挥了不小的作用.

该书的特点是:

(1) 李冶用传统的出入相补原理及各种等量关系来减少未知数个数, 化多元问题为一元问题, 按吴文俊的话来说, 就是 "一个平面图形从一处移置他处, 面积不变. 又若把图形分割成若干块, 那么各部分面积的和等于原来图形的面积, 因而图形移置前后诸面积间的和差有简单的相等关系" 及等量关系来减少未知数.

(2) 解方程时采用了设辅助未知数的新方法, 以简化运算.

《益古演段》的问题与《测圆海镜》不同, 所求量不是一个而是两个、三个甚

① 蒋周 (11 世纪), 字舜元, 平水 (今山西新绛) 人.

② 因为方程各项常用一段一段的条形面积表示, 所以得名条段法.

③ 砚坚, 砚弥坚 (1211—1289), 字伯固, 应城人, 1287 年拜国子监司业, 即国子监副祭酒师, 赐五品服.

至四个. 按古代方程理论, "二物者再程, 三物者三程, 皆如物数程之", 应该用方程组来解, 所含方程个数与所求量个数一致.

2.6 "宋元数学四大家" 之一——秦九韶

2.6.1 普州 "三秦" 祖孙三代三进士

秦九韶 (1208—1261), 字道古, 普州安岳 (今四川安岳) 人, "宋元数学四大家"之一, 1231 年进士, 1254 年知江宁 (江苏南京) 府, 沿江制置司参议官, 管理江南十府粮道, 1261 年 6 月被贬至梅州知军州事.

秦九韶生于普州安岳, 卒于梅州.

祖父: 秦臻舜[①].

父亲: 秦季栖[②].

秦九韶自幼聪明, 处处留心, 好学不倦. 其父任工部郎中掌管营建, 而秘书少监则掌管图书, 其下属机构设有太史局, 因此, 他有机会阅读大量典籍, 并拜访天文历法和建筑等方面的专家, 请教天文历法和土木工程问题. 他又曾向一位精通数学的隐士学习数学.

时人说秦九韶 "性极机巧, 星象、音律、算术, 以至营造等事, 无不精究" "游戏、马、弓、剑, 莫不能知".

1247 年 9 月, 秦九韶 "立术具草, 间以图发之", 完成《数术大略》, 明后期改名为《数书九章》.

秦九韶在序中说, 数学 "大则可以通神明, 顺性命; 小则可以经世务, 类万物".

1248 年, 秦九韶曾受到宋理宗赵昀[③]的召见, 并呈有奏稿和《数书九章》. 据说, 他是第一个受到皇帝接见的中国数学家.

陆心源[④]说: "秦九韶能于举世不谈算法之时, 讲求绝学, 不可谓非豪杰之士."

梁宗巨评价道: "秦九韶的《数书九章》是一部划时代的巨著, 内容丰富, 精湛绝伦. 特别是大衍求一术 (不定方程的中国独特解法) 及高次方程的数值解法, 在世界数学史上占有崇高的地位. 那时欧洲漫长的黑夜犹未结束, 中国人的创造却像旭日一般在东方发出万丈光芒."

---

① 秦臻舜 (1128—1200), 字椿, 1160 年进士, 官至通议大夫.
② 秦季栖 (1161—1238), 字宏父, 1193 年进士, 官至工部郎中和秘书少监, 显谟阁直学士.
③ 赵昀 (1205—1264), 原名赵与莒, 1224—1264 在位.
④ 陆心源 (1834—1894), 字刚甫, 号存斋, 晚号潜园老人, 归安 (今浙江湖州) 人, 清末四大藏书家之一.

M. Cantor[1]称赞发现大衍求一术这一算法的中国数学家是"最幸运的天才".

G. Sarton[2] [21] 说, 秦九韶是他那个民族, 他那个时代, 并确实也是所有时代最伟大的数学家之一.

2.6.2 《数书九章》

《数书九章》全书九章九类: "大衍类" "天时类" "田域类" "测望类" "赋役类" "钱谷类" "营建类" "军旅类" 和 "市物类", 每类九问共计 81 问, 每类下还有颂词, 词简意赅, 用来记述本类算题主要内容和与国计民生的关系及其解题思路等. 该书内容丰富至极, 上至天文、星象、历律和测候, 下至河道、水利、建筑和运输, 各种几何图形和体积, 钱谷、赋役、市场和牙厘的计算和互易. 许多计算方法和经验常数仍有很高的参考价值和实践意义, 被誉为"算中宝典". 该书著述方式, 大多由"问曰" "答曰" "术曰" 和 "草曰" 四部分组成. "问曰" 是从实际生活中提出问题; "答曰" 给出答案; "术曰" 阐述解题原理与步骤; "草曰" 给出详细的解题过程. 该书已是国内外科学史界公认的一部世界数学名著. 该书不仅代表着当时中国数学的先进水平, 也是中世纪世界数学的成绩之一.

《数书九章》是对《九章算术》的继承和发展, 概括了宋元数学的主要成就, 标志着中国古代数学的高峰, 它在内容上颇多创新. 中国算筹式记数法及其演算式得以完整保存; 自然数、分数、小数和负数都有专论, 还第一次用小数表示无理根的近似值; 第一卷 "大衍类" 中灵活运用最大公约数和最小公倍数, 并首创连环求等, 借以求几个数的最小公倍数; 第七和第八两卷 "测望类" 又使《海岛算经》中的测望之术发扬光大, 再添光彩; 第十八卷第七十七问 "推计互易" 中给出了配分比例和连锁比例混合命题的巧妙且一般的运算方法, 仍有很大意义.

大衍问题源于《孙子算经》(卷下) 第二十六题的 "物不知数" 问题:

> 今有物, 不知其数, 三三数之剩二, 五五数之剩三, 七七数之剩二, 问物几何?

---

[1] Moritz Benedikt Cantor (1829.08.23—1920.04.09), 德国人, F. Schweins (Ferdinand Franz Schweins, 1780.03.24—1856.07.15, 德国人, von Langsdorf 的学生, 1807 年在 Göttingen 大学的博士学位论文是 "Circa problemeta aliqvot ad geometriam practicam spectantes") 的学生, 1851 年 5 月 6 日在 Heidelberg 大学的博士学位论文是 "Über ein weniger gebräuchliches Koodinatensystem", 1863 年关于数学史的第一个重要工作 "Mathematische Beiträge zum Kulturleben der Völker"(数学对人类生活的贡献) 将古印度-阿拉伯数学引进欧洲, 1867 年关于数学史的第二个重要工作 "Euclid und sein Jahrhundert"(Euclid 和他的世纪) 总结了 Euclid, Archimedes 和 Apollonius 的工作, 1877 年当选为德国科学院院士, 1880—1908 年的四卷本的 "Vorlesungen über Geschichte der Mathematik" 是最重要的工作, 将数学史追溯到 1799 年.

[2] George Alfred Leon Sarton (1884.08.31—1956.03.22), 比利时人, 1911 年 5 月在 Ghent 大学 (Universiteit Ghent, 创建于 1817 年, 是比利时排名第一的顶尖大学, 校训: Inter utrumque, In between both) 的博士学位论文是 "Les principes de la mécanique de Newton", 1912 年创办科学史杂志 "Isis", 直到 1951 年任主编, 1924 年创建科学史学会 (The History of Science Society), 1936 年创办科学史杂志 "Osiris", 被称为 "科学史之父", 1955 年获以自己名字命名的第一个 Sarton 奖.

这是求解一次同余方程组问题. 秦九韶对此类问题的解法做了系统的论述, 使其解法规格化和程序化, 即中国剩余定理或秦九韶定理, 是中世纪世界数学的成就之一.

中国剩余定理比 von Gauß 的同余理论早 554 年.

华罗庚指出: 中国剩余定理不仅在古代数学史上有地位, 而且它的解法原则, 在近代数学史上还占有重要的地位; 在电子计算机的设计中, 也有重要的应用.

大衍求一术是中国古代独创的数学理论, 是求解一类大衍问题的方法, 它已囊括了 "Gödel 不完全性定理" 的证明和 J. Tukey[1], J. Cooley[2]在 1965 年的 "An algorithm for the machine calculation of complex Fourier series" 中推出的 "快速 Fourier 变换" 等众多公式和定理. 书中还继贾宪增乘开方法进而作正负开方术 (即任意高次方程的数值解法), 使之可以对任意次方程的有理根或无理根来求解, 在 "市物类" 中给出了完整的方程术演算实录, 列算式时提出 "商常为正、实常为负、从常为正、益常为负" 的原则, 纯用代数加法给出统一的运算规律, 并扩充到任何高次方程中去, 是有世界意义的重要贡献.

大衍求一术比 1819 年 W. Horner[3] "用连续逼近法解所有阶的数学方程的新方法" 给出的 Horner 法早 572 年. Horner 法已在 1804 年由 P. Ruffini[4]给出了.

事实上, 欧洲到 16 世纪, del Ferro 才提出三次方程的解法.

秦九韶还改进了一次方程组的解法, 用互乘对减法消元, 与现今的加减消元法完全一致; 同时他又给出了筹算的草式, 可使它扩充到一般线性方程中的解法. 在欧洲最早是 1559 年 J. Buteo[5]给出的. 他开始用不很完整的加减消元法解一次

---

① John Wilder Tukey (1915.06.16—2000.07.26), 美国人, S. Lefschetz 的学生, 1939 年在 Princeton 大学的博士学位论文是 "On denumerability in topology", 1942 年与 A. Stone (Arthur Harold Stone, 1916.09.30—2000.08.06, 英格兰人, S. Lefschetz 的学生, 1941 年在 Princeton 大学的博士学位论文是 "Connectedness and coherence", 不要与 M. Stone 混淆) 证明在测度论中非常重要的火腿三明治定理, 还命名了 Zorn 引理, 1973 年获美国国家科学奖.

② James William Cooley (1926—2016.06.29), 美国人, L. Thomas (Llewellen Hilleth Thomas, 1903.10.21—1992.04.20, 英国人, Sir Fowler 的学生, 1927 年在剑桥大学的博士学位论文是 "Contributions to the theory of the motion of electrified particles through matter and some effects of the motion", 1958 年当选为美国国家科学院院士) 的学生, 1961 年在 Columbia 大学的博士学位论文是 "Some computational methods for the study of diatomic molecules".

③ William George Horner (1786.06.09—1837.09.22), 英格兰人, 1815 年的 "The gentleman's diary" 给出蝴蝶定理 (butterfly theorem, 名称最早出现在 1944 年 2 月号 "American Mathematical Monthly"): 设 M 是圆内弦 PQ 的中点, 过点 M 作弦 AB 和 CD 分别交 PQ 于点 X 和 Y, 则 M 是 XY 的中点. 1834 年发明了西洋镜 (zoetrope).

④ Paolo Ruffini (1756.09.22—1822.05.10), 意大利人, 1799 年在 "Theoria generale equazioni, in cui si dimostra impossibile la soluzione algebraica delle equazioni generali di grado superiore al quarto" 中证明了一般高于四次以上的方程不能用根式求解的 Abel-Ruffini 定理, 这项工作对置换群理论的产生和代数的发展有重要意义, 1814 年任 Modena 大学 (Università degli Studi di Modena e Reggio Emilia, 创建于 1175 年, 是意大利第二古老、全球第七古老的大学).

⑤ Johannes Buteo (1492—1572), 法国人.

方程组, 比秦九韶晚了 312 年, 且理论上的不完整也逊于秦九韶.

秦九韶在 "田域类" 中还创用了秦九韶法:

$$f(x) = a_n x^n + a_{n-1} x^{n-1} + \cdots + a_1 x + a_0$$
$$= (\cdots ((a_n x + a_{n-1}) x + a_{n-2}) x + \cdots + a_1) x + a_0.$$

求多项式[①]的值时, 先算最内层括号内一次多项式的值, 后由内向外逐层计算一次多项式的值. 这样, 求 n 次多项式 $f(x)$ 的值就转化为求 n 个一次多项式的值. 即便在计算机时代的今天, 这种算法仍是多项式求值比较实用的算法.

秦九韶给出三角形面积的三斜求积术, 与 Heron 公式殊途同归.

秦九韶还给出一些经验常数, 如筑土问题中的 "坚三穿四壤五, 粟率五十, 墙法半之" 等, 对当今仍有现实意义.

秦九韶所创造的正负开方术和大衍求一术长期以来影响着中国数学的研究方向. 焦循[②]的《释弧》《释轮》《释椭》《加减乘除释》《天元一释》和《开方通释》等, 李锐的《弧矢算术细草》《勾股算术细草》和《方程新术草》等, 张敦仁[③]的《缉古算经细草》[④]《开方补记》《求一算术》和《求一通解》等, 骆腾凤[⑤]的《开方释例》(被称为 "开方者之金钥匙"), 时曰醇[⑥]的《百鸡术衍》和黄宗宪[⑦]的《求一术通解》等的著述都是在《数书九章》的直接或间接影响下完成. 秦九韶的成就代表了中世纪世界数学发展的主流与最高水平, 在世界数学史上占有崇高的地位.

直到 1842 年,《数书九章》才由宋景昌正式编辑出版, 结束了近六百年的传抄历史. 1852 年, 又由伟烈亚力[⑧]将其译介欧洲, 并迅速由英文译成了德文、法文.

2.7 "宋元数学四大家" 之一——杨辉

2.7.1 杨辉

杨辉 (1238—1298), 字谦光, 钱塘 (今浙江杭州) 人.

杨辉生于钱塘.

---

① 多项式 (polynomial) 来源于希腊文 "πολυς" 和拉丁文 "nomen" 的合成.

② 焦循 (1763.03.17—1820.09.04), 字理堂, 江苏扬州人.

③ 张敦仁 (1754—1834), 字仲蒿, 一字古余, 号古愚, 泽州阳城 (今山西) 人, 1778 年进士.

④ 张敦仁在研究王孝通的《缉古算经》时, 发现运算程序过于复杂, 不易推广. 于是将宋代已失传的 "天元术" 用于计算这类问题, 将烦琐计算方法简化为列方程解应用题, 对该领域理论用于实践起了推动作用.

⑤ 骆腾凤 (1770—1842), 字鸣冈.

⑥ 时曰醇, 江苏嘉定 (今上海) 人, 著有《笔算筹算图》. 其父时铭进士出身, 精通算学.

⑦ 黄宗宪, 字玉屏, 号小谷, 湖南新化人.

⑧ 伟烈亚力 (Alexander Wylie, 1815.04.06—1887.02.10), 英格兰人, 1847 年 10 月 4 日来华后在上海主持伦敦会墨海书馆的出版事务.

1261 年, 杨辉的《详解九章算术》乃取刘徽和李淳风等注释和贾宪细草的《九章算术》中的 80 问进行详解, 在九卷的基础上, 又增加了三卷, 一卷是图, 一卷是乘除, 居书前; 一卷是纂类, 居书末. 今卷首图、卷一乘除、卷二方田、卷三粟米、卷四衰分、卷五反衰诸题、卷六商功的诸同功问题已佚. 卷四衰分下半卷、卷五少广存《永乐大典》残卷中, 其余存《宜稼堂丛书》中. 从残本的体例看, 该书对《九章算术》的详解可分为:

(1) 解题. 内容为解释名词术语、题目含义, 文字校勘以及对题目的评论等.

(2) 明法和草. 在编排上, 杨辉用大字将贾宪的法和草与自己的详解明确区分出来.

(3) 比类. 选取与《九章算术》中题目算法相同或类似的问题作对照分析.

(4) 续释注. 在前人基础上, 对 80 问进一步作注释.

杨辉的《纂类》突破了《九章算术》的分类格局, 按照解法的性质, 重新分为乘除、分率、合率、互换、衰分、叠积、盈不足、方程和勾股九类.

《详解九章算术》和《算法通变本末》中的一个重要成果是垛积术, 这是继沈括 "隙积术" 之后关于高阶等差级数求和的研究, 其中除有一个当童垛外, 还有三角垛、四隅垛和方垛三式, 如

$$1 + 3 + 6 + \cdots + \frac{n(n+1)}{2} = \frac{n(n+1)(n+2)}{6},$$

$$1 + 2^2 + 3^2 + \cdots + n^2 = \frac{n(n+1)(2n+1)}{6}.$$

1262 年, 杨辉的《日用算法》仅有几个题目留传下来. 从《算法杂录》所引杨辉自序可知该书内容梗概: 以乘除加减为法, 秤斗尺田为问, 编诗括十三首, 立图草六十六问. 用法必载源流, 命题须责实有, 分上下卷.《日用算法》无疑是一本通俗的实用算书.

1275 年, 杨辉的《田亩比类乘除捷法》分上下两卷:

(1) 上卷内容是《详解九章算术》"方田" 章的延展, 所选例子非常贴近实际;

(2) 下卷内容是对刘益的《议古根源》22 个问题的引述, 主要是二次方程和四次方程的解法.

杨辉非常注意应用算术, 浅近易晓, 还广泛征引数学典籍和当时的算书, 比如刘益的《正负开方术》, 贾宪的《开方作法本源图》和《增乘开方法》幸得杨辉引用, 否则, 今天将不复为我们知晓.

杨辉进一步完善了增乘法, 它的优点在于用加倍补数的办法避免了试商, 但对于位数较多的被除数, 运算比较繁复.

后人改进了杨辉的增乘法, 总结出了《九归古括》, 包含 44 句口诀.

杨辉的《乘除通变算宝》中引《九归新括》口诀 32 句, 分为 "归数求成十" "归数自上加" 和 "半而为五计" 三类.

2.7.2　杨辉三角形

1274 年, 杨辉的《乘除通变本末》分上、中、下三卷.

(1) 上卷叫《算法通变本末》, 论乘除算法, 首先提出 "习算纲目", 是数学教育史的重要文献.

(2) 中卷叫《乘除通变算宝》, 论以加减代乘除、求一和九归诸术.

(3) 下卷叫《法算取用本末》, 是对中卷的注解. 还叙述了 "九归捷法", 介绍了筹算乘除的各种运算法, 使用了现代形式的小数, 给出了杨辉三角形.

有一次, 杨辉得到贾宪的《黄帝九章算法细草》, 其中描画了一张表示二项式展开后系数构成的三角图形, 叫作 "开方作法本源图", 一般形式如下:

$$
\begin{array}{ccccccccccc}
&&&&& 1 \\
&&&& 1 && 1 \\
&&& 1 && 2 && 1 \\
&& 1 && 3 && 3 && 1 \\
& 1 && 4 && 6 && 4 && 1 \\
1 && 5 && 10 && 10 && 5 && 1 \\
\end{array}
$$

$$
\begin{array}{ccccccccccccc}
1 & 6 & 15 & 20 & 15 & 6 & 1 \\
1 & 7 & 21 & 35 & 35 & 21 & 7 & 1 \\
1 & 8 & 28 & 56 & 70 & 56 & 28 & 8 & 1 \\
1 & 9 & 36 & 84 & 126 & 126 & 84 & 36 & 9 & 1 \\
\cdots & \cdots & \cdots & \cdots & \cdots & \cdots & \cdots & \cdots & \cdots & \cdots \\
\end{array}
$$

图中的数排列成一个大三角形, 位于两腰的数均是 1, 其余的则等于它上面两数之和. 从第二行开始, 这个大三角形的每行数字都对应于一组二项展开式的系数.

杨辉把贾宪的这张画忠实地记录下来, 保存在自己的《详解九章算术》中, 并说明 "出《释锁算书》, 贾宪用此术", 并得到了杨辉恒等式:

$$
\binom{n}{p} + \binom{n}{p+1} = \binom{n+1}{p+1}.
$$

后来人们发现, 这个大三角形不仅可以用来开方和解方程, 而且与组合、高阶等差级数和内插法等数学知识都有密切关系.

1342 年, Gersonides 的 "De sinibus, chordis et arcubus" 给出了二项式系数.

1527 年, P. Apianus[①]在其一本书的封面上给出了类似的图形.

---

① Petrus Apianus (1495.04.16—1552.04.21), 德国人.

1544 年, M. Stifel 的 "Arithmetica integra" 包含了二项式系数.

2.7.3 杨辉纵横图

戴德[①]在《大戴礼记》中提及九宫图: 把 1 到 9 的数字分三行排列, 不论竖着加, 横着加, 还是斜着加, 结果都是 15.

徐岳[②]的《数术记遗》[③]一书中就写过: 九宫者, 二四为肩, 六八为足, 左三右七, 戴九履一, 五居中央. 杨辉反复琢磨, 终于发现一条规律. 他把这条规律总结为: 九子斜排, 上下对易, 左右相更, 四维挺出, 即一开始将九个数字从大到小斜排三行, 然后将 9 和 1 对换, 左边 7 和右边 3 对换, 最后将位于四角的 4, 2, 6, 8 分别向外移动, 排成纵横三行, 就构成了九宫图.

如图 2.4 所示, 类似地, 杨辉又得到了 "花 16 图", 就是从 1 到 16 的数字排列在四行四列的方格中, 使每一横行、纵行和斜行四数之和均为 34. 后来, 杨辉又将有关这类问题加以整理, 得到了 "五五图" "六六图" "衍数图" "易数图" "九九图" 和 "百子图" 等许多类似的图. 这些图总称为纵横图, 或幻方, 被认为是现代组合数学最古老的发现, 在图论、组合数学、对策论和计算机科学等领域中, 找到了用武之地. 杨辉是世界上第一个排出丰富的 "纵横图" 并讨论其构成规律的人.

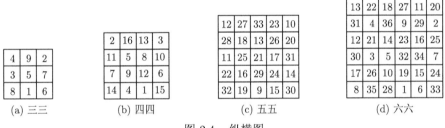

(a) 三三　　(b) 四四　　(c) 五五　　(d) 六六

图 2.4　纵横图

1275 年, 杨辉的《续古摘奇算法》上卷首先列出 20 个纵横图, 其中第一个为河图, 第二个为洛书; 其次, 四行、五行、六行、七行和八行幻方各两个, 九行和十行幻方各一个; 最后有 "聚五" "聚六" "聚八" "攒九" "八阵" 和 "连环" 等图. 有一些图有文字说明, 但每一个图都有构造方法, 使图中各自然数 "多寡相资, 邻壁相兼" 凑成相等的和数. 下卷评说《海岛算经》也有极高价值.

---

① 戴德 (活跃于汉元帝期间, 公元前 43—前 33 年左右), 字延君, 梁郡 (今河南商丘) 人, 后仓 (公元前 70 年左右, 字进君生, 东海郯郡人, 今山东郯城) 的弟子, 第一代楚王刘嚣 (?—公元前 25.06.29, 汉宣帝刘询的三子) 的太傅, 其弟弟戴仁的儿子戴圣 (字次君, 后仓的弟子) 作了《小戴礼记》.

② 徐岳, 东莱 (今山东莱州) 人, 刘洪的学生, 号天目先生.

③ 钱宝琮认为是甄鸾伪托.

2.8　中世纪世界最伟大的数学家——朱世杰

朱世杰 (1249—1314), 字汉卿, 号松庭, 燕山 (今北京) 人.

朱世杰生于燕山.

朱世杰全面继承了前人成果, 进行了创造性研究, 分别于 1299 年和 1303 年写成《算学启蒙》和《四元玉鉴》, 把 "天元术" 推广为 "四元术". "四元术" 包含许多求解直至 14 阶方程的方法, 定义了杨辉三角形和求序列的和.

莫若序中有 "燕山松庭朱先生以数学名家周游湖海二十余年矣. 四方之来学者日众, 先生遂发明《九章算术》之妙, 以淑后图学, 为书三卷 …… 名曰《四元玉鉴》".

祖颐[1]于 1303 年作的后序中亦有 "汉卿名世杰, 松庭其自号也. 周游四方, 复游广陵, 踵门而学者云集".

罗士琳[2]认为, "汉卿在宋元间, 与秦道古、李仁卿可称鼎足而三. 道古正负开方, 汉卿天元如积皆足上下千古, 汉卿又兼包众有, 充类尽量, 神而明之, 尤超越乎秦、李之上"; 还说, "《算学启蒙》'似浅实深' ", 这样的评论是十分中肯的.

王鉴[3]也说: "朱松庭先生兼秦、李之所长, 成一家之著作."

《算学启蒙》全书之首, 朱世杰给出了 18 条常用数学歌诀和各种常用数学常数, 其中包括乘法九九歌诀、除法九归歌诀 (与后来的珠算归除口诀完全相同) 和斤两化零歌诀, 以及筹算记数法则、大小数进位法、度量衡换算、圆周率、正负数加减乘法则和开方法则等. 正文则有乘除法运算及其捷算法、增乘开方法、天元术、线性方程组解法和高阶等差级数求和等, 由浅入深, 从一位数乘法到天元术, 俨然形成一个完整体系. 书中给出倒数的概念和基本性质, 概括出若干新的乘法公式和根式运算法则, 并把设辅助未知数的方法用于解线性方程组. 其中在下卷中, 他提出已知勾弦和与股弦和求解勾股形的方法, 补充了《九章算术》的不足.

朱世杰总结了宋元数学, 在三个领域的理论上达到新的高度.

(1) 方程理论.

在列方程方面, 蒋周的演段法为天元术做了准备工作, 他已具有寻找等值多项式的思想, 洞渊与石信道的天元术推导方程仍受几何思维的束缚, 李冶基本上摆脱了这种束缚, 总结出一套固定的天元术程序, 使天元术进入成熟阶段. 在解方程方面, 贾宪给出增乘开方法, 刘益则用正负开方术求出四次方程正根, 秦九韶

---

[1] 祖颐, 字季贤父, 元成宗大德年间进士.

[2] 罗士琳 (1789—1853), 字次 (璪), 号茗香, 安徽歙县人.

[3] 王鉴 (1598—1677), 字元照, 一字圆照, 号湘碧, 又号香庵主, 江南太仓 (今江苏) 人, 王世贞 (1526.12.08—1590.12.23, 字元美, 号凤洲, 1547 年进士, 官至南京刑部尚书, 赠太子少保) 的孙子, 王士骐 (字德卿, 1589 年进士, 任吏部员外郎) 的儿子, 1633 年举人, 知廉州府.

在此基础上解决了高次方程的数值解法问题. 至此, 一元高次方程的建立和求解都已实现, 而线性方程组古已有之, 具备了多元高次方程组产生的条件. 李德载[①]《两仪群英集臻》的二元术和刘大鉴《乾坤括囊》的三元术相继出现, 朱世杰的四元术正是对它们的总结与提高, 已接近近代代数, 在世界上长期处于领先地位. 从方程种类看, 天元术产生之前的方程都是整式方程. 从洞渊到李冶, 分式方程逐渐得到发展. 而朱世杰则突破有理式的限制, 开始处理无理方程. 由于四元已把常数项的上下左右占满, 方程理论发展到这里, 显然就告一段落了.

18 世纪, É. Bézout[②]才提出一般的高次方程组解法.

(2) "垛积术" 研究.

沈括的隙积术开研究高阶等差级数之先河, 杨辉给出包括隙积术在内的一系列二阶等差级数求和公式, 实际上得到了这一类任意高阶等差级数求和问题系统和普遍的解法. 朱世杰则在此基础上依次研究了二至五阶等差级数的求和问题, 从而发现其规律, 掌握了三角垛统一公式. 他还发现了垛积术与内插法的内在联系, 利用垛积公式给出规范的四次内插公式. 他给出朱世杰求和公式:

$$\binom{p}{p} + \binom{p+1}{p} + \cdots + \binom{n}{p} = \binom{n+1}{p+1}.$$

分别令 $p = 1, 2, 3, 4, \cdots$, 即得到下面的一系列公式:

$$1 + 2 + 3 + \cdots + n = \frac{(n+1)n}{2!},$$

$$1 + 3 + 6 + \cdots + \frac{n(n-1)}{2!} = \frac{(n+1)n(n-1)}{3!},$$

$$1 + 4 + 10 + \cdots + \frac{n(n-1)(n-2)}{3!} = \frac{(n+1)n(n-1)(n-2)}{4!},$$

$$1 + 5 + 15 + \cdots + \frac{n(n-1)(n-2)(n-3)}{4!} = \frac{(n+1)n(n-1)(n-2)(n-3)}{5!},$$

$$\cdots.$$

1923 年, 钱宝琮[③]首次将朱世杰《四元玉鉴》中的垛积公式表述成现代组合卷积形式发表, 经 G. Sarton 和李约瑟的介绍, 西方学者才对它有所了解, 被命名为朱世杰-Vandermonde 公式.

---

① 李德载 (1317—?).

② Étienne Bézout (1730.03.31—1783.09.27), 法国人, 1758 年当选为法国科学院力学助理院士 (1768 年为副院士, 1770 年为正式院士), 将确定行列式每一项符号的方法进行了系统化, 给出利用系数行列式判断一个齐次线性方程组有没有非零解, 1779 年的 "Théorie générale des équation algébraiques" 给出著名的 Bézout 定理: $ax + by = c$ 有整数解当且仅当 $(a, b)|c$, 关于平面代数曲线的工作是代数几何的起源.

③ 钱宝琮 (1892.05.29—1974.01.05), 字琢如, 浙江嘉兴人, 中国古代数学史研究开拓者之一.

华罗庚的《从杨辉三角谈起》指出朱世杰求和公式的关键在于杨辉恒等式, 它们恰好分别是杨辉三角形中的第 2, 3, … 列.

```
1
1   1
1   2   1
1   3   3   1
1   4   6   4   1
1   5   10  10  5   1
1   6   15  20  15  6   1
1   7   21  35  35  21  7   1
1   8   28  56  70  56  28  8   1
1   9   36  84  126 126 84  36  9   1
…   …   …   …   …   …   …   …   …   …
```

J. Gregory 在 1670 年, Sir Newton 在 1676—1678 年才提出内插法的一般公式.

(3) 几何研究.

宋代以前, 几何研究离不开勾股、面积和体积. 蒋周的《益古集》也是以面积问题为研究对象的. 李冶开始注意到圆城因式中各元素的关系, 得到一些定理, 但未能推广到更一般的情形. 朱世杰不仅总结了前人的勾股及求积理论, 而且在李冶思想的基础上深入研究了勾股形内及圆内各几何元素的数量关系, 发现了射影定理和弦幂定理. 朱世杰在立体几何中也开始注意到图形内各元素的关系.

G. Sarton 说: "(朱世杰) 是中华民族的, 他所生活的时代的, 同时也是贯穿古今的一位最杰出的数学科学家." "《四元玉鉴》是中国数学著作中最重要的, 同时也是中世纪最杰出的数学著作之一. 它是世界数学宝库中不可多得的瑰宝."

1772 年开四库全书馆时, 挖掘了不少古代数学典籍, 朱世杰的著作却未被发现, 《畴人传》也未介绍.

之后不久, 阮元在浙江访得《四元玉鉴》, 旋即将其编入《四库全书》, 并把抄本交给李锐校算 (未校完), 后由何元锡[①]按此抄本刻印. 这是《四元玉鉴》在 1303 年初版以来的第一个重刻本.

1839 年, 罗士琳经多年研究之后, 出版了他所编著的《四元玉鉴细草》, 他对《四元玉鉴》书中每一问题都做了细草.

就在罗士琳翻刻《四元玉鉴》时, 《算学启蒙》也还无着落. 后 "闻朝鲜以是书为算科取士", 于是请人在北京找到了清世祖顺治十七年朝鲜全州府尹金始振所

[①] 何元锡 (1766—1829), 字梦华, 号蝶隐, 钱塘 (今杭州) 人, 官至主簿.

刻的翻刻本. 这样, 《算学启蒙》又在扬州重新刊印出版, 这就是该书现存各种版本的母本.

2.9 中西文化交流先驱之一——徐光启

徐光启 (1562.04.24—1633.11.08), 字子先, 号玄扈, 经罗如望[①]洗礼加入天主教, 获教名 Paulus, 松江上海 (今上海) 人, 1604 年进士, 1629 年任礼部尚书, 1632 年兼东阁大学士, 1633 年加太子太保兼文渊阁大学士, 追赠少保, 谥文定.

徐光启生于上海, 卒于北京.

父亲: 徐思诚.

后裔: 民国时期显赫一时的宋氏三姐妹是徐光启第 17 代孙女倪桂珍所生.

徐光启在数学上的成就有三个方面:

(1) 论述了中国数学在明代落后的原因;

(2) 论述了数学应用的广泛性;

(3) 翻译并定名了《几何原本》.

1606 年, 徐光启开始与利玛窦[②]合译 C. Clavius[③]于 1574 年编撰的拉丁文版本 "Elements" 的前六卷, 并定名为 "几何原本".

"几何" 二字在中文里是个虚词, 意思是 "多少". 徐光启取拉丁文 "geometria" 中前三个字母 "geo" 的音译, 义音兼顾, 神来之笔; 还创译了点、线、面、平行线、钝角、锐角、三角形和四边形等, 并沿用至今.

由于徐光启的父亲去世需要丁忧三年, 他们翻译了前六卷后中断, 故他在跋中急切地说: "续成大业, 未知何日? 未知何人? 书以俟焉."

徐光启对 "Elements" 的严格逻辑体系和叙述方式有比较清楚的认识: "窃百年之后, 必人人习之." 他评价说: "此书为益, 能令学理者祛其浮气, 练其精心; 学事者资其定法, 发其巧思, 故举世无一人不当学." 他还说: "能精此书者, 无一事不可精; 好学此书者, 无一事不可学."

徐光启根据利玛窦口述翻译了《测量法义》一书.

徐光启提出了实用的 "度数之学" 思想, 同时还撰写了《勾股义》和《测量异同》两书, 其中便应用了《几何原本》的逻辑推理方法论证中国的勾股测望术.

① 罗如望, João da Rocha (1566—1623), 号怀中, 葡萄牙人, 1598 年来华传教, 1622 年任会督.

② 利玛窦, Matteo Ricci (1552.10.06—1610.05.11), 意大利人, C. Clavius 的学生, 1582 年来华传教, 是来华最早的传教士之一.

③ Christophorus Clavius (1538.03.25—1612.02.06), 德国人, "Novi calendarii romani apologia" 中提出了今天通行的 "Gregorian calendar", 以教皇 Gregorius 十三世 (Pope Gregorius XIII, Ugo Boncompaghi, 1502.01.07—1585.04.10, 意大利人, 1572.05.13—1585.04.10 在位) 命名, 取代了 "Julian calendar", 1595 年的 "Novi calendarii romani apologia" 证实了历法改革.

1629 年, 徐光启主持修历, 当时协助他进行改历的有邢云路[①]、李之藻[②]、李天经[③]、龙华民[④]和熊三拔[⑤]等.

1631 年, 徐光启开始陆续进献《崇祯历书》, 其中引进圆形地球概念, 明晰介绍地球经纬度概念. 根据 Tycho[⑥]星表和中国传统星表, 他提供了第一个全天性星图, 成为清代星表的基础.

直至 1638 年, 《崇祯历书》始克完成, 徐光启在其中引进了球面和平面三角学的准确公式和圆锥曲线的数学知识.

2.10 近代科学术语之父——李善兰

2.10.1 李善兰

李善兰 (1811.01.22—1882.12.09), 原名李心兰, 字竟芳, 号秋纫, 别号壬叔, 浙江海宁人.

李善兰生于海宁, 卒于北京.

父母: 李祖烈[⑦]和崔氏[⑧].

二弟: 李心梅.

李善兰出身于读书世家, 资禀颖异, 勤奋好学, 于所读之诗书, 过目即能成诵.

9 岁时, 李善兰发现父亲书架上的《九章算术》, 感到十分有趣, 便迷上了数学. 14 岁时, 他读懂了徐光启和利玛窦合译的《几何原本》前六卷, "通其义" "时有心得", 数学造诣日趋精深.

《清史稿》载: "李善兰强绝人, 其于算, 能执理之至简, 驭数之繁, 故衍之无不可通之数, 扶之即无不可穷之理."

几年后, 李善兰参加乡试, 因其 "于辞章训诂之学, 虽皆涉猎, 然好之总不及算学, 故于算学用心极深"(李善兰《则古昔斋算学》自序), 结果八股文做得不好而落第. 但他却毫不介意, 而是利用在杭机会, 留意搜寻各种数学书籍, 买回了李冶的《测圆海镜》和戴震的《勾股割圆记》, 仔细研读, 使其数学水平有了更大提高.

---

① 邢云路, 字士登, 安肃 (河北徐水) 人, 明神宗万历年间进士, 官至陕西按察司副使, 1610 年奉召入京, 参加改历工作.

② 李之藻 (1571.10.13—1630.11.01), 字振之, 号凉庵居士, 浙江仁和 (今杭州) 人, 1598 年进士.

③ 李天经 (1579—1659), 字长德, 河北吴桥人, 1613 年进士, 1633 年主持历局, 编写《崇祯历书》137 卷, 其中大多属于几何和三角学, 1638 年升为光禄寺正卿.

④ 龙华民, Niccolo Longobardi (1559—1654.12.11), 号精华, 意大利人, 1597 年来华传教.

⑤ 熊三拔, P. Sabbathino de Ursis (1575—1620), 字有纲, 意大利人, 1606 年来华传教.

⑥ Tycho Brahe (1546.12.14—1601.10.24), 丹麦人, "星学之王".

⑦ 李祖烈, 号虚谷先生, 治经学.

⑧ 崔氏, 名儒崔景远的女儿.

吴兆圻①的 "读畴人书有感示李壬叔" 诗中说: "众流汇一壑, 雅志说算术. 中西有派别, 圆径穷密率." "三统探汉法, 余者难具悉. 余方好兹学, 心志穷专一." 许祥的 《硖川诗续钞》 注曰: "秋塍 (吴兆圻) 承思亭先生家学, 于夕桀、重差之术尤精. 同里李壬叔善兰师事之."

李善兰在故里曾利用相似勾股形对应边成比例的原理测算过东山的高度. 陈奂②在 《师友渊源记》 中说他 "孰习九数之术, 常立表线, 用长短式依节候以测日景, 便易稽考". 余懋③在 《白岳诗话》 中说他 "夜尝露坐山顶, 以测象纬跻次". 至今其家乡还流传着他在新婚之夜探头于阁楼窗外观测星宿的故事.

1845 年前后, 李善兰与顾观光④、张文虎⑤和汪曰桢⑥等人相识, 他们经常在一起讨论数学问题.

此间, 李善兰的 《方圆阐幽》《弧矢启秘》 和 《对数探源》 等问世. 其后, 又撰 《四元解》 和 《麟德术解》 等.

1851 年, 李善兰与戴煦⑦相识. 戴煦于 1852 年称: "去岁获交海昌壬叔李君……缘出予未竟残稿请正, 而壬叔颇赏予余弧与切割二线互求之术, 再四促成, 今岁又寄扎询及, 遂谢绝繁冗, 扃户抄录, 阅月乃竟. 嗟乎! 友朋之助, 曷可少哉?" (戴煦 《外切密率》 自序) 他与罗士琳和徐有壬⑧也 "邮递问难, 常朝覆而夕又至" (崔敬昌⑨ 《李壬叔征君传》).

1860 年, 李善兰在徐有壬幕下作幕宾. 太平军占领苏州后, 李善兰的著作手稿散失以尽, 从此他 "绝意时事", 避乱上海, 埋头数学研究, 重新著书立说. 其间, 他与吴嘉善⑩和刘彝程⑪等人都有过学术上的交往.

① 吴兆圻, 字秋塍, 海盐人, 吴修 (1764—1827, 字子修, 号思亭, 贡生, 官布政使司经历) 的儿子.
② 陈奂 (1786—1863), 也叫陈焕, 字硕甫, 号师竹, 晚自号南园老人, 江苏长州 (今苏州) 人.
③ 余懋 (1836—1894), 字啸松, 新安休宁 (今安徽黄山) 人.
④ 顾观光 (1799—1862), 字宾王, 号尚之, 别号武夷山人, 上海金山人, 1874 年著 《九数外录》, 还著有 《周髀算经校勘记》, 并校订了李善兰翻译的 《几何原本》 后九卷.
⑤ 张文虎 (1808—1885), 字孟彪, 一字啸山, 号天目山樵, 上海南汇人, 南菁书院首任院长.
⑥ 汪曰桢 (1813—1881), 字仲雍, 一字刚father, 号谢城, 又号薪甫, 浙江乌程 (今湖州) 人.
⑦ 戴煦 (1805—1860), 初名邦棣, 字鄂士, 钱塘 (今杭州) 人, 著有 《重差图说》《对数简法》 和 《四元玉鉴细草》 等, 在研究对数时发明了 "图表法", 在研究无穷级数时发现 "开方求对数" 的简便方法, 补充 "定理级对数" 和 "自然对数级数术" 两个定理.
⑧ 徐有壬 (1800—1860.04.13), 字钧卿, 顺天宛平 (今北京) 人, 1829 年进士, 1858 年 2 月抚江苏, 1860 年被太平天国忠王李秀成杀害. 谥庄愍, 著有 《堆垛测圆》《测圆密率》《堆积招差》《椭圆正术》《圆率通考》《弧三角拾遗》 和 《四元算式》 等.
⑨ 崔敬昌, 字吟梅, 李善兰继子 (外甥), 曾任江海关文牍.
⑩ 吴嘉善 (1818—1885), 字子登, 南丰人, 1852 年进士, 1879 年出使法国, 著有 《算学二十一种》.
⑪ 刘彝程, 字省庵, 江苏兴化人, 其 1900 年的 《简易庵算稿》 研究二次不定方程的整数解, 还有排列组合问题.

1861 年秋, 曾国藩[①]在安徽筹建安庆内军械所, 邀徐寿[②]和华蘅芳入幕.

1862 年李善兰被 "聘入戎幄, 兼主书局". 一到安庆, 他就拿出 "印行无几而板毁" 于战火的《几何原本》等数学书籍请求曾国藩重印刊行.

1864 年夏, 曾国藩攻陷天京 (今南京), 李善兰极言此书 "算学家不可少之书, 失今不刻, 行复绝矣", 得到支持和资助. 1865 年金陵刊本《几何原本》十五卷和 1867 年金陵刊本《则古昔斋算学》二十四卷问世.

与此同时, 李鸿章[③]也资助他重刻《重学》二十卷并附《圆锥曲线说》三卷出版.

1866 年, 京师同文馆内添设了天文算学馆, 郭嵩焘[④]上书举荐李善兰为天文算学总教习, 但他忙于在南京出书, 到 1868 年才北上就任.

直至 1882 年去世, 李善兰从事数学教育十余年, 其间审定了《同文馆算学课艺》和《同文馆珠算金踌针》等数学教材, 培养了一大批数学人才, 是中国近代数学教育的鼻祖. 其间所教授的学生 "先后约百余人. 口讲指画, 十余年如一日. 诸生以学有成效, 或官外省, 或使重洋" (崔敬昌《李壬叔征君传》).

李善兰到同文馆后, 累至 1882 年三品卿衔户部正郎、广东司行走和总理各国事务衙门章京. 一时间, 京师各 "名公钜卿, 皆折节与之交, 声誉益噪" (蒋学坚[⑤]《怀亭诗话》). 但他依然孜孜不倦从事同文馆教学工作, 并埋头进行学术著述.

李善兰 1872 年发表《考数根法》, 1877 年演算《代数难题》. 1882 年去世前几个月, 李善兰 "犹手著《级数勾股》二卷, 老而勤学如此" (崔敬昌《李壬叔征君传》).

---

① 曾国藩 (1811.11.26—1872.03.12), 原名子城, 字伯涵, 号涤生, 湖南湘乡人, 1838 年进士, 1862 年督两江, 授协办大学士, 1864 年加太子太保, 封一等毅勇侯, 1867 年补授体仁阁大学士, 1868 年督直隶, 1870 年督两江, 追赠太傅, 谥文正.

② 徐寿 (1818.02.26—1884.09.24), 字生元, 号雪村, 江苏金匮 (今无锡) 人, 翻译了元素周期表, 造了中国第一艘军舰 "惠吉" 号和第一艘轮船 "黄鹄" 号, 做了第一台蒸汽机, 同治帝钦赐牌匾 "天下第一巧匠", 1874 年与傅兰雅在上海创办中国第一所科技学校——格致书院 (现上海格致中学) 和第一份科技期刊——《格致汇编》, 1881 年 3 月 10 日在 "Nature" 上发表了第一篇属于中国人的文章 "考证律吕说"(Acoustics in China, 傅兰雅翻译), 推翻了 J. Tydall (John Tydall, 1820.08.02—1893.12.04, 爱尔兰人, 1852 年当选为皇家学会会员, 1853 年获皇家奖, 1864 年获 Rumford 奖) 的结论. 但在 "Nature" 上发表严格意义上的学术论文应该是 1930 年 10 月 4 日吴有训 (Woo Y H, 1897.04.26—1977.11.30, 字正之, 江西高安人, 中国近代物理学奠基人, Arthur Holly Compton 的学生, 1925 年在 Chicago 大学的博士学位论文是 "Compton effect", 1936 年任中国物理学会会长, 1950 年 12 月任中国科学院副院长, 1955 年 6 月当选为中国科学院首批学部委员 (院士)) 的 "Intensity of total scattering of X-rays by monatomic gases".

③ 李鸿章 (1823.02.15—1901.11.07), 本名章铜, 字渐甫或子黻, 号少荃 (泉), 晚年自号仪叟, 别号省心, 安徽合肥人, 1847 年进士, 1870 年督直隶兼北洋通商大臣, 授文华殿大学士, 封一等肃毅侯, 追赠太傅, 谥文忠.

④ 郭嵩焘 (1818—1891), 学名先杞, 后改名嵩焘, 字筠仙、号云仙、筠轩, 别号玉池山农、玉池老人, 湖南湘阴人, 1847 年进士, 1877 年出使英国, 是中国第一个驻外使节.

⑤ 蒋学坚 (1845—1934), 字子贞, 号铁云, 晚号石楠老人, 浙江海宁人, 蒋楷 (1774—1827, 一名蒋三益, 原名星桥, 字文隅, 号梦华) 的孙子, 蒋仁荣 (1819—1860, 字修华, 号杉亭, 留 "平仲园" 藏书楼, 有万卷藏书) 的儿子.

李善兰生性落拓, 跌宕不羁, 潜心科学, 淡于利禄. 曾国藩等赏识他, "欲屡列之荐牍, 皆力辞". 他自署对联 "小学略通书数, 大隐不在山林" 张贴门上.

2.10.2　李善兰的研究工作

李善兰的研究成果主要见于 1867 年刊行的《则古昔斋算学》十三种二十四卷, 其中收录他 20 多年来的各种天文学和算法著作.

尖锥术相当于幂函数的定积分公式和逐项积分法则, 主要见于 1845 年的《方圆阐幽》《弧矢启秘》和《对数探源》三种著作. 李善兰对尖锥曲线的描述实质上相当于给出了直线、抛物线和立方抛物线等方程.

李善兰用 "分离元数法" 独立地得出了二项平方根的幂级数展开式:

$$\sqrt{1-x^2} = 1 - \sum_{n=1}^{\infty} \frac{(2n-3)!!}{(2n)!!} x^{2n},$$

结合尖锥术得到了 π 的无穷级数表达式:

$$\frac{\pi}{4} = 1 - \sum_{n=1}^{\infty} \frac{(2n-3)!!}{(2n+1)\cdot(2n)!!},$$

各种正反三角函数的展开式, 如

$$\sin\alpha = \sum_{n=1}^{\infty}(-1)^{n-1}\frac{\alpha^n}{(2n-1)!},$$

$$\alpha = \sin\alpha + \sum_{n=1}^{\infty}\frac{(2n-1)!!}{(2n+1)\cdot(2n)!!}\sin^{2n+1}\alpha,$$

以及对数函数的展开式:

$$\lg n = \lg(n-1) + \lg e \sum_{k=1}^{\infty}\frac{1}{k\cdot n^k},$$

即 "诸尖锥定积之根", 取得了创造性的成就.

顾观光发现李善兰求对数[①]的方法比传教士带进来的方法高明和简洁, 认为这是洋人 "故为委曲繁重之算法以惑人视听", 因而大力表彰说 "中土李 (善兰), 戴 (煦) 诸公又能入其室而发其藏", 并大声疾呼 "以告中土之受欺而不悟者".

---

① 对数 (logarithm) 是 Sir Napier 在 1614 年 6 月的 "Mirifici logarithmorum canonis descriptio" 中给出的术语, 来源于希腊文 "$\lambda o \gamma o \varsigma$" ("比" 之意) 和 "$\alpha \varrho \iota \vartheta \mu o \varsigma$" ("数" 之意) 的合成, 17 世纪 50 年代, 穆尼阁 (Jean Nicolas Smogolenski, 1611—1656, 波兰人, 1648 年来华传教) 传入对数不久, 1653 年, 薛凤祚 (1599—1680, 字仪甫, 号寄斋, 山东益都人) 和穆尼阁的 "比例对数表" 首次使用中文 "对数" 一词.

李善兰在 1858 年的《火器真诀》中按照不计空气阻力抛射体在平面或斜面上射程的公式, 提出弹道学[①]的图解方法.

垛积术主要见于《垛积比类》, 写于 1859 年至 1867 年, 这是有关高阶等差级数的著作. 李善兰从研究中国传统的垛积问题入手, 得到了一些相当于现代组合数学中的成果. 例如, "三角垛有积求高开方廉隅表" 和 "乘方垛各廉表", 实质上就是组合数学中著名的第一种 Stirling 数和 Euler 数. 他还得到三角自乘垛求和公式, 即驰名中外的李善兰恒等式:

$$\sum_{i=0}^{k} \binom{k}{i}^2 \binom{n+2k-i}{2k} = \binom{n+k}{k}^2.$$

自 20 世纪 30 年代以来, 这个恒等式受到国际数学界的普遍关注和赞赏, 可认为《垛积比类》是早期组合论的杰作.

素数论主要见于 1872 年的《考数根法》, 这是中国素数论方面最早的著作. 在判别一个自然数是否为素数时, 李善兰用诸乘尖锥术证明了 Fermat 素数定理:

   $4n+1$ 型素数可写为两个整数的平方和, 而 $4n+3$ 型素数则
   不能.

他还指出了它的逆定理不真.

李善兰学术精湛, 著译如林, 能 "仰承汉唐, 荟萃中外", 成一家之言.

伟烈亚力说: "李君秋纫 (善兰) 所著各书, 其理有甚近微分者."

2.10.3　李善兰的翻译工作

1852 年夏, 李善兰来到麦都思[②]于 1843 年在上海开办的中国第一家现代印刷所——墨海书馆, 将自己的著作给外国传教士展阅, 受到伟烈亚力和艾约瑟[③]等人的赞赏. "倘若李善兰生于 Sir Napier, H. Briggs[④]之时, 则只此一端即可闻名于世." 从此开始了他翻译西方著作的生涯, "续徐 (光启)、利 (玛窦) 二公未完之业".

《几何原本》对李善兰的影响是如此之深, 以致他深为徐光启与利玛窦未尽翻译全书而遗憾. 他与伟烈亚力合译的第一部书是 Sir Billingsley 版本的 "Elements" 后九卷. 由顾观光和张文虎校对, 于 1858 年在墨海书馆木刻刊印.

[①] 弹道学 (ballistics) 来源于希腊文 "$\beta\alpha\lambda\lambda\varepsilon\iota\nu$" ("投掷" 之意).

[②] 麦都思 (Walter Henry Medhurst, 1796.04.29—1856.12.25), 自号墨海老人, 英格兰人, 1835 年来华传教.

[③] 艾约瑟 (Joseph Edkins, 1823.12.19—1905), 字迪瑾, 英格兰人, 1848 年来华传教.

[④] Henry Briggs (1561.02—1630.01.26), 英格兰人, 1617 年的 "Logarithmorum chilias prima" 引入以 10 为底的对数, 1619 年任牛津大学第一个 Savile 几何学教授, 1624 年的 "Arithmetica logarithmica" 引入术语 "尾数" 和 "特征", 给出 1 到 20000, 90000 到 100000 精确到 14 位的对数和正弦函数精确到 15 位的对数, 正切和正割精确到 10 位的对数.

在翻译《几何原本》的同时, 李善兰又与艾约瑟将 1833 年 W. Whewell[1]第二版的 "An Elementary Treatise on Mechanics" 译为《重学》. 这是中国近代科学史上第一部包括运动学[2]、动力学[3]、刚体力学和流体力学在内的力学译著.

李善兰与伟烈亚力合译了 E. Loomis[4]在 1851 年版的 "Elements of Analytical Geometry and of Differential and Integra Calculus" (《代微积拾级》). 它对中国科学尤其是数学发展的意义, 可以说是里程碑式的. 作为中国的第一本微积分教材, 它的翻译出版, 标志着西方微积分在中国的发扬光大.

李善兰在序中说: "算术至此观止矣, 无以加矣." 得意之情, 溢于言表. 伟烈亚力说: "异时中国算学日上, 未必非此书实基之也." 将中国数学此后的发展, 归于微积分的引入.

李善兰与伟烈亚力合译了 de Morgan 的 "Elements of Algebra"(《代数学》). 它为中国数学史上第一部符号代数学著作, 确定了术语 "代数".

李善兰与伟烈亚力合译了 1851 年 Sir Herschel[5]的 "Outlines of Astronomy" (《谈天》). 这本书的翻译确立了 "日心说" 在中国的地位, 使建立在牛顿力学体系上的西方近代天文学比较系统地进入了中国.

此外, 李善兰还与伟烈亚力和傅兰雅[6]合译过牛顿的 "Philosophiae Naturalis Principia Mathematica"(奈端[7]《数理》). 可惜没有译完, 未能刊行, 译稿也遗失.

李善兰创译大量的科学词汇, 并东渡日本和朝鲜半岛, 沿用至今, 诸如代数、

---

[1] William Whewell (1794.05.24—1866.03.06), 英格兰人, J. Gough (John Gough, 1757.01.17—1825.07.28, 是一个盲人) 的学生, 在剑桥大学获硕士学位, 1820 年当选为皇家学会会员, 由于对潮汐的研究于 1837 年获皇家奖, 1847 年当选为美国人文与科学院院士, 为 M. Faraday 给出 "anode" "cathode" 和 "ion" 术语, 为 S. Coleridge (Samuel Taylor Coleridge, 1772.10.21—1834.07.25, 英格兰人) 给出 "scientist" 术语, 类似地给出了 "artist" 和 "physicist" 等术语.

[2] 运动学 (kinetics) 来源于希腊文 "$\kappa\iota\nu\eta\sigma\iota\varsigma$" ("运动" 之意).

[3] 动力学 (dynamics) 来源于希腊文 "$\delta\upsilon\nu\alpha\mu\iota\kappa\circ\varsigma$" ("力量" 之意).

[4] Elias Loomis (1811.08.07—1889.08.15), 美国人.

[5] Sir John Frederick William Herschel, 1st Baronet (1792.03.07—1871.05.11), 英格兰人, F. Herschel (Frederick William Herschel, 1738.11.15—1822.08.25, 德国人, 1781 年 3 月 13 日发现天王星, 11 月获 Copley 奖, 12 月 6 日当选为皇家学会会员, 1785 年画出了破大饼状的银河系, 百年内是最详细的星图, 1820 年 4 月皇家天文学会首任会长) 的儿子, C. Herschel (Caroline Lucretia Herschel, 1750.03.16—1848.01.09, 德国人, 1835 年当选为皇家学会会员, 是第一个女荣誉会员, 1838 年当选为爱尔兰皇家科学院院士) 的侄子, 1813 年当选为皇家学会会员, 1821 年和 1847 年两获 Copley 奖, 1827 年任皇家天文学会会长, 1831 年封准男爵, 1833 的 "On the investigation of orbits of revolving double stars", 1836 年的 "On nebulae and clusters of stars" 和 1840 年的 "On the chemical action of rays of the solar spectrum on preparations of silver, and other substances, both metallic and non-metallic, and on some photogenic processes" 三获皇家奖.

[6] 傅兰雅, John Fryer (1839.08.06—1928.07.02), 英格兰人, 1861 年来华传教, 1876 年授三品衔, 当年以 "给中国引进科学" 为宗旨创办《格致汇编》, 是中国近代最早的科技杂志.

[7] 奈端即当时牛顿的中文译名.

系数、多项式、常数、变量[①]、自变量、因变量、函数、方程式、微分[②]、积分、级数、轴、平行、切线、法线和渐近线等.

2.11　中国近代著名数学教育家——华蘅芳

2.11.1　华蘅芳

华蘅芳 (1833—1902), 字若汀, 江苏金匮 (今无锡) 人.

华蘅芳生卒于金匮.

父亲: 华翼纶.

弟弟: 华世芳[③].

华蘅芳出生于世宦门第, 少年时酷爱数学, 10 岁开始, 常读中国古代算经. 至 20 岁, 已学过《周髀算经》《九章算术》《孙子算经》《张丘建算经》和《测圆海镜》等, 并学习了《几何原本》. 游学上海时, 与李善兰交往, 李善兰向他推荐西方的代数和微积分. 华蘅芳提出过 20 多种对于勾股定理的证法.

华蘅芳曾三次被奏保举, 受到洋务派器重, 一生与洋务运动关系密切, 成为这个时期有代表性的科学家之一.

华蘅芳官至四品, 但未从政. 他不慕荣利, 穷约终身, 坚持了科教道路, 与李善兰和徐寿同为中国近代科学事业的先行者.

2.11.2　华蘅芳著作

华蘅芳 26 岁时, 由徐寿作图, 于 1859 年秋写出了第一部数学著作《抛物线说》.

华蘅芳的研究成果主要见于 1882 年的《行素轩算稿》. 1897 年再版本共收入六种书 27 卷, 包括《积较术》《开方别术》《数根术解》《学算笔谈》《开方古义》和《算草丛存》.

《积较术》是华蘅芳的代表作, 其中第二和第三两卷的 "诸乘方正元积较表" 和 "和较还原表" 是两种相关的计数函数, 可与第一和第二两种 Stirling 数建立函数关系, 书中给出两组互反公式, 属于广义 Möbius[④]反演, 还涉及若干组合恒等式和有重复组合的母函数定理等, 在组合数学和差分理论中有一定的意义.

---

① 变量 (variable) 来源于拉丁文 "variabilis" ("可变化" 之意).

② 微分 (differential) 来源于拉丁文 "differentia" ("差" 之意).

③ 华世芳 (1854—1905), 字若溪, 受其哥哥影响也成为中国近代数学教育家.

④ August Ferdinand Möbius (1790.11.17—1868.09.26), 德国人, J. Pfaff 的学生, 1815 年在 Leipzig 大学的博士学位论文是 "The occultation of fixed stars", 1827 年的 "Der barycentrische Calkul" 引入齐性坐标, 讨论了几何变换, 特别是射影变换, 1831 年的 "über eine besondere Art von Umkehrung der Reihen" 引进 Möbius 函数和 Möbius 反演, 1847 年, J. Listing (Johann Bebedict Listing, 1808.07.25—1882.12.24, 德国人, von Gauß 的学生, 1834 年在 Göttingen 大学的博士学位论文是 "De superficiebus secundi ordinis", 1847 年根据希腊文 τοπο 和 λογο("位置" 和 "研究") 的 "Vorstudien zur Topologie" 命名了拓扑学, 中文是音译) 也发现 Möbius 带.

1872 年, 华蘅芳的《开方别术》提出求整系数高次方程整数根的 "数根开方法", 李善兰评价此法 "较旧法简易十倍", 推为杰作. 《数根术解》讨论了素数理论及应用, 特别是 "筛法", 还用诸乘尖堆法证明了 Fermat 素数定理, 与 L. Euler 的证法相似. 李善兰赞他 "独务精深" "空前绝后". 《学算笔谈》论述了数学理论、数学思想和学习数学的方法, 在 19 世纪 90 年代再版多次, 被许多学堂和书院当作数学教材, 以致 "东南学子, 几乎家有其书".

1887 年, 华蘅芳的启蒙读物《算法须知》收入傅兰雅主编的《格致须知》. 1896 年的《西算初阶》收入冯桂芬[①]等辑的《西算新法丛书》. 他还撰写了《测量法》《求乘数法》《数根演古》《循环小数考》和《算学琐语》等著作.

1898 年, 华蘅芳回到家乡, 在无锡竢实学堂 (今无锡连元街小学) 任教. 他 "口讲指画, 务以浅显之理达精奥之思".

华蘅芳注重数学教育, 在数学评论中阐明了他的数学教学思想, 像 "观书者不可反为书所役" 等精辟见解, 表明他的方法论中已具有辩证的内容.

2.11.3 华蘅芳译著

华蘅芳追求译著文义 "明白晓畅, 不失原书之真意". 后人称赞他的译著 "足兼信达雅三者之长", 是李善兰之后引进西算影响最大的人. 《江苏乡土志》说: "中国后来译事的繁兴, 实发动于无锡的徐寿、华蘅芳." 他和傅兰雅合译的著作如下:

1872 年和 1874 年, 合译 W. Wallace[②]在 1810 年为 "Encyclopaedia Britannica" 写的 "Algebra" (《代数术》)和 "Fluxions" (《微积溯源》).

1877 年, 合译 1858 年 J. Hymers[③]的 "A Treatise on Plane and Spherical Trigonometry"(《三角数理》).

1879 年, 合译 1878 年 Thomas Lund 和 James Wood 的 "A Companion to Wood's Algebra"(《代数难题解法》, 华世芳校对).

1880 年, 合作编译 1853 年 T. Galloway[④]的 "Probabilities" 和 1860 年 R. E. Anderson 的 "Probabilities, Chances, or the Theory of Averages" 等为《决疑数学》. 这是中国第一部编译的概率论[⑤]著作.

1888 年, 合译 1863 年 O. Byrne[⑥]的 "Dual Arithmetic" 为《合数术》.

---

① 冯桂芬 (1809—1874), 字林一, 号景亭, 江苏吴县 (今苏州) 人, 1840 年进士.

② William Wallace (1768.09.23—1843.04.28), 苏格兰人, T. Galloway 的岳父, 自学成才的数学家, 1799 年发现 Simson 线, 1815 年最早采用了 von Leibniz 的微积分记号.

③ John Hymers (1803.07.20—1887.04.07), 英格兰人, 创建 Hymers 学院, 1383 年 5 月 31 日当选为皇家学会会员.

④ Thomas Galloway (1796.02.26—1851.11.01), 苏格兰人, W. Wallace 的女婿, 皇家学会会员.

⑤ 概率论 (probability) 来源于拉丁文 "probabilitas"(法律意义上 "正直或诚实" 之意).

⑥ Oliver Byrne (1810.07.31—1880.12.09), 爱尔兰人.

1899 年, 合译 1898 年 E. Houston[1]和 A. Kennelly[2]的 "Algebra Made Easy" (《算式别解》).

2.12　中国现代数学之父——华罗庚

2.12.1　华罗庚

华罗庚 (Loo-keng Hua, 1910.11.12—1985.06.12), 江苏金坛人, 1951—1984 年任中国数学会[3]理事长, 1952 年 7 月创建中国科学院数学研究所, 并任所长, 1955 年 6 月当选为中国科学院[4]首批学部委员 (院士, 1977 年任副院长), 1956 年获国家自然科学奖一等奖, 1958 年任中国科学技术大学[5]副校长, 1979 年 3 月创建中国科学院应用数学研究所, 1982 年当选为美国国家科学院院士 (第一位中国科学家), 1983 年当选为第三世界科学院[6] 院士.

华罗庚生于金坛, 卒于日本东京.

父母: 华瑞栋和巢性清.

1925 年, 华罗庚初中毕业考上上海中华职业学校, 因拿不出学费而中途退学. 他一生只有初中毕业文凭.

1929 年, 苏家驹[7]在上海《学艺》上发表 "代数式的五次方程之解法". 1930 年春, 华罗庚在上海《科学》上发表 "苏家驹之代数的五次方程式解法不能成立之理由" 轰动数学界. 熊庆来[8]发现了他的才华, 破例让他进入清华大学[9]图书馆担任馆员.

---

[1] Edwin James Houston (1847.07.09—1914.03.01), 美国人.

[2] Arthur Edwin Kennelly (1861.12.17—1939.06.18), 爱尔兰人, 1932 年获 IEEE 荣誉奖 (IEEE Medal of Honor), 1933 年获 Edison 奖 (IEEE Edison Medal), 并获荣誉军团骑士勋位.

[3] 中国数学会创建于 1935 年 7 月.

[4] 中国科学院创建于 1949 年 11 月, 为中国最高学术机构, 1955 年 6 月首聘学部委员 233 人.

[5] 中国科学技术大学创建于 1958 年 9 月 20 日, 校训: 红专并进、理实交融.

[6] 第三世界科学院 (The World Academy of Sciences, TWAS) 创建于 1983 年 11 月, 1985 年首次设立科学奖, 授予第三世界国家在科学领域做出杰出贡献的科学家, 其中基础科学奖分物理学、化学、数学、生物学和基础医学五项.

[7] 苏家驹 (1899.06—1980.05), 号毓湘.

[8] 熊庆来 (1893.10.20—1969.02.03), 字迪之, 云南弥勒人, "中国近代数学先驱", 1934 年的法国国家博士 (Doctorat d'Etat) 论文 "关于无穷级整函数与亚纯函数" 定义的无穷级函数被称为熊庆来无穷数, 1935 年 7 月参与创建中国数学会, 创办《中国数学会学报》和《数学杂志》, 1937—1949 年任云南大学校长.

[9] 清华大学 (Tsinghua University) 的前身是创建于 1909 年 7 月的游美学务处附设的游美肄业馆, 1911 年 4 月改名清华学堂, 29 日开学, 1912 年 10 月更名为清华学校, 1928 年更名为国立清华大学, 校训: 自强不息、厚德载物.

1935—1936 年, N. Wiener[①]访华时注意到华罗庚的潜质. 他访英时, 向 G. Hardy 推荐了华罗庚. 1936—1937 年, 华罗庚来到了剑桥大学[②]深造, 得到 G. Hardy 的指导和帮助. 在剑桥大学期间, 华罗庚至少发表了 15 篇论文.

1939—1941 年, 华罗庚完成了第一部数学专著《堆垒素数论》.

20 世纪 40 年代, 华罗庚解决了 von Gauß 三角和的估计, 得到最佳误差估计. 华罗庚的工作对 G. Hardy 和 J. Littlewood[③]关于 Waring[④]问题和 Sir Wright[⑤] 关于 Tarry[⑥]问题的结果都有重大改进. 这些为他在世界上赢得了声誉.

1985 年 6 月 12 日 16 时, 华罗庚在东京大学[⑦]作主题为 "理论数学及其应用" 的演讲时突发心肌梗死, 20 时 9 分逝世.

---

① Norbert Wiener (1894.11.26—1964.03.18), 美国人, K. Schmidt (Karl Schmidt, Paul Gerhard Natorp 的学生, 1898 年在 Marburg 大学的博士学位论文是 "Beiträge zur Entwicklung der Kant'schen Ethik") 和 J. Royce (Josiah Royce, 1855.11.20—1916.09.14, George Sylvester Morris 的学生, 1878 年在 Johns Hopkins 大学的博士学位论文是 "Interdependence of the principles of human knowledge", 是首批四个博士学位论文之一) 的学生, 1913 年在 Harvard 大学的博士学位论文是 "A comparison between the treatment of the algebra of relatives by Schröder and that by Whitehead and Russell", 1922—1923 年独立引入赋范线性空间概念, 1923 年提出 Wiener 测度, 1933 年与 J. Pérès (Joseph Jean Camille Pérès, 1890.10.31—1962.02.12, 法国人, S. Volterra 和 E. Vessiot 的学生, 1915 年在巴黎大学的博士学位论文是 "Sur les fonctions permutables de première espèce de M. Vito Volterra", 1937 年任法国数学会会长, 1942 年当选为法国科学院院士, 还是意大利国家科学院院士和美国国家科学院院士) 给出复平面上的 Fourier 变式理论, 并获 Bôcher 纪念奖, 1942 年开始研究随机过程的预测、滤波理论及其自动控制上的应用, 产生了 "统计动力学", 1948 年的 "Cybernetics: or, control and communication in the animal and the machine" 开创了控制论, 奠基计算机科学, 1964 年获美国国家科学奖, 1967 年, Massachusettes 理工学院 (Massachusettes Institute of Technology, 创建于 1861 年 4 月 10 日, 校训: Mind and hand (既学会动脑, 又学会动手)) 数学系捐资设立 Wiener 应用数学奖 (Wiener prize in applied mathematics), 由美国数学会和美国工业与应用数学学会 (SIAM) 负责颁奖, 只授给美国、加拿大、墨西哥的两会会员.

② 剑桥大学 (University of Cambridge) 创建于 1209 年, 最早是由一批为躲避殴斗而从牛津大学逃离出来的学者建立的, 全球最顶尖大学之一, 与牛津大学齐名, 被合称为 "Oxbridge", 校训: Hinc lucem et pocula sacra (此地乃启蒙之所和智慧之源).

③ John Edensor Littlewood (1885.06.09—1977.09.09), 英格兰人, E. Barnes (Ernest William Barnes, 1874.04.01—1953.11.29, 英格兰人, W. Ball 的学生, 1909 年当选为皇家学会会员) 的学生, 1907 年在剑桥大学获博士学位, 1916 年当选为皇家学会会员, 1928 年任第一个剑桥大学 Ball 数学教授, 1929 年获皇家奖和 Copley 奖, 1938 年获 de Morgan 奖, 1943 年获 Sylvester 奖, 1941—1943 年任伦敦数学会会长, 1948 年当选为瑞典皇家科学院院士和丹麦皇家科学与人文院院士, 1950 年当选为荷兰皇家人文与科学院院士, 1957 年当选为法国科学院院士, 1960 年获高级 Berwick 奖.

④ Edward Waring (1736—1798.08.15), 英格兰人, 1760 年 1 月 28 日任剑桥大学 Lucas 数学教授, 1763 年 6 月 2 日当选为皇家学会会员, 并获皇家奖, 1770 年提出 Waring 问题, 1784 年获 Copley 奖, 最先公布了 Wilson 定理, 但没有证明.

⑤ Sir Edward Maitland Wright (1906.02.13—2005.02.02), 英格兰人, G. Hardy 的学生, 在牛津大学获博士学位, 1978 年获高级 Berwick 奖.

⑥ Gaston Tarry (1843.09.27—1913.06.21), 法国人.

⑦ 东京大学 (とうきょうだいがく) 创建于 1877 年, 1886 年 3 月更名为帝国大学, 1897 年 6 月更名为东京帝国大学, 1947 年 9 月定名为东京大学, 是日本第一所国立大学, 也是亚洲最早的西式大学之一, 世界著名研究型国立综合大学, 校训: 以质取胜、以质取量、培养国家领导人和各阶层中坚力量.

H. Bateman[①]称 "华罗庚是中国的 A. Einstein, 足够成为全世界所有著名科学院的院士".

H. Halberstam[②]称华罗庚是他那个时代的领袖数学家之一.

2.12.2　华罗庚数学奖

1991 年, 湖南教育出版社与中国数学会设立华罗庚数学奖, 以奖励和鼓励对中国数学事业的发展做出突出贡献的我国数学家, 年龄在 50—70 岁, 每两年授予一次, 不超过两人, 每人奖金为 10 万元.

1992 年 11 月 4 日, 陈景润和陆启铿[③]获第一届华罗庚数学奖.

2.13　20 世纪最伟大的几何学家之一——陈省身

2.13.1　陈省身

陈省身 (Shiing-shen Chern, 1911.10.26—2004.12.03), 浙江秀水人, 1961 年当选为美国国家科学院院士, 1963 年当选为美国人文与科学院院士, 1963—1964 年任美国数学会[④]副会长, 1970 年获 Chauvenet[⑤]奖, 1971 年当选为巴西科学院[⑥]院士, 1975 年获美国国家科学奖 (National Medal of Science Award), 1983 年获 Wolf

---

① Harry Bateman (1882.05.29—1946.01.21), 英格兰人, F. Morley (Frank Morley, 1860.09.09—1937.10.17, 英格兰人, G. Hardy 的学生, 1919—1920 年任美国数学会会长, 1923 年在牛津大学的博士学位论文是 "An analytic treatment of the three-bar curve", 有著名的 Morley 三角形: 设三角形 ABC 三内角的三等分线中, 分别与 BC, CA, AB 相邻的每两线相交于点 D, E, F, 则三角形 DEF 是正三角形) 的学生, 1913 年在 Johns Hopkins 大学 (Johns Hopkins University, JHU, 创建于 1876 年 1 月 26 日, 以 Johns Hopkins (1795.05.19—1873.12.24) 命名, 校训: Veritas vos liberabit (真理必叫你们得以自由)) 的博士学位论文是 "The quartic curve and its inscribed configurations", 1928 年当选为皇家学会会员, 1930 年当选为美国国家科学院院士, 1935 年任美国数学会副会长.

② Heini Halberstam (1926.09.11—2014.01.25), 捷克人, T. Estermann 的学生, 1952 年在伦敦大学学院的博士学位论文是 "Some results in analytic number theory".

③ 陆启铿 (1927.05.17—2015.08.31), 广东佛山人, 1980 年当选为中国科学院学部委员 (院士), 1980—1983 年任中国科学院数学研究所副所长, 曾获国家自然科学奖三等奖.

④ 美国数学会 (American Mathematical Society, AMS) 原为以伦敦数学会模式创建于 1888 年的纽约数学会 (New York Mathematical Society), 1894 年 7 月 1 日改为现名.

⑤ William Chauvenet (1820.05.24—1870.12.13), 美国人, 1845 年 10 月 10 日美国 Annapolis 海军学校创建人之一, 1863 年 3 月 3 日美国国家科学院创建人之一 (1868 年任副院长), 1925 年, 时任美国数学联合会副会长的 J. Coolidge 捐资设立 Chauvenet 奖, G. Bliss 获第一个 Chauvenet 奖.

⑥ 巴西科学院 (Academia Brasileira de Ciências) 创建于 1916 年 5 月 3 日, 最初为巴西科学学会, 1921 年改为现名.

数学奖和 Steele 奖[1], 1985 年当选为皇家学会会员, 1989 年当选为意大利国家科学院[2]院士和法国科学院[3]院士, 1994 年 6 月 8 日当选为中国科学院首批外籍院士, 2001 年当选为俄罗斯科学院[4]院士, 2002 年获 Lobachevsky 奖, 2004 年获第一个邵逸夫[5]数学奖 (Shaw Prize in Mathematics).

陈省身生于秀水, 卒于天津.

父母: 陈宝 (帧) 和韩梅.

女儿, 女婿和外孙: 陈璞, 朱经武[6]和朱俊杰[7].

师承: W. Blaschke[8].

少年时的陈省身就喜爱数学, 觉得数学既有趣又较容易, 并喜欢独立思考, 自主发展, 常常 "自己主动去看书, 不是老师指定什么参考书才去看".

---

① 为了向 G. Birkhoff, W. Osgood (William Fogg Osgood, 1864.03.10—1943.07.22, 美国人, M. Noether 的学生, 1890 年在 Erlangen 大学的博士学位论文是 "Zur Theorie der zum algebraischen Gebilde $y^m = R(x)$ gehörigen Abelschen Functionen", 1904 年当选为美国国家科学院院士, 1905—1906 年任美国数学会会长) 和 W. Graustein (William Casper Graustein, 1988.11.15—1941.01.22, 美国人) 表示敬意, 1970 年, Leroy P. Steele 捐资设立 Steele 奖, 这是美国数学会最重要的一个奖项. 从 1970 年开始, 每年颁发一个或几个奖, 奖励突出的已发表的数学研究工作, 特别是评论性和覆盖面广的数学论文; 1977 年, 美国数学会修改为每年颁发三个奖: 终身成就奖 (lifetime achievement)、论著奖 (mathematical exposition) 和论文奖 (seminal contribution to research); 1994 年, 基础论文奖以五个领域分五年进行循环: 分析、代数、应用数学、几何、离散数学/逻辑, 而后一项又交替授予, 即十年一次. 1970 年, S. Lefschetz 获第一个 Steele 奖.

② 意大利国家科学院 (Accademia Nazionale Reale dei Lincei) 的前身是创建于 1603 年的 Lincei 科学院 (Accademia dei Lincei), 1651 年, Lincei 科学院消失, 1847 年重建为 Pontificia Accademia dei Nuovi Lincei, 1870 年变为意大利国家科学院.

③ 法国科学院 (L'Académie des Sciences) 是法兰西研究院下属的五个院之一, 前身是创建于 1666 年 12 月 22 日的科学学会, 开始是选择一批学者定期到皇家图书馆里开会, 1699 年 1 月 20 日正式制定章程, 时称法国皇家科学院 (Académie Royale des Sciences), 后改用现名并迁往卢浮宫. 法国大革命时期, 国民公会于 1793 年取缔了科学院和其他王室学会. 1795 年, 由新建国立研究院的一个分支机构接管科学院的工作. 1816 年恢复原名.

④ 俄罗斯科学院 (Российская Академия Наука, РАН, Russian Academy of Sciences) 的前身是 1724 年 2 月 8 日创建的圣彼得堡科学院 (Петербургская Академия Наука, St Petersburg Academy of Sciences), 主要参考法国科学院的模式, 并聘请当时外国知名学者任首届院士, 1917 年成为国家科学院, 1925 年更名为苏联科学院, 1991 年更名为现名, 是全俄最高学术机构.

⑤ 邵逸夫爵士, Sir Run Run Shaw (1907.11.19—2014.01.07), 原名邵仁楞, 浙江宁波人, 香港电视广播有限公司荣誉主席, 邵氏兄弟电影公司创办人之一, 1977 年封爵, 2014 年 1 月 7 日 6 时 55 分在家人陪伴下在家里安详离世, 享年 107 岁. 他于 2002 年 11 月设立邵逸夫奖, 2004 年开始颁发, 每年有三项奖: 天文学、生命科学与医学和数学奖.

⑥ 朱经武, Paul Ching-wu Chu (1941.12.02—), 湖南长沙人, 超导体物理学家, 1988 年获美国国家科学奖, 1989 年当选为美国国家科学院院士和美国人文与科学院院士, 1996 年当选为中国科学院外籍院士, 2005 年当选为俄罗斯工程院院士.

⑦ 朱俊杰, 建筑师.

⑧ Wilhelm Johann Eugen Blaschke (1885.09.13—1962.03.17), 奥地利人, W. Wirtinger (Wilhelm Wirtinger, 1865.07.15—1945.01.15, 奥地利人, Emil Weyr 和 von Escherich 的学生, 1887 年在维也纳大学的博士学位论文是 "Über eine spezielle Tripelinvolution in der Ebene", 1905 年当选为奥地利科学院院士, 1907 年获 Sylvester 奖, 1927 年当选为德国科学院院士和意大利国家科学院院士) 的学生, 1908 年在维也纳大学的博士学位论文是 "Über eine besondere Art von Kurven vierter Klasse".

1926 年, 陈省身进入南开大学①数学系.

1931 年, 陈省身进入清华大学研究院, 成为国内最早的数学研究生之一. 其间发表了第一篇论文 "具有一一对应的平面曲线对".

1932 年 4 月, 应邀来华访问的 W. Blaschke 对陈省身有很大的影响, 使其确定了以微分几何为以后的研究方向.

1934 年夏, 陈省身毕业于清华大学研究院, 成为中国自己培养的第一名数学研究生.

1936 年 2 月, 陈省身在 Hamburg 大学②的博士学位论文是 "Eine Invarianten-theorie der Dreigewebe aus r-dimensionalen Mannigfaltigkeiten im $\mathbb{R}^{2r}$".

1943 年, 陈省身发表 "A simple intrinsic proof of the Gauß-Bonnet formula for closed Riemannian manifolds" (闭 Riemann 流形的 Gauß-Bonnet 公式的一个简单内蕴证明).

1946 年, 陈省身发表的 "Characteristic classes of Hermitian manifolds" (Hermite 流形的示性类)用复流形的纤维丛上的外微分形式确定了复流形的上同调的元素——陈示性类.

上面的这两项工作是陈省身一生中最重要的工作, 它们建立了代数拓扑学和微分几何的联系, 推进了整体微分几何的发展, 揭示了 É. Cartan③的联络几何思想与纤维丛理论的密切联系, 奠定了他在数学上的重要地位.

1983 年, 杨振宁④曾赋诗称赞陈省身:

---

① 南开大学肇始 1904 年, 1919 年创建, 校训: 允公允能, 日新月异.

② Hamburg 大学 (Universität Hamburg, UHH) 创建于 1919 年 3 月 28 日, 德国北部最大学术教育中心, 校训: der Forschung, der Lehre, der Bildung (研究、教学、教育).

③ Élie Joseph Cartan (1869.04.09—1951.05.06), 法国人, H. Cartan 的父亲, J. Darboux 和 M. Lie 的学生, 1894 年在巴黎大学的博士学位论文 "Sur la structures des groupes de transformations finis et continus" 在复平面上将所有有限 Lie 代数进行了分类, 1913 年与 A. Weil 完成了半单纯 Lie 代数有限维表示理论, 奠定了 Lie 群表示论的基础, 这在量子力学和基本粒子理论中有重要应用, 1915 年任法国数学会会长, 1920 年获 Poncelet 奖, 1921 年当选为波兰科学院院士, 1923 年提出一般联络的微分几何, 将 C. Klein 和 G. Riemann 的几何观点统一起来, 是纤维丛概念的发端, 1926 年当选为挪威皇家科学与人文院院士, 1927 年当选为意大利国家科学院院士, 1932 年解决多元复变函数论的一些基本问题, 1937 年获 Lobachevsky 奖, 1945 年 3 月 9 日当选为法国科学院院士 (1946 年任院长), 1947 年 5 月 1 日当选为皇家学会会员.

④ 杨振宁 (Chen-ning Yang, 1922.10.01—), 安徽合肥人, 杨克纯 (Ko-chuen Yang, 1896.04.14—1973.05.12, 号武之, 安徽肥西人, L. Dickson 的学生, 1928 年在 Chicago 大学获博士学位的第一个中国人, 论文是 "Various generalization of Waring's problem", 将近世代数和数论引进中国) 的儿子, E. Teller (Edward Teller, 1908.01.15—2003.09.09, 匈牙利人, Werner Karl Heisenberg 的学生) 的学生, 1957 年获 Nobel 物理学奖, 1965 年当选为美国国家科学院院士, 1979 年获 Fermi 奖, 1980 年获 Rumford 奖, 1981 年获 Oppenheimer 奖, 1986 年获美国国家科学奖, 1993 年当选为皇家学会会员, 1994 年当选为中国科学院外籍院士, 1995 年获 Einstein 奖, 2001 年获 Faisal 国王国际科学奖, 2015 年获 Grossmann 奖, 2019 年获求是终身成就奖, 还是俄罗斯科学院院士、巴西科学院院士、西班牙皇家科学院院士.

天衣岂无缝, 匠心剪接成. 浑然归一体, 广邃妙绝伦.

造化爱几何, 四力纤维能. 千古才心事, 欧高黎嘉陈[a].

---

a 欧高黎嘉陈分别指 L. Euler, von Gauß, G. Riemann, É. Cartan 和陈省身.

2006 年, P. Griffiths[①]编辑了 "Inspired by S. S. Chern: A Memorial Volume in Honor of a Great Mathematician".

2011 年 6 月, 陈省身夫妇葬于南开大学省身楼旁, 朱俊杰为外祖父母设计了一个非常简朴的纪念碑, 以一块黑板为墓碑 (2004 年, 93 岁的陈省身在临终前留下了 "不留坟头, 只留一块黑板" 的遗愿), 墓志铭是 Gauß-Bonnet-陈公式, 取自陈省身在美国任教时的手书讲义. 设于墓碑前的 23 个矮凳, 令整个纪念园仿佛是一个露天的教室, 庄严肃穆, 又不乏自由活跃的学术氛围.

陈省身和 H. Lawson[②]二人的学生丘成桐[③]于 1982 年获 Fields 奖, 2010 年获 Wolf 数学奖, 还写了 "陈省身与几何学的发展".

2017 年, 丘成桐和 L. Simon[④]二人的学生孙理察[⑤]获 Wolf 数学奖.

---

① Phillip Augustus Griffiths (1938.10.18—), 美国人, D. Spencer (Donald Clayton Spencer, 1912.04.25—2001.12.23, 美国人, J. Littlewood 和 G. Hardy 的学生, 1939 年在剑桥大学的博士学位论文是 "On a Hardy-Littlewood problem of Diophantine approximation", 1948 年获 Bôcher 纪念奖, 1961 年当选为美国国家科学院院士, 1967 年当选为美国人文与科学院院士) 的学生, 1962 年在 Princeton 大学的博士学位论文是 "On certain homogeneous complex manifolds", 1971 年获 Steele 奖, 1979 年当选为美国国家科学院院士, 1995 年当选为美国人文与科学院院士, 1999—2006 年任国际数学联盟秘书, 2001 年当选为意大利国家科学院院士, 2008 年获 Brouwer 奖和 Wolf 数学奖, 2014 年获陈省身奖和 Steele 终身成就奖, 还是印度科学院院士、俄罗斯科学院院士.

② Herbert Blaine Lawson (1942.01.04—), 美国人, R. Osserman (Robert Osserman, 1926.12.19—2011.11.30, 美国人, L. Ahlfors 的学生, 1955 年在 Harvard 大学的博士学位论文是 "Contributions to the problem of type on Riemann surface", 1980 年获 Ford 奖) 的学生, 1969 年在 Stanford 大学的博士学位论文是 "Minimal varieties in constant curvature manifolds", 1975 年获 Steele 奖, 1985 年获 MacArthur 奖, 1995 年当选为美国国家科学院院士, 2013 年当选为美国人文与科学院院士, 曾任美国数学会副会长、巴西科学院院士.

③ 丘成桐, (Shing-tung Yau, 1949.04.04—), 广东蕉岭人 (美国籍), 陈省身和 H. Lawson 的学生, 1971 年在 California 大学 (Berkeley) 的博士学位论文是 "On the fundamental group of compact manifolds of non-positive curvature", 1981 年获 Veblen 几何奖, 1982 年当选为美国人文与科学院院士, 并获 Fields 奖, 1985 年获 MacArthur 奖, 1993 年当选为美国国家科学院院士, 1994 年获 Crafoord 奖, 1994 年 6 月 8 日当选为中国科学院首批外籍院士, 1997 年获美国国家科学奖, 1998 年发起组织世界华人数学家大会 (International Congress of Chinese Mathematicians), 并与晨兴集团设立晨兴数学奖 (张寿武和林长寿获第一个晨兴数学金奖), 2003 年当选为俄罗斯科学院院士, 2005 年当选为意大利国家科学院院士, 2008 年当选为印度国家科学院院士, 2010 年获 Wolf 数学奖, 2018 年 7 月 2 日获 Grossmann 奖.

④ Leon Melvyn Simon (1945.07.06—), 澳大利亚人, James Henry Michael 的学生, 1971 年在 Adelaide 大学 (The University of Adelaide, 创建于 1874 年, 校训: Sub cruce lumen (知识之光永远闪耀南十字下)) 的博士学位论文是 "Interior gradient bounds for non-uniformly elliptic equations", 1994 年获 Bôcher 纪念奖, 2017 年获 Steele 论文奖和 Lobachevsky 奖.

⑤ Richard Melvin Schoen (1950.10.23—), 美国人, 丘成桐和 L. Simon 的学生, 1977 年在 Stanford 大学的博士学位论文是 "Existence and regularity theorems for some geometric variational problems", 1983 年获 MacArthur 奖, 1988 年当选为美国人文与科学院院士, 1989 年获 Bôcher 纪念奖, 1991 年当选为美国国家科学院院士, 2017 年获 Wolf 数学奖.

2.13.2 创建美国国家数学科学研究所和南开数学研究所

1982 年 9 月, 陈省身与 I. Singer[①]和 C. Moore[②]在 California 大学[③](Berkeley) 创建美国国家数学科学研究所 (Mathematical Science Research Institute).

1985 年 10 月, 陈省身创建南开数学研究所, 其办所方针是 "立足南开, 面向全国, 放眼世界", 现为陈省身数学研究所.

1992—1997 年, W. Thurston[④]任美国国家数学科学研究所所长.

1998 年, 陈省身捐款设立陈省身基金, 供研究所发展使用.

2.13.3 陈省身数学奖

1986 年, 亿利达集团与中国数学会共同设立了陈省身数学奖, 每两年在中国数学会年会上颁发一次, 奖励两人, 年龄不超过 50 岁, 每人奖金为 10 万元.

1987 年 5 月 6 日, 钟家庆[⑤]和张恭庆[⑥]获第一个陈省身数学奖.

---

① Isadore Manuel Singer (1924.04.24—2021.02.11), 美国人, I. Segal (Irving Erza Segal, 1918.09.13—1998.08.30, 美国人, E. Hille 的学生, 1940 年在 Yale 大学的博士学位论文是 "Ring properties of certain classes of functions", 1971 年当选为美国人文与科学院院士, 1973 年当选为美国国家科学院院士和丹麦皇家科学与人文院院士) 的学生, 1950 年在 Chicago 大学的博士学位论文是 "Lie algebras of unbounded operators", 1969 年获 Bôcher 纪念奖, 1970—1972 年任美国数学会副会长, 1983 年获美国国家科学奖, 2000 年获 Steele 终身成就奖, 2004 年获 Abel 奖, 是美国国家科学院院士、美国人文与科学院院士.

② Calvin C. Moore (1936.11.02—), 美国人, G. Mackey (George Whitelaw Mackey, 1916.02.01—2006.03.15, 美国人, 1938 年获 Putnam 数学竞赛前五名, M. Stone 的学生, 1942 年在 Harvard 大学的博士学位论文是 "The subspaces of the conjugate of an abstract linear space", 还是美国人文与科学院院士、美国国家科学院院士) 的学生, 1960 年在 Harvard 大学的博士学位论文是 "Extensions and cohomology theory of locally compact groups", 1977 年任 "Pacific Journal of Mathematics" 主编, 是美国人文与科学院院士.

③ California 大学 (University of California, UC) 是由 California 州的 10 所公立大学组成的一个大学系统, 是世界上最具影响力的公立大学系统, 被誉为 "全球最好的公立大学" 和 "公立高等教育的典范", 起源于 1853 年在 Aukland 的 California 学院 (College of California), 1868 年 3 月 23 日正式改为现名, 1873 年迁出 Aukland, 新址以 Berkeley 主教命名, 并逐渐在其他地方开设新校区, 1952 年起取消 California 大学的行政系统, 各校区均为独立的学校, 包括 Berkeley, San Francisco (1873), Davis (1905), Los Angeles (1919), Santa Barbara (1944), Riverside (1954), San Diego (1960), Irvine (1965), Santa Cruz (1965) 和 Merced (2005) 等 10 所, 校训: Let there be light (让光明普照).

④ William Paul Thurston (1946.10.30—2012.08.21), 美国人, M. Hirsch (Morris William Hirsch, 1933.06.23—, 美国人, Edwin Henry Spanier 和 S. Smale 的学生, 1958 年在 Chicago 大学的博士学位论文是 "Immersions of manifolds") 的学生, 1972 年在 California 大学 (Berkeley) 的博士学位论文是 "Foliations of three-manifolds which are circle bundles", 1976 年获 Veblen 几何奖, 1982 年获 Fields 奖, 2005 年获第一个 Doob 奖, 2012 年获 Steele 论文奖.

⑤ 钟家庆 (1937.12.04—1987.04.02), 安徽五河人, 1986 年获第一届陈省身数学奖, 1987 年中国数学会设立钟家庆数学奖.

⑥ 张恭庆 (Kong-ching Chang, 1936.05.29—), 上海人, 1982 年获国家自然科学奖三等奖 (1987 年获二等奖), 1986 年获第一届陈省身数学奖, 1991 年当选为中国科学院院士, 1993 年获第三世界科学院数学奖, 1994 年当选为第三世界科学院院士, 1996—1999 年任中国数学会理事长.

2.13.4　陈省身奖

2009 年, 国际数学联盟[①]设立陈省身奖 (Chern Medal Award), 在国际数学家大会[②]上颁发, 奖金为 50 万美元.

2010 年, L. Nirenberg[③]获第一个陈省身奖.

2.14　吴 文 俊

吴文俊 (Wen-tsün Wu, 1919.05.12—2017.05.07), 浙江嘉兴人, 1956 年获国家自然科学奖一等奖, 1957 年 1 月增选为中国科学院学部委员 (院士), 1984—1987 年任中国数学会理事长, 1990 年当选为第三世界科学院院士, 并获第三世界科学院数学奖, 1994 年获求是杰出科学家奖, 1997 年获 Herbrand[④]自动推理杰出成就奖, 2001 年 2 月 19 日获第一届国家最高科学技术奖, 2006 年获邵逸夫数学奖, 2019 年被授予 "人民科学家" 国家荣誉称号.

吴文俊生于上海, 卒于北京.

师承: C. Ehresmann[⑤].

1936 年, 吴文俊进入交通大学[⑥]数学系.

1948 年, 吴文俊的 "On the product of sphere bundles and the duality theorem

---

① 国际数学联盟 (International Mathematical Union, IMU) 创建于 1920 年, 时为 Union Mathématique Internationale, de la Vallée-Poussin 为主席, 第二次世界大战期间没有举行活动, 1951 年重建.

② 国际数学家大会 (The International Congress of Mathematicians) 每四年召开一次, 由国际数学联盟主持.

③ Louis Nirenberg (1925.02.28—2020.01.26), 加拿大人, J. Stoker (James Johnston Stoker, 1905.03.02—1992.10.19, 美国人, H. Hopf 和 G. Pólya 的学生, 1936 年在苏黎世联邦理工学院的博士学位论文是 "Über die Gestalt der positiv gekrümmten offenen Flächen im dreidimensionalen raume") 的学生, 1949 年在纽约大学的博士学位论文是 "The determination of a closed convex surface having given line elements", 1959 年获 Bôcher 纪念奖, 1961 年与 F. John 提出 BMO (bounded mean oscillation) 空间概念, 1976—1977 年任美国数学会副会长, 1982 年 9 月 29 日获第一个 Crafoord 奖, 1994 年获 Steele 终身成就奖, 1995 年获美国国家科学奖, 2010 年获第一个陈省身奖, 2014 年获 Steele 论文奖, 2015 年获 Abel 奖, 美国国家科学院院士、美国人文与科学院院士、法国科学院院士、乌克兰国家科学院 (National Academy of Sciences of Ukraine, 创建于 1918 年 11 月 27 日, 几次易名, 1994 年定为现名) 院士.

④ Jacques Herbrand (1908.02.12—1931.07.27), 法国人, E. Vessiot (Ernest-Paulin-Joseph Vessiot, 1865.03.08—1952.10.17, C. Picard 的学生, 1892 年在巴黎大学的博士学位论文是 "Sur l'intégration des équations différentielles linéaires", 1914 年任法国数学会会长, 1924 年获 Poncelet 奖) 的学生, 1930 年在巴黎大学的博士学位论文是 "Recherches sur la théorie de la démonstration".

⑤ Charles Ehresmann (1905.04.19—1979.09.22), 德国人, É. Cartan 的学生, 1934 年在法国高等师范学校的博士学位论文是 "Sur la topologie de certains espaces homogènes", 1965 年任法国数学会会长.

⑥ 交通大学起源于 1896 年的南洋公学 (今上海交通大学) 与山海关北洋铁路官学堂 (今西南交通大学), 校训: 精勤求学、敦笃励志、果毅力行、忠恕任事.

modulo two" 证明了 Whitney[①]乘积公式和对偶原理.

1949 年在 Strasbourg 大学 [②]的博士学位论文是 "Sur les classes caractéristiques des structures fibrées sphériques".

1950 年, 吴文俊与 R. Thom[③]合作的 "Classes caractéristiques et i-carrès d'une variété" 研究了 Stiefel[④]-Whitney 示性类, 给出吴示性类、吴示嵌类和吴公式.

1975 年, 吴文俊的 "中国古代数学对世界文化的伟大贡献" 明确指出: "近代数学之所以能够发展到今天, 主要靠中国 (式) 数学, 而非希腊 (式) 数学."

1998 年, 吴文俊将 1997 年以来关于数学机械化的工作总结成 "Mathematics mechanization: Geometry theorem proving, geometry problem-solving and polynomial equation-solving".

2003 年, 吴文俊又完成了著作《数学机械化》.

2.15　陈 景 润

陈景润 (1933.05.22—1996.03.19), 福建闽侯人, 1978 年和 1982 年两获国家自然科学奖一等奖, 1981 年 3 月当选为中国科学院学部委员 (院士), 1982 年获何

---

① Hassler Whitney (1907.03.23—1989.05.10), 美国人, G. Birkhoff 的学生, 1932 年在 Harvard 大学的博士学位论文是 "The coloring of graphs", 1935 年提出微分流形的一般概念, 1937 年证明微分流形的嵌入定理, 这是微分拓扑学的创始, 还提出纤维丛的概念, 1945 年当选为法国科学院院士, 1948—1950 年任美国数学会副会长, 1954 年当选为美国国家科学院院士, 1969 年获 Ford 奖 (Lester Randolph Ford, 1886.10.25—1967.11.11, 美国人, M. Bôcher 的学生, 1917 年在 Harvard 大学的博士学位论文是 "On rational approximations to an irrational complex number", 1942—1946 年任 "American Mathematical Monthly" 主编, 1947—1948 年任美国数学联合会会长, 1956 年与 D. Fulkerson 给出 Ford-Fulkerson 算法, 1964 年, 美国数学联合会设立 Ford 奖, 2012 年更名为 Halmos-Ford 奖, 奖励发表在 "American Mathematical Monthly" 上突出的阐述性论文, 1965 年开始颁发, 每年最多颁发五个奖), 1976 年获美国国家科学奖, 1982 年获 Wolf 数学奖, 1985 年获 Steele 奖.

② Strasbourg 大学 (Université de Strasbourg, UDS) 创建于 1538 年, 1971 年拆分为三个独立的大学, Strasbourg 第一大学 (Université de Louis Pasteur-Strasbourg) 主要发展自然科学, Strasbourg 第二大学 (Université de Marc Bloch-Strasbourg) 主要发展人文科学, Strasbourg 第三大学 (Université de Robert Schuman-Strasbourg) 主要发展法律、政治、社会和技术, 2009 年元旦, 这三所大学重新合并.

③ René Thom (1923.09.02—2002.10.25), 法国人, H. Cartan 的学生, 1951 年在巴黎大学的博士学位论文是 "Espaces fibres en spheres et carres de Steenrod", 1953 年的配边理论开创了微分拓扑学和代数拓扑学并肩跃进的局面, 1958 年获 Fields 奖, 1968 年任法国数学会会长, 1970 年获第一个 Brouwer 奖, 1972 年的 "Structural stability and morphogenesis" 提出突变论.

④ Eduard L. Stiefel (1909.04.21—1978.11.25), 瑞士人, H. Hopf 的学生, 1935 年在苏黎世联邦理工学院的博士学位论文是 "Richtungsfelder und Fernparallelismus in n-dimensionalen Mannigfaltigkeiten", 1950 年与 M. Hestenes (Magnus Rudolph Hestenes, 1906.02.13—1991.05.31, 美国人, G. Bliss 的学生, 1932 年在 Chicago 大学的博士学位论文是 "Sufficient conditions for the general problem of Mayer with variable end-points", 曾任美国数学会副会长) 和 C. Lanczos (Cornelius Lanczos, 1893.02.02—1974.06.25, 匈牙利人, 1921 年在布达佩斯大学的博士学位论文是 "Relation of Maxwell's aether equation to functional theory", 1960 年获 Chauvenet 奖) 给出 Krylov 子空间迭代法, 1956 年当选为挪威皇家科学与人文院院士, 1956—1957 年任瑞士数学会 (Schweizerische Mathematische Gesellschaft, Société Mathématique Suisse, 创建于 1910 年 9 月 4 日) 会长.

梁何利基金奖, 1992 年任《数学学报》主编, 1992 年 11 月 4 日获第一个华罗庚数学奖, 2018 年 12 月 18 日被授予 "改革先锋" 称号.

陈景润生于闽侯, 卒于北京.

1949—1953 年, 陈景润进入厦门大学[①]数理系.

1956 年, 陈景润的 "Tarry 问题" 改进了华罗庚的《堆垒素数论》中的结果.

1957 年 10 月, 由于华罗庚赏识, 陈景润调到中国科学院数学研究所.

1920 年, V. Brun[②]的 "Le crible d' Eratosthène et le théprème de Goldbach" 将古老的 Eratosthenes 筛法改造为现代意义上的筛法——组合筛法, 证明了 (9+9). 他还证明了所有孪生素数的倒数和是有限的.

1923 年, G. Hardy 与 J. Littlewood 在假设广义 Riemann 假设成立的情况下, 证明了弱 Goldbach 猜想:

1924 年, H. Rademacher[③]证明了 (7+7).

　　　　每一个奇数或者是素数或者是三个素数的和.

1932 年, T. Estermann[④]证明了 (6+6).

1937 年, I. Vinogradov[⑤]在圆法的基础上无条件地证明了弱 Goldbach 猜想.

1937 年, G. Ricci[⑥]先后证明了 (5+7), (4+9), (3+15) 和 (2+366).

1938 年, A. Buchstab[⑦]的 "Asymptotic estimation of a general number-theoretic function" 证明了 (5+5). 1940 年, 其又证明了 (4+4).

---

① 厦门大学创建于 1921 年, 于 1937 年改为国立厦门大学, 校训: 自强不息, 止于至善.

② Viggo Brun (1885.10.13—1978.08.15), 挪威人, 1958 年获 Gunnerus 奖, 挪威皇家科学与人文院院士、芬兰科学与人文院院士. 2018 挪威数学会 (Norsk Matematisk Forening, 创建于 1918 年) 设立 Brun 奖.

③ Hans Adolph Rademacher (1892.04.03—1969.02.07), 德国人, C. Carathéodory 的学生, 1916 年在 Göttingen 大学的博士学位论文是 "Eindeutige Abbildungen und Meßbarkeit".

④ Theodor Estermann (1902.02.05—1991.11.29), 德国人, H. Rademacher 的学生, 1925 年在 Hamburg 大学的博士学位论文是 "Über Carathéodorys und Minkowskis Verallgemeinerungen des Laengenbegriffs".

⑤ Ivan Matveevich Vinogradov (1891.09.14—1983.03.20), 俄罗斯人, J. Uspensky 的学生, 1937 年的 "Some theorems concerning the theory of prime numbers" 证明大奇数可表示为三个奇素数之和, 1941 年获斯大林奖, 1942 年当选为皇家学会会员, 1951 年当选为波兰科学院院士.

⑥ Giovanni Ricci (1904.08.17—1973.09.09), 意大利人, L. Bianchi (Luigi Bianchi, 1856.01.18—1928.06.06, 意大利人, E. Betti 和 U. Dini 的学生, 1877 年 11 月 30 日在 Pisa 高等师范学校的博士学位论文是 "Doctoral Dissertation on applicable surfaces", 1887 年当选为意大利国家科学院通讯院士, 1893 年为正式院士, 1924 年当选为意大利参议员) 的学生, 1925 年在 Pisa 高等师范学校 (École Normale Supérieure de Pisa, 创建于 1810 年, 现意大利文是 Scuola Normale Superiore di Pisa) 的博士学位论文是 "Le trasformazioni di Christoffel e di Darboux per le superficie rotonde, coniche e cilindriche. Alcune generazioni per rotolamento del cono e del cilindro di rotazione".

⑦ Aleksandr Adol'fovich Buchstab (1905.10.04—1990.02.27), 俄罗斯人, A. Khinchin 的学生, 1929 年在莫斯科大学获博士学位.

1941 年, Yu. Linnik[①]将大筛法引进数论中.

1947 年, A. Rényi[②]的 "On the representation of an even number as the sum of a single prime and a single almost-prime number" 证明了 (1+6).

1950 年左右, A. Selberg[③]极大地改进了 V. Brun 和 Yu. Linnik 等的方法, 将他自己的方法与组合方法相结合, 给出了上界筛法, 将 Goldbach 猜想的研究向前推进了一大步.

1956 年, 王元[④]证明了 (3+4). I. Vinogradov 证明了 (3+3).

1957 年, 王元又证明了 (2+3).

1962 年, 潘承洞[⑤]和 N. B. Balban 分别证明了 (1+5). 王元和潘承洞证明了 (1+4).

1965 年, A. Buchstab, I. Vinogradov 和 E. Bombieri[⑥]都证明了 (1+3).

1966 年 5 月, 陈景润利用双重线性筛法完成了 "表大偶数为一个素数及一个不超过二个素数的乘积之和"(1+2). 1973 年, 陈景润给出了完整的证明.

1974 年, H. Halberstam 的 "Sieve methods" 正在出版中, 他马上停下来, 增加了第十一章 "Chen's theorem", 并将其誉为筛法的 "光辉顶点".

---

① Yuri Vladimirovich Linnik (Юрий Владимирович Линник, 1915.01.21—1972.06.30), 乌克兰人, V. Linnik (Vladimir Pavlovich Linnik, 1889—1984, 现代光学工程奠基人, 苏联科学院院士) 的儿子, V. Tartakovsky (Vladimir Abramovich Tartakovsky, Boris Nikolaevich Delone 的学生, 1928 年在圣彼得堡大学获博士学位) 的学生, 1940 年在圣彼得堡大学的博士学位论文是 "Representation of big number by positive ternary quadratic forms", 1947 年获斯大林奖, 1964 年当选为苏联科学院院士和瑞典皇家科学院院士.

② Alfréd Rényi (1921.03.30—1970.02.01), 匈牙利人, B. Alexander 的外孙, F. Riesz 的学生, 1947 年在 Szeged 大学的博士学位论文出现在 1950 年的 "On the summability of Cauchy-Fourier series" 中, 1946 年 10 月至 1947 年 6 月跟随 Yu. Linnik 做博士后, 1949 年当选为匈牙利科学院通讯院士 (1956 年为正式院士), 匈牙利科学院设立 Rényi 奖. 妻子 K. Schulhof (Kató Schulhof, 1924—1969) 也是数学家, 发表过 21 篇论文.

③ Atle Selberg (1917.06.14—2007.08.06), 挪威人, 1943 年在奥斯陆大学的博士学位论文是 "On the zeros of Riemann's zeta function", 1949 年证明了 Riemann ζ 函数的零点在临界线上具有正密度, 并给出素数定理的初等证明, 1950 年获 Fields 奖, 1986 年获 Wolf 数学奖, 是挪威皇家科学与人文院院士、丹麦皇家科学与人文院院士和美国人文与科学院院士.

④ 王元 (1930.04.30—2021.05.14), 浙江兰溪人, 1978 年获国家自然科学奖一等奖, 1980 年当选为中国科学院学部委员 (院士), 2000 年 12 月 18 日获华罗庚奖, 曾任第五届中国数学会理事长和《数学学报》主编, 写了华罗庚的传记《华罗庚》.

⑤ 潘承洞 (1934.05.26—1997.12.27), 江苏苏州人, 1978 年获国家自然科学奖一等奖, 1986 年底任山东大学校长, 1991 年当选为中国科学院学部委员 (院士).

⑥ Enrico Bombieri (1940.11.26—), 意大利人, G. Ricci 的学生, 在米兰大学 (Università degli Studi di Milano, 创建于 1923 年 9 月 30 日, 是意大利国立综合性大学, 校训: Scientia illuminans dignus, Knowledge enlightening the worthy (科学照亮价值)) 获博士学位, 1974 年获 Fields 奖, 1980 年获 Balzan 数学奖, 1984 年当选为法国科学院院士, 1996 年当选为美国国家科学院院士, 2006 年获 Pythagoras 奖, 2010 年获 Faisal 国王国际科学奖.

A. Weil[①]说: "陈景润先生做的每一项工作, 都好像是在喜马拉雅山山巅上行走, 危险, 但是一旦成功, 必定影响世人."

Sir Huxley[②]在给陈景润的信中说: "啊, 你移动了群山!"

1978 年 1 月, 徐迟[③]发表了报告文学 "哥德巴赫猜想".

---

① André Abraham Weil (1906.05.06—1998.08.06), 法国人, Bourbaki 学派的创始成员和杰出代表之一, J. Hadamard 和 C. Picard 的学生, 1928 年在巴黎大学的博士学位论文是 "On Diophantine equations", 1940 年证明了对所有曲线的 Riemann 猜想, 1946 年的 "Foundations of algebraic geometry" 建立现代代数几何基础, 1948 年提出了 Weil 猜想, 1966 年当选为皇家学会会员, 1979 年获 Wolf 数学奖, 1980 年获 Steele 奖和 Barnard 科学杰出服务奖, 还是法国科学院院士和美国国家科学院院士, 创造了空集符号 ∅, 有名言: Rigor is to the mathematician what morality is to men (严格性对于数学家, 就如道德之于人). 他的妹妹 S. Weil (Simone Adolphine Weil, 1909.02.03—1943.08.24) 是享誉世界的法国著名哲学家和社会活动家; 他的女儿 S. Weil (Sylvie Weil, 1942—) 是法国有名的作家, 2002 年获 Sorcières 奖.

② Sir Julian Sorell Huxley (1887.06.22—1975.02.14), 英格兰人, 生物学家, 联合国教育、科学及文化组织首任总干事, 皇家学会会员.

③ 徐迟 (1914.10.15—1996.12.13), 原名商寿, 浙江吴兴 (今湖州) 人, 2002 年设立 "徐迟报告文学奖".

第 3 章　意 大 利 篇

3.1　意大利数学简介

自从古希腊数学悠久灿烂的历史终结, 欧洲又经历了漫长的中世纪黑暗时代, 直到 12 世纪欧洲数学才有了复苏的迹象. 这种复苏开始是受了翻译和传播希腊与阿拉伯著作的刺激, 对希腊与东方古典数学成就的发掘和探讨, 最终导致了文艺复兴时期 (15—16 世纪) 欧洲数学的高涨.

文艺复兴的前哨意大利, 由于其特殊地理位置与贸易联系而成为东西方文化的熔炉. 在 1540—1610 年, 意大利成为世界数学中心. 意大利人早在 12—13 世纪就开始译介古希腊数学与阿拉伯数学.

1150 年, Gherard[①]将 C. Ptolemy 的 "Almagest" 译成拉丁文, 他共翻译了 90 多部阿拉伯文著作, 将阿拉伯数学引入欧洲, 其中 "sin" 函数符号就来自他的这本拉丁著作.

Fibonacci 被称为 "中世纪最有智慧的西方数学家", 是欧洲黑暗时代以后第一位有影响的数学家, 是基于公元 900 年 Abū Kāmil[②]的 "Kitāb fīal-jabr wa al muqābala" (《代数书》)开始研究工作的.

1494 年, L. Pacioli[③]的 "Summa de arithmetica, geometrica, proportioni et proportionalita" (《算术、几何、比和比例概要》)是文艺复兴时期最伟大的数学著作, 反映了当时所知道的关于算术、代数和三角学的知识, 认为当时的数学求解一元三次方程是根本不可能的.

1522 年, C. Tunstall[④]的 "De arte supputandi libri quattuor" (《计算方法》)就是基于 L. Pacioli 的这本著作写成的.

16 世纪末到 17 世纪的上半叶, Galileo 的实验科学是近代科学的开始. 他以系统的实验和观察推翻了纯属思辨传统的自然观, 开创了以实验事实为根据并具

---

① Gherard of Cremona (1114—1187), 意大利人.

② Abū Kāmil Shujā ibn Aslam ibn Muhammad ibn Shujā (850—930), 埃及人.

③ Luca Pacioli (1445—1517), 意大利人, 被称为 "计算之父", 1494 年的 "Summa" 使用 p 和 m 表示相加和相减, 1509 年 "Divina proportione"(黄金分割) 中的图是 da Vinci (Leonardo da Vinci, 1452.04.15—1519.05.02, 意大利人, 他说过: "一个人若怀疑数学的极端可靠性就陷入混乱, 他永远不能平息诡辩科学中只会导致不断空谈的争辩 ······ 因为人们的探讨不能称为科学的, 除非通过数学上的说明和论证.") 画的, 很少有数学家书中的图是著名画家画的.

④ Cuthbert Tunstall (1474—1559.12.18), 英格兰人, 伦敦主教.

有严密逻辑体系的近代科学, 因此被誉为 "近代科学之父".

17 世纪上半叶, B. Cavalieri 提出了不可分量的方法, E. Torricelli 又进一步发展了这个方法.

19 世纪下半叶, G. Peano 以简明的符号及公理体系为数理逻辑和数学基础的研究开创了新局面, 被称为 "数理逻辑之父".

19 世纪 60 年代, 意大利代数几何学派兴起, 以 F. Brioschi[①], E. Betti[②]和 A. Cremona[③]为代表. 该学派的工作属于经典代数几何, 有着自己的风格和研究主题, 代表了代数几何发展中的几何倾向, 对意大利数学的全面发展有深远意义.

1863 年, A. Cremona 给出平面曲线一般变换理论的阐述, 此后该理论又发展为 Cremona 变换, 即任意维射影空间的射影平面与有理平面的双有理变换理论. 他的一系列工作成为意大利代数几何研究的起点, 并激发了许多数学家的研究.

19 世纪 90 年代以后, 意大利第二代代数几何学家成长起来, 其中 C. Segre[④]于 1894 年扩展应用了曲线族中曲线在一条曲线上截得点的线性系思想, 启示后人发现许多新的双有理不变性质.

19 世纪末, G. Castelnuovo[⑤]和 A. Enriques[⑥]开始合作, 以线性系为中心概念进行研究, 利用 Cremona 变换奠定了代数曲面中曲线的线性系理论, 并对曲面分

[①] Francesco Brioschi (1824.12.22—1897.12.14), 意大利人, A. Bordoni (Antonio Maria Bordoni, 1789.07.20—1860.03.26, 意大利人, Vincenzo Brunacci 的学生, 1807 年在 Pavia 大学获博士学位, 意大利国家科学院院士) 的学生, 1845 年在 Pavia 大学获博士学位, 1857 年将 "Annali di Scienze Matematiche e Fisiche" 改造成国际级刊物, 1861—1862 年任意大利教育部长, 1871 年当选为意大利国家科学院通讯院士 (1875 年为正式院士, 1884 年任院长), 1886 年当选为德国科学院院士, M. Noether 于 1898 写了他的传记.

[②] Enrico Betti (1823.10.21—1892.08.11), 意大利人, G. Doveri (Giuseppe Doveri; 1792—1857, 意大利人, 1813 年在 Pisa 大学获博士学位) 的学生, 1846 年在 Pisa 大学获博士学位, 1860 年当选为意大利国家科学院院士, 1862—1867 年任议员, 曾任 Pisa 大学校长和 Pisa 高等师范学校校长, 1871 年发表含有 Betti 数的拓扑学论文 "Sopra gli spazi di un numero qualunque di dimensioni", J. Poincaré 首先给出 Betti 数的名字, 1884 年任参议员, 还是德国科学院院士、皇家学会会员、瑞典皇家科学院院士.

[③] Antonio Luigi Gaudenzio Giuseppe Cremona (1830.12.07—1903.06.10), 意大利人, F. Brioschi 的学生, 1853 年 5 月 9 日在 Pavia 大学获博士学位, 1866 年获 Steiner 奖, 1873 年任意大利政府秘书长 (拒绝接受), 1879 年 3 月 16 日当选为参议员 (后任参议院副议长), 1879 年当选为皇家学会通讯会员, 后任公共教育部长.

[④] Corrado Segre (1863.08.20—1924.05.18), 意大利人, E. D'Ovidio 的学生, 1883 年在 Turino 大学的博士学位论文是 "Studio sulle quadriche in uno spazio lineare ad n dimensioni ed applicazioni alla geometria della retta e specialmente delle sue serie quadratiche", 1901 年当选为意大利国家科学院院士.

[⑤] Guido Castelnuovo (1865.08.14—1952.04.27), 意大利人, A. Enriques 的姐夫和导师, G. Veronese (Giuseppe Veronese, 1854.05.07—1917.07.17, 意大利人, A. Cremona 的学生, 1877 年在罗马大学获博士学位) 的学生, 1886 年在 Padova 大学获博士学位, 1903 年的 "Geometria analitica e proiettiva" 是其代数几何方面的最重要工作, 第二次世界大战后至去世任意大利国家科学院长, 1949 年 12 月 5 日成为终身参议员, 还是法国科学院院士.

[⑥] Abramo Giulio Umberto Federigo Enriques (1871.01.05—1946.06.14), 意大利人, G. Castelnuovo 的内弟和学生, E. Betti 的学生, 1891 年在 Pisa 高等师范学校获博士学位, 1893 年的 "Ricerche di geometria sulle superficie algebriche" 对代数曲面理论有重要贡献, 1906 年当选为意大利国家科学院院士, 创办 "Scientia" 和 "Periodico di Matematiche".

类理论进行了深刻的研究. F. Severi[1]完善了代数曲面双有理不变量理论, 并推广到任意维代数族上. 他还建立了代数几何的基础理论, 为代数曲面上零维团链理论打下了基础.

O. Zariski[2]深受 G. Castelnuovo, A. Enriques 和 F. Severi 等的影响, 1935年的 "Algebraic surfaces" 系统总结了意大利代数几何学派关于代数曲线的主要成果, 开始通过抽象代数的方法重建代数几何, 澄清了经典代数几何中的模糊之处.

O. Zariski 的学生中, 广中平佑[3]于 1970 年获 Fields 奖; D. Mumford[4]于 1974年获 Fields 奖, 2008 年获 Wolf 数学奖.

3.2　中世纪最有智慧的西方数学家——Leonardo Bigollo Pisano, Fibonacci

3.2.1　Fibonacci

Fibonacci (1170—1250), 意大利人.

Fibonacci 生卒于 Pisa, 是出使今北非 Bejaia 的外交人员.

父亲: Guilielmo[5].

Fibonacci 是 1838 年由 dalla Sommaja[6]在 "History of the mathematical sciences in Italy from the Renaissance of literature to the 17th century" 中给出的外号, 是 filius Bonacci 的缩写, "Bonacci 的儿子" 之意, Bigollo 是他的自

---

① Francesco Severi (1879.04.13—1961.12.08), 意大利人, C. Segre 的学生, 1900 年在 Turino 大学的博士学位论文是 "Sopra alcune singolarità delle curve di un iperspazio", 1910 年当选为意大利国家科学院院士 (1949—1961年任院长), 1957 年当选为法国科学院院士, 曾获 Bordin 奖.

② Oscar Zariski, 原名 Iahir Ascher Zaritsky, Ашер Зарицкий (1899.04.24—1986.07.04), 白俄罗斯人, G. Castelnuovo 的学生, 1925 年在罗马大学获博士学位, 1937—1941 年任 "American Mathematical Journal" 主编, 1944 年获 Cole 代数奖, 并当选为美国国家科学院院士, 1948 年当选为美国人文与科学院院士, 1958 年当选为巴西科学院院士和意大利国家科学院院士, 1965 年获美国国家科学奖, 1969—1970 年任美国数学会会长, 1981 年获Wolf 数学奖和 Steele 奖.

③ 广中平佑 (ひろなかへいすけ, 1931.04.09—), 日本人, O. Zariski 的学生, 1960 年在 Harvard 大学的博士学位论文是 "On the theory of birational blowing-up", 1976 年当选为日本学士院院士, 还是美国人文与科学院院士、法国科学院院士、俄罗斯科学院院士、西班牙皇家科学院院士, 1970 年获 Fields 奖, 1996—2002 年任山口大学 (やまぐちだいがく, 前身是创建于 1815 年的山口讲堂, やまぐちこうとう, 1949 年开设大学教育) 校长. 妻子广平和歌子 (ひろなかわかこ) 曾任日本环境厅长官.

④ David Bryant Mumford (1937.06.11—), 英格兰人, O. Zariski 的学生, 1961 年在 Harvard 大学的博士学位论文是 "Existence of the moduli scheme for curves of any genus", 1974 年获 Fields 奖, 1975 年当选为美国国家科学院院士, 1987 年获 MacArthur 奖, 1991 年当选为意大利国家科学院院士, 1995—1999 年任国际数学联盟主席, 2006 年获邵逸夫数学奖, 2007 年获 Steele 论著奖, 2008 年当选为皇家学会会员, 并获 Wolf 数学奖.

⑤ Guilielmo, 他的外号叫 Bonacci, "好" 之意.

⑥ Guglielmo Libri Carucci dalla Sommaja (1803.01.01—1869.09.28), 意大利人, 法国科学院院士, 获荣誉军团骑士勋位.

称, 旅行者之意, 整个名字 Leonardo Bigollo Pisano 的意思是来自 Pisa 的旅行者 Leonardo.

1202 年, Fibonacci 的 "Liber abaci"(《计算之书》)引进了印度计算法 (numero Indorum), 即阿拉伯数字体系, 包含了许多古希腊、古埃及、阿拉伯和古印度, 甚至是中国数学相关内容, 通过在记账、重量计算、利息和汇率等方面的应用, 显示了新数字系统的实用价值, 完全优于古罗马数字体系, 大大影响并改变了欧洲数学的面貌.

1220 年, Fibonacci 的 "Practica geometriae"(《实用几何》)介绍了许多阿拉伯数学中没有的示例, 着重叙述希腊几何与三角.

1225 年, Fibonacci 的 "Flos"(《花朵》)求解 Johannes[①]提出的问题; "Liber quadratorum"(《象限仪书》)是欧洲自 Diophantus 千年前著作以来的一次大跨越, 其中包含一个三次方程 $x^3 + 2x^2 + 10x = 20$ 求解, 他论证了其根不能用尺规作出, 未加说明地给出了该方程的近似解 $x = 1.36880810785$.

3.2.2　Fibonacci 序列

高德纳的 "The art of computer programming" 指出, 1150 年, Gopala 和金月[②]在研究箱子包装对象长宽刚好为 1 和 2 的可行方法数目时, 首先描述了 Fibonacci 序列.

Fibonacci 的 "Liber abaci" 第三节中利用有趣的兔子问题给出了著名的 Fibonacci 序列:

> 一般兔子在出生两个月后就有繁殖能力, 一对兔子每个月能生出一对小兔子来. 如果所有的兔子都不死, 那么一年以后可以繁殖多少对兔子?

不妨拿新出生的一对小兔子分析一下. 第一个月小兔子没有繁殖能力, 所以还是一对; 两个月后, 生下一对小兔总数共有两对; 三个月以后, 老兔子又生下一对, 因为小兔子还没有繁殖能力, 所以一共是三对, 依次类推, 可以列出下表:

经过月数	0	1	2	3	4	5	6	7	8	9	10	11	12	⋯
总体对数	1	1	2	3	5	8	13	21	34	55	89	144	233	⋯

表中数字 $1, 1, 2, 3, 5, 8, \cdots$ 构成了一个序列, 前面相邻两项之和构成了后一项, 通项公式为

$$F_{n+2} = F_n + F_{n+1}$$

---

① Johannes of Palermo, 宫廷官员.

② 金月, Acharya Hemchandra (1089—1173), 印度人.

或 1843 年 J. Binet[①]给出的 Binet 公式:

$$F_n = \frac{1}{\sqrt{5}}\left(\left(\frac{1+\sqrt{5}}{2}\right)^n - \left(\frac{1-\sqrt{5}}{2}\right)^n\right), \quad n = 1, 2, \cdots.$$

这个通项公式中虽然所有的 F_n 都是正整数, 它们却是由一些无理数表示出来的.

1753 年, R. Simson 注意到 Fibonacci 序列邻数之间的比趋于黄金分割:

$$\frac{1+\sqrt{5}}{2} = 1.6180339887498948482045868343 6565\cdots.$$

Fibonacci 序列还有两个有趣的性质:

(1) Fibonacci 序列中任一项的平方数都与跟它相邻的前后两项的乘积相差 1;

(2) 任取相邻的四个 Fibonacci 数, 中间两数之积 (内积) 与两边两数之积 (外积) 相差 1.

Fibonacci 素数由 Fibonacci 序列中的素数组成, 即

$$2, 3, 5, 13, 89, 233, 1597, 28657, 514229, 433494437, 2971215073, \cdots.$$

事实上, Fibonacci 序列已经隐含在杨辉三角形中, 即第一列的 1 与其斜上方的数字加起来即是.

	1								
1	1	2							
1	1	3	5						
1	2	1	8	13					
1	3	3	1	21	34				
1	4	6	4	1	55				
1	5	10	10	5	1				
1	6	15	20	15	6	1			
1	7	21	35	35	21	7	1		
1	8	28	56	70	56	28	8	1	
1	9	36	84	126	126	84	36	9	1
...	...	...	...	...	...	...	...	...	...

[①] Jacques Philippe Marie Binet (1786.02.02—1856.05.12), 法国人, 1821 年获荣誉军团骑士勋位, 1843 年当选为法国科学院院士 (1856 年任院长).

3.2.3　《Fibonacci 季刊》

1963 年, B. Brousseau[1]和 V. Hoggatt[2]创建 Fibonacci 联合会 (Fibonacci Association) 和《Fibonacci 季刊》("Fibonacci Quarterly"), 发表与 Fibonacci 序列有关的论文.

3.3　Scipione del Ferro

del Ferro (1465.02.06—1526.11.05), 意大利人.

del Ferro 生于 Bologna.

父母: F. Ferro[3]和 Filippa Ferro.

女儿和女婿: Filippa Ferro 和 Annibale dalla Nave.

J. Gutenberg[4]在 15 世纪 50 年代发明了活字印刷术, 使得各类著作能够通过书本得到流传. 由于父亲在造纸厂工作, del Ferro 能接触到各种各样的作品.

L. Pacioli 曾于 1501—1502 年来到 Bologna 大学[5]与 del Ferro 共事, 人们不知道他们是否曾讨论过三次方程问题, 但是在 L. Pacioli 离开 Bologna 大学不久, del Ferro 就至少解决了特殊三次方程 $x^3 + mx = n$ 的求解问题, 这是一个突破性的成功. 然而他并没有马上发表自己的成果, 而是对解法保密.

除了三次方程的求解外, del Ferro 还对分数有理化做出了重要贡献, 他将分母从两个平方根之和扩展到了三个三次方根之和.

del Ferro 曾有过一本笔记, 记录了他所有的重要发现, 其中包括三次方程的解法. 在他去世后, 这本笔记由女婿继承. 同时被传授这一解法的还有 Donio Fior.

3.4　Nocolò Fontana, Tartaglia

Tartaglia (1500—1557.12.13), 意大利人.

Tartaglia 生于 Brescia, 卒于 Venezia.

---

① Brother Alfred Brousseau (1907.02.17—1988.05.31), 美国人, 1937 年在 California 大学 (Berkeley) 获物理学博士学位.

② Verner Emil Hoggatt (1921.06.26—1980.08.11), 美国人, 1955 年在 Oregon 州立大学 (Oregon State University, 创建于 1858 年. 校训: Open minds, open doors (让自由之光照耀世界)) 的博士学位论文是 "The inverse Weierstrass P-function".

③ Floriano Ferro, 在造纸厂工作.

④ Johannes Gensfleisch zur Laden zum Gutenberg (1398—1468.02.03), 德国人.

⑤ Bologna 大学 (Università degli Studi di Bologna) 创建于 1088 年, 是世界第一所大学, 与布拉格大学、巴黎大学和牛津大学并称欧洲文化中心, 且为首, 1988 年 9 月 18 日在建校九百周年之际, 欧洲 430 所大学校长在 Bologna 的大广场共同签署了欧洲大学宪章, 正式宣布 Bologna 大学为 "欧洲大学之母"(Alma master Studiorum), 校训: Nourishing mother of the studies.

父亲: M. Fontana[①].

1494 年法军入侵意大利, 1512 年 2 月 19 日法军劫掠 Brescia. 为避难父亲将 Tartaglia 背进教堂, 本以为信天主教的法军不会在圣母面前杀人, 可谁曾想疯狂的法军进了教堂逢人便砍. 等到母亲赶到时, 父亲已死, 而他也被砍伤了头和脸, 口舌多处受伤. 伤愈后语言失灵, 说起话来有些结巴, 得到绰号 "Tartaglia" ("口吃者" 之意). 早年丧父, 家境贫寒的 Tartaglia 在母亲的启蒙下自学成才.

三次方程解法的进展在 del Ferro 去世后充满了戏剧性. 先是 Donio Fior 在得到秘传后吹嘘自己能够解所有的三次方程, 其实他只会 del Ferro 传授他的 $x^3 + mx = n$. 然后是 Tartaglia 在 1534 年宣称已掌握三次方程的解法, Donio Fior 不信. 两人相约 1535 年 2 月 22 日在 Milano 进行公开比赛 (这可能是最早的数学竞赛), 双方各出 30 道题目给对方做, 两小时内决出胜负. 在比赛前八天, Tartaglia 苦思冥想出来其他多种形式的三次方程解. 比赛当天, Tartaglia 胸有成竹, 运笔如飞. 而 Donio Fior 眉头紧蹙, 一筹莫展, 最终以 $0:30$ 败北. 1541 年, Tartaglia 找到了一般三次方程的解:

$$x_1 = -\frac{b}{3a}$$
$$-\frac{1}{3a}\sqrt[3]{\frac{1}{2}\left(2b^3 - 9abc + 27a^2d + \sqrt{(2b^3 - 9abc + 27a^2d)^2 - 4(b^2 - 3ac)^3}\right)}$$
$$-\frac{1}{3a}\sqrt[3]{\frac{1}{2}\left(2b^3 - 9abc + 27a^2d - \sqrt{(2b^3 - 9abc + 27a^2d)^2 - 4(b^2 - 3ac)^3}\right)},$$

$$x_{2,3} = -\frac{b}{3a}$$
$$+\frac{1 \pm \sqrt{3}i}{6a}$$
$$\cdot\sqrt[3]{\frac{1}{2}\left(2b^3 - 9abc + 27a^2d + \sqrt{(2b^3 - 9abc + 27a^2d)^2 - 4(b^2 - 3ac)^3}\right)}$$
$$+\frac{1 \mp \sqrt{3}i}{6a}$$
$$\cdot\sqrt[3]{\frac{1}{2}\left(2b^3 - 9abc + 27a^2d - \sqrt{(2b^3 - 9abc + 27a^2d)^2 - 4(b^2 - 3ac)^3}\right)}.$$

① Michele Fontana (?—1512.02.19), 邮差.

自此 Tartaglia 享誉全欧. 与 del Ferro 相同的是, Tartaglia 同样选择保守解法的秘密.

1537 年, 在其最早的著作 "Nova Scientia" 中, Tartaglia 论述了火炮的射击, 这是探索自由落体运动和弹道学的先驱工作.

G. Cardano 不但精通医术, 还酷爱数学, 而且研究过三次方程但一无所获. 当他得知 Tartaglia 已经很好地解决了这一问题时, 就写信给 Tartaglia, 央求 Tartaglia 把这个公式告诉他, 企图与 Tartaglia 分享这一成果. 在他的再三要求下, 并诡称能推荐他任西班牙炮兵顾问, 且在立誓永不泄密的前提下, Cardano 于 1539 年 3 月 25 日得到了三次方程的解法, 在此基础上发现了所有三次方程的解法.

1543 年, G. Cardano 和 L. Ferrari[①]曾前往 Bologna, 从 della Nave 处得知, 其实 del Ferro 早于 Tartaglia 就已经发现了三次方程的解法, 他便摒弃了给 Tartaglia 的承诺, 将他拓展的解法在 1545 年的 "Artis Magnae sive de regulis algebraicis liber unus"(《大术》)中发表, 他在书中称, 是 del Ferro 第一个发现了三次方程的解法, 而他所给出的解法其实就是 del Ferro 的解法.

由于 G. Cardano 最早发表了求解三次方程的方法, 因而该解法至今仍被称为 "Cardano 公式". 在《大术》中同时发表的还有 L. Ferrari 的一元四次方程一般解法.

G. Cardano 的这一做法激怒了 Tartaglia, 故 Tartaglia 在 1546 年的 "Quesiti et inventioni diverse" (《各种问题与发明》)中痛斥他的失信行为, 导致了一场争吵. 不过《大术》并非完全抄袭之作, 其中包含许多 G. Cardano 独特的创造. Tartaglia 接着要求在 Milano 与其进行一场比赛.

1548 年 8 月 10 日比赛当天, G. Cardano 自己避不出席, 只派了 L. Ferrari 出场. L. Ferrari 熟知三次方程的解法, 并已发现了四次方程的巧妙解法. 比赛中, Tartaglia 无法抵挡这位天才青年的进攻, 终于像当年的 Donio Fior 一样惨败于 Milano.

1556 年, Tartaglia 的 "General trattato di numeri et misure"(《数字与度量》)是当时初等数学的大全. 此外他还翻译过 Euclid 和 Archimedes 等的著作.

3.5　文艺复兴时期百科全书式的学者——Girolamo Cardano / Hieronymus Cardanus

G. Cardano (1501.09.24—1576.09.21), 意大利人.

---

① Lodovico Ferrari (1522.02.02—1565.10.05), 意大利人, G. Cardano 的学生.

G. Cardano 生于 Pavia, 卒于罗马.

父母: F. Cardano[①]和 Chiara Micheria.

G. Cardano 进入 Pavia 大学[②]后, 战争爆发, 学校关闭, 转入 Padova 大学[③], 1526 年获医学博士学位, 历史上第一个总结出斑疹伤寒[④]的治疗方法, 曾任宫廷御医.

对于三次方程 $x^3 = kx^2 + mx + n$, 令 $x = y + \dfrac{k}{3}$, 代入方程有

$$\left(y + \frac{k}{3}\right)^3 = k\left(y + \frac{k}{3}\right)^2 + m\left(y + \frac{k}{3}\right) + n.$$

展开即可得到 $x^3 = px + q$, 其中

$$p = \frac{k^2}{3} + m, \quad q = 2\left(\frac{k}{3}\right)^3 + \frac{km}{3} + n.$$

在解方程 $x^3 = px + q\ (p > 0, q > 0)$ 时 (当时尚不允许负数), G. Cardano 利用恒等式

$$(a + b)^3 = a^3 + b^3 + 3ab(a + b),$$

令

$$x = a + b, \quad p = 3ab, \quad q = a^3 + b^3,$$

后两式告诉我们 a^3 与 b^3 的和与积, 因此可解出

$$a^3 = \frac{q + \sqrt{q^2 - 4\left(\frac{p}{3}\right)^3}}{2}, \quad b^3 = \frac{q - \sqrt{q^2 - 4\left(\frac{p}{3}\right)^3}}{2},$$

而导出解的 Cardano 公式:

$$x = \sqrt[3]{\frac{q}{2} + \sqrt{\left(\frac{q}{2}\right)^2 - \left(\frac{p}{3}\right)^3}} + \sqrt[3]{\frac{q}{2} - \sqrt{\left(\frac{q}{2}\right)^2 - \left(\frac{p}{3}\right)^3}}.$$

这公式其实不是 G. Cardano 发现的, 而是他在 1539 年从 Tartaglia 那里骗到的, 把它写入 1545 年的 "Artis magnae sive de regulis algebraicis liber unus" 中.

---

① Fazio Cardano (1444—1524.08.28), Pavia 大学教授和律师, 数学知识师从于 da Vinci.

② Pavia 大学 (Università degli Studi di Pavia) 创建于 1361 年, 是意大利第二古老的大学, 被誉为 "意大利的 '牛津大学'".

③ Padova 大学 (Università delgi Studi di Padova) 创建于 1222 年, 是欧洲最古老的顶级大学之一, 校训: Universa universis Patavina libertas (为帕多瓦、宇宙以及全人类的自由而奋斗).

④ 斑疹伤寒 (typhus) 来源于希腊文 "$\tau\upsilon\varphi\varsigma$".

G. Cardano 发现, 这公式中有一个困难他无法解决, 就是当 $\left(\dfrac{q}{2}\right)^2 < \left(\dfrac{p}{3}\right)^3$ 时, 公式无可避免地导致一负数的平方根, 即公式牵涉 "虚数". 这个问题直到 von Gauß 和 J. Dirichlet 以后才得到解决.

G. Cardano 的 "Liber de ludo aleae" (《掷骰子游戏》) 是有关概率论最早的一本书, 直到 1663 年才发表.

G. Cardano 通过占星术计算出自己的死期是 1576 年 9 月 21 日, 一直等到傍晚, 发现自己身体依然强健有力的他用手枪结束了自己的生命.

von Leibniz 评价他说: "G. Cardano 是一个有许多缺点的伟人; 没有这些缺点, 他将举世无双."

Ø. Ore[1] 写了 G. Cardano 的传记.

3.6 近代科学之父——Galileo Galilei

3.6.1 Galileo

Galileo (1564.02.15—1642.01.08), 意大利人.

Galileo 家族姓 Galilei, 现已通行称呼他的名 Galileo, 而不称呼他的姓.

Galileo 生于 Pisa, 卒于 Arcetri.

父母: V. Galilei[2] 和 Guilia Ammannati.

女儿和儿子: V. Galilei[3] 和 V. Galilei[4].

1583 年, Galileo 在 Pisa 教堂里注意到一盏悬灯的摆动, 随后用线悬铜球作单摆实验, 确证了微小摆动的等时性, 指出单摆的周期和摆长的平方根成正比, 这一规律为后来摆钟的设计提供了根据, 由此创制出脉搏计. 1641 年, 已失明的他让儿子为他绘制了摆钟设计图.

Galileo 发明了测定合金成分的流体静力学天平, 1586 年根据 Archimedes 杠杆原理和浮力原理写出了第一篇论文 "La balancitta"(《小天平》), 引起人们的注意, 称誉为 "当代的 Archimedes".

---

[1] Øystein Ore (1899.10.07—1968.08.13), 挪威人, T. Skolem (Thoralf Albert Skolem, 1887.05.23—1963.03.23, 挪威人, A. Thue 的学生, 1926 年在奥斯陆大学的博士学位论文是 "Einige Sätze über ganzzahlige Lösungen geweisser Gleichungen und Ungleichungen", 1918 年当选为挪威皇家科学与人文院院士, 任挪威数学会会长和 "Norsk Matematisk Tidsskrift" 主编多年) 的学生, 1924 年在奥斯陆大学的博士学位论文是 "Zur Theorie der algebraischen Körper", 美国人文与科学院院士、挪威皇家科学与人文院院士.

[2] Vincenzo Galilei (1520.04.03—1591.07.01), 著名的作曲家和音乐理论家.

[3] Virginia Galilei, Sister Maria Celeste (1600.08.16—1634.04.02), 修女.

[4] Vincenzo Galilei (1606—1649).

1587 年, Galileo 带着关于固体重心计算法的论文到罗马大学①求见 C. Clavius, 大受称赞和鼓励. C. Clavius 回赠他逻辑学与自然哲学讲义.

1588 年, Galileo 在 Firenze 科学院做了关于 Dante②在 1307—1321 年的 "Commedia"(《神曲》, 西方三大诗歌之一) 中炼狱图构想的演讲, 文学和数学才华均受到赞扬.

1589 年, Galileo 提出加速度③概念, 在力学史上是一个里程碑, 使动力学建立在了科学基础之上, 第一次揭示了重力④和重心的实质, 物体在外力作用下的运动规律, 为答复对 Copernicus 体系的责难提出运动相对性原理 (A. Einstein 称为 Galileo 相对性原理), 发现了惯性⑤原理, 第一次提出惯性参考系的概念, 是狭义相对论的先导, 因此声名大振. Pisa 大学⑥聘他担任数学教授, 时年仅 25 岁.

1589—1591 年, 他对物体的自由下落运动作了细致的观察, 从实验和理论上否定了统治两千年的 Aristotle 的落体运动观点, 指出

如忽略空气阻力, 重量不同的物体在下落时同时落地, 物体下落的速度和它的重量无关, 下落距离和时间成平方关系.

V. Viviani⑦记载说落体实验是在 Pisa 斜塔上进行的, 但 Galileo 的著作中没有记录. 有史记载的第一个完成这类试验的人是 S. Stevin, 他在 1586 年使用两个重量不同的铅球完成了这个试验, 并证明了 Aristotle 理论是错误的. 几个世纪后, "Apollo-15" 飞船的宇航员 Scott 空军上校⑧于 1971 年 8 月 2 日在月面上使用一把锤子和一根羽毛重复了这个试验, 人们亲眼看到了两个物体同时掉落在月面上.

G. Sarton[21] 说: "在物理学上, Aristotle 的权威直到 Galileo 的时候仍是不可动摇的. 在中世纪, Aristotle 的著作阻碍了科学的进一步发展, 这并不是 Aristotle

---

① 罗马大学 (Sapienza Università degli Studi di Roma) 创建于 1303 年, 是意大利最大、欧洲第三大的大学, 校训: Il futuro è passato qui (未来从此启程).

② Durante di Alighiero degli Alighieri (1265—1321.09.13), Dante 或 Dante Alighieri 是他的笔名, 现代意大利语的奠基者, 文艺复兴的开拓者之一, 被称为 "意大利文学之父", "走自己的路, 让别人去说吧" 就是由他的话演变而来的.

③ 加速度 (acceleration) 来源于拉丁文 "acceleratus"("加速" 之意).

④ 重力 (gravity) 来源于拉丁文 "gravitatem"("重量" 之意).

⑤ 惯性 (inertia) 是拉丁文词汇.

⑥ Pisa 大学 (Università di Pisa) 创建于 1343 年 9 月 3 日, 但其历史可上溯到 11 世纪, 是世界上享有盛誉的研究型大学, 校训: In supreme dignitatis (崇高的信仰自由).

⑦ Vincenzo Viviani (1622.04.05—1703.09.22), Galileo 和 E. Torricelli 的学生, 创建 Lincei 科学院, 1643 年与 E. Torricelli 一起发明气压计, 1660 年通过火炮的闪光和声响测得声速和摆线的切线, 给出 Viviani 定理: 等边三角形的内点到三边的距离之和等于三角形的高, 1692 年给出球面 $x^2 + y^2 + z^2 = a^2$ 和柱面 $x^2 + y^2 = ax$ 所围的 Viviani 体或相交的 Viviani 线, 1696 年当选为皇家学会会员.

⑧ Colonel Scott, David Randolph Scott (1932.06.06—), 美国人, 1971 年, Michigan 大学 (University of Michigan, 创建于 1817 年 9 月 24 日, 校训: Artes, scientia, veritas (艺术、知识、真理)) 向其颁发航天科学荣誉博士学位.

的过错. 他是古代最深刻的思想家, 他的著作对于所有研究者都是一种刺激和挑战——实际上, 对 Galileo 也是如此.”

1592—1610 年, Galileo 在 Padova 大学任教 18 年, 远离教廷, 学术自由. 此时他一面吸取前辈如 Tartaglia, G. Benedetti[①]和 F. Commandino 等的数学与力学研究成果, 一面经常考察工厂、作坊、矿井和各项军用民用工程, 广泛结交各行各业的技术人员, 帮他们解决技术难题, 从中吸取生产技术知识和各种新经验. 在此时期, 他还研究了静力学[②]、水力学[③]、温度计[④]和望远镜[⑤]等.

1597 年, Galileo 收到 J. Kepler 赠阅的 “Mysterium cosmographicum”(《宇宙的神秘》)一书, 开始相信日心说, 承认地球有公转和自转两种运动. 但这时他对 Plato 的圆运动最自然最完善的思想印象太深, 以致对 Kepler 定律不感兴趣.

1604 年天空出现超新星, 亮光持续 18 个月之久. Galileo 趁机在威尼斯作了几次科普演讲, 宣传 Copernicus 学说. 由于精彩动听, 听众逐次增多, 最后达千余人.

Galileo 是利用望远镜观测天体取得大量成果的第一人. 1609 年 7 月在知道一荷兰人发明了望远镜后, 他未见到实物, 思考竟日后, 用风琴管和凸凹透镜各一片制成一具 Galileo 天文望远镜, 倍率为 3, 后又提高到 9. 1610 年初他又将望远镜倍率提高到 33, 用来观察日月星辰, 他发现所见恒星的数目随着望远镜倍率的增大而增加, 银河是由无数的恒星组成的, 月面有崎岖不平的现象 (亲手绘制了第一幅月面图), 月球与其他行星所发的光都是太阳的反射光, 金星[⑥]有盈亏现象, 木星[⑦]有四个卫星 (其实是众多木卫中的最大的四个, 现称 Galileo 卫星), 土星[⑧]有多变的椭圆外形, 等等.

Galileo 用望远镜观察到天体周相等现象, 反驳了 Ptolemy 地心说, 有力地支持了 Copernicus 日心说.

---

① Giovanni Battista Benedetti (1530.08.14—1590.01.20), 意大利人.

② 静力学 (statics) 是 P. Varignon (Pierre Varignon, 1654—1722.12.22, 法国人, N. Malebranche 的学生, 1687 年在法国科学院的博士学位论文是 “Projet d'une nouvelle mécanique, avec un examen de l'opinion de M. Borelli sur les propriétez des poids suspendus par des cordes”, 第一个说明力矩概念和力矩计算, 1688 年当选为法国科学院院士, 1713 年当选为德国科学院院士, 1718 年当选为皇家学会会员) 于 1725 年的遗著 “Nouvelle mécanique” 中引进的术语, 来源于希腊文 “$\sigma\tau\alpha\tau\iota\kappa o\varsigma$” (“使站立” 之意).

③ 水力学 (hydraulics) 来源于希腊文 “$\upsilon\delta\rho\alpha\upsilon\lambda\iota\kappa o\varsigma$”, “$\upsilon\delta\omega\rho$” 是 “水” 之意, “$\alpha\upsilon\lambda o\varsigma$” 是 “管子” 之意.

④ 温度计 (thermometer) 来源于希腊文 “$\vartheta\varepsilon\rho\mu o\mu\varepsilon\tau\rho o\nu$”, “$\vartheta\varepsilon\rho\mu o\varsigma$” 是 “热” 之意, “$\mu o\mu\varepsilon\tau\rho o\nu$” 是 “测量” 之意, 由 J. Leurechon (Jean Leurechon, 1591—1670.01.17, 法国人) 于 1624 年的 “La récréations mathématiques” 中命名, 取代了先前的名字 “thermoscope”.

⑤ 望远镜 (telescope) 来源于希腊文 “$\tau\eta\lambda\varepsilon\sigma\kappa o\pi o\varsigma$”, 由 “$\tau\eta\lambda\varepsilon$” (“远” 之意) 和 “$\sigma\kappa o\pi\varepsilon\iota\varsigma$” (“看” 之意) 合成, 1611 年, G. Demisiani (Giovanni Demisiani, $I\omega\alpha\nu\nu\eta\varsigma$ $\Delta\eta\mu\eta\sigma\iota\alpha\nu o\varsigma$, ?—1614, 希腊人, Lincei 科学院院士) 在 “Sidereus nuncius” 中命名, Galileo 使用的术语是 “perspicillum”.

⑥ 金星 (Venus) 以罗马神话 “爱与美女神” 命名.

⑦ 木星 (Jupiter) 以罗马神话 “众神之神” 命名, 来源于拉丁文 “Iuppiter”.

⑧ 土星 (Saturn) 以罗马神话中 “富神和农神”(Saturnus) 命名.

1610 年 4 月, 他的 "Sidereus nuncius" (《星空信使》)描述了他用望远镜的天文发现, 震撼全欧.

Galileo 日后回顾在 Padova 的 18 年时, 认为这是他一生中工作开展得最好和精神最舒畅的时期. 事实上, 这也是他一生中学术成就最多的时期.

为有充裕时间从事科学研究, 1610 年春, Galileo 辞去大学教职, 接受 Toscana 大公①聘请, 担任大公首席数学家和哲学家的闲职与 Pisa 大学首席数学教授的荣誉职位. 为免受教廷干预, Galileo 曾多次去罗马活动.

1611 年, Galileo 第二次去罗马, 目的在于赢得各界认可他在天文学上的发现. Galileo 受到 Paulus 五世②和上层人物的热情接待, 并于 4 月被 Lincei 科学院接纳为第六位院士. 这使他获到莫大的荣誉感. 此后, 他的签名改为 Galileo Galilei Linceo. 当时神父们承认他的观测事实, 只是不同意他的解释.

5 月, 在罗马大学, 几个高职位的神父公开宣布了 Galileo 的天文学成就. 同年, 他观察到太阳黑子及其运动, 对比黑子的运动规律和圆运动的投影原理, 论证了太阳黑子是在太阳表面上, 还发现了太阳有自转, 由黑子在日面上的自转周期得出太阳的自转周期为 28 天 (实际上是 27.35 天).

3.6.2　Galileo 冤案与平反

1615 年, 一诡诈的教士集团和教会中许多与 Galileo 敌对的人联合攻击其为 Copernicus 学说辩护的论点, 控告他违反教义. 他闻讯后, 于年冬第三次去罗马, 力图挽回自己的声誉, 企求教廷不因他保持 Copernicus 观点而受到惩处, 也不公开压制宣传 Copernicus 学说, 教廷默认了前一要求, 但拒绝了后者. Paulus 五世下达了 "1616 年禁令", 禁止他以各种形式保持、传授或捍卫日心说.

1624 年, Galileo 第四次去罗马, 希望故友 Urbanus 八世③能够同情并理解他的意愿, 以维护新兴科学的生机. Galileo 先后谒见 Urbanus 八世六次, 力图说明日心说可与教义相协调, 说: "圣经是教人如何进天国, 而不是教人知道天体是如何运转的." 但毫无效果. Urbanus 八世坚持 "1616 年禁令" 不变, 只允许他写一部同时介绍日心说和地心说的书, 但对两种学说的态度不得有所偏倚, 而且都要写成数学假设性的. 在这辛勤奔波的一年里, Galileo 研制成了一台显微镜④, "可将苍蝇放大成母鸡一般."

此后六年间, Galileo 撰写了 "Dialogo sopra i due massimi sistemi del mondo, tolemaico e copernicano" (《关于 Ptolemy 和 Copernicus 两大世界体系的对话》)一书. 这本书可以认为是经典物理学的开始.

① Cosimo II de' Medici, Granducato di Toscana (1590.05.12—1621.02.28), 1609.02.17—1621.02.28 在位.

② Pope Paulus V, Camillo Borghese (1552.09.17—1621.01.28), 意大利人, 1605.05.16—1621.01.28 在位.

③ Pope Urbanus VIII, Maffeo Barberini (1568.04.05—1644.07.29), 意大利人, 1623.08.06—1644.07.29 在位.

④ 显微镜 (microscope) 来源于 "$\mu\iota\kappa\varrho o\varsigma$"("小" 之意) 和 "$\sigma\kappa o\pi\epsilon\iota\nu$" 的合成.

1630 年, Galileo 第五次到罗马, 取得了 "出版许可证", 终于在 1632 年出版了此书. 此书在表面上保持中立, 但实际上却为 Copernicus 体系辩护, 并多处对教皇和主教隐含嘲讽. 全书笔调诙谐, 在意大利文学史上列为文学名著. 他还提出了最速降线问题[1], 但他认为是圆弧. 1696 年 6 月, Johann Bernoulli 又重提了这个问题.

6 个月后, 教廷便勒令停止出售, 认为作者公然违背 "1616 年禁令", 问题严重, 亟待审查. 原来有人在 Urbanus 八世面前挑拨说, Galileo 借头脑简单和思想守旧的 Simplicio 之口以教皇惯用词句, 发表了一些错误的言论, 使其大为震怒. 在内外压力和挑拨下, Urbanus 八世便不顾旧交, 于这年秋发出要他到宗教裁判所受审的指令. 年近七旬而又体弱多病的 Galileo 被迫在寒冬季节抱病前往罗马, 在严刑威胁下被审讯了三次, 根本不容申辩. 几经折磨, 终于在 1633 年 6 月 22 日由 10 名主教联席宣判, 主要罪名是违背 "1616 年禁令" 和圣经教义. 他被迫跪在冰冷的石板地上, 在教廷已写好的 "悔过书" 上签字. 主审官宣布判处其终身监禁, 书必须焚绝, 并禁止出版或重印其他著作. 此判决书立即通报整个天主教世界, 凡设有大学的城市均须聚众宣读, 借此以一儆百. G. Bruno[2]的被处火刑和 T. Campanella[3]被长期打入死牢的遭遇给他精神上投下了可怕的阴影. 判决随后又改为在家软禁, 指定由 A. Piccolomini 主教在私宅中看管他.

在 A. Piccolomini 主教精心护理和鼓励下, Galileo 重新振作起来, 并接受他的建议继续研究无争议的物理学问题. 于是他仍用 "Dialogo sopra i due massimi sistemi del mondo" 中的三个对话人物, 以对话体裁和较朴素的文笔, 将他最成熟的科学思想和科研成果撰写成 "Discorsi e dimostrazioni matematiche intorno a due nuove scienze"(《关于两门新科学的对话》). 这部书稿 1636 年就已完成, 由于教会禁止出版他的任何著作, 他只好托一位威尼斯友人秘密携出国境, 1638 年在 Leiden 出版, 其中研究距离、速度和加速度之间的关系, 提出了无限集的概念. 两门新科学是指材料力学和动力学, 这是 Galileo 重要的科学成就.

Galileo 在 A. Piccolomini 主教家中刚过了五个月, 便有人写匿名信向教廷控告 A. Piccolomini 主教厚待 Galileo. 教廷乃勒令他于当年 12 月迁往其故居, 由其长女照料, 禁例依旧. 长女对父亲照料妥帖, 但四个月后竟先于父亲病故.

1637 年, Galileo 双目失明, 次年才获准住在儿子家中, 并在目力很差情况下还发现了月亮的周日和周月天平动, 开辟了天文学的新时代. 在这期间, B. Castelli[4]还和他讨论过利用木卫计算地面经度的问题. 这时教廷对他的限制和监视已明显

---

① 最速降线问题 (brachistochrone) 来源于希腊文 "$\beta\varrho\alpha\chi\iota\sigma\tau\sigma\varsigma\ \chi\varrho\sigma\nu\sigma\varsigma$"("最短时间" 之意).

② Giordano Bruno (1548—1600.02.17), 意大利人, 捍卫 "日心说", 反对 "地心说", 1592 年被罗马宗教裁判所判为 "异端" 烧死在罗马鲜花广场 (Campo dei Fiori).

③ Tommaso Campanella, 原名 Giovanni Domenico Campanella (1568.09.05—1639.05.21), 意大利人, 被罗马宗教裁判所判为 "异端" 终身监禁, 1601 年下半年写了具有深远影响的乌托邦著作 "La città del Sole"(《太阳城》).

④ Benedetto Castelli (1578—1643.04.09), 意大利人, "Della misura dell'acque correnti" 中给出 Castelli 定律.

放松了.

1639 年夏, Galileo 接受 V. Viviani 为他的最后一名学生, 并可在他身边照料, 他非常满意. 每当 V. Viviani 讲述自己时, 他们的关系与其说是一名科学家和他的助手, 不如说是一对父与子.

1641 年 10 月, B. Castelli 又介绍 E. Torricelli 前往陪伴. 他们和这位双目失明的老科学家共同讨论如何应用摆的等时性设计机械钟, 还讨论过碰撞理论、月球的天平动和大气压下矿井水柱高度等问题.

Galileo 于 1642 年 1 月 8 日病逝, 葬仪草率简陋, 直到下一世纪, 遗骨才迁到家乡的大教堂. 他的墓志铭写着: "他失明了, 因为在自然界已经没有剩下什么他没有看见过的东西了."

T. Hobbes[1]说: "Galileo 是第一个给我们打开通向整个物理领域大门的人."

1939 年, A. Koyré[11] 开篇就说: "只有科学史才能为 '进步' 这一观念赋予意义, 因为它记录了人类心灵在把握实在的道路上所赢得的各种胜利."

1965 年, Paulus 六世[2]访问 Pisa 时赞扬了 Galileo 的科学精神和贡献.

1979 年 11 月 10 日, John Paul 二世[3]公开宣布, 1633 年对 Galileo 的宣判是不公正的.

1980 年, S. Drake[4]写了他的传记 "Galileo: A very short introduction".

1983 年, 教廷组织了一个由六名 Nobel[5]奖获得者组成的委员会, 包括杨振宁和丁肇中[6]等, 专门研究科学与宗教的关系、Galileo 事件的反科学性和 Galileo 学说对现代科学思想的贡献. 根据这个委员会的意见, 1992 年 10 月 31 日, 教廷正式承认 360 年前宗教裁判所对 Galileo 的判决是错误的. Galileo 终获平反, 同时平反的还有 G. Bruno.

---

① Thomas Hobbes (1588.04.05—1679.12.04), 英格兰人.

② Pope Paulus VI, Giovanni Battista Enrica Antonia Maria Montini (1897.09.26—1978.08.06), 意大利人, 1963.06.21—1978.08.06 在位.

③ Pope Ioannes Paulus II, Karol Józef Wojtyła (1920.05.18—2005.04.02), 波兰人, 1978.10.16—2005.04.02 在位, 1999 年 12 月 26 日被 "Time" 评为 "世纪伟人".

④ Stillman Drake (1910.12.24—1993.10.06), 加拿大人, 1932 年在 California 大学 (Berkeley) 获博士学位, 1984 年获 Galileo 奖, 1988 年获 Sarton 奖.

⑤ Alfred Bernhard Nobel (1833.10.21—1896.12.10), 瑞典人, "炸药之父", 立遗嘱用其遗产于 1901 年 12 月 20 日设立 Nobel 奖 (Nobelpriset), 包括物理学 (Nobelpriset i fysik)、化学 (Nobelpriset i kemi)、生理学或医学 (Nobelpriset i fysiologi eller medicin)、文学 (Nobelpriset i litteratur) 和和平 (Nobels fredspris) 等, 1969 年瑞典国家银行 (Sveriges Riksbank) 设立纪念 A. Nobel 的经济学奖 (Sveriges Riksbanks pris i ekonomisk vetenskap till Alfred Nobels minne), 通称 Nobel 经济学奖, 其实不是 Nobel 奖, 从 1901 年开始, 奖金在每年他逝世时间 12 月 20 日下午四时半颁发.

⑥ 丁肇中, Samuel Chao Chung Ting (1936.01.27—), 山东日照人, 发现 J 粒子, 1975 年当选为美国人文与科学院院士, 1976 年获 Nobel 物理学奖和 Lorentz 奖, 1977 年当选为美国国家科学院院士, 1994 年 6 月 8 日当选为中国科学院首批外籍院士, 还是苏联科学院外籍院士、匈牙利科学院外籍院士.

3.7　Bonaventura Francesco Cavalieri

B. Cavalieri (1598—1647.11.30), 意大利人.

B. Cavalieri 生于 Milano, 卒于 Bologna.

父亲: Bonaventura Cavalieri.

1616 年, B. Cavalieri 经 B. Castelli 引见与 Galileo 见了面, 使他对数学产生了兴趣, 并自称是 Galileo 的学生.

1632 年, B. Cavalieri 在 "Directorium generale uranometricum" 中引进对数, 他给出的对数表已经包括了三角函数的对数, 还得到微分中值定理的几何形式, 证明了 Pappus 定理.

1635 年, B. Cavalieri 的 "Geometria indivisibilis continuorum nova quadam ratione promoat" (《用新方法促进的连续不可分几何》)是 Archimedes 的穷竭法和 Kepler 无穷小几何量理论的发展, 使得 Cavalieri 简单快速地求得各种几何图形的面积和体积, 其中提出了 "不可分量" 的概念, 即几何图形是由无数多个维数较低的不可分量组成的, 提出了 "极坐标" 的概念, 书中还给出了与祖暅原理在本质上是一样的 Cavalieri 原理:

> (1) 如果两个平片处于两条平行线之间, 并且如果平行于这两条平行线的任何直线与这两个平片相交, 所截二线段长度相等, 则这两个平片的面积相等.
> (2) 如果两个立体处于两个平行平面之间, 并且如果平行于这两个平行平面的任何平面与两个立体相交, 所截二截面面积相等, 则这两个立体的体积相等.

据此, 我们很容易计算椭圆面积和球体积, 如图 3.1所示.

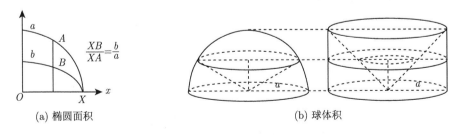

(a) 椭圆面积　　　　　　　　　　　　(b) 球体积

图 3.1　Cavalieri 原理

事实上, B. Cavalieri 就用几何方法求得若干曲边图形的面积, 还证明了旋转体表面积和体积等公式, 如证明了圆锥体积为外接圆柱体积的三分之一.

不可分量的方法的基础不是很坚实, 经常受到攻击. 1639 年, B. Cavalieri 进一步改进并出版 "Exercitationes geometricae sex" (《六个几何练习》), 计算了 x^n 从 0 到 a 的积分为 $\dfrac{a^{n+1}}{n+1}$, 进一步发展了他的理论, 在以后几十年中不可分原理是人们研究无穷小问题引用最多的理论, 对微积分的创立有重要影响. 这本书成为 17 世纪的主要数学读物.

　　von Leibniz 说: "几何学中的卓越人物, 完成了这一领域中义勇军任务的开拓者和倡导者是 B. Cavalieri 和 E. Torricelli, 后来别人的进一步发展都得益于他们的工作."

3.8　Evangelista Torricelli

E. Torricelli (1608.10.15—1647.10.25), 意大利人.

E. Torricelli 生于 Faenza, 卒于 Firenze.

父母: G. Torricerri[1]和 C. Angetti[2].

师承: Galileo.

1641 年, E. Torricelli 的 "De motu gravium"(《重物的运动》)企图对 Galileo 动力学定律作出自己的新结论. B. Castelli 有一次拜访 Galileo 时, 将 Torricelli 论著给 Galileo 看了, 还热情推荐了他. Galileo 非常欣赏他的卓越见解, 便邀请他前来充当助手. 此时的 Galileo 已双目失明, 在其生命的最后三个月, 他担任了 Galileo 口述的笔记者, 成了 Galileo 最后的学生.

　　E. Torricelli 深入研究了 Galileo 的 "Discorsi e dimostrazioni matematiche intorno a due nuove scienze", 并从中得到了有关力学原理发展的很多启发, 大大充实了 "第五和第六两天" 的内容. 他进一步发展了 B. Cavalieri 的不可分原理, 并以通俗易懂的方式写得颇受广大读者欢迎, 对不可分原理的普及起了推动作用, 使其走向后来的微积分学.

　　1644 年, E. Torricelli 在 "Opera geometrica"(《几何文集》)中证明了 Torricelli 定律:

> 水箱底部小孔液体射出的速度等于重力加速度与液体高度乘积两倍的平方根, 即 $v = \sqrt{2gh}$.

后来, E. Torricelli 又通过实验证明了从侧壁细孔喷出水流的轨迹是抛物线, 为使流体力学成为力学的一个独立分支奠定了基础.

---

[1] Gaspare Torricerri, 纺织工人.

[2] Caterina Angetti (?—1641).

E. Torricelli 还提出了许多新定理, 如由直角坐标转换为柱面坐标的方法, 计算规则几何图形板状物体重心的定理, 使用无穷小方法研究了使到三角形顶点距离的和最小的点 (图 3.2).

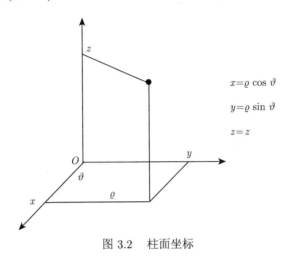

$$x = \varrho \cos \vartheta$$
$$y = \varrho \sin \vartheta$$
$$z = z$$

图 3.2　柱面坐标

E. Torricelli 曾测定过抛物线弓形内的面积、抛物面内的体积和摆线的弧长.

E. Torricelli 研究了变速运动的速度问题, 并得到速度是路程导数的结论. I. Barrow 也得到这个结果, 并且还看到微分与积分互为逆运算, 可惜的是没有给出微积分学基本定理. 但 Sir Newton 是按照这个思路给出微积分学基本定理的.

E. Torricelli 第一个发现面积无限大而体积有限的三维形状, 现在通常称为 Torricelli 小号, 即将 $y = \dfrac{1}{x} (x \geqslant 1)$ 绕 x 轴旋转一周得到的图形:

$$V = \pi \int_1^a \left(\frac{1}{x}\right)^2 \mathrm{d}x = \pi \left(1 - \frac{1}{a}\right) \to \pi,$$

$$A = 2\pi \int_1^a \frac{1}{x} \sqrt{1 + \left(-\frac{1}{x^2}\right)^2} \,\mathrm{d}x > 2\pi \int_1^a \frac{\mathrm{d}x}{x} = 2\pi \ln a \to \infty.$$

正当 39 岁生日之际, E. Torricelli 突然病倒, 与世长辞.

von Leibniz 说: "几何学中的卓越人物, 完成了这一领域中义勇军任务的开拓者和倡导者是 B. Cavalieri 和 E. Torricelli, 后来别人的进一步发展都得益于他们的工作." 特别是, "E. Torricelli 在特殊的例子中看到了变化率问题本质上是面积的反问题 …… 但是他没有看到普遍情况". 因而他的工作只差一步便迈进了微积分的重要领域.

3.9　数理逻辑之父——Giuseppe Peano

G. Peano (1858.08.27—1932.04.20), 意大利人, 1905 年当选为意大利国家科学院通讯院士.

G. Peano 生于 Cuneo, 卒于 Turino.

父母: Bartolomeo Peano 和 Rosa Cavallo.

舅舅: M. Cavallo[①].

师承: E. D'Ovidio[②].

G. Peano 的家虽处在农村, 但父母有见识且很开明, 让子女都接受教育. 他的家离省城三英里, 每天必须步行去省城念书. 为了方便孩子们上学, 父母把家搬到城内. 由于他勤学好问, 成绩优异, 舅舅接他去 Turino 读书.

1880 年 7 月, G. Peano 以高分拿到 Turino 大学[③]毕业证书.

1883 年, G. Peano 给出定积分的一个新定义, 将 Riemann 积分定义为 Riemann 和当其上确界[④]和下确界[⑤]相等时的值.

1886 年, G. Peano 稍欠严格地证明一阶微分方程可解的唯一条件是右端函数的连续性.

1890 年, 他给出反例 $y' = 3y^{\frac{2}{3}}$, $y(0) = 0$, 说明解不是唯一的, 他又用另一种证法把这一结果推广到一般的微分方程组, 并给出选择公理直接明晰的描述. 这比 E. Zermelo[⑥]早 14 年. 但他拒绝使用选择公理, 因为它超出数学证明所用的普通逻辑之外.

1887 年, G. Peano 发现了逐次逼近法, 但人们把功劳归于比他晚一年给出此

---

① M. Cavallo, 牧师和律师.

② Enrico D'Ovidio (1842.08.11—1933.03.21), 意大利人, G. Battaglini (Giuseppe Battaglini, 1826.01.11—1894.04.29, 意大利人, 1863 年创办 "Giornale di Matematiche", 1867 年翻译出版了 N. Lobachevsky 的 "Pangeometry", 1868 年翻译出版了 J. Bolyai 的 "Strange new world") 的学生, 在 Napoli 大学 (Università degli Studi di Napoli Federico II) 获博士学位, 1884 年当选为意大利国家科学院院士, 1891 年创办 "Rivista di Matematica".

③ Turino 大学 (Università degli Studi di Torino, UNITO) 创建于 1404 年, 是意大利规模最大的大学.

④ 上确界 (supremum) 是拉丁文词汇, "最大" 之意.

⑤ 下确界 (infimum) 是拉丁文词汇, "最小" 之意.

⑥ Ernst Friedrich Ferdinand Zermelo (1871.07.27—1953.05.21), 以色列人, L. Fuchs 和 H. Schwarz 的学生, 1894 年在柏林大学的博士学位论文是 "Untersuchungen zur Variationsrechnung", 1904 年利用选择公理证明每个集都可良序化, 1908 年的 "Untersuchungen über die Grundlagen der Mengenlehre" 提出经 T. Skolem 和 A. Fraenkel 完善的 ZF 公理化系统, 在这个系统中, 集论的悖论得以消除, 1956 年获以色列奖 (Israel prize, 1956 年设立, 为以色列国家最高奖).

法的 C. Picard[①]. 他还给出了积分方程的误差项, 并发展成渐近算子理论.

G. Peano 在符号逻辑和公理化方面的工作是独立于 J. Dedekind 而做出的. 虽然 J. Dedekind 也曾发表过一篇自然数方面的文章, 观点与他的基本相同, 但表达得不如他的明晰, 没有引起人们注意. 他以简明的符号及公理体系为数理逻辑和数学基础的研究开创了新局面. F. Frege[②]称其是 "数理逻辑之父".

1888 年, G. Peano 的 "Calcolo geometrico secondo l'Ausdehnungslehre di H. Graßmann"(《基于 H. Graßmann 的扩张研究的几何演算》)是他在逻辑方面的第一篇文章, 是关于 "演绎推理的运算" 的.

G. Peano 引入并推广了测度[③]的概念. 1888 年开始, 他将 H. Graßmann[④]的向量方法推广应用于几何, 他的表述比 H. Graßmann 清晰得多, 对意大利的向量分析研究作了很大的推动.

G. Peano 致力于发展 Boole[⑤]符号逻辑系统. 1889 年的 "Arithmetrices principia, nova methodo exposita" (《算术原理新方法》)把符号逻辑用来作为数学的基础, 完成了对整数的公理化处理, 在逻辑符号上有许多创新, 从而使推理更加简洁, 是数学史上十大名著之一. 书中他给出了举世闻名的自然数公理, 成为经典之作.

G. Peano 由未定义的概念 "0" "数" 及 "后继数" 出发建立公理系统:

(1) $\mathbb{N}$ 中有一个元素, 记作 0.

(2) $\mathbb{N}$ 中每一个元素都能在 $\mathbb{N}$ 中找到一个元素作为它的后继者.

---

① Charles Émile Picard (1856.07.24—1941.12.11), 法国人, C. Hermite 的女婿, J. Darboux 的学生, 1877 年在高等师范学校的博士学位论文是 "Applications des complexes lineaires a l'etude des surfaces et des courbes gauches", 1884 和 1897 年两任法国数学会会长, 1886 年获 Poncelet 奖, 1889 年当选为法国科学院院士 (1917 年任终身秘书), 1909 年当选为皇家学会会员, 1924 年当选为法兰西研究院第 15 位排名第一的院士, 1932 年获荣誉军团大十字骑士勋位, 1937 年获 Mittag-Leffler 奖.

② Friedrich Ludwig Gottlob Frege (1848.11.08—1925.07.26), 德国人, E. Schering 和 R. Clebsch 的学生, 1873 年在 Göttingen 大学的博士学位论文是 "Über eine geometrische Darstellung der imaginären Gebilde in der Ebene", 数理逻辑奠基人.

③ 测度 (measure) 来源于拉丁文 "mensura" ("大小" 之意).

④ Hermann Günter Graßmann (1809.04.15—1877.09.26), 波兰人, 1840 年在柏林大学的博士学位论文是 "Theorie der Ebbe und Flut", 1844 年的 "Die lineale Ausdehnundslehre, ein neuer Zweig der Mathematik" 研究多个变元的代数系统, 首次提出多维空间的概念. 他的儿子 Hermann Ernst Graßmann 是 F. Wangerin (Friedrich Heinrich Albert Wangerin, 1844.11.18—1933.10.25, 德国人, F. Neumann 的学生, 1866 年 3 月 16 日在 Königsberg 大学的博士学位论文是 "De annulis Newtonianis") 的学生, 1893 年在 Halle-Wittenberg 大学的博士学位论文是 "Anwendung der Ausdehnungslehre auf die Allgemeine Theorie der Raumfurven und Krummen Flächen", 曾说: "数学除了锻炼敏锐的理解力, 发现真理以外, 它还有另一个训练全面考察科学系统的头脑的开发作用."

⑤ George Boole (1815.11.02—1864.12.08), 英格兰人, 1844 年 11 月获皇家奖, 1847 年的 "The Mathematical analysis of logic" 创立了 Boole 代数, 在后来的电子计算机设计中有重要应用, 1854 年在 "An investigation into the laws of thought, on which are founded the mathematical theories of logic and probabilities" 中将逻辑简化为代数, 给出 Boole 代数, 1857 年当选为皇家学会会员. 他最小的女儿 E. Voynich (Ethel Lilian Voynich, 1864.05.11—1960.07.27) 是 1897 年的小说 "The gadfly" (《牛虻》) 的作者.

(3) 0 不是任何元素的后继者.

(4) 不同元素有不同的后继者.

(5) 归纳公理: $\mathbb{N}$ 的任一子集 M, 如果 $0 \in M$, 并且只要 x 在 M 中就能推出 x 的后继者也在 M 中, 那么 $M = \mathbb{N}$.

G. Peano 在其他领域中也使用了公理化方法, 特别是对几何. 从 1889 年开始, 他对初等几何采用公理化的处理方法, 给出了几套公理系统. 1894 年他将这种方法加以延伸, 在 M. Pasch[1]1882 年 "Vorlesungen über neuere Geometrie" (《新几何讲义》) 的基础上将几何中不可定义的项消减为三个 (点、线段和运动). 后来, M. Pieri[2]在 1899 年又把几何中不可定义的项消减为两个 (点和运动). G. Peano 的许多论文都是对已有的定义和定理给出更加清晰和严格的描述及应用, 例如, 1882 年 H. Schwarz 引入了曲面[3]表面积概念, 但没有说清楚, 一年后他独立地将曲面表面积的概念清晰化.

1890 年, G. Peano 发现一种奇怪的曲线, 只要恰当选择函数和定义的一条连续参数曲线, 当参数[4]t 在 $[0,1]$ 区间取值时, 曲线将遍历单位正方形中所有的点, 得到一条充满空间的曲线. 稍后, 他和 D. Hilbert 还找到另外一些这样的曲线.

1891 年, G. Peano 创办 "Rivista di Matematica" (《数学杂志》), 并用数理逻辑符号写下了这组自然数公理, 且证明了它们的独立性.

1893 年, G. Peano 的 "Lezioni di analisi infinitesimale" (《无穷小分析讲义》) 清晰而严格的表述令人叹服, 并与其编辑的 A. Genocchi[5]的 "Calcolo differenziale e principii di calcolo integrale" (《微分学与积分学原理》) 被 《德国数学百科全书》 (Encyklopadie Der Mathematischen Wissenschaften) 列在 "自 L. Euler 和 de Cauchy 时代以来最重要的 19 本微积分教科书" 之中.

G. Peano 在 "Rivista di Matematica" 上公布了他的 "Formulario mathematico" (《数学公式汇编》) 的庞大计划, 并在这项工作上花费了 26 年的时间. 他期望能从他的数理逻辑记号的若干基本公理出发建立整个数学体系. 他使人们的观点发生了深刻变化, 对 Bourbaki[6]学派 (Association des collaborateurs de Nocolas

---

① Moritz Pasch (1843.11.08—1930.09.20), 德国人, H. Schröter (Heinrich Eduard Schröter, 1829.01.08—1892.01.03, 德国人, F. Richelot 的学生, 1854 年在 Königsber 大学的博士学位论文是 "De aequationibus modularibus") 的学生, 1865 年 8 月 21 日在 Breslau 大学的博士学位论文是 "De duarum sectionem conicarum in circulos projectione".

② Mario Pieri (1860.06.22—1913.03.01), 意大利人, L. Bianchi 的学生, 1884 年在 Pisa 大学的博士学位论文是 "On the singularities of the Jacobian of four, of three, of two surfaces", 1908 年封为骑士.

③ 曲面 (surface) 来源于拉丁文 "superficies" ("上面" 之意).

④ 参数 (parameter) 来源于希腊文 "$\pi\alpha\varrho\alpha$" ("附属" 之意) 和 "$\mu\varepsilon\tau\varrho o\nu$" ("测量之意") 的合成.

⑤ Angelo Genocchi (1817.03.05—1889.03.07), 意大利人.

⑥ Charles-Denis Sauter Bourbaki, Général de Division (1816.04.22—1897.09.22), 法国人, 1834—1881 年服役, 1857 年晋升将军.

Bourbaki) 产生了很大影响. 这个汇编共有五卷, 1895—1908 年出版, 有丰富的历史与文献信息, 仅第五卷就含有 4200 条公式和定理. 有人称这个汇编为 "无尽的数学矿藏".

G. Peano 不是把逻辑作为研究的目标, 他只关注逻辑在数学中的发展, 称自己的系统为数学的逻辑.

1900 年在巴黎的第二次国际数学家大会上, G. Peano 和 C. Burali-Forti[1], A. Padoa[2], M. Pieri 主持了讨论.

Lord Russell 后来写道: "这次大会是我学术生涯的转折点, 因为在这次大会上我遇到了 G. Peano." 他对 20 世纪中期的逻辑发展起了很大作用, 对数学做出了卓越的贡献.

G. Peano 还注意研究数学史, 他曾给出关于数学术语出处的精辟论述. 在数学教学中, 他常介绍数学史知识, 挖掘 Sir Newton 和 von Leibniz 等的数学思想, 对同时代的人影响很大.

1932 年 4 月 20 日夜里, G. Peano 因心绞痛逝世. 按照他的意愿, 葬礼非常简朴, 被葬在 Turino 公墓. 1963 年, 他的遗骸被迁往老家的家族墓地.

---

[1] Cesare Burali-Forti (1861.08.13—1931.01.21), 意大利人, 1884 年 12 月 19 日在 Pisa 大学的博士学位论文是 "caratteristiche dei sistemi di coniche", 1897 年的 "Una qustione sui numeri transfiniti" 中第一个发现了集合悖论, G. Cantor 是两年后发现的.

[2] Alessandro Padoa (1868.10.14—1937.11.25), 意大利人.

第 4 章 法 国 篇

4.1 法国数学简介

14 世纪, 以 N. Oresme 为代表的法国数学崭露头角, 逐渐走在世界文明的前列. 1660—1730 年, 法国成为世界数学中心.

15 世纪最杰出的应该是 N. Chuquet[1], 1470 年的 "Triparty en la science des nombres"(《算术三编》)是最早的法文代数书, 讨论了有理数和无理数的计算, 以及解方程. 他还提出了均值法则:

$$若 A, B, C, D \text{ 是正数, 则 } \frac{A+B}{C+D} \text{ 位于 } \frac{A}{C} \text{ 与 } \frac{B}{D} \text{ 之间.}$$

而 16 世纪最伟大的就是 F. Viète 了.

在 17 世纪, 法国诞生了多位天才人物, 如 1639 年, G. Desargues[2]的 "Brouillon project d'une atteine aux evenemens des rencontres du cone avec un plan" (《关于圆锥的平面截线结果的论文草稿》)建立了射影几何, 考虑投影到非平行平面上的变形, 这是近世射影几何的早期工作, G. Desargues 成为射影几何创始人之一, 还有 R. Descartes, de Fermat 和 Pascal 父子等. M. Mersenne 虽算不上是伟大的数学家, 确是 17 世纪法国数学不可或缺的人物.

A. Whitehead 称 17 世纪是天才的世纪, 其中以法国人所做的贡献最多.

自从 de Fermat 去世后, 法国数学有半个世纪的沉寂. 从 18 世纪 20 年代开始至第一次世界大战前, 接连诞生了一大批数学大师, 几乎是每隔七八年就会有一位, 源源不断地滋生出大数学家, 其中 A. Cauchy 和 "3L" 最令世人瞩目. "3L" 是指 18 世纪下半叶到 19 世纪上半叶的三位数学大师——de Lagrange, de Laplace 和 A. Legendre. 因为他们姓氏的第一个字母都是 "L", 又生活在同一个时代, 所以称为 "3L". 他们还有一个共同特点, 即都是军事院校的教师. 正是他们的出现, 使得法国数学得到惊人的发展, 同时也对世界科学产生了深远的影响.

之后又是一段时间的沉寂. 在 É. Galois 去世后二十多年以后, 法国才又诞生了一位大数学家 J. Poincaré.

---

[1] Nicolas Chuquet (1445—1488), 法国人, 1484 年用 a^n 表示乘幂.

[2] Girard Desargues (1591.02.21—1661.10), 法国人, 1629 年提出了代数学基本定理, 还给出 Desargues 定理: 在三角形 ABC 和三角形 $A'B'C'$ 中, AA', BB', CC' 三线相交于点 O, BC 与 $B'C'$, CA 与 $C'A'$, AB 与 $A'B'$ 分别相交于点 X, Y, Z, 则它们共线, 其逆亦真.

20 世纪 30 年代, Bourbaki 学派是由一些法国人组成的数学结构主义团体.

法国人以 Bourbaki 学派为傲, 仅巴黎以数学家命名的街道、广场和车站等就有百余处.

4.2　Nicole Oresme

Nicole Oresme (1320—1382.07.11), 法国人.

N. Oresme 生于 Allemagnes, 今 Fleury-sur-Orne, 卒于 Lisieux.

师承: J. Buridan[①].

1355 年在巴黎大学[②]Navarre 学院[③]获神学硕士学位.

中世纪学者多半是神职人员, 他们生活有保障, 有充分的闲暇来研究学问, 又有更多的机会接触各种典籍文献. N. Oresme 就是典型的代表. 他还有一个优越的条件, 即得到国王的支持, 因为他和当时是太子的 Charles 五世[④]有交往. 1362 年, Charles 五世即位后重视学术研究、关心宫廷学者. 受其委托, N. Oresme 从 1369 年起把 Aristotle 的著作由拉丁文译为法文, 如 1372 年的 "Livre de ethiques d'Aristote", 1374 年的 "Livre de politique d'Aristote" 和 "Livre de economique d'Aristote" 等. 后世对这些译本评价很高, 认为对法语的发展有重要贡献. 他还被称为中世纪最伟大的经济学家, 他的 "De origine, natura, jure et mutationibus monetarum" (《论货币制度的起源、本性、法律地位和变化》)以及对 Aristotle 相关著作所做的注释中所提出的经济概念成为 Charles 五世改革财政制度的理论依据.

在数学方面, N. Oresme 有两项突破性的工作, 一是 1350—1360 年的 "Tractatus de latitudinibus formarum" (《形态的幅度》), "Tractatus de uniformitate et difformitate intensionum"(《论均匀与非均匀的强度》) 和 "Tractatus de configurationibus qualitatum et motuum" (《质量与运动的结构》)等为解析几何的创立开辟了道路; 二是在 1360 年的 "Proportionibus proportionum" (《论比例的比例》)中给出指数[⑤]的运算规律, 引入非正整指数幂的概念, 而在 "Algorismus proportionum" (《比例算法》)中更创设分数指数的符号, 甚至把指数推广到无理数指

---

① Jean Buridan (1295—1358), 法国人, 给出惯量概念的最早一步; 证明了两个相反而又完全平衡的推力下, 要随意行动是不可能的; 反对 Aristotle 的 "Physica" 中的观点, 认为一旦给以原动力, 天体保持永恒的运动, 这是三百年后惯性定律的先声; 提出 Buridan 驴: 一头有着深刻思想的驴走在岔路上, 往左有粮草, 向右有饮水, 驴子嘲笑同类的浅薄, 执着于两全其美的驴生考量, 末了因为漫长的等待而无法作出选择, 饿死在岔路上.

② 巴黎大学 (Université de Paris) 创建于 9 世纪, 最初附属于巴黎圣母院, 1180 年正式授予 "大学" 称号, 是欧洲历史最悠久的大学之一, 与 Bologna 大学并称为 "欧洲大学之母", 与 Bologna 大学、布拉格大学和牛津大学并称欧洲文化中心, 校训: 磨炼, 永远是成长的基石.

③ Navarre 学院 (Collège de Navarre) 是巴黎大学历史上的一个学院, 创建于 1305 年.

④ Charles V le Sage, le Roi de France (1338.01.21—1381.09.16), 1362—1380 在位, 他逆转了 "百年战争" 第一阶段的战局, 使法国得以复兴.

⑤ 1784 年, 指数 (exponential) 开始作为数学术语.

数的符号, 不过没有被后人采用.

解析几何建立于 17 世纪, 但其思想则由来已久, 大致经过三个发展:

(1) 发明坐标系, 用两个数确定点的位置.

(2) 认识几何与代数 (或形与数) 的对应关系.

(3) 作出函数的图形.

第一步起源很早, 如石申[①]和 Hipparchus 用经纬度表示恒星在天球上的位置, 就是一种坐标系. 坐标思想甚至还可以上溯到古埃及人划分地面区域的办法. Apollonius 在 "Conics" 中更进一步引入了一种斜角坐标系.

数与形互相渗透也是古已有之. Pythagoras 早就注意到两者的结合. Euclid 的几何代数 (用几何方法论述代数问题) 是众所周知的. Fibonacci 也曾在 1220 年的 "Practica geometriae" 中用代数方法去解几何问题.

N. Oresme 的贡献在于向第三步过渡. 他的思想已接触到在直角坐标系中用曲线表示函数的图像, 不过只着重讨论了匀加速物体的运动.

13—14 世纪, Aristotle 学说盛行于全欧, 但其谬误也渐为人们所察觉. 14 世纪 40 年代前后, 牛津大学 Merton 学院[②]有一批人力图建立正确的理论, 其中有 T. Bradwardine[③]在 1328 年的 "Tractatus de proportionibus velocitatum in motibus" (《运动速度的比》)和 R. Swineshead[④] 的 "Quadripartitum de sinibus demonstratis" (《正弦四书》)等早期用代数研究运动学的著作. 他们研究 "形态的幅度", 相当于现在所说的 "质的强度". 所谓 "质", 指的是具有某种强度 (在物体的某一点上或在某一时刻) 的性质, 如热、密度和速度等. 他们考察物体从某一点到另一点或从某一时刻到另一时刻质的强度变化. 这种变化可能是均匀的, 也可能是非均匀的. 他们已得到一些结果, 如 Merton 法则:

> 具有匀加速度的运动物体在给定时间内所经过的路程等于用同样时间以平均速度所经过的路程. 平均速度就是初末速的算术平均值, 也就是时间中点的速度.

N. Oresme 的中心思想是用图形来表示一个可变量的值, 这个量依赖于另一个量. 这可说是函数概念及函数图示法的萌芽. 他详细分析了匀加速运动, 用一条水平直线表示时间, 直线上每一点代表一个时刻. 每一个时刻对应着一个速度, 该速度可用一条垂直于此点的线段来代表, 其长度正比于速度的大小. 用线段表示

---

① 石申或石申夫, 战国魏开封人, 著有《天文》(西汉以后被称为《石氏星经》) 和《浑天图》等.

② Merton 学院 (Merton College Oxford) 创建于 1264 年, 以 de Merton (Walter de Merton, Lord Chancellor of England, 1205—1277.10.27) 命名.

③ Thomas Bradwardine (1290—1349.08.26), 英格兰人, 被称呼为渊博博士 (Doctor Profundus), 第一个研究星形多边形.

④ Richard Swineshead (?—1354), 英格兰人, 1350 年的 "Liber calcualtionum" 使其有 "牛津计算器" 之称.

一种量是依照希腊人的习惯, 速度随着时间均匀地增大, 因此线段的长度也均匀地增长, 它的端点就构成一条直线. 这直线和水平直线, 再加上表示初末速的线段围成一个梯形. 如初速为 0, 则形成一个三角形 OtA, 如图 4.1所示.

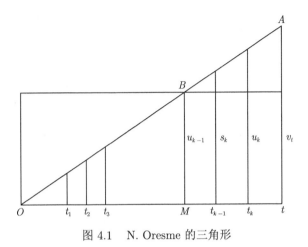

图 4.1 N. Oresme 的三角形

N. Oresme 指出, 三角形面积等于物体在时间 t 内经过的路程, 在时间中点 M 处的速度是末速之半, 即平均速度. 三角形面积就等于以同样时间为底, 以平均速度为高的矩形面积. 这个结论和 Merton 法则是一致的, 可以说是它的一个几何说明. 他应该有粗浅的积分思想, 否则无法理解他实际已用了瞬时速度的概念.

1360 年, N. Oresme 的 "Quaestiones super geometriam Euclidis" (《Euclid 几何问题》)注意到敛散性问题, 求出若干无穷级数的和, 发展了古希腊极限思想, 如

$$1 + \frac{1}{2} \cdot 2 + \frac{1}{2^2} \cdot 3 + \cdots + \frac{1}{2^{n-1}} \cdot n + \cdots = 4.$$

还最早给出了调和级数发散性的证明.

除了数学之外, N. Oresme 在别的领域也有不少论著. 他在 "Traité de la sphère" (《球论》) 和 1382 年的 "Le livre du ciel et du monde" (《天空与世界论》)中阐发了他自己的宇宙观. 他不接受 Aristotle 的地心说, 认为地球是动的, 但未提出日心说.

4.3 代数学之父——François Viète / Franciscus Vieta

François Viète (1540—1603.12.13), 法国人.

F. Viète 生于 Fontenay-le-Comte, 卒于巴黎.

父母: É. Viète[1]和 Marguerite Dupont.

---

① Étienne Viète, 律师.

1560 年, F. Viète 毕业于 Poitiers 大学①.

1579 年, F. Viète 的 "Canon mathematicus seu ad triangula cum appedicibus" (《应用于三角形的数学定律》)是 F. Viète 最早的数学专著, 是欧洲最早论述六种三角函数解平面和球面三角形方法的系统著作, 初步讨论了正弦、余弦②和正切③的一般公式, 以及和差化积和积化和差公式, 首次把代数变换应用到三角学中. 他考虑含有倍角的方程, 具体给出了将 $\cos nx$ 表示成 $\cos x$ 的函数并给出当 $n \leqslant 11$ 时等于任意正整数的倍角表达式.

在法西战争中的 1590 年 3 月 15 日, F. Viète 利用精湛的数学方法, 成功破译西班牙的军事密码, 为法国赢得战争主动权.

1591 年, F. Viète 觉得 "algebra" 在欧洲语言中没有意义, 故他的 "In artem analyticam isagoge" (《分析方法入门》)拒绝使用这个词汇. 这部著作是他最重要的代数著作, 用字母表示已知和未知量, 用元音表示未知量, 辅音表示已知量, 用 A quadratus, A cubus 分别表示 A^2, A^3, 用 "~" 表示相等, 推进了代数问题的一般讨论. 第一章应用了 Pappus 的 "Synagoge"(第七篇) 和 Diophantus 著作中的解题步骤, 认为代数是一种由已知结果求条件的逻辑分析技巧, 并自信希腊人已经应用了这种分析术, 他只不过将这种分析方法重新组织. 他不满足于 Diophantus 对每一问题都用特殊解法的思想, 试图创立一般的符号代数. 当他提出类的运算与数的运算的区别时, 就已规定了代数与算术的分界. 这样, 代数就成为研究一般的类和方程的学问, 这种革新被认为是数学史上的重要进步, 它为代数的发展开辟了道路, 因此他被称为 "代数学之父".

1593 年, F. Viète 的 "Supplementum geometriae" 给出尺规作图问题所需要的代数方程知识, 其中涉及倍立方和三等分角问题; 他的 "Zeteticorum libri quinque" (《分析五篇》)还说明怎样用直尺和圆规作出可以导致某些二次方程的几何问题的解.

1600 年, F. Viète 的 "De numerosa postestatum ad exegesim resolutioner" (《幂的数值解法》)还探讨了代数方程数值解的问题, 给出了体现数学对称之美的 Viète 定理. 此外, 他创造了一套十进分数表示法, 促进了记数法的改革, 用代数方法解决几何问题的思想由 R. Descartes 继承, 发展成为解析几何.

1615 年的遗著 "Fontenaeensis ab aequationum recognitione et emendatione"

---

① Poitiers 大学 (Université de Poitiers) 创建于 1431 年, 是欧洲最古老的大学之一, 校训: Des Savoirs et Des Talents (知识与才能).

② 余弦 (cosine) 来源于拉丁文 "cosinus", 1620 年第一次出现在 E. Gunter (Edmund Gunter, 1581—1626.12.10, 威尔士人, 1619.03.06—1626.12.10 任 Gresham 天文学教授, 还发明 Gunter 尺) 的 "Canon triangulorum sive tabulae sinuum et tangentium artifialum" 中.

③ 正切 (tangent) 来源于拉丁文 "tangere", 1583 年第一次出现在 T. Fincke (Thomas Fincke, 1561.01.06—1656.04.24, 丹麦人) 的 "Geomietria rotundi" 中, 包括正割 (secant).

(《论方程的识别与订正》)是由 A. Anderson①编辑出版的, 其中得到一系列有关方程变换的公式, 包括根与系数的关系, 还给出了 Cardano 三次方程和 Ferrari 四次方程解法改进后的求解公式.

T. Harriot②在其 1631 年的遗著 "Artis analyticae praxis" (《使用分析学》)中也给出了根与系数的关系.

4.4 声学之父——Marin Mersenne/Marin Mersennus/ le Père Mersenne

4.4.1 M. Mersenne

Marin Mersenne (1588.09.08—1648.09.01), 法国人.

M. Mersenne 生于 Oizé, 卒于巴黎.

1611 年, M. Mersenne 从 Sorbonne 神学院毕业.

M. Mersenne 的工作是素数研究的一个转折点和里程碑. 由于他学识渊博、才华横溢、为人热情, 以及最早系统而深入地研究 $2^p - 1$ 型的数. 为了纪念他, 在 1897 年苏黎世第一届国际数学家大会上把 $M_p = 2^p - 1$ 型的数称为 "Mersenne 数", 如果 Mersenne 数为素数, 则称之为 "Mersenne 素数".

M. Mersenne 是神职人员, 但他却有很高的科学素养, 其研究涉及声学③、光学④、力学和数学等多个学科, 1627 年的 "Traité de l'harmonie universelle" (《宇宙的和谐》)使其有 "声学之父" 的美称.

M. Mersenne 对科学的主要贡献还是他起了一个极不平常的学术思想通道的作用. 17 世纪时, 科学刊物和机构, 以及国际会议等还没有出现, 交往广泛、热情诚挚和德高望重的 M. Mersenne 就成了全欧科学家之间联系的桥梁. 许多人都乐于将成果寄给他, 然后再由他转告给更多的人. 他被人们誉为 "有定期学术刊物之前的科学信息交换站".

M. Mersenne 和 R. Descartes, de Fermat, T. Hobbes, Pascal 父子, de Peiresc⑤,

---

① Alexaander Anderson (1582—1620), 苏格兰人, J. Gregory 外祖父 David Anderson of Finshaugh 的堂兄弟.

② Thomas Harriot (1560—1621.07.02), 英格兰人, 1631 年的遗著 "Artis analyticae praxis" 引进 ">" 和 "<" 符号, 然而这是编辑的工作, 而不是他本人的, 他在代数上的工作给人很深的印象, 而编辑的工作却鲜为人知, 他还最早使用了 "$\sqrt[n]{}$", 用 aaa 表示 a^3.

③ 声学 (acoustics) 来源于希腊文 "$\alpha\kappa o\upsilon\sigma\tau\iota\kappa o\varsigma$"("听" 或 "听到" 之意).

④ 光学 (optics) 来源于希腊文 "$o\pi\tau\iota\kappa\eta$"("外表" 和 "看" 之意).

⑤ Nicolas-Claude Fabri de Peiresc (1580.12.01—1637.06.24), 法国人.

P. Gassendi[①], de Roberval[②], I. Beeckman[③]和 van Helmont[④]等曾每周一次在其住所聚会, 轮流讨论数学和物理等问题, 这种民间学术组织被誉为 "Mersenne 学院"(Académie Mersenne), 它就是法国科学院的前身.

4.4.2　Mersenne 素数

M. Mersenne 推测: "一个人, 使用一般的验证方法, 要检验一个 15 位或 20 位的数字是否为素数, 即使终生的时间也是不够的." 迄今为止, 人类仅发现 51 个 Mersenne 素数. 由于这种素数珍奇而迷人, 它被人们称为 "数学珍宝". Mersenne 素数历来是数论研究的一项重要内容, 也是当今科学探索的热点和难点之一.

人们很容易发现前四个 Mersenne 素数是 $M_2 = 3, M_3 = 7, M_5 = 31$ 和 $M_7 = 127$. 1456 年, 人们发现了第五个 Mersenne 素数是 $M_{13} = 8191$.

人们猜测 M_{11} 是 Mersenne 素数, 但在 1536 年, Hudalricus Regius 给出 $M_{11} = 2047 = 23 \times 89$, 是 Mersenne 素数中的最小合数.

1588 年, P. Cataldi 发现了第六和第七两个 Mersenne 素数 $M_{17} = 131071$ 和 $M_{19} = 524287$; 他猜测 M_{23}, M_{29}, M_{31} 和 M_{37} 是素数, 但只有 M_{31} 是对的. 事实上, 1732 年, de Fermat 证明了

$$M_{23} = 8388607 = 47 \times 178481, \quad M_{37} = 137438953471 = 223 \times 616318177.$$

1738 年, L. Euler 证明了 $M_{29} = 536870911 = 233 \times 1103 \times 2089$.

1772 年, 在双目失明的情况下, L. Euler 心算证明了 $M_{31} = 2147483647$ 是第八个 Mersenne 素数, 因此得到 "数学家之英雄" 的美誉, 他证明了素数与偶完美数是一一对应的.

Alhazen[⑤]叙述过完美数定理的逆定理, 但没有能够证明. 在 "Opuscula" 中解决包含同余的一个问题时已经使用了两种方法, 第一个方法使用了 Wilson 定理, 第二个方法使用了中国剩余定理. 他提出并解决了 Alhazen 问题:

---

① Pierre Gassendi (1592.01.22—1655.10.24), 法国人, 提出著名的 "三种灵魂说": 植物的灵魂、生命力和推理力. 法国科学院创建人之一.

② Gilles Personne de Roberval (1602.08.09—1675.10.27), 法国人, 1634 年求出摆线下方的面积, 在世时只发表了两篇文章, 1636 年的 "Traité de mécanique des poids soutenus par des puissances sur des plans inclinés à l'horizontale" 和 1644 年的 "Le systéme du monde d'aprés Aristarque de Samos", 他的大部分工作是在他去世后的 1693 年的 "Divers ouvrages de mathématique et de la physique par messieurs de l'Académie Royale des Sciences", 其他的工作就更晚了, 如 1996 年的 "Éléments de géometrie", 还有一些没有发表出来, 最主要的工作是 "Traité des indivisibles".

③ Isaac Beeckman (1588.12.10—1637.05.19), 荷兰人, van Roijen 的学生, 在 Rotterdam 建立 Collegium Mechanicum.

④ Jan Baptist van Helmont (1580.01.12—1644.12.30), 荷兰人, M. Delrio (Martinus Antonius Delrio, 1551.05.17—1608.10.19, 荷兰人) 的学生, 气体化学奠基人, 引进术语 "气".

⑤ Abū Alī al-Hasan ibn al-Haytham (965—1040), 伊拉克人, 被称为 "第二个 Ptolemy".

　　　　给定一个光源和一个球面镜, 找出观察者能看到的在镜面上的
　　　　反射点, 即在圆的平面上两点作两条线相交于圆周上一点, 并与
　　　　在该点的法线成等角.

1876 年, F. Lucas[①]发现了第 12 个 Mersenne 素数

$$M_{127} = 170141183460469231731687303715884105727,$$

这是不借助于计算机找到的最大素数.

1883 年, I. Pervushin[②]发现了第九个 Mersenne 素数

$$M_{61} = 2305843009213693951.$$

1903 年, 在美国数学会大会上, F. Cole[③]作了一个一言不发的报告, 给出

$$M_{67} = 193707721 \times 761838257287.$$

1911 年和 1914 年, R. Powers[④]发现了第 10 和第 11 两个 Mersenne 素数

$$M_{89} = 618970019642690137449562111,$$

$$M_{107} = 162259276829213363391578010288127.$$

1934 年, 他证明了 M_{241} 是合数.

　　1922 年, 有人否定了 M_{257} 是素数. 但 20 世纪 80 年代人们才知道它有三个
因子.

　　1930 年, D. Lehmer[⑤]将 F. Lucas 的方法重新进行整理. 定义序列 $S_2 = 4, S_3 = 14, S_4 = 194, \cdots$, 对于 $n > 2$, 定义 $S_n = S_{n-1}^2 - 2$, 给出 Lucas-Lehmer 法:

---

　　① François Édouard Anatole Lucas (1842.04.04—1891.10.03), 法国人.

　　② Ivan Mikheevich Pervushin, Иван Михеевич Первушин (1827.01.15—1900.06.17), 俄罗斯人.

　　③ Frank Nelson Cole (1861.09.20—1926.05.26), 美国人, C. Klein 的学生, 1886 年在 Harvard 大学的博士学位论文是 "Theory of the general equation of the sixth degree", 任美国数学会秘书 25 年, 任 "Bulletin of the American Mathematical Society" 主编 21 年, 退休时利用退休金和美国数学会会员提供的赞助设立了 Cole 奖 (Cole Prize), 包括 Cole 代数奖 (Cole Prize in Algebra) 和 Cole 数论奖 (Cole Prize in Number Theory). 后来, 他的儿子 Charles A. Cole 又进行了加倍. 只有北美杂志的作者和美国数学会会员可以获奖, 1928 年, L. Dickson 获第一个 Cole 代数奖, 1931 年, H. Vandiver (Harry Schultz Vandiver, 1882.10.21—1973.01.09, 美国人, 高中没有毕业, 1934—1935 年任美国数学会副会长, 1934 年当选为美国国家科学院院士, 1946 年, Pennsylvania 大学授予其荣誉博士学位) 获第一个 Cole 数论奖.

　　④ Ralph Ernest Powers (1875.04.27—1952.01.31), 美国人, 铁路职员.

　　⑤ Derrick Henry Lehmer (1905.02.23—1991.05.22), 美国人, J. Tamarkin (Jacob David Tamarkin, Яков Давидович Тамаркин, 1888.07.11—1945.11.18, 乌克兰人, "Mathematical Review" 创建编辑) 的学生, 1930 年在 Brown 大学 (Brown University, 创建于 1764 年, 是全美第七古老的大学, 是一所享誉世界的顶尖私立研究型大学, 校训: In Deo speramus (我们信仰上帝)) 的博士学位论文是 "An extended theory of Lucas's functions", 其父亲 D. Lehmer (Derrick Norman Lehmer, 1867.07.27—1938.09.08, 俄罗斯人) 和妻子 E. Lehmer (Emma Markovna Trotsaia Lehmer, 1906.11.06—2007.05.07, 俄罗斯人) 都是 California 大学 (Berkeley) 数学教授.

$$M_p = 2^p - 1(p > 2) \text{ 是 Mersenne 素数} \iff M_p | S_p,$$

这是目前已知的检测 Mersenne 素数素性的最佳方法.

1952 年 1 月 30 日, R. Robinson[1]将 "Lucas-Lehmer 方法" 编译成计算机程序, 在两个小时之内找到了第 13 和第 14 两个 Mersenne 素数 M_{521} 和 M_{607}, 随后, 在 1952 年 6 月 25 日、10 月 7 日和 9 日又找到了第 15—第 17 三个 Mersenne 素数 M_{1279}, M_{2203} 和 M_{2281}.

1957 年 9 月 8 日, H. Riesel[2]使用 BESK 找到了第 18 个 Mersenne 素数 M_{3217}.

1961 年 11 月 3 日, A. Hurwitz[3]在同一天找到了第 19 和第 20 两个 Mersenne 素数 M_{4253} 和 M_{4423}.

1963 年 5 月 11 日, D. Gillies[4]连续找到了第 21 和第 22 两个 Mersenne 素数 M_{9689} 和 M_{9941}, 6 月 2 日晚找到第 23 个 Mersenne 素数 M_{11213}.

1971 年 3 月 4 日晚, L. Tuckerman[5]找到第 24 个 Mersenne 素数 M_{19937}.

1978 年 10 月 30 日, 两名年仅 18 岁的美国中学生 L. Noll[6]和 Laura A. Nickel 经过 350 个小时的持续运算, 找到了第 25 个 Mersenne 素数 M_{21701}, 次年 2 月 9 日, L. Noll 又找到了第 26 个 Mersenne 素数 M_{23209}.

1979 年 4 月 8 日, D. Slowinski[7]和 H. Nelson[8]找到第 27 个 Mersenne 素数 M_{44497}, 接着在 1982 年 9 月 25 日, 1983 年 9 月 19 日和 1985 年 9 月 1 日, D. Slowinski 又接连找到了第 28、第 30 和第 31 三个 Mersenne 素数 M_{86243}, M_{132049} 和 M_{216091}.

1988 年 1 月 28 日, Walter Colquitt 和 Luke Welsh 找到漏网的第 29 个 Mersenne 素数 M_{110503}.

1992 年 2 月 19 日, D. Slowinski 和 P. Gage[9]宣布找到了第 32 个 Mersenne

---

① Raphael Mitchel Robinson (1911.11.02—1995.01.27), 美国人, J. Robinson 的丈夫, J. McDonald (John Hector McDonald, 1900 年在 Chicago 大学的博士学位论文是 "Concerning the system of the binary cubic and quadratic with application to the reduction of hyperelliptic integrals to elliptic integrals by a transformation of order four") 的学生, 1935 年在 California 大学 (Berkeley) 的博士学位论文是 "Some results in the theory of Schlicht functions".

② Hans Ivar Riesel (1929.05.28—2014.12.21), 瑞典人, 1969 年的博士学位论文是 "Contribution to numerical number theory".

③ Alexander Hurwitz (1937—).

④ Donald Bruce Gillies (1928.10.15—1975.07.17), 加拿大人, von Neumann 的学生, 1953 年在 Princeton 大学的博士学位论文是 "Some theorems on n-person games".

⑤ Louis Bryant Tuckerman, III (1915.11.28—2002.05.19), 美国人.

⑥ Landon Curt Noll (1960.10.28—), 美国人.

⑦ David Slowinski, 美国人, 因为发现了七个 Mersenne 素数而被称为 "素数大王".

⑧ Harry Lewis Nelson (1932.01.08—), 美国人.

⑨ Paul Gage (1953.01.01—), 美国人.

素数 M_{756839}; 1994 年 1 月 4 日, 他们再次找到了第 33 个 Mersenne 素数 M_{859433}, 而第 34 个 Mersenne 素数 $M_{1257787}$ 也是他们于 1996 年 9 月 3 日发现的.

1992 年, 周海中[1]在 "Mersenne 素数的分布规律" 中给出了 Mersenne 素数分布的精确表达式, 即周海中猜想:

当 $2^{2^n} < p < 2^{2^{n+1}}$ 时, Mersenne 数 M_p 有 $2^{n+1} - 1$ 个素数.

这为人们寻找 Mersenne 素数提供了方便, 直接可有推论:

当 $p < 2^{2^{n+1}}$ 时, Mersenne 数 M_p 有 $2^{n+2} - n - 2$ 个素数.

A. Selberg 指出: "周海中猜测具有创造性, 开创了富于启发性的新方法, 其创新性还表现在揭示新的规律上."

1996 年 11 月 13 日, 1997 年 8 月 24 日和 1998 年 1 月 27 日, J. Armengaud[2], Gordon Spencer 和 Roland Clarkson 分别找到了第 35—37 三个 Mersenne 素数 $M_{1398269}, M_{2976221}$ 和 $M_{3021377}$.

1999 年 6 月 1 日, N. Hajratwala[3]找到了第 38 个 Mersenne 素数 $M_{6972593}$.

2001 年 11 月 14 日, Michael Cameron 找到了第 39 个 Mersenne 素数 $M_{13466917}$.

2003 年 11 月 17 日、2004 年 5 月 15 日和 12 月 15 日, Michael Shafer, J. Findley[4]和 M. Nowak[5]分别找到了第 40—第 42 三个 Mersenne 素数

$$M_{20996011}, \quad M_{24036583}, \quad M_{25964951}.$$

2005 年 12 月 15 日和 2006 年 9 月 4 日, C. Cooper[6]和 Steven Boone 找到了 $M_{30402457}$ 和 $M_{32582657}$.

2008 年 8 月 23 日, Edson Smith 找到了第 47 个 Mersenne 素数 $M_{43112609}$, 此后, 在 9 月 6 日和 2009 年 4 月 12 日又有两个稍小的 Mersenne 素数被分别

---

① 周海中 (1955.10—), 广东雷州人.

② Joel Armengaud (1967.08—), 法国人.

③ Nayan Hajratwala, 美国人, 2001 年建立软件公司 Chikli Consulting, LLC.

④ Josh Findley, 美国国家海洋和大气局顾问, 数学爱好者.

⑤ Martin Nowak, 德国人, 眼科专家, 数学爱好者.

⑥ Curtis Niles Cooper, 美国人, R. Lambert (Robert Joe Lambert, 1921.12.23—, 美国人, Bernard Vinograde 的学生, 1951 年在 Iowa 州立大学的博士学位论文是 "Extension of normal theory to general matrices") 的学生, 1978 年在 Iowa 州立大学 (Iowa State University of Science and Technology, 创建于 1858 年 3 月 22 日, 时名为 Iowa Agricultural College, 1898 年更名为 Iowa State College of Agricultural and Mechanic Arts, 1959 年改为现名, 校训: Science with practice) 的博士学位论文是 "High order stiffly stable linear multistep methods", 曾任 "Fibonaccl Quarterly" 主编.

H. Elvenich[1]和 O. Strindmo[2]找到, 它们是第 45 和第 46 两个 Mersenne 素数 $M_{37156667}$ 和 $M_{42643801}$.

2013 年 1 月 25 日和 2016 年 1 月 7 日, C. Cooper 发现了第 48* 和第 49* 两个 Mersenne 素数 $M_{57885161}$ 和 $M_{74207281}$, 而后者在 2015 年 9 月已被找到, 但直到 2016 年 1 月才注意到.

2017 年 12 月 26 日, Jonathan Pace 找到了第 50* 个 Mersenne 素数 $M_{77232917}$.

2018 年 12 月 7 日, Patrick Laroche 找到了第 51* 个 Mersenne 素数 $M_{82589933}$.

4.5 近代科学始祖——René Descartes

4.5.1 R. Descartes

R. Descartes (1596.03.31—1650.02.11), 法国人, 曾拒绝授予中将军衔.

R. Descartes 生于 La Haye en Touraine, 今 Descartes, Indre-et-Loire, 卒于斯德哥尔摩, 终身未婚.

父母: J. Descartes[3]和 J. Brochard[4].

在 R. Descartes 的时代, 拉丁文是学者的语言. 他的拉丁化名字是 Renatus Cartesius, 所以 Descartes 坐标也称 Cartesius 坐标.

R. Descartes 的哲学思想深深影响了几代欧洲人, 开拓了 "欧洲大陆理性主义" 哲学. G. Hegel 在 "Vorlesungen über die Geschichite der Philosophie" 中说 "R. Descartes 事实上是近代哲学的创始人". R. Descartes 提出了 "普遍怀疑"(suspicion générale) 的主张:

(1) 除了清楚明白的观念外, 绝不接受其他任何东西.

(2) 必须将每个问题分成若干个简单的部分来处理.

(3) 思想必须从简单到复杂.

(4) 我们应该时常进行彻底的检查, 确保没有遗漏任何东西.

R. Descartes 对数学与物理学的兴趣, 是在荷兰当兵期间产生的. 1618 年 11 月 10 日, 他偶然在路旁公告栏上看到用 Flemish 语提出的数学问题征答. 这引起了他的兴趣, 并让身旁的人将 Flemish 文译成拉丁文. 这人就是 I. Beeckman, 很快成为他的心灵导师. 四个月后, R. Descartes 写信给 I. Beeckman: "你是将我从冷漠中唤醒的人 ······" 并告诉他, 自己在数学上有了四个重大发现.

---

① Hans-Michael Elvenich (1968—), 德国人, 化学工程师.

② Odd Magnar Strindmo, 挪威人, 在 GIMPS 上用的名字是 Stig M. Valstad.

③ Joachim Descartes, 地方议员.

④ Jeanne Brochard (?—1596), R. Descartes 出生不久即去世.

1637 年, R. Descartes 的 "Discours de la méthode pour bien conduire sa raison, et chercher la vérité dans les sciences" (《方法论》)包含以笔名 "Levre Premier" 写的三个著名附录: "La géométrie"(《几何学》)、"La dioptrique"(《折光学》)和 "Les météores"(《大气现象》). 其中的 "La géométrie" 是他的唯一一本数学书, 是数学史上十大名著之一, 提出了坐标几何思想, 用 $\propto$ 表示相等, 首次提出 "虚数" 概念, 虚根不代表任何真实的量.

R. Descartes 的出发点是一个著名的古希腊数学问题——Pappus 问题, 并提出一种大胆计划, 即从任何问题到数学问题, 再到代数问题, 最后是方程求解问题.

R. Descartes 在 "La géométrie" 中还提出了求切线的所谓 "圆法", 本质上是一种代数方法. 他的代数方法在推动微积分学的早期发展方面有很大的影响, Sir Newton 就是以 R. Descartes 的 "圆法" 为起点而踏上研究微积分学的路的.

R. Descartes 认为, 人类应该可以使用数学方法来进行哲学思考. 他相信, 理性比感官的感受更可靠. 他说: 在我们做梦时, 我们以为自己身在一个真实的世界中, 然而其实这只是一种幻觉而已. 他从逻辑、几何和代数中发现了四条规则.

人们在 R. Descartes 的墓碑上刻下了这样一句话: "R. Descartes, 欧洲文艺复兴以来, 第一个为人类争取并保证理性权利的人."

R. Descartes 死后坟墓遭盗墓贼挖掘, 其头骨几经易手现存于巴黎 Chaillot 宫人类博物馆.

1897—1913 年, P. Tannery 编辑了 R. Descartes 的全集 "Œuvres de Descartes".

4.5.2 解析几何的创立

R. Descartes 将他的方法论不仅运用在哲学上, 还运用于几何, 并创立了解析几何. 他第一步就主张对每一件事情都进行怀疑, 而不能信任我们的感官. 从这里他悟出一个道理: 他必须承认的一件事就是他自己在怀疑. 而当人在怀疑时, 他必定在思考, 便有了著名的哲学命题: Cogito ergo sum (我思故我在).

J. Scott[1]总结 "La géométrie" 的四条规则:

(1) 不变量理论的第一步.

(2) 使代数进入几何成为可能.

(3) 代数进入几何.

(4) 不仅是几何是否可解, 而且没有代数根本就不可能解.

R. Descartes 的解析几何为微积分的创立奠定了基础, 被认为是 "解析几何学之父" 和 "近代科学始祖". 此外, 当代使用的许多数学符号都是他最先使用的, 这包括了已知数 $a, b, c, \cdots$ 以及未知数 $x, y, z, \cdots$, 还有指数的表示方法 a^x. 他还发

---

[1] James Floyd Scott (1942.05.04—2020.04.06), 美国人, 2008 年当选为皇家学会会员.

现了凸多面体边、顶、面之间的关系, 后人称为 Euler-Descartes 公式. 还有微积分中常见的 Descartes 叶形线也是他发现的.

恩格斯说: "数学的转折点是 R. Descartes 的变量, 有了变量, 运动进入了数学, 有了变量, 辩证法进入了数学, 有了变量, 微分和积分也就立刻成为必要的了."

由于种种原因, 坐标几何思想在当时没有很快地被人们接受并利用. 一个原因是 de Fermat 的 "Isgoge ad locus planos et solidos" (《平面和立体的轨迹引论》)到 1679 年才出版, 而 R. Descartes 的书中对几何作图题的强调, 遮蔽了方程和曲线的主要思想; 另一个原因是他的书写得使人难懂, 许多模糊不清之处是他故意搞的; 再一个原因是许多人反对把代数和几何结合起来, 认为数量运算和几何量运算要加以区别, 不能混淆; 最后一个原因是当时认为代数缺乏严密性.

解析几何出现以前, 代数已有了相当大的进展, 因此它不是一个巨大的成就, 但在方法论上却是一个了不起的创建.

(1) 解析几何引进一个新的方法, 在代数的帮助下, 不但能迅速地证明关于曲线的某些事实, 而且这个探索问题的方式几乎成为自动的了. 用字母表示正负数, 甚至以后代表复数时, 就有可能把综合几何中必须分别处理的情形, 用代数统一处理了 (例如, 综合几何中证明三角形的高交于一点时, 必须分别考虑交点在三角形内外, 而解析几何证明时, 则不需加以区别.).

(2) 解析几何把代数和几何结合起来, 把数学造成一个双面工具. 一方面, 几何概念可用代数表示, 几何目的可通过代数来达到. 另一方面, 给代数概念以几何解释, 可直观地掌握这些概念的意义. 又可得到启发去提出新的结论 (例如, 他就提出了用抛物线和圆的交点来求三次和四次方程的实根的著名方法.).

de Lagrange 曾说: "只要代数和几何分道扬镳, 它们的进展就缓慢, 它们的应用就狭窄. 但当这两门科学结成伴侣时, 它们就互相吸取新鲜的活力, 就快速走向完善." 的确, 17 世纪以来数学的巨大发展, 在很大程度上应该归功于解析几何, 可以说如果没有解析几何的预先发展, 微积分学是难以想象的.

(3) 解析几何的显著优点在于它是数量工具, 这是科学发展已久迫切需要的. 例如, 当 J. Kepler 发现行星沿椭圆轨道绕着太阳运动, Galileo 发现抛出去的石子沿着抛物线轨道飞出去时, 就必须计算这些椭圆和炮弹飞出时所画的抛物线了, 这些都需要提供数量的工具.

1649 年, Kristina 女王[①]劝说 R. Descartes 于 10 月 4 日到了斯德哥尔摩. 然而, 女王每天早上五点要画切线, 这样, 他打破了每天 11 点起床的习惯, 不幸在这片 "熊、冰雪与岩石的土地" 上得了肺炎, 几个月后于 1650 年 2 月 11 日死于肺炎.

---

① Kristina Alexandra, Drottning av Sverige (1626.12.18—1689.04.19), Gustavus Adolphus 大帝的女儿, 1632.11.06—1654.06.06 在位.

1649 年, de Beaune[1]的 "Notes briéves" 包含 Descartes 几何的许多结果, 特别, 给出现在熟悉的双曲线、抛物线和椭圆的方程.

1650 年, de Witt[2]的 "Elementa curvarum linearum" (《曲线原理》)作为 1661 年 van Schooten[3] 的 "Geometria a Renato Des Cartes" (《Descartes 几何》)的附录, 是解析几何的第一次系统发展.

1944 年, A. Koyré 写了 "Entretiens sur Descartes" (《Descartes 对话集》).

4.5.3 数学的故事

E. Bell 说到 R. Descartes 的一个爱情故事. 传说欧洲大陆爆发黑死病时, 他流浪到瑞典, 认识了 18 岁的 Kristina 公主, 后成为她的数学老师, 日日相处使他们彼此产生爱慕之心, Gustavus Adolphus 大帝[4]知道后勃然大怒, 下令将他处死, 后因公主求情将其流放回法国, 公主也被国王软禁起来. 他回国后不久便染上重病, 他日日给公主写信, 因被国王拦截, 公主一直没收到他的信. 他在给公主寄出第 13 封信后就气绝身亡了, 这第 13 封信内容只有短短的一个公式, 即 Descartes 心形线 (图 4.2). de Castillon[5]于 1741 年 4 月在 "De curva cardioide, de figura sua sic dicta" 中给出 "心形线" 的术语.

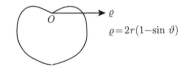

$$\varrho = 2r(1-\sin\vartheta)$$

图 4.2　Descartes 心形线

国王看不懂, 觉得他们俩之间并不总是说情话的, 大发慈悲就把这封信交给一直闷闷不乐的公主. 公主看到后, 立即明了恋人的意图, 她马上着手把方程的图形画出来. 看到图形, 她开心极了, 她知道恋人仍然爱着她. 国王驾崩后, 公主即位, 立即派人四处寻找, 无奈斯人已故, 先她一步走了, 徒留她孤零零在人间······

① Florimond de Beaune (1601.10.07—1652.08.18), 法国人.

② Jan de Witt (1625.09.24—1672.08.20), 荷兰人, van Schooten 和 I. Beeckman 的学生, 1645 年在 Leiden 大学和 Angers 大学的博士学位论文 "Elementa curvarum linearum" 发展了代数方程, 1671 年的 "A treatise on life annuities" 包含数学期望的思想.

③ Frans van Schooten (1615.05.15—1660.05.29), 荷兰人, J. Golius (Jacobus Golius, 1596—1667.09.28, 荷兰人, 1646 年写出 "Viète opera mathematica", 1653 年编辑了 "Lexicon Arabico-Latinum") 和 M. Mersenne 的学生, 同名父亲将 "Elements" 译成荷兰文.

④ Gustavus Adolphus den Store (1594.12.19—1632.11.16), Kristina 女王的父亲, 1611—1632.11.06 在位, 被称为 "现代战争之父" 和 "现代第一将军".

⑤ Johann Francesco Melchiore Salvemini de Castillon (1708.01.15—1791.10.11), 意大利人, J. Horthemels (Johannes Horthemels, 1698—1776.06.25, 荷兰人) 的学生, 1745 年当选为皇家学会会员, 1758 年任 Utrecht 大学 (Universiteit Utrecht, 创建于 1636 年 3 月 26 日, 是荷兰第四古老的大学, 是全欧洲最好的研究型大学之一, 校训: Sol iustitiae illustra Nos (阳之正义、泽于万众)) 校长, 1763 年当选为德国科学院院士.

据说, 这封情书还保存在 Descartes 纪念馆里.

本华[①]的集中图形也是心形线.

4.6　业余数学家之王——Pierre de Fermat

4.6.1　de Fermat

de Fermat (1601.08.17—1665.01.12), 法国人, 1631 年 5 月 14 日任议会议员, 1638 年 1 月 16 日任议会高级议员.

de Fermat 生于 Beaumont-de-Lomagne, 出生的房子现为 Fermat 博物馆, 卒于 Castres.

父母: D. Fermat[②]和 Claire de Long.

儿子: Clement Samuel de Fermat.

1623 年, de Fermat 进入 Orléans 大学[③].

1629 年, de Fermat 修复了 Apollonius 的 "De locis planis", 用代数方法对一些失传的证明作了补充, 对圆锥曲线进行了总结和整理, 对曲线作了一般研究.

1630 年, de Fermat 的 "Isgoge ad locus planos et solidos" 找到了一个研究有关曲线问题的普遍方法 (1679 年出版). 他指出:

> 两个未知量决定的一个方程式对应着一条轨迹, 可以描绘出一条直线或曲线.

这比 Descartes 解析几何的基本原理还早七年. 事实上, R. Descartes 是从一个轨迹来寻找它的方程的, 而他则是从方程出发来研究轨迹的, 这正是解析几何的两个相对方面. 他确实领悟到坐标轴可以平移和旋转, 因为他给出一些较复杂的二次方程, 并给出它们可以简化到的简单形式. 他肯定地得到如下结论:

> 一个方程, 如果是一次的就代表直线, 如果是二次[a]的就代表圆锥曲线, 含有三个未知量的方程表示一个曲面.

---

a 二次 (quadratic) 来源于希腊文 "$Ko\delta\varrho\alpha\tau o\varsigma$".

---

① 本华, Benoît B. Mandelbrot (1924.11.20—2010.10.14), 波兰人, S. Mandelbrojt 的侄子, P. Lévy (Paul Pierre Lévy, 1886.09.15—1971.12.15, 法国人, 现代概率论开拓者之一, L. Schwartz 的岳父, J. Hadamard 和 S. Volterra 的学生, 1911 年在巴黎大学的博士学位论文是 "Sur les équations intégro-différentielles définissant des fonctions de lignes", 1964 年当选为法国科学院院士, 最早发现生命的许多随机运动都属于 "Lévy 飞行", 而不是分子那样的 Brown 运动) 的学生, 1952 年在巴黎大学的博士学位论文是 "Contribution à la théorie mathématique des communications", 1975 年的 "Les objets fractals, forme, hasard et dimension" 创立分形几何, 并提出 "分形" 一词, 被誉为 "分形学之父", 1982 年发表 "The fractal geometry of nature", 1985 年获 Barnard 科学杰出服务奖, 1993 年获 Wolf 物理学奖, 2003 年获日本奖.

② Dominique Fermat, 富有的皮革商, 当地的第二执政官.

③ Orléans 大学 (Université d'Orléans) 创建于 1306 年.

1630 年, de Fermat 提出一个三次曲线, 即 Agnesi[①]箕舌线. 1703 年, L. Grandi[②] 在 "Quadratura circoli et hyperbolae per infinitas hyperbolas et parabolas quadrabiles geometrice exhibita" 中画出了它的图形, 并于 1718 年给出意大利文名字 "la versiera"("张帆的绳子" 之意). 而 M. Agnesi 在 1748 年的 "Instituzioni analitiche ad uso della gioventù italiana" 正确地叙述了这条曲线. J. Colson[③]在 1760 年前英译 M. Agnesi 的书时, 误将 "la versiera" 写成了 "l'aversiera", 译成了 "witch".

de Fermat 还提出了 Fermat 点的概念:

> 锐角三角形 ABC 内一点 P 与三顶点的连线和 $PA+PB+PC$
> 当 $\angle APB = \angle BPC = \angle CPA = 120°$ 时最小, 这个点称为
> Fermat 点.

1637 年, de Fermat 的 "Methodus ad disquirendam maximam et minimam et de tangentibus linearum curvarum" (《求极值的方法》)统一了求切线和极值的方法, 其中就有 Fermat 引理[④]:

> 设函数 $f(x)$ 在某一区间内有定义, 并在这区间的内点 c 取得最
> 值. 若在这一点处存在有限导数, 则必有 $f'(c) = 0$.

这对 Sir Newton 和 von Leibniz 创立统一的微分法有很大启发, 是他们之前对微积分有着最大贡献的数学家. de Laplace 和 de Lagrange 认为他是微积分的发明者.

de Fermat 不喜欢发表自己的工作成果, 而主要是在与他人的通信中.

早在古希腊时期, 偶然性与必然性及其关系便引起了人们的兴趣与争论, 但对其数学描述和处理却是 15 世纪以后的事. 16 世纪早期, G. Cardano 等研究掷骰子中的博弈机会, 在其中探求赌金的划分问题. 到了 17 世纪, de Fermat 和 B. Pascal 研究了 1494 年 L. Pacioli 的 "Summa de arithmetica, geometrica, proportioni et proportionalita", 在 1654 年 7 月 29 日建立了通信联系, 建立了概率的基础, 给出了数学期望的概念, 开创了概率论的研究. 这一天被定为概率论的诞生日.

---

① Maria Gaëtana Agnesi (1718.05.16—1799.01.09), 女, 意大利人, 1748 年写了意大利文的 "Instituzioni analitiche ad uso della giovent italiana", 其中研究了 Agnesi 箕舌线.

② Luigi Guido Grandi (1671.10.01—1742.07.04), 意大利人, 1709 年当选为皇家学会会员, 1728 年的 "Flora geometrica" 给出了形如花瓣和花叶的曲线的几何定义, 如玫瑰曲线等, 而 Clelia 曲线是以 Clelia 伯爵夫人 (Clelia Borromeo) 命名.

③ John Colson (1680—1760), 英格兰人, 1713 年当选为皇家学会会员, 1736 年英译了 Sir Newton 的著作, 包括 "De methodus serierum et fluxionum", 1739—1760 年任剑桥大学 Lucas 数学教授.

④ 引理 (lemma) 来源于希腊文 "$\lambda\eta\mu\mu\alpha$"("收到的东西" 之意).

de Fermat 考虑四次赌博可能的结局有 16 种, 除了一种结局即四次赌博都让对手赢以外, 其余情况都是第一个赌徒获胜. 他得出了使第一个赌徒赢的概率是 $\frac{15}{16}$, 即有利情形数与所有可能情形数的比, 这为概率空间的抽象奠定了基础.

早在古希腊时期, Euclid 就提出了光的直线传播定律和反射定律. 后由 Heron 揭示了它们的实质是光线取最短路径, 逐渐被扩展成自然法则, 并进而成为一种哲学观念. 一个更为一般的 "大自然以最短捷的可能途径行动" 的结论最终得出来, 并影响了 de Fermat. 他变这种哲学的观念为科学理论, 讨论了光在逐点变化的介质中行动时, 其路径取极小曲线的情形, 并给出了最小作用原理. L. Euler 竟用变分法技巧把这个原理用于求函数的极值, 这直接导致了 de Lagrange 给出最小作用原理的具体形式:

对一个质点, 其质量、速度和两个固定点之间距离的乘积之积分是极值, 即对该质点所取的实际路径必须是极值.

1891—1896 年, P. Tannery 与 C. Henry[1]编辑了 de Fermat 的全集 "Œuvres de Fermat", 共三卷.

E. Bell 称 de Fermat 为 "业余数学家之王".

1949 年, J. Coolidge[2]的 "The mathematics of great amateurs" 中拒绝写进 de Fermat. 他说: "他那么杰出, 他应该算作专业数学家."

4.6.2 Fermat 大定理

1621 年, de Fermat 在巴黎买到欧洲流传着的 de Méziriac 版 Diophantus 的 "Arithmetica" 一书, 利用业余时间对书中的不定方程进行了深入研究. 他将不定方程的研究限制在整数范围内, 从而开始了数论这门数学分支.

1640 年 10 月 18 日, de Fermat 在给 de Bessy[3]的信中提到了他 1636 年得到的 Fermat 小定理:

$$a^p - a \equiv 0 \pmod{p}, \text{其中 } p \text{ 是一个素数}, a \text{ 是正整数}.$$

---

[1] Charles Henry (1859—1926), 法国人.

[2] Julian Lowell Coolidge (1873.09.28—1954.03.05), 美国人, C. Study (Christian Hugo Eduard Study, 1862.03.23—1930.01.06, 德国人, von Seidel 和 G. Bauer 的学生, 1884 年在 München 大学的博士学位论文是 "Über die Maßbestimmung extensiver Größen") 的学生, 1904 年在波恩大学的博士学位论文是 "Die dual-projektive Geometrie im elliptischen und sphärischen Raume", 1918 年任美国数学会副会长, 1924 年任美国数学联合会副会长, 他的 "Origin of polar coordinates" 给出了极坐标系的完整发展历史, 第二次世界大战后获荣誉军团骑士勋位, 美国人文与科学院士. 姜立夫 (1890.07.04—1978.02.03, 学名蒋佐, 字立夫, 浙江平阳人, 南开大学数学系创始人之一, 胡芷华的丈夫, 胡明复的妹夫, 姜伯驹的父亲) 是他的学生, 1919 年在 Harvard 大学的博士学位论文是 "The geometry of a non-Euclidean line-sphere transformation".

[3] Bernard Frenicle de Bessy (1605—1675), 法国人, 1657 年的 "Solutio duorm problematum" 给出 de Fermat 的一些数论挑战问题的解答, 1666 年当选为法国科学院首届院士.

这个定理是 Euler 定理的一个特殊情况, 即

$a^{\varphi(n)} - 1 \equiv 0 \pmod{n}$, 其中 a, n 都是正整数, $\varphi(n)$ 是 Euler 函数, 表示和 n 互素且小于 n 的正整数个数.

1647 年, de Fermat 在 "Arithmetica" 的空白处写出了 Fermat 大定理 (último teorema de Fermat):

当 $n > 2$ 时, $x^n + y^n = z^n$ 没有非零整数解.

他写道:

"Cubum autem in duos, aut quadratoquadratum in duos quadratoquad-ratos, et generaliter nullem in infinitum ultra quadratum potestatem in duos ejusdem nominis fas est dividere: Cujus rei demonstrationem mirabilem sane detexi. Hanc margi-nis exiguitas non caperet" (我已发现一个绝妙的证明, 但这个空白太小了, 写不下).

1670 年, de Fermat 的儿子再版 "Arithmetica" 时发现了这个批注.

de Fermat 本人证明了 $n = 4$ 的情形. L. Euler 用唯一因子分解定理证明了 $n = 3$ 的情形.

1808 年, M. Germain[①]在 Fermat 大定理方面取得重大进展, 证明了 n 和 $2n + 1$ 都是素数时 Fermat 大定理的反例, A. Legendre 称其为 Germain 定理.

在此工作基础上, 1825 年 7 月, J. Dirichlet 的 "Mémoire sur l'impossibilité de quelques équations indéterminées du cinquième degré" 利用代数数论方法讨论了 $n = 5$ 的情形. 几周后, A. Legendre 利用该文中的方法证明了 $n = 5$ 的情形. 9 月, J. Dirichlet 本人不久也独立证明出同一结论.

1828 年, J. Dirichlet 的 "New proofs of some results in number theory" 又证明了 $n = 14$ 的情形, 差一点就证明了 $n = 7$ 的情形. 1839 年, G. Lamé[②]证明 $n = 7$ 时的情形. von Gauß尝试失败后就放弃了.

---

① Marie-Sophie Germain (1776.04.01—1831.06.27), 女, 法国人, 被称为 "18 世纪的 Hypatia", 终身未婚, 1816 年 1 月 8 日成为首位获法国科学院大奖的女性, 不想暴露女人身份, 常用假名 (August Antoine le Blanc) 与数学家们通信交流, 有 "数学花木兰" 称号, von Gauß的学生, 1830 年在 von Gauß的压力下, Göttingen 大学授予她荣誉博士学位, 2003 年法国科学院设立 Germain 奖, 奖金为八千欧元, 每年授予一人.

② Gabriel Lamé (1795.07.22—1870.05.01), 法国人, 1837 年在研究椭球内稳态的热分布时提出 Lamé 函数.

1844 年, E. Kummer[①]在 Gauß 思想方法基础上使用自己创立的理想[②]数理论首次对 $n < 100$(除了 $37, 59, 67$) 时给出了证明. J. Dedekind 将其工作系统地推广到代数数域, 建立了理想理论. 1857 年, E. Kummer 进一步证明 $n = 59$ 和 $n = 67$ 也成立. 1892 年, D. Mirimanoff 证明 $n = 37$ 也成立.

1983 年夏, G. Faltings[③]证明了 1922 年 L. Mordell[④]提出的 Mordell 猜想:

> 亏格大于等于 2 的不可约代数曲线[a]上只有有限多个有理点. 从而对每个 n, 至多有限个互素整数 x, y, z, 满足 $x^n + y^n = z^n$.

---

a. von Leibniz 把有代数方程的曲线叫代数曲线, 否则叫超越曲线.

20 世纪初, P. Wolfskehl[⑤]要自杀前看到 E. Kummer 的工作并指出其中的一个错误而放弃自杀, 悬赏 10 万马克, 奖给百年内第一个解决 Fermat 大定理的人.

1955 年, 谷山丰[⑥]和志村五郎[⑦]提出了谷山-志村猜想:

> 有理数域上的椭圆曲线都可模形式化.

---

① Ernst Eduard Kummer (1810.01.29—1893.05.14), 德国人, H. Schwarz 的岳父, H. Scherk (Heinrich Ferdanand Scherk, 1798.10.27—1885.10.04, 波兰人, F. Bessel 和 Heinrich Wilhelm Brandes 的学生, 1823 年 8 月 27 日在柏林大学的博士学位论文是 "De evolvenda functione · · · disquisitiones nonnullae analyticae", 在 "Bemerkungen über die kleinste Fläche innerhalb gegebener Grenzen" 中给出了三个非平凡极小曲面的例子, 其中前两个被称为 Scherk 第一和第二曲面, 即悬链面和螺旋面) 的学生, 1831 年 9 月 10 日在 Halle-Wittenberg 大学的博士学位论文是 "De cosinuum et sinuum potestatibus secundum cosinus et sinus arcuum multiplicium evolvendis", 1839 年当选为德国科学院院士, 1843 年发明理想复数, 这引起环论的发展, 1848 年研究各种数域中的因子分解问题, 1857 年当选为法国科学院院士, 并获法国科学院大奖和德国科学院大奖, 1863 年当选为皇家学会会员, 1868—1869 年任柏林大学校长.

② 理想 (ideal) 来源于希腊文 "$\iota\delta\varepsilon\alpha$".

③ Gerd Faltings (1954.07.28—), 德国人, H. Nastold (Hans-Joachim Nastold, 1929.07.13—2004.01.26, 德国人, F. Schmidt 的学生, 1957 年在 Heidelberg 大学的博士学位论文是 "Über meromorphe Schnitte komplexanalytischer Vektorraumbündel") 的学生, 1978 年在 München 大学的博士学位论文是 "Über Macaulayfizierung", 1986 年获 Fields 奖, 1996 年获 Leibniz 奖, 2014 年获 Faisal 国王国际科学奖, 2015 年获邵逸夫数学奖, 2016 年当选为皇家学会会员, 2017 获 Cantor 奖.

④ Louis Joel Mordell (1888.01.28—1972.03.12), 美国人, H. Baker 的学生, 在剑桥大学获博士学位, 1924 年当选为皇家学会会员, 1941 年获 de Morgan 奖, 1943—1945 年任伦敦数学会会长, 1946 年获第一个高级 Berwick 奖, 1949 年获 Sylvester 奖. 柯召 (Chao Ko, 1910.04.12—2002.11.08, 字惠棠, 浙江温岭人, 1955 年 6 月当选为中国科学院首批学部委员 (院士), 1979—1983 年任中国数学会副理事长, 曾任四川大学校长) 是他的学生, 1937 年在 Manchester 大学 (University of Manchester, 创建于 1824 年, 2014 年 10 月 22 日由 University of Manchester Institute of Science and Technology 和 Victoria University of Manchester 合并而成, 校训: Cognitio, sapientia, humanitas (知识、智慧、人性)) 获博士学位.

⑤ Paul Friedrich Wolfskehl (1856.06.30—1908.09.13), 德国人, 对数学有兴趣的物理学家和实业家.

⑥ 谷山丰, たにやまゆたか (1927.11.12—1958.11.17), 日本人.

⑦ 志村五郎, しむらごろ (1930.02.23—2019.05.03), 日本人, 1977 年获 Cole 数论奖, 1996 年获 Steele 终身成就奖.

1985 年, G. Frey[①]给出了 Frey 命题:

> 若 Fermat 大定理不成立, 则谷山-志村猜想也不成立.

而若 Frey 命题成立, 则 Fermat 大定理与谷山-志村猜想是等价的.

1986 年, K. Ribet[②]利用 Galois 群论证明了 Frey 命题.

人们在三百多年中, 虽未能证明 Fermat 大定理本身, 但却发展了交换环等理论, D. Hilbert 称它为 "会下金鸡蛋的老母鸡".

1994 年 10 月 25 日, Sir Wiles 的 "Modular elliptic curves and Fermat's Last Theorem" 证明了谷山-志村猜想, 彻底终结 Fermat 大定理的证明.

注记 1993 年, D. Beal[③]给出了 Fermat 大定理的一个推广 (并设置百万美元奖金), 即 Beal 猜想:

> 若 $A^x + B^y = C^z$, 其中 A, B, C 均为正整数, x, y, z 均为大于 2 的正整数, 则 A, B, C 有公质因子.

例如, $27^4 + 162^3 = 9^7$ 有公质因子 3, $34^5 + 51^4 = 85^4$ 有公质因子 17.

4.6.3 Fermat 奖

Sabatier[④]大学 (Université Paul Sabatier), 即 Toulouse 第三大学[⑤], 设立 Fermat 奖 (Fermat prize), 只授予 de Fermat 研究过领域的奖项, 包括变分原理、概率论和解析几何基础、数论. 1989 年, A. Bahri[⑥]和 K. Ribet 获第一个 Fermat 奖.

---

① Gerhard Frey (1944—), 德国人, P. Roquette (Peter Roquette, 1927.10.08—, 德国人, H. Hasse 的学生, 1951 年在 Hamburg 大学的博士学位论文是 "Arithmetischer Beweis der Riemannschen Vermutung in Konqruenzfunktionenkrpern beliebigen Geschlechts", 1975 年编辑了 H. Hasse 的全集) 的学生, 1970 年在 Heidelberg 大学的博士学位论文是 "Elliptische Funktionenkörper über nichtarchimedisch bewerteten kompletten Körpern mit schlechter Reduktion".

② Kenneth Alan Ribet (1948.06.28—), 美国人, J. Tate 的学生, 1973 年在 Harvard 大学的博士学位论文是 "Galois action on division-points of Abelian varieties with many real multiplications", 1997 年当选为美国人文与科学院院士, 2000 年当选为美国国家科学院院士, 2017.01.01—2019.01.31 任美国数学会会长, 2017 年获 Brouwer 奖.

③ Daniel Andrew Beal (1952.11.29—), 美国人, 1988 年创立 Beal 银行, 是一个业余数学家.

④ Paul Sabatier (1854.11.05—1941.08.14), 法国人, 发明有机化合物的加氢法, P. Berthelot (Pierre Eugène Marcellin Berthelot, 1827.10.25—1907.03.18, 法国人, 1880 年当选为美国人文与科学院院士, 1881 年当选为荷兰皇家人文与科学院院士, 1883 年获 Davy 奖, 1895 年任法国外长, 1901 年当选为法兰西研究院 "40 个不朽人物", 获荣誉军团大十字勋位, 皇家学会会员) 的学生, 1887 年参与创办 "Annales de la Faculté des Sciences de Toulouse", 1897 年发现痕量的镍 (Ni, Nickel, 28) 可以催化有机物氢化过程, 1905 年任 Toulouse 大学理学院院长, 1912 年获 Nobel 化学奖, 皇家学会会员.

⑤ Toulouse 大学 (Université de Toulouse) 创建于 1229 年, 1970 年分为三个独立的大学: Université Toulouse I-Capitole, Université Toulouse II-Jaurès 和 Université Toulouse III-Paul Sabatier, 以及一些工程师学校, 2007 年 3 月重合并, 还包括了许多其他的学院, 2014 年更名为 Université Fédérale Toulouse Midi-Pyrénées. 校训: Universitas magistrorum et scolarium.

⑥ Abbas Bahri (1955.01.01—2016.01.10), 突尼斯人.

4.7 Blaise Pascal

B. Pascal (1623.06.19—1662.08.19), 法国人.

B. Pascal 生于 Clermont, 今 Clermont-Ferrand, 卒于巴黎, 终身未婚.

祖父母: M. Pascal[1]和 Marguerite Pascal de Mons.

父母: É. Pascal[2]和 A. Begon[3].

师承: M. Mersenne.

1640 年 2 月, B. Pascal 写出研究 Desargues 射影几何的论文 "Essay pour les coniques" (《圆锥曲线》), 包括 1639 年 6 月发现的 Pascal 六边形定理 (图 4.3):

内接于一个二次曲线的六边形的三双对边的交点共线. 这条线
被称为 Pascal 线.

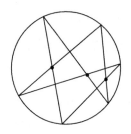

图 4.3　Pascal 线

B. Pascal 得到上面定理的四百多条推论, 是自 Apollonius 以来圆锥曲线的最大进步. R. Descartes 对此书大为赞赏, 但是不敢相信这是出自一个 16 岁少年之手, 曾怀疑是其父亲所写. G. Desargues 确认是他本人所写. 1648 年, A. Bosse[4]的 "Manière universelle de M. Desargues, pour pratiquer la perspective par petit-pied, comme le Géométral" (《Desargues 先生的实用透视之普遍法》)包含 Desargues 透视图定理:

在透视图中两个角相同, 则对应的边是共线的.

1642 年, B. Pascal 设计并制作了一台能自动进位的计算装置——"Pascaline", 被称为是世界上第一台数字计算器, 但仅有加法. 它为以后的计算机设计提供了基本原理, 现陈列于 Musée des Arts et Métiers.

---

① Martin Pascal, 曾任法财政部长.

② Étienne Pascal (1588.05.02—1651.09.24), 法国人, 以 1637 年发现 Pascal 蜗线 (Limaçon de Pascal) 著称, 名称是 de Roberval 给出的.

③ Antoinette Begon (?—1626).

④ Abraham Bosse (1604—1676.02.14), 法国人.

1653 年 (1665 年发表), B. Pascal 向法国科学院提交了研究二项式系数性质的 "Traité du triangle arithmétique" (《算术三角形》), 其中首次明确形成了归纳法原理, 并给出了 "triangle de Pascal" (《Pascal 三角形》), 即 "杨辉三角形".

1654 年, B. Pascal 开始研究几个方面的数学问题, 深入探讨了不可分原理, 得出求不同曲线所围面积和重心的一般方法, 并以积分原理解决了摆线问题; 最早引入了椭圆积分, 即指形如 $\int_{\alpha}^{\beta} \dfrac{r(t)}{\sqrt{p(t)}} \mathrm{d}t$ 的积分, 其中 $r(t)$ 是有理函数, $p(t)$ 是三次或四次多项式. 他的论文手稿对 von Leibniz 建立微积分学有很大启发.

1654 年夏, B. Pascal 和 de Fermat 有五次通信, 他们一起解决 de Méré[①] 送来的一个问题, 他弄不清楚他赌掷三个骰子出现某种组合时为什么老是输钱. 在他们解决这个问题的过程中, 于 1657 年提出了数学期望的概念, 奠定了概率论基础.

1656—1657 年, B. Pascal 的 "Lettres Provinciales" (《致外省人书》)被奉为法文写作的典范.

1657 或 1658 年, B. Pascal 的遗著 "De l'esprit géométrique"(《几何学精神》)是为一本几何教科书写的序言, 直到他逝世百年后才发表.

J. d'Alembert 称 B. Pascal 的成就是 "Archimedes 和 Sir Newton 的中间环节".

4.8　Michel Rolle

M. Rolle (1652.04.21—1719.11.08), 法国人, 1685 年当选为法国科学院院士.

M. Rolle 生于 Ambert, 卒于巴黎.

M. Rolle 仅受过初等教育, 依靠自学精通了代数与 Diophantus 理论.

1682 年, 因为 M. Rolle 解决了 J. Ozanam[②]于 8 月 31 日提出的一个数论难题而获得盛誉, 得到了 J. Colbert[③]的津贴资助, Louvois 伯爵[④]决定聘请他为其四子 de Louvois[⑤]的老师, 并在陆军部为其安排职位, 但他不喜欢, 不久就辞职了.

1690 年, M. Rolle 的 "Traité d'algèbre"(《代数》)采用了符号 "=" 和 $\sqrt[n]{x}$ 等.

---

① Antoine Gombaud Chevalier de Méré (1607—1684.12.29), 法国人, 作家.

② Jacques Ozanam (1640.06.16—1718.04.03), 法国人.

③ Jean-Baptiste Colbert (1619.08.29—1683.09.06), 法国人, 1661—1683 年任财政大臣, 1669 年海军国务大臣, 创建法国科学院.

④ François Michel le Tellier, Marquis de Louvois (1641.01.18—1691.07.16), 法国最著名的伟大人物之一, 曾任陆军部长, 他的军改措施使法在 1672—1678 年的法荷战争中取得胜利.

⑤ Camille le Tellier de Louvois (1675.04.11—1718.11.05), 1706 年当选为法兰西学术院第四位院士.

1691 年, M. Rolle 的 "Démonstration d'une méthods pour résoudre les égalités de tous les degrez" (《任意次方程一个解法的证明》) 中未加证明地给出多项式形式的 Rolle 定理 (在证明中使用了 van Waveren Hudde[①]的方法):

多项式两零点之间必有导数为零的点.

Rolle 定理的名字是 M. Drobisch[②]于 1834 年给出, 并由 G. Bellavitis[③]在 1846 年正式使用, 而 de Cauchy 在 1823 年作为中值定理的推论给出的.

1699 年, M. Rolle 发表了 "Méthode pour résoudre les équations indéterminées de l'algébre" (《不定代数方程的解法》), 研究了与现代一致的实数集序观念以及方程的消元法, 提出所谓的级联 (cascade) 法则来分离代数方程的根.

梁宗巨 [18] 说: "在反对微分学的人中, 也不乏具有才能的数学家. 法国代数学家 M. Rolle 便是一例." M. Rolle 曾说: "微积分是巧妙谬论的汇集."

4.9 Guillaume François Antoine Marquis de l'Hôpital

de l'Hôpital (1661—1704.02.02), 法国人, 1699 年当选为法国科学院院士.
de l'Hôpital 生卒于巴黎.
祖父: C. Gobelin[④].
父母: de l'Hôpital 中将[⑤]和 Elisabeth Gobelin.
师承: Johann Bernoulli.

de l'Hôpital 袭侯并担任骑兵军官, 后因视力不佳而退役, 继而转向学术. 他早年就显露出数学才能, 在 15 岁时就解出 Pascal 摆线难题, 以后又解出 Johann Bernoulli 向全欧洲挑战的 "最速降线问题". 稍后他在 Johann Bernoulli 的门下学习微积分.

---

① Johannes van Waveren Hudde (1628.04.23—1704.04.15), 荷兰人, van Schooten 的学生, 1672—1703 年任阿姆斯特丹市长和荷兰东印度公司总裁.

② Moritz Wilhelm Drobisch (1802.08.16—1896.09.30), 德国人, K. Drobisch (Karl Ludwig Drobisch, 1803.12.24—1854.08.20, 作曲家) 的哥哥, K. Mollweide (Karl Brandan Mollweide, 1774.02.02—1825.03.10, 德国人, J. Pfaff 的学生, 1796 年在 Helmstedt 大学 (Universtät Helmstedt) 获博士学位, 1805 年发明一种地图投影, 称为 Mollweide 投影, 改正了 1596 年 Gerardu Mercator 投影, 1808 年的 "Zusätze zur ebenen und sphärischen Trigonometrie" 独立给出 Mollweide 三角公式

$$\frac{\sin(\pi(A-B))}{\cos(\pi C)} = \frac{a-b}{c}, \quad \frac{\cos(\pi(A-B))}{\sin(\pi C)} = \frac{a+b}{c},$$

其中 A, B, C 是三角形的三个角, a, b, c 是对应的三个边) 和 W. Krug (Wilhelm Traugott Krug, 1770.06.22—1842.01.12, 德国人) 的学生, 1824 年在 Leipzig 大学的博士学位论文是 "Theoriae analyseos geometricae prolusio", 1840—1841 年任 Leipzig 大学校长.

③ Giusto Bellavitis (1803.11.22—1880.11.06), 意大利人, 1834 年给出计算多边形面积的公式, 1879 年当选为意大利国家科学院院士.

④ Claude Gobelin, 军队监督官, 政府顾问.

⑤ Anne-Alexandre de l'Hôpital, Comte de Sainte-Mesme, Duc d'Orléans.

1690 年, de l'Hôpital 研究了外摆线[①]:

$$x = (a+b)\cos t - b\cos\left(\frac{a}{b}+1\right)t, \quad y = (a+b)\sin t - b\sin\left(\frac{a}{b}+1\right)t.$$

1695 年, de l'Hôpital 曾给 von Leibniz 写信询问 $\frac{\mathrm{d}^n y}{\mathrm{d}x^n}$ 中 $n = \frac{1}{2}$ 是否有意义? 9 月 30 日, von Leibniz 回了信. 这一天被认为是分数阶微积分学的诞生日.

1696 年, N. Malebranche 编辑了 de l'Hôpital 的 "Analyse des infiniment petits pour l'intelligence des lignes courbes" (《阐明曲线的无穷小分析》). 这是世界上第一本关于微分学的教科书, 是数学史上十大名著之一, 第一次将微积分称为分析, 为普及微积分起了重要的作用, 其中的第九章给出 l'Hôpital 法则:

$$\lim \frac{f(x)}{g(x)} = \lim \frac{f'(x)}{g'(x)}.$$

实际上, l'Hôpital 法则是 Johann Bernoulli 的工作, 由于当时他境遇困顿, 而学生又是王公贵族, 表示愿意用财物换取他的工作, 他也欣然接受. 在 de l'Hôpital 死后, Johann Bernoulli 宣称 l'Hôpital 法则是他在 1694 年 7 月 22 日告诉 de l'Hôpital 的, 该法则应该归功于他. 但人们认为他的行为是正常的物物交换, 因此否认了他的说法.

事实上, de l'Hôpital 也确实是个有天分的数学学习者, 只是比 Johann Bernoulli 等人稍逊一筹. 他花费了大量的精力整理这些买来的和自己研究出来的成果, 编著出世界上第一本微分教科书, 使数学广为传播. 他在前言中说: "这本书中的许多结果都得益于 Johann Bernoulli 和 von Leibniz, 如果他们要来认领这本书里的任何一个结果, 我都会无条件地还给他们." 这是一个值得尊敬的学者和传播者, 他为这项事业贡献了自己的一生.

de l'Hôpital 亦计划写作一本关于积分学的教科书, 但由于过早去世, 因此未能完成, 而遗著于 1707 年在巴黎出版, 名为 "Traité analytique des sections coniques"(《圆锥曲线分析》), 1720 年出版了第二版.

4.10　新 Thales——Alexis Claude Clairaut

A. Clairaut (1713.05.07—1765.05.17), 法国人, 1731 年当选为法国科学院院士, 1737 年 10 月 27 日当选为皇家学会会员, 还是德国科学院院士、俄罗斯科学院院士.

A. Clairaut 生卒于巴黎.

父母: J. Clairaut[②]和 Catherine Petit.

---

① 外摆线 (epicycloid) 来源于希腊文 "$\epsilon\pi\iota\kappa\upsilon\kappa\lambda o\varsigma$".

② Jean-Baptiste Clairaut, 德国科学院院士.

A. Clairaut 是个神童, 父亲用 Euclid 的 "Elements" 教他认字. 1722 年, 父亲教他学习解析几何和微积分, 掌握了 N. Guisnée[①] 的 "Application de l'algébre à la géométrie" (《代数在几何中的应用》), 然后又学习了 de l'Hôpital 的 "Analyse des infiniment petits pour l'intelligence des lignes courbes".

1725 年, 12 岁的 A. Clairaut 向法国科学院提出关于一类四次代数曲线的报告 "Quatre problèmes sur de nouvelles courbes". 1729 年 9 月 4 日将这个结果提交法国科学院并申请院士资格, 但未得到国王的立即认可, 直到 1731 年当选.

1731 年 7 月, A. Clairaut 的 "Recherches sur les courbes à double coubure" (《双重曲率曲线的研究》)认识到在一个垂直于曲线的切线的平面上可以有无数多条法线, 同时给出了空间曲线的弧长公式, 以及曲面的几个基本概念, 长度、切线和双重曲率, 开创了空间曲线理论, 是微分几何的重要一步.

1733 年, A. Clairaut 以 Johann Bernoulli 的风格发表关于变分法的论文 "Sur quelques questions de maximis et minimis" (《关于极值问题》).

1734 年, A. Clairaut 建立了形如 $y = xy' + f(y')$ 的 Clairaut 方程, 它可直接看出它的通解, 就是把 y' 的位置用 C 代入就行. 另外, 这个方程必有奇解.

1739—1740 年, A. Clairaut 证明了混合二阶偏导数的求导次序的可交换条件, 还证明了一阶线性微分方程积分因子的存在性问题. 他在力学方面的工作还包括单摆振动等时性的证明和对运动中物体的动力学和相对运动的研究.

1741 年, A. Clairaut 的 "Éléments de géométrie"(《几何原理》)给出了几何基本概念.

1743 年, A. Clairaut 的 "Théorie de la figure de la terre"(《地球形状的理论》)确认地球的形状, 首次引进曲线积分和全微分的概念.

1749 年, A. Clairaut 的 "Éléments d'algèbre"(《代数原理》)涉及四次方程求解, 在全法学校使用很多年.

1750 年, A. Clairaut 的 "Théorie de la lune"(《月球理论》)获俄罗斯科学院大奖.

1752—1754 年, A. Clairaut 研究三体问题:

$$\begin{cases} \dfrac{\mathrm{d}^2 \boldsymbol{r}_1}{\mathrm{d}t^2} = -G\left(m_2 \dfrac{\boldsymbol{r}_1 - \boldsymbol{r}_2}{|\boldsymbol{r}_1 - \boldsymbol{r}_2|^3} + m_3 \dfrac{\boldsymbol{r}_1 - \boldsymbol{r}_3}{|\boldsymbol{r}_1 - \boldsymbol{r}_3|^3} \right), \\ \dfrac{\mathrm{d}^2 \boldsymbol{r}_2}{\mathrm{d}t^2} = -G\left(m_3 \dfrac{\boldsymbol{r}_2 - \boldsymbol{r}_3}{|\boldsymbol{r}_2 - \boldsymbol{r}_3|^3} + m_1 \dfrac{\boldsymbol{r}_2 - \boldsymbol{r}_1}{|\boldsymbol{r}_2 - \boldsymbol{r}_1|^3} \right), \\ \dfrac{\mathrm{d}^2 \boldsymbol{r}_3}{\mathrm{d}t^2} = -G\left(m_1 \dfrac{\boldsymbol{r}_3 - \boldsymbol{r}_1}{|\boldsymbol{r}_3 - \boldsymbol{r}_1|^3} + m_2 \dfrac{\boldsymbol{r}_3 - \boldsymbol{r}_2}{|\boldsymbol{r}_3 - \boldsymbol{r}_2|^3} \right) \end{cases}$$

① Nicolas Guisnée (?—1718.09.02), 法国人, 1707 年 1 月 15 日当选为法国科学院几何副院士.

时, 第一个给出了这个问题的近似解.

1705 年, E. Halley 曾预测 Halley 彗星将在 1759 年 4 月 15 日到达近日点, 法国科学院预测是 1758 年 11 月 14 日. A. Clairaut 于 1758 年提前半年相当精确地计算了 Halley 彗星到达近日点的日期是 1758 年 3 月 13 日, 有人建议这颗彗星以其命名, 并称其为 "新 Thales".

4.11 Fourier 级数的奠基人——Jean Le Rond d'Alembert

J. d'Alembert (1717.11.17—1783.10.29), 法国人, 1741 年当选为法国科学院天文学助理院士 (1746 年为数学副院士, 1754 年 11 月 28 日为正式院士, 1772 年任终身秘书), 1748 年当选为皇家学会会员.

J. d'Alembert 生卒于巴黎.

父母和养母: L. Destouches[1], Mme de Tencin 和 Mme Rousseau.

J. d'Alembert 是一个私生子, 出生时父亲不在国内, 母亲为了不影响自己的名誉, 将他丢弃在 St Jean le Rond 教堂的台阶上, 故得名. 父亲得知这一消息后, 回到巴黎, 把他找回来, 寄养给了一对玻璃工匠夫妇. 他与养父母感情一直很好, 直到 1765 年才因病离开养父母.

少年时, J. d'Alembert 被父亲送到了一所教会学校, 在那里他学习了很多数理知识, 为他将来的科学研究打下了坚实的基础. 难能可贵的是, 在教会学校里受到了许多神学思想的熏陶以后, 他仍然坚信真理, 一生探求科学真谛, 不盲从于宗教的认识论. 后他又进入 Mazarin 学院[2], 开始的名字是 Jean-Baptiste Daremberg, 不久就改为 Jean d'Alembert.

1743 年, J. d'Alembert 的 "Traité de dynamique"(《动力学》)阐明了内部作用和刚体系的反作用是平衡的, 是他最伟大的物理学著作, 他是 18 世纪为 Newton 力学体系的建立做出卓越贡献的科学家之一. 他提出了三大运动定律: 第一运动定律是给出几何证明的惯性定律; 第二定律是力的分析平行四边形法则的数学证明; 第三定律是用动量守恒来表示的平衡定律, 书中还提出了 d'Alembert 原理, 它与 Newton 第二定律相似, 但它的发展在于可以把动力学问题转化为静力学问题处理, 还可以用平面静力方法分析刚体的平面运动, 这一原理使一些力学问题的分析简单化, 而且为分析力学的创立打下了基础.

1744 年, J. d'Alembert 的 "Traité de l'equilibre et du mouvement des fluides" (《流体的平衡与运动》)将他的理论应用到流体运动.

---

① Louis-Camus Destouches (?—1726), 一个炮兵军官.

② Mazarin 学院 (Collège Mazarin), 即四国学院 (Collège des Quatre-Nations), 是巴黎大学历史上的一个学院.

1746 年, J. d'Alembert 的 "Recherches sur la courbe que forme une corde tendue mise en vibration" (《张紧弦振动形成曲线的研究》)首先提出了波动方程 $t_{tt} = a^2 u_{xx}$, 并于 1750 年证明了它们的函数关系 $u(x,t) = F(x-t) + H(x+t)$. 后来, de Lagrange 进一步给出 d'Alembert 公式:

$$u(x,t) = \frac{f(x-t) + g(x+t)}{2} + \frac{1}{2} \int_{x-t}^{x+t} g(\tau) \mathrm{d}\tau.$$

J. d'Alembert 还利用分离变量法 $u(x,t) = y(x)z(t)$, 得到波动方程的无穷多个解

$$u_k(x,t) = A_k \sin \frac{k\pi}{\ell} x \cos \frac{k\pi}{\ell} t, \quad k = 1, 2, \cdots.$$

再后来, Johann Bernoulli 和 L. Euler 又利用线性叠加原理, 将通解表示为

$$u(x,t) = \sum_{k=1}^{\infty} A_k \sin \frac{k\pi}{\ell} x \cos \frac{k\pi}{\ell} t, \quad f(x) = \sum_{k=1}^{\infty} A_k \sin \frac{k\pi}{\ell} x, \quad u(x,0) = f(x).$$

这就是最早出现 Fourier 级数理论的思想萌芽, 所以 J. d'Alembert 是 Fourier 级数理论的奠基人之一, 也是 18 世纪少数几个把收敛和发散级数分开的数学家之一. 1763 年, 他进一步讨论了不均匀弦的振动, 提出广义波动方程.

1747 年, J. d'Alembert 的 "Réflexions sur la cause générale des vents" (《关于风的成因的推论》)在偏微分方程领域做出了开创性的工作并应用到物理学中, 由弦振动的研究开创偏微分方程论.

1754 年, J. d'Alembert 先把自己的工作整理成 "Opuscules mathématiques" (《数学手册》, 1761—1780 年间出版), 其中的第五卷中建立了 d'Alembert 比值法. 然后, 他与 D. Diderot[1]一起编纂了法国百科全书 ("Encyclopédie"), 是法国百科全书派的主要带头人. 在序中, 他表达了自己坚持正确分析科学问题的思想, 其中的第四卷 "Différentiel" 提出极限理论应该建立在更坚实的基础上, 为极限作了较好的定义, 但他没有把这种表达公式化; 他第一个认识到函数的重要性, 将导数定义为增量商的极限, 是当时几乎唯一一位把微分看成是函数极限的人.

C. Boyer[2]做出这样的评价: J. d'Alembert 没有逃脱传统的几何方法的影响, 不可能把极限用严格形式阐述.

---

[1] Denis Diderot (1713.10.05—1784.07.30), 法国人, 巴黎第七大学 (Université Paris VII) 以其命名, 即 Diderot 大学 (Université Paris-Diderot), 创建于 1971 年, 校训: 深入研究、广泛传播、面向未来, 培养自由的、富于批评精神的学者.

[2] Carl Benjamin Boyer (1906.11.03—1976.04.26), 美国人, F. Barry (Frederick Barry, 1876—1943, 美国人, 1912 年任 Columbia 大学第一个科学史教授) 的学生, 1939 年在 Columbia 大学的博士学位论文是 "The concepts of the calculus".

1762 年, Catherine 大帝①邀请 J. d'Alembert 任太子监护, 被他谢绝了. 1764 年, Friedrich 大帝②邀请他担任德国科学院院长, 也被他谢绝了.

J. d'Alembert 非常支持青年人的研究工作, 也愿意在事业上帮助他们, 他曾推荐 de Lagrange 到德国科学院工作, de Laplace 到法国科学院工作. 他自己也经常与青年人进行学术讨论, 从中发现并引导他们的科学思想发展.

由于 J. d'Alembert 生前反对宗教, 在他死后, 巴黎市政府拒绝为他举行葬礼, 所以当这位科学巨匠离开这个世界的时候, 因教会的阻挠没有举行任何形式的葬礼, 也没有缅怀的追悼, 只有他一个人被安静地埋葬在巴黎市郊的墓地里.

4.12　Alexandre Théophile Vandermonde

A. Vandermonde (1735.02.28—1796.01.01), 法国人, 1771 年当选为法国科学院院士, 1782 年任国立工艺学校③校长, 1792 年任军装局 (Bureau de l'Habillement des Armées) 局长.

A. Vandermonde 生卒于巴黎.

父亲把 A. Vandermonde 培养成了一个音乐家, 擅长拉小提琴, 直到 35 岁才对数学产生兴趣.

A. Vandermonde 共发表过四篇论文, 它们是:

(1) 1771 年的 "Mémoire sur la résolution des équations" 证明了根的任何有理对称函数都可以用方程的系数表示出来, 首次构造了对称函数表, 给出了用二阶子式和它的余子式来展开行列式④的法则, 还提出了专门的行列式符号, 具有预解式和置换理论等思想, 为群的观念的产生做了一些准备工作.

(2) 1771 年的 "Remarques sur des problèmes de situation" 是拓扑的早期例子.

(3) 1772 年的 "Mémoire sur des irrationnelles de différents ordres avec une application au cercle" 研究了组合思想, 给出了阶乘 $n!$⑤的思想.

(4) 1772 年的 "Mémoire sur l'élimination" 研究了行列式理论, 不仅应用于解线性方程组, 而且对其理论本身进行了开创性研究, 是行列式理论的奠基者.

我们熟知的 Vandermonde 行列式在他发表的四篇论文中并没有出现过.

---

① Catherine the Great, Екатераяя Великаая, Catherine II, Екатерина II Алексеевна (1729.05.02—1796.11.17), 1762.07.09—1796.11.17 在位.

② Friedrich II von Preußen, der Große (1712.01.24—1786.08.17), 1740.05.31—1786.08.17 在位.

③ 国立工艺学校 (Conservatoire National des Arts et Métiers) 创建于 1794 年 10 月 10 日, 校训: Docet omnes ubique (它教导每个人).

④ 行列式 (determinant) 来源于拉丁文 "determinantem".

⑤ 1808 年, C. Kramp (Christian Kramp, 1760.07.08—1826.05.13, 法国人, 1817 年当选为法国科学院院士) 引进了阶乘 (factorial) 的符号.

4.13 数学界的金字塔——Joseph-Louis Comte de Lagrange

4.13.1 de Lagrange

de Lagrange (1736.01.25—1813.04.10), 法国人, 1756 年 9 月 2 日当选为德国科学院院士 (1766—1786 年任院长), 1772 年当选为法国科学院院士, 1776 年当选为俄罗斯科学院院士, 1795 年创建标准计量局 (Bureau des Longitudes), 1799 年当选为法国参议院议员, 并封伯, 1806 年当选为瑞典皇家科学院[①]院士和皇家学会会员, 1813 年移入法国先贤祠 (Panthéon).

de Lagrange 生于 Turino, 卒于巴黎.

父母: G. Lagrangia[②]和 T. Grosso[③].

人们应该感谢 de Lagrange 的父亲在投机买卖中失败, 因为后来他曾说过: "如果我很富有, 也许我不会从事数学工作." 他基本上是自学.

1754 年 7 月 23 日, de Lagrange 的第一篇论文指出二项式定理与函数乘积高阶导数之间的类似, 发表之前曾寄给 L. Euler. 发表一个月后, 他发现这个结果已出现在 Johann Bernoulli 和 von Leibniz 的通信中, 他很恼火, 怕别人认为他是抄袭. 为了表明能力, 他开始研究等时曲线[④].

1755 年 8 月 12 日, de Lagrange 将 "Recherches sur la méthode de maximis et minimies" (《极值方法研究》)寄给 L. Euler, 9 月 6 日, L. Euler 回信说印象很深.

1755 年 9 月 28 日, 19 岁的 de Lagrange 被聘为 Turino 皇家炮兵学校数学助理教授, 成为第一个在军校和工程院校教微积分的人.

1758 年, de Lagrange 创建 Turino 学会, 创办期刊 "Mélanges de Turin". 在第三卷中, 他研究了微分方程的积分及在流体力学中的应用, 木星和土星轨道研究中的应用, 也包含用特征根求解线性微分方程组的方法.

1760 年, de Lagrange 的 "Essai d'une nouvelle méthode pour déterminer les maxima et les minima des formules integrales indéfinies" (《关于确定不定积分式极值的一种新方法》)是用分析方法建立变分法的代表作, 推广了 L. Euler 的结果, 导出 Euler-Lagrange 方程和 Lagrange 乘子方法, 从而使 de Lagrange 成为变分法的奠基人.

---

① 瑞典皇家科学院 (Kungliga Vetenskapsakademien, KVa) 参考皇家学会和法国科学院的模式创建于 1739 年, Nobel 物理学奖、化学奖和经济学奖由其评选, 1916 年 Mittag-Leffler 夫妇将他们的图书馆和不动产捐献给了科学院.

② Giuseppe Francesco Lodovio Lagrangia, 法军骑兵军官, 后经商失败, 家道中衰.

③ Teresa Grosso, 意大利人, 一位医生的独生女.

④ 等时曲线 (tautochrone) 是指一条曲线, 质点沿着这条曲线在重力作用下从任意一点到底部的时间都相等, 来源于希腊文 "$\tau\alpha\upsilon\tau o\ \chi\varrho o\nu o\varsigma$"(相等时间) 之意.

1762—1765 年, de Lagrange 对变系数微分方程降阶过程中给出伴随方程的概念, 推广了 L. Euler 于 1750—1751 年的部分结果, 发现齐次线性方程的通解是一组独立特解的线性组合, 知道了高阶方程若已知 m 个特解可将方程降低 m 阶.

从 1763 年开始, de Lagrange 多次获过法国科学院大奖[①], 如

(1) 1763 年的 "Recherches sur la libration da la lune" (《月球天平动研究》)较好地解释了月球自转和公转的角速度差异.

(2) 1766 年的 "Recherches sur les inégualités des satellites de Jupiter" (《木卫运动的偏差研究》)讨论太阳引力对木星的四个卫星运动的影响, 结果比 J. d'Alembert 的更好.

(3) 1772 年的 "Essai sur le probléme des trois corps" (《三体问题》)给出三体问题的五个特解, 三个是三体共线情形, 两个是三体保持等边三角形 (百年后得到证实), 在天体力学中称为 Lagrange 平动解.

(4) 1774 年的 "Sur l'equation séculaire de la lune" (《月球运动的长期差》)第一次讨论了地球形状和所有大行星对月球的摄动.

(5) 1780 年的 "Recherches sur la théorie des perturbations queles comtes peuvent éprouver par l'action des planètes" (《彗星在行星作用下的摄动理论研究》)对摄动理论的建立和完善起了重大作用, 得到 J. d'Alembert 和 de Laplace 的高度评价, 其中给出了 1774—1775 年提出的常数变易法, 而这是当时微分方程理论的最高成就.

1766 年 4 月, Friedrich 大帝正式写信给 de Lagrange 说: "欧洲最伟大的君主希望欧洲最伟大的数学家到他的宫廷里来." 这就是 de Lagrange 被称为 "欧洲最伟大的数学家" 的来历. 他接受了邀请, 并于 11 月 6 日就任德国科学院物理数学研究所所长, 一直工作了 20 年.

1770 年, 在 "Réflexions sur la résolution algébrique des équations" (《方程代数解法的思考》)中, de Lagrange 认真总结分析了前人失败的经验, 深入研究了高次方程的根与置换之间的关系, 提出了预解式的概念, 并预见到预解式和各根在排列置换下的形式不变性有关, 这是群论的开始, 他是群论的先行者.

1772 年, de Lagrange 的 "Démonstration d'un théorème d'arithmétique" (《一个算术定理的证明》)证明了 L. Euler 花 40 多年没有解决的 Fermat 猜想:

每个自然数至多是四个平方数的和.

1773 年, de Lagrange 的 "Démonstration d'un théorème nouveau concernant

---

[①] 法国科学院大奖 (Grand Prix de l'Académie des Sciences) 于 1721 年设立, 与 Copley 奖齐名, 这两项奖是 Nobel 奖诞生前西方最重要的两项大奖.

les nombres premiers" (《素数一个新定理的证明》)证明了 Wilson 定理. 这一年, 他还建立了用球面坐标计算三重积分的方法 (图 4.4).

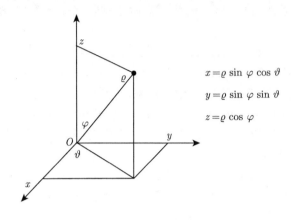

$$x = \varrho \sin \varphi \cos \vartheta$$
$$y = \varrho \sin \varphi \sin \vartheta$$
$$z = \varrho \cos \varphi$$

图 4.4   球面坐标

1772 年和 1785 年, de Lagrange 分别在 "Sur l'integration des équation au differences partielles du premier order" (《一阶偏微分方程的积分》)和 "Méthode génèrale pour intégrer les équations partielles du premier order lorsque ces differences ne sont que linéaires" (《一阶线性偏微分方程的一般方法》)中系统地完成了一阶偏微分方程的理论和解法. 给出了两个自变量情形的一阶非线性偏微分方程解的分类.

1774 年, 在 "Sur les intégrales particulieres des equations différentielles" (《微分方程的特解》)中, de Lagrange 对奇解和通解的联系做了系统的研究, 明确提出由通解及其对积分常数的偏导数消去常数求出奇解的方法, 还指出奇解为原方程积分曲线族的包络线.

de Lagrange 在 1774—1775 年的 "常数变易法" 应是 18 世纪微分方程求解的最高成就.

1787 年 5 月 18 日, de Lagrange 接受了 Louis 大帝①的邀请, 7 月 29 日到了法国科学院.

历经 37 年, 1788 年, de Lagrange 的 "Traité de mécanique analytique" 将分析方法应用于质点和刚体力学, 利用微分方程理论系统总结了 Sir Newton 以来力学领域的工作, 书中没有一张图, 这项工作将力学变成了数学分析的分支. 他研究

① Louis le Grand, Louis XIV, Louis-Dieudonné, le Roi du Soleil, le Roi de France (1638.09.05—1715.09.01), 1643.05.14—1715.09.01 在位, 以雄才大略、文治武功使法国成为当时欧洲最强大的国家, 使法语成为整整两个世纪里欧洲外交和上流社会的通用语言, 使自己成为法国历史上最伟大, 也是世界史上执政最长久的君主之一, 时称 "Roi soleil"(太阳王).

了微分方程的积分及在流体力学中的应用, 在木星和土星轨线研究中的应用, 也给出用特征值①求解线性微分方程组的方法. 1811 年和 1816 年, 这本书再版时更名为 "Mécanique analytique"(《分析力学》). J. Bertrand②和 J. Darboux 两人为这本书还做了注释. 1965 年这本书重印. Sir Hamilton 把这部著作誉为一部 "科学诗篇".

1794 年, de Lagrange 成为综合理工学校③的第一位分析教授.

1797 年, de Lagrange 的 "Théorie des fonctions analytiques" (《解析函数论》)不用极限概念而用代数方法建立微分学, 第一次处理实变函数论, 是最早实变函数论的著作, 其中给出了 Lagrange 中值定理 (未加证明, 而现代形式的 Lagrange 中值定理是由 P. Bonnet④在 "Cours de calcul differentiel et integral" 中利用 Rolle 中值定理给出的) 和 Taylor 级数的余项公式, 研究了二元函数的极值, 阐明了条件极值的条件, 并研究了三元函数的变量代换等问题.

1798 年 (1808 年出版), de Lagrange 的 "Traité de la résolution des équations numériques de tours"(《任意阶数值方程的解法》)总结了方程论方面的成果.

1808 年, Napoléon 一世⑤赞美 de Lagrange 是一座高耸在 "数学界的金字塔", 并授予他荣誉军团大军官勋位⑥.

1813 年 4 月 3 日, de Lagrange 获荣誉军团大十字骑士勋位, 11 日晨逝世.

---

① D. Hilbert 和 von Helmholtz 给出了术语特征值 (eigenvalue, Eigenwert) 和特征向量 (eigenvector, Eigenvektor), 其中 "Eigen" 是德文词汇, "自己的" 之意.

② Joseph Louis François Bertrand (1822.03.11—1900.04.03), 法国人, 1856 年当选为法国科学院院士 (1874 年任终身秘书), 1864 年发表 "Treatise on differential and integral calculus", 1875 年当选为皇家学会会员, 1888 年的 "Calcul des probabilitiés" 给出 Bertrand 悖论, 还给出过级数敛散性的 Bertrand 比值判别法

$$\lim_{n \to \infty} \ln n \left(n \left(\frac{a_n}{a_{n+1}} \right) - 1 \right) = b.$$

③ 综合理工学校 (École Polytechnique, 别称 "X") 创建于 1794 年 3 月 1 日. 最初是法国中央公共工程学院 (École centrale des travaux publics), 1795 年 9 月 1 日改为现名, 是法国最顶尖的工程师大学. 校训是 "pour la patrie, les sciences et la gloire"(为了国家、科学和荣誉), 三句名言是 "高尚的情操加严密的思维: 领导者. 仅有高尚的情操而没有严密的思维: 打工者. 仅有严密的思维而没有高尚的情操: 社会的灾难".

④ Pierre Ossian Bonnet (1819.12.22—1892.06.22), 法国人, 1862 年当选为法国科学院院士, 在 "Cours de calcul differentiel et integral" 中给出现代形式的 Lagrange 中值定理.

⑤ Napoléon I, Napoléon Bonaparte, Empereur des Français (1769.08.15—1821.05.03), 1804—1815 年在位, 法国科学院院士 (1800 年任院长), 精通数学, 曾向全法数学家挑战: 只准使用圆规, 然后将一个已知圆心的圆周四等分? 得到过 Napoléon 定理: 以任意三角形的三边向外做三个等边三角形, 则它们的外接圆中心构成等边三角形. 1878 年, Henricus Hubertus van Aubel 给出推广: 若在任意一个四边形的边上构造一个正方形, 则相对正方形中心连线相等且相互垂直.

⑥ 法国 1802 年 5 月 4 日设立荣誉军团勋位, 分为五等, 由低到高分别为: 骑士 (Chevalier de la Légion d'Honneur)、军官 (Officier de la Légion d'Honneur)、高等骑士 (Commandeur de la Légion d'Honneur)、大军官 (Grand Officier de la Légion d'Honneur) 和大十字骑士 (Grand Croix de la Légion d'Honneur).

由 J. Serret[①]任主编, 法兰西研究院[②]编辑了他的全集 "Œuvres de Lagrange".

4.13.2 Lagrange 奖

1999 年, 国际工业与应用数学理事会 (International Council for Industrial and Applied Mathematics) 设立 Lagrange 奖 (Lagrange Prize).

J. Lions (Jacques-Louis Lions, 1928.05.02—2001.05.17), 法国人, P. Lions[③]的父亲, L. Schwartz[④]的学生, 1954 年在 Nancy 第一大学[⑤], 即 Lorraine 大学[⑥]的博士学位论文是 "Problèmes aux limites en théorie des distributions", 1973 年当选为法国科学院院士 (1996—1998 年任院长), 1991—1995 年任国际数学联盟主席, 1993 年获荣誉军团高等骑士勋位, 1999 年获第一个 Lagrange 奖.

---

① Joseph Alfred Serret (1819.08.30—1885.03.02), 法国人, 1847 年在巴黎理学院的博士学位论文是 "Sur le mouvement d'un point matériel attiré par deux centres fixes, en raison inverse du carré des distances. Suivi de sur la détermination de la figure des corps céleste", 1860 年当选为法国科学院院士.

② 法兰西研究院 (L'Institut de France) 创建于 1795 年 10 月 25 日, 是法国独具一格、世界闻名、群英荟萃、举足轻重的学术机构.

③ Pierre-Louis Lions (1956.08.11—), 法国人, J. Lions 的儿子, H. Brezis (Haim Brezis, 1944.06.01—, 法国人, G. Choquet (Gustave Choquet, 1915.03.01—2006.11.14, 法国人, A. Denjoy 的学生, 1946 年在高等师范学校的博士学位论文是 "Application des propriétés descriptives de la fonction contingent a la théorie des fonctions de variable réelle et a la géométrie différentielle des variétés cartésiennes", 1961 年任法国数学会会长, 还是法国科学院院士, 获荣誉军团军官勋位) 和 J. Lions 的学生, 1972 年在巴黎大学的博士学位论文是 "Problèmes unilatéraux", 1988 年当选为欧洲科学院首届院士, 2003 年当选为美国国家科学院院士) 的学生, 1979 年在巴黎第六大学的博士学位论文是 "Sur quelques classes d'équations aux dérivees partielles non linéaires et leur résolution numérique", 1994 年获 Fields 奖, 还是法国科学院院士、欧洲科学院院士, 获荣誉军团骑士勋位.

④ Laurent Moise Schwartz (1915.03.05—2002.07.04), 法国人, P. Lévy 的女婿, J. Hadamard 的姨外孙, G. Valiron (Georges Jean Marie Valiron (1884.09.07—1955.03), É. Borel 的学生, 1914 年在巴黎大学的博士学位论文是 "Sur les fonctions entieres d'ordre nul et d'ordre fini et en particulier les fonctions a correspondance reguliere", 1938 年任法国数学会会长, 1948 年获 Poncelet 奖, 1954 年获荣誉军团高等骑士勋位. 庄圻泰 (山东莒南人) 是他的学生, 1938 年在巴黎大学的博士学位论文是 "Étude sur les familles normales et les families quaslnormales de fonctions méromorphes") 的学生, 1943 年在 Strasbourg 第一大学的博士学位论文是 "Sommes de fonctions exponentielles reelles", 1948 年的 "Généralisation de la notion de fonction, de dérivation, de transformation de Fourier et applications mathématique et physiques" 提出了广义函数的理论, 推广了古典函数概念, 1950 年 8 月 30 日获 Fields 奖, 1962 年任法国数学会会长, 1972 年当选为法国科学院院士.

⑤ Nancy 第一大学 (Université de Nancy I), 以 J. Poincaré 命名, 即 Poincaré 大学 (Université Henri Poincaré), 创建于 1970 年.

⑥ Lorraine 大学 (Université de Lorraine) 的前身 Nancy 大学 (Nancy-Université) 创建于 1572 年 12 月 5 日, 1793 年关闭, 1864 年重新开放, 2012 年元旦由三所同类型的公立综合性大学和一所专业性较强的工程师学校合并而成, 分别是 Nancy 第一大学 (Université Henri Poincaré-Nancy I), 创建于 1572 年的 Nancy 第二大学 (Université de Nancy II), 以 P. Verlaine (Paul Verlaine, 1844.03.30—1896.01.08, 法国著名诗人) 命名的 Metz 大学 (Université Paul Verlaine-Metz) 和创建于 1969 年由 11 所工程师学校组成的 Lorraine 综合理工学院 (Institut national polytechnique de Lorraine), 校训: Faire dialoguer les savoirs, c'est innover (让知识对话是创新).

4.14 微分几何学之父——Gaspard Monge Comte de Péluse

4.14.1 G. Monge

G. Monge (1746.05.09—1818.07.28), 法国人, 1768 年当选为法国科学院院士, 1792 年任海军部长 8 个月, 1799 年 10 月 16 日指导建设综合理工学校, 并任校长, 1808 年封 Péluse 伯爵, 1989 年移入法国先贤祠.

G. Monge 生于 Beaune, 卒于巴黎.

父母: J. Monge[1]和 Jeanne Rousseaux.

妻子: Cathérine Huart.

内侄女和女婿: de l'Enclos[2]和 B. Brisson[3].

G. Monge 勤于动手, 勇于探索, 在青少年时代就已显露出非凡的几何才华和创造精神. 14 岁的他曾制造了一架消防用的灭火机. 16 岁时独自测绘, 为 Beaune 绘制了一幅精彩的大比例地图. 老师们极力推荐他到 Lyons 三一学院 (Collège de la Trinité, Lyons) 担任物理学教师. 从此, 他开始大展才华.

G. Monge 在一次回 Beaune 的探亲途中, 遇到一位工程兵军官, 这位军官曾见过他绘制的那张有名的 Beaune 地图, 对其才能极为赞赏. 在这位军官的鼎力推荐下, 他来到 Mézières 皇家军事工程学校 (École royale du génie de Mézières) 深造. 由于出身低微, 他被分到 "测量和制图" 这一 "较差" 的专业学习. 他没有抱怨, 相反他过得很快活, 因为测量和制图的日常工作比较简单, 使他有大量的时间去研究数学. 在该校所学的常规课程中很重要的一部分是筑城术, 关键是要把防御工事设计成没有任何一部分暴露在敌方的直接火力之下. 通常的设计总是根据提供的数据进行大量烦琐的算术计算, 而且得不到理想的结果. 这时年仅 22 岁的他再一次显示了 "以几何的精确性说明思想的手指" 的才华. 他初创出画法几何方法, 在一项防御工事掩体设计中, 避开了冗长烦琐的计算, 迅速地完成了任务.

一天, G. Monge 呈交上自己对这项工程设计的报告, 随即被转交给一位高级官员审查. 起初, 这位官员怀疑当时有人能解决这个问题, 拒绝审查他的报告. 后经再三要求, 他才进行审查. 审查过后, 他发现方法是严密的, 结果是正确的. 以前像噩梦一样令人头疼的问题, 即人们在设计时由于计算失误而导致工程不符合要求, 只好拆毁再重新设计施工才能解决的工程难题, 在使用画法几何方法后变得十分简单而易于解决了. 他的才华再次被人们发现, 学院立即任命其为教师, 让他把这个新方法教给未来的军事工程师们, 但校方规定他只限在校内讲, 对外保密.

---

① Jacques Monge, 小贩和磨刀人.

② Anne-Constance Huart de l'Enclos (1798.11.18—?).

③ Barnabé Brisson (1777.10.11—1828.09.25).

1795 年, G. Monge 的 "Feuilles d'analyse appliquée à la géometrie"(《关于分析在几何中的应用》)是第一部系统的微分几何著述, 其引出曲面的曲率线概念, 奠定空间微分几何的基础, 极大推进了 A. Clairaut 和 L. Euler 的空间曲线和曲面论, 使 18 世纪微分几何的发展臻于高峰, 因此 G. Monge 也被称为 "微分几何学之父". 1809 年该书以 "Application de l'analyse à la géométrie" (《分析在几何中的应用》) 的名字正式出版.

这一年, 高等师范学校①成立, G. Monge 应邀讲授画法几何. 讲授过程中他不断地融入自己的科研实例和理论成果, 讲授内容的速记稿随后在该校校刊发表, 但对外保密. 同年, 综合理工学校成立, G. Monge 将画法几何列为该校的 "革命科目", 并亲自担任教学工作. 由于学生们的呼请, "Géométrie descriptive"(《画法几何》)的保密令被取消, 该书得以于 1798 年正式出版.

1805 年, G. Monge 与 J. Hachette②的 "Application d'algèbre à la géométrie" (《代数在几何中的应用》)推动了空间解析几何的独立发展, 其中证明了

(1) 二次曲面的每一个平面截口都是一条二次曲线;

(2) 单叶双曲面和双曲抛物面是直纹面.

G. Monge 还给出 Monge 定理或根心定理 (图 4.5):

> 三个两两不同心的圆, 形成三条根轴, 则三根轴两两平行或完全
> 重合或共点, 该点称为三圆的根心.

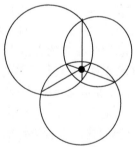

图 4.5   根心定理

4.14.2   画法几何

"Géométrie descriptive" 的最初版本包括五部分, 即目的、方法及基本问题;

---

① 高等师范学校 (École Normale Supérieure de Paris, ENS) 创建于 1794 年 10 月 30 日, 1808 年重新开学, 其使命是 "培养已受过实用知识训练的公民, 使他们在各方面最有能力的教授的指导下, 学习教学的艺术", 2010 年并入巴黎文理研究大学 (Université Paris Sciences et Lettres, PSL, 由 24 个位于巴黎的大学和研究机构组建于 2010 年, 是享誉世界的研究型大学, 校训: Docet omnia (教授一切)).

② Jean Nicolas Pierre Hachette (1769.05.06—1834.01.16), 法国人.

曲面的切平面和法线; 曲面的交线; 曲面相贯线作图方法在解题中的应用和双曲率曲线的曲率和曲面的曲率. 在 1820 年的第四版中, 根据他生前的手稿, 他的内侄女婿整理增加了阴影理论和透视理论两个部分.

画法几何的核心思想是 Monge 法, 即用平面图形来表示空间图形. 要描画的空间图形由垂直于平面的射线分别投影到两个成直角相交的平面, 在水平和垂直平面上的投影分别叫俯视图和正视图. 如有必要, 还可作出侧视图. 把垂直平面翻下来, 使它和水平平面落在同一个平面上, 就有了一个作图方法.

G. Monge 的最大贡献在于用投影的观点对这些方法进行几何的分析, 从中找出规律, 形成体系, 使经验上升为理论, 由 "已知通向未知", 寻求 "真相".

但 Monge 法并非他首创. 1434 年, L. Alberti[1]研究了三维物体的表示, 写了关于透视图方面的第一篇一般性论著 "Della Pictura" (《论绘画》).

1525 年, A. Dürer[2]的 "Unterweisung der Messung mit dem Zirkel und Richtscheit" (《度量四书》)应用互相垂直的三画面画过人脚和人头的正投影图和剖面图. 这是第一本用德文出版的数学书.

1692 年和 1697 年, A. Pozzo[3]的两卷本 "Prospective depettorie akchitti" (《透视图与建筑》)介绍了先画物体的二正投影图, 然后画透视图的方法, 但表述不系统且零散.

G. Monge 的 "Géométrie Descriptive" 公开出版后便不胫而走, 迅速传入各国. 画法几何得到广泛的推广应用, 对各国工业的发展起了重要的推动作用. 没有他的画法几何, 19 世纪机器的大规模出现也许是不可能的. 我们人类文明的相当大一部分要归功于他.

1810 年, von Gauß说: "G. Monge 的 'Géométrie Descriptive' 简明扼要, 由浅入深, 系统严密, 富有创新, 体现了 '真正的几何精神', 是 '智慧的滋补品'". 他不否认代数解析法的优点, 但他认为过多地依赖解析法会失掉基于直觉想象力的几何思考能力作用. 于是他建议德国人应当认真研读这本书.

1850 年, J. Liouville 编辑了 G. Monge 的 "Application de l'analyse à la géométrie" 第五版, 在书末附上了 von Gauß的 "Disquisitiones generales circa superficies curvas" (曲面的一般研究)和他本人写的七篇注记. 这些注记涉及曲线及其相对曲率和测地曲率、测地线方程和总曲率概念等.

---

[1] Leone Battista Alberti (1404.02.18—1472.04.03), 意大利人.

[2] Albrecht Dürer (1471.05.21—1528.04.06), 德国人, 版画家, 1525 年在 "Unterweisung der Messung mit dem Zirkel und Richtscheit" 中研究了 Dürer 蚌线、外摆线和外旋轮线等.

[3] Andrea Pozzo (1642.11.30—1709.08.31), 意大利人.

4.15 法国的 Newton——Pierre-Simon, Marquis de Laplace

de Laplace (1749.03.23—1827.03.05), 法国人, 1816 年当选为法国科学院院士 (1817 年任院长), 1789 年当选为皇家学会会员, 1806 年任内政大臣和元老院议员并封伯, 并当选为瑞典皇家科学院院士, 1816 年当选为法兰西研究院院士 (一年后任院长), 1817 年晋侯.

de Laplace 生于 Beaumont-en-Auge, 卒于巴黎.

父母: de Laplace[①]和 Marie-Anne Sochon.

玄孙: Comte de Colbert-Laplace.

教父与师承: J. d'Alembert.

16 岁时, de Laplace 进入 Caen 大学[②]学习神学, 两年后喜欢上了数学. 他带着 C. Gadbled[③]和 Pierre le Canu 的推荐信去求见 J. d'Alembert, 但 J. d'Alembert 不为所动. 他并不气馁, 随即写了一篇阐述力学一般原理的论文, 求教于 J. d'Alembert.

由于这篇论文异常出色, J. d'Alembert 为其才华所感, 欣然回了一封热情洋溢的信: "Laplace 先生, 你看, 我几乎没有注意你的那些推荐信, 你不需要什么推荐, 你已经更好地介绍了自己, 对我来说这就够了, 你应该得到支持." J. d'Alembert 还高兴地当了他的教父, 并介绍他去皇家军事学校[④]担任数学教授.

1769 年, de Laplace 的博士学位论文是 "Recherches sur le calcul integral aux differences infiniment petites et aux differences finies".

1770 年 3 月 28 日, de Laplace 给法国科学院写了第一篇论文, 是关于最值的, 改进了 de Lagrange 的工作. 1771 年, 第二篇论文是 "Recherches sur le calcul intégral aux différences infiniment petites, et aux différences finies".

1771 年 11 月 27 日, de Laplace 开始研究太阳系的稳定性[⑤].

1772 年, de Laplace 将奇解 (他称特殊解) 概念推广到高阶方程.

1783 年, de Laplace 任军事考试委员会委员, 并于 1785 年主持过对一个 16 岁的唯一考生进行的考试, 他就是后来的法兰西第一帝国 Napoléon 一世.

de Laplace 的代表作主要有下面三部.

---

① Pierre de Laplace, 拥有一个农场和一个小城堡, 也是一个酒商和官员.

② Caen 大学 (Université de Caen Normandie) 创建于 1432 年, 1944 年毁于战火, 1956 年依美国校园风格重建.

③ Christophe Gadbled (1734—1782.10.11), 法国人.

④ 皇家军事学校 (École Royale Militaire, ÉRM) 创建于 1750 年.

⑤ 稳定性 (stability) 来源于拉丁文 "stabilitas" ("恒定" 之意).

(1) 1796 年的 "Exposition du systeme du monde" (《宇宙体系论》)是一本解释宇宙的科普读物, 他在附录中提出太阳系生成的 Kant-Laplace 星云[1]假说. 这一假说虽然 I. Kant[2]在 1755 年的 "Allgemeine Naturgeschichte" 中从哲学角度已述及, 而他是从数学和力学角度进行严格推导的, 这充实了星云假说的内容.

(2) 1799 年的 "Traité du mécanique céleste" 是经典天体力学的代表作, 把 Sir Newton, J. d'Alembert, L. Euler 和 de Lagrange 等的天文学研究推向了高峰, 对太阳系引起的力学问题提供一个完全的解答, 给予天体运动以严格的数学描述, 对位势论作出了数学刻画, 提出了 Laplace 方程, 证明了太阳系的稳定性, 使他得到 "法国的 Newton" 和 "天体力学之父" 的美称. Sir Hamilton 读了这本书, 17 岁时便订正了其中的一个错误, 并开始了他的数学生涯. G. Green 从这本书受到启发, 开始将数学应用到电磁学[3]. 1831 年, M. Somerville[4]英译了他的 "Traité du mécanique céleste", 不久就成为剑桥大学荣誉生的标准教科书; 1834 年, 她的 "On the connection of the physical sciences"(《物理学的关联》)更是影响了科学界, 至 1877 年已出了 10 版, 而 1842 年的第六版考虑了天王星[5]的摄动, 这使得 J. Adams[6]发现了海王星[7].

用同样的方法, 1930 年 3 月 13 日, C. Tombaugh[8]发现了冥王星[9].

(3) 1812 年的 "Théorie analytique des probabilités" (《概率的解析理论》)对概率论的基本理论作了系统整理, 是近代概率论的先驱. 他引进了 Laplace 变换, 进

---

[1] 星云 (nebula) 是一个拉丁文词汇, "云、雾" 之意.

[2] Immanuel Kant (1724.04.22-1804.02.12), 德国人, 是继希腊三大哲学家 Socrates, Plato 和 Aristotle 之后最具有影响力的西方哲学家.

[3] 1600 年, W. Gilbert (William Gilbert, 1544.05.24—1603.11.30, 英格兰人, 被称为 "关于磁的哲学之父") 的 "De magnete, magnetisque corporoibus, et de magno magnete tellure: physiologia noua, plurimis et argumentis et experimentis demonstrata" 命名了电学 (electricus, electricity), 来源于希腊文 "$\eta\lambda\epsilon\kappa\tau\rho o\nu$" ("琥珀" 之意); 命名了磁学 (magnetisque, magnetism), 来源于希腊文 "$\mu\alpha\gamma\nu\eta\tau\iota\varsigma$ $\lambda\iota\vartheta o\varsigma$" ("磁石" 之意).

[4] Mary Fairfax Greig Somerville (1780.12.26—1872.11.29), 女, 苏格兰人, 爱尔兰皇家科学院院士, "19 世纪科学女王", 1879 年 Somerville 学院 (Somerville College Oxford) 以其命名.

[5] 天王星 (Uranus) 以希腊神话中的 "天空之神" 命名, 来源于希腊文 "$Ov\rho\alpha\nu o\varsigma$", 铀 (U, Uranium, 92).

[6] John Couch Adams (1819.06.05—1892.01.21), 英格兰人, 1847 年当选为美国人文与科学院院士, 1848 年获 Copley 奖, 1849 年当选为皇家学会会员, 1857—1858 年任 St Andrews 大学皇家数学教授, 1859—1892 年任剑桥大学 Lowndes 天文学和几何学教授 (Lowndean Chair of Astronomy and Geometry, 天文学家 Thomas Lowndes 于 1749 年设立).

[7] 海王星 (Neptune) 以罗马神话中的 "海神王" (Neptunus) 命名.

[8] Clyde William Tombaugh (1906.02.04—1997.01.17), 美国人, 1940 年获博士学位.

[9] 冥王星 ($A\iota\delta\eta\varsigma$) 以希腊神话中 "冥界之神" (Pluto) 命名.

而导致 1882 年 O. Heaviside[①]首创运算微积, 被 Sir Whittaker[②]称为是 19 世纪三大发现之一. 1820 年, 再版后也包含了观测误差, 木星、土星和天王星质量的确定, 三角测量法和测地线问题. 1906 年, H. Bateman 在积分方程中应用 Laplace变换.

de Laplace 还将奇解 (他称特殊解) 概念推广到高阶方程和三个变量的方程, 发展了非齐次线性方程的常数变易法, 研究了二阶线性方程的完全积分.

de Laplace 的遗言是 "我们知道的是很微小的; 我们不知道的是无限的."

4.16   Adrien-Marie Legendre

A. Legendre (1752.09.18—1833.01.10), 法国人, 1783 年当选为法国科学院助理院士 (两年后为正式院士), 1787 年当选为皇家学会会员, 1795 年当选为法兰西研究院常任院士, 1832 年当选为美国人文与科学院院士.

A. Legendre 生卒于巴黎.

1770 年, A. Legendre 在 Mazarin 学院提交了数学毕业论文.

1775—1780 年, A. Legendre 在皇家军事学校与 de Laplace 是同事.

1782 年, A. Legendre 的 "Recherches sur la trajectoire des projectiles dans les milieux résistants" 获法国科学院大奖.

1785 年 1 月, A. Legendre 的 "Sur l'attraction des sphéroides homogènes" (《同型球体的吸引力》)在测定旋转椭球面在矢径方向的拉力时发现 Legendre 多项式:

$$P_n(t) = \frac{1}{2^n n!} \frac{\mathrm{d}^n}{\mathrm{d}t^n} \left(t^2 - 1 \right)^n.$$

前几项 Legendre 多项式如图 4.6 所示.

1784 年, A. Legendre 的 "Recherches sur la figure des planétes" (《行星形状的研究》)又推导出了 Legendre 多项式的一些性质, 并将这些性质和其他性质运用到万有引力的问题上. 此后不久的 "Mémoire sur les opérations trigonométriques

---

① Oliver Heaviside (1850.05.18—1925.02.03), 英格兰人, 自学成才的数学家, 曾获 Faraday 奖, 1891 年当选为皇家学会会员.

② Sir Edmund Taylor Whittaker (1873.10.24—1956.03.24), 英格兰人, J. Whittaker (John MacNaghten Whittaker, 1905.03.07—1984.01.29, 英格兰人, 1949 年当选为皇家学会会员) 的父亲, E. Copson (Edward Thomas Copson, 1901.08.21—1980.02.16, 英格兰人, 1950—1969 年任 St Andrews 大学皇家数学教授) 的岳父, A. Forsyth (Andrew Russell Forsyth, 1858.06.18—1942.06.02, 苏格兰人, A. Cayley 的学生, 1881 年在剑桥大学获博士学位, 1886 年当选为皇家学会会员, 1897 年获皇家奖, 1904—1906 年任伦敦数学会会长) 和 G. Darwin (George Howard Darwin, 1845.07.09—1912.12.07, 英格兰人, E. Routh 的学生, 1879 年当选为皇家学会会员, 1884 年获皇家奖, 1911 年获 Copley 奖) 的学生, 1895 年在剑桥大学获博士学位, 1905 年当选为皇家学会会员, 1928—1929 年任伦敦数学会会长, 1931 年获 Sylvester 奖, 1935 年获 de Morgan 奖, 1945 年封爵, 1954 年获 Copley 奖.

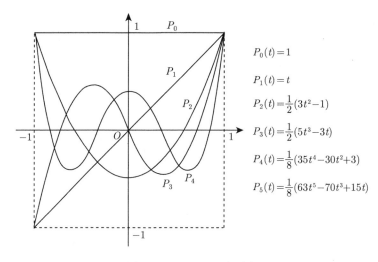

图 4.6　Legendre 多项式

dont les résultats dépendent de la figure de la terre" (《地球形状结果的三角运算》)给出了球面三角学中的 Legendre 定理.

1786 年, A. Legendre 的 "Mémoire sur la manière de distinguer les maxima des minima dans le calcul des variations" (《关于极大值和极小值的区分》)对二元函数的泛函也给出了这个条件, 并建立了判断极值的条件.

1787 年, A. Legendre 的 "L'intégration de quelques équations aux différences partielles" (《偏微分方程的积分》)中给出 Legendre 变换. 同年, 他被法国科学院委派参加与格林尼治天文台联合进行的大地测量工作, 开创了大地测量学.

1790 年, A. Legendre 的 "Mémoire sur les intégrales doubles"(《重积分》)完成了球体吸引的分析, 还研究了对非均匀球体的情况, 探讨了某些微分方程特殊积分.

1793 年, A. Legendre 的 "Mémoire sur les transcendantes elliptiques" (《椭圆超越性》)建立了一般形式的超椭圆函数论的系统处理方法.

1794 年, A. Legendre 的 "Éléments de Géométrie"(《几何原理》)是初等几何方面最脍炙人口的一部名著, 他重新组织并简化了 "Elements" 中的许多命题, 利用连分数证明了 π 和 π² 的无理性, 还猜测 π 不是任何有理系数方程的根, 促使人们将无理数区分为代数数和超越数, 使几何代数化和算术化了, 成为整个 19 世纪欧美流行的教科书, 现代教材的蓝本, 多次再版并翻译成英德等文. 书中的详细注释迄今仍有一定的价值.

1798 年 (1808 年和 1830 年两次再版), A. Legendre 的 "Essai sur le théorie des nombers" (《数论》)是代表 18 世纪数论研究最高成就的名著之一, 该学科的名

字由此而来, 与 von Gauß 的 "Disquisitiones Arithmeticae" (《算术研究》)同为这门学科的标准著作. 《数论》这部书共两卷四个部分, 是当时对数论最全面的论述.

(1) 第一部分是连分数理论, 可用来解不定方程.

(2) 第二和第三两部分讨论了数的一般性质, 证明了用以确定整数因子的二次互反定律:

$$(p/q)(q/p) = (-1)^{\frac{(p-1)(q-1)}{4}},$$

其中 p, q 是两个非零整数, (p/q) 是 Jacobi 记号, 即若存在整数 x, 使得 $q|x^2-p$, 就记 $(p/q) = 1$; 否则就记 $(p/q) = -1$. 特别地, q 是素数时, 这个记号也叫 Legendre 记号.

二次互反定律漂亮地解决了 Legendre 记号的计算问题, 从而在实际上解决了二次剩余的判别问题. von Gauß 称这一定律是数论中的一颗宝石, 是一个黄金定律, 是继 de Fermat 工作之后数论中最重要的成果.

(3) 第四部分是关于素数的个数问题, 其中有 A. Legendre 的著名经验公式:

$$\pi(n) = \frac{n}{\log n - 1.08366},$$

其中 $\pi(n)$ 是小于等于 n 的素数个数.

1805 年, A. Legendre 在 "Nouvelles méthodes pour la détermination des orbites des comètes" (《确定彗星轨道的新方法》)中独立发现并命名了最小二乘法, 提出了关于二次变分的 Legendre 条件, 即椭圆函数.

A. Legendre 对椭圆积分有特殊的兴趣, 辛勤工作 40 年, 可以说他把一生的黄金时间都献给了这个课题, 并且硕果累累, 这是继 L. Euler 提出椭圆积分加法定理后的 40 年中, 他是仅有的在这一领域提供重大新成果的数学家. 他提出了三种基本类型的椭圆积分, 并证明了每个椭圆积分都可以表示为这三种基本类型椭圆积分的组合.

1809 年, A. Legendre 的 "Recherches sur diverses sorte d'intégrales difinies" (《各种不同定义积分的研究》)继续从事 Euler 积分 (A. Legendre 给出的术语), 特别是对 Gamma 函数的研究.

1811 年、1817 年和 1819 年, A. Legendre 分别出版的三卷书 "Exercices du calcul intégral"(《积分练习》)奠基了椭圆积分理论:

(1) 第一卷引进了椭圆积分的基本性质、Gamma 函数和 Beta 函数的基本性质, 其中给出了 Gamma 函数的名称及记号 $\Gamma(n+1)$;

(2) 第二卷给出了更多有关 Gamma 函数和 Beta 函数的结果, 包括 Legendre 公式:

$$\Gamma(\alpha)\Gamma\left(\alpha + \frac{1}{2}\right) = \sqrt{\pi}2^{1-2\alpha}\Gamma(2\alpha), \quad \alpha \neq 0, -1, -2, \cdots;$$

(3) 第三卷主要是椭圆积分表.

1825 年、1826 年和 1830 年再版了这三卷书, 并更名为 "Traité des fonctions elliptiques"(《椭圆函数》), 内容差不多, 但结构上完全被重新组织了, 却未能像 C. Jacobi 和 N. Abel 那样洞察到关键在于椭圆积分的反函数, 即椭圆函数.

1833 年, A. Legendre 发现平行线公设 12 个证明中的缺陷.

直到 2009 年, 人们才发现数学史的相关书籍中大量使用的 A. Legendre 的侧面像不是他本人, 而是一位政治家 L. Legendre[1]的侧面像.

4.17 Comte Lazare Nicolas Marguérite de Carnot

de Carnot (1753.05.13—1823.08.02), 法国人, 1795 年任意军总参谋长, 1796 年当选为法国科学院院士, 1800—1807 年任战争部长, 中将, 1889 年移入法国先贤祠.

de Carnot 生于 Nolay, 卒于德国 Magdeburg.

父母: C. Carnot[2]和 Marguerite Pothier.

长子: N. Carnot[3].

次子与孙子: L. Carnot[4]和 M. Carnot[5].

de Carnot 在法国大革命时得到 "组织胜利的人" 称号, 是极其优秀而成功的军备与后勤天才, 在法国历史上, 只有 Louis 大帝的军备天才 Louvois 伯爵才与他并肩齐名. 他不仅是一位政治家, 而且也是一位科学家.

14 岁时, de Carnot 进入 Autun 学院[6].

1771 年 2 月, de Carnot 进入 G. Monge 任教的 Mézières 皇家军事工程学校.

1778 年, de Carnot 的 "Essai sur les machines en général" 曾在竞赛中获奖, 1781 年修改后于 1783 年发表, 给出机械系统电力传输的数学理论.

1791 年, de Carnot 被选入议会. 议会解散后, 1792 年被选入国民公会.

1793 年 4 月后, de Carnot 是 de Robespierre[7]的 12 人公安委员会的成员之一.

1794 年, de Carnot 与 G. Monge 一起建设综合理工学校.

---

[1] Louis Legendre (1752—1797), 法国人.

[2] Claude Carnot, 律师.

[3] Nicolas Léonard Sadi Carnot (1796.06.01—1832.08.24), 热力学的创始人之一, 1894 年移入法国先贤祠.

[4] Lazare Hippolyte Carnot (1801.10.06—1888.03.16), 1848 年任公共教育部部长.

[5] Marie François Sadi Carnot (1837.08.11—1894.06.24), 1887—1894 年任法兰西第三共和国总统.

[6] Autun 学院 (Collège d'Autun) 创建于 1337 年.

[7] Maximilien François Marie Isidore de Robespierre (1758.05.06—1794.07.28), 法国人, 法国大革命期间的政治家, Jacobin 俱乐部负责人.

1797 年, de Carnot 的 "Réflexions sur la métaphysique du calcul infinitésimal"
(《无穷小计算的形而上学》)有很强的工程背景, 将 0 和无穷大视为极限, 为论证
无穷小计算结果的正确性做出了尝试. 他对数学分析论据的各种方法在某种程度
上为 19 世纪初数学分析的改革奠定了基础.

1801 年, de Carnot 的 "De la correlation des figures de géométrie" (《几何图
形的相互关系》)证明了 "Elements" 中的几个定理可由一个定理导出, 试图把纯几
何纳入统一处理. 1803 年, de Carnot 的 "Géométrie de position"(《位置几何》)第
一次系统地使用了量的概念, 扩展了 1801 年的工作; "Principes fondament aux de
l'équilibre et du mouvement" (《平衡与运动基本原理》)是早期工作的完善和扩
展, 是 "工程机械的首次理论分析", 是能量守恒早期的工作. N. Carnot 受父亲工
作的影响, 研究了蒸汽机的热效率, 提出了 Carnot 循环 (cycle de Carnot).

de Carnot 还有两个重要的 Carnot 定理:

(1) 三角形的外心到三边距离之和等于其外接圆半径加上内切
圆半径.

(2) 过三角形 ABC 外接圆上一点 P 向三边所在直线引斜线分
别交 BC, CA, AB 于 D, E, F, 并且 $\angle PDB = \angle PEC =
\angle PFB$, 则它们共线.

1809 年, de Carnot 的 "De la défense des places forts"(《要塞的防御》) 是当
时欧洲军队的重要读本.

Waterloo 战争前, de Carnot 任百日政权的内政部长. 当法兰西第一帝国在
1815 年被倾覆后, 他被 Louis 十八世[1]流放国外, 直至 1823 年病死.

de Carnot 是一位颇有成就的数学家和工程师, 也是共和制度的忠实拥护者.
他在法国大革命中对法军的组织建设做出过重要贡献, 特别是对法陆军革命的成
功起了决定性作用. 在他的魔术棒下, 无数平民出身的将才如群星一样喷涌而出.
后来十月革命, L. Trotsky[2]因建立红军而被称为 "俄罗斯的 Carnot".

4.18 Fourier 级数的奠基人——Jean Baptiste Joseph Baron de Fourier

de Fourier (1768.03.21—1830.05.16), 法国人, 1809 年封男爵, 1817 年当选为
法国科学院院士 (1822 年任终身秘书), 1827 年任法兰西研究院终身秘书, 1823 年
当选为皇家学会会员, 1930 年当选为瑞典皇家科学院院士.

---

① Louis XVIII, Louis Stanislas Xavier, le Roi de France (1755.11.17—1824.09.16), 1795—1824 在位, 1815 年
前在外流亡, 1815 年 7 月 8 日复辟.

② Lev Davidovich Trotsky, Лев Давидович Троцкий (1879.11.07—1940.08.21), 乌克兰人.

de Fourier 生于 Auxerre, 卒于巴黎.

师承: de Lagrange.

1780 年 13 岁时, de Fourier 进入 Auxerre 皇家军事学校学习, 14 岁时学完了 É. Bézout 六卷的 "Cours de mathematique". 1783 年, 他学习 C. Bossut[①]的 "Mécanique en général" 而第一次获奖.

1793 年, de Fourier 加入了 Auxerre 的 "革命委员会". 1794 年, 被捕入狱, 幸运的是, 他没有上断头台.

1798 年, de Fourier 作为科学顾问参加了 Napoléon 一世大军侵占埃及. 他按法模式建立了行政当局. 特别地, 他在埃及建立教育机构和进行考古探险. 他帮助建立了埃及研究院 (Institut d'Égypte), 并在法占期间担任秘书.

1801 年, 由于无法拒绝 Napoléon 一世的请求, 又去地方担任行政长官. 这期间, de Fourier 花了很多时间来完成 "Description de l'Égypte", 该书于 1810 年出版. 正是在地方任职, de Fourier 做了热传导理论的重要数学工作, 给出了三角级数方法, 导出了著名的热传导方程 $u_t = a^2 u_{xx}$.

1811 年 (1822 年发表), de Fourier 的 "Théorie analytique de la chaleur"(《热的解析理论》)影响了整个 19 世纪分析严格化的进程, 将前人在一些特殊情形下应用的三角级数方法发展成内容丰富的 Fourier 级数理论. 他利用分离变量法求出了热传导方程的通解

$$u(x,t) = \sum_{k=1}^{\infty} c_k \mathrm{e}^{-\frac{a^2 k^2 \pi^2}{\ell^2}} \sin \frac{k\pi}{\ell} x.$$

他代入初始条件 $u(x,0) = f(x)$ 得到 $f(x) = \sum_{k=1}^{\infty} c_k \sin \frac{k\pi}{\ell} x$. 此时, 他必须面对对 "$f(x)$ 是否能表示成三角级数的和" 的基本问题. 他发现了系数公式:

$$c_k = \frac{2}{\ell} \int_0^{\ell} f(x) \sin \frac{k\pi}{\ell} x \mathrm{d}x, \quad k = 1, 2, \cdots,$$

从而最终肯定地回答了任意函数可以表示成三角级数和的问题. 应用 Fourier 级数求解偏微分方程边值问题, 在理论和应用上都有重大影响, 为了处理无穷区域的热传导问题又导出了 Fourier 积分. 这一切都极大地推动了偏微分方程边值问题的研究, 迫使人们对函数概念作修正和推广, 特别是引起了对不连续函数的探讨. 他得到了级数收敛的必要条件, Fourier 级数收敛性更刺激了集论的诞生.

---

① Charles Bossut (1730.08.11—1814.01.14), 法国人, 1753 年 5 月 12 日当选为法国科学院通讯院士 (1768 年为正式院士), 1778 年当选为俄罗斯科学院院士和德国科学院院士.

然而, 他的工作在当时是引起争议的. 他们的问题是, 为什么要将函数展开成三角级数? 他的解释没有说服他们. J. Biot[1]提出, 热传导方程的推出没有引用他在 1804 年关于这个问题的论文 (事实上, 他的论文是错的), de Laplace 和 de Poisson 也提出了类似问题. 不过, 他们还是决定授予他 1811 年度数学奖.

由于 de Fourier 极度痴迷热学, 他认为热能包治百病, 于是在一个夏天, 他关上了家中的门窗, 穿上厚厚的衣服, 坐在火炉边, 结果因一氧化碳中毒不幸于 1830 年 5 月 16 日卒于巴黎.

1888—1890 年, J. Darboux 编辑了 de Fourier 的全集 "Œuvres de Joseph Fourier".

J. Maxwell 称 "de Fourier 的论著是一部伟大的数学诗".

Lord Kelvin[2]认为自己在数学物理上的成就受益于 de Fourier 的热学著作, 他说: "Fourier 定理不仅是现代分析学最美妙的结果之一, 也可以说它为解决现代物理学中的许多难解的问题提供了一个不可缺少的工具."

恩格斯写道: "de Fourier 是一首数学的诗, G. Hegel 是一首辩证法的诗."

注记　注意不要与 F. Fourier[3]混淆, 他是法国著名的空想[4]社会主义者.

4.19　Baron Siméon Denis de Poisson

de Poisson (1781.06.21—1840.04.25), 法国人, 1812 年当选为法国科学院院士, 并获法国科学院大奖, 1818 年 3 月当选为皇家学会会员, 1822 年当选为美国人文与科学院院士, 1923 年当选为瑞典皇家科学院院士, 1826 年当选为俄罗斯科学院院士, 1832 年获 Copley[5]奖, 1837 年封男爵, Crater Poisson.

de Poisson 生于 Pithiviers, 卒于 Sceaux.

师承: de Lagrange 和 de Laplace.

---

① Jean Baptiste Biot (1774.04.21—1862.02.03), 法国人, 1814 年获荣誉军团骑士勋位, 1815 年当选为皇家学会会员, 1820 年与 F. Savart (Félix Savart, 1791.06.30—1841.03.16, 法国人, 1839 年当选为皇家学会会员) 的 "Note sur le magnétisme de la pile de Volta" 给出 Biot-Savart 定律, 1849 年获荣誉军团高等骑士勋位, 1856 年当选为法国科学院院士.

② William Thomson, 1st Baron Kelvin of Largs (1824.06.26—1907.12.17), 爱尔兰人, J. Thomson (James Thomson, 1786.11.13—1849.01.12, 爱尔兰人, 1832 年任 Glasgow 大学数学教授) 的儿子, 奠基热力学, 1848 年提出绝对温标, 1851 年当选为皇家学会会员 (1890—1895 年任会长), 1856 年获皇家奖, 1883 年获 Copley 奖, 1898—1900 年任伦敦数学会会长.

③ François Marie Charles Fourier (1772.04.07—1837.10.10), 法国人, 给出 "女权主义" (féminisme) 术语.

④ 空想 (utopia) 是 Sir More (Sir Thomas More, 1478.02.07—1535.07.06, 英格兰人, 曾担任大法官) 给出的术语, 来源于希腊文 "ου" ("不" 之意) 和 "τοπολογς" ("位置" 之意) 的合成.

⑤ Sir Godfrey Copley (1653—1709.04.09), 英格兰人, 1679—1685 年任国会议员, 1691 年当选为皇家学会会员, 1709 年 4 月 11 日捐赠设立所有科学领域的 Copley 奖 (Copley Medal), 是皇家学会的最高奖项, 1746 年开始颁发.

1798 年, de Poisson 以第一名成绩进入综合理工学校.

1800 年, de Poisson 发表了两本备忘录, 一本是关于方程理论和 Bézout 消去法, 另外一本是关于有限差分方程积分的个数. 后一本由 S. Lacroix[1]和 A. Legendre 审阅并推荐发表, 这给了他进入科学圈子的机会.

1808 年, de Poisson 的 "Sur les inégalités des moyens mouvements des planètes" 用级数展开得到了行星运动的近似解.

1809 年, de Poisson 的 "Sur le mouvement de rotation de la terre" (《地球的旋转运动》)和 "Sur la variation des constantes arbitraires dans les questions de mécanique" (《力学问题的常数变易法》) 发展了常数变易法.

1811 年, de Poisson 的 "Traité de mécanique" (《力学》)在很长时期内被作为标准教科书, 解决了许多静电磁学的问题, 包含数学在电磁学和力学上的应用, 奠定了理论力学基础, 研究了膛外弹道学和水力学的问题, 提出了弹性方程的一般积分法, 引入了 Poisson 常数, 他推广了 de Lagrange 和 de Laplace 有关行星轨道稳定性的研究, 计算出球体和椭球之间的引力. 他还用变分法解决过弹性理论问题, 用行星内部质量分布表示重力的公式对 20 世纪通过人造卫星轨道确定地球形状的计算仍有实用价值, 独立地得到轴对称重刚体定点转动微分方程的积分.

1817 年, de Poisson 对序列收敛的条件就有了正确的概念, 现在一般把这个条件归功于 de Cauchy. de Poisson 对发散级数作了深入的探讨, 并奠定了 "发散级数求积" 的理论基础, 引进了一种可和性的概念. 把任意函数表示为三角级数和球函数时, 他广泛地使用了发散级数. 用发散级数解出过微分方程, 并导出了用发散级数作计算怎样会导致错误的例子. 他还把许多含有参数的积分化为含参数的幂级数, 其关于定积分的一系列论文以及在 Fourier 级数方面取得的成果, 为后来的 J. Dirichlet 和 G. Riemann 的研究铺平了道路.

1837 年, de Poisson 的 "Recherches sur la probabilité des jugements en matiére criminelle et matière civile" (《刑事案件和民事案件审判概率的研究》)给出了 Poisson 大数定律, 改进统计[2]方法, 提出了 Poisson 分布, 并对二维调和方程

$$\Delta u = u_{xx} + u_{yy} = 0$$

利用分离变量法求出了解的精确公式, 即 Poisson 积分:

$$u(r, \vartheta) = \frac{1}{2\pi} \int_0^{2\pi} \frac{(R^2 - r^2)\, f(\varphi)}{R^2 + r^2 - 2rR\cos(\vartheta - \varphi)}\, \mathrm{d}\varphi,$$

---

[1] Sylvestre François Lacroix (1765.04.28—1843.05.24), 法国人, G. Monge 的学生, 1792 年开始写 "Cadastre", 包含对数和三角函数表, 精确到 14—29 位, 1819 年给出 $x(t) = t$ 的 $\frac{1}{2}$ 阶导数为 $2\sqrt{\dfrac{t}{\pi}}$.

[2] 1749 年, Gottfried Achenwall 提出统计 (statistics) 概念, 来源于拉丁文 "statisticum".

它用边界上给定的值将调和方程的解在区域内部的值完整地表示了出来.

　　A. Fresnel①提出光的衍射, 但波长小不明显. de Poisson 指出, 应该能看到一种非常奇怪的现象: 如果在光束的传播路径上, 放置一块不透明的圆板, 由于光在圆板边缘的衍射, 在离圆板一定距离的地方, 圆板阴影的中央应该出现一个亮斑. 在当时这是不可思议的, 这相当于驳倒了波动理论. A. Fresnel 和 D. Arago②立即用实验检验了这个预言, 影子中心的确出现了一个亮斑.

　　de Poisson 说: "人生只有两样美好的事情: 做数学和教数学."

　　N. Abel 说: "de Poisson 知道怎样做到举止非常高贵."

　　M. Kline[10] 说: "de Poisson 是第一个沿着复平面上的路径实行积分的人."

4.20　光辉的分析学家——Baron Augustin Louis de Cauchy

　　de Cauchy (1789.08.21—1857.05.23), 法国人, 1815 年获法国科学院大奖, 1816 年当选为法国科学院院士, 1831 年当选为瑞典皇家科学院院士, 1832 年当选为美国人文与科学院院士和皇家学会会员.

　　de Cauchy 生于巴黎, 卒于 Sceaux.

　　父母: L. Cauchy③和 Marie-Madeleine Desestre.

　　弟弟: A. Cauchy④和 E. Cauchy⑤.

　　父亲很注意孩子的教育, de Laplace 和 de Lagrange 是家里的常客, de Lagrange 还特别对他们进行数学教育.

　　1805 年, de Cauchy 以第二名的成绩进入综合理工学校. 1807 年毕业后, 他进入路桥学校⑥.

　　学生时代的 de Cauchy 有个绰号叫 "苦瓜", 因为他平常像个苦瓜一样, 不爱说话, 说得也很简短, 令人摸不着头绪. 他身边没有朋友, 只有一群嫉妒他的人. 当时法国正流行社会哲学, 而他却常看 de Lagrange 的数学书与 à Kempis⑦的灵修

　　① Augustin Jean Fresnel (1788.05.10—1827.07.14), 法国人, 1819 年获法国科学院大奖, 1823 年当选为法国科学院院士, 1824 年获 Rumford 奖和荣誉军团骑士勋位, 1825 年 6 月 9 日当选为皇家学会会员, 1827 年获 Rumford 奖.

　　② Dominique François Jean Arago (1786.02.26—1853.10.02), 法国人, C. Mathieu (Claude Louis Mathieu, 1783.11.25—1875.03.05, 法国人, D. Arago 的妹夫, 1808 年获 Lalande 奖, 1817 年任标准计量局副局长) 的内兄, 1809 年当选为法国科学院院士 (1830 年任终身秘书), 1818 年当选为皇家学会会员, 1825 年获 Copley 奖, 1832 年当选为美国人文与科学院院士, 1850 年获 Rumford 奖.

　　③ Louis François Cauchy (1760.05.27—1848.12.28), 公务员, 律师, 曾任法参议院秘书长, 1825 年封爵.

　　④ Alexandre Laurent Cauchy (1792—1857), 上诉法院的一个高级法官.

　　⑤ Eugène François Cauchy (1802—1877), 写过一些数学论著.

　　⑥ 路桥学校 (École des Ponts et Chaussées) 创建于 1747 年, 为皇家路桥学校, 1775 年改称国立路桥学校 (École Nationale des Ponts et Chaussées), 1991 年更名为巴黎高科路桥学校 (École des Ponts ParisTech).

　　⑦ Thomas à Kempis (1380—1471.07.25), 德国人.

书籍 "De imitatione Christi".

de Cauchy 还得到另一个外号 "脑筋瓣里啪啦叫的人", 意即神经病. 母亲听到传言就写信问他实情, 他回信道: "如果基督徒会变成精神病人, 那疯人院早就被哲学家充满了. 亲爱的母亲, 您的孩子像原野上的风车, 数学和信仰就是他的双翼一样, 当风吹来的时候, 风车就会平衡地旋转, 产生帮助别人的动力."

1811 年, de Cauchy 证明了凸多面体的角由它的面来决定, 在 A. Legendre 和 É. Malus[1]的鼓励下, 投出了第一篇论文.

1812 年, de Cauchy 又投出了关于多边形和多面体的论文, 用置换概念重新定义行列式, 给出行列式第一个系统的几乎是近代的处理, 并首先使用 "行列式" 一词, 与 J. Binet 同时发现两行列式相乘的公式, 改进了 Laplace 行列式展开定理并给出了一个证明. 这两篇论文在数学界造成了极大的影响.

1813 年, de Cauchy 被任命为运河工程的工程师. 他在巴黎休养和担任工程师期间, 继续潜心研究数学并参加学术活动. 这一时期他的主要贡献是:

(1) 研究置换理论, 发表了置换理论和群论在历史上的基本论文, 首先明确提出置换群概念, 并得到群论中的一些非平凡的结果, 还独立发现了外代数或 Graß-mann 代数. 1845 年证明群论的基本定理——Cauchy 定理.

(2) 证明了 de Fermat 关于多角形数的猜测, 即任何正整数是 n 个 n 角形数的和. 这一猜测当时已提出了一百多年, 经过许多人研究都没有能够解决.

(3) 1814 年 (1925 年发表), de Cauchy 的 "Mémoire sur les intégrales définitis, prises entre des limits imagimaires" (《关于积分限为虚数的定积分》)开始研究上下限是虚数的定积分, 用复变函数的积分计算实积分, 这是 Cauchy 积分定理的出发点, 是复分析发展史上的第一座里程碑. 18 世纪人们采用过, 但没有给出明确的定义. 他是第一个严格研究无穷级数收敛条件的, 也是第一个严格研究积分定义的.

(4) 研究液体表面波的传播问题, 得到流体力学中的一些经典结果, 于1815 年获得法国科学院数学大奖.

1821 年, de Cauchy 在综合理工学校期间的主要贡献是:

(1) 建立了极限理论, 并以极限为基础建立了逻辑清晰的分析体系, 是推动分析严格化的第一人.

1821 年, de Cauchy 的 "Cours d'analyse de l'École Royale Polytechnique, 1. Analyse algèbrique" (简称为《分析教程》)是综合理工学校学生的必修课程, 是数学史上十大名著之一, 第一次用极限严格地定义了函数的连续性、导数和积分 (定义中取端点值), 研究了无穷级数的收敛性等, 建立了 Cauchy 收敛准则, 对

---

[1] Étienne Louis Malus (1775.07.23—1812.02.24), 法国人, 1810 年当选为法国科学院院士, 并获 Rumford 奖和法国科学院大奖.

Lagrange 中值定理进行了推广, 得到 Cauchy 中值定理, 利用中值定理首先严格证明了微积分学基本定理, 还给出了术语 "共轭①", 被誉为 "光辉的分析学家".

1823 年, de Cauchy 的 "Résumé des leçons donnée á l'Ecole polytechnique sur les calcul infinitésimal"(《无穷小计算教程》)论述了广义积分; "Leçons sur les applications de calcul infinitésimal"(《无穷小分析应用讲义》)给出了微积分学的应用. 这些工作为微积分奠定了基础, 促进了数学的发展, 成为数学教程的典范. de Cauchy 建立了收敛、发散和级数和的定义, 给出了根值判别法 $\limsup\limits_{n\to\infty} \sqrt[n]{a_n}$, 即 Cauchy 根值法, 提出了 Cauchy 收敛准则, 但没有证明充分性.

分析严格化的工作一开始就产生了很大的影响. 在一次会议上, de Cauchy 提出了级数收敛理论, 给出了很多关于 p-级数的基本公式. 会后, de Laplace 急忙赶回家中, 根据 Cauchy 判别法, 逐一检查其巨著 "Mécanique céleste" 中所用到的级数是否都收敛.

1981 年, J. Grabiner②说他是 "教整个欧洲严格分析的人".

(2) 他是弹性力学数学理论的奠基人, 重新研究连续介质力学, 在 1822 年建立了弹性理论基础.

1823 年, de Cauchy 的 "Sur les équations qui experiment les conditions d'équations ou les lois du mouvement intérieur d'un corps solide élastique, ou non élastique" (《弹性体及流体 (弹性或非弹性) 平衡和运动的研究》)提出 (各向同性的) 弹性体平衡和运动的一般方程 (后来他还推广到各向异性的情况), 给出应力和应变的严格定义, 提出它们可分别用六个分量表示. 这篇论文对于流体运动方程同样有意义, 它比 C. Navier③ 于 1821 年对不可压缩流体给出的 Navier-Stokes 方程结果晚, 但采用的是连续统模型, 结果也比 C. Navier 所得的更普遍. 1828 年他在此基础上提出的流体方程只比现在通用的 Navier-Stokes 方程少一个静压力项.

de Cauchy 在分析方面最深刻的贡献在常微分方程领域, 1825 年他开始了对微分方程解的存在唯一性和解的延拓等问题的研究, 首先证明了方程解的存在唯一性. 在他以前, 没有人提出过这种问题. 通常认为是他提出的三种主要方法, 即

---

① 共轭 (conjugate) 来源于拉丁文 "conjugatus".

② Judith Victor Grabiner (1938.10.12—), 美国人, I. Cohen (I. Bernard Cohen, 1914.03.01—2003.06.20, 美国人, G. Sarton 的学生, 在 Harvard 大学获美国第一位科学史博士学位, 1952—1958 年任 "Isis" 主编, 1961—1962 年任科学史学会会长, 1974 年获 Sarton 奖) 的学生, 她的博士学位论文是关于 de Lagrange 的, 1998 年、2005 年和 2010 年三获 Ford 奖.

③ Claude Louis Marie Henri Navier (1785.02.10—1836.08.21), 法国人, 桥梁专家, 1824 年当选为法国科学院院士.

Cauchy-Lipschitz①法、逐次逼近法和强级数法, 实际上以前也散见于对解的近似计算和估计中. 他的最大贡献就是看到通过计算强级数, 可以证明逼近步骤收敛, 其极限就是方程的解. 1831 年的 "Sur la mécanique céleste et sur un nouveau calcul qui s'applique qun grand nombre de questions diverses etc" 给出了复变函数的级数展开并发现解析函数的幂级数收敛定理和微分方程的强级数法, 还给出了 Cauchy 积分公式和留数定理.

1826 年, de Cauchy 的 "Sur un nouveau genre de calcul analogue au calcul infinétesimal" 开始研究留数②.

1829 年, de Cauchy 的 "Leçons sur le calcul différential" 给出了 Cauchy 中值定理, 并第一次定义了复变函数的概念.

1833 年, de Cauchy 从 Turino 到布拉格追随 Charles 十世③并做他孙子 Bordeaux 公爵④的家庭教师, 并被封 "男爵", 然而教这位小王子并不成功.

在旅居布拉格期间的 1834 年, de Cauchy 在 B. Bolzano 的要求下, 他们见了面, 讨论了他定义的连续性是否应该属于 B. Bolzano. 事实上, B. Bolzano 的定义要早一些.

1836 年, de Cauchy 证明解析系数微分方程解的存在性.

1839 年, de Cauchy 在微分方程和数学物理应用方面做了很好的工作, 在 1835 年法国科学院创办的 "Comptes Rendus de l'Acadeémie des Sciences"⑤和他自己编写的四卷本的 "Exercises d'analyse et de physique mathematique"(《分析和数学物理练习》, 1840—1847 年出版)上发表了大批重要论文.

1852 年 12 月 2 日, 法兰西第二帝国 Napoléon 三世⑥发动政变, 恢复了公职人员对新政权的效忠宣誓, de Cauchy 立即向巴黎理学院⑦辞职. 后来 Napoléon 三世特准免除他和 D. Arago 的忠诚宣誓. 于是他得以继续进行所担任的教学工作, 直到逝世前仍不断参加学术活动, 不断发表科学论文.

1857 年 5 月 23 日凌晨 4 时, de Cauchy 突然去世, 临终前还与巴黎大主教

---

① Rudolf Otto Sigismund Lipschitz (1832.05.14—1903.10.07), 德国人, J. Dirichlet 和 M. Ohm 的学生, 1853 年在柏林大学的博士学位论文是 "Determinatio status magnetici viribus inducentibus commoti in ellipsolide".

② 留数 (residue) 来源于拉丁文 "residuum" ("剩余" 之意).

③ Charles X, Charles Philippe, le Roi de France (1757.10.09—1836.11.06), 1824.09.16—1830.08.02 在位.

④ Henri Charles Ferdinand Marie Dieudonné d'Artois, Duc de Bordeaux (1820.09.29—1883.08.24).

⑤ 现在, "Comptes Rendus de l'Acadeémie des Sciences" 已分为七辑, 包括 "Mathématique" "Mécanique" "Physique" "Géoscience" "Palévol" "Chimie" 和 "Biologies" 等.

⑥ Napoléon Ⅲ, Charles Louis Napoléon Bonaparte, Empereur des Français (1808.04.20—1873.01.09), Napoléon 一世的四弟, 1848 年 12 月任法兰西第二共和国总统, 1852.12.02—1870 在位, 法国最后一位君主.

⑦ 巴黎理学院 (Faculté des Sciences de Paris) 创建于 1808 年, 1970 年元旦解散, 同时南巴黎大学 (Université Paris-Sud), 即巴黎第十一大学 (Université Paris XI) 成立, 校训: Comprendre le monde, construire l'avenir (理解世界, 构建未来).

在说话. 他说的最后一句话是: "人总是要死的, 但是, 他们的功绩应该永存."

de Cauchy 的全集 "Œuvres complètes d'Augustin Cauchy" 从 1882 年开始出版到 1974 年才出齐, 总计 28 卷.

von Neumann 说: "严密性的统治地位基本上是由 de Cauchy 重建起来的."

N. Abel 称赞 de Cauchy "是当今懂得应该怎样对待数学的人", 并且指出, "每一个在数学领域喜欢严密性的人, 都应该读 de Cauchy 的杰出著作 'Analyse algèbrique, Cours d'analyse de l'École royale polytechnique'."

de Cauchy 在数学写作上被认为在数量上仅次于 L. Euler, 他一生共写了 789 篇论文和几本书, 其中有些还是经典之作. 不过并不是他所有的创作质量都很高, 因此他还曾被人批评高产而轻率, 这点倒是与 von Gauß 相反. 据说, "Comptes rendus de l'acadeémie des Sciences" 创刊时, 由于 de Cauchy 的作品实在太多, 科学院负担很重. 因此, 后来规定论文最长只能四页.

de Cauchy 的最大失误是 "冷落" 了才华出众的 N. Abel 与 É. Galois 的开创性论文手稿, 造成群论晚问世约半个世纪.

4.21　Joseph Liouville

J. Liouville (1809.03.24—1882.09.08), 法国人, 1839 年 6 月当选为法国科学院院士, 1850 年当选为皇家学会会员, 1851 年当选为瑞典皇家科学院院士, 还是俄罗斯科学院院士.

J. Liouville 生于 Saint-Omer, 卒于巴黎.

父母: C. Liouville[1]和 Thérése Balland.

师承: de Poisson 和 de Thénard[2].

1825 年, J. Liouville 来到综合理工学校学习, 毕业后去了路桥学校.

1832—1837 年间, J. Liouville 在电磁学研究中给出了关于分数阶导数的一个定义. 1847 年, G. Riemann 将 Taylor 级数进行了推广, 并加入了函数到分数阶微积分的定义. A. Grünwald[3]最早将 G. Riemann 和 J. Liouville 的结论进行了统一; 1867 年, 又去掉了 Liouville 方法的限制, 采用差商的极限作为分数阶导数的定义, 给出了定积分形式的公式, 现在称为 Riemann-Liouville 分数阶导数. 1967

---

① Claude Joseph Liouville, 陆军上尉.

② Louis Jacques Baron de Thénard (1777.05.04—1857.06.21), 法国人, de Fourcroy (Antoine François de Fourcroy, 1755.06.15—1809.12.16, 法国人, 1801 年当选为瑞典皇家科学院院士, 去世当天封伯) 和 L. Vauquelin (Louis Nicolas Vauquelin, 1763.05.16—1829.11.14, 法国人, de Fourcroy 的学生, 1816 年当选为瑞典皇家科学院院士, 还是皇家学会会员) 的学生, 1825 年封男爵.

③ Anton Karl Grünwald (1838.11.23—1920.09.02), 奥地利人.

年, M. Caputo[①]给出了一个定义, 比 Riemann-Liouville 的定义限制多一些, 但更方便处理含有初始条件的分数阶微分方程, 现在称为 Caputo 分数阶导数.

1832 年 12 月 7 日和 1873 年 2 月 4 日, J. Liouville 先后向法国科学院提交了两篇论文, 对代数和超越函数进行了分类, 以整理 N. Abel 和 de Laplace 等人关于椭圆积分的表示和有理函数的理论, 并于 1834 年给出了初等函数的分类:

(1) 有限个复变量的代数函数为第 0 类初等函数;

(2) e^z 和 $\log z$ 为第一类初等函数;

(3) 二者合称为最多第一类初等函数;

(4) 若已定义最多第 $n-1$ 类初等函数, 则它与最多第一类初等函数的复合称为最多第 n 类初等函数;

(5) 是最多第 n 类而非最多第 $n-1$ 类的初等函数称为第 n 类初等函数.

他还对初等函数的不定积分在什么条件下是初等函数给出结论:

设 $f(x), g(x)$ 为有理函数, $g(x)$ 不是常函数. 若 $\int f(x)\mathrm{e}^{g(x)}\mathrm{d}x$ 是初等函数, 则存在有理函数 $h(x)$, 使得

$$\int f(x)\mathrm{e}^{g(x)}\mathrm{d}x = h(x)\mathrm{e}^{g(x)} + C.$$

1836 年 1 月, J. Liouville 创办 "Journal de mathématiques pures et appliquées", 并亲自主持了前 39 卷的编辑出版工作 (第一辑, 1—20 卷, 1836—1855 年; 第二辑, 1—19 卷, 1856—1874 年). 该杂志记录了 19 世纪中期的 40 年里数学活动的一部分重要内容, 在 19 世纪对法国数学做出重要贡献, 被后人称为《Liouville 杂志》("Journal de Liouville"). 最值得一提的当属他编辑整理发表了 É. Galois 的部分遗稿. 1843 年, 他向法国科学院宣布他已建立 É. Galois 未发表论文更深入的理论, 承诺将发表 É. Galois 的全部论文和他的注释. 1846 年, É. Galois 的工作发表在《Liouville 杂志》上. 在导言中, 他对 É. Galois 的工作给予了高度评价. 他还邀请包括 J. Serret 在内的一些朋友, 参加关于 É. Galois 工作的系列演讲, É. Galois 在代数方面的独创性工作才得以为世人所知. 因此, J. Liouville 也是间接地推动了群论的发展.

1836 年, J. Liouville 在巴黎理学院的博士学位论文 "Sur le développement des fonctions ou parties de fonctions en séries de sinuset de cosinus" 探讨了 Fourier 级数及其在各种力学和物理学问题中的应用. 这一年, 他与 J. Sturm[②]共同给出了关于代数方程虚根数目的 Cauchy 定理的证明. 次年, 他又用不同于 N. Abel 的

---

① Michele Caputo (1927.03.05—), 意大利人, 意大利国家科学院院士 (环境委员会主席)、欧洲科学院院士.

② Jacques Charles François Sturm (1803.09.29—1855.12.18), 法国人, S. Lhuilier 的学生, 1835 年提出确定代数方程式实根位置的方法, 1836 年当选为法国科学院院士, 1840 年当选为皇家学会会员, 并获 Copley 奖, 1866 年获 Steiner 奖.

方法, 解决了二元代数方程组的消元问题. 这些都被 J. Serret 收入他 1877 年的 "Cours d'algèbre superieure"(《高等代数教程》)第四版中, 得以在全法广泛传播.

19 世纪, 随着各种曲线坐标系的引入和新的函数类如 Bessel 函数和 Legendre 多项式等作为微分方程的特征函数的兴起, 确定带边界条件微分方程的特征值与特征函数, 便成为日益突出的重要问题. J. Liouville 在 1836—1837 年在微分方程边值问题的工作和 J. Sturm 在 1836 年的工作给出了 Sturm 分离定理和比较定理, 形成了 Liouville-Sturm 理论. 他还最早提出了逐次逼近法.

1840 年, J. Liouville 将 Fermat 问题作了转化, 证明方程 $u^n + v^n = w^n$ 的不可解性意味着 $x^{2n} - y^{2n} = 2x^n$ 的不可解性.

1841 年, J. Liouville 证明 Riccati[1]方程除特殊情形以外, 其通解不可能用初等函数或初等函数的积分来表示.

在几何方面, J. Liouville 于 1841 年和 1844 年用消去理论证明并推广了 M. Chasles[2]建立的曲线和曲面度量性质, 还发现了一种新方法, 以确定任意椭圆曲面的测地线, 这是 C. Jacobi 在研究双曲超越数时引出的问题.

1844 年 12 月, J. Liouville 在给法国科学院的一封信中说明了如何从 Jacobi 定理 (单变量单值亚纯函数的周期个数不多于 2, 周期之比为非实数) 出发, 建立双周期椭圆函数的一套完整理论体系, 这是对椭圆函数论的一个较大贡献. 后来, 访问巴黎的 C. Borchardt[3]和 F. Joachimsthal[4]向 J. Liouville 详细请教了他的工作情况. 而 1850—1851 年, 他在法兰西研究院讲授的双周期函数课程中给出了系统介绍, 也在 1859 年 C. Briot[5]与 J. Bouquet[6]的 "Théorie des fonctions doublement périodiques" (《双周期函数理论》)中作出了系统介绍.

1945 年底, J. Liouville 的 "Sur une propriété générale d'uneclasse de fonctions" 研究了一般的二阶线性微分方程特征值的性质, 特征函数的性态和任意函数用这些特征函数进行级数展开.

1851 年, J. Liouville 发现 0.110001000000000000000001000⋯ 是一个超越

---

① Jacopo Francesco Riccati (1676.05.28—1754.04.15), 意大利人, V. Riccati (Vincenzo Riccati, 1707.01.11—1775.01.17, 意大利人) 的父亲, 1723—1724 年间通过变量代换从一个二阶方程 "降阶" 得到的一个一阶方程.

② Michel Chasles (1793.11.15—1880.12.18), 法国人, de Poisson 的学生, 1814 年在综合理工学校获博士学位, 1839 年当选为法国科学院通讯院士 (1851 年为正式院士), 1852 年发表 "Traité de géométrie", 1854 年当选为皇家学会会员, 1865 年获 Copley 奖, 1873 年任法国数学会首任会长, 还是比利时皇家科学、人文和艺术院院士, 丹麦皇家科学与人文院院士, 瑞典皇家科学院院士, 俄罗斯科学院院士和美国国家科学院院士.

③ Carl Wilhelm Borchardt (1817.02.22—1880.06.27), 波兰人, C. Jacobi 的学生, 1843 年在 Königsberg 大学的博士学位论文是 "Gewisse Systeme nichtlinearer Differential-Gleichungen", 1855—1880 年任《Crelle 杂志》主编.

④ Ferdinand Joachimsthal (1818.03.09—1861.04.05), 波兰人, O. Rosenberger (Otto August Rosenberger, 1800.08.10—1890.01.23, 德国人, Crater Rosenberger) 的学生, 1840 年 7 月在 Halle 大学的博士学位论文是 "De lineis brevissimis in superficiebus rotatione ortis".

⑤ Charles Auguste Briot (1817.07.19—1882.09.20), 法国人, 1881 年获 Poncelet 奖.

⑥ Jean Claude Bouquet (1819.09.07—1885.09.09), 法国人, 1875 年当选为法国科学院院士.

数, 其中 1 在 $n!$ 的位置上, 0 在其他位置上, 称为 Liouville 数.

从 1856 年开始, J. Liouville 放弃了在其他方面几乎所有的数学研究, 而把精力投入到数论领域. 10 年间, 他在《Crelle[1]杂志》[2]上发表了 18 篇系列注记和近两百篇短篇注记, 前者未加证明地给出了许多一般公式, 为解析数论的形成奠定了基础, 后者则个别地讨论了素数性质和整数表示为二次型的方法等特殊问题.

4.22 数学奇才——Évariste Galois

4.22.1 É. Galois

É. Galois (1811.10.25—1832.05.31), 法国人.

É. Galois 生于 Bourg-la-Reine, 卒于巴黎.

父母: N. Galois[3]和 A. Demante[4].

14 岁时, É. Galois 就读过 A. Legendre 的 "Éléments de Géométrie", 他说读起来像是在读小说, 第一次阅读就掌握了它. 他不满足呆板的课堂灌输, 自己去找最难的数学原著研究. 老师们对他的评价是 "只宜在数学的尖端领域里工作".

1828 年, É. Galois 就着手研究一般 n 次方程求解问题. 许多人为之耗去许多精力, 但都失败了. 直到 1770 年, de Lagrange 对上述问题的研究才算迈出重要的一步. 他从 de Lagrange 的 "Réflexions sur la résolution algébrique des équations" 那里学习和继承了问题转化的思想, 即把预解式的构成同置换群联系起来, 进一步发展了 N. Abel 的思想, 把全部问题转化为置换群及其子群结构的分析上, 提出了置换群的概念, 得到了代数方程的根式解的充分必要条件是置换群的自同构群可解, 创立了具有划时代意义的群论, 在数学发展史上做出了重大贡献.

1829 年 5 月, É. Galois 把关于群论研究初步结果的提交给法国科学院. 在 1830 年 1 月 18 日, de Cauchy 曾计划在科学院举行一次全面的意见听取会. 然而, 第二周, 当向科学院宣读他自己的一篇论文时, 并未介绍 É. Galois 的工作.

伴随着这篇杰作而来的是一连串的打击和不幸. 先是父亲因不堪忍受教士诽谤于 1829 年 7 月 2 日自杀, 接着因他的答辩既简洁又深奥令考官们不满而未能进入综合理工学校. 1830 年 2 月, É. Galois 的 "On the condition that an equation be

---

① August Leopold Crelle (1780.03.11—1855.10.06), 德国人, 业余数学家, 1816 年在 Heidelberg 大学的博士学位论文是 "De calculi variabilium in geometria et arte mechanica usu", 1827 年当选为德国科学院院士, 1841 年当选为瑞典皇家科学院院士.

② 在 N. Abel 与 J. Steiner 建议下, A. Crelle 于 1926 年创办了 "Journal für die reine und angewandte Mathematik", 这是世界上专载数学研究的第一本学术刊物, 这个杂志被称为《Crelle 杂志》("Crelle Journal").

③ Nicholas-Gabriel Galois (?—1829.07.02), 在 1815 年当过当地的市长, 受过良好的教育, 如哲学、文学和宗教等, 但没有数学的痕迹.

④ Adélaide-Marie Demante, 一个律师的女儿, 有拉丁文和文学素养, 自己教育 É. Galois 到 12 岁.

soluble by radicals" 参加法国科学院大奖评选, 论文寄给科学院秘书 de Fourier, 但 de Fourier 在当年 5 月就去世了, 在他的遗物中未能发现他的手稿.

1831 年 1 月, É. Galois 在寻求确定方程的可解性这个问题上, 又得到一个结论, 他写成论文提交给法国科学院. 这篇论文是他关于群论的重要著作. de Poisson 为了理解这篇论文绞尽了脑汁. 尽管借助于 de Lagrange 已证明的一个结果可以表明他所要证明的论断是正确的, 但最后他还是建议否定它.

É. Galois 一方面追求数学的真知, 另一方面又献身于追求社会正义的事业. 在 1831 年法国的 "七月革命" (Révolution de Juillet) 中, 作为法兰西学院①新生, 他率众走上街头, 抗议专制, 不幸被捕入狱. 出狱不久, 他爱上了 du Motel②.

1832 年 5 月 29 日, 与 d'Herbinville③因为一场无聊的 "爱情" 纠葛而决斗身亡. É. Galois 在临死前预料自己难以摆脱死亡的命运, 所以曾连夜给朋友 Chevalier 写信, 仓促地把自己生平的数学研究心得扼要写出, 并附以论文手稿. 信中说: "我在分析方面做出了一些新发现. 有些是关于方程论的, 有些是关于整函数的 ⋯⋯ 公开请求 C. Jacobi 或 von Gauß不是对这些定理的正确性而是对这些定理的重要性发表意见. 我希望将来有人发现消除所有这些混乱对它们 (即他本人的研究工作) 是有益的."

1832 年 5 月 30 日晨, 在巴黎的一个湖畔躺着一个昏迷的年轻人, 过路的农民从枪伤判断他是决斗后受了重伤, 就把这个不知名的青年抬到医院. 第二天 10 点, 他就离开了人世. 数学史上最年轻和最有创造性的头脑停止了思考. 有人说, 他的死使数学发展推迟了好几十年.

É. Galois 死后, 按照他的遗愿, Chevalier 把他的信发表在《百科评论》中. 他的论文手稿过了 14 年, 才由 J. Liouville 在《Liouville 杂志》上编辑出版了部分文章, 并向数学界推荐, 科学界才传遍了 Ê. Galois 的名字.

4.22.2 Galois 群论

群论被公认为 19 世纪最杰出的数学成就之一, 它给方程可解性问题提供了全面而透彻的解答, 解决了困扰人们数百年之久的问题. 它还给出了判断几何图形能否用尺规作图的一般判别法, 圆满解决了三等分任意角和倍立方体问题. 最重要的是, 它开辟了全新的研究领域, 以结构研究代替计算, 并把数学运算归类, 使其迅速发展成为一门崭新的数学分支, 对近世代数的形成和发展产生了巨大影响.

直到 19 世纪中叶, 代数仍是以方程为中心的数学学科, 代数方程的求解问题依然是代数的基本问题, 特别是用根式求解方程.

---

① 法兰西学院 (Collège de France) 创建于 1530 年, 原名是 "Collège Royal", 是全法著名的研究教育机构, 2010 年并入巴黎文理研究大学.

② Stéphanie-Félicie Poterin du Motel (1815—?), 是一个监狱医生的女儿.

③ Perscheux d'Herbinville, 是一个炮兵军官.

在古巴比伦数学和古印度数学中, 人们就能够用根式求解二次方程. 例如, 900 年, Sridhara[①]的 "Trisatika"(有时称 "Patiganitasara") 和 "Patiganita" 求解了二次方程, 研究了组合, 并给出了求多边形面积的方法.

注记 2019 年 9 月, 罗博深[②]找到了一种二次方程的简单解法, 10 月 13 日, "A different way to solve quadratic equations" 发布在互联网上, 12 月 30 日又进行了更新. 方法分为五个步骤:

(1) 若找到两个数 r, s, 满足 $r+s = -b, rs = c$, 则 $x^2+bx+c = (x-r)(x-s)$, 且它们即为方程的根.

(2) 当 r, s 分别为 $-\dfrac{b}{2} \pm u$ 时, 它们的和为 $-b$.

(3) 由 (1) 知它们的乘积是 c, 所以有 $\dfrac{b^2}{4} - u^2 = c$.

(4) 开平方运算后, 满足上述条件的 u 一定存在.

(5) 以 $-\dfrac{b}{2} \pm u$ 分别代表 r, s, 是该方程全部的根.

接着希腊人和东方人又解决了某些特殊的三次方程, 但没有得到三次方程的一般解法. 关于三次方程, 王孝通的《缉古算经》已经得到了一般的近似解法. 到了 13 世纪, 秦九韶的 "正负开方术" 充分研究了高次方程的求正根法.

直到 16 世纪初的文艺复兴时期才发现一元三次方程解的 Cardano 公式. 同时, L. Ferrari 求解出一般四次方程的根是由系数的函数开四次方所得.

用根式求解四次或四次以下方程的问题在 16 世纪圆满解决, 但在以后的几个世纪里, 探寻五次方程和五次以上方程的一般公式解法却一直没有得到结果.

1770 年, de Lagrange 的 "Réflexions sur la résolution algébrique des équations" 转变思维方法, 提出方程根的排列与置换理论是解代数方程的关键所在, 并利用预解式方法详细分析了二到四次方程的根式解法.

(1) 对于三次方程 $x^3 + px + q = 0$, 假设它的三个根是 x_1, x_2, x_3. 令

$$\omega = \frac{-1+\sqrt{3}\mathrm{i}}{2}, \quad y_1 = (x_1 + \omega x_2 + \bar{\omega} x_3)^3, \quad y_2 = (x_1 + \bar{\omega} x_2 + \omega x_3)^3,$$

则 y_1, y_2 是二次方程 $y^2 + 27qy - 27p^3 = 0$ 的两个根. 然后用 $x_1 = \dfrac{\sqrt{y_1} + \sqrt{y_2}}{2}$ 求原方程的根.

(2) 对于四次方程 $x^4 + ax^3 + bx^2 + cx + d = 0$, 用 $x - \dfrac{a}{4}$ 代替 x 即可消去 x^3

① Sridhara (870—930), 印度人.

② 罗博深, Po-Shen Loh (1982.06.18—), 美国人, B. Sudakov (Benjamin Sudakov, 1969—, 以色列人, Noga M. Alon 的学生, 1999 年在 Tel Aviv 大学的博士学位论文是 "Extremal problems in probabilistic combinatorics and their algorithmic aspects") 的学生, 2010 年在 Princeton 大学的博士学位论文是 "Results in extremal and probabilistic combinatorics", 美国国家奥数队主教练, 开放教育资源网站 Expii 创建人.

项, 方程变为 $x^4 + qx^2 + rx + s = 0$. 假设它的四个根是 x_1, x_2, x_3, x_4, 则

$$y_1 = (x_1 + x_2)(x_3 + x_4), \quad y_2 = (x_1 + x_3)(x_2 + x_4), \quad y_3 = (x_1 + x_4)(x_2 + x_3)$$

是三次方程 $y^3 - 2qy^2 + (q^2 - 4s)y + r^2 = 0$ 的三个根, 然后利用上式可求出 x_1, x_2, x_3, x_4. 事实上, 令

$$u_1^2 = -\frac{y_1}{4}, \quad u_2^2 = -\frac{y_2}{4}, \quad u_3^2 = -\frac{y_3}{4},$$

则

$$x_1 = u_1 + u_2 + u_3, \quad x_2 = u_1 - u_2 - u_3, \quad x_3 = -u_1 + u_2 - u_3, \quad x_4 = -u_1 - u_2 + u_3$$

即满足与 y_1, y_2, y_3 的关系.

他的工作有力地促进了代数方程论的进步. 但是他的这种方法却不能对一般五次方程求根式解, 于是他怀疑五次方程无根式解. 并且他在寻求一般 n 次方程的代数解法时也遭失败, 从而认识到一般的四次以上代数方程不可能有根式解. 他的这种思维方法和研究根的置换方法给后人以启示.

1799 年, P. Ruffini 证明了五次以上方程的预解式不可能是四次以下的, 从而转证五次以上方程是不可用根式求解的, 但他的证明不完善.

同年, von Gauß 开辟了一个新方法, 在证明代数基本理论时, 他不去计算一个根, 而是证明它的存在性. 随后, 他又着手探讨高次方程的具体解法. 在 1801 年, 他解决了分圆方程 $x^p - 1 = 0(p$ 为素数$)$ 可用根式求解.

1824—1826 年, N. Abel 考察可用根式求解的方程的根具有什么性质, 在 "Beweis der Unmöglichkeit, algebraische Gleichungen von höheren Grade als dem vierten allgemein aufzulösen" (《论代数方程——证明次数大于四次的一般代数方程的不可解性》)中修正了 P. Ruffini 证明中的缺陷, 严格证明了

> 如果一个方程可以根式求解, 则出现在根的表达式中的每个根式都可表示成方程的根和某些单位根的有理数,

并证明了 Abel-Ruffini 定理:

> 一般高于四次的方程不可能代数地求解.

在 Gauß 分圆方程可解性理论的基础上, 他解决了 Abel 方程的可解性问题, 已涉及群的一些思想和特殊结果. 他没意识到, 也没有明确地构造方程根的置换集.

É. Galois 系统地研究了方程根的排列置换性质, 导致他在 1831 年首次提出了群的概念, 首次定义了置换群的概念, 从此方程问题转化为群论问题, 产生了 Galois 群论, 因此后人都称他为群论的创始人. 他又提出了可解群的重要概念, 即它所生成的全部极大正规合成因子都是素数, 当且仅当一个方程系数域上的群是可解群时, 该方程才可用根式求解. 至此, 他完全解决了方程可解性问题.

4.23 Charles Hermite

C. Hermite (1822.12.24—1901.01.14), 法国人, 1856 年 7 月 14 日当选为法国科学院院士, 1873 年当选为皇家学会会员.

C. Hermite 生于 Dieuze, 卒于巴黎.

父母: F. Hermite[1]和 Madeleine Lallemand.

妻子: L. Bertrand[2]

女婿: C. Picard.

C. Hermite 出生时右腿就有残疾, 他终生腿瘸, 不得不拄着手杖行走.

C. Hermite 认真研读并真正掌握了 von Gauß的 "Disquisitiones arithmeticae". 无论当时还是以后, 只有极少数人真正掌握过这部著作, 他还阅读并理解了 de Lagrange 的 "Réflexions sur la résolution algébrique des équations". 后来他曾说过: "正是从这两部著作中, 我学会了代数." 他的考试成绩不佳却有丰富的数学知识.

1842 年, C. Hermite 发表了两篇论文, 在不知道 Abel-Ruffini 定理的情况下, 其中的第二篇试图证明五次方程根式解的不可能性.

C. Hermite 在 E. Catalan[3]的辅导下备考综合理工学校, 但他并不认真地备考, 而是热衷于阅读各种书籍. 1842 年, 他以总分第 68 名的较低分数被综合理工学校录取, 但只读了一年, 就由于右腿的残疾而被学校除名. 他希望找到一个教师职业, 但这需要学位. 因此, 在他 24 岁时不得不中断研究工作, 去掌握考取学位所必需的那些他不太感兴趣的东西. 1847 年, 他通过考试取得了学士学位.

C. Hermite 将 de Cauchy 和 J. Liouville 等人关于一般函数和 C. Jacobi 关于椭圆函数的工作结合起来, 表现出高度的数学才能, 确定了他在数学界的地位. 用 J. Darboux 的话来说, 他这时已跻身于第一流的数学家之列. 这期间他的主要数学工作表述在 1843—1850 年他给 C. Jacobi 的六封信中, C. Jacobi 把这些信摘要刊登在《Crelle 杂志》上, 并收入自己的著作中, 产生了巨大的科学影响.

---

① Ferdinand Hermite, 一个盐矿上训练有素的工程师.

② Louise Bertrand, J. Bertrand 的妹妹.

③ Eugène Charles Catalan (1814.05.30—1894.02.14), 法国人, J. Liouville 的学生, 1841 年在巴黎大学的博士学位论文是 "Attraction d'un ellipsoide homogéne sur un point extérieur ou sur un point intérieur", 1841 年的 "Sur la transformation des variables dans les integrales multiples" 中给出了一般的 n 重积分变量代换定理, 1865 年当选为比利时皇家科学、人文和艺术院院士, 1879 年被比利时政府封为骑士, 还是俄罗斯科学院通讯院士, 1848 年的 "Note sur une équation de différences finies" 中给出了 Catalan 数. 事实上, 明安图 (巴彦·明安图, Minggat, 1692—1765, 字静庵, 蒙古族, 内蒙正白旗 (今内蒙古锡林郭勒盟正镶白旗) 人, 1759 年任钦天监监正) 在 "割圆密率捷法" 中就得到 Catalan 数, 远远早于 E. Catalan.

1849 年, C. Hermite 用留数方法证明了双周期函数可表示为周期整函数的商.

1855 年, C. Hermite 证明了 Hermite 矩阵特征根的性质.

1858 年, C. Hermite 致力于椭圆函数论及其应用问题的研究. 借用椭圆函数建立了五次方程的解, 卓有成效地研究了 Hermite 多项式:

$$H_n(t) = (-1)^n e^{t^2} \frac{d^n}{dt^n} e^{-t^2}, \quad n \in \mathbb{N},$$

以及多项式与多变量的相似型和整数用代数表示的问题. 前几项 Hermite 多项式如图 4.7 所示.

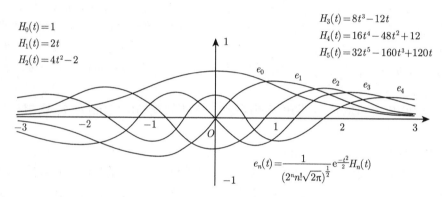

$H_0(t) = 1$
$H_1(t) = 2t$
$H_2(t) = 4t^2 - 2$
$H_3(t) = 8t^3 - 12t$
$H_4(t) = 16t^4 - 48t^2 + 12$
$H_5(t) = 32t^5 - 160t^3 + 120t$

$$e_n(t) = \frac{1}{(2^n n! \sqrt{2\pi})^{\frac{1}{2}}} e^{\frac{-t^2}{2}} H_n(t)$$

图 4.7   含有 Hermite 多项式的 $e_n(t)$

1873 年, C. Hermite 的 "Cours d'analyse de l'École Polytechnique"(《分析教程》)在国内外都享有盛名, 而 "Sur la fonction exponentielle" 证明了 e 的超越性. 这个数 e 的百位小数形式为

e ≈ 2.71828 18284 59045 23536 02874 71352 66249 77572 47093 69995
    95749 66967 62772 40766 30353 54759 45713 82178 52516 64274.

它极为接近 2.71828(1828 循环), 可以化为 $\dfrac{271801}{99990}$, 可以表示 e 最接近的有理数约率, 精确度高达 99.9999999 %.

1892 年, C. Hermite 的 70 岁生日时, 全欧科学界向他致意祝贺. 他说: "我不能离开椭圆领域, 山羊被系在那里, 就必须在那里吃青草."

1901 年, M. Noether 写了 C. Hermite 的传记.

C. Picard 编辑了他的全集 "Œuvres de Charles Hermite", 于 1905—1917 年出版.

4.24　Jean Gaston Darboux

J. Darboux (1842.08.14—1917.02.23), 法国人, 1875 年获 Poncelet[①]奖, 1878 年任法国数学会[②]会长, 1884 年当选为法国科学院院士 (1900 年任终身秘书), 1889—1903 年任巴黎大学理学院院长, 1895 年当选为俄罗斯科学院通讯院士, 1902 年当选为皇家学会会员, 1916 年获 Sylvester 奖.

J. Darboux 生于 Nîmes, 卒于巴黎.

父母: F. Darboux[③]和 Alix Gourdoux.

师承: M. Chasles.

J. Darboux 幼年丧父, 家境清贫, 但他勤奋好学, 1861 年以名列榜首的成绩考入高等师范学校. 大学四年级时, 他脱颖而出, 发表了一篇关于正交曲面的论文 "Sur les sections du tore". 1866 年 7 月的博士学位论文是 "Sur les surfaces orthogonales".

1870 年, J. Darboux 的 "Sur les équations aux dérivées partielles du second order" (《二阶偏微分方程》)对用于非线性方程的 Monge 法作了较精确的阐述, 总结了 de Laplace 的级联方法, 并将其应用于所有二阶偏微分方程中, 提出了以其命名的二阶偏微分方程积分法. 同年, 他创办了 "Bulletin des sciences mathématiques et astronomiques", 称为《Darboux 杂志》("Journal de Darboux").

1872 年, J. Darboux 完成了常微分方程的奇解理论, 给出了一般偏微分方程通解的定义, 还研究了微分方程的可积性及积分法问题.

1873 年, J. Darboux 的 "Sur une classe remarquable de courbes et de surfaces algébriques et sur la théorie des imaginaires" (《代数曲线与曲面虚数理论》) 论述了五球坐标; 1898 年的 "Leçons sur les systèmes orthogonaux et les coordinnées curvilignes" (《正交系与曲面坐标讲义》) 引入了四圆坐标.

1875 年, J. Darboux 的 "Mémoire sur les fonctions discontinues" (《间断函数》) 给出了推广意义上微积分基本定理的证明, 还给出了一个 "病态[④]函数":

---

① Jean Victor Poncelet (1788.07.01—1867.12.22), 法国人, 1822 年在 "Traité des propriétés projectives des figures" (《论图形的射影性质》) 中系统研究了几何图形在投影变换下的不变性质, 建立了射影几何, 1834 年 3 月当选为法国科学院院士, 1836 年的 "Cours de mécanique appliquée aux machines" 第一次提出在机器设计中使用数学, 1842 年当选为皇家学会会员, 1848 年 4 月 19 日授少将军衔, 1948 年 4 月至 1850 年任综合理工学校校长, 1876 年获荣誉军团军官勋位, 还是德国科学院院士和俄罗斯科学院院士, 1868 年法兰西研究院设立 Poncelet 奖 (Prix Poncelet), 每三年授奖一次, 轮流由数学委员会和力学委员会授奖, 奖励对纯粹数学和应用数学发展有极大促进作用的著作的作者, 不区分国籍.

② 法国数学会 (Société Mathématique de France, SMF) 创建于 1872 年, 是世界上最早的数学组织之一.

③ François Darboux (?—1851), 水银商人.

④ 病态 (pathology) 来源于希腊文 "παϑος"("疼痛" 之意) 和 "λογια" 的合成.

$$y = \begin{cases} \sin \dfrac{1}{x}, & x \neq 0, \\[2mm] 0, & x = 0, \end{cases}$$

它取遍了两个给定值之间的一切中间值, 但它却不连续.

1887—1896 年, J. Darboux 的 "Leçons sur la théorie général des surfaces et les applications géométriques du calcul infinitésimal" (《曲面的一般理论和微积分的几何应用讲义》) 系统地介绍了 18—19 世纪曲线和曲面几何方面所取得的成就, 包含了他自己的许多研究成果. 此外, 在这部著作中可以看到射影几何的思想.

4.25　最后一个数学全才——Jules Henri Poincaré

4.25.1　J. Poincaré

J. Poincaré (1854.04.29—1912.07.17), 法国人, 1885 年获 Poncelet 奖, 1886 年任法国数学会会长, 1887 年当选为法国科学院院士 (1906 年任院长), 1894 年当选为皇家学会会员, 1897 年当选为荷兰皇家人文与科学院[1]院士, 1900—1901 年任法国数学会会长, 1901 年获第一个 Sylvester 奖, 1905 年获 Bolyai[2]奖, 1908 年 3 月 5 日当选为法兰西学术院[3]院士.

J. Poincaré 生于 Nancy, 卒于巴黎.

父母: L. Poincaré[4]和 E. Launois[5].

叔叔: A. Poincaré[6].

---

① 荷兰皇家人文与科学院 (Koninklijke Nederlandse Akademie van Wetenschappen, KNAW) 创建于 1808 年 5 月 4 日, 初名为皇家科学、文学与人文研究所 (Koninklijke Instituut van Wetenschappen, Letterkunde en Schoone Kunsten), 1816 年更名为荷兰皇家科学、文学与人文研究所 (Koninklijke-Nederlandsch Instituut van Wetenschappen, Letterkunde en Schoone Kunsten), 1851 年重建为皇家科学院 (Koninklijke Akademie van Wetenschappen), 1938 年改为现名.

② János Bolyai (1802.12.15—1860.01.27), 匈牙利人, F. Bolyai 的儿子和学生, 1822 年在维也纳工业大学 (Technische Universität Wien, 创建于 1815 年 11 月 6 日, 是奥地利最大的自然科学技术研究和教育机构, 当时称 Kaiserliche-Königliches Polytechnisches Institut, 1872 年更名为 Technische Hochschule, 1975 年改为现名, 校训: Technology for people (技术, 为了全人类)) 的博士学位论文是 "Non-Euclidean geometry", 匈牙利科学院设立国际性 Bolyai 奖 (Bolyai Prize), 每五年奖励一次, Bolyai 数学会 (Bolyai János Matematikai Társulat) 即匈牙利数学会, 创建于 1947 年, 可追溯到 1891 年创建的数学物理学会 (Matematikai és Fizikai Társulat), 后更名为 Eötvös 数学与物理学会, 1947 年分家.

③ 法兰西学术院 (L'Académie Française) 是法兰西研究院下属的五个院之一, 也是法兰西研究院的前身, 1635 年 2 月 22 日成为独立机构. 法国大革命期间停办一段时间, 一直延续至今.

④ Léon Poincaré (1828—1892), 出身于显赫世家, 是 Nancy 大学医学教授.

⑤ Eugénie Launois, 出身于显赫世家.

⑥ Antoine Poincaré, 曾任国家道路桥梁部检查官.

妹妹, 妹夫与外甥: Aline Poincaré, É. Boutroux[1]和 P. Boutroux[2].

堂弟: R. Poincaré[3]和 L. Poincaré[4].

师承: C. Hermite.

J. Poincaré 从小就是一个天才, 他学习知识的能力让世人震惊, 6 岁时就熟练掌握七门语言, 而且拥有超凡的记忆力, 能清楚地背出书本中某个知识点在多少页多少行. 1870 年普法战争爆发, 为了时局, 他只用一周时间就学会了德文. 有人说: "他的存在就是为了证明天才的存在, 别人努力一辈子, 他只需要努力一下子."

1862 年, J. Poincaré 进入 Nancy 的一个中学 (今 Lycée Henri-Poincaré). 他对数学的特殊兴趣始于 15 岁, 并很快显露出了非凡才能. 他的数学教师形容他是一只 "数学怪兽", 他席卷了包括法国高中学科竞赛第一名在内的几乎所有荣誉.

1872 年, J. Poincaré 两次荣获法国公立中学生数学竞赛头等奖, 从而于 1873 年被综合理工学校以第一名录取. 学校还特意设计了一套 "漂亮的问题", 一是为了测试其数学才能, 二是为了避免 É. Galois 的悲剧重演.

1875 年, J. Poincaré 毕业后进入 Nancy 矿业学校 (École des mines) 继续学习数学和采矿, 毕业后加入了矿业集团 (Corps des mines), 成为一名巡视员, 担任总工.

1878 年, J. Poincaré 创立自守函数论, 引进了 Fuchs[5]群和 Klein 群, 构造了更一般的基本域. 1908 年, J. Poincaré 在 "La science et méthode" 中说他的思路是在公共汽车上想到的. 除此以外, 1901 年的 "La science et l'hypothèse" (《科学与假设》)和 1905 年的 "La valeur de la science" (《科学的价值》)也是有重大影响的哲学著作.

1879 年 8 月 1 日, J. Poincaré 在巴黎大学的博士学位论文是 "Sur les propriétés des fonctions définies par les équations aux différences partielles".

1881—1886 年, J. Poincaré 用同一标题 "Mémoire sur les courbes définies par

---

① Étienne Émile Marie Boutroux (1845.07.28—1921.11.22), 法国 19 世纪著名的哲学家, Nancy 大学的哲学教授.

② Pierre Léon Boutroux (1880.12.06—1922.08.15), 数学家和数学史专家.

③ Raymond Nicolas Landry Poincaré (1860.08.20—1934.10.15), 法兰西研究院院士, 曾几次担任总理, 1913—1920 年任法兰西第三共和国总统.

④ Lucien Antoine Poincaré (1862.07.22—1920.03.09), 曾任法国民众教育与美术部长.

⑤ Lazarus Immanual Fuchs (1833.05.05—1902.04.26), 德国人, M. Fuchs (Maximilian Ernst Richard Fuchs, 1873.12.05—1944.12.28, F. Frobenius 和 H. Schwarz 的学生, 1897 年在柏林大学的博士学位论文是 "Über die Periodicitätsmoduln der hyperelliptischen Integrale als Funktionen eines Verzweigungspunktes", 编辑了父亲的全集 "Gesammelte mathematische Werke von Lazarus Fuchs", 分别于 1904 年、1906 年和 1909 年出版) 的父亲, K. Weierstraß 和 E. Kummer 的学生, 1858 年 8 月 2 日在柏林大学的博士学位论文是 "De superficierum lineis curvaturae".

une équation différentielle" (《微分方程所确定的积分曲线》)发表了四篇论文, 创立了微分方程定性理论, 给出了解的四种类型的奇点, 即鞍点、结点、焦点和中点 (图 4.8), 以及极限环附近的性态, 引进了 Poincaré 映射. 他还发现, 即使在简单的三体问题中, 在同宿或异宿轨道附近, 解的状况也会非常复杂, 对于给定的初始条件, 无法预测当时间趋于无穷时的最终命运. 半个世纪后, 人们发现这种现象在一般动力系统中是常见的, 被称为稳定和不稳定流形横截相交所引起的同宿纠缠, 而这种对于轨道的长时间行为的不确定性, 人们称之为混沌[1]——蝴蝶效应[2]. 可

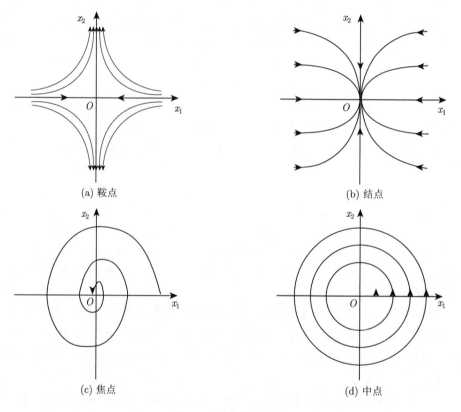

(a) 鞍点　　　　　(b) 结点

(c) 焦点　　　　　(d) 中点

图 4.8　四种类型奇点

---

[1] 混沌 (chaos) 一词最早出现在 1938 年 N. Wiener 的 "The homogeneous chaos" 中, 但它是另外的数学概念. 1975 年, 李天岩 (Tien Yien Li, 1945.06—2020.06.25, 福建沙县人, J. Yorke 的学生, 1974 年在 Maryland 大学的博士学位论文是 "Dynamics for $x_{n+1} = f(x_n)$") 和 J. Yorke (James Alan Yorke, 1941.08.03—, 美国人, Aaron Solomon Strauss 的学生. 1966 年在 Maryland 大学的博士学位论文是 "Asymptotic properties of solutions using the second derivative of a Liapunov function", 2003 年获日本赏) 的 "Periodic three implies chaos" 中是离散的混沌.

[2] 1972 年, E. Lorenz 将之称为蝴蝶效应 (butterfly effect).

以说他是混沌理论的开创者. 1961 年, E. N. Lorenz[①]发现具有混沌现象的简单数学系统:

$$\begin{cases} \dot{x} = a(y-x), \\ \dot{y} = cx - xz - y, \\ \dot{z} = xy - bz. \end{cases}$$

1975 年 8 月, M. Feigenbaum[②]发现与倍周期分支有关的 Feigenbaum 常数:

$$\delta \approx 4.669, 201, 660, 910, 299, 067, 185, 320, 382, 046, 620, 161,$$
$$725, 818, 557, 747, 576, 863, 274, 565, 134, 300, 413, 4.$$

1883 年, J. Poincaré 研究一般解析函数论, 给出了整函数的亏格及其与 Taylor 展开的系数或函数绝对值的增长率之间的关系, 同 Picard 定理构成后来的整函数及亚纯函数理论的基础, 是复变函数论的先驱者之一.

1885 年, M. Mittag-Leffler[③]在 "Acta Mathematica" 第七卷上发布了一则通告: 为庆祝 Oscar 二世[④]的 60 岁生日, 将举办一次数学问题比赛, 悬赏奖金和金牌, 其中一个就是找到多体问题的所有解.

J. Poincaré 最终也没有成功给出一个完整的解答, 因为他发现这个系统的演变经常是混沌的.

1888 年 5 月, J. Poincaré 交上了关于 "当三体中两个质量比另一个小得多时的周期解" 论文, 证明了对于 $N(N > 2)$ 体问题不存在统一的首次积分, 即使是一

① Edward Norton Lorenz (1917.05.23—2008.04.16), 美国人, J. Austin (James Murdoch Austin, 1915.05.25—2000.11.26, 新西兰人, Sverre Petterssen 的学生, 1941 年在麻省理工学院的博士学位论文是 "Fronts and frontogenesis in relation to vorticity") 的学生, 1948 年在麻省理工学院的博士学位论文是 "A method of applying the hydrodynamic and thermodynamic equations to atmospheric models", 1961 年当选为美国人文与科学院院士, 1975 年当选为美国国家科学院院士, 1981 年当选为印度国家科学院和挪威皇家科学与人文院院士, 1983 年获 Crafoord 奖, 1989 年获 Cresson 奖.

② Mitchell Jay Feigenbaum (1944.12.19—), 美国人, F. Low (Francis Eugene Low, 1921.10.27—2007.02.16, 美国人, Hans Albrecht Bethe 的学生, 1950 年在 Columbia 大学的博士学位论文是 "On the effects of internal nuclear motion on the hyperfine structure of deuterium") 的学生, 1970 年在麻省理工学院的博士学位论文是 "The relationship of Feynman parameterization to the double spectral representation of scattering amplitudes for higher spin particles", 1984 年获 MacArthur 奖, 1986 年获 Wolf 物理学奖.

③ Magnus Gösta Mittag-Leffler (1846.03.16—1927.07.07), 瑞典人, Mittag 是母姓, Leffler 是父姓, 被称为 "瑞典数学之父", G. Dillner (Göran Dillner, 1832.04.26—1906.03.28, 瑞典人, C. Malmsten 的学生, 1863 年在 Uppsala 大学的博士学位论文是 "Geometrisk kalkyl eller geometriska quantiteters räknelagar") 的学生, 1872 年在 Uppsala 大学的博士学位论文是 "Om skiljandet af rötterna till en synektisk funktion af en variabel", 1878 年当选为芬兰科学与人文院院士, 1883 年当选为瑞典皇家科学院院士, 1884 年的 "Sur la représentation analytique fes fonctions monogénes uniformes d'une variable indépendante" 给出亚纯函数的构造定理, 1896 年当选为皇家学会会员, 还是爱尔兰皇家科学院院士、法兰西研究院院士, 1916 年 3 月 16 日 70 岁生日当天捐出别墅和藏书, 成立世界上第一个数学研究所——Mittag-Leffler 研究所, 1971 年研究所又接手了瑞典皇家科学院于 1903 年创办的 "Arkivför matematik".

④ Oscar II, Oscar Frederik, Konungariket Sverige (1829.01.21—1907.12.08), 1872—1907.12.08 在位, 在 Uppsala 大学受过数学教育, 他的名言: 我宁愿让我的人民嘲笑我的小气, 也不愿让他们为我的挥霍而哭泣, M. Mittag-Leffler 的学生.

般的三体问题, 也不可能通过发现各种不变量最终降低问题的自由度, 把问题化简成更简单的可以解出来的问题, 这打破了当时很多人希望找到三体问题一般显式解的幻想, 彻底改变了人们研究微分方程的基本想法.

1889 年 1 月 21 日, 评委会主席 K. Weierstraß宣布 J. Poincaré 为获胜者, 指出这篇论文将开创天体力学的新纪元. 评委会的另外两位评委是 M. Mittag-Leffler 和 C. Hermite.

1889 年, G. FitzGerald[1]提出 FitzGerald-Lorentz 压缩, 解释 1887 年 4—7 月的 Michelson[2]-Morley[3]实验.

1892—1899 年, J. Poincaré 的 "Les mthodes nouvelles de la mécanique céleste" 和 1905—1910 年的 "Leçons de mécanique céleste" 刻画了力学系统运动的特征, 指出 C. Delaunay[4]证明三体问题时的级数不一致收敛.

1895 年, J. Poincaré 的 "L'analysis situs" 提出同调 (homology) 和同胚[5]概念, 证明流形的同调对偶定理, 开创了代数拓扑学, 引进了 Betti 数等概念, 创造了流形的三角剖分等工具, 推广了 Euler 多面体定理成为 Euler-Poincaré 公式, 建立了组合拓扑学.

1897 年, J. Poincaré 的 "The relativity of space" 已有狭义相对论的影子, 1898 年的《时间的测量》提出了光速不变性假设.

1901 年, J. Poincaré 的 "Géométrie algébrique dans le domaine de l'arithmétique rationnelle" (《有理数域上的代数几何学》)开创了 Diophantus 方程有理解的研究, 定义了曲线的秩数, 成为重要研究对象; 引进群代数并证明其分解定理, 第一次引进左、右理想概念; 证明了 Lie 代数第三基本定理及 Campbell[6]-

---

① George Francis FitzGerald (1851.08.03—1901.02.21), 爱尔兰人, 1883 年当选为皇家学会会员, 1899 年获皇家奖.

② Albert Abraham Michelson (1852.12.19—1931.05.09), 美国人, 1907 年获 Nobel 物理学奖和 Copley 奖, 是美国人得到的第一个 Nobel 科学奖, 皇家学会会员.

③ Edward Williams Morley (1838.01.29—1923.02.24), 美国人.

④ Charles Eugène Delaunay (1816.04.09—1872.08.05), 法国人, 1855 年当选为法国科学院院士, 花费 20 年时间, 分别于 1860 年和 1867 年完成的五卷 "La théorie du mouvement de la lune" 解决了三体问题, 1869 年当选为皇家学会会员.

⑤ 同胚 (homeomorphism) 来源于希腊文 "ομοιος"("类似、相同" 之意) 和 "μορφη"("形状" 之意) 的合成.

⑥ John Edward Campbell (1862.05.27—1924.10.01), 爱尔兰人, 1905 年当选为皇家学会会员, 1918—1920 年任伦敦数学会会长.

Hausdorff①公式, 引进 Lie 代数的包络代数, 证明了 Poincaré-Birkhoff②-Witt③定理.

1904 年, J. Poincaré 提出相对理论解释 Michelson-Morley 实验, 并首先认识到 Lorentz 变换构成群, 将两个惯性参照系之间的坐标变换命名为 "Lorentz 变换".

1905 年, J. Poincaré 发表了 "Sur la dynamique de l'électron" (《电动力学》).

接着, A. Einstein 的 "Zur Elektrodynamik bewegter Köper" (《论运动物体的电动力学》)得出相同结果, 开创了狭义相对论.

1904 年 (1905 年修改), J. Poincaré 的 "Cinquième complément à L'analysis situs" 提出同伦④概念和拓扑学⑤中的 Poincaré 猜想:

任何与三维球面同伦的三维封闭流形必定同胚于三维球面.

后来, Poincaré 猜想推广至三维以上的空间

1961 年, S. Smale⑥证明了五维以上的情形.

1982 年, M. Freedman⑦证明了四维的情形.

2002—2003 年, G. Perelman⑧证明了三维的情形, 彻底解决了 Poincaré 猜想.

---

① Felix Hausdorff (1868.11.08—1942.01.26), 波兰人, E. Bruns 和 C. Mayer (Christian Gustav Adolph Mayer, 1839.02.15—1908.04.11, 德国人, L. Hesse 的学生, 1861 年在 Heidelberg 大学获博士学位, 德国科学院院士) 的学生, 1891 年在 Leipzig 大学的博士学位论文是 "Zur Theorie der astronomischen Strahlenbrechung", 1914 年的 "Grundzüge der Mengenlehre" 提出拓扑空间的公理系统, 为一般拓扑学奠定了基础, 提出连续统假设, 1919 年引进 Hausdorff 维数的概念.

② George David Birkhoff (1884.03.21—1944.11.12), 美国人, E. Moore 的学生, 1907 年在 Chicago 大学的博士学位论文是 "Asymptotic properties of certain ordinary differential equations with applications to boundary value and expansion problems", 1923 年获第一个 Bôcher 纪念奖, 1925—1926 年任美国数学学会会长, 1927 年建立动力系统理论, 1930 年建立格论, 对射影几何、点集论及泛函分析都有应用, 1931 年证明一般的各态历经定理, 使得 Maxwell-Boltzmann 的分子运动论有了坚实基础, 1968 年, 美国数学学会和工业与应用数学学会 (Society for Industry and Applied Mathematics) 设立 Birkhoff 应用数学奖.

③ Ernst Witt (1911.06.26—1991.07.03), 丹麦人, E. Noether 以 G. Herglotz 名义的学生, 1933 年 7 月在 Göttingen 大学的博士学位论文是 "Riemann-Rochschen Satz und Z-Funktion im Hyperkomplexen".

④ 同伦 (homotopy) 来源于希腊文 "ομος"("相同" 之意) 和 "τοπος"("位置" 之意) 的合成.

⑤ 拓扑学 (topology) 来源于希腊文 "τοπολογς" ("位置研究" 之意), 1847 年由 J. Listing 命名.

⑥ Stephen Smale (1930.07.15—), 美国人, R. Bott 的学生, 1957 年在 Michigan 大学的博士学位论文是 "Regular curves on Riemannian manifolds", 创造了 "Smale 马蹄", 1966 年获 Fields 奖和 Veblen 几何奖, 1988 年获 Chauvenet 奖, 2005 年获 Moser 奖, 2007 年获 Wolf 数学奖.

⑦ Michael Hartley Freedman (1951.04.21—), 美国人, W. Browder 的学生, 1973 年在 Princeton 大学的博士学位论文是 "Codimension-two surgery", 1984 年当选为美国国家科学院院士, 1985 年当选为美国人文与科学院院士, 1986 年获 Fields 奖和 Veblen 几何奖, 1987 年 6 月获美国国家科学奖.

⑧ Grigori Yakovlevich Perelman, Григорий Яковлевич Перельман (1966.06.13—), 俄罗斯人, 1982 年获国际数学奥林匹克竞赛金牌, A. Aleksandrov 和 Yu.Burago (Yuri Dmitrievich Burago, Юрий Дмитриевич Бураго, 1936—, 俄罗斯人, Victor Abramovich Zalgaller 和 A. Aleksandrov 的学生, 2014 年获 Steele 论著奖) 的学生, 1990 年在圣彼得堡大学的博士学位论文是 "Saddle surfaces in euclidean spaces", 2006 年获 Fields 奖 (但拒绝领奖), 2010 年 3 月 18 日获千禧年奖 (但拒绝领奖).

J. Poincaré 证明了 Dirichlet 问题解的存在性, 这一方法后来促使位势论有新发展; 他研究了 Laplace 算子的特征值问题, 给出了特征值和特征函数存在性的严格证明; 他在积分方程中引进了复参数方法, 促进了 Fredholm[1] 理论的发展; 他的思想预示了 de Rham[2] 定理和 Hodge[3] 理论的产生.

Hodge 猜想可以算是 Poincaré 猜想解决后最重要的几何问题, 其正确与否都会影响整个几何和拓扑学界的发展, 再与 J. Tate[4] 猜想一起深入影响数论的发展.

Lord Russell 认为, 20 世纪初法国最伟大的人物就是 J. Poincaré.

J. Hadamard [5] 认为 "J. Poincaré 整体改变了数学的状况, 在一切方向上打开了新的道路."

人们称 J. Poincaré 是最后一个数学全才. 在他之前的最近一个是 von Gauß.

4.25.2 Poincaré 奖

1997 年, Daniel Iagolnitzer 基金会 (La Fondation Daniel Iagolnitzer, DIF) 设立了 Poincaré 奖 (Prix Poincaré), 奖励在数学物理领域有突出贡献的人, 每三年一次, 奖励三个人.

---

[1] Erik Ivar Fredholm (1866.04.07—1927.08.17), 瑞典人, M. Mittag-Leffler 的学生, 1900 年的 "Sur une nouvelle méthode pour la résolution du problème de Dirichlet" 给出 Fredholm 积分方程理论, 是解决数学物理问题的数学工具, 并为建立泛函分析做了准备, 完整的理论在 1903 年的 "Sur une classe d'équations fonctionelle" 中给出, 1908 年获 Poncelet 奖.

[2] Georges de Rham (1903.09.10—1990.10.09), 瑞士人, H. Lebesgue 的学生, 1931 年在巴黎大学的博士学位论文是 "Sur l'analysis situs des variétés à n dimensions", 1938 年当选为皇家学会会员, 1944—1945 年任瑞士数学会会长, 1959 年获 de Morgan 奖, 1962 年当选为意大利国家科学院院士, 还是法国科学院院士.

[3] Sir William Vallance Douglas Hodge (1903.06.17—1975.07.07), 苏格兰人, Sir Whittaker 的学生, 1923 年在 Edinburgh 大学获博士学位, 1936—1970 年任剑桥大学 Lowndes 天文学和几何学教授, 1938 年当选为皇家学会会员, 1941 年定义了流形上的调和积分, 并用于代数流形, 成为研究流形同调性质的分析工具, 1947—1949 年任伦敦数学会会长, 1950 年提出 Hodge 猜想, 1952 年获高级 Berwick 奖, 1957 年获皇家奖, 1959 年获 de Morgan 奖, 并封爵, 1974 年获 Copley 奖, 美国国家科学院院士.

[4] John Torrence Tate (1925.03.13—2019.10.16), 美国人, Bourbaki 学派为数不多的外籍成员之一, E. Artin 的学生, 1950 年在 Princeton 大学的博士学位论文 "Fourier analysis in number fields and Hecke's zeta functions" 是自守形式现代理论和 L 函数的重要著作之一, 已成为研究生数论课程的必备教材, 1951—1952 年与 E. Artin 的 "Class field theory" 包括大量新结果, 特别是他的上同调理论把 E. Artin 的互反律变为高阶上同调群 Tate 定理的特殊情形, 1956 年获 Cole 数论奖, 1969 年当选为美国国家科学院院士, 1992 年当选为法国科学院院士, 1995 年获 Steele 终身成就奖, 2002 年获 Wolf 数学奖, 2010 年获 Abel 奖, 还是挪威皇家科学与人文院院士. 其父亲 (同名)(1889.07.28—1950.05.27) 于 1926—1950 年任 "Physical Review" 主编.

[5] Jacques Salomon Hadamard (1865.12.08—1963.10.17), 法国人, L. Schwartz 的姨外祖父, C. Picard 和 J. Tannery 的学生, 1892 年在高等师范学校的博士学位论文 "Essai sur l'étude des fonctions données par leur développement de Taylor" 第一次把集论引进复变函数论, 1896 年与 de la Vallée-Poussin 独立证明了 Fermat 素数定理, 并获 Bordin 奖, 1898 年在负曲率曲面上测地线工作作为符号动力系统打下了坚实的基础, 并获 Poncelet 奖, 1901 年给出整函数最大模定理, 1906 年任法国数学会会长, 1910 年奠基泛函分析, 并采用 "泛函"(functional) 术语, 1912 年底当选为法国科学院院士, 1923 年提出偏微分方程适定性, 解决二阶双曲型方程的 Cauchy 问题, 1932 年当选为皇家学会会员, 1936 年曾访问过清华大学三个多月, 做了偏微分方程理论的系列讲演, 1962 年获 Poincaré 金奖. 吴新谋 (1910.04.14—1989.04.26, 江苏江阴人, 中国偏微分方程事业的重要创始人之一, 编写了中国第一本偏微分方程教材, 并将 J. Hadamard 在清华大学的讲义整理成《偏微分方程论》于 1964 年出版) 是他的学生.

1997 年, R. Haag[1], A. Wightman[2] 和 M. Kontsevich[3] 获第一个 Poincaré 奖.

4.26 法国函数论学派创建人之一——
Félix Edouard Justin Émile Borel

F. Borel (1871.01.07—1956.02.03), 法国人, 1901 年获 Poncelet 奖, 1905 年任法国数学会会长, 1921 年当选为法国科学院院士 (1934 年任院长), 1924—1936 年任国民议会议员, 1925—1940 年任海军部长, 1948 年任联合国教科文组织科学委员会主席, 1950 年获荣誉军团大十字骑士勋位, 获国家科学研究中心[4]第一枚金奖和抵抗运动奖 (Médaille de la Résistance), 曾任高等师范学校校长, 还是苏联科学院院士, 还当过市长.

F. Borel 生于 Saint-Affrique, 卒于巴黎.

父母: H. Borel[5] 和 É. Teissié-Solier[6].

岳父母: P. Appell[7] 和 A. Bertrand[8]

---

① Rudolf Haag (1922.08.17—2016.01.05), 德国人, F. Bopp (Fridrich Arnold Bopp, 1909.12.27—1987.11.14, 德国人, Fritz Sauter 的学生, 1937 年在 Göttingen 大学的博士学位论文是 "Zweifache comptonstreuung") 的学生, 1951 年在 München 大学的博士学位论文是 "Die korrespondenzmäß ige methode in der theorie der elementarteilchen", 1965 年创办 "Communications in Mathematical Physics"(任主编八年), 1970 年获 Planck 奖.

② Arthur Strong Wightman (1922.03.30—2013.01.13), 美国人, J. Wheeler (John Archibald Wheeler (1911.07.09—2008.04.13), 美国人, Karl Ferdinand Herzfeld 的学生, 1933 年在 Johns Hopkins 大学的博士学位论文是 "Theory of the dispersion and absorption of helium", 1958 年当选为美国人文与科学院院士, 1960 年当选为美国国家科学院院士, 1971 年获美国国家科学奖, 1977 年当选为皇家学会会员和意大利国家科学院院士, 并获 Ford 奖) 的学生, 1949 年在 Princeton 大学的博士学位论文是 "The moderation and absorption of negative pions in hydrogen", 是量子场论公理化奠基人之一.

③ Maxim Lvovich Kontsevich, Максим Львович Концевич (1964.08.25—), 俄罗斯人, D. Zagier (Don Bernard Zagier, 1951.06.29—, 美国人, F. Hirzebruch 的学生, 1972 年在波恩大学的博士学位论文是 "Equivalent Pontryagin classes and applications to orbit spaces", 1987 年获 Cole 数论奖, 1997 年当选为荷兰皇家人文与科学院院士, 2000 年获 Chauvenet 奖, 2017 年当选为美国国家科学院院士) 的学生, 1991 年在波恩大学的博士学位论文是 "Intersection theory on the moduli space of curves and the matrix Airy function", 1997 年获第一个 Poincaré 奖, 1998 年获 Fields 奖, 2008 年获 Crafoord 奖, 2012 年获邵逸夫数学奖, 2014 年 6 月获第一个科学突破数学奖.

④ 国家科学研究中心 (Centre National de la Recherche Scientifique, CNRS) 创建于 1939 年 10 月 19 日, 2017 年并入巴黎文理研究大学.

⑤ Honoré Borel, 牧师.

⑥ Émilie Teissié-Solier, 一个富有羊毛商人的女儿.

⑦ Paul Émile Appell (1855.09.27—1930.10.24), 法国人, 1885 年和 1923 年两任法国数学会会长, 1887 年获 Poncelet 奖, 1888 年的 "Cours de mécanique rationnelle" 和 1893 年的 "Traité de mécanique rationnelle" 中指出质点不可能到达奇点, 1892 年当选为法国科学院院士, 1903—1920 年任巴黎大学理学院院长, 1919—1921 年任法国天文学会会长, 1920—1925 年任巴黎大学校长.

⑧ Amélie Bertrand (1861—1944), Alexandre Louis Joseph Bertrand 的女儿, J. Bertrand 的侄女, C. Hermite 的外甥女, C. Picard 的表姐.

妻子: M. Appell[①].

师承: J. Darboux.

1893 年, F. Borel 毕业于高等师范学校, 1894 年的博士学位论文是 "Sur quelques points de la théorie des fonctions".

1895 年, F. Borel 认识到从一个区间的所有开覆盖中能够选出有限个覆盖的重要性. 他完善了 H. Heine[②]提出的覆盖定理, 给出 Heine-Borel 有限覆盖定理.

F. Borel 最先注意到 Cantor 思想的重要性, 并且首先应用于函数论. 1898 年, 他的 "Leçons sur la théorie des fonctions" (《函数论讲义》)改进了 G. Peano 和 M. Jordan[③]的容度概念, 提出了 Borel 集与 Borel 测度 (mesure de Borel) 的概念, 发展了测度论, 与 R. Baire[④]和 H. Lebesgue 共同开创了实变函数论. 他还引进了单演函数概念.

1898 年, F. Borel 的 "发散级数论" 获法国科学院大奖.

1899 年后, 发散级数和可和级数理论的系统发展就是由他开始的. 他引进了绝对可和性的概念, 并证明了绝对可和的发散级数可以完全像收敛级数那样进行运算.

1920 年 6 月, F. Borel 曾陪同 P. Painlevé[⑤]到中国进行访问, 并逗留了五个月.

1922 年, F. Borel 组建巴黎大学统计研究所 (Institut de Statistique de

---

① Marguerite Appell (1883.04.11—1969.02.05), 作家, 笔名是 Camille Marbo (Marbo 由 Marguerite 的前三个字母 Mar 和 Borel 的前两个字母 Bo 组成), 1913 年获 Fémina 奖 (Prix Fémina, 1904 年设立).

② Heinrich Eduard Heine (1821.03.16—1881.10.21), 德国人, E. Dirksen 和 M. Ohm 的学生, 1842 年在柏林大学的博士学位论文是 "De aequationibus nonnullis deffenrentialibus", 1870 年证明了连续函数的三角级数是一致收敛的, 展开式是唯一的.

③ Marie Ennemond Camille Jordan (1838.01.05—1922.01.22), 法国人, V. Puiseux (Victor Alexandre Puiseux, 1820.04.16—1883.09.09, 法国人, 1841 年在巴黎理学院的博士学位论文是 "Sur l'invariabilité des grands axes des orbites des planètes", 1871 年当选为法国科学院院士) 和 J. Serret 的学生, 1861 年在巴黎理学院的博士学位论文由 "Sur le nombre des valeurs des fonctions" 和 "Sur des périodes des fonctions inverses des intégrales des différentielles algébriques" 两部分组成, 1870 年的 "Traité des substitutions et des équations algébriques" 统一了各种群的研究, 并获 Poncelet 奖, 其中包含 Jordan 标准形的工作, 1880 年任法国数学会会长, 1881 年 4 月 4 日当选为法国科学院院士, 1890 年 7 月 12 日获荣誉军团军官勋位, 1919 年当选为皇家学会会员, 给出有界变差函数和同伦概念. 注意: Gauß-Jordan 消去法以 W. Jordan (Wilhelm Jordan, 1842.03.01—1899.04.17, 德国人, 1988 年在 "Handbuch der Vermessungskunde" 第三版中给出 Gauß-Jordan 消去法) 命名, 而 Jordan 代数是以 E. Jordan (Ernst Pascual Jordan, 1902.10.18—1980.07.31, 德国人, M. Born 的学生, 1925 年在 Göttingen 大学的博士学位论文是 "Zur Theorie der Quantenstrahlung") 命名.

④ René-Louis Baire (1874.01.21—1932.07.05), 法国人, 1899 年 3 月 24 日的博士学位论文 "Sur les fonctions de variables réelles" 发展了半连续概念, 1922 年当选为法国科学院院士, 并获荣誉军团骑士勋位.

⑤ Paul Painlevé (1863.12.05—1933.10.29), 法国人, C. Picard 的学生, 1887 年在巴黎大学的博士学位论文是 "Sur les lignes singulières des fonctions analytiques", 1894 年获 Bordin 奖, 1896 年获 Poncelet 奖, 1900 年当选为法国科学院院士, 1917 年 9 月 12 日至 11 月 13 日和 1925 年 4 月 17 日至 11 月 22 日两度任法国总理, 1920 年 6—9 月在 F. Borel 的陪同下来华进行学术访问, 1926—1927 年任法国数学会会长, 1933 年移入法国先贤祠.

l'Université de Paris) 和 Poincaré 研究所 (Institut Henri Poincaré) 并任所长.

在 1924—1934 年的 "Traité du calcul des probabilités et ses applications" 和 1925 年的 "Principes et formules classiques du calcul des probabilités" 中, F. Borel 把概率论同测度论相结合, 引进可数事件集的概率, 填补了古典和几何概率之间的空白.

P. Montel[1] 曾说: "F. Borel 的思想将会长久地继续在研究中发挥影响, 就像远处的星光散布到广阔的空间."

R. Fréchet[2] 曾说: "仅仅为了归纳, 简述 F. Borel 的作品就需要数卷篇幅."

4.27 法国函数论学派创建人之一——Henri Léon Lebesgue

4.27.1 H. Lebesgue

H. Lebesgue (1875.06.28—1941.07.26), 法国人, 1914 年获 Poncelet 奖, 1919 年任法国数学会会长, 1922 年 5 月 29 日当选为法国科学院院士, 1934 年当选为皇家学会会员和比利时皇家科学、人文和艺术院[3]院士, 还是意大利国家科学院院士、丹麦皇家科学与人文院[4]院士、罗马尼亚科学院[5]院士、苏联科学院院士.

H. Lebesgue 生于 Beauvais, 卒于巴黎.

师承: F. Borel.

父亲是印刷厂一名职工, 酷爱读书, 很有教养. 母亲是一位教师, 在父母的影响下, H. Lebesgue 从小勤奋好学, 成绩优秀, 特别擅长计算. 父亲不幸早逝, 家境衰落. 他在老师的帮助下进入中学, 后又转学巴黎. 1894 年, H. Lebesgue 考入高等师范学校.

F. Borel 在 1898 年的 "Leçons sur la théorie des fonctions", 特别是 R. Baire 关于不连续实变函数论的第一篇论文, 激发了 H. Lebesgue 的热情.

1898 年, H. Lebesgue 的 "Sur l'approximation des fonctions" 研究 Weierstraß逼近定理.

---

① Paul Antoine Aristide Montel (1876.04.29—1975.01.22), 法国人, F. Borel 和 H. Lebesgue 的学生, 1907 年在巴黎第四大学的博士学位论文是 "Sur les suites infinies de fonctions", 1925 年任法国数学会会长, 1926 年获 Poncelet 奖, 1937 年当选为法国科学院院士.

② René Maurice Fréchet (1878.09.02—1973.06.04), 法国人, J. Hadamard 的学生, 1906 年在高等师范学校的博士学位论文 "Sur quelques points de calcul fonctionnel" 研究度量空间的泛函, 开创了紧性的抽象概念, 1929 年当选为波兰科学院院士, 1934 年获 Poncelet 奖, 1956 年当选为法国科学院院士.

③ 比利时皇家科学院创建于 1772 年 12 月 16 日, 原名是帝国和皇家科学院 (Académie impériale et royale de Bruxelles, Keizerlijke en koninklijke academie van Brussel), 1794 年关闭, 2001 年由讲荷兰语的比利时皇家科学和人文院 (Koninklijke Vlaamse Academie van België voor Wetenschappen rn Kunsten) 和讲法语的比利时皇家科学、人文和艺术院 (Académie Royale des Sciences, des Lettres et Beaux Arts de Belgique) 组成.

④ 丹麦皇家科学与人文院 (Kongelige Danske Videnskabernes Selskab) 创建于 1742 年 11 月 13 日.

⑤ 罗马尼亚科学院 (Academia Română) 创建于 1866 年 4 月 1 日.

H. Lebesgue 在 1901 年的 "Sur une généralisation de l'intégrale définie" 中和 1902 年在高等师范学校的博士学位论文 "Intégrale, longueur, aire" 中提出了 Lebesgue 测度和积分. 他的博士学位论文被称为是数学家写得最好的论文之一.

1904 年的 "Leçons sur l'intégration et la recherche des fonctions primitives" (《积分法和原函数分析讲义》)和 1906 年的 "Leçons sur les séries trigonométriques" (《三角级数讲义》)是 H. Lebesgue 的两部重要著作, 使 Lebesgue 积分理论传播得更广.

1910 年, H. Lebesgue 的 "Représentation trigonométriques approchée des fonctions satisfaisant a une condition de Lipschitz" 研究满足 Lipschitz 条件的 Fourier 级数和余项阶数的估计, 得到了 Riemann-Lebesgue 引理, 这是连续函数最好的结果.

H. Lebesgue 曾说: "得到了如此一般的理论, 数学只剩下美丽的外形, 而没有内容了." 还感叹道: "我被称为一个没有导数函数的那种人了!"

M. Kline[10] 说: "H. Lebesgue 的工作是本世纪的一个伟大贡献, 确实赢得了公认, 但和通常一样, 也不是没有遭到一定的阻力的." 原因是在他的研究中扮演了重要角色的那些不连续和不可微函数被人们认为违反了完美性法则, 是数学中变态和不健康的部分, 从而受到了某些人的冷淡, 甚至 C. Hermite 曾企图阻止他一篇讨论不可微曲面论文的发表. 然而, 不论人们的主观愿望如何, 这些具有种种奇异性质的对象都自动地进入了研究者曾企图避开它们的问题之中.

H. Lebesgue 充满信心地指出: "使得自己在这种研究中变得迟钝了的那些人, 是在浪费他们的时间, 而不是在从事有用的工作."

4.27.2 Lebesgue 测度与积分

1854 年, G. Riemann 引入的 Riemann 积分的应用范围主要是连续函数. 随着 K. Weierstraß 和 G. Cantor 工作的问世, 在数学中出现了许多 "病态" 的函数与现象, 致使 Riemann 积分理论暴露出较大的局限性.

1893 年, M. Jordan 的 "Cours d'analyse de l'École Polytechnique"(《分析教程》)中阐述了 Jordan 测度, 并讨论了定义在有界 Jordan 可测集上的函数, 采用把定义域分割为有限个 Jordan 可测集的办法来定义积分. 虽然它存在着严重的缺陷, 例如存在着不可测的开集等, 而且积分理论也并没有得到实质性的推广, 但这一工作极大地影响了 H. Lebesgue 研究的视野.

1898 年, F. Borel 的 "Leçons sur la théorie des fonctions" 中给出了 Borel 集的理论. 他从开集是构成区间的长度总和出发, 允许对可列个开集作并与补的运算, 构成所谓以 Borel 可测集为元素的 σ 代数类, 并在其上定义了测度. 它的要点是使测度具备完全可加性 (Jordan 测度只具备有限可加性), 即对一列互不相交的 Borel 集, 若其并集是有界的, 则其并集的测度等于每个 E_n 测度的和. 此外, 他还指出, 集测度和可测性是两个不同的概念. 但在 Borel 测度中, 却存在着不是 Borel 集的 Jordan 可测集 (这一点很可能是使他没有进一步开创积分理论的原因之一). 特别是其中存在着零测度的稠密集引起了一些人的不快. 然而, H. Lebesgue 却洞察了这一思想的深刻意义并接受了它.

H. Lebesgue 突破了 Jordan 集测度的定义中有限覆盖的限制, 以更加一般的形式发展和完善了 Borel 测度观念, 给予了集测度的分析定义. 在此基础上, 他引入了新的积分定义, 即 Lebesgue 积分. 在他的这一新概念中, 凡 Jordan 可测集和 Borel 可测集都是 Lebesgue 可测集. Lebesgue 积分的范围包括了由 R. Baire 引入的一切不连续函数.

H. Lebesgue 曾有一个生动有趣的描述: "我必须偿还一笔钱. 如果我从口袋中随意地摸出来各种不同面值的钞票, 逐一地还给债主直到全部还清, 这就是 Riemann 积分; 不过, 还有另外一种做法, 就是把钱全部拿出来并把相同面值的钞票放在一起, 然后再一起付给债主应该还的数目, 这就是我的积分."

19 世纪初, de Fourier 提出: 当一个有界函数可以表示为一个三角级数时, 这个级数是它的 Fourier 级数吗?

这一问题与一个无穷级数是否可以逐项积分有着密切的关系. de Fourier 当时曾认为在其和为有界函数时这一运算是正确的, 从而给上述问题以肯定的回答. 19 世纪末, 人们认识到逐项积分并不总是可行的, 甚至对于 Riemann 可积函数一致有界的级数也是这样, 因为由该级数所表示的函数不一定是 Riemann 可积的. 关于这个问题的讨论得到了 Lebesgue 控制收敛定理:

$$\lim_{n\to\infty}\int_E f_n(x)\mathrm{d}\mu = \int_E f(x)\mathrm{d}\mu.$$

H. Lebesgue 指出, Lebesgue 可积的一致有界级数都可以逐项积分, 从而支持了 de Fourier 的判断. 逐项积分在本质上就是积分号下取极限的问题, 它是积分论中经常遇到的最重要的运算之一, 因此这一定理的创立显示出 Lebesgue 积分理论的极大优越性. 然而这一定理的运用在 Riemann 积分意义下却有较大的限制, 在 1878—1881 年, U. Dini[1]和 S. Volterra[2]曾构造了这样的函数, 它们具有有界的导函数, 但是导函数不是 Riemann 可积的, 从而这一定理对此是不适用的. 此后, 联系到 Riemann 积分对无界函数的推广也发现了类似的困难. 然而, 在 Lebesgue 积分理论中, 对有界函数来说, 这一困难是不存在的. 在 f' 是有限值但无界的情

---

[1] Ulisse Dini (1845.11.14—1918.10.28), 意大利人, E. Betti 的学生, 1865 年在 Pisa 大学获博士学位, 是 "最伟大的推广和构造反例大师", 1880 年当选为意大利议会议员, 隐函数定理在意大利被称为 Dini 定理.

[2] Samuel Giuseppe Vito Volterra (1860.05.03—1940.10.11), 意大利人, 对泛函分析的广泛应用有重要贡献, E. Betti 的学生, 1882 年在 Pisa 大学的博士学位论文是 "Sopra alcuni problemi di idrodinami", 1894 年当选为意大利国家科学院院士 (1923—1926 年任院长), 1910 年当选为皇家学会会员.

形, 只要是可积的, 基本定理仍是成立的, 而且这正相当于 f 是有界变差函数. 同时, 逆向问题也被人们提出来了: 何时一个连续函数是某个函数的积分?

为此, Axel von Harnack[①] 曾给出绝对连续函数的概念. 1890 年, 绝对连续函数就被当成绝对收敛积分的特征性质来研究, 虽然没人能证明任何绝对连续函数都是一个积分. 然而, H. Lebesgue 通过对于导数几乎处处为零但函数本身并非常数的函数的考察, 认识到在他的积分意义下, 上述结论是正确的, 从而得出了积分与原函数之间的一个完整结果: 公式成立的充要条件是函数是绝对连续的.

另一个与积分有关的问题是曲线长度问题. 19 世纪前期, 很少有人注意到这个问题, 一般认为曲线总是有长度的. du Bois-Reymond[②]在研究关于两点间长度最短曲线的变分问题时, 从 J. Dirichlet 关于函数的一般观点探讨了曲线长度概念.

由于用到了极限这一分析手段, 1879 年, H. Lebesgue 认为积分理论对曲线求长性质的陈述是必不可少的, 证明了曲度长度与积分概念是密切相关的.

在传统二重积分与累次积分的等值性定理上, Riemann 积分也反映出它的不足之处, 人们发现了使该定理不成立的例子. 因此作为一个结论, 它的传统说法必须修改, 然而在把积分推广于无界函数的情形时, 这一修改变得更加严峻. 对此, Lebesgue 积分使得用累次积分来计算二重积分的函数范围扩大了. 他在 1902 年给出的一个结果奠定了 1907 年 G. Fubini[③]给出 Fubini 定理的基础.

Lebesgue 积分作为分析中的一个有效工具的出现, 尤其是它在三角级数中应用得高度成功, 吸引了许多人来探讨有关的问题. 例如 P. Fatou[④], F. Riesz 和 E. Fischer[⑤]等, 使得这一领域开始迅速发展. 其中特别是 F. Riesz 关于 L^p 空间的工

---

① Karl Gustav Axel von Harnack (1851.05.07—1888.04.03), 爱沙尼亚人, Adolf von Harnack 之孪生兄弟, C. Klein 的学生, 1875 年在 Erlangen 大学的博士学位论文是 "Über die Verwertung der elliptischen Funktionen für die Geometrie der Kurven dritten Grades", 1887 年的 "Die Grundlagen der Theorie des logarithmischen Potentiales und der eindeutigen Potentialfunction in der Ebene" 给出 Harnack 不等式.

② Paul David Gustav du Bois-Reymond (1831.12.02—1889.04.07), 德国人, C. Runge 的岳父, E. Kummer, J. Müller (Johannes Peter Müller, 1801.07.14—1858.04.28, 德国人) 和 L. Hesse (Ludwig Otto Hesse, 1811.04.22—1874.08.04, 德国人, C. Jacobi 的学生, 1840 年在 Königsberg 大学的博士学位论文是 "De octo punctis intersectionis trium superficium secundi ordinis", 1842 年引入 Hesse 行列式, 1856 年当选为德国科学院院士, M. Noether 于 1875 年写了他的传记, 1897 年编辑了他的全集) 的学生, 1859 年在柏林大学的博士学位论文是 "De aequilibrio fluidorum".

③ Guido Fubini (1879.01.19—1943.06.06), 意大利人, U. Dini 和 L. Bianchi 的学生, 1900 年在 Pisa 高等师范学校的博士学位论文是 "Clifford's parallelism in elliptic spaces".

④ Pierre Joseph Louis Fatou (1878.02.28—1929.08.10), 法国人, P. Painlevé 的学生, 1907 年 2 月 14 日在高等师范学校的博士学位论文是 "Séries trigonométriques et séries de Taylor", 1926 年任法国数学会会长.

⑤ Ernst Sigismund Fischer (1875.07.12—1954.11.14), 奥地利人, F. Mertens (Franz Carl Josef Mertens, 1840.03.20—1927.03.05, 波兰人, E. Kummer 和 L. Kronecker 的学生, 1865 年在柏林大学的博士学位论文是 "De functione potentiali duarum ellipsoidium homogenearum") 和 L. Gegenbauer (Leopold Bernhard Gegenbauer, 1849.02.02—1903.06.03, 奥地利人, 1883 年当选为奥地利科学院通讯院士) 的学生, 1899 年在维也纳大学的博士学位论文是 "Zur theorie der determinanten", 还引出了 Hilbert 空间的概念, 证明了 L^2 和 ℓ^2 同构.

作使得 Lebesgue 积分在积分方程和函数空间的理论中持久地占有重要的位置.

在激励抽象测度和积分论研究的开展上, H. Lebesgue 的工作仍是先导性的. 1910 年, H. Lebesgue 的 "Sur l'intégration des fonctions discontinues" (《不连续函数的积分》)不仅把微积分推广于 n 维空间, 而且引入了可数可加集函数的概念 (定义于 Lebesgue 可测集类上), 指出这些函数是定义在集类上的有界变差函数. 正是对于有界变差与可加性概念之间联系的考察, 使得 J. Radon[①]作出了更广的 Radon 积分, 把 Stieltjes 积分和 Lebesgue 积分作为它的特殊情形.

1913 年, H. Lebesgue 的 "Theory and applications of absolutely additive set functions" 中指出, Lebesgue 积分的思想在更一般的背景上也是有效的. 1932 年, A. Haar[②]引进群的 Haar 测度.

注记　W. Young[③]也独立地发现了 Lebesgue 积分, 但非常遗憾, 他比 H. Lebesgue 晚了两年. 他的定义与 H. Lebesgue 的非常不同, 但本质上是等价的. 他还给出 Young 不等式 (图 4.9):

$$\int_0^a \varphi(t)\mathrm{d}t + \int_0^b \psi(\tau)\mathrm{d}\tau \geqslant ab, \quad a,b \geqslant 0.$$

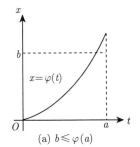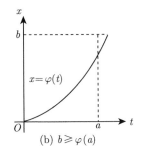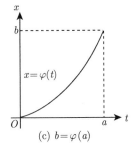

图 4.9　Young 不等式示意图

---

① Johann Radon (1887.12.16—1956.05.25), 捷克人, von Escherich (Gustav Ritter von Escherich, 1849.06.01—1935.01.28, 奥地利人, Johannes Frischauf 和 Karl Friesach 的学生, 1873 年在 Graz 技术大学的博士学位论文是 "Die Geometrie anf Flächen constanter negativer Krümmung", 1903—1904 年任维也纳大学校长, 1890 年创办期刊 "Monatshefte für Mathematik und Physik") 的学生, 1910 年在维也纳大学的博士学位论文是 "Über das Minimum des Integrals $\int_{s_1}^{s_2} F(x,y,\vartheta,\kappa)\mathrm{d}s$", 1913 年给出 $\mathbb{R}^n$ 中的 Radon-Nikodym 定理, Radon 变换的原理用于 CT 扫描技术.

② Alfréd Haar (1885.10.11—1933.03.16), 匈牙利人, D. Hilbert 的学生, 1909 年在 Göttingen 大学的博士学位论文是 "Zur Theorie der orthogonalen Funktionensysteme", 1931 年当选为匈牙利科学院院士.

③ William Henry Young (1863.10.20—1942.07.07), 英格兰人, G. Young 的丈夫, 1907 年 5 月 2 日当选为皇家学会会员, 1910 年的 "The fundamental theorems of the differential calculus" 非常漂亮地处理了多元微积分, 现在所有高等微积分的书都采用了他的处理方法, 1917 年获 de Morgan 奖, 1922—1924 年任伦敦数学会会长, 1928 年获 Sylvester 奖, 1929—1936 年任国际数学联盟主席.

4.28　Bourbaki 学派

20 世纪 30 年代后期, 法国数学期刊上发表了若干数学论文, 所论问题深刻, 内容详尽, 署名均为 Nicolas Bourbaki. 1939 年的 "Éléments de mathématique" (《数学原理》)对现代数学产生了不可忽视的作用, 是数学史上了不起的八本著作之一, 作者也是 Nicolas Bourbaki.

这逐渐引起人们的重视, 到底谁是 Nicolas Bourbaki, 数学界议论纷纷. 没有一个人真正遇见过他, 于是 Nicolas Bourbaki 成了法国数学界的一个谜.

Weil 曾为 Nicolas Bourbaki 编的简历是:

> Nicolas Bourbaki, 法国数学家, 生于 1886 年, 在 Kharkiv 大学毕业后获奖学金, 先是去了巴黎, 然后到了 Göttingen 大学, 分别师从 J. Poincaré 和 D. Hilbert, 1910 年在 Kharkiv 大学完成学位论文答辩. 他的学术生涯丰富多彩, 合作者无数, 名誉扶摇直上.

在第一次世界大战中, 德国和法国对关系到科学问题的看法并不一样. 德国让他们的学者去研究科学, 通过他们的发现或发明或方法来改进和提高军队的力量, 结果发现这些都有助于德军战斗力的增长. 而法国, 至少在战争初期, 认为人人应该上前线, 因而年轻的科学家如其他法国人一样也到前线服役. 这虽然表现出一种爱国主义精神, 但是其后果对于年轻人来说却是可怕的大屠杀, 例如高等师范学校的优秀学生们有三分之二是被战争毁掉的.

此时, 德国数学突飞猛进, 涌现了一批一流数学家: E. Noether, C. Siegel[1], E. Artin 和 H. Hasse 等. 而法国人还故步自封, 对敌国的进展不甚了解, 对新兴的莫斯科和波兰学派就更是一无所知. 而对其他像 von Neumann 和 Riesz 兄弟的工作也不理解, 只知栖居在自己的小天地中. 在这里, 函数论是至尊无上的.

不过, 法国也有代表先进潮流的, 如 É. Cartan.

20 世纪 20 年代, 一些百里挑一的天才人物进入了万人竞试的高等师范学校. 但他们没有碰到什么年轻教师, 而都是些著名的老头子, 如 C. Picard, P. Montel, J. Hadamard, F. Borel, H. Lebesgue 和 A. Denjoy[2]等, 基础课就是由他们

---

[1] Carl Ludwig Siegel (1896.12.31—1981.04.04), 德国人, E. Landau 的学生, 1920 年在 Göttingen 大学的博士学位论文 "Approximation algebraischer Zahlen" 对 Diophantine 逼近论非常重要, 1968 年当选为美国国家科学院院士, 1978 年获第一个 Wolf 数学奖, 还是瑞典皇家科学院院士、丹麦皇家科学与人文院院士、挪威皇家科学与人文院院士.

[2] Arnaud Denjoy (1884.01.05—1974.01.21), 法国人, R. Baire 的学生, 1909 年在高等师范学校的博士学位论文是 "Sur les produits canoniques d'ordre infini", 1930 年获 Poncelet 奖, 1931 年任法国数学会会长, 1941 年当选为法国科学院院士.

负责教授的. 古老的教材也令他们很不满意, 如 É. Goursat[①]的 "Cours d'analyse mathematique" 等. 他们的确很有名, 但他们只知道他们在二三十岁时学的数学, 对 20 世纪数学的认识是相当模糊的.

　　进入高等师范学校的年轻人不满足于法国数学界的现状, 把触角伸向 "函数论王国" 之外. 他们痛感到, 如果还继续沿这个方向搞, 法国数学肯定要走进死胡同. 当然, 法国在函数论方面仍然可以很出色, 但是在数学的其他方面, 人们就会忘掉法国人了. 这就会使法国两百多年的传统中断, 因为从 de Fermat 到 J. Poincaré 总是具有博大全才数学家的名声. 恰恰是这些有远见的青年人使法国数学在第二次世界大战后既能保持先进水平, 又影响着整个现代数学的发展.

　　当时打开那些年轻人通往外在世界的通道只有 J. Hadamard, 他把他认为最重要的论著分配给打算在讨论班上做报告的人.

　　1934 年, J. Hadamard 退休之后, G. Julia 以稍稍不同的方式继续主持这个讨论班, 以更系统的方式去研究所有方向上的伟大思想. 这批年轻人决心像 van der Waerden 系统总结 E. Noether, D. Hilbert, J. Dedekind 和 E. Artin 代数理论的 "Moderne Algebra" (《近世代数》)那样, 从头做起, 把整个数学重新整理一遍, 以书的形式来概括现代数学的主要思想, 而这也正是 Bourbaki 学派及其主要著作 "Éléments de mathématique" 产生的起源.

　　受 G. Peano 工作的影响, Bourbaki 学派于 1934 年 12 月 10 日在高等师范学校成立. 这天是星期一, Bourbaki 学派九位创始人中的六人, H. Cartan[②],

　　① Édouard Jean-Baptiste Goursat (1858.05.21-1936.11.25), 法国人, J. Darboux 的学生, 1881 年在高等师范学校的博士学位论文是 "Sur l'équation différentielle linéaire qui admet pour intégrale la série hypergéométrique", 1889 年获 Poncelet 奖, 1895 年任法国数学会会长.

　　② Henri Paul Cartan (1904.07.08-2008.08.13), 法国人, É. Cartan 的长子, P. Montel 的学生, 1928 年在高等师范学校的博士学位论文 "Sur les systèmes de fonctions holomorphes a variétés linéaires lacunaires et leurs applications" 证明了 Bloch 猜想并做了推广, 1950 年任法国数学会会长, 1962 年当选为丹麦皇家科学与人文院院士, 1965 年当选为法国科学院通讯院士 (1974 年为正式院士), 1967—1970 年任国际数学联盟主席, 1971 年当选为皇家学会会员和西班牙皇家科学院院士, 1972 年当选为美国国家科学院院士, 1978 年当选为比利时皇家科学、人文和艺术院院士, 1979 年当选为日本学士院院士和芬兰科学与人文院院士, 1980 年获 Wolf 数学奖, 1981 年当选为瑞典皇家科学院院士, 1985 年当选为波兰科学院院士, 1989 年获荣誉军团高等骑士勋位, 1999 年当选为俄罗斯科学院院士, 曾任法国数学会会长.

C. Chevalley①, J. Delsarte②, J. Dieudonné③, de Possel④和 A. Weil, 趁着参加 Poincaré 研究所 G. Julia⑤的讨论班之机, 在巴黎拉丁区的一个名叫 A. Capoulad 的餐厅地下室, 围着餐桌一边吃饭, 一边举行第一次 "工作会议". 他们的主要工作是模仿 Euclid 的 "Éléments de mathématique" 系列, 1948 年后还有 "Séminaire Bourbaki" 系列.

创始人中的另外三人是 J. Coulumb⑥, C. Ehresmann 和 S. Mandelbrojt⑦.

1935 年 7 月 16 日, 这群年轻数学家召开了第一次全体会议. 7 月 16 日被认为是 "集体笔名"——Bourbaki 的诞生日. 第一个使用 Bourbaki 名字的是 Raoul Husson, 这是在法国军事史中看到的名字, 而 Nicolas 是 A. Weil 的未婚妻 Éveline Gillet 起了一个与末代沙皇一样的名字. 这样, Nicolas Bourbaki 就成了这个数学组织的正式名字. A. Weil 自告奋勇地编了一个前面提到的 Nicolas Bourbaki 的简历. 为了避免被查询, A. Weil 故意申明 Nicolas Bourbaki 的博士学位论文在德军入侵后被摧毁了, 确实是掩饰得天衣无缝.

当时, Bourbaki 学派的大多数成员是 30 岁左右, 他们以高度的热情开始进行工作. 可是 20 世纪的数学已经发展到每一位数学家都必须专业化, 也许只有少数像 J. Poincaré 和 D. Hilbert 这样的人才能掌握整个数学. 而对于普通人, 要想对整个领域有一个全面的认识, 并能抓住各个分支的内在关系, 那是非常困难的. 为了达到原来的目标, 对数学所有分支中的基本概念加以阐明, 然后在此基础上再

① Claude Chevalley (1909.02.11—1984.06.28), 法国人, G. Julia 的学生, 1933 年在巴黎大学的博士学位论文是 "Sur la théorie du corps de classes dans les corps finis et les corps locaux", 1941 年获 Cole 数论奖.

② Jean Frédéric Auguste Delsarte (1903.10.19—1968.11.28), 法国人, 1928 年 3 月的博士学位论文是 "Les rotations fonctionnelles", 1954 年获荣誉军团骑士勋位, 1964 年获 Bordin 奖, 引进无穷远点概念.

③ Jean Alexandre Eugène Dieudonné (1906.07.01—1992.11.29), 法国人, P. Montel 的学生, 1931 年在高等师范学校的博士学位论文是 "Recherches sur quelques problèmes realtifs aux polynômes et aux fonctions bornées d'une variable complexe", 1964 年任法国数学会会长, 与 A. Grothendieck 的 "Éléments de géométrie algébrique" 被简称为 "EGA", 1966 年获 Julia 奖, 1968 年当选为法国科学院院士, 1971 年获 Steele 奖, 1971 年和 1973 年两次获 Ford 奖, 还获得荣誉军团军官勋位.

④ Lucien Alexandre Charles René de Possel (1905.02.07—1974), 法国人, 地球物理学家, 1937 年离开了 Bourbaki 学派.

⑤ Gaston Maurice Julia (1893.02.03—1978.03.19), 阿尔及利亚人, de Humbert (Marie Georges de Humbert, 1859.01.07—1921.01.22, 法国人, Pierre Humbert 的父亲, M. Jordan 和 C. Hermite 的学生, 1885 年在综合理工学校的博士学位论文是 "Sur les courbes de genre un", 1891 年获 Poncelet 奖, 1893 年任法国数学会会长, 1901 年当选为法国科学院院士) 和 C. Picard 的学生, 1917 年在巴黎理学院的博士学位论文是 "Étude sur les formes binaires non quadratiques à indéterminées réelles ou complexes, ou à indéterminées conjuguées", 1932 年任法国数学会会长, 1934 年 3 月 5 日当选为法国科学院院士 (1950 年任院长), 也是德国科学院院士, 曾任法国数学会会长.

⑥ Jean Coulomb (1904.11.07—1999.02.26), 法国人, 1960 年当选为法国科学院院士 (1976—1977 年任院长), 1967—1969 任标准计量局局长, 1991 年获荣誉军团大十字骑士勋位.

⑦ Szolem Mandelbrojt (1899.01.10—1983.09.23), 波兰人, 本华的叔叔, J. Hadamard 的学生, 1923 年在巴黎第四大学的博士学位论文是 "Sur les séries de Taylor qui présentent des lacunes", 1938 年获 Poncelet 奖, 1953 年任法国数学会会长, 1972 年当选为法国科学院院士, 1967 年编辑出版了 J. Hadamard 的全集 "La vie et l'oeuvre de Jacques Hadamard".

集中于专门学科, Bourbaki 学派应该对于他所听到的所有东西都有兴趣, 并一旦需要时, 能够写书中的一章, 即便那不是他们的专长.

Bourbaki 学派以结构观点从事研究, 认为数学结构没有任何事先指定特征, 它只着眼于关系对象的集, 认为在各种数学结构之间有其内在的联系, 其中代数、拓扑和序结构是最基本的结构, 称为母结构, 而其他结构则是由较为根本的结构复合而生成的, 在 20 世纪五六十年代盛极一时, 在中学教材改革中曾奉为经典.

Bourbaki 学派的工作方法极为冗长而且艰苦. 他们一年举行两三次集会, 一旦大家一致同意要写一本书或者一章论述某种专题, 起草的任务就交给想要担任的人. 这样, 他就由一个相当泛泛的计划开始写一章或几章的初稿. 一般来说, 他可以自由地筛选材料, 一两年之后, 将所完成的初稿提交大会, 然后一页不漏地大声宣读, 接受大家对每个证明的仔细审查, 并受到无情的批评. 如果哪一位有前途有见解的青年被注意到并被邀请参加 Bourbaki 的一次大会, 而且能经受住讨论会上 "火球般" 的攻击, 积极参加讨论, 就自然而然被吸收为新成员, 但如果他只是保持沉默, 下次决不会再受到邀请.

Bourbaki 的成员不定期更换, 年龄限制在 50 岁以下. 虽然一个过 50 岁的人仍然可以是一位非常好的并极富有成果的数学家, 但是他很难接受新思想. 在讨论会上, 短兵相接的批判与反批判, 不受年龄的限制, 即便两人相差 20 岁, 也挡不住年轻的责备年纪大的. 大家都知道正确对待这种情况的方法是一笑置之. 因此, 在 Bourbaki 的成员面前, 没有人敢自夸是一贯正确的. 有时一个题目要几易作者. 从开始搞某一章到成书, 其间平均需要经历 8—12 年.

1935 年底, Bourbaki 学派一致同意以数学结构作为分类数学理论的基本原则, 反对将数学分为分析、几何、代数和数论的经典划分, 而要以同构①概念对数学内部各学科进行分类. 他们认为全部数学基于三种母结构: 代数结构、序结构和拓扑结构. 所谓结构就是表示各种各样概念的共同特征仅在于它们可以应用到各种元素的集上. 而这些元素的性质并没有专门指定, 定义一个结构就是给出这些元素之间的一个或几个关系, 人们从给定的关系所满足的条件建立起某种给定结构的公理理论就等于只从结构的公理出发来推演这些公理的逻辑推论. 于是一个数学学科可能由几种结构混合而成, 同时每一类型结构中又有着不同的层次. 比如实数集就具有三种结构: 第一种是由算术运算定义的代数结构; 第二种是顺序结构; 第三种就是根据极限概念的拓扑结构. 三种结构有机结合在一起, 比如 Lie 群是特殊的拓扑群, 是拓扑结构和群结构相互结合而成. 这样, 他们从一开始就打乱了经典数学世界的秩序, 以全新的观点来统一整个数学.

---

① 1862 年, R. Latham (Robert Gordon Latham, 1812.03.24—1888.03.09, 英格兰人, 皇家学会会员) 的 "Elements of comparative philology" 首创词汇同构 (isomorphic), 来源于希腊文 "$\iota\sigma\sigma\varsigma$" ("相同" 之意) 和 "$\mu\sigma\varrho\varphi\eta$" ("形状" 之意) 的合成.

"Éléments de mathématique" 对整个数学作完全公理化处理的第一个目标是研究所谓 "分析的基本结构". 正如 Bourbaki 学派所言: "从现在起, 数学具有了几大类型的结构理论所提供的强有力的工具, 它用单一的观点支配着广大的领域, 它们原先处于完全杂乱无章的状况, 现在已经由公理方法统一起来了." "由这种新观点出发, 数学结构就构成数学的唯一对象, 数学就表现为数学结构的仓库." 它以它的严格准确而成为标准参考书, 并且是第二次世界大战数学文献中被引用次数最多的书籍之一.

Bourbaki 学派的思想及写作风格成为青年人仿效的对象, "Bourbaki" 便成了一个专门的名字风靡欧美数学界.

凭着 Bourbaki 学派的威望, 许多数学名词和符号也统一起来了. 最常用的自然数集、整数集①、有理数集②、实数集和复数集, 都按 Bourbaki 的用法分别用 $\mathbb{N}, \mathbb{Z}, \mathbb{Q}, \mathbb{R}, \mathbb{C}$ 来表示, 单射 (injection)、满射 (surjection) 和双射 (bijection) 是他们的发明, 滤波 (filtre) 也是他们的发明. 另外, A. Weil 还创造了空集符号.

20 世纪 60 年代中期, Bourbaki 的声望达到了顶峰. 很多成员都有重要的影响, 连他们的一般报告和著作都引起很多人注意. 在 20 世纪的数学发展过程中, 该学派起着承前启后的作用. 他们把人类长期积累起来的数学知识按照数学结构整理成为一个井井有条博大精深的体系. 这个体系连同他们对数学的贡献, 已经无可争辩地成为当代数学的一个重要组成部分, 并成为蓬勃发展的数学科学的主流.

利用数学结构来统一整个数学的愿望诚然很好, 也获得了巨大的成功. 不过, 客观世界五花八门, 千变万化, 特别是那些与实际关系密切, 与古典数学的具体对象有关的分支, 很难利用结构观念加以分析, 更不用说公理化了. 而且自 20 世纪60 年代以来, 这些分支有了越来越快的发展, 越发难以纳入 "数学结构" 的范畴之中.

Bourbaki 的数学体系常常因其极端形式化、抽象化和公理化, 以及脱离实际而遭到批评. 实际上, 这些批评是不公正的, 他们的确追求形式上的严整及漂亮, 但是, 他们的抽象概念并不是无源之水和无本之木, 他们也从来不做那些为推广而推广, 为抽象而抽象的工作. 脱离实际的工作是一种偏离 Bourbaki 的趋向.

1968 年, J. Dieudonné 在罗马尼亚布加勒斯特数学研究所做了主题为 "Bourbaki 的事业" 的演讲, 笼罩在 Bourbaki 学派上的面纱终于揭开.

1969 年, Bourbaki 学派还写了一本关于数学史的传世巨著 "Eléments d'histoire des mathématiques" (《数学史》).

---

① E. Noether 首先用德文 "Zahlen" 的第一个字母 Z 表示整数集, "数" 之意.

② 1895 年, G. Peano 首先用意大利文 "quoziente" 的首字母 Q 表示有理数集, "多少次" 之意.

　　S. Eilenberg[①]到美国半年后, 就比土生土长的美国人知道更多关于美国的事情. 他的法语水平如同地道的法国人. 因此, Bourbaki 学派的成员必须是法国人这一不成文的规定在接纳他时被打破, 成为该学派为数不多的外籍成员之一.

　　2006 年, M. Marshaal[②]的 "Bourbaki: A secret society of mathematicians" 揭秘了 Bourbaki 学派的历史.

---

　　① Samuel Eilenberg (1913.09.30—1998.01.30), 波兰人, K. Kuratowski 和 K. Borsuk (Karol Borsuk, 1905.05.08—1982.01.24, 波兰人, S. Mazurkiewicz 的学生, 1930 年在华沙大学的博士学位论文是 "On retracts and related sets", 1931 年发表收缩核理论, 1933 年证明了 Borsuk-Ulam 定理) 的学生, 1936 年在华沙大学的博士学位论文是 "On the topological applications of maps onto a circle", 1942 年与 L. MacLane 引进 "Hom" 和 "Ext" 符号, 1945 年他们又提出范畴论, 企图将数学统一于某些原理. 1986 年获 Wolf 数学奖, 并当选为美国国家科学院院士, 1987 年获 Steele 奖, 曾任美国数学会副会长, 美国人文与科学院院士, 曾提出 Borsuk-Ulam 定理: 任一从 n 维球面到 n 维空间的连续函数, 总能在球面上找到两个与球心对称的点, 它们的函数值相同.

　　② Maurice Marshaal (1957—), 法国人.

第 5 章　英国和爱尔兰篇

5.1　英国数学简介

在 Sir Newton 之前, 英国出现过几个微积分的先驱, 如 Sir Napier, J. Wallis, I. Barrow 和 J. Gregory 等.

17 世纪, 英国出现了微积分学的创立者 Sir Newton, 剑桥学派有良好的基础. 1660—1730 年, 英国成了世界数学中心.

由于民族偏见, 关于微积分学的优先权争论在各自的学生和支持者中延续了百年, 造成了欧洲大陆和英国数学家的长期对立. 英国数学在一个时期里闭关锁国, 过于拘泥在 Newton 流数法中停步不前, 因而数学发展整整落后了百年, 直到 G. Green 成为剑桥学派的奠基人.

1812 年, C. Babbage[①], Sir Herschel 和 G. Peacock[②]等创立 "Analytic Society", 1813 年创办 "Memoirs of the Analytic Society", 1816 年英译了 S. Lacroix 在 1800 年的 "Sur le calcul différentiel et intégral" 和 1802 年的教科书 "Traité elementaire du calcul differentiel et du calcul integral" (这本书到 1881 年已出到第九版), 旨在改革剑桥大学微积分的记号和教学状况. 学会的活动不仅大大推动了剑桥大学新分析的发展, 而且使英国数学研究出现转机.

(1) 以偏微分方程为主要工具寻求解决物理问题的一般数学方法, 取得卓越成就, 实现英国数学的第一次振兴;

(2) 纯数学的兴起, 从传统和具体的思考方式向理论和抽象的思考方式转变.

1837 年, D. Gregory[③]创办 "Cambridge Mathematical Journal", 并首任主编, 为年轻人提供了发表成果的园地, 极大地刺激了剑桥大学的数学研究. 该刊后来更名为 "Pure and Applied Mathematics Quarterly", 延续至今.

---

① Charles Babbage (1792.12.26—1871.10.18), 英格兰人, 1816 年当选为皇家学会会员, 1827 年任剑桥大学 Lucas 数学教授, 1934 年的 "On the economy of machinery and manufactures" 提出了运筹学的早期形式.

② George Peacock (1791.04.09—1858.11.08), 英格兰人, J. Hudson (John Hudson, 1773—1843.10.31, 英格兰人) 的学生, 1816 年在剑桥大学获博士学位, 1818 年 1 月当选为皇家学会会员, 1830 年的 "Treatise on Algebra" 类似于 "Elements" 给出逻辑的叙述, 1837—1859 年任剑桥大学 Lowndes 天文学和几何学教授.

③ Duncan Farquharson Gregory (1813.04.13—1844.02.23), J. Gregory 的玄孙, 1844 年首次给出热力学方程的分数阶微积分运算算子符号表达式, 创办 "Cambridge Mathematical Journal", 并首任编辑, "On the real nature of symbolic algebra" 给出现代代数定义之一, "Examples of the processes of the differential and integral calculus" 是剑桥大学的重要教材, 将欧洲大陆微积分介绍到英国.

1908 年, G. Hardy 的 "A Course of Pure Mathematics" (《纯数学教程》) 涉及微积分、无穷级数和极限等基本内容, 是全英第一本严格的初等分析教程.

1910 年, G. Hardy 与 J. Littlewood 开始了长达 35 年的合作研究, 联名发表近百篇论文, 内容涉及 Diophantus 逼近、堆垒数论、数的加性和积性理论、Riemann 函数、不等式、积分理论和三角级数理论等, 这也是剑桥学派的研究主题. 他们成为剑桥学派的共同领导者. 1914 年, S. Rāmānujan 来到剑桥大学, 与 G. Hardy 在分析学领域进行合作.

1928 年, J. Littlewood 开设了高级讨论班, 以 "谈话班" 著称, 气氛自由而热烈, 培养了一批有成就的年轻数学家. 该学派将严密化的分析与积分方程和测度论等工具用于数论和函数论的研究, 发展起圆法等分析方法, 形成 20 世纪新的分析风格. 但该学派过分强调纯数学的倾向, 束缚了其他分支的发展.

第二次世界大战后, 英国数学开始转向多元化, 分析学派成为历史.

5.2　对数的发明者——Sir John Napier of Merchiston

Sir Napier (1550—1617.04.04), 苏格兰人.

Sir Napier 生于 Merchiston 城堡, 是 1430 年就拥有的 Merchiston 城堡的第八代主人, 卒于 Edinburgh.

父母: Sir Napier[1]和 J. Bothwell[2].

次子: Robert Napier.

后裔: Mark Napier.

1594—1614 年, Sir Napier 为了寻求一种球面三角计算的简便方法, 花费 20 年的时间运用独特的方法构造出对数方法, 并讨论过微分方程的近似解, 这让他在数学史上被重重地记上一笔.

1614 年 6 月, Sir Napier 的 "Mirifici logarithmorum canonis descriptio" (《奇妙对数定律的说明》) 阐明了对数原理, 后人称为 Napier 对数.

1616 年, H. Briggs 建议 Sir Napier 将对数改良一下, 以 10 为基底的对数表最为方便. 可惜他于 1617 年春天去世.

1617 年, H. Briggs 的 "Logarithmorum chilias prima" (《自然数从 1 到 1000 的对数》) 给出以 10 为底的对数表, 详细阐述了对数计算和造对数表的方法. 他重新建立了用于解球面直角三角形的 10 个公式的巧妙记法的 "Napier 圆部法则" 和解球面非直角三角形的两个公式——"Napier 比拟式" 及 "Rabdologiae" (《算筹

---

[1] Sir Archibald Napier (1534—1608.05.15), 16 世纪苏格兰的一个重要人物, 1565 年封爵.

[2] Janet Bothwell (1534—1563), Francis Bothwell of Edinburgh, Lord of Session 的女儿.

集》), 还给出做乘除法用的 "Napier 算筹". 此外, 他还发明了 Napier 尺, 可以机械地进行数的乘除运算和求数的平方根.

1619 年, Sir Napier 的次子整理发表了他的遗著 "Mirifici logarithmorum canonis constructio" (《奇妙对数定律的构造》).

1620 年, J. Bürgi①的 "Arithmetische und geometrische progress-tabulen" (《算术和几何级数表》) 与 Sir Napier 独立地发现了对数, 他们分别是通过代数和几何途径得到的.

1624 年, H. Briggs 的 "Arithmetica logarithma sive logarithmorum chilaides triginia, pro numeris naturali serie crescentibus ab unitate 20000 et a 90000 ad 100000······" (对数算术) 引入术语 "尾数" 和 "特征", 给出了自然数从 1 到 20000, 90000 到 100000 的对数, 计算到 14 位小数, 同时也给出了 15 位小数的正弦函数表及 10 位小数的正切和正割函数表. 1628 年, A. Vlacq②的 "Arithmetica logarithma sive logarithmorum chilaides tentum, pro numeris naturali serie crescentibus ab unitate ad 100000······" 补足了 20000 到 90000 的空隙.

1839 年, Sir Napier 的后裔发表遗著 "De arte logistica" (《对数方法》).

Galileo 说, "给我空间、时间和对数, 我就可以创造整个宇宙!"

de Laplace 说, 对数的发现 "以其节省劳力而延长了天文学家的寿命".

5.3 John Wallis

J. Wallis (1616.11.23—1703.10.28), 英格兰人, 1649—1703 年任牛津大学 Savile③几何学教授, 参与创建皇家学会, 并于 1663 年 5 月 20 日当选为皇家学会首批会员.

J. Wallis 生于 Ashford, 卒于牛津.

父母: J. Wallis④和 J. Chapman⑤.

1632 年圣诞节左右, J. Wallis 进入剑桥大学 Emmanual 学院⑥. 1640 年获硕士学位.

1655 年, J. Wallis 的 "Tractatus de sectionbus conicis" (《圆锥曲线》) 最先把圆锥曲线当作二次曲线加以讨论, 第一次摆脱了过去视圆锥曲线为圆锥截线的

---

① Jost Bürgi (1552.02.28—1632.01.31), 瑞士人, 仪器制造商.

② Adrian Vlacq (1600—1667), 荷兰人, 出版商.

③ Sir Henry Savile (1549.11.30—1622.02.19), 英格兰人, 曾任 Merton 学院院长.

④ John Wallis (?—1622), 当地的一个著名牧师.

⑤ Joanna Chapman (?—1643).

⑥ Emmanual 学院 (Emmanual College Cambridge) 在一个天主教修道院的旧址上于 1584 年建立的, 直到 1979 年才招收女生, 名字来源于 Jesus of Nazareth, Emmanual.

纯几何观念. 他熟练地运用 Descartes 坐标来讨论二次曲线, 是第一个有意识地引进负向横坐标的人, 对完善和传播坐标几何的思想起了重要作用. 他还首次引进了 "∞" 符号, 并定义无穷小是 ∞ 的倒数.

1656 年, J. Wallis 的 "Arithmetica infinitorum" (《无穷算术》) 第一次把代数扩展到分析, 使用内插法计算积分, 本质上是从算术的途径大大扩展了 Cavalieri 不可分原理, 采用了无穷小量学说, 引入了无穷级数和无穷乘积, 其中包括 $\sin^n x$ 与轴之间的部分面积和自 0 到 π 的积分公式, 即 Wallis 公式:

$$\frac{\pi}{2} = \frac{2 \cdot 2 \cdot 4 \cdot 4 \cdot 6 \cdot 6 \cdot 8 \cdot 8 \cdot 10 \cdots}{1 \cdot 3 \cdot 3 \cdot 5 \cdot 5 \cdot 7 \cdot 7 \cdot 9 \cdot 9 \cdots},$$

$$\lim_{n \to \infty} \left(\frac{(2n)!!}{(2n-1)!!} \right)^2 \frac{1}{2n+1} = \frac{\pi}{2},$$

$$\lim_{n \to \infty} \frac{(n!)^2 2^{2n}}{(2n)! \sqrt{n}} = \sqrt{\pi}.$$

这是他试图计算 $(1-x^2)^{\frac{1}{2}}$ 从 0 到 1 的积分, 因此发现了单位圆的面积, 并且由这个公式推出了 π 的无穷乘积表达式. 本书中提出了函数极限的算术概念, 虽然还不够严密, 但却向极限的精确定义迈进了重要的一步.

1659 年, J. Wallis 的 "Treatise of angular sections" 研究了与 T. Harriot 的工作非常类似的四次方程解法, 得到了与计算曲线弧长的公式等价的式子.

1669—1671 年, J. Wallis 的 "Mechanica" (《力学–运动简论》) 给出了力学的详细数学研究, 比较严格地给出了力和动量的含义. 他曾猜想地球引力集中于地心.

1685 年, J. Wallis 的 "De algebra tractatus" (《代数学》) 包含 Newton 二项式定理, 给予 T. Harriot 的工作非常清晰的展示, 完整地说明了零指数、负指数和分数指数的意义, 确认无理数是数, 说明怎样几何地表示实系数二次方程的复根. 他看到了代数工具的特点, 认为代数步骤的简明并不逊于几何的直观, 并试图使算术完全脱离几何表示. 他使用的是代数方法, 而不是传统的几何方法, 对求解过程涉及的无穷小问题给出了精辟的论述. 他第一个证明了 "Elements" 卷 5 中所有定理都可以毫不困难地从算术导出其结论, 他的这些观点和成果极大地推动了代数的发展.

在 "Opera Mathematica" 中, J. Wallis 给出了匀速运动的公式 $s = vt$, 接受了负根和复根, 证明了 $a^3 - 7a = 6$ 恰好有三个实根. 这本书的第二版作为 1695 年的 "Opera Mathematica" (《数学文集》) 的第二卷, 引入了连分数的术语, 并给出了计算连分数的渐近分数一般法则, 还研究了平行线理论.

J. Wallis 的工作引导 Newton 在 1664 年和 1665 年试图修改其求圆面积的级数时发现了二项式定理. Newton 用二项式定理得到了许多重要函数的级数.

Newton 曾说: "大约在我的数学生涯初期, 那时我们杰出的同胞 Wallis 博士的著作刚刚落入我的手里, 他考虑到级数, 用级数插入法求出了圆与双曲线的面积." Newton 于 1665 年利用 arcsin 的级数给出 π 的 16 位近似值.

J. Wallis 整理了 C. Ptolemy 的 "Harmonics", Aristarchus[①]的 "On the magnitudes and distances of the sun and moon" 和 Archimedes 的 "Sandreckoner" 等, 对数学史也有重要贡献.

J. Wallis 大胆采用虽不成熟但较常用的方法, 如类比法、不完全归纳法和不太明确的无穷概念, 并坦然地对它们进行代数运算, 从而得到了前所未有的结果.

J. Wallis 曾说: "我把 (不完全) 归纳法和类比当成一种很好的考察方法, 因为这种方法的确常常使我们很容易发现一般规律, 或者至少是为此而做了一个很好的准备."

J. Wallis 强调数学在科学研究中的作用, 认为 "要精确测定物体的运动规律, 除了对它们应用数学度量和数学比例外, 别无他法."

J. Wallis 受皇家学会的委托, 研究碰撞物体的性质, 在 1668 年首次提出了动量守恒定律, 这是第一个重要的守恒定律, 这一发现后来被 C. Huygens 和 Sir Wren[②]推广.

1968 年, C. Boyer[2] 说: "Sir Newton 承认他在分析和流数[③]方面的第一次发现是受 J. Wallis 的 'Arithmetica infinitorum' 的启发."

5.4 Isaac Barrow

I. Barrow (1630.10—1677.05.04), 英格兰人, 1962 年任 Gresham 学院[④] Gresham 几何学教授, 1663 年 5 月 20 日当选为皇家学会首批会员, 1664 年任剑桥大学第一个 Lucas[⑤]数学教授, 1672 年任三一学院[⑥]院长, 1675 年任剑桥大学

---

① Aristarchus of Samos ($A\varrho\iota\sigma\tau\alpha\varrho\chi o\varsigma\ o\ \Sigma\alpha\mu o\varsigma$, 公元前 310—前 230), 希腊人, 古希腊第一个著名天文学家, 被称为古代的 "Copernicus", 历史上最早提出 "日心说", 最早用几何方法测定太阳和月球对地球距离近似比值为 18—20 倍, 太阳与月球直径近似比值为 18—20 倍, 太阳与地球直径近似比值为 6—7 倍.

② Sir Christopher Wren (1632.10.30—1723.03.08), 英格兰人, 1658 年发现摆线的弧长, 1661 年任牛津大学 Savile 天文学教授, 1663 年 5 月 20 日创建皇家学会, 并当选为皇家学会首批会员 (1680—1682 年任会长), 1666 年伦敦大火后的主要重建者, 1669 年发表旋转双曲面是直纹面的结果, 1673 年封爵.

③ 流数 (fluxion) 来源于拉丁文 "fluxus" ("流动" 之意).

④ Gresham 学院 (Gresham College) 是根据 Sir Gresham 的遗言于 1597 年建立的, 同时设立 Gresham 教授职位, 包括天文学、神学、几何、法律、音乐、物理学和修辞学, 1985 年增加了商学, 2014 年增加了环境, 2015 年增加了信息技术.

⑤ Henry Lucas (1610—1663.07), 英格兰人, 1640—1648 年任国会议员, 1663 年在剑桥大学三一学院设立 Lucas 数学教授职位 (Lucasian chair of mathematics).

⑥ 三一学院 (Trinity College Cambridge) 创建于 1546 年, 前身是 1337 年创建的国王学院 (King's Hall) 和 1324 年建立的 Michaelhouse, 校训: Virtus vera nobilitas (美德即是高贵).

副校长.

I. Barrow 生卒于伦敦.

外祖父: William Buggin of North Cray, Kent.

父母: T. Barrow[1]和 A. Buggin[2].

师承: J. Duport[3], V. Viviani 和 de Roberval.

1646 年, I. Barrow 进入剑桥大学三一学院, 1652 年获硕士学位.

1655 年和 1660 年, I. Barrow 分别写了 "Elements" 的拉丁文和英文简化版, 曾作为英国标准几何教材达半个世纪之久.

1669 年, I. Barrow 的 "Lectiones Opticae" (《光学讲义》) 包括光的反射[4]和衍射[5], 更偏于理论性, 在当时是不寻常的.

这一年, I. Barrow 最先发现了 Sir Newton 的才能, 看出了 Sir Newton 具有深邃的观察力、敏锐的理解力, 于是将自己的数学知识, 包括计算曲线图形面积的方法, 全部传授给 Sir Newton, 将其引向了近代自然科学的研究领域, 主动辞去 Lucas 数学教授之职, 举荐 Sir Newton 继任. I. Barrow 让贤成为科学史上的佳话.

1670 年, I. Barrow 的 "Lectiones Geometriae" (《几何讲义》) 对无穷小分析做出卓越贡献, 其中通过计算求切线的方法同现在的求导数过程已十分相近, 并作出了一系列重要曲线的切线, 引入了 "微分三角形" 的概念, 如图 5.1 所示.

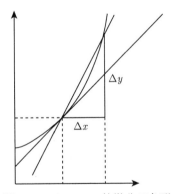

图 5.1   I. Barrow 的微分三角形

实际上, I. Barrow 已经得到了两个函数积和商的微分定理, 求曲线长度和定积分中的变量代换, 甚至还有隐函数的微分定理, 关于求切线和面积问题的互逆

---

① Thomas Barrow, 从事亚麻布制品贸易.

② Ann Buggin (?—1634).

③ James Duport (1606—1679.07.17), 英格兰人.

④ 反射 (reflection) 来源于拉丁文 "reflexionem" ("返回" 之意).

⑤ 衍射 (diffraction) 来源于拉丁文 "diffractionem" ("扩散" 之意).

性在书中有采用几何形式的明确陈述和证明. 但他本人似乎并没有认识到它的重要性, 以至没有作一般性的探讨, 但执着于几何思维, 妨碍了他进一步逼近微积分的基本定理. Newton 就是从这里研究微积分的.

1675 年, I. Barrow 编译了 "Archimedes 全集" 和 "On Conic Section of Apollonius of Perga".

1683 年, I. Barrow 出版了 "Lectiones Mathematicae" (《数学讲义》).

5.5   James Gregory

J. Gregory (1638.11—1675.10), 苏格兰人, 1668 年 6 月 11 日当选为皇家学会会员, 1668—1674 年首任 St Andrews 大学[1]皇家数学教授 (Regius Chair of Mathematics)[2].

J. Gregory 生于 Drumoak, 卒于 Edinburgh.

外祖父: David Anderson of Finshaugh.

父母: J. Gregory[3]和 Janet Anderson.

侄子: D. Gregory[4]和 J. Gregory[5].

曾孙: J. Gregory[6].

玄孙: D. Gregory.

1661 年, J. Gregory 的 "Optica Promota" (《光学进展》) 中记载了他发明的 Gregory 反射望远镜. 他同时提出用光度测定法估计恒星的距离. 他因过度观测太阳损及目力最后失明了.

1667 年, J. Gregory 的 "Vera circuli et hyperbolae quadratura" (《圆和双曲线的求积》) 建立了无穷小几何的基础, 并试图证明 π 和 e 的超越性 (证明有误), 首次展开 arctan 等函数为无穷级数, 与 von Leibniz 给出了 Gregory-Leibniz 级数.

1668 年离开 Padova 之前, J. Gregory 的 "Geometriae pars universalis" (《几何的通用部分》) 第一次给出了切线法是求积法的逆运算, 引进 $x \to x-o(x)$ 思路, 这是 Newton 流数法的基础, 并第一次试图编写微积分学教材. 此时, J. Gregory 已经知道了 $\sin x, \cos x$ 和 $\tan x$ 的级数展开式, 并得到 $\int \sec x \mathrm{d}x = \ln(\sec x+\tan x)$.

---

[1] St Andrews 大学 (University of St Andrews) 创建于 1413 年, 校训: Ever to excel or ever to be the best.

[2] 英王室于 1668 年在 St Andrews 大学设立的皇家数学教授职位.

[3] John Gregory (?—1651).

[4] David Gregory (1659.06.03—1708.10.10), 1691 年任牛津大学 Savile 天文学教授, 1692 年当选为皇家学会会员, 1702 年的 "Astronomiae physicae et geometricae elementa" 是 Newton 理论的大众化版本.

[5] James Gregory (1666—1742), Edinburgh 大学数学教授.

[6] James Gregory (1753—1821), Edinburgh 大学医学教授.

1671 年, J. Gregory 发现 Taylor 公式并写信给 J. Collins[1]告诉他的发现, 比 B. Taylor 早了 40 年.

J. Gregory 最早注意到级数的敛散性, 已经理解了余项的意义, 基本上给出了 d'Alembert 比值判别法 $\lim\limits_{n\to\infty}\dfrac{a_{n+1}}{a_n}=d$, 区分代数函数和超越函数, 已经意识到高于四次的方程没有根式解, 基本上给出了 Riemann 积分的定义, 理解了包含奇解的微分方程通解. 在通信中还提出若干新的成果, 如二项式定理和 Newton 插值公式等.

1939 年, H. Turnbull[2]主编了 "James Gregory Tercentenary Volume".

5.6　有史以来最伟大的科学家——Sir Isaac Newton

5.6.1　Sir Newton

Sir Newton (1643.01.04—1727.03.31), 英格兰人, 1669 年 10 月任剑桥大学 Lucas 数学教授, 1672 年当选为皇家学会会员 (1703—1727 年任会长), 1689 年当选为法国科学院院士, 并任国会议员, 1696 年任皇家造币厂监管 (1700—1727 年任厂长), 1705 年封爵.

Sir Newton 生于 Woolsthorpe, 卒于伦敦, 终身未婚.

外祖父母: James Ayscough 和 Margery Ayscough.

父母: I. Newton[3]和 H. Ayscough[4].

师承: I. Barrow 和 B. Pulleyn[5].

1661 年 6 月 3 日, Sir Newton 进入剑桥大学三一学院, 他把学习体会都记在他从 1664 年开始的笔记 "Quaestiones quaedam philosophicae" (《某些哲学问题》) 中, 题目下写着 "Amicus Plato amicus Aristotles magis amica veritas" (Plato 是我的朋友, Aristotle 是我的朋友, 但我最好的朋友是真理). I. Barrow 独具慧眼, 发现了他的深邃观察力和敏锐理解力, 称其为 "卓越的天才". 1669 年 10 月, I. Barrow 辞掉 Lucas 数学教授职位并推荐 Sir Newton 继任.

Sir Newton 有两个平面几何的定理, 称为 Newton 定理 (图 5.2):

(1) 圆外切四边形的两条对角线的中点与该圆圆心共线;

(2) 圆外切四边形的两条对角线的交点与以切点为顶点四边形两条对角线的交点重合.

---

[1] John Collins (1624.03.05—1683.11.10), 英格兰人, 1667 年当选为皇家学会会员.

[2] Herbert Westren Turnbull (1885.08.31—1961.05.04), 英格兰人, 1921—1950 年任 St Andrews 大学皇家数学教授, 1932 年当选为皇家学会会员.

[3] Isaac Newton (?—1642.10).

[4] Hannah Ayscough (?—1689).

[5] Benjamin Pulleyn (?—1690), 英格兰人, 1674—1686 年任皇家希腊文教授.

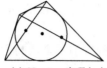
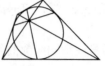

(a) Newton 定理(一)   (b) Newton 定理(二)

图 5.2   Newton 定理

Sir Newton 在致 R. Hooke[1]的信中谦虚地说: "如果说我之所见要远一点, 那只是因为我是站在巨人肩上的缘故."

Sir Newton 在临终前对自己的生活道路是这样总结的: "我不知道在别人看来, 我是什么样的人; 但在我自己看来, 我不过就像是一个在海滨玩耍的小孩, 为不时发现比寻常更为光滑的一块卵石或比寻常更为美丽的一片贝壳而沾沾自喜, 而对于展现在我面前的浩瀚的真理的海洋, 却全然没有发现."

A. Pope[2]为 Sir Newton 写下了这段墓志铭: 自然与自然的定律都隐藏在黑暗中; 上帝说: "让 Newton 来吧!" 于是, 一切变为光明. 其中最后一句是, 让人们欢呼这样一位多么伟大的人类荣耀曾经在世界上存在!

1701 年, von Leibniz 说: "综观有史以来的全部数学, Sir Newton 做了一多半的工作."

1727 年, de Fontenelle[3]写了 Sir Newton 的颂词 "Éloge de M. Newton".

1752 年, W. Stukeley[4]写了 Sir Newton 的生平回忆录 "Memoirs of Sir Isaac Newton's Life", 里面提到了苹果的故事.

1942 年, H. Turnbull 编辑出版了 "The Mathematical Discoveries of Newton", 以纪念 Sir Newton 的三百周年诞辰, 1950 年退休后又编辑出版了 "Correspondence of Isaac Newton".

1965 年, A. Koyré 的遗著 "Newtonian Studies" (《Newton 研究》) 发表.

5.6.2   创立微积分学

R. Descartes 的 "La Géométrie" 和 J. Wallis 的 "Arithmetica Infinitorum" 对 Sir Newton 的影响最深. 事实上, 正是这两部著作形成了 Sir Newton 的数学思想, 并引导他走上了创立微积分学之路.

---

[1] Robert Hooke (1635.07.18—1703.03.03), 英格兰人, 被称为 "英国的 da Vinci", R. Boyle 的学生, 发现并命名了细胞, 1660 年发现 Hooke 弹性定律, 1663 年 5 月 20 日创建皇家学会, 并当选为皇家学会首批会员, 1665—1704 年任 Gresham 几何教授.

[2] Alexander Pope (1688.05.21—1744.05.30), 英格兰人, 英国最伟大的诗人之一, 翻译了 "Homer".

[3] Bernard le Bovier de Fontenelle (1657.02.11—1757.01.09), 法国人, 1691 年当选为法兰西学术院院士, 1697 年任法国科学院终身秘书, 1733 年当选为皇家学会会员.

[4] William Stukeley (1687.11.07—1765.03.03), 英格兰人, 1718 年当选为皇家学会会员.

在 Sir Newton 的同母异父妹妹的后裔保存下来的一份手稿里, 有这样一段描述: "······ 这一切都是在 1665 年与 1666 年两个瘟疫年份发生的事, 在那些日子里, 我正处于创造的旺盛时期, 我对于数学和哲学, 比任何年代都更为用心."

1664 年和 1665 年间的冬天, Sir Newton 在试图修改求圆面积的级数时发现了二项式定理, 这是微积分发展不可缺少的一步.

1665 年 5 月 20 日, 是数学史上极具意义的一天, Sir Newton 提出了流数法. 1666 年 5 月又提出了反流数法.

Sir Newton 提出微积分主要是为了解决下面的问题:

(1) 已知物体运动的 "距离-时间" 函数关系, 求 "任一时刻" 的速度和加速度;

(2) 求曲线的切线;

(3) 求函数的最值;

(4) 求曲线的长、曲线所围面积、曲面所围体积和物体重心问题.

下面三篇论文是微积分发展史上的重要里程碑, 为近代数学和科学的产生与发展开辟了新纪元. Sir Newton 继承并发展了 Galileo 的思想, 将运动学的概念术语用于几何, 继承了 I. Barrow 和 de Fermat 等无穷小观点和方法, 把图形视为不可分量流动的结果, 将古希腊以来求解无穷小问题的各种特殊技巧统一为微分和积分, 标志着微积分学的诞生. 从此, 数学逐渐从感觉的学科转向思维的学科.

(1) 1669 年 (1711 年出版) 的 "Analysi per aequationes numero terminorum infinitas" (《运用无限多项方程的分析》) 中导出了对数、指数、正弦和余弦函数的级数展开式, 也就是后来称为 Taylor 级数的展开式, 给出了求瞬时变化率的普遍方法, 阐明了求变化率和面积是两个互逆问题, 从而揭示了微分与积分的联系, 即微积分学基本定理或 Newton-Leibniz 公式:

$$f(x)\mathrm{d}x = F(b) - F(a).$$

(2) 1671 年 (1736 年出版) 的 "De methodus serierum et fluxionum" (《流数与级数方法》) 中对微积分理论做了更加广泛而深入的说明, 并在概念、技巧和应用各方面做了很大改进, 他改变了过去变量是无穷小元素静止集的观点, 认为是由点线面的连续运动产生的, 引进了高阶流数的概念, 求出了曲线的切线、长度、曲率和拐点, 并给出了直角坐标和极坐标下的曲率半径公式, 附了一张积分简表. 书中还把极值作为一个基本问题, 正式引入了换元积分法, 给出了求解代数方程和微分方程的待定系数法. 书中还给出了解非线性方程的 Newton-Raphson[①]法, 并

---

① Joseph Raphson (1648—1715), 英格兰人, 1689 年 11 月 30 日当选为皇家学会会员, 1690 年的 "Analysis aequationum universalis" 给出 Newton-Raphson 法, 1715 年出版了他的 "Historia Fluxionum".

作为例子具体计算了 $x^3 - 2x - 5 = 0$ 的根在 2 和 3 之间. 1690 年, J. Raphson 的 "Analysis aequationum universalis" 中也给出 Newton-Raphson 法.

(3) 1676 年 (1704 年出版) 的 "Tractatus de quadratura curvarum" (《曲线求积》) 是一篇研究可积曲线的经典文献, 试图澄清一些遭到非议的基本概念, 试图排除由无穷小而造成的混乱局面, 提出了 "首末比方法", 极限思想已初露端倪.

von Neumann 说: "微积分是现代数学的第一个成就, 而怎样评价它的重要性都不为过. 我认为, 微积分比其他任何事物都更清楚地表明了现代数学的发端; 而且, 作为其逻辑发展的数学分析体系仍然构成了精密思维中最伟大的技术进展."

1678 年, Sir Newton 研究在流体中运动物体所受的阻力, 建立了 Newton 黏性定律.

1687 年, Sir Newton 的 "Philosophiae Naturalis Principia Mathematica" 是在 E. Halley 的竭力劝说下才勉强同意出版的, 是数学史上十大名著之一. 人们熟知的力学三大定律、万有引力定律和微积分都集中体现在书中, 其中第三篇的引理 5 "求通过任意个点的抛物线类曲线" 中还给出了 Newton 插值公式, 从而可以推出 Taylor 公式. 这部巨著被公认为人类智慧的最高结晶.

E. Halley 盛赞它为 "无与伦比的论著".

A. Einstein 称赞它是 "无比辉煌的演绎推理成就".

B. Robins[①]编辑了 Sir Newton 的 "Philosophiae Naturalis Principia Mathematica" 第三版.

1704 年, Sir Newton 的 "Opticks or a treatise of the reflexions, refractions, inflexions and colours of light" (光学) 发现了光的本质, 普通白光是由七色光组成的, 发现了彩虹的秘密. 其实这已正是光的波动说的证据, 然而他仍然支持光的粒子说. 这当然不是他的错误, 因为光的波粒说一直到 20 世纪 30 年代量子理论成型时才解决. 经过光学研究, 制造了第一架反射天文望远镜. 这架天文望远镜在天文台, 使用到今天.

总结 Sir Newton 的工作, 他为近代科学奠定了四个重要基础:

(1) 微积分奠基近代数学;

(2) 光谱分析奠基近代光学;

(3) 力学三大定律奠基经典力学;

(4) 万有引力定律奠基近代天文学.

---

① Benjamin Robins (1707—1751.07.20), 英格兰人, H. Pemberton (Henry Pemberton, 1694—1771.03.09, 英格兰人, Herman Boerhaave 的学生, 1719 年在 Leiden 大学的博士学位论文是 "Dissertatio physio-medica inauguralis de facultate oculi, qua ad diversas rerum conspectarum distantias se accommodat", 1727 当选为皇家学会会员, 1728 年 5 月 24 日任 Gresham 物理学教授, 皇家学会会员) 的学生, 1746 年获第一个 Copley 奖.

5.6.3　无穷小是 0 吗?

微积分创立之初, Sir Newton 和 von Leibniz 都没有清楚地理解也没有严格地定义微积分的基本概念, 引起了历史上第二次数学危机.

首先的批评来自 B. Nieuwentijdt[①], 他批评新方法的含糊, 抱怨说无法理解无穷小怎样和 0 有区别, 并质问为什么无穷小的和能是有限的量. 他还质问高阶微分的意义, 质问在推理的过程中为何舍弃无穷小. von Leibniz 在 1695 年的 "Acta eruditorum"[②]的一篇文章中对此作了各种回答, 他承认无穷小不是简单和绝对的零, 而是相对的零, 即它是一个消失的量, 但仍保持着它那正在消失的特征. 他更强调他所创造的东西在做法上或算法上的价值. 他确信只要清楚地表述并且恰当地运用他的运算法, 就会得到合理而正确的结果, 而不管所用符号的意义怎样可疑.

随着微积分概念与技巧的扩展, 人们努力去弥补基础. Sir Newton 的追随者试图把微积分和几何或物理概念联结起来时, 却把他的 "瞬" (不可分增量) 和 "流数" (连续变量) 混淆了; von Leibniz 的追随者致力于形式演算, 也无法把概念严格化. M. Rolle 告诫说: "微积分是巧妙谬论的汇集."

最强有力的批评来自 1734 年 Berkeley 主教[③]的 "The analyst: or a discourse addressed to an infidel mathematician" (《分析学家: 或致一位不信神的数学家》), 一针见血, 击中要害. 他说, 虽然微积分得到了正确结论, 而它的基础并不比宗教的基础更可靠. 他正确地批判了 Sir Newton 的许多论点, 首先给出一个增量, 然后又让它是零, 这违背了 "背反律", 而且所得的 "流数" 实际上是 $\frac{0}{0}$. 对于 $\mathrm{d}y$ 与 $\mathrm{d}x$ 之比, 他说它们 "既不是有限量也不是无穷小量, 但又不是无", 这些变化率只不过是 "消失量的鬼魂", "忽略高级无穷小消除误差" 的做法是 "错误互相抵偿".

在此后的七年中, 出现了 30 多种小册子和论文, 企图纠正这种情形. 如 1734 年 J. Jurin[④]的 "Geometry no friend to infidelity" 和 1735 年 B. Robins 的 "A discourse concerning the nature and certainty of Sir Isaac Newton's method of

① Bernard Nieuwentijdt (1654.08.10—1718.05.30), 荷兰人.

② "Acta Eruditorum" (《教师学报》) 是德国第一份拉丁文科学杂志 (月刊), 1682 年在 von Leibniz 的支持下, 由 O. Mencke (Otto Mencke, 1644.03.22—1707.01.18, 德国人, J. Thomasius 的学生, 1665 年在 Leipzig 大学的博士学位论文是 "Ex theologia natural—De absoluta dei simplicitate, micropolitiam, id est rempublicam in microcosmo conspicuram") 在 Leipzig 创办, 并首任主编, 在前四年, von Leibniz 就贡献了 13 篇论文, 死后由儿子 J. Mencke (Johann Burckhardt Mencke, 1684—1732, 德国人) 继任主编, 1732 年更名为 "Nova Acta Eruditorum", 1756 由 Karl Andreas Bel 任主编, 1782 年停办.

③ Bishop Berkeley, George Berkeley (1685.03.12—1753.01.14), 爱尔兰人.

④ James Jurin (1684.12.15—1750.03.29), 英格兰人, R. Cotes (Roger Cotes, 1682.07.10—1716.06.05, 英格兰人, Sir Newton 的学生, 1706 年在剑桥大学获硕士学位, 1711 年当选为皇家学会会员, 1722 年的遗著 "Harmonia Mensurarum" 处理有理函数的积分, 给出对数函数和圆函数的彻底处理) 和 W. Whiston (William Whiston, 1667.12.09—1752.08.22, 英格兰人, Sir Newton 的学生, 1695 年在剑桥大学获硕士学位, 1702 年任剑桥大学 Lucas 数学教授) 的学生, 1709 年在剑桥大学获硕士学位, 当选为皇家学会会员 (后任秘书).

fluxions and prime and ultimate ratios". J. Jurin 说: 在这种情况下, 不是令增量为零, 而是让增量 "成为消失" 或 "处在消失点上", 并声称 "消失的增量是有最终比的." 他的回答表明他没有足够理解 Berkeley 悖论的本质. 1735 年, Berkeley 主教的 "A defence of free-thinking in mathematics" 批评他是在 "捍卫他所不了解的东西", 再次抓住 Newton 观点中的矛盾, 以说明瞬、流数和极限等概念的含糊不清. 同年, J. Jurin 在 "The minute mathematician" 中的回答依然是躲躲闪闪地重复其辞. 他说: "一个初生的增量是一个刚开始存在于 '乌有' 中的增量, 或刚开始生长的增量, 但是还没有达到任何可指定的无论怎样小的量." 他还是照字义将最终比理解为 "在消失那个瞬间它们的比." 他让自己卷入了无穷小的纠缠之中, 可见这个 "消失量的鬼魂" 是很难挥之而去的.

1742 年, C. Maclaurin 长达 763 页之多的 "Treatise on Fluxions" (《流数论》) 试图根据希腊几何和穷竭法建立流数法, 以避开极限概念. 但这是一个不正确的努力.

当英国人忙于论证流数法中各种观点的有效性时, 欧洲人则更多依靠代数表达式的形式演算而不是几何. 如 L. Euler 拒绝把几何作为微积分的基础, 而是纯粹形式地研究函数. 他的形式化方法的真正贡献是把微积分从几何中解放出来, 使它建立在算术和代数的基础上. 这一步至少为基于实数系统微积分的根本论证开辟了道路.

1743 年, J. d'Alembert 对形式主义的做法忧虑地说: "直到现在, 表现出更多关心的是去扩大建筑, 而不是在入口处张灯结彩; 是把房子盖得更高些, 而不是给基础补充适当的强度." 不过, 他鼓励学习微积分的学生: "坚持, 你就会有信心."

de Lagrange 也决心给微积分提供严密性, 这从他 1797 年的 "Théorie des fonctions analytiques" 的小标题 "包含着微积分学的主要定理, 不用无穷小, 或正在消失的量, 或极限和流数等概念, 而归结为有限量的代数分析艺术" 可以看出他的雄心壮志. 的确, 流数法没有引起他的兴趣, 因为它引用了 "运动" 这一无关的思想. L. Euler 把 dx 和 dy 作为 0 的讲法也不能使他满意, 因为对两个变成零的项之比缺乏清楚而明确的认识. 他致力于寻找一个简单的代数方法.

1759 年, de Lagrange 写信给 L. Euler 说, 他相信已研究出力学和微分学原理尽可能深的真正理论基础. 不过, 特别要指出, 他的工作纯粹是形式的, 用符号表达式来进行计算, 不涉及极限和连续等根本性的概念.

1797 年, de Carnot 的 "Réflexions sur la métaphysique du calcul infinitésimal" 可能给出了一次最著名尝试, 试图澄清 "无穷小分析真正的精神是什么". 他说: "无穷小分析真正的哲学原理 …… 仍然是 …… 误差补偿原理," "所谓无穷小量并不是任意的零, 而是为决定关系的那个连续性定律所给出的零." 在阐述这一观点时, 他实质上返回到 Leibniz 思想上去了. 他主张要肯定两个指定量严格相等, 只要证明它们的差不能是一个 "指定量" 就够了. 他进一步注释 Leibniz 观点说: 我们可以把任意一个量换成另一个与它相差无穷小的量; 无穷小的方法只不过是把穷竭法简化为一种计算方法; "无法感觉的量" 只起辅助作用, 引入它只是为了计算的方便, 在得到最后结果以后就可以消除它. 虽然他的著作受到了普遍的欢迎, 但很难评价它是否正确引导了人们对分析所包含的困难有较清楚的理解.

5.7　有限差分理论的奠基人——Brook Taylor

B. Taylor (1685.08.18—1731.12.29), 英格兰人, 1712 年 4 月 3 日当选为皇家学会会员 (1714 年 1 月 13 日至 1718 年 10 月 21 日任秘书).

B. Taylor 生于 Edmonton, 卒于 Somerset House

祖父: N. Taylor[1].

外祖父: Sir John Tempest.

父母: J. Taylor[2]和 Olivia Tempest.

师承: J. Machin 和 J. Keill[3].

在父亲的教育下, B. Taylor 是一个出色的音乐家和画家.

1703 年 4 月 3 日, B. Taylor 进入剑桥大学 John 学院[4].

1708 年, B. Taylor 得到了 "振荡中心" 问题的一个解决方法, 但是这个解法直到 1714 年才被发表. 因此导致 Johann Bernoulli 与他的优先权之争.

1712 年 7 月, B. Taylor 在给 J. Machin 的信中给出了有关 Kepler 第二定律问题的解. 同年, 他参加了一个委员会, 以解决 Sir Newton 和 von Leibniz 关于微积分的优先权之争.

1715 年, B. Taylor 的 "Methodus incrementorum directa et inversa" (《正反增量方法》) 讨论了微分方程的奇点、包络、变量代换公式、函数导数与反函数导数之间的关系, 为微积分学添加了一个新的分支, 今天这个方法被称为有限差分方法, 发明了分部积分法 (图 5.3). 除其他许多用途外, 他用这个方法来确定一个振动弦的运动, 开创了研究弦振动问题之先河. 他是第一个成功地使用物理效应来阐明这个运动的人. 书中陈述他已于 1712 年 7 月给 J. Machin 的信中首先提出的 Taylor 公式:

$$p_n(x) = f(x_0) + f'(x_0)(x - x_0) + \frac{f''(x_0)}{2!}(x - x_0)^2 + \cdots + \frac{f^{(n)}(x_0)}{n!}(x - x_0)^n.$$

[1] Natheniel Taylor, 地方刑事法院法官, 议员.

[2] John Taylor (?—1729.04.04).

[3] John Keill (1671.12.01—1721.08.31), 苏格兰人, D. Gregory 的学生, 1692 年在 Aberdeen 大学获硕士学位, 1694 年在牛津大学获硕士学位, 1701 年当选为皇家学会会员, 1712 年任牛津大学 Savile 天文学教授.

[4] John 学院 (St John's College Cambridge) 于 1511 年 4 月 9 日动土建立.

它提供了将函数展成无穷级数的一般方法, 是微积分学进一步发展的有力武器, 这个公式是从 Gregory-Newton 插值公式发展而成的, 当 $x_0 = 0$ 时便称作 Maclaurin 公式. Taylor 级数的名字是 1786 年由 S. Lhuilier[①]给出的.

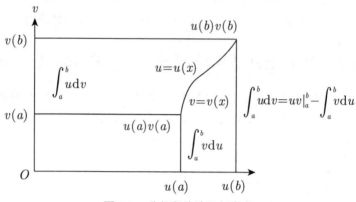

图 5.3   分部积分法几何意义

直到 1772 年, de Lagrange 才认识到这个公式的重要性, 并称之为 "导数计算的基础" (le principal fondement du calcul différentiel) 或微分学基本定理. 此外, 此书还包括了常微分方程奇异解和曲率问题的研究等. 但 B. Taylor 的证明中并没有考虑级数的收敛性, 因而证明不严谨, 直至 19 世纪 20 年代才由 de Cauchy 完成.

1715 年, B. Taylor 出版了 "Linear Perspective", 而在 1719 年出版第二版时更换书名为 "New Principle of Linear Perspective" (《线性透视原理》), 其中最突出之贡献是提出和使用 "没影点" (vanishing point) 概念, 这对摄影测量制图学之发展有一定影响.

1801 年, G. Monge 和 S. Lacroix 说: "由于创造性和富有成果的原理, 从而高出其他研究透视的工作."

1940 年, J. Coolidge 称 B. Taylor 的工作是透视学 "整个大厦的拱顶石".

5.8   Sir James Stirling

Sir Stirling (1692.05—1770.12.05), 苏格兰人, 1726 年 11 月 3 日当选为皇家学会会员, 1746 年当选为德国科学院院士.

---

① Simon Antoine Jean Lhuilier (1750.04.24—1840.03.28), 瑞士人, 1786 年获德国科学院大奖的 "Exposition élémentaire des principes des calculs superérieur" 给出了标准的导数概念、记号和极限基本定理, 使用了符号 "lim", 第一个求单边极限, 1791 年当选为皇家学会会员.

Sir Stirling 生于 Garden, 卒于 Edinburgh.

父母: Archibald Stirling 和 Anna Hamilton.

1711 年 1 月 18 日, Sir Stirling 进入牛津大学 Balliol 学院[1].

1717 年, Sir Stirling 的 "Lineae tertii ordinis neutonianae" 推广了 Sir Newton 的三次曲线理论, 在 Sir Newton 的 72 种类型的基础上又增加了 4 种, 还包括一些其他的结果, 如最速降线、悬链线[2]和正交轨线等问题.

1730 年, Sir Stirling 的 "Methodus differentialis" (《微分法》) 是关于无穷级数、求和、插值和求积的, 给出了 $n!$ 的渐近公式, 即 Stirling 公式:

$$n! \approx \sqrt{2\pi n} \left(\frac{n}{e}\right)^n,$$

$$\log n! = \left(n + \frac{1}{2}\right) \log n - n + \log \sqrt{2\pi}$$
$$+ \frac{B_2}{1 \cdot 2} \frac{1}{n} + \frac{B_4}{3 \cdot 4} \frac{1}{n^3} + \cdots + \frac{B_{2k}}{(2k-1) \cdot (2k)} \frac{1}{n^{2k-1}} + \cdots,$$

其中, B_k 是 Bernoulli 数. 他给出了前五个系数, 并给出了决定后面系数的递推公式. 虽然 $\log n!$ 的级数是发散的, 但他却只用了级数的前几项就算出了 $\log(1000!)$ 等于 2567 加上一个准确到小数点后十位的小数. 他还给出了 Gamma 函数的一个结果: $\Gamma\left(\frac{3}{2}\right) = \sqrt{\pi}$. 同年, de Moivre[3]也给出了 Stirling 公式.

5.9　18 世纪英国最具有影响的数学家之一——Colin Maclaurin

C. Maclaurin (1698.02—1746.06.14), 苏格兰人, 1719 年当选为皇家学会会员.

C. Maclaurin 生于 Kilmodan, 卒于 Edinburgh.

父亲: J. Maclaurin[4].

叔叔: D. Maclaurin[5].

---

① Balliol 学院 (Balliol College Oxford) 创建于 1263 年, 以 de Balliol (John I de Balliol, 1208—1268.10.25) 命名.

② C. Huygens 于 1690 年给出的名字悬链线 (catenary).

③ Abraham de Moivre (1667.05.26—1754.11.27), 法国人, J. Ozanam 的学生, 1697 年当选为皇家学会会员, 1707 年用三角函数的形式 $r(\cos x + i \sin x)$ 表示复数; 1718 年的 "The doctrine of chances" 给出统计独立性的定义、与骰子有关的许多问题和死亡率统计等, 1730 年给出复数三角函数表示的进一步定理, 1733 年的 "Approximatio ad summam terminorum binomii $(a+b)^n$ in seriem expansi" 首次描述正态分布曲线, 1740 年, T. Simpson (Thomas Simpson, 1710.08.20—1761.05.14), 英格兰人, 1737 年的 "A New Treatise on Fluxions" 作为教材, 使用无穷级求函数的定积分, 1745 年当选为皇家学会会员, 1758 年当选为瑞典皇家科学院院士) 基于 de Moivre 的工作发表 "Treatise on the nature and laws of chance". 他还是法国科学院院士、德国科学院院士.

④ John Maclaurin (?—1698), 牧师.

⑤ Daniel Maclaurin, 牧师.

后裔兄弟: J. Maclaurin[1]和 R. Maclaurin[2].

1709 年, 只有 11 岁的 C. Maclaurin 就进入了 Glasgow 大学[3]. 1712 年, C. Maclaurin 的硕士论文 "On the power of gravity" 发展了 Sir Newton 的理论.

1717 年 8 月, 只有 19 岁的 C. Maclaurin 就成为 Aberdeen 大学[4]Marischal 学院[5]的教授.

1719 年, C. Maclaurin 在访问伦敦时见到了 Sir Newton, 从此便成为他的门生.

1720 年, C. Maclaurin 的 "Geometrica organica, sive descriptio linearum curvarum universalis" (《构造几何》) 描述了作圆锥曲线的一些新的巧妙方法, 精辟地讨论了圆锥曲线及高次平面曲线的种种性质.

1722—1726 年, C. Maclaurin 在巴黎从事研究工作, 并在 1724 年因写了物体碰撞的杰出论文而获法国科学院大奖.

1740 年, C. Maclaurin 用引力解释潮汐的工作 "De cause physica fluxus et reflexus maris" 与 Daniel Bernoulli 和 L. Euler 同时获法国科学院大奖.

1742 年, C. Maclaurin 的 "Treatise of Fluxions" 以 Taylor 级数作为基本工具, 是对 Newton 流数法作出符合逻辑和系统解释的第一本书. 此书之意是为 Newton 流数法提供微积分的坚实基础, 以答复 Berkeley 主教于 1734 年对 Newton 微积分学原理的攻击. 他以熟练的几何方法和穷竭法论证了流数学说, 还把级数作为求积分的方法, 并独立于 de Cauchy 以几何形式给出了级数收敛的积分判别法. 他得到 Maclaurin 级数展开式, 并用待定系数法给予证明. 书中有五个方面的问题有很大的影响: 微积分学基本定理的处理、最值的工作、椭球吸力、椭圆积分和 Euler-Maclaurin 求和公式.

1748 年, C. Maclaurin 的遗著 "Treatise on Algebra" (《代数论》) 创立了用行列式的方法求解多个未知数联立线性方程组. 但书中记叙法不太好, 后来 G. Cramer 又重新发现了这个法则, 所以现今称之为 Cramer 法则.

C. Maclaurin 曾打算写一本 "Account of Sir Issac Newton's Discoveries", 但未能完成便去世了, 直到 1750 年出版.

在 C. Maclaurin 之后, 英国数学由于受 Sir Newton 流数术弱点的束缚, 长期陷入了停滞状况. 而在欧洲大陆, 新分析却蓬勃发展起来.

---

[1] James Scott Maclaurin (1864.11.08—1939.01.19), 著名分析化学家.

[2] R. Maclaurin (1870.06.05—1920.01.15), 1909—1920 年任麻省理工学院校长.

[3] Glasgow 大学 (University of Glasgow) 创建于 1451 年, 校训: Via, veritas, vita (方法, 真理, 生命).

[4] Aberdeen 大学 (University of Aberdeen, AU) 创建于 1495 年 2 月 6 日, 时称国王学院 (King's College), 1860 年与 Marischal 学院合并为 Aberdeen 大学, 校训: Initium sapientiae timor domini (敬畏上帝乃智慧之初).

[5] Marischal 学院 (Marischal College) 创建于 1593 年, 1860 年与国王学院合并为 Aberdeen 大学.

C. Maclaurin 死后, 他的墓碑上刻有 "曾蒙 Sir Newton 推荐" 几个大字, 以表达他对 Sir Newton 的感激之情.

5.10　Bayes 统计的创立者——Thomas Bayes

T. Bayes (1702—1761.04.17), 英格兰人, 1742 年当选为皇家学会会员.

T. Bayes 生于 London, 卒于 Tunbridge Wells.

父母: J. Bayes[①]和 Anne Carpenter.

1719 年, T. Bayes 进入 Edinburgh 大学[②].

为维护 Newton 微积分学, 1736 年, T. Bayes 匿名发表 "An introduction to the doctrine of fluxions, and a defence of the mathematicians against the objectives of the author of the analysis".

T. Bayes 将归纳推理法用于概率论基础理论, 并创立了 Bayes 统计理论, 对统计决策函数、统计推断和统计估算等做出了贡献, "从特殊推论一般, 从样本推论全体" 的第一人. 他提出了 "逆概率" 概念, 并把它作为一种普遍的推理方法.

1763 年 12 月 23 日, 他的遗作 "An essay towards solving a problem in the doctrine of chances" (《机会问题的解法》) 由 R. Price[③]在皇家学会会议上宣读. 他所采用的许多术语被沿用至今. 这一理论就是著名的 Bayes 方法:

> 假定 $B_1, \cdots, B_n$ 是某个过程的若干可能的前提, 则 $P(B_i)$ 是人们事先对各前提条件出现可能性大小的估计, 称之为先验概率. 如果这个过程得到了一个结果 A, 那么 Bayes 公式提供了根据 A 的出现而对前提条件做出新评价的方法: $P(B_i \mid A)$ 就是对前提 B_i 的出现概率的重新认识, 称 $P(B_i \mid A)$ 为后验概率.

5.11　剑桥学派奠基人——George Green

G. Green (1793.07—1841.05.31), 英格兰人.

G. Green 生卒于 Sneiton.

父母: G. Green[④]和 Sarah Butler.

G. Green 的一生传奇在于他几乎是自学成才, 年轻的 G. Green 只在八至九岁上过一年学校. 其父建了一座风车磨坊来磨谷物, 他长大后在父亲的风车磨坊

---

① Joshua Bayes (1671—1746), 英国最早圣命的六个新教牧师之一.

② Edinburgh 大学 (University of Edinburgh), 创建于 1583 年, 校训: The learned can see twice.

③ Richard Price (1723.02.23—1791.04.19), 威尔士人, 1765 年当选为皇家学会会员, 1782 年当选为美国人文与科学院院士.

④ George Green (?—1829), 面包房经营者.

工作, 父亲去世后, 他继承了风车磨坊. 从那时起他开始自学数学, 人们不知道他是怎么学习数学的, 当地只有一个曾学过数学的人, 名为 John Toplis.

1828 年, G. Green 的 "An essay on the applications of mathematical analysis to the theories of electricity and magnetism" (《应用数学分析于电磁学》) 应用数学到电磁学领域, 引入术语 "势", 发展势函数性质以及在电磁学上的应用, 推导出 Green 公式:

$$\iint\limits_{D} \left(\frac{\partial Q}{\partial x} - \frac{\partial P}{\partial y} \right) \mathrm{d}x\mathrm{d}y = \oint\limits_{L} P\mathrm{d}x + Q\mathrm{d}y,$$

以及三维调和方程 $\Delta u = u_{xx} + u_{yy} + u_{zz} = 0$ 解的精确公式, 即 Poisson 积分:

$$u(r,\vartheta,\varphi) = \frac{R}{4\pi} \int_0^{2\pi} \int_0^{\pi} \frac{(R^2 - r^2)\, f(\alpha,\varphi)\sin\alpha}{(R^2 + r^2 - 2rR\cos\gamma)^{\frac{3}{2}}} \mathrm{d}\alpha\mathrm{d}\varphi.$$

由于 G. Green 没有上过大学, 也不认识数学家, 所以这篇论文无法发表在学术期刊上, 因此, 它以订阅方式卖出去 51 份, 其中多数是他的朋友, 很可能看不懂.

Sir Bromhead[1]买了一份, 鼓励 G. Green 继续作数学研究, 并协助他进入剑桥大学 Gonville[2] & Caius[3]学院[4]. 1833 年 10 月, G. Green 以 40 岁之龄成为本科生.

G. Green 的学术成就不俗, 1837 年毕业后留在学院. 他在光学、声学和流体力学等方面都有著作.

1840 年, G. Green 得病返回家乡, 一年后于 1841 年 5 月 31 日晚逝世.

G. Green 在世时, 他的工作并不知名. 但到了 1845 年, Lord Kelvin 重新发现了他的著作, 将其推荐给 J. Liouville 等. 他们为他工作的重要性惊讶之余, 又推荐给了更多的同行. 去世十年后, 他的论文终于在《Crelle 杂志》上发表.

1871 年, N. Ferrers[5]编辑了 G. Green 的文集.

1986 年, G. Green 的风车磨坊修复至可以运作. 现在用来展示 19 世纪风车磨坊的实际运作, 作为 Green 纪念馆和科学中心.

---

① Sir Edward Thomas Ffrench Bromhead (1789.03.26—1855.03.14), 爱尔兰人, 1817 年当选为皇家学会会员.

② Edmund Gonville (?—1351), 英格兰人, 国务秘书.

③ John Caius (1510.10.06—1573.07.29), 英格兰人, 1574 年有遗著 "Historia vantabridgiensis academiae".

④ Gonville & Caius 学院 (Gonville and Caius College Cambridge) 的前身 Gonville Hall 创建于 1348 年, 以 E. Gonville 命名, 1557 年重新建立, J. Caius 在 1557—1559 年任院长.

⑤ Norman Macleod Ferrers (1829.08.11—1903.01.31), 英格兰人, 1855—1891 年任 "The Quarterly Journal of Pure and Applied Mathematics" 编辑, 1880 年任 Gonville & Caius 学院院长, 1884—1885 年任剑桥大学副校长.

5.12 四元数理论建立者——Sir William Rowan Hamilton

Sir Hamilton (1805.08.04—1865.09.02), 爱尔兰人, 1827 年 6 月 10 日任爱尔兰皇家天文学家和三一学院第三个 Andrews 天文学教授, 1832 年当选为爱尔兰皇家科学院[1]院士 (MRIA, 1837 年任院长), 1835 年获皇家奖[2], 并封爵, 1863 年当选为美国国家科学院第一个外籍院士.

Sir Hamilton 生卒于都柏林.

父母: Archibald Hamilton 和 Sarah Hutton.

叔叔: Rev James Hamilton.

师承: J. Brinkley[3].

Sir Hamilton 与叔叔一起生活多年, 自幼喜欢算术, 计算很快.

1818 年, Sir Hamilton 遇到 "计算神童" Z. Colburn[4]后对数学产生了更深厚的兴趣. 1820 年再相逢时, 他已阅读了 Sir Newton 的 "Philosophiae Naturalis Principia Mathematica", 并对天文学有强烈爱好, 常用自己的望远镜观测天体, 还开始读 de Laplace 的 "Mécanique Céleste", 并于 1822 年指出了此书中的一个错误.

1822 年, Sir Hamilton 开始对曲线和曲面的性质进行了系列研究, 并应用于几何光学. 他的报告送交爱尔兰皇家科学院后, J. Brinkley 评论说: "我不是说 Sir Hamilton 将成为数学家, 而是说他现在就是第一流的青年数学家."

1823 年 7 月 7 日, Sir Hamilton 以第一名成绩进入都柏林大学[5]三一学院[6], 因成绩优异而多次获学院的古典文学和科学的最高荣誉奖.

1823 年到 1824 年间, Sir Hamilton 完成了多篇有关几何和光学的论文, 其中在 1824 年 12 月送交爱尔兰皇家科学院的有关焦散曲线的论文 "On caustics" 引起科学界的重视.

---

① 爱尔兰皇家科学院 (Academh Ríoga na hÉireann, Royal Irish Academy, RIA) 创建于 1785 年, 是爱尔兰唯一的包括自然科学、人文和社会科学的最高学术机构.

② 皇家奖 (Royal Medal) 是英王室设立的奖项. 1826 年, Sir Ivory (Sir James Ivory, 1765.02.17—1842.09.21, 苏格兰人, 1814 年获 Copley 奖, 1815 年当选为皇家学会会员, 1831 年封爵) 获第一个皇家奖, 1839 年再次获皇家奖.

③ John Mortimer Brinkley (1766.07—1835.09.14), 爱尔兰人, 1790 年 12 月 11 日任第二个 Andrews 天文学教授, 1792 年任爱尔兰皇家天文学家, 1803 年当选为皇家学会会员, 1822—1835 年任爱尔兰皇家科学院院长, 1824 年获 Copley 奖.

④ Zerah Colburn (1804.09.01—1840.03.02), 美国人.

⑤ 都柏林大学 (University College Dublin, UCD) 创建于 1592 年, 校训: Ad astra and comhtrom féinne (志存高远, 公平竞争).

⑥ 三一学院 (Trinity College Dublin) 是都柏林大学下属的唯一学院.

1825 年, Sir Hamilton 的 "Theory of systems of rays" (《光线理论》) 将特征函数应用到光学, 给出了光的特征函数, 研究了 Fresnel 波形曲面.

1834 年, Sir Hamilton 的 "On a general method in dynamics" (《动力学的普遍方法》) 用代数处理动力学, 提出 Hamilton 原理:

> 一个系统在从一点到另一点的运动中, 一定选取使作用量为最
> 小的那条途径.

使各种动力学定律都可以从一个变分式推出, 发展了 d'Alembert 原理, 并且更简单、自然和实用, 成为动力学发展过程中的新里程碑. 文中的观点主要是从光学研究中抽象出来的, Hamilton 量是现代物理最重要的量, 发展了分析力学.

F. Schröder[1]曾说: "Hamilton 原理是近代物理学的基石."

1935 年, Sir Hamilton 的 "Second essay on a general method in dynamics" 发现 Hamilton 原理又可推广到物理学的许多领域, 如电磁学等. 他把广义坐标和广义动量作为独立变量来处理动力学方程得到成功, 这种方程现称 Hamilton 方程.

1843 年 10 月 16 日, Sir Hamilton 正式提出了四元数:

$$i^2 = j^2 = k^2 = ijk = -1.$$

将复数推广到四维, 这是代数中一项重要成果. 四元数不满足交换律, 但他证明它满足结合律.

"结合律" 这个术语第一次出现.

1853 年, Sir Hamilton 出版了 "Lectures on Quaternions" (《四元数讲义》).

Sir Hamilton 工作勤奋, 思想活跃, 论文一般都很简洁, 别人不易读懂, 但手稿却很详细, 因而很多成果都由后人整理而得. 仅在三一学院图书馆中的手稿, 就有 250 本笔记及大量学术通信和未发表论文. 爱尔兰国家图书馆还有一部分手稿.

1858 年, Sir Hamilton 提出了 Hamilton 回路问题, 这个问题至今仍然没有完全解决.

Sir Hamilton 发明了一种被称为 "周游世界" 的游戏, 他用一个正十二面体的 20 个顶点代表 20 个大城市, 要求沿着正十二面体的棱, 从一个城市出发, 经过每个城市恰好一次, 然后回到出发点.

1866 年, Sir Hamilton 花费了七年时间在生前未完成的 800 页的 "Elements of Quaternions" (《四元数原理》) 由其遗腹子整理发表.

---

[1] Friedrich Wilhelm Karl Ernst Schröder (1841.11.25—1902.06.16), 德国人, L. Hesse 和 G. Kirchhoff 的学生, 1862 年在 Heidelberg 大学的博士学位论文是 "Über die vielecke von gebrochener seitenzahl oder die bedeutung der sternpolygone in der geometrie".

5.13　数理逻辑奠基人——Augustus de Morgan

5.13.1　de Morgan

de Morgan (1806.06.27—1871.03.18), 英格兰人, 1865 年创建伦敦数学会[①]并担任会长, 拒绝任皇家学会会员.

de Morgan 生于印度 Madura, 卒于伦敦.

父母: de Morgan 中校[②]和 E. Dodson[③].

妻子: S. Frend[④].

儿子: de Morgan[⑤].

师承: G. Peacock 和 W. Whewell.

1823 年, de Morgan 进入剑桥大学三一学院.

1828 年, de Morgan 任伦敦大学学院[⑥]第一个数学教授.

1838 年, de Morgan 的 "Induction (Mathematics)" 引进 "数学归纳法" 术语, 并将方法简明化.

1842 年, de Morgan 写了 "The Differential and Integral Calculus" (《微积分学》).

1847 年, de Morgan 的 "Formal logic or the calculus of inference, necessary and probable" (《形式逻辑》) 发展为一套适合推理的符号, 并首创关系逻辑的研究. 他提出了论域概念, 并以代数的方法研究逻辑的演算, 建立著名的 de Morgan 定律, 这亦成为后来 Boole 代数的先声.

de Morgan 对现代计算机学的贡献之一是两条定律:

(1) $\overline{A \wedge B} = \overline{A} \vee \overline{B}$,

(2) $\overline{A \vee B} = \overline{A} \wedge \overline{B}$.

de Morgan 认为: "代数实际上是一系列 '运算', 这种 '运算' 能在任何符号 (不一定是数字) 的集上, 根据一定的公式来进行." 他这种新的数学思想, 使代数得以脱离算术的束缚.

1849 年, de Morgan 的 "Trigonometry and double algebra" 提出的 "双重代数", 给出复数的几何意义, 对建立复数性质的几何表示有一定的帮助.

---

① 伦敦数学会 (London Mathematical Society, LMS) 创建于 1865 年 1 月 16 日, 是英国全国性的数学会.

② de Morgan 中校 (Lt.-Colonel John de Morgan, 1772—1816), 服务于东印度公司.

③ Elizabeth Dodson (1776—1856), J. Dodson (James Dodson, 1705—1757, 1742 年的 "The anti-logarithmic canon" 中给出了反对数表, 1755 年 1 月 16 日当选为皇家学会会员) 的后裔.

④ Sophia Elizabeth Frend (1809—1892), W. Frend (William Frend, 1757.11.22—1841.02.21) 的女儿.

⑤ de Morgan (George de Morgan, 1808—1876), 1865 年任伦敦数学会首任秘书.

⑥ 伦敦大学学院 (University College London) 创建于 1826 年, 世界顶尖综合性研究型大学, 校训: Cuncti adsint meritaeque expectent praemia palmae (让所有努力者赢得桂冠).

de Morgan 对数学史亦十分精通, 曾为 Sir Newton 及 E. Halley 作传.

5.13.2　de Morgan 奖

伦敦数学会设立 3 的倍数的年份授予英籍人员 de Morgan 奖 (de Morgan Medal), 以纪念它的首任会长, 是它的主要奖项.

1884 年, A. Cayley 获第一个 de Morgan 奖.

5.14　矩阵论的创立者——James Joseph Sylvester

5.14.1　J. Sylvester

J. Sylvester (1814.09.03—1897.03.15), 英格兰人, 1839 年当选为皇家学会会员, 1861 年获皇家奖, 1863 年当选为法国科学院院士, 1866—1868 年任伦敦数学会会长, 1880 年获 Copley 奖, 1883 年任牛津大学 Savile 几何学教授, 1887 年获 de Morgan 奖.

家族姓氏是 Joseph, 而 Sylvester 是他自己加的.

J. Sylvester 生卒于伦敦.

父亲: A. Joseph[①].

1828 年, J. Sylvester 进入第一年招生的伦敦大学学院.

1831 年 7 月 7 日, 他进入剑桥大学 John 学院.

1838 年, 24 岁的 J. Sylvester 任伦敦大学学院教授.

1851 年, J. Sylvester 的 "On the principle of the calculus of forms" 和 1852 年的 "On the theory of syzygetic relations and two rational integer functions" 给出了三次方程的判别式[②], 定义了矩阵[③], 但没有定义乘法, 用矩阵理论研究高维几何, 提出 λ 矩阵的初等因子理论, 建立代数不变量理论, 给出了二次型的惯性定律 (没有证明, C. Jacobi 重新发现和证明), 与 A. Cayley 共同奠定了关于代数不变量的理论基础, 还创造了许多数学名词, 如不变式和 Jacobi 行列式等.

1878 年, J. Sylvester 创办全美首份数学杂志 "American Journal of Mathematics".

1898 年, M. Noether 写了 J. Sylvester 的传记.

1904—1912 年, H. Baker[④]编辑了 "Collected Mathematical Papers of James Joseph Sylvestre".

---

① Abraham Joseph, 商人.

② 判别式 (discriminant) 来源于拉丁文 "discriminatus" ("离开" 之意).

③ 矩阵 (matrix) 是一个拉丁文词汇, "子宫" 之意.

④ Henry Frederick Baker (1866.07.03—1956.03.17), 英格兰人, A. Cayley 的学生, 在剑桥大学获博士学位, 1898 年 6 月当选为皇家学会会员, 1905 年获 de Morgan 奖, 1910 年获 Sylvester 奖, 1910—1912 年任伦敦数学会会长, 1914—1936 年任剑桥大学 Lowndes 天文学和几何学教授.

5.14.2　Sylvester 奖

1897 年, 皇家学会设立三年一授的 Sylvester 奖 (Sylvester Medal).

1901 年, J. Poincaré 获第一个 Sylvester 奖.

5.15　Navier-Stokes 方程建立者——Sir George Gabriel Stokes

Sir Stokes (1819.08.13—1903.02.01), 爱尔兰人, 1849—1899 年任剑桥大学 Lucas 数学教授, 1851 年当选为皇家学会会员 (1885—1890 年任会长), 1852 年 获 Rumford[①]奖, 1889 年封男爵, 1893 年获 Copley 奖, 1902—1903 年任牛津大学 Pembroke[②] 学院[③]院长, 还是法国科学院院士.

Sir Stokes 生于 Skreen, 卒于剑桥.

父母: G. Stokes[④]和 E. Haughton[⑤].

师承: W. Hopkins[⑥].

1763 年, de Borda[⑦]进行流体阻力试验, 给出了阻力公式, 开启了黏性流体动力学的先河. 1777 年, C. Bossut 完成第一个船池模型试验, 完全确认了流体中运动物体位移与速度的平方成正比的结论. 接着, du Buat[⑧]做了更细致的研究, 写成了《水力学原理》.

1822 年, C. Navier 引进连续介质假设, 采用流体分子运动的观点, 考虑了分子间的相互作用 (宏观地表现为黏性), 将 Euler 流体运动方程推广, 导出黏性流体动力学的动量方程.

1837—1841 年, Sir Stokes 进入牛津大学 Pembroke 学院.

---

① Lord Benjamin Thompson, Count Rumford (1753.03.26—1814.08.21), 英国人, 发明光度计和色度计, 推翻燃素原理, 1779 年当选为皇家学会会员, 1784 年封爵, 1790 年晋伯, 1799 年任 Bayern 陆军大臣, 获 Copley 奖, Rumford 伯爵捐赠, 于 1796 年设立 Rumford 奖 (Rumford Medal), 1800 年由皇家学会开始颁发奖项, 每两年颁发一次, 奖励在热学和光学领域做出杰出贡献的科学家, 他本人获第一个 Rumford 奖.

② Sir William Herbert, 3rd Earl of Pembroke (1580.04.08—1630.04.10), 英格兰人, 1624 年任牛津大学校长.

③ Pembroke 学院 (Pembroke College Oxford) 创建于 1263 年, 1624 年成为公办学院, 以 Pembroke 伯爵的爵位名命名.

④ Gabriel Stokes, 主教.

⑤ Elizabeth Haughton, 一个牧师的女儿.

⑥ William Hopkins (1793.02.02—1866.10.13), 英格兰人, A. Sedgwick (Adam Sedgwick, 1785.03.22—1873.01.27, 英格兰人, 1821 年 2 月 1 日当选为皇家学会会员, 1844 年当选为美国人文与科学院院士, Mount Sedgwick) 的学生, 1830 年在剑桥大学获硕士学位, 1863 年获 Copley 奖.

⑦ Jean-Charles Chevalier de Borda (1733.05.04—1799.02.19), 法国人, 1756 年当选为法国科学院助理院士 (1764 年为正式院士).

⑧ Pierre Louis George Comte du Buat (1734.04.23—1809.10.17), 法国人.

1842 年, Sir Stokes 发表了题为 "On the steady motion of incompressible fluids" (《不可压缩流体运动》) 的论文.

1845 年, Sir Stokes 从改用连续系统的力学模型和 Newton 关于黏性流体的物理规律出发, 在 "On the theories of the internal friction of fluids motion, and of the equilibrium and motion of elastic solids" (《运动中流体的内摩擦理论和弹性体平衡和运动理论》) 中给出黏性流体运动的基本方程组:

$$\varrho \frac{\mathrm{d}V}{\mathrm{d}t} = \varrho g - p + \mu^2 V.$$

现在称为 Navier-Stokes 方程. 1943 年, J. Leray[1]证明 Navier-Stokes 方程弱解的存在性.

1846 年, Sir Stokes 的 "Report on recent research in hydrodynamicals" (《水动力学近期研究的报告》) 发现流体表面波的非线性特征, 其波速依赖于波幅, 第一次用摄动方法处理了非线性波的问题.

1848 年, Sir Stokes 与 von Seidel[2]发现函数极限一致收敛的重要概念, 但未能严格表述.

事实上, 在他们之前, K. Weierstraß 已经将函数极限一致收敛的概念用在他的讲稿里了.

1851 年, Sir Stokes 的 "On the effect of internal friction of fluids on the motion of pendulums" (《流体内摩擦对摆运动的影响》) 提出球体在黏性流体中做较慢运动时受到阻力的计算公式, 指明阻力与流速和黏滞系数成比例.

1854 年, Sir Stokes 给出了 Stokes 公式:

$$\oint_{\Gamma} P\mathrm{d}x + Q\mathrm{d}y + R\mathrm{d}z$$

---

[1] Jean Leray (1906.11.07—1998.11.10), 法国人, Henri Villat (Henri René Pierre Villat, 1879.12.24—1972.03.19, 法国人, C. Picard 和 Louis Marcel Brillouin 的学生, 1911 年在 Montpellier 大学的博士学位论文是 "Sur la résistance des fluides", 1932 年当选为法国科学院院士, 1948 年任院长) 的学生, 1933 年在 Lyon 高等师范学校 (École Normale Supérieure de Lyon, 创建于 1985 年, 2020 年 1 月并入 Lyon 大学 (Université de Lyon, 创建于 1896 年 7 月 10 日, 是法国最悠久的综合性大学之一)) 获博士学位, 1934 年, J. Schauder (Juliusz Pawel Schauder, 1899.09.21—1943.09, 乌克兰人, H. Steinhaus 的学生, 1923 年在 Lwów 大学的博士学位论文是 "The theory of surface measure") 的 "Topologie et équations fonctionelles" 将 Brouwer 不动点定理和影射度理论推广到 Banach 空间形成了拓扑度理论, 并应用 Schauder 不动点定理证明了微分方程解的存在性定理, 第二次世界大战时在集中营里发现了 "层" 和 "谱序列" 这两个极其重要的工具, 1953 年当选为法国科学院院士, 1954 年任法国数学会会长, 1965 年当选为美国国家科学院院士, 1966 年当选为苏联科学院院士, 1979 年获 Wolf 数学奖, 还是比利时皇家科学、人文和艺术院士, 皇家学会会员, 波兰科学院院士和意大利国家科学院院士, 并获荣誉军团高等骑士勋位.

[2] Philipp Ludwig von Seidel (1821.10.21—1896.08.13), 德国人, von Steinheil (Carl August von Steinheil, 1801.10.12—1870.09.14, 德国人, F. Bessel 的学生, 1825 年在 Königsberg 大学的博士学位论文是 "De specialibus coeli chartis elaborandis") 的学生, 1846 年在 München 大学的博士学位论文是 "De optima forma speculorum telescopicorum", 德国科学院院士.

$$= \iint\limits_{\Sigma} \left(\frac{\partial R}{\partial y} - \frac{\partial Q}{\partial z} \right) \mathrm{d}y\mathrm{d}z + \left(\frac{\partial P}{\partial z} - \frac{\partial R}{\partial x} \right) \mathrm{d}z\mathrm{d}x + \left(\frac{\partial Q}{\partial x} - \frac{\partial P}{\partial y} \right) \mathrm{d}x\mathrm{d}y.$$

M. Spivak[1][27] 的序言中说: "Stokes 定理具有奇妙的历史, 它已经历过惊人的变化."

5.16 矩阵论的创立者——Arthur Cayley

5.16.1 A. Cayley

A. Cayley (1821.08.16—1895.01.26), 英格兰人, 1852 年当选为皇家学会会员, 1859 年获皇家奖, 1863 年任剑桥大学第一个 Sadleir[2]纯数学教授, 1868—1870 年任伦敦数学会会长, 1882 年获 Copley 奖, 1884 年获第一个 de Morgan 奖, 1893 年当选为荷兰皇家人文与科学院院士, 还是德国科学院院士、俄罗斯科学院院士、意大利国家科学院院士和匈牙利科学院[3]院士.

A. Cayley 生于 Richmond, 卒于剑桥.

祖父: J. Cayley[4].

外祖父: William Doughty.

父母: H. Cayley[5]和 M. Doughty[6].

弟弟: C. Cayley[7].

师承: W. Hopkins.

1839 年, A. Cayley 进入剑桥大学三一学院.

1843 年, A. Cayley 的 "On a theory of determinants" 《行列式理论》将二阶矩阵推广到多行多列, 第一个使用行列式作为主要工具研究 n 维几何.

1844 年, F. Eisenstein[8]的 "Allgemeine Untersuchungen über die Formen dritten Grades" (《三次形式的一般研究》) 第一个引入矩阵概念和记号, 但人们都归功于了 A. Cayley.

---

① Michael David Spivak (1940.05.25—), 美国人, J. Milnor 的学生, 1964 年在 Princeton 大学的博士学位论文是 "On spaces satisfying Poincaré duality", 1985 年获 Steele 论著奖, 还创建 Publish-or-Perish Press.

② Lady Mary Sadleir (?—1706) 在剑桥大学设立 Sadleir 纯数学教授 (Sadleirian Professor of Pure Mathematics) 职位.

③ 匈牙利科学院 (Magyar Tudományos Akadémia, MTA) 创建于 1825 年, 第二次世界大战时遭到破坏, 1949 年重建.

④ John Cayley (1730—1795), 驻圣彼得堡总领事.

⑤ Henry Cayley (1768—1850), 伦敦一家担保公司经理.

⑥ Maria Antonia Doughty (1794—1875).

⑦ Charles Bagot Cayley (1823.07.09—1883.12.18), 语言学家, 翻译了 Dante 的 "Commedia" 和 "Homer".

⑧ Ferdinand Gotthold Max Eisenstein (1823.04.16—1852.10.11), 德国人, E. Kummer 和 N. Fischer (Nicolaus Wolfgang Fischer, 1782.01.15—1850.08.19, 德国人, H. Scherk 的学生, 1812 年在 Breslau 大学获博士学位) 的学生, 1845 年在 Breslau 大学获博士学位, 1851 年当选为德国科学院院士.

1845 年, A. Cayley 的 "Theory of linear transformations"(《线性变换理论》)提出线性变换的复合, 在研究线性变换下的不变量时, 引进矩阵以简化记号, 首先把矩阵作为一个独立的数学概念提出来, 是矩阵论的创立者, 与 J. Sylvester 一起创立了代数型的理论, 共同奠定代数不变量理论的基础.

1854 年, A. Cayley 的 "On the theory of groups" 第一次给出有限群的抽象定义, 使群论有很大进展.

1855 年 (1858 年发表), A. Cayley 的 "A memoir on the theory of matrices"(《矩阵理论》) 被后世公认为近代矩阵理论和线性代数的基石, 系统地阐述了矩阵理论, 定义了矩阵相等、运算法则、转置和逆等一系列基本概念和 Hamilton-Cayley 定理:

$$矩阵的特征多项式是其化零多项式.$$

迹的概念是由 H. Taber[①] 引进的.

1864 年和 1865 年, A. Cayley 在 Leiden 大学[②] 两次获法律学位, 1865 年在都柏林大学获法律学位, 1875 年在牛津大学获博士学位.

1894 年, A. Cayley 对 P. Tait[③] 说, 引领他给出矩阵记号的动机并非 Sir Hamilton 的四元数, 而是直接源于行列式或是为了方便表达线性方程组.

事实上, 矩阵理论并未随着行列式同步发展, 而是整整落后了两百年.

由于 A. Cayley 的工作, M. Kline[10] 说: "矩阵理论在被创造前就已发展完善."

1892 年, W. Metzler[④] 引进了矩阵的超越函数概念并将其写成矩阵的幂级数的形式, 指出了矩阵加法的交换性与结合性.

A. Cayley 在劝说剑桥大学接受女生中起了很大的作用.

1895 年, M. Noether 写了 A. Cayley 的传记.

---

① Henry Taber (1860—1936), 美国人, W. Story 的学生, 1888 年在 Johns Hopkins 大学的博士学位论文是 "On Clifford's n-fold algebras".

② Leiden 大学 (Universiteit Leiden, LU) 创建于 1575 年 2 月 8 日, 校训: Praesidium libertatis (自由之棱堡).

③ Peter Guthrie Tait (1831.04.28—1901.07.04), 苏格兰人, 1886 年获皇家奖. 1987 年, M. Thistlethwaite (Morwen B. Thistlethwaite, 1945—, 英国人, 擅长小提琴, Michael George Barratt 的学生, 1972 年在 Manchester 大学的博士学位论文是 "Homotopy constructions and equalization of maps"), L. Kauffman (Louis Hirsch Kauffman, 1945.02.03—, 美国人, W. Browder 的学生, 1972 年在 Princeton 大学的博士学位论文是 "Cyalic branched-covers, $O(n)$-actions and hypersurface singularities", 1978 年获 Ford 奖, 2014 年获 Wiener 应用数学奖) 和村杉邦男 (むらすぎくにお, 1929.03.25—, 日本人) 证明了 Tait 的前两个猜想; 1991 年, M. Thistlethwaite 和 W. Menasco (William W. Menasco, 英国人, Robion Cromwell Kirby 的学生, 1981 年在 California 大学 (Berkeley) 获博士学位, 以结理论的工作著称) 的 "The Tait flyping conjecture" 证明了 Tait 的第三个猜想.

④ William Henry Metzler (1863.09.18—1943.04.18), 加拿大人, W. Story 和 H. Taber 的学生, 1893 年在 Clark 大学 (Clark University, 创建于 1887 年, 以 Jonas Gilman Clark (1815.02.01—1900.05.23) 命名, 1889 年 10 月 2 日开学, 校训: challenge convention, change our world (挑战传统, 改变世界)) 的博士学位论文是 "On the roots of matrices".

5.16.2　四色定理

1852 年, F. Guthrie[①]发现每幅地图都可以用四种颜色着色, 使得有共同边界的国家都被着上不同的颜色. 他与还没毕业的弟弟 Frederick Guthrie 决心证明这一发现, 然而却没有任何进展. 10 月 23 日, 他让弟弟向 de Morgan 请教 "四色定理". de Morgan 没有找到解决这个问题的途径, 当天便写信向 Sir Hamilton 请教. 10 月 26 日, Sir Hamilton 回信, 也没有解决这个问题.

1853 年 12 月 9 日, de Morgan 又写信给 W. Whewell 讨论这个问题.

1854 年, 一个 "F. G." 将这个问题发表在 "The Athenaeum"[②]上.

1860 年, de Morgan 也把这个问题在 "The Athenaeum" 上提出. 11 月 4 日, "Nature" (自然) 杂志登出了这个问题.

1878 年 6 月 13 日, A. Cayley 正式向伦敦数学会提出了四色问题. 于是四色问题成了数学界关注的问题.

1879 年 7 月 17 日, Sir Kempe[③]给出一个四色定理的证明. A. Cayley 建议 Sir Kempe 把文章投到 J. Sylvester 刚刚创办的 "American Journal of Mathematics". 发表前, W. Story[④]审阅了这篇文章. Sir Kempe 因此获得了赞誉. 1890 年, P. Heawood[⑤]的 "Map colour theorems" 指出 Sir Kempe 证明中的错误, 但利用他的方法得到了五色定理. 1896 年, de la Vallée-Poussin[⑥]也指出了 Sir Kempe 的错误.

1880 年, P. Tait 的 "Note on a theorem in geometry of position" 也给出一个

---

① Francis Guthrie (1831.01.22—1899.10.19), 南非人, de Morgan 是他的数学老师, J. Lindley (John Lindley, 1799.02.05—1865.11.01, 英格兰人, 1828 年当选为皇家学会会员, 1857 年获皇家奖, 1859 年当选为美国人文与科学院院士, 李善兰还与韦廉臣 (Alexander Williamson, 1829.12.05—1890.09, 苏格兰人, 1851 年来华传教, 1871 年关于中国的作品被 Glasgow 大学授予博士学位) 合译了 J.Lindley 的 "Elements of Botany", 是我国近代最早介绍西方近代植物学的译著) 是他的植物学老师.

② "The Athenaeum" 是 1828—1921 年出版发行的一个英国文学杂志.

③ Alfred Bray Kempe (1849.07.06—1922.04.21), 英格兰人, A. Cayley 的学生, 1881 年 6 月 2 日当选为皇家学会会员, 1892—1894 年任伦敦数学会会长, 1912 年封爵.

④ William Edward Story (1850.04.29—1930.04.10), 美国人, C. Neumann 和 W. Scheibner 的学生, 1875 年在 Leipzig 大学的博士学位论文是 "On the algebraic relations existing between the polars of a binary quintic", 1908 年当选为美国国家科学院院士.

⑤ Percy John Heawood (1861.09.08—1955.01.24), 英格兰人.

⑥ Charles Jean Gustave Nocolas, Baron de la Vallée-Poussin (1866.08.14—1962.03.02), 比利时人, 1896 年与 J. Hadamard 独立证明 Fermat 素数定理, 1909 年当选为比利时皇家科学、人文和艺术院院士, 1916 年获 Poncelet 奖, 还是里斯本科学院院士、美国人文与科学院院士、法兰西研究院院士、意大利国家科学院院士、法国科学院院士和美国国家科学院院士.

错误证明, 但给出一个等价命题. 1891 年, J. Petersen[1]指出 P. Tait 证明的错误.

1898 年, P. Heawood 在特殊情况下证明了四色定理.

1922 年, P. Franklin[2]证明 25 国以下可用四色着色, 1938 年又推到 31 国, 后来, 人们一直推到 95 国.

1950 年, H. Heesch[3]找到了绝妙的可约方法.

1965 年, K. May[4]看到可约性在地图制作中不实用.

1976 年 6 月 21 日, K. Appel[5]和 W. Haken[6]的 "Every planar map is four colorable" 在 J. Koch[7]的帮助下, 用计算机分为 1936 种情况, 历时 1200 小时, 做了百亿个判断, 最终解决了四色问题.

---

[1] Julius Peter Christian Petersen (1839.06.16—1910.08.05), 丹麦人, 1871 年在哥本哈根大学 (Køben- havns Universitet, 创建于 1479 年 6 月 1 日, 是丹麦规模最大、最有名望的综合性大学, 也是北欧历史最悠久的大学之一, 校训: Coelestem adspicit lucem (天准目见之光)) 的博士学位论文是 "On equations which can be solved by square roots, with application to the solution of problems by ruler and compass", 1873 年与 H. Zeuthen (Hieronymus Georg Zeuthen, 1839.02.15—1920.01.06, 丹麦人, M. Chasles 的学生, 1865 年在哥本哈根大学的博士学位论文是 "Nyt Bidrag til Læren om Systemer af Kegelsnit, der ere underkastede 4 Betingelser", 1871 年任 "Matematisk Tidsskrift" 编辑 18 年, 任丹麦皇家科学与人文院秘书 39 年, 两任哥本哈根大学校长, M. Noether 于 1921 年写了他传记) 和 Thorvald Nicolai Thiele 等创建丹麦数学会, 他的 "Die Theorie der regulären graphs" 开创了图论学科.

[2] Philip Franklin (1898.10.05—1965.01.27), 美国人, N. Wiener 的妹夫, O. Veblen 的学生, 1921 年在 Princeton 大学的博士学位论文是 "The four color problem", 1929 年任 "Journal of Mathematics and Physics" 主编.

[3] Heinrich Heesch (1906.06.25—1995.07.26), 德国人, 1969 年的 "Untersuchungen zum Vierfarbenproblem" 引进了 discharging 方法.

[4] Kenneth O. May (1915.07.08—1977.12), 美国人, G. Evans (Griffith Conrad Evans, 1887.05.11—1973.12.08, 美国人, M. Bôcher 的学生, 1910 年在 Harvard 大学的博士学位论文是 "Volterra's integral equation of the second kind with discontinuous kernel", 1933 年当选为美国国家科学院院士, 1939—1940 年任美国数学会会长) 的学生, 1946 年在 California 大学 (Berkeley) 的博士学位论文是 "On the mathematical theory of employment". 首任 "Historia Mathematica" 主编, 国际数学史大会 (International Commission on the History of Mathematics) 每四年颁发一次 May 奖.

[5] Kenneth Ira Appel (1932.10.08—2013.04.19), 美国人, R. Lyndon (Roger Conant Lyndon, 1917.12.18—1988.06.08, 美国人, L. MacLane 的学生, 1947 年在 Harvard 大学的博士学位论文是 "The cohomology theory of group extensions") 的学生, 1959 年在 Michigan 大学的博士学位论文是 "Two investigations on the borderline of logic and algebra", 1979 年获 Fulkerson 奖.

[6] Wolfgang Haken (1928.06.21—), 德国人, K. Weise (Karl-Heinrich Weise, 1909.05.24—1990.04.15, 德国人, R. König 的学生, 1934 年在 Jena 大学的博士学位论文是 "Beiträge zum Klassenproblem der quadratischen Differentialformen") 的学生, 1953 年在 Kiel 大学 (Christian-Albrecht-Universität zu Kiel, 创建于 1665 年, 以 Christian Albrecht Herzog von Schleswig-Holstein-Gottorf (1641.02.03—1695.01.06) 命名, 校训: Pax optima rerum (和平至上)) 的博士学位论文是 "Ein topologischer Satz über die Einbettung $(d-1)$-dimensionaler Mannigfaltigkeiten in d-dimensionale Mannigfaltigkeiten", 1979 年获 Fulkerson 奖.

[7] John Allen Koch, K. Appel 的学生, 1976 年在 Illinois 大学 (University of Illinois, 创建于 1867 年, 1868 年 3 月 11 日开学, 原名是 Illinois 工业大学, 1885 年改为现名, 校训: Learning and labor) 的博士学位论文是 "Computation of four color irreducibility".

1996 年, G. Robertson[①], D. Sanders[②], P. Seymour[③]和 R. Thomas[④]的 "A new proof of the four colour theorem" 分为 633 种情况给出了简化的证明.

2008 年, G. Gonthier[⑤]和 B. Werner[⑥]给出目前最短证明, 也分了 600 种情况.

5.17　电磁理论奠基人——James Clerk Maxwell

5.17.1　J. Maxwell

J. Maxwell (1831.06.13—1879.11.05), 苏格兰人, 1860 年获 Rumford 奖, 1861 年当选为皇家学会会员, 1871 年至 1879 年 11 月 5 日首任 Cavendish[⑦]物理学教授, 负责筹建 Cavendish 实验室.

J. Maxwell 生于 Edinburgh, 卒于剑桥.

外曾祖父母: John Liddell of Tynemouth 和 F. Hodshon[⑧].

祖父母: Captain James Clerk 和 Janet Irving.

外祖父母: R. Cay[⑨]和 E. Liddell[⑩].

父母: J. Maxwell[⑪]和 Frances Hodshon Cay.

师承: W. Hopkins.

1846 年, J. Maxwell 在 14 岁时写了第一篇论文 "On the description of oval curves, and those having a plurality of foci".

---

① George Neil Robertson (1938.11.30—), 美国人, W. Tutte (William Thomas Tutte, 1917.05.14—2002.05.02, 英格兰人, S. Wylie 的学生, 1948 年在剑桥大学的博士学位论文是 "An algebraic theory of graphs", 1958 年当选为加拿大皇家科学院院士, 1987 年当选为皇家学会会员) 的学生, 1969 年在 Waterloo 大学 (University of Waterloo, 创建于 1957 年, 是一所中等规模的世界顶尖研究型公立大学, 校训: Concordia cum veritate (与真理一致)) 的博士学位论文是 "Graphs minimal under girth, valency and connectivity constraints", 1994 年、2006 年和 2009 年三获 Fulkerson 奖, 2004 年获 Pólya 奖.

② Daniel P. Sanders, 美国人, R. Thomas 的学生.

③ Paul D. Seymour (1950.07.26—), 英格兰人, A. Ingleton (Aubrey William Ingleton, 1920.08.14—2000, 英格兰人, Anthony Francis Ruston 的学生, 1952 年在伦敦大学的博士学位论文是 "Non-Archimedean normed spaces") 的学生, 1975 年在牛津大学的博士学位论文是 "Matroids, hypergraphs and the max-flow min-cut theorem", 1979 年、1994 年、2006 年和 2009 年四获 Fulkerson 奖, 1983 年和 2004 年两获 Pólya 奖, 2004 年获 Ostowski 奖.

④ Robin Thomas (1962.08.22—), 捷克人, J. Nešetřil (Jaroslav Nešetřil, 1946.03.13—, 捷克人, Aleš Pultr 和 Gert Sabidussi 的学生, 1985 年获捷克国家奖, 1996 年当选为德国科学院通讯院士, 2012 年当选为欧洲科学院院士, 2013 年当选为匈牙利科学院院士) 的学生, 1994 年和 2009 年两获 Fulkerson 奖.

⑤ Georges Gonthier (1962.04.18—), 加拿大人.

⑥ Benjamin Werner (1966.06.10—), 法国人.

⑦ Henry Cavendish (1731.10.10—1810.02.24), 英格兰人, 1760 年当选为皇家学会会员, 1766 年发现氢 (H, Hydrogen, 1), 并获 Copley 奖, 1784 年研究了空气的组成, 1803 年当选为法兰西研究院院士, 首次提出电势的概念, 测出了万有引力常数, 他的 "Experiments to determine the density of the earth" 第一个称量地球.

⑧ Frances Hodshon of Lintz (1730—1804).

⑨ Robert Hodshon Cay of North Charlton (1758.07.07—1810.03.31), 苏格兰海外海军法庭大法官.

⑩ Elizabeth Liddell (1770—1831), 艺术家.

⑪ John Clerk Maxwell of Middlebie (1790—1856.04.03), 律师.

1847 年, J. Maxwell 进入 Edinburgh 大学.

1850 年 10 月征得父亲同意, J. Maxwell 进入剑桥大学 Peterhouse 学院①.

受 M. Somerville 的 "On the connection of the physical sciences" 影响, J. Maxwell 投身电磁学研究. 他的下面三篇论文弥补了 1831 年 M. Faraday②的 "Experimental researches on electricity" (《电学实验研究》) 定性表述上的弱点:

(1) 1855 年 12 月的 "On Faraday's lines of force" (《Faraday 的力线》);

(2) 1861 年 3 月的 "On physical lines of force" (《物理的力线》);

(3) 1864 年 12 月 8 日的 "A dynamical theory of the electromagnetic field" (《电磁场的动力学理论》).

1865 年 (1873 年出版), J. Maxwell 的 "A treatise on electricity and magnetism" (《电磁通论》) 给出了 Maxwell 方程:

$$
\begin{cases}
\nabla \times H = J + \dfrac{\partial D}{\partial t}, \\[2mm]
\nabla \times E = -\dfrac{\partial B}{\partial t}, \\[2mm]
\nabla \times B = 0, \\[2mm]
\nabla \times D = \varrho,
\end{cases}
$$

预言了电磁波的存在, 并推导出电磁波的传播速度等于光速, 光是电磁波的一种形式, 揭示了光和电磁现象之间的联系. 他的这本书被尊为继 Sir Newton 的 "Philosophiae Naturalis Principia Mathematica" 之后一部最重要的物理学经典.

当时, 人们仍固守着传统的 Newton 物理学观念, J. Maxwell 和 M. Faraday 的理论对物质世界崭新的描绘违背了传统, 因此在德国等欧洲中心地带毫无立足之地, 甚而被当成奇谈怪论. 当时支持电磁理论研究的只有 L. Boltzmann③和 von

---

① Peterhouse 学院 (Peterhouse Cambridge) 创建于 1284 年.

② Michael Faraday (1791.09.22—1867.08.25), 英格兰人, 1824 年当选为皇家学会会员, 1835 年获皇家奖, 1838 年获 Copley 奖, 1846 年获 Rumford 奖, 曾任三一学院院长, 1986 年皇家学会设立 Faraday 奖 (Faraday Prize).

③ Ludwig Eduard Boltzmann (1844.02.20—1906.10.05), 奥地利人, J. Stefan (Jožef Stefan, 1835.03.24—1893.01.07, 奥地利人, Andreas Freiherr von Ettingshausen 的学生, 1858 年在维也纳大学的博士学位论文是 "Bemerkungen über Absorption der Gase", 1860 年当选为奥地利科学院院士 (1865 年为正式院士, 1885—1893 年任副院长), 1876—1877 年任维也纳大学校长) 的学生, 1866 年在维也纳大学的博士学位论文是 "Über die mechanische Bedeutung des zweiten hauptsatzes der mechanischen Wärmetheorie", 1885 年当选为奥地利科学院院士, 1887 年任 Graz 大学校长, 1888 年当选为瑞典皇家科学院院士, 1899 年当选为皇家学会会员, 他的墓碑上刻着 Boltzmann 熵公式: $S = k \ln \Omega$.

Helmholtz[1]. 在 von Helmholtz 的影响下, H. Hertz[2]对电磁学进行了深入的研究. 在进行了物理事实的比较后确认, Maxwell 理论比传统的 "超距理论" 更令人信服. 于是他决定用实验来证实这一点.

1868 年, J. Maxwell 对黏性材料提出了 Maxwell 模型, 并引进松弛时间概念. 他还在 "On governors" 中第一个引入反馈概念, 成功阐明了蒸汽机调速器的数学理论并进行了完整的处理, 开辟了用数学方法研究控制系统的途径, 引起了第一波对控制问题的理论研究, 从而开创了经典控制理论.

1886 年, H. Hertz 发明了一种电波环, 用这种电波环作了一系列的实验, 终于在 1888 年发现了人们怀疑和期待已久的电磁波. 他的实验公布后, 轰动了科学界. 由 M. Faraday 开创, J. Maxwell 总结的电磁理论终于取得了决定性的胜利.

Sir Newton 把天上和地上的运动规律统一起来实现了科学史上第一次大综合, J. Maxwell 把电和光统一起来实现了科学史上第二次大综合, 可与 Sir Newton 比肩.

1931 年, A. Einstein 在 J. Maxwell 百年诞辰的纪念会上, 评价其建树 "是 Sir Newton 以来, 物理学最深刻和最富有成果的工作."

2003 年, Basil Mahon 写了 J. Maxwell 的传记 "The man who changed everything: The life of James Clerk Maxwell".

5.17.2 Maxwell 奖

国际工业与应用数学理事会设立 Maxwell 奖 (Maxwell Prize).

1999 年, G. Barenblatt[3]获第一个 Maxwell 奖.

---

① Hermann Ludwig Ferdinand von Helmholtz (1821.08.31—1894.09.08), 德国人, J. Müller 的学生, 1842 年在柏林大学的博士学位论文是 "De fabrica systematis nervosi evertebratorum", 1860 年当选为皇家学会会员, 1868 年获 Matteucci 奖, 1873 年获 Copley 奖, 1881 年 11 月 10 日获荣誉军团高等骑士勋位, 1890 年获 Rumford 奖, 发现能量守恒.

② Heinrich Rudolf Hertz (1857.02.22—1894.01.01), 德国人, G. Hertz (Gustav Ludwig Hertz, 1887.07.22—1975.10.30, 德国人, Heinrich Rubens 和 M. Planck 的学生, 1911 年在柏林大学的博士学位论文是 "Über das ultrarote Absorptionsspektrum der Kohlensäure in seiner Abhängigkeit von Druck und Partialdruck", 1925 年获 Nobel 物理学奖, 1951 年获 Planck 奖, 是德国科学院院士、匈牙利科学院院士、捷克斯洛伐克科学院院士和苏联科学院院士) 的伯父, von Helmholtz 和 von Bezold (Johann Friedrich Wilhelm von Bezold, 1837.06.21—1907.02.17, 德国人, 1860 年在 Göttingen 大学的博士学位论文是 "Zur Theorie des Condensators") 的学生, 1880 年 1 月在柏林大学的博士学位论文是 "Über die Induction in rotirenden Kugeln", 1888 年获 Matteucci 奖, 1890 年获 Rumford 奖, 1893 年 12 月 3 日将书稿 "Die Prinzipien der Mechanik" 交给出版社, 7 日上了最后一次课.

③ Grigory Isaakovich Barenblatt, Григорий Исаакович Баренблат (1927.07.10—2018.06.22), 俄罗斯人, A. Kolmogorov 和 B. Levitan (Boris Moiseevich Levitan, Борис Моисеевич Левитан, 1914.06.07—2004.04.04, 乌克兰人, Naum Il'ich Ahiezer 的学生, 1938 年在 Kharkiv 大学的博士学位论文是 "Some generalization of almost periodic function", 曾获列宁奖) 的学生, 1953 年在莫斯科大学的博士学位论文是 "On the motion of suspended particles in a turbulent flow", 1975 年当选为美国人文与科学院院士, 1992 年当选为美国工程院院士, 1993 年当选为欧洲科学院院士, 1995 年获 Lagrange 奖, 1997 年当选为美国国家科学院院士, 1999 年获第一个 Maxwell 奖, 2000 年当选为皇家学会会员.

5.18 20 世纪最重要的逻辑学家之一——Lord Bertrand Arthur William Russell

Lord Russell, 3rd Earl Russell (1872.05.18—1970.02.02), 威尔士人, 1908 年当选为皇家学会会员, 1932 年获 de Morgan 奖, 1934 年获 Sylvester 奖, 1949 年获美国国家科学奖, 1950 年获 Nobel 文学奖.

Lord Russell 生于 Ravenscroft, 卒于 Penrhyndeudraeth.

祖父母: Lord Russell[①]和 Lady Russell[②].

哥哥: Lord Russell[③].

师承: A. Whitehead.

1874 年和 1876 年, 母亲和父亲相继早亡, Lord Russell 由祖父母带大.

1900 年年底, Lord Russell 完成了 "Principles of Mathematics", 仔细修改后于 1903 年出版, 是数学史上十大名著之一, 提出引起第三次数学危机的 Russell 悖论:

$$所有集的集不在它们构成的集中.$$

这部著作迄今仍是数学基础研究发展史上的一个里程碑.

1908 年, Lord Russell 的 "Mathematical logic as based on the theory of types" 试图给出了解决危机的型理论.

1910 年、1912 年和 1913 年, Lord Russell 与 A. Whitehead 的 "Principia Mathematica" 继续试图解决 Russell 悖论, 是 20 世纪巨大成果, 是 "人类心灵的最高成就之一".

1919 年, Lord Russell 在狱中完成 "Introduction to Mathematical Philosophy".

1921 年, Lord Russell 访华后于 1922 年写了 "The Problem of China".

1955 年, Lord Russell 与 A. Einstein 发表《Russell-Einstein 宣言》反核武器.

5.19 剑桥大学分析学派创建人——Godfrey Harold Hardy

G. Hardy (1877.02.07—1947.12.01), 英格兰人, 1910 年当选为皇家学会会员, 1920 年任牛津大学 Savile 几何学教授, 并获皇家奖, 1926—1928 年和 1939—1941 年任伦敦数学会会长, 1929 年获 de Morgan 奖, 1931 年任剑桥大学 Sadleir

---

① Lord John Russell, 1st Earl Russell (1792.08.18—1878.05.28), 1846—1852 年和 1865—1866 年两任首相, 皇家学会会员.

② Lady Russell, 题赠 Lord Russell: "不可随众行恶."

③ Lord Frank Russell, 2nd Earl Russell.

纯数学教授, 1932 年获 Chauvenet 奖, 1940 年获 Sylvester 奖, 1947 年获 Copley 奖, 1949 年当选为法国科学院院士.

G. Hardy 生于 Cranleigh, 卒于剑桥, 终身未婚.

父母: I. Hardy[①]和 Sophia[②].

师承: A. Love[③]和 Sir Whittaker.

1896 年, G. Hardy 进入剑桥大学三一学院, 1903 年获博士学位.

G. Hardy 说: "第一个使我拨云见日的是 Love 教授 ······ 使我对分析有了第一个严肃的概念. 但最使我感激的是他建议我阅读 M. Jordan 的 'Cours d'analyse de l'École Polytechnique'. 我永远不会忘记我读那本书时的震惊, 这是我这一代数学家受到的第一个启迪, 读这本书时我才第一次认识到数学真正意味着什么. 从那以后, 我就怀有远大的抱负和对数学的真正激情, 以我自己的方式成为真正的数学家了."

1908 年, G. Hardy 的 "A Course of Pure Mathematics" 改变了英国大学中的状况, 这是全英第一部严谨精确的关于数、函数和极限等内容的讲解著作. 2020 年, Juliet Floyd 和 Felix Mühlhölzer 将 L. Wittgenstein[④]为这本书写的注释整理出版 "Wittgenstein's Annotations to Hardy's Course of Pure Mathematics".

这一年, G. Hardy 在 "混合种群中的 Mendel[⑤]比率" 中与 W. Weinberg[⑥]在 1909 年独立地建立了人口遗传学的基础上, 给出了种群遗传平衡的 Hardy-Weinberg 定律. 他本人开始还认为这是一个不太重要的结果.

1911 年开始, G. Hardy 与 J. Littlewood 开始了长达 35 年的合作, 发表了百余篇论文, 建立了 20 世纪上半叶具有世界水平的剑桥大学分析学派.

1914 年, G. Hardy 率先证明了 Riemann ζ 函数在实部为 $\frac{1}{2}$ 这条直线上存在无穷多个零点.

1916 年和 1917 年, G. Hardy 和 S. Rāmānujan 在处理 Waring 问题时, 首次提出解析数论中最重要的方法之一——圆法.

1918 年, G. Hardy 和 J. Littlewood 应用复分析方法研究数论, 建立解析数论.

---

① Isaac Hardy, Cranleigh 中学的老师.

② Sophia, Lincoln 师范学校的老师.

③ Augustus Edward Hough Love (1863.04.17—1940.06.05), 英格兰人, 1894 年当选为皇家学会会员, 1912—1914 年任伦敦数学会会长, 1909 年获皇家奖, 1926 年获 de Morgan 奖, 1937 年获 Sylvester 奖.

④ Ludwig Josef Johann Wittgenstein (1889.04.26—1951.04.29), 奥地利人, Sir Russell 和 F. Ramsey (Frank Plumpton Ramsey, 1903.02.22—1930.01.19, 英格兰人) 的学生, 1929 年在剑桥大学的博士学位论文是 "Tractatus logico-philosophicus", 1999 年 12 月 26 日被 "Time" 评为 "世纪伟人".

⑤ Gregor Johann Mendel (1822.07.20—1884.01.06), 奥地利人, 1865 年通过豌豆实验发现了 Mendel 第一定律 (遗传分离规律) 和 Mendel 第二定律 (自由组合规律), 被称为 "现代遗传学之父".

⑥ Wilhelm Weinberg (1862.12.25—1937.11.27), 德国人.

1923 年, G. Hardy 提出 Hardy 空间概念.

1934 年, G. Hardy 与 J. Littlewood 和 G. Pólya 合作出版 "Inequalities" (《不等式》).

1938 年, G. Hardy 和 Sir Wright 完成 "An Introduction to the Theory of Numbers". 这本书对 Sir Wiles 有启蒙作用.

1940 年 11 月, G. Hardy 的 "A Mathematician's Apology" (《一个数学家的自白》) 可以说是他的自传, 谈论了数学中的美学, 给了外行人一个洞察工作中的数学家内心的机会, 主要围绕三个主题展开: 数学的美、数学的持久性和数学的重要性. 2007 年, 湖南科技出版社出版了中文版的《一个数学家的自白》.

1942 年, G. Hardy 的 "Bertrand Russell and Trinity" 详细写了 Lord Russell 由于反战于 1917 年被剑桥大学开除的事.

1956 年, N. Wiener 在 "I am a Mathematician" 中多次对 G. Hardy 表达了钦佩和感激之情, 还评价: "在我听过的所有数学讲座中, 从未有谁对数学的讲解能达到 G. Hardy 那样一种明晰、充满趣味、富有智慧的境界. 如果让我来确认谁是我数学思维的导师, 那个人必然是 G. Hardy 无疑."

E. Landau[①]评价 G. Hardy "是世界上最好的数学家之一".

5.20　黑洞探索者——Sir Roger Penrose

2020 年 10 月 6 日, G. Hansson[②]宣布, Sir Penrose 获 Nobel 物理学奖.

Sir Penrose (1931.08.08—), 英格兰人, 1972 年当选为皇家学会会员, 1973 年任牛津大学[③]Ball[④]数学教授, 1975 年获 Eddington[⑤]奖, 1985 年获皇家奖, 1988 年

---

① Edmund Georg Hermann Landau (1877.02.14—1938.02.19), 德国人, I. Schoenberg 的岳父, F. Frobenius 和 L. Fuchs 的学生, 1899 年在柏林大学的博士学位论文是 "Neuer Beweis der Gleichung $\sum_{k=1}^{\infty} \frac{\mu(k)}{k} = 0$", 1909 年给出解析数论的系统表述, 1914 年与 H. Bohr (Harald Aust Bohr, 1887.04.22—1951.01.22, 丹麦人, Niels Henrik David Bohr 的弟弟, 1908 年担任丹麦国家足球队中卫, 获奥运会亚军, E. Landau 的学生, 1910 年在哥本哈根大学的博士学位论文是 "Bidrag til de Dirichlet'ske Rækkers Theori", 1925 年提出概周期函数) 证明了 ζ 函数零点分布的定理, 1921 年任德国数学会会长.

② Göran K. Hansson (1951—), 瑞典人, 1980 年在 Göteborg 大学 (Göteborgs Universitet, GU, 创建于 1891 年, 是瑞典的一所世界一流综合性研究型国立大学, 是瑞典第三古老的大学, 校训: Tradita innovare innovata tradere, Renew our heritage and pass it on renewed) 获医学博士学位, 担任 Nobel 基金会董事会副主席、瑞典皇家科学院院士 (常任秘书)、欧洲科学院院士.

③ 牛津大学 (University of Oxford) 创建于 1167 年, 与 Bologna 大学、巴黎大学和布拉格大学并称欧洲文化中心, 校训: Dominus illuminatio mea (上帝乃吾光).

④ Walter William Rouse Ball (1850.08.14—1925.04.04), 英格兰人, 1874 年获第一个 Smith 奖, 1925 年在剑桥大学设立 Ball 数学教授职位.

⑤ Sir Arthur Stanley Eddington (1882.12.28—1944.11.22), 英格兰人, Sir Whittaker, A. Whitehead 和 E. Barnes 的学生, 1905 年在剑桥大学获博士学位, 1914 年当选为皇家学会会员, 1924 年当选为美国国家科学院院士, 1928 年获皇家奖, 1930 年授爵, 并且还是爱尔兰皇家科学院院士、俄罗斯科学院院士、德国科学院院士等.

获 Wolf 物理学奖, 1989 年获 Dirac[①]奖, 1994 年封爵, 1998 年当选为美国国家科学院院士, 并任 Gresham 几何学教授, 2004 年获 de Morgan 奖, 2005 年获 Copley 奖.

曾外祖父母: Baron Peckover[②] 和 S. Leathes[③].

祖父母: J. Penrose[④] 和 E. Peckover[⑤].

外祖父: J. Leathes[⑥].

外叔祖父: Sir Leathes[⑦].

父母和继父: L. Penrose[⑧], M. Leathes[⑨] 和 M. Newman[⑩].

叔叔: Sir Penrose[⑪].

哥哥、弟弟和妹妹: O. Penrose[⑫], J. Penrose[⑬] 和 S. Hodgson[⑭].

师承: J. Todd[⑮].

1955 年, Sir Penrose 的 "A generalized inverse for matrices" 用

(1) $AGA = A$; (2) $GAG = G$; (3) $(AG)^{\mathrm{H}} = AG$; $(GA)^{\mathrm{H}} = GA$

---

① Paul Adrien Maurice Dirac (1902.08.08—1984.10.20), 英格兰人, Sir Fowler (Sir Ralph Howard Fowler, 1889.01.17—1944.07.28, 英格兰人, Lord Rutherford 的学生和女婿, 1915 年在剑桥大学获博士学位, 1925 年当选为皇家学会会员, 1936 年获皇家奖, 1942 年封爵) 的学生, 1926 年在剑桥大学的博士学位论文是 "Quantum mechanics", 1930 年当选为皇家学会会员, 1931 年当选为苏联科学院院士, 1932 年任剑桥大学 Lucas 数学教授, 1933 年获 Nobel 物理学奖, 1939 年当选为印度国家科学院院士, 并获皇家奖, 1946 年当选为法兰西研究院院士, 1949 年当选为美国国家科学院院士, 1950 年当选为美国人文与科学院院士, 1952 年获 Copley 奖, 1960 年当选为意大利国家科学院院士, 1962 年当选为丹麦皇家科学与人文院院士, 1963 年当选为法国科学院院士.

② Alexander Peckover, 1st Baron Peckover (1830.08.16—?) 英格兰人.

③ Stanley Leathes, 神学家和东方学者, 岳父是英国王室御医.

④ James Doyle Penrose (1862.05.09—1932), 爱尔兰知名肖像画家.

⑤ Elizabeth Josephine Peckover (1859—1930), 银行家.

⑥ John Beresford Leathes (1864.11.05—1956.09.14), 英格兰人, 生理学家、生物化学家、皇家学会会员.

⑦ Sir Stanley Mordaunt Leathes (?—1938), 诗人、经济学家、历史学家、政府高官.

⑧ Lionel Sharples Penrose (1898.06.11—1972.05.12), 英格兰人, 精神病学家、遗传学家, 1930 年在剑桥大学获医学博士学位, 1960 年获 Lasker 奖, 还是皇家学会会员.

⑨ Margaret Leathes (?—1989), 英格兰人, 医生.

⑩ Maxwell Herman Alexander Newman (1897.02.07—1984.02.22), 英格兰人, Sir Penrose 的继父, 1939 年当选为皇家学会会员, 1949—1951 年任伦敦数学会会长, 1958 年获 Sylvester 奖, 1962 年获 de Morgan 奖. 胡世桢 (Sze-Tsen Hu, Steve Hu, 1914.10.09—1999.05.06, 浙江湖州人) 和王宪钟 (Hsien Chung Wang, 1918.04.18—1978.06.25, 北京人, 为我国教育事业贡献了力量, 培养了大量人才) 是他的学生, 均于 1948 年在 Manchester 大学获博士学位.

⑪ Sir Roland Penrose (1900—1984), 英国艺术家、历史学家、诗人.

⑫ Oliver Penrose (1929.06.06—), 数学家、理论物理学家, 杨振宁关于超导与超流的判据就是从他的结果而来, 是皇家学会会员.

⑬ Jonathan Penrose (1933.10.07—), 国际象棋大师, 1958—1969 年获 10 次英国国际象棋锦标赛冠军, 1963 年获国际象棋国际大师 (IM), 1993 年获国际象棋特级大师称号 (GM).

⑭ Shirley V. Hodgson (1945—), 遗传学家.

⑮ John Arthur Todd (1908.08.23—1994.12.22), 英格兰人, H. Baker 的学生, 1932 年在剑桥大学的博士学位论文由两部分构成: ① Grassmannian varieties; ② The conic as a space element, 1948 年当选为皇家学会会员, 1957—1969 年任伦敦数学会会长.

定义了矩阵的广义逆 $G = A^+$.

1956 年, Sir Penrose 的 "On best approximation solutions of linear matrix equations" 利用矩阵的广义逆给出矩阵方程 $AX = B$ 的最佳近似解和新的谱分解.

1958 年 2 月, Sir Penrose 与父亲提出 Penrose 三角形和 Penrose 阶梯的几何学悖论, 称之为 "impossibility in its purest form" ("最纯粹形式的不可能"), 如图 5.4 所示.

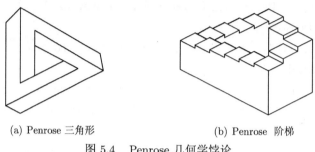

(a) Penrose 三角形   (b) Penrose 阶梯

图 5.4   Penrose 几何学悖论

1958 年, Sir Penrose 在剑桥大学的博士学位论文是 "Tensor methods in algebraic geometry".

1961 年, Sir Penrose 与 J. Whitehead[1]和 Sir Zeeman[2]的 "Imbedding of manifolds in Euclidean space" 证明了:

$$若\ 0 < 2m \leqslant n, 则闭\ m - 1\ 连通的\ n\ 流形可嵌入\ \mathbb{R}^{2n-m+1}.$$

1965—1970 年, Sir Penrose 的 "Gravitational collapse and spacetime singularities" (《引力坍塌和时空奇点》) 等与 S. Hawking[3]一起证明了广义相对论奇点

① John Henry Constantine Whitehead (1904.11.11—1960.05.08), 英格兰人, A. Whitehead 的侄子, O. Veblen 的学生, 1932 年在 Princeton 大学的博士学位论文是 "The representation of projective spaces", 与 O. Veblen 的 "The foundations of differential geometry" 第一次恰当地给出微分流形的定义, 1944 年当选为皇家学会会员, 1947—1960 年任牛津大学 Waynflete 纯数学教授, 1948 年获 Berwick 奖, 1953—1955 年任伦敦数学会会长.

② Sir Erik Christopher Zeeman (1925.02.04—2016.02.13), 英格兰人, S. Wylie (Shaun Wylie, 1913.01.17—2009.10.02, 英格兰人, 第二次世界大战期间以破译德军密码著称, S. Lefschetz 的学生, 1937 年在 Princeton 大学的博士学位论文是 "Duality and intersection in general complexes") 的学生, 1955 年在剑桥大学的博士学位论文是 "Dihomology", 1963 年创建 Warwick 大学数学系, 1975 年当选为皇家学会会员, 1982 年获高级 Whitehead 奖, 1986—1988 年任伦敦数学会会长, 1988 年获 Faraday 奖, 1990 年在剑桥大学创建 Newton 研究所, 1991 年封爵.

③ Stephen William Hawking (1942.01.08—2018.03.14), 英格兰人, D. Sciama (Dennis William Siahou Sciama, 1926.11.18—1999.12.18, 英格兰人, P. Dirac, Hermann Bondi 和 Harold Neville Vazeille Temperley 的学生, 1953 年在剑桥大学的博士学位论文是 "On the origin of inertia", 1983 年当选为皇家学会会员, 还是美国人文与科学院院士、意大利国家科学院院士) 的学生, 1966 年在剑桥大学的博士学位论文是 "Properties of expanding universes", 1974 年当选为皇家学会会员, 1975 年获 Eddington 奖, 1979 年任剑桥大学 Lucas 数学教授, 1986 年当选为意大利国家科学院院士, 1988 年获 Wolf 物理学奖, 他的 "A brief history of time" 非常有影响, 1989 年获 Asturias 王子科学技术奖, 2006 年获 Copley 奖.

的不可避免性, 发现黑洞形成是广义相对论的坚实预测, 创立现代宇宙论的数学结构理论.

1972 年, Sir Penrose 出版了 "Techniques of Differential Topology in Relativity".

湖南科技出版社出版了 Sir Penrose 五部主要著作的中文版: 1989 年的 "The Emperor's New Mind: Concerning Computers, Minds, and the Laws of Physics" (《皇帝新脑》, 许明贤、吴忠超[①]译, 2007); 1996 年的 "The Nature of Space and Time" (《时空本性》, 与 S. Hawking 合著, 杜欣欣、吴忠超译, 2007); 2004 年的 "The Road to Reality: A Complete Guide to the Laws of the Universe" (《通向实在之路》, 王文浩译, 2008); 2010 年的 "Cycles of Time: An Extraordinary New View of the universe" (《宇宙的轮回》, 李泳译, 2014); "Fashion, Faith, and Fantasy in the New Physics of the Universe" (《新物理狂想曲》, 李泳泽, 2021).

5.21　Fermat 大定理的终结者——Sir Andrew John Wiles

Sir Wiles (1953.04.11—), 英格兰人, 1988 年获 Whitehead 奖, 1989 年当选为皇家学会会员, 1994 年任 Princeton 大学[②]Higgins[③]数学教授, 1995 年获 Wolf 数学奖、Schock[④]数学奖、Ostrowski[⑤]奖和 Fermat 奖, 1996 年当选为美国国家科学院院士, 并获皇家奖, 1997 年获 Cole 数论奖和 MacArthur 奖[⑥], 1998 年获 Faisal

---

① 吴忠超 (1946—), 福建福州人, S. Hawking 的学生, 1984 年在剑桥大学获博士学位, S. Hawking 著作的中译本基本上由其翻译.

② Princeton 大学 (Princeton University) 创建于 1746 年, 时为 New Jersey 学院 (College of New Jersey), 1896 年改为现名, 是美国殖民时期的第四所大学, 世界顶尖研究型大学, 校训: Dei sub numine viget (她因上帝的力量而繁荣).

③ Eugene Higgins (1860.01.14—1948.07.29), 美国人, 1948 年捐赠在 Columbia 大学、Harvard 大学和 Princeton 大学设立 Higgins 数学教授席位.

④ Rolf Schock (1933.04.05—1986.12.05), 瑞典人, 哲学家和艺术家, 捐赠设立 Schock 奖 (Schock Prize), 1993 年开始由瑞典皇家科学院、瑞典皇家人文院和瑞典皇家音乐院分别授予, 包括逻辑与哲学、数学、可视艺术、音乐艺术四个领域, 其中 Schock 数学奖 (Schock prize in mathematics) 由瑞典皇家科学院负责颁发.

⑤ Alexander Markowich Ostrowski (1893.09.25—1986.11.20), 乌克兰人, E. Landau 和 C. Klein 的学生, 1920 年在 Göttingen 大学的博士学位论文是 "Über Dirichletsche Reihen und algebraische Differentialgleichungen", 设立基金会从 1989 年开始每两年一次授予 Ostrowski 奖 (Ostrowski Prize).

⑥ John Donald MacArthur (1897.03.06—1978.01.06), 美国人, 1970 年建立的 MacArthur 基金会 (John D. 和 Catherine T. MacArthur Foundation) 于 1981 年设立 MacArthur 奖 (MacArthur fellows program/MacArthur fellowship), 俗称 "天才奖" (Genius Grant), 当年开始颁发.

国王国际科学奖①, 1999 年获第一个 Clay②研究奖, 2000 年封爵, 2004 年获第一个 Pythagoras 奖, 2005 年获邵逸夫数学奖, 2016 年获 Abel 奖, 2017 年获 Copley 奖, 并首任牛津大学设立的第三个皇家数学教授③职位.

Sir Wiles 生于剑桥.

父母: M. Wiles④和 Patricia Mowll.

师承: J. Coates⑤.

1971 年, Sir Wiles 进入牛津大学 Merton 学院. 1974 年进入剑桥大学 Clare 学院⑥. 1980 年在剑桥大学的博士学位论文是 "Reciprocity laws and the conjecture of Birch and Swinnerton-Dyer".

1993 年 6 月 23 日, Sir Wiles 在剑桥大学 Newton 研究所宣布证明了 Fermat 大定理. 1994 年 10 月 25 日 11 时 4 分 11 秒, 他的 "Modular elliptic curves and Fermat's Last Theorem" 给出了改正了的证明, 证明了谷山–志村猜想, 从而彻底终结了 Fermat 大定理的证明. 他在证明中利用了椭圆曲线和模形式, 以及 Galois 理论和 Hecke⑦代数等, 这让我们有理由相信 de Fermat 的证明是错的.

1998 年, 由于 Sir Wiles 已过 40 岁, 所以 Fields 奖委员会主席 Yu. Manin⑧决定颁发给他 Fields 特别奖, 以表彰他证明 Fermat 大定理.

---

① Faisal 国王国际科学奖 (King Faisal International Prize in Science) 是沙特阿拉伯第三任国王 Faisal (Faisal bin Abdelaziz al Saud, 1906.01.14—1975.03.25, 1964.11.03—1975.03.25 在位) 的儿子于 1979 年设立的, 分为科学、阿拉伯文学、伊斯兰服务、医学和伊斯兰研究, 其中科学奖奖励数学、化学、生物学和物理学领域的突出成果, 每年奖励一个学科.

② Landon Thomas Clay (1926—2017.07.29), 美国商人, 1998 年与 A. Jaffe 创建 Clay 数学研究所, 1999 年开始颁发 Clay 研究奖 (Clay Research Award).

③ 第一个皇家数学教授 (Regius Professor of Mathematics) 职位 1668 年在 St Andrews 大学设立; 第二个皇家数学教授职位于 2013 年在 Warwick 大学 (University of Warwick, 创建于 1965 年, 校训: Mens agitat molem (才能驱动万物)) 设立; 第三个皇家数学教授职位于 2016 年在牛津大学设立.

④ Maurice Frank Wiles (1923.10.17—2005.06.03), 1970—1991 年任牛津大学教授.

⑤ John Coates (1945.01.26—), 澳大利亚人, A. Baker 的学生, 1969 年在剑桥大学的博士学位论文是 "The effective solution of some Diophantine equations", 1985 年当选为皇家学会会员, 1988—1990 年任伦敦数学会会长, 1997 年获高级 Whitehead 奖.

⑥ Clare 学院 (Clare College Cambridge) 创建于 1326 年, 以 Edward 一世 (Edward I, Edward Longshanks, King of England, 1239.06.17—1307.07.07, 1272.11.20—1307.07.07 在位) 的外孙女 de Clare (Elizabeth de Clare, 11th Lady of Clare, 1295.09.16—1360.11.04) 命名.

⑦ Erich Hecke (1887.09.20—1947.02.13), 波兰人, D. Hilbert 的学生, 1910 年在 Göttingen 大学的博士学位论文是 "Zur Theorie der Modulfunktionen von zwei Variablen und ihrer Anwendung auf die Zahlentheorie", 1923 年任德国数学会会长. 1936 年发现 Hecke 算子以及 Euler 乘积的代数性质.

⑧ Yuri Ivanovich Manin (1937.02.16—), 俄罗斯人, I. Shafaevich (Igor Rostislavovich Shafaevich, 1923.06.03—2017.02.19, 俄罗斯人, Boris Nikolaevich Delone 的学生, 1946 年在 Steklov 数学研究所的博士学位论文是 "Investigations on finite extensions") 的学生, 1961 年在莫斯科大学获博士学位, 1987 年获 Brouwer 奖, 1990 年当选为荷兰皇家人文与科学院院士, 1999 年获 Schock 数学奖, 2002 年获 Cantor 奖和 Faisal 国王国际科学奖, 2010 年获 Bolyai 奖.

第 6 章　德国和奥地利篇

6.1　德国数学简介

von Gauß 开创了 Göttingen 学派, 他把现代数学提到一个新的水平, 对数学的发展产生过极其深远的影响.

这个学派之所以能取得如此的成就, 有它深刻的社会原因:

(1) 这个学派人数众多, 学科全面, 在各个时期都有罕见的全才. G. Riemann, J. Dirichlet 和 C. Jacobi 继承了 von Gauß 的工作, 在各领域做出了贡献.

(2) 学术带头人年轻、思想活跃、富有创造性是这个学派在世界数学发展中长期占主导地位的重要原因.

(3) 重视学术交流, 创造一种自由和平等的讨论和相互紧密合作的学术空气, 并且蔚然成风, 这种精神是这个学派取得巨大成就的重要原因.

(4) 重视纯数学和应用数学, 把理论和工程技术结合起来的优良的双重科学传统更是这个学派留下的成功经验.

C. Klein 从变换群的观点出发, 把各种几何加以分类, 是 Göttingen 学派的组织者和领导者.

D. Hilbert 在代数、几何和分析, 乃至元数学上的一连串无与伦比的数学成就, 使他成为无可争辩的领袖人物. 1900 年, 他在巴黎的国际数学家大会上发表演说, 提出了著名的 23 个问题, 表示他将领导新世纪的数学新潮流.

1900—1933 年, Göttingen 大学成为世界数学的中心.

H. Minkowski 为狭义相对论提供了数学框架.

H. Weyl 为广义相对论提供理论依据.

von Neumann 为量子力学提供了严格的数学基础, 发展了泛函分析.

E. Noether 以一般理想论奠定了抽象代数的基础, 并在此基础上刺激了代数拓扑学的发展.

R. Courant 为空气动力学等一系列实际课题扫清了道路.

K. Weierstraß 受聘到柏林大学, 开创了柏林学派. 这个学派不受限于共同的研究方向, 但有一致的哲学观点, 指导研究工作, 代表人物还有 F. Frobenius 和

W. Killing[①]等.

1810—1920 年, 德国成为世界数学中心.

1884 年, H. Fine[②]在 G. Halsted[③]的建议下来到了 Leipzig. 他学到了 C. Klein 的 "不拘一格纳人才" 理念, 先后将 L. Eisenhart[④], O. Veblen[⑤], J. Wedderburn[⑥], G. Bliss[⑦]和 G. Birkhoff 等引进 Princeton 大学, 后来又培养了 J. Alexander[⑧], E. Hille[⑨]和 S. Lefschetz[⑩]等. 这让 Princeton 大学的数学得到了极大的发展.

纳粹时期德国 Göttingen 学派受到致命的打击. 大批犹太血统的科学家亡命

---

① Wilhelm Karl Joseph Killing (1847.05.10—1923.02.11), 德国人, K. Weierstraß 和 E. Kummer 的学生, 1872 年 3 月在柏林大学的博士学位论文 "Der Flächenbüschel zweiter Ordnung", 将 K. Weierstraß 的矩阵初等因子理论应用到曲面上, 1900 年获 Lobachevsky 奖.

② Henry Burchard Fine (1858.09.14—1928.12.22), 美国人, C. Klein 和 C. Neumann 的学生, 1885 年 5 月在 Leipzig 大学的博士学位论文是 "On the singularities of curves of double curvature", 1911—1912 年任美国数学会会长.

③ George Bruce Halsted (1853.11.23—1922.03.16), 美国人, J. Sylvester 的学生, 1879 年在 Johns Hopkins 大学的博士学位论文是 "Basis for a dual logic".

④ Luther Pfahler Eisenhart (1876.01.13—1965.10.28), 美国人, 1900 年在 Johns Hopkins 大学的博士学位论文是 "Infinitesimal deformation of surfaces", 1911—1925 年任 "Annals of Mathematics" 主编, 1917—1923 年任 "Transactions of the American Mathematical Society" 主编, 1931—1932 年任美国数学会会长, 1945—1949 年任美国国家科学院副院长.

⑤ Oswald Veblen (1880.06.24—1960.08.10), 美国人, E. Moore 的学生, 1903 年在 Chicago 大学的博士学位论文是 "A system of axioms for geometry", 1923—1924 年任美国数学会会长, 还是美国国家科学院院士、丹麦皇家科学与人文院院士、法国科学院院士、波兰科学院院士. 经其朋友和同事及其遗孀的捐赠而由美国数学会设立 Veblen 几何奖 (Veblen Prize in Geometry), 授予美国数学会会员在北美杂志发表的几何或拓扑方面的论文, 1964 年开始颁发.

⑥ Joseph Henry Maclagen Wedderburn (1882.02.02—1948.10.09), 苏格兰人, 1906—1908 年任 "Proceedings of the Edinburgh Mathematical Society" 主编, G. Chrystal (George Chrystal, 1851.03.08—1911.11.03, 苏格兰人, 1911 年 11 月 3 日逝世两小时后获皇家奖) 的学生, 1908 年在 Edinburgh 大学的博士学位论文是 "On hypercomplex numbers", 1912—1928 年任 "Annals of Mathematics" 主编, 1933 年当选为皇家学会会员.

⑦ Gilbert Ames Bliss (1876.05.09—1951.05.08), 美国人, O. Bolza (Oskar Bolza, 1857.05.12—1942.07.05, 德国人, C. Klein 的学生, 1886 年在 Göttingen 大学的博士学位论文是 "Über die Reduction hyperelliptischer Integrale erster Ordnung und erster Gattung auf elliptische, insbesondere über die Reduction durch eine Transformation vierten Grades") 的学生, 1900 年在 Chicago 大学的博士学位论文是 "The geodesic lines on the anchor ring", 1921—1922 年任美国数学会会长, 1916 年当选为美国国家科学院院士.

⑧ James Waddell Alexander (1888.09.19—1971.09.23), 美国人, O. Veblen 的学生, 1915 年在 Princeton 大学的博士学位论文是 "Functions which map the interior of the unit circle upon simple regions", 1928 年获 Bôcher 纪念奖, 1933 年当选为美国国家科学院院士.

⑨ Einar Carl Hille (1894.06.28—1980.02.12), 美国人, M. Riesz 的学生, 1918 年在斯德哥尔摩大学的博士学位论文是 "Some problems concerning spherical harmonics", 1919 年获 Mittag-Leffler 奖, 1929—1933 年任 "Annals of Mathematics" 主编, 1937—1943 年任 "Transactions of the American Mathematical Society" 主编, 1937—1938 年任美国数学会会长, 1953 年当选为美国国家科学院院士, 还是瑞典皇家科学院院士.

⑩ Solomon Lefschetz, Соломон Лефшец (1884.09.03—1972.10.05), 俄罗斯人, W. Story 的学生, 1911 年在 Clark 大学的博士学位论文是 "On the existence of loci with given singularities", 1924 年获 Bôcher 纪念奖, 1935—1936 年任美国数学会会长, 1961 年当选为皇家学会会员, 1964 年获美国国家科学奖.

美国, 该学派解体. 除了散见其他地方的外, 还有 W. Feller[①]和 J. Wigner[②]等.

L. Bamberger[③]找到 A. Flexner[④], 想在纽约附近创建一所医学院, 但 A. Flexner 告诉他, 纽约的医学院已经够多了, 建议他可以改办一所研究院, 进而可以提高美国的科研水平. 恰巧 A. Flexner 在报纸上读到了 O. Veblen 的一篇文章, 里面提到 "美国在世界上仍然缺乏学术地位, 科学研究的质量在发达国家中处于落后的劣势". A. Flexner 非常同意 O. Veblen 的看法.

就这样, 在 1930 年, L. Bamberger 和 C. Fuld[⑤]兄妹就投资创建了 Princeton 高等研究所[⑥], 1930—1939 年, A. Flexner 任首任所长.

当时的六名数学教授是 J. Alexander, A. Einstein, H. Morse[⑦], von Neumann, O. Veblen 和 H. Weyl, 使得 Princeton 高等研究所的数学研究水平一下子就达到了世界顶级.

1933 年, 他们创建了举世闻名的应用数学研究所. 从此, 美国数学居世界领先地位, Princeton 取代 Göttingen 成为世界数学的中心, 直至今日.

---

① William Srecko Feller (1906.07.07—1970.01.14), 克罗地亚人, R. Courant 的学生, 1926 年 11 月 3 日在 Göttingen 大学的博士学位论文是 "Über algebraisch rektifizierbare transzendente Kurven", 1931 年发展了 Markov 过程理论, 随机过程论的创始人之一, 1937 年克罗地亚科学与人文院 (Hrvatska Akademija Znanosti i Umjetnosti, 作为南斯拉夫科学与人文院创建于 1861 年 4 月 29 日, 1941—1945 年和 1991 年以后称克罗地亚科学与人文院) 院士和丹麦皇家科学与人文院院士, 1939 年 "Mathematical Reviews" 首任执行编辑, 1940 年 1 月出版第一期, 1958 年当选为美国人文与科学院院士, 1960 年当选为美国国家科学院院士, 1969 年获美国国家科学奖.

② Jenó Pál Wigner (1902.11.17—1995.01.01), 匈牙利人, P. Dirac 的妻兄, M. Polanyi (Michael Polanyi, 1891.03.11—1976.02.22, 1944 年当选为皇家学会会员) 的学生, 1925 年在柏林工业大学的博士学位论文是 "Bildung und Zerfall von Molekülen, Statistische Mechanik und Reaktionsgeschwindigkeit", 1946 年和 1969 年两获美国国家科学奖, 1958 年获 Fermi 奖, 1963 年获 Nobel 物理学奖, 1970 年当选为皇家学会会员, 美国国家科学院院士、荷兰皇家人文与科学院院士、奥地利科学院院士.

③ Louis Bamberger (1855.05.15—1944.03.11), 美国人, 商业大亨.

④ Abraham Flexner (1866.11.13—1959.09.21), 美国人, 1921 年提出科学界非常有影响的 "The usefulness of useless knowledge" 理念, 1926 年获荣誉军团高等骑士勋位, 1930—1939 年首任 Princeton 高等研究所所长.

⑤ Caroline Bamberger Fuld (1864.03.16—1944.07.18), 美国人, L. Bamberger 的妹妹.

⑥ Princeton 高等研究所 (Institute for Advanced Study in Princeton) 创建于 1930 年, 不是 Princeton 大学的一部分, 研究所不授予学位, 所有研究人员都是获过博士学位的.

⑦ Harold Calvin Marston Morse (1892.03.24—1977.06.22), 美国人, G. Birkhoff 的学生, 1917 年在 Harvard 大学的博士学位论文是 "Certain types of geodesic motion of a surface of negative curvature", 1933 年获 Bôcher 纪念奖, 1934 年创建大范围变分法的理论, 为微分几何和微分拓扑学提供了有效工具, 1941—1942 年任美国数学会会长, 1947 年获美国国家科学奖. 江泽涵 (1902.10.06—1994.03.29, 安徽旌德人, 1955 年 6 月当选为中国科学院首批学部委员 (院士)) 是他的学生, 1930 年在 Harvard 大学的博士学位论文是 "Existence of critical points of harmonic functions of three variables".

F. Hirzebruch① 在第二次世界大战后迅速跟上国际研究潮流, 成为第二次世界大战后德国最重要的数学家, 是波恩数学中心的奠基者之一. 1982 年, 他创建了 Max-Planck 数学研究所 (Max-Planck-Institut für Mathematik), 直到 1995 年退休一直任所长. 他的奋斗目标就是要使它成为德国数学的 "Princeton".

虽然 B. Bolzano 是捷克人, 但他讲德语, 用德文发表论著, 我们将其也列在此篇.

6.2   天空立法者——Johannes Kepler

6.2.1   J. Kepler

J. Kepler (1571.12.27—1630.11.15), 德国人.

J. Kepler 生于 Weil der Stadt, 卒于 Regensburg.

祖父: S. Kepler②.

父母: H. Kepler③和 K. Guldenman④.

在 Tübingen 大学⑤里, J. Kepler 深受传播 Copernicus 学说的 M. Mästlin⑥的影响. 后来他回忆说: "当我在杰出的 M. Mästlin 的指导下开始研究天文学时, 看到了旧宇宙理论的许多错误. 我非常喜欢教授经常提到的 N. Copernicus, 在与同学们辩论时我总是坚持他的观点."

1596 年, J. Kepler 的 "Mysterium Cosmographicum" 主张 Copernicus 体系, 序言中指出: "我企图去证明上帝在创造宇宙并调节宇宙的次序时, 看到从 Pythagoras 和 Plato 时代起就为人们所熟知的五种正多面体, 上帝按照这形体安排了天体的数目、它们的比例和它们运动间的关系." 他认为土星、木星、火星⑦、地球、金星和水星⑧的轨道分别在大小不等的六个球的球面上, 六球依次套

---

① Friedrich Ernst Peter Hirzebruch (1927.10.17—2012.05.27), 德国人, H. Behnke (Heinrich Adolph Behnke, 1898.10.09—1979, 德国人, E. Hecke 的学生, 1923 年在 Hamburg 大学的博士学位论文是 "Über analytische Funktionen und algebraische Zahlen") 和 H. Hopf 的学生, 1950 年在 Münster 大学的博士学位论文是 "Über vierdiménsionalé Riemannsche Fläschen mehrdeutiger analytischer Funktionen von zwei komplexen Veränderlichen", 1962 年和 1990 年两任德国数学会会长, 1981 年曾来华访问, 1988 年获 Wolf 数学奖, 1989 年获 Lobachevsky 奖, 1995 年获关孝和赏, 1996 年获 Lomonosov 金奖, 2004 年 9 月获 Cantor 奖, 还是荷兰皇家人文与科学院院士、美国国家科学院院士、芬兰科学与人文院院士、俄罗斯科学院院士、法国科学院院士、美国人文与科学院院士、乌克兰国家科学院院士、德国科学院院士、皇家学会会员、波兰科学院院士、奥地利科学院院士.

② Sebald Kepler, 曾是市长.

③ Heinrich Kepler, 一个雇佣兵.

④ Katharina Guldenman (1546—1622.04.13), 一个小客栈主的女儿.

⑤ Tübingen 大学 (Eberhard-Karls-Universität Tübingen) 创建于 1477 年, 校训: Attempto (我敢).

⑥ Michael Mästlin (1550.09.30—1631.10.30), 德国人.

⑦ 火星 (Mars) 以罗马神话中的 "战神" 命名.

⑧ 水星 (mercury) 以罗马神话中的 "商神" 命名, 来源于拉丁文 "Mercurius ter Maximus", 本名为 "$E\varrho\mu\eta\varsigma$ $T\varrho\iota\sigma\mu\varepsilon\gamma\iota\sigma\tau\sigma\varsigma$".

切成 Plato 体, 太阳居中心. 这种假设尽管荒唐, 但却促使他去进一步寻找正确的宇宙构造理论. 他把这本书分寄给了一些科学名人. Tycho 虽不同意书中的日心说, 却从中非常清楚地显露出 J. kepler 的数学才能和富有创见性的思想, 于是 Tycho 邀请他去布拉格附近的天文台给自己当助手. 1600 年 1 月, 他接受了这一邀请. 翌年, Tycho 去世. 具有讽刺意味的是, 这两位学者, 一个始终是 Copernicus 体系的反对者, 另一个则是该体系的衷心拥护者, 但他们竟然撮合在了一起, 并戏剧般地成为天文学史上合作的光辉典范!

接下来的几个月, J. Kepler 给人留下了非常美好的印象. 不久, Rudolf 二世①就委任 J. Kepler 为接替 Tycho 的皇家数学家. J. Kepler 在余生一直就任此职. 作为 Tycho 的接班人, J. Kepler 认真地研究了 Tycho 多年对行星进行仔细观察所做的大量记录. Tycho 是望远镜发明以前最后一位伟大的天文学家, 也是世界上前所未有的最仔细最准确的观察家. 他认为通过对 Tycho 的记录做仔细的数学分析可以确定哪个行星运动学说是正确的: Copernicus 日心说, Ptolemy 地心说, 或许是 Tycho 本人提出的第三种学说. 但是经过多年的数学计算, 他发现 Tycho 的观察与这三种学说都不符合, 他的希望破灭了. 最终, 他认识到了所存在的问题: 他与 Tycho 和 N. Copernicus 以及所有的经典天文学家一样, 都假定行星轨道是由圆或复合圆组成的, 而实际上行星轨道不是圆而是椭圆.

J. Kepler 在找到基本的解决办法后, 仍不得不花费数月的时间来进行复杂而冗长的计算, 以证实他的学说与 Tycho 的观察相符合. 通过 J. Kepler 对此运动性质的研究, 可以看到万有引力定律已见雏形. J. Kepler 在万有引力的证明中已经证到: 如果行星的轨迹是圆, 则符合万有引力定律. 而如果轨道是椭圆, 他并未证明出来. Sir Newton 后来用很复杂的微积分和几何方法证出.

1604 年 9 月 30 日, J. Kepler 在巨蛇座附近发现了一颗新星 (现知是银河系内的一颗超新星). 他虽视力不佳, 仍持续观测了十几个月. 1607 年的 "De stella nova in pede serpentarii" (《巨蛇座底部的新星》) 给出了他的观测结果, 打破了星座无变化的传统说法, 这一年他看到了一颗大彗星, 即后来定名的 Halley 彗星.

1611 年, J. Kepler 的 "Dioptrice" (《折光学》) 最早提出了光线和光束的表示法, 并阐述了近代望远镜理论.

这一年, J. Kepler 的 "Strena seu de nive sexangula" (《关于雪的六重径向对称性》) 是晶体学②的第一篇科学论文, 其中提出了 Kepler 猜想:

没有任何装球方式的密度比面心立方与六方最密堆积要高.

von Neumann 说: "J. Kepler 在积分学方面初步的一些尝试, 是作为测量酒桶

---

① Rudolf II, Römisch-deutscher Kaiser (1552.07.18—1612.01.20), 1576—1612.01.20 在位.

② 晶体学 (crystallography) 来源于 "$\kappa\varrho\upsilon\sigma\tau\alpha\lambda\lambda o\nu$".

容积的 '量积术', 也就是对表面为曲面的物体体积的计算方法进行了系统的阐述."
1615 年, J. Kepler 的 "Nova stereometria doliorum vinariorum" (《葡萄酒桶新立
体几何》) 研究了桶的容量、曲面面积和圆锥曲线旋转体的体积. 他的想法是在
1613 年婚礼纪念日上产生的, 方法是微积分的早期使用. 这本书被称为人类创造
球面和体积新方法的灵感源泉, J. Kepler 用无穷大和无穷小的概念来代替古老而
烦琐的穷竭法, 设想一个由无数个三角形构成的圆, 其中每个三角形的顶点都处
在圆心, 圆周是由它们无穷小的底边构成. 同样, 圆锥可以看成是由大量具有共同
顶点的棱锥所构成, 圆柱是由大量棱柱所构成, 这些棱柱的底边构成圆柱的底边,
它们的高就是圆柱的高. J. Kepler 采用这些观念得出了一些古人辛辛苦苦极难得
到的结果. J. Kepler 的方法中虽缺少关于极限的明确概念和有效的求和方法, 但
却得出正确的结果, 他的方法给数学家开辟了一个广阔的思考园地. J. Kepler 使
用不可分量的概念得到求旋转体积的方法, 后来被 B. Cavalieri 和 J. Wallis 发
展, 这是对微积分发展的重要贡献.

1618—1621 年, J. Kepler 的 "Epitome Astronomiae Copernicanae" (《Coper-
nicus 天文学概要》) 阐述了 Copernicus 理论, 叙述了他个人对宇宙结构及大小的
看法. 该书论及日月食甚详, 记述 1567 年的日食为 "四周有光环溢出, 参差不齐",
由此可见这不是日环食, 而是日冕现象. 不久, 他的 "彗星论" 认为彗星的尾之所以
总背着太阳, 是由于太阳光排斥彗头物质所致. 这是提前两个半世纪预言了辐射
压力的存在. J. Kepler 晚年根据自己的行星运动定律和 Tycho 的观测资料编制
了一个行星表, 为纪念他的保护人而定名为 "Tabulae Rudolphinae" (《Rudolf 星
表》), 其中在引言中介绍了 J. Bürgi 的对数. 星表在 1627 年印行, 这是他当时
最受人钦佩的功绩, 由此表可以知道各行星的位置, 其精确程度是空前的, 直到 18
世纪中叶它仍被视为天文学上的标准星表. 1629 年的 "1631 年的稀奇天象" 预报
了 1631 年 11 月 7 日水星凌日现象. 至于他推算的金星凌日因发生在夜间, 西欧
看不到.

1623 年, W. Schickard[①]做了一个 "力学钟", 一个木制的计算机器, 他写信给
J. Kepler, 建议使用机械装置计算星历.

J. Kepler 于 1630 年去世, 他为自己撰写的墓志铭是: "我曾测量天空, 现在测
量幽冥. 灵魂飞向天国, 肉体安息土中." 在 "三十年战争" 的动乱中, 他的坟墓很
快遭毁, 但行星运行定律永存!

6.2.2 行星运动的三大定律

1609 年, J. Kepler 出版的 "Astronomia Nova" (《新天文学》) 包含他的第一
和第二椭圆轨道定律, 但只证实了火星的情况.

---

① Wilhelm Schickard (1592.04.22—1635.10.24), 德国人.

当时不论是地心说还是日心说, 都认为行星做匀速圆周运动. 但他发现, 对火星的轨道来说, 按照 N. Copernicus, C. Ptolemy 和 Tycho 提供的三种不同方法, 都不能推算出同 Tycho 的观测相吻合的结果, 于是他放弃了火星做匀速圆周运动的观念, 并试图用别的几何图形来解释, 经过四年的苦思冥想, 也就是到了 1609 年他发现椭圆完全适合这里的要求, 能做出同样准确的解释, 于是得出了轨道定律或 Kepler 第一定律:

所有行星分别是在大小不同的椭圆轨道上运行, 太阳处于两焦点之一的位置.

N. Copernicus 知道几个圆并起来可以产生椭圆, 但他从来没有用椭圆来描述天体的轨道. 当时由于 Tycho 观测的精确和 J. Kepler 的努力, 终使日心说向前推进了一大步.

接着 J. Kepler 又发现火星运行速度是不匀的, 离太阳较近时运动得较快 (近日点), 离太阳远时运动得较慢 (远日点), 但从任何一点开始, 向径 (太阳中心到行星中心的连线) 在相等的时间所扫过的面积相等. 这就是面积定律或 Kepler 第二定律:

在同样的时间里行星向径在轨道平面上所扫过的面积相等.

1611 年, Rudolf 二世被其弟 Matthias[①]逼迫退位, J. Kepler 仍被新帝留任, 但他不忍与故主分别, 继续随侍左右.

1612 年, Rudolf 二世卒, J. Kepler 接受了奥地利 Linz 当局的聘请, 去作数学教师和地图编制工作. 在这里他继续探索各行星轨道之间的几何关系, 经过长期繁杂的计算和无数次失败, 最后创立了行星运动的谐和定律或 Kepler 第三定律:

行星绕太阳公转运动的周期的平方与它们椭圆轨道的半长轴的立方成正比.

这一结果表述在 1619 年出版的 "Harmonices mundi libri" (《世界的和谐》) 中, 其中还发现了两个新的正多面体.

这三大定律使他赢得了 "天空立法者" 的美名, 成为现代实验光学的奠基人.

6.3　17 世纪的 Aristotle——Gottfried Wilhelm von Leibniz

6.3.1　von Leibniz

von Leibniz (1646.07.01—1716.11.14), 德国人, 1673 年 4 月 19 日当选为皇家学会会员 (提交的论文是 "Essay d'une nouvelle science des nombres"), 1700 年当

---

① Matthias, Römisch-deutscher Kaiser (1557.02.24—1619.03.20), 1612.06.13—1619.03.20 在位.

选为法国科学院院士, 促建德国科学院并首任院长, Leibniz 大学[1]以其命名.

von Leibniz 生于 Leipzig, 卒于 Hanover, 终身未婚.

父母: F. Leibnütz[2]和 C. Schmuck[3].

师承: J. Thomasius[4]和 E. Weigel[5], von Schwendendörffer[6].

1661 年, von Leibniz 进入 Leipzig 大学[7]. 1666 年, 他提交了博士学位论文 "Disputatio arithmetrica de complexionibus", 但学校拒绝向其授予学位. 他对此很气愤, 于是毅然离开 Leipzig 而是去了 Altdorf 大学[8]. G. Hegel 认为, 这可能是由于他的哲学见解太多, 审查论文的教授们看到他大力研究哲学, 心里很不乐意.

1666 年, von Leibniz 的第一篇论文 "Dissertatio de arte combinatoria" (《组合的艺术》) 讨论过数列问题, 创立了符号逻辑的基本概念, 其基本思想是想把理论的真理性论证归结于一种计算的结果, 后来的一系列工作使他成为数理逻辑的鼻祖.

1667 年 2 月, von Leibniz 在 Altdorf 大学得到博士学位, 论文是 "Disputatio inaugural de casibus perplexis in Jure", 之后便投身外交界.

1671 年, von Leibniz 的 "Hypothesis physica nova" (《新物理假设》) 提出了具体和抽象运动原理, 认为运动着的物体, 不论多么渺小, 都将带着处于完全静止状态物体的部分一起运动. 他还对 Descartes 动量守恒原理进行了认真的探讨, 提出了能量守恒原理的雏形和运动量的问题, 证明了动量不能作为运动的度量单位, 并引入动能概念, 第一次认为动能守恒是一个普通的物理原理. 他又充分证明了 "永动机是不可能实现的" 观点.

1673 年, von Leibniz 特意到巴黎去制造了一个能进行加减乘除及开方运算的计算机, 这是继 Pascal 加法机后, 计算工具的又一进步. 在光学方面利用求极值方法推导出了折射定律, 并试图为物理学建立一个类似 Euclid 几何的公理系统.

1691 年, von Leibniz 求解了分离变量方程, 提出 "分离变量法", 接着首次利

---

① Leibniz 大学 (Gottfried Wilhelm Leibniz Universität Hanover) 的前身是创建于 1831 年的一个高等商科学校, 1847 年更名为综合技术学校 (Polytechnische Schule), 1879 年更名为皇家理工学校 (Königliche Technische Schule), 1978 年 10 月 1 日更名为 Hanover 大学 (Universität Hanover), 2006 年 7 月 1 日, 在 von Leibniz 诞辰三百六十年之际, Hanover 大学以其命名, 校训: Mit Wissen Zukunft gestalten (Shaping the future with knowledge).

② Friedrich Leibnütz (1579—1652), 1640 年任 Leipzig 大学伦理学教授.

③ Catharina Schmuck, 一个法律教授的女儿.

④ Jakob Thomasius (1622.08.22—1684.09.09), 德国人, F. Leibnütz 的学生.

⑤ Erhard Weigel (1625.12.16—1699.03.20), 德国人, P. Müller (Philippe Müller, Christoph Meurer 的学生) 的学生, 1650 年在 Leipzig 大学的博士学位论文是 "De ascensionibus et descensionibus astronomicis dissertatio", 是德国最早的博士学位论文之一, 1653 年任 Jena 大学校长.

⑥ Bartholomäus Leonhard von Schwendendörffer (1631—1705), 德国人.

⑦ Leipzig 大学 (Universität Leipzig) 创建于 1409 年, 当时的校名叫 Alma Mater Lipsiensis, 1953—1991 年间曾称为 Karl-Marx 大学, 是欧洲最古老的大学之一, 是德国第二古老的大学.

⑧ Altdorf 大学 (Universität Altdorf) 创建于 1578 年, 1622 年获大学授权, 1809 年关闭.

用后来称为 Briot-Bouquet 变换的 $y = ux$ 解决了齐次方程的求解问题.

1693 年 4 月 28 日, von Leibniz 对线性方程组进行研究, 对消元法从理论上进行了探讨, 在写给 de l'Hôpital 的一封信中使用并给出了行列式, 且给出方程组的系数行列式为零的条件.

1713 年, von Leibniz 在给 Johann Bernoulli 的信中给出级数的 Leibniz 判别法.

von Leibniz 平时不进教堂, 故有一个绰号 Lovenix, 即什么也不信的人. 他去世时教士以此为借口, 不予理睬, 曾效力的宫廷也不过问, 无人来吊唁.

1793 年, Hanover 为 von Leibniz 建立了纪念碑. 1883 年, 重修了毁于第二次世界大战的 "Leibniz 故居", 在 Leipzig 的一座教堂附近竖起了 von Leibniz 的一座立式雕像.

1860 年, C. J. Gerhardt 编辑了 von Leibniz 的数学著作 "Leibnizens Mathematische Schriften".

de Fontenelle 称赞说: "von Leibniz 是乐于看到自己提供的种子在别人的植物园里开花的人."

1945 年, Lord Russell 在 "The history of western philosophy" 中称 von Leibniz 是 "一个千古绝伦的大智者".

蔡天新[1][3] 说: "对任何民族来说, 无论过去、现在还是将来, von Leibniz 都是难以企及的一个人物." 蔡天新还将其列为第五位伟大的德国人, 而前四位分别是 J. Gutenberg, A. Dürer, M. Luther[2]和 J. Kepler.

6.3.2　创立微积分学

1672 年出访巴黎时, von Leibniz 受 B. Pascal 事迹的鼓舞, 在 C. Huygens 的指导下钻研数学, 并研究了 R. Descartes, de Fermat 和 B. Pascal 等的著作, 他的兴趣已明显地朝向了数学, 开始了对无穷小的研究, 独创了微积分的基本概念与算法, 和 Sir Newton 并蒂双辉共同创立了微积分学.

从 1672 年开始, von Leibniz 将自己对数列的研究结果与微积分学运算联系起来, 并在给 de l'Hôpital 的信中指出: "求切线不过是求差, 而求积不过是求和."

1673 年底到 1674 年初, von Leibniz 发明了一般变换法, 包括链式法则、换元积分法和分部积分法.

1675 年 11 月 21 日, von Leibniz 开始使用 $\int$ 符号, 并给出 Leibniz 公式:

$$(uv)^{(n)} = \sum_{k=0}^{n} \binom{n}{k} u^{(k)} v^{(n-k)}.$$

---

① 蔡天新 (1963.03.03—), 浙江黄岩人, 潘承洞的学生, 1987 年在山东大学获博士学位, 2017 年获国家科技进步奖二等奖.

② Martin Luther (1483.11.10—1546.02.18), 德国人, 欧洲宗教改革倡导者.

1676 年, von Leibniz 发现基本函数的导数并担任了 Braunschweig 公爵[①]的法律顾问兼图书馆馆长. 同年秋天, 他发现了 $d(x^n) = nx^{n-1}dx$.

1677 年, von Leibniz 明确给出了微积分学基本定理.

1679 年 12 月, 公爵突然去世, 其弟 August[②]继位, von Leibniz 仍留原职. 新公爵夫人 Sophie[③]是其哲学学说的崇拜者, "世界上没有两片完全相同的树叶" 这一句名言, 就出自两人的谈话.

1684 年 1 月 22 日, von Leibniz 在 "Acta Eruditorum" 上发表了在数学史上第一篇微分学论文 "Nova methodus pro maximis et minimis, itemque tangentibus, quae nec fractas nec irrationales quantitates moratur, et singulare pro illis calculi genus" (《一种求极值和切线的新方法》), 文章中用了非常令人满意的符号和结果, 如 dx, dy 等符号, 用切线斜率作为函数的导数, 定义了微分, 建立了函数的和差积商、乘幂与方根的微分公式、复合函数的链式微分法则和 "Leibniz 法则", 还给出了微分法在求极值和求拐点等方面的应用, 但没给出证明. 文章的标题给出微积分学科的名称.

1686 年, von Leibniz 在 "Acta Eruditorum" 上发表了在数学史上的第一篇积分学论文 "Geometria recondita et analysi indivisibilium atque infinitorum" (《深奥几何与不可分量和无穷大的分析》), 文章第一次出现积分符号 $\int$. 初步论述了积分或求积问题与微分或切线问题的互逆关系.

von Leibniz 说: "要发明, 就要挑选恰当的符号, 要做到这一点, 就要用含义简明的少量符号来表达和比较忠实地描绘事物的内在本质, 从而最大限度地减少人的思维活动." 因此, 他发明了一套适用的符号系统, 如引入 dx 表示微分, 其中的 "d" 是拉丁文 "differentia" 的第一个字母, $\int$ 表示积分, 是将拉丁文 "summa" 的第一个字母拉长的记号, $d^n x$ 表示 n 阶微分等, 这些符号促进了微积分的发展.

6.3.3　微积分优先权之争

Sir Newton 通过 H. Oldenburg[④]给 von Leibniz 写了一封信, 花了较长时间才收到, 信中列举了自己的许多结果, 但没有给出方法, von Leibniz 立即回了信.

Sir Newton 没有认识到信件所花的时间, 认为 von Leibniz 有六个月的时间回信.

---

① Johann Friedrich Herzog von Braunschweig-Calenberg (1625.04.25—1679.12.18), 德国人, 1666 年封 Braunschweig 公爵.

② Ernst August Herzog von Braunschweig-Lünburg, Kurfürst von Hannover (1629.11.20—1698.01.23), 德国人, 1692 年为 Hannover 选帝侯.

③ Sophie Herzogin von Braunschweig-Calenberg, Kurfürstin von Hannover (1630.10.14—1714.06.08), 德国人.

④ Henry Oldenburg (1619—1677.09.05), 德国人, 1663 年 5 月 20 日当选为皇家学会首批会员 (首任秘书), 1665 年创办 "Philosophical Transactions of the Royal Society", 并首任主编.

1676 年 10 月 24 日, Sir Newton 写了第二封信, 直到 1677 年 6 月, von Leibniz 才收到. 这封信的语气虽然很客气, 但清楚地表达了他剽窃了自己的方法, 这使得 von Leibniz 认识到必须尽快发表他自己的全部方法.

Sir Newton 的 "Philosophiae naturalis principia mathematica" 于 1687 年发表, 其中写道: "10 年前在我和最杰出的几何学家 von Leibniz 的通信中, 表明我已知道确定极值的方法和作切线的方法以及类似的方法, 但我在信件中隐瞒了这方法 …… 这位最卓越的科学家在回信中写道, 他也发现了一种同样的方法. 他诉述了他的方法, 与我的方法几乎没有什么不同, 除了他的措辞和符号而外" (但在第三版及以后再版时, 这段话被删掉了).

事实上, Sir Newton 从物理学出发, 运用运动学研究微积分, 造诣高于 von Leibniz, 而 von Leibniz 则从几何出发, 运用分析方法研究微积分, 其严密性与系统性是 Sir Newton 所不及的.

1714 年 (1846 年发表), von Leibniz 的 "Historia et origo calculi differentialis" (《微积分的历史和起源》) 总结了自己创立微积分学的思路, 说明了自己成就的独创性, 并称受 B. Pascal "关于四分之一圆的正弦" 的启发, 提出了他自己的 "特征三角形". Von Leibniz 指出: "知道重大发明特别是那些绝非偶然的和经过深思熟虑而得到的重大发明的真正起源是很有益的. 这不仅在于历史可以给每一个发明者以应有的评价, 从而鼓舞其他人去争取同样的荣誉, 而且还在于通过一些光辉的范例可以促进发现的艺术, 揭示发现的方法."

6.3.4　von Leibniz 与中国的渊源

1679 年, von Leibniz 系统地阐述了二进制, 但 1701 年才将文章 "Essay d'une nouvelle science des nombres" (《数的新科学》) 送到法国科学院, 并把它和中国的阴阳八卦联系起来.

据说白晋[①]在返欧时向他介绍过 "周易" 和阴阳八卦的系统.

von Leibniz 向闵明我[②]了解到许多有关中国的情况.

1696 年, von Leibniz 为李明[③]的 "Nouveau mémoire sur l'état présent de la Chine" (《中国新事萃编》) 写了序言. 在序言中说:

[①] 白晋, Joachim Bouvet (1656.07.18—1730.06.28), 又作白进, 字明远, 法国人, 1687 年来华传教, 1693 年 7 月 4 日康熙帝任命他出使法国, 后任太子的辅导老师. 1687 年 7 月 23 日抵达中国的首批六名传教士来华前授予 "国王数学家" 和法国科学院院士, 这六人中 Guy Tachard (名字也可能是 Père Tachard, 1651—1712) 在经过暹罗时被暹罗王留下, 另外四人是洪若翰 (Jean de Fontaney, 1643—1710, 字时登, 法国人)、李明、张诚 (Jean-François Gerbillon, 1654.06.04—1707.03.27, 字实斋, 法国人) 和刘应 (Claude de Visdelou, 1656.08.12—1737.11.11, 法国人). 后来, 白晋和张诚留在宫里, 并教授康熙帝数学与天文学, 其他人去了国内其他地方传教.

[②] 闵明我, Filippus Marie Grimaldi (1639—1712), 字德先, 比利时人, 1669 年来华传教, 1685 年任钦天监监正.

[③] 李明, Louis le Comte, Louis-Daniel Lecomte (1655—1728), 字复初, 法国人, 1687 年来华传教.

"全人类最伟大的文化和最发达的文明仿佛今天汇集在我们大陆的两端, 即汇集在欧洲和位于地球另一端的东方——中国."

"中国这一文明古国与欧洲相比, 面积相当, 但人口数量则已超过."

"在日常生活以及经验地应付自然的技能方面, 我们是不分伯仲的, 我们双方各自都具备通过相互交流使对方受益的技能. 在思考的缜密和理性的思辨方面, 显然我们要略胜一筹."

但 "在时间哲学, 即在生活与人类实际方面的伦理以及治国学说方面, 我们实在是相形见绌了".

在这里, von Leibniz 不仅显示出了不带 "欧洲中心论" 色彩的虚心好学的精神, 而且为中西文化交流描绘了宏伟的蓝图, 极力推动这种交流向纵深发展, 使东西方相互学习, 取长补短, 共同繁荣进步.

据传, von Leibniz 还曾经通过来华传教士, 建议康熙帝在北京建立科学院. 他认为中西方应该建立一种交流认识的新型关系.

6.3.5 Leibniz 奖

1985 年, 德国科学基金会 (Deutsche Forschungsgemeinschft) 设立 Leibniz 奖 (Leibniz Prize), 为德国科研最高奖, 是目前世界上奖金最高的奖项之一, 每位获奖者的奖金为 250 万欧元.

6.4 Christian Goldbach

C. Goldbach (1690.03.18—1764.11.20), 德国人, 1725 年当选为俄罗斯科学院首届院士 (1925—1940 年任秘书).

C. Goldbach 生于 Königsberg, 1946 年属苏联并更名为 Kaliningrad (Калининград), 卒于莫斯科.

作为数学家, C. Goldbach 是非职业性的, 但也发表过几篇论文, 如 1729 年的 "De transformatione serierum" 和 1732 年的 "De terminis generalibus serierum". 然而, 他对数学有着敏锐的洞察力, 加上与许多大数学家的交往, 以及其特殊的社会地位, 使得他提出的问题激励了许多人研究, 从而推动了数学的发展.

1752 年 11 月 18 日, C. Goldbach 在给 L. Euler 的信中提出 Goldbach 猜想:

每一个大于 2 的偶数都是两个素数的和.

L. Euler 在 12 月 16 日的回信中说他相信这个猜想, 但不能证明.

1770 年, E. Waring 的 "Meditationes Algebraicae" (《代数沉思录》) 将 Goldbach 猜想发表出来, 并给出弱 Goldbach 猜想:

每一个奇数或者是素数或者是三个素数的和.

1900 年, D. Hilbert 在巴黎国际数学家大会上提出对本世纪数学发展有重大影响的 23 个问题, 其中 Goldbach 猜想被列为第八个问题.

6.5 有史以来最伟大的数学家——Johann Carl Friedrich Ritter von Gauß / Carolus Fridericus Gauss

6.5.1 von Gauß

von Gauß (1777.04.30—1855.02.23), 德国人, 1802 年 1 月 31 日当选为俄罗斯科学院通讯院士, 1804 年当选为皇家学会会员, 1810 年获 Lalande[①]奖, 并封 Ritter von Gauß, 1821 年当选为瑞典皇家科学院院士, 1822 年当选为美国人文与科学院院士, 1838 年获 Copley 奖, 1845 年当选为荷兰皇家人文与科学院院士, 头像印在 1989—2001 年流通的德国 10 马克钞票上.

von Gauß 生于 Braunschweig, 卒于 Göttingen.

曾祖父: Heinrich Goos.

祖父: J. Goos[②].

父母: G. Gauß[③]和 D. Bentze[④].

孙子: C. Gauß[⑤].

师承: J. Pfaff.

von Gauß 出身贫寒, 但在幼年时就已显露出数学方面的非凡才华. 据说, 他三岁时就能指出父亲账册上的错误, 十岁时就会巧妙地计算 $1 + 2 + \cdots + 100$ 的和. 这件事的发生有它的象征性意义. 终其一生, 他的结果都是简洁而正确的, 但是别人却需要他有详细的解释. 他的才华受到 Braunschweig 公爵[⑥]的赏识, 承担了对他的培养.

令

$$0 < b < a, \quad a_0 = a, \quad b_0 = b, \quad a_n = \frac{a_{n-1} + b_{n-1}}{2}, \quad b_n = \sqrt{a_{n-1}b_{n-1}},$$

---

① Joseph Jérôme Lefrangçais de Lalande (1732.07.11—1807.04.04), 法国人, 1753 年 2 月 4 日当选为法国科学院院士, 法国大革命期间法国科学院关闭, 他建立了 Réunion des Sciences, 以继续科学院的职能, 1765 年当选为瑞典皇家科学院院士, 1781 年当选为美国人文与科学院院士, 1801 年设立 Lalande 奖 (1970 年已停授).

② Jürgen Goos (?—1774.07.05), 德国人, 1839 年定居 Braunschweig, 并改姓 Gauß, 妻子早他三个月去世.

③ Gebhard Dietrich Gauß (1744—1808.04.14).

④ Dorothea Bentze (1743.06.18—1839.04.18).

⑤ Carl Gauß, von Gauß 生前惟一见过的孙子.

⑥ Karl Wilhelm Ferdinand Herzog von Braunschweig-Wolfenbüttel-Bevern (1735.10.09—1806.10.25), 德国人, 1780 年封 Braunschweig 公爵, 1787 年晋升陆军元帅, 1806 年 10 月 14 日战场受伤.

则数列 $\{a_n\}$ 和 $\{b_n\}$ 收敛于同一极限, 称为 a, b 的算术几何平均值, 记为 $AG(a, b)$.
1791 年, von Gauß 得到

$$AG(a, b) = \frac{\pi}{2G}, \quad G = \int_0^{\frac{\pi}{2}} \frac{\mathrm{d}x}{\sqrt{a^2 \cos^2 x + b^2 \sin^2 x}}.$$

1792 年 2 月 18 日至 1795 年, von Gauß 进入了 Carolin 学院[①], 其间独立发现了二项式定理的一般形式和二次互反定律. 他还发现素数分布公式:

$$\pi(n) \sim \frac{n}{\ln n},$$

其中, $\pi(n)$ 是小于等于 n 的素数个数.

1795 年 10 月 5 日, von Gauß 进入 Göttingen 大学.

从 1796 年 3 月 30 日这一天起, von Gauß 开始写他那本著名的科学日记 (被称为 Notizen Journal), 并决定从事数学的研究工作, 一直记到 1814 年 7 月 9 日.

1898 年 7 月 9 日, von Gauß 的孙子在家中找到了这本日记. 第一天写着:

等分圆周的原理以及利用几何方法十七等分圆周, 等等.

3 月 30 日于 Braunschweig.

这是 von Gauß 误把老师的一个自 Euclid 以来已有 2000 年的悬而未决的问题当作作业题在一个晚上完成的. 17 是第三个 Fermat 数, 即 $17 = 2^{2^2} + 1$.

多年后, von Gauß 感慨道: "当初要是知道这是两千年还没有解决的问题, 我不可能在一个晚上就解决它." 并模仿 Archimedes 交代其大学时代好友 F. Bolyai[②] 将这个正十七边形[③] 将来刻在他的墓碑上. 由于正十七边形画出来与圆几乎没有什么区别, 传说雕刻师将其画成如图 6.1 的样子.

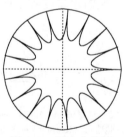

图 6.1 正十七边形

---

① Carolin 学院 (Collegium Carolinum Braunschweig) 创建于 1745 年, 即现在的 Braunschweig 工业大学 (Technische Universität Carolo-Wilhelmina zu Braunschweig).

② Farkas Wolfgang von Bolyai (1775.02.09—1856.11.20), 匈牙利人, J. Bolyai 的父亲, A. Kästner 的学生, 1796 年在 Göttingen 大学的博士学位论文是 "Tentamen".

③ 十七边形 (heptadecagon) 来源于希腊文 "$\varepsilon\pi\tau\alpha\delta\varepsilon\kappa\alpha$" ("十七" 之意) 和 "$\gamma\omega\nu\iota\alpha$" 的合成.

von Gauß 还给出了能用尺规作出正多边形的判别准则:

尺规作图正多边形的边数必须是 2 的非负整数次方与 Fermat
素数的积.

注记 1832 年, F. Richelot[1]在 Königsberg 大学[2]的博士学位论文 "De resolutione algebraica aequationis $x^{257} = 1$, sive de divisione circuli per bisectionem anguli septies repetitam in partes 257 inter se aequales commentatio cronata" 中给出了正 257 边形的尺规作图, 写了满满 80 页. 257 是第四个 Fermat 素数, 即 $257 = 2^{2^3} + 1$.

1893 年, H. Richmond[3]给出了正十七边形的作图.

1894 年, J. Hermes[4]用了 10 年时间, 在 "Über die Teilung des Kreises in 65537 gleiche Teile" 中给出了正 65537 边形的尺规作图, 写了满满 200 页, 现存 Göttingen 大学. 65537 是第五个 Fermat 素数, 即 $65537 = 2^{2^4} + 1$.

日记中还有, 1796 年 4 月 8 日给出二次互反定律第一个正确的证明; 1797 年 1 月 7 日开始研究双纽线[5]; 3 月 19 日认识到在复数域, 双纽线积分具有双周期; 5 月由实例计算得到算术几何平均不等式:

$$\frac{x_1 + \cdots + x_n}{n} \geqslant \sqrt[n]{x_1 \cdots x_n}$$

和双纽线长度间的一些关系; 10 月证明了代数基本定理:

每一个实系数或复系数的任意多项式方程存在实根或复根.

由于法军占领 Göttingen, 在公爵的要求下, von Gauß 于 1798 年 9 月 28 日回到公爵领地. 1799 年 7 月 16 日在 Helmstedt 大学[6]无口试获博士学位, 论文是 "Demonstratio nova theorematis omnem functionem algebraicam rationalem integram unius variabilis in factores reales primi vel secundi gradus resolvi posse"

---

① Friedrich Julius Richelot (1808.11.06—1875.03.31), 德国人, C. Jacobi 的学生.

② Königsberg 大学 (Albertus-Universität Königsberg) 创建于 1544 年, 第二次世界大战后移交给了苏联, 1947 年在原址建立 Kaliningrad 国立教育研究所, 1966 年更名为 Kaliningrad 国立大学, 2005 年更名为 Kant 俄罗斯国立大学, 2010 年 10 月 13 日更名为 Kant Baltic sea 联邦大学 (Балтийский Федеральный Университет имени Иммануила Канта).

③ Herbert William Richmond (1863.07.17—1948.04.22), 英格兰人.

④ Johann Gustav Hermes (1846.06.20—1912.06.08), 德国人, 1879 年 4 月 5 日在 Göttingen 大学的博士学位论文是 "Zurückführung des Problems der Kreistheilung auf lineare Glechungen (für Primzahlen von der Form $2^{2^n} + 1$)".

⑤ 双纽线 (lemniscate) 来源于希腊文 "λημισκος" ("缎带" 之意), 在数学中指代着多种不同缎带般的 8 字形曲线, 一般特指 Bernoulli 双纽线.

⑥ Helmstedt 大学 (Universität Helmstedt) 创建于 1576 年 10 月 15 日, 1810 年关闭.

(《每一个一元整有理代数函数可以分解为一次或二次实因子定理的另一个新证明》), 其中给出了代数基本定理的证明, 这是数学史上的一个里程碑. 它的出现开创了 "存在性" 证明的新时代. 事实上, 在 von Gauß 之前有许多人认为已给出了证明, 可是没有一个证明是严密的. 1816 年, 他给出两个证明, 1849 年又给出一个证明.

1799 年 12 月 23 日, von Gauß 发现算术几何平均数 $M(a, b)$ 与第一阶椭圆函数的关系:

$$\frac{1}{M\left(1, \sqrt{1 - \mu^2}\right)} = \frac{2}{\pi} \int_0^{\frac{\pi}{2}} \frac{\mathrm{d}\varphi}{\sqrt{1 - \mu^2 \sin^2 \varphi}}.$$

1801 年 9 月 29 日, von Gauß 的 "Disquisitiones Arithmeticae" 原来有八章, 由于钱不够, 只好印七章, 是第一本有系统的数论著作, 开创了近代数论, 是数学史上了不起的八本著作之一和十大名著之一, 其中的前三章处理二次同余理论, 第一次给出同余的概念, 使用了符号 $\equiv$, 如 $a \equiv b \pmod{m}$, 并求解了代数方程 $x^n - 1 = 0$, 从而应用在 n 等分圆周及正 n 边形的作图上, 第四章展开同余式平方剩余理论, 包括先后给出八种证明的二次互反定律和 Fermat 素数定理, 第五章讨论二元二次型, 并发展成三元二次型理论, 给出正负定等术语, 第一次引进了 "行列式", 第六章讨论第五章的特殊情形, 第七章是全书的精华部分, 他给出了在 1789 年利用尺规画出的正十七边形.

von Gauß 在 "Disquisitiones Arithmeticae" 的序中对 Braunschweig 公爵表达了深情的谢意. 他写道: "倘若没有公爵您的支持, 我无法毫无牵挂地从事心仪的数学研究达数年之久; 没有您的雅量与支撑, 我就无法除去迟缓出版这本书所遭遇到的所有障碍." Braunschweig 公爵的名字因这篇序文而永存. von Gauß 在晚年时说: "'Disquisitiones Arithmeticae' 已成为历史性的著作了."

M. Cantor 说: "von Gauß 曾说: '数学是科学的女皇, 数论则是数学的女皇.' 如果这是真理, 我们还可以补充一点: 'Disquisitiones Arithmeticae' 是数论的宪章."

1807 年, von Gauß 来到 Göttingen 大学, 创立 Göttingen 学派, 逐渐使其成为世界科学中心和数学中心.

1809 年, von Gauß 的两卷书 "Theoria Motus Corporum Coelestium in Sectionibus Conicis Solem Ambientium" (《在太阳周围回转成圆锥曲线的天体之运动论》) 研究了天体运动, 给出用来发现天休轨道的最小二乘法, 其中第一卷研究微分方程、圆锥曲线和椭圆轨道; 第二卷是主要部分, 研究行星轨道的估计, 提出了 Gauß 分布或正态分布. 他的方法迄今仍在使用, 只要稍做修改就能适应现代计算机的要求.

1812 年, von Gauß 的 "Disquisitiones generales circa seriem infinitam" 引入

了超几何级数:

$$\sum_{n=0}^{\infty} \frac{a(a+1)\cdots(a+n)b(b+1)\cdots(b+n)x^{n+1}}{c(c+1)\cdots(c+n)(n+1)!},$$

第一次对级数收敛性进行系统研究, 给出 Gauß 比值判别法:

$$\frac{a_n}{a_{n+1}} = 1 + \frac{g}{n} + O\left(\frac{1}{n^{1+\varepsilon}}\right), \quad \varepsilon > 0,$$

指出函数级数必须确定收敛域, 开创级数收敛性研究的新时代, 开辟了通往 19 世纪中叶的分析严格化道路.

　　1831 年, von Gauß 建立了复数的代数, 用平面上的点来表示复数, 提出了 "复平面" 的概念, 破除了复数的神秘性.

　　von Gauß 对自己的工作态度是精益求精的, 非常严格地要求自己的研究成果. 他自己曾说: "宁可发表少, 但发表的东西是成熟的成果." 许多当代的数学家要求他不要太认真, 把结果写出来发表, 这对数学的发展是很有帮助的, 其中一个有名的例子是关于非 Euclid 几何的发展. J. Bolyai 曾想试着证明平行公理, 虽然父亲反对他继续从事这种看起来毫无希望的研究, 但他还是沉溺于此, 最后发展出了非 Euclid 几何, 并在 1832—1833 年发表了研究结果. 父亲把儿子的成果寄给 von Gauß, 想不到他在 1832 年 3 月 6 日却回信道: "称赞它等于称赞我自己." 早在 1816 年, von Gauß 就已经得到了相同的结果, 只是怕不能为世人所接受而没有公布而已. 1937 年, E. Bell 的 "Men of Mathematics" 曾批评他: "在 von Gauß 死后, 人们才知道他早就预见一些 19 世纪的数学, 而在 1800 年之前已经期待它们的出现. 如果 von Gauß 能把他所知道的一些东西透露出来, 很可能现在数学早比目前还要先进半个世纪或更多的时间. N. Abel 和 C. Jacobi 可以从他所停留的地方开始工作, 而不是把他们最好的努力花在发现他早在他们出生时就知道的东西. 而那些非 Euclid 几何的创造者, 可以把他们的天才用到其他方面去."

　　1855 年 2 月 23 日清晨, von Gauß 在睡梦中安详地去世了. Georg 五世[①]打造一个七公分的金章赠予其家人, 上面刻着 "Georgius V rex Hannoverage Mathematicorum Principi" (《君主 Georg 五世向数学王子致敬》), 故有 "数学王子" 之称.

　　de Laplace 认为 Von Gauß 是世界上最伟大的数学家.

　　J. Dedekind 编辑出版了 von Gauß 的全集 "Carl Friedrich Gauß Werke".

6.5.2　代数基本定理

　　公元前 800 年, al-Khwārizmī 研究了方程, 只允许正实根.

---

① Georg Friedrich Alexander Karl Ernst August, Königreich Hannover (1819.05.27—1878.06.12), 1851—1866.06.29 在位, 是最后一位 Hannover 国王.

G. Cardano 第一个认识可用比实数[1]更一般的量来考虑方程. 例如, 解 $x^3 = 15x + 4$ 时得到包含 $\sqrt{-121}$ 的根, 就使用了复数, 但他本人并不清楚.

1572 年, R. Bombelli[2]在 1550—1572 年间的 "Algebra" 中给出一套规则处理复数, 完全解决了三次方程的代数解问题.

F. Viète 给出了具有 n 个根的 n 阶方程, 但第一个宣称必有 n 个根的是 A. Girard[3]在 1629 年的 "L'invention en algèbre" (《代数的发现》). 事实上, 这才真正提出代数基本定理问题, 其中还给出根与系数的关系.

T. Harriot 知道多项式若在 t 时为 0, 则有因子 $x - t$, 这是 R. Descartes 在 1637 年的 "La géométrie" 中提到的.

1702 年, von Leibniz 在证明 $x^4 + t^4$ 不能写为两个二次式的乘积时给出代数基本定理的错误证明, 他没有认识到 $\sqrt{i}$ 可以写成 $a + bi$ 的形式.

1742 年, L. Euler 在与 Nicolaus II Bernoulli 和 C. Goldbach 的通信中说明 von Leibniz 的反例是错误的.

1746 年, J. d'Alembert 第一个试图证明代数基本定理.

不久, L. Euler 证明 $n \leqslant 6$ 的 n 阶多项式恰有 n 个复根. 1749 年, 他试图证明一般情形, 在 "Recherches sur les racines imaginaires des équations" (《方程虚根研究》) 中将 2^n 阶首一多项式分解为两个 $m = 2^{n-1}$ 阶首一多项式的乘积, 他假定

$$x^{2m} + Ax^{2m-2} + Bx^{2m-3} + \cdots$$
$$= \left(x^m + tx^{m-1} + gx^{m-2} + \cdots\right)\left(x^m - tx^{m-1} + hx^{m-2} + \cdots\right),$$

然后乘开比较系数得到 $g, h, \cdots$ 是 $A, B, \cdots, t$ 的有理函数. 然而只证了 $n = 4$ 的情形, 对一般情形只给一个轮廓.

1772 年, de Laplace 指出, L. Euler 的有理函数引出 "$\dfrac{0}{0}$", 使用根的置换填补证明的缝隙, 然而仍假定 n 阶多项式方程有 n 个某种类型的根. 1795 年用多项式结式来证明, 非常漂亮, 但问题是又假定了根的存在.

1814 年, J. Argand[4]的 "Réflexions sur la nouvelle théorie des imaginaires, suivie d'une application à la démonstration d'un théorème d'analyse dans le livre" 中根据简化了 J. d'Alembert 的思路给出代数基本定理的证明, 但有些漏洞, J. Argand 的证明被 G. Crystal[5]写进了 1886 年的 "Algebra", 非常有影响. 他的证

---

[1] 实数 (real number) 的 "real" 来源于拉丁文 "regalis" ("皇家" 之意).

[2] Rafael Bombelli (1526.01—1572), 意大利人.

[3] Albert Girard (1595—1632.12.08), 法国人, 1626 年的 "Trigonométrie" 中第一次使用 sin, cos, tan, 还给出球面三角形的面积.

[4] Jean Robert Argand (1768.07.18—1822.08.13), 瑞士人, 1806 年引入 Argand 图在平面上表示复数.

[5] George Crystal (1851.03.08—1911.11.03), 苏格兰人, J. Maxwell 的学生, 1877.11.03—1879.10.30 任 St Andrews 大学皇家数学教授, 1911 年获皇家奖.

明是存在性的, 不是构造性的. 1940 年, H. Kneser[1]给出了构造性的证明. 1981
年, M. Kneser[2]简化了父亲的证明.

6.5.3　von Gauß 的其他工作

当时的天文界正在为火星和木星间庞大的间隙烦恼不已, 认为它们之间应该
还有行星未被发现. 1801 年元旦, G. Piazzi[3]公布发现在它们之间有一颗新星, 被
命名为 "谷神星"[4], 即 Asteroid 1. 但有人说这是行星, 有人说这是彗星, 必须继续
观察才能判决. 但是 G. Piazzi 只能观察到它 9° 的轨道, 再后来它便隐身到太阳
后面去了, 无法知道它的轨道, 也无法判定它是行星或彗星.

1801 年 11 月, von Gauß 独创性地发现了只要三次观察就可以计算星球轨
道的方法, 即 "最小二乘法", 可以极准确地预测行星的位置. 1801 年 12 月 31 日
和 1802 年 1 月 1 日, von Zach[5]和 H. Olbers[6]分别发现谷神星就在他预测的地方
出现.

1802 年, von Gauß 准确预测了小行星二号——智神星[7]的位置, 即 Asteroid 2.
3 月 28 日发现智神星的 H. Olbers 请他当 Göttingen 天文台台长.

1820—1830 年, 为了测绘 Hanover 地图, von Gauß 开始做测地学[8]工作, 并
发明了日观测仪. 为了对地球表面作研究, 他开始对一些曲面性质作研究.

1823 年, von Gauß 的 "Theoria combinationis observationum erroibus mini-
mis obnoxiae" (《使组合观察误差尽可能小的理论》) 终于给出了最小二乘法的
解说.

1828 年, von Gauß 的 "Disquisitiones generales circa superficies curvas" 全面
系统地阐述了空间曲面的微分几何, 包含 Gauß 曲率的概念和著名的 "Theorema
egregrium" (《绝妙定理》), 并提出内蕴曲面论, 奠基近代微分几何.

---

① Hellmuth Kneser (1898.04.16—1973.08.23), 德国人, A. Kneser (Adolf Kneser, 1862.03.19—1930.01.24,
德国人, L. Kronecker 和 E. Kummer 的学生, 1884 年在柏林大学的博士学位论文是 "Irreduktibilität und Mon-
odromiegruppe algebraischer Gleichungen") 的儿子, M. Kneser 的父亲, D. Hilbert 的学生, 1921 年在 Göttin-
gen 大学的博士学位论文是 "Untersuchungen zur Quantentheorie", 曾任德国数学会会长, 长期任 "Mathematische
Zeitschrift" "Archiv der Mathematik" 和 "Aequationes Mathematicae" 的编辑.

② Martin Kneser (1928.01.21—2004.02.16), 德国人, H. Kneser 的儿子, E. Schmidt 的学生, 1950 年在柏林
大学的博士学位论文是 "Über den Rand von Parallelkörpern".

③ Giuseppe Piazzi (1746.07.16—1826.07.22), 意大利人.

④ 谷神星 (Ceres) 以罗马神话中的 "谷物女神" 命名.

⑤ Franz Xaver Freiherr von Zach (1754.06.04—1832.09.02), 匈牙利人, 1794 年当选为瑞典皇家科学院院士,
1798 年当选为美国人文与科学院院士, 1804 年当选为皇家学会会员, 1832 年当选为匈牙利科学院院士.

⑥ Heinrich Wilhelm Matthaus Olbers (1758.110.11—1848.03.02), 德国人, 1826 年提出 Olbers 佯谬: 夜空为
什么是漆黑的疑问.

⑦ 智神星 (Pallas Athena, $\Pi\alpha\lambda\lambda\alpha\varsigma\ A\vartheta\eta\nu\alpha\iota$) 以希腊神话中 "主神"Zeus ($Z\varepsilon\upsilon\varsigma$) 的女儿命名.

⑧ 测地学 (geodesy) 来源于希腊文 "$\gamma\varepsilon\omega\delta\alpha\iota\sigma\iota\alpha$" ("分地球" 之意).

1830—1840 年, von Gauß 和 W. Weber①从事磁的研究, 发表了三篇论文:

(1) 1832 年发表 "Intensitas vis magneticae terrestris ad mensuram absolutam revocata" (《以绝对单位测定的地磁强度》).

(2) 1835 年, 他们已得到了地磁的准确理论, 但为了得到实验数据的证明, "Allgemeine Theorie des Erdmagnetismus" (《地磁的一般理论》) 拖到 1839 年才发表.

(3) 1840 年, 他们画出世界第一张地球磁场图, 定出地球磁南北极的位置, 发表 "Allgemeine Lehrsätze in Beziehung auf die im verkehrten Verhältnisse des Quadrats der Entfernung wirkenden Anziehungs und Abstossungskräfte" (《与距离平方成反比而发生作用的引力和斥力的一般原理》).

1841 年, 美国科学家证实了 von Gauß 的理论, 找到了磁南北极的确实位置.

这期间的 1833 年, von Gauß 从天文台拉了一条长 8000 尺的电线, 跨过许多人家的屋顶, 一直到 W. Weber 的实验室, 以 Volta②电池为电源, 构造了世界第一个电报机③, 并发现了 Kirchhoff④定律.

6.5.4　Gauß 数学应用奖

2006 年, 国际数学联盟和德国数学会⑤设立 Gauß 数学应用奖 (Gauß Prize for Applications of Mathematics).

伊藤清(いとうきよし, 1915.09.07—2008.11.10), 日本人, 弥永昌吉⑥的学生, 1945 年在东京大学的博士学位论文是 "On stochastic processes", 1978 年获恩赐

---

① Wilhelm Eduard Weber (1804.10.04—1891.06.23), 德国人, J. Schweigger (Johann Salomo Chrostoph Schweigger, 1779.04.08—1857.09.06, 德国人, Georg Friedrich Hildebrandt, Franz August Wolf, von Langsdorf 和 J. Mayer 的学生, 1800 年在 Erlangen 大学的博士学位论文是 "Dissertatio de diomede homeri") 的学生, 1827 年在 Halle-Wittenberg 大学的博士学位论文是 "Leges oscillationis oriundae si duo corpora diversa celeritate oscillantia ita conjungentur ut oscillare non possint nisi simul et synchronice exemplo illustratae tuborum linguatorum", 1850 年当选为皇家学会会员, 1859 年获 Copley 奖, 1895 年发表著名的 "Lehrbuch der Algebra", 也是美国人文与科学院院士.

② Alessandro Giuseppe Antonio Anastasio Comte de Volta (1745.02.18—1827.03.05), 意大利人, 1794 年获 Copley 奖, 以 1800 年发现 Volta 电堆而著名, 1810 年封伯, 1990—1997 年头像印在意大利一万里拉的钞票上.

③ C. Chappe (Claude Chappe, 1763.12.25—1805.01.23, 法国人) 命名了电报机 (semaphone, telegraph), 来源于希腊文 "τηλε" ("远" 之意) 和 "γραφειν" ("写" 之意) 的合成.

④ Gustav Robert Kirchhoff (1824.03.12—1887.10.17), 德国人, F. Neumann 的学生, 1847 年在 Königs-berger 大学的博士学位论文是 "Über den Durchgang eines elektrischen Stromes durch eine Ebene, insbesondere durch eine kreisförmige", 1860 年发现铷 (Rb, Rubidium, 37)、铯 (Cs, Cesium, 55), 1862 年获 Rumford 奖, 1875 年当选为皇家学会会员, 1877 年获第一个 Davy 奖.

⑤ 德国数学会 (Deutsche Mathematiker-Vereinigung, DMV) 创建于 1890 年 9 月 18 日.

⑥ 弥永昌吉, いやながしょきち (1906.04.02—2006.06.01), 日本人, 高木贞治的学生, 1931 年在东京大学获博士学位, 1951 年建立随机微分方程理论, 1978 年当选为日本学士院院士, 1980 年获荣誉军团勋位. 1973 年他捐赠日本数学会设立弥永昌吉赏 (いやながしょう, 1988 年改为春季赏), 奖励 40 岁以下日本数学会会员.

赏, 1987 年获 Wolf 数学奖, 1991 年当选为日本学士院[①]院士, 2006 年获第一个 Gauß 数学应用奖, 也是美国国家科学院院士和法国科学院院士, 曾任日本数学会[②]会长.

6.6　微积分算术化先驱之一——Bernard Placidus Johann Nepomuk Bolzano

B. Bolzano (1781.10.05—1848.12.18), 捷克人, 1815 年当选为 Bohemia 皇家科学院[③]院士 (1842—1843 年任院长).

B. Bolzano 生卒于布拉格.

父母: B. Bolzano[④]和 M. Maurer[⑤].

师承: von Gerstner[⑥].

1796 年, B. Bolzano 进入布拉格大学[⑦]哲学院, 1800 年入神学院. 1805 年的博士学位论文是 "Betrachtungen über einige Gegenstände der Elementargeometrie".

B. Bolzano 在 1810 年的 "Beyträge zu einer begründeteren Darstellung der Mathematik. Erste Lieferung", 1816 年的 "Der binomische Lehrsatz" 和 1817 年的 "Rein analytischer Beweis des Lehrsatzes, das zwischen je zwey Werthen, die ein entgegengesetzes Resultat gewähren, wenigstens eine reel Wurzel der Gleichung liege" 中对函数性质进行了仔细分析, 在 de Cauchy 之前首次给出了连续性、导数和左右导数的恰当定义, 用纯分析方法证明了代数基本定理、介值定理和 Bolzano-Weierstraß 定理, 引进邻域概念, 对收敛性提出了正确的概念; 给出 Cauchy 序列的概念; 首次运用与实数理论有关的原理: 如果性质不是对变量所有的值成立, 而对小于某个值的所有值成立, 则必存在一个量, 它是使不成立的所有 (非空) 集的最大下界.

---

① 日本学士院 (にっぽんがくしいん) 的前身是东京学士会院和帝国学士院, 1879 年仿照法国科学院成立东京学士会院, 1906 年改称帝国学士院, 1947 年改为现名.

② 日本数学会 (にっぽんすうがくかい) 的前身是 1877 年成立的东京数学会社 (とうきょうすうがくかいしゃ), 1884 年改名为东京数学物理学会, 1918 年更名为日本物理数学学会, 1945 年 12 月宣布解散, 1946 年又重新组建了日本数学会和日本物理学会.

③ Bohemia 皇家科学院 (Královská Česká Společnost Nauk) 创建于 1784 年, 是 1952 年成立的捷克斯洛伐克科学院 (Československá Akademie Věd) 的前身, 1992 年成立捷克科学院 (Akademie Věd České republiky).

④ Bernard Pompeius Bolzano, 从意大利移民到了布拉格.

⑤ Maria Cecilia Maurer, 布拉格一个商人的女儿.

⑥ Franz Josef Ritter von Gerstner (1756.02.23—1832.07.25), 捷克人, J. Stepling (Joseph Stepling, 1716. 06.29—1778.07.11, 捷克人) 和 J. Tesánek (Jan Tesánek, 1728.12.09—1788.06.22, 捷克人, J. Stepling 的学生) 的学生, 1802 年第一个给出正确的深水水波的非线性理论, 甚至比线性化理论还要早.

⑦ 布拉格大学 (Univerzita Karlova) 创建于 1348 年, 欧洲最古老的大学之一, 与 Bologna 大学, 巴黎大学和牛津大学并称欧洲文化中心.

1834 年, B. Bolzano 的函数论正确理解了连续性和可微性之间的区别, 在数学史上首次给出了一个所谓病态函数的例子, 即在任何点都没有有限导数的连续函数的例子 (用曲线表示函数, 没有解析表达式).

B. Bolzano 在 1851 年的遗著 "Paradoxien des Unendlichen" (《无穷的悖论》) 中坚持了实无限集的存在性, 强调了两个集的等价概念 (即两集元素间存在一一对应), 注意到无限集的真子集可以同整个集等价.

B. Bolzano 的数学著作多半被同时代的人所忽视, 他的许多成果等到后来才被重新发现, 但此时功劳已被别人抢占或只能与别人分享了. 直到半个多世纪以后, 他的工作才被 H. Hankel[①] 所重视.

C. Boyer 在 "A history of mathematics" 中说: "对微积分学的基本概念做较严格的阐述——微积分的算术化和无穷的审慎研究, 其先驱之一是 B. Bolzano."

M. Kline[10] 说: "B. Bolzano 在他的 'Paradoxien des Unendlichen' 一书中显示了他是第一个朝着建立集合的明确理论方向采取了积极步骤的人."

6.7   椭圆函数论奠基人——Carl Gustav Jacob Jacobi

C. Jacobi (1804.12.10—1851.02.18), 德国人, 1827 年当选为德国科学院院士, 1833 年当选为皇家学会会员, 1836 年当选为瑞典皇家科学院院士, 他还是俄罗斯科学院院士、奥地利科学院[②]院士、里斯本科学院[③]院士.

C. Jacobi 生于 Potsdam, 卒于柏林.

父亲: S. Jacobi[④].

哥哥: von Jacobi[⑤].

---

① Hermann Hankel (1839.02.14—1873.08.29), 德国人, W. Hankel (Wilhelm Gottlieb Hankel, 1814.05.17—1899.02.17, 德国人, 物理学家, 1866—1867 年任 Leipzig 大学校长) 的儿子, A. Möbius 和 M. Drobisch 的学生, 1861 年在 Leipzig 大学的博士学位论文是 "Über eine besondere Classe symmetrischer Determinanten", 他 1884 年的 "Die Entwicklung der Mathematik in den letzten Jahrhunderten" 中说: "在大多数的学科里, 一代人的建筑为下一代人所拆毁, 一个人的创造被另一个人所破坏. 唯独数学, 每一代人都在古老的大厦上添一层楼."

② 奥地利科学院 (Österreichische Akademie der Wissenschaften, ÖAW) 的前身维也纳科学院 (Kaiserliche Akademie der Wissenschaften in Wiem) 仿照皇家学会和法国科学院的模式创建于 1847 年 5 月 14 日, 1921 年作为国家科学院改为现名.

③ 里斯本科学院 (Academia das Ciências de Lisboa) 创建于 1779 年 12 月 24 日, 是葡萄牙的国家科学院.

④ Simon Jacobi, 银行家.

⑤ Moritz Hermann von Jacobi (1801.09.21—1874.03.10), 德国人, 物理学家, 主要工作在俄罗斯, 在研究从电池到电动机的电力转换时得到最大电力定理.

师承: E. Dirksen[1].

1821 年 4 月, C. Jacobi 入柏林大学. 该校校长评价他说, 从一开始他就显示出是一个 "全才", 像 von Gauß 一样, 要不是数学强烈吸引着他, 他很可能在语言上取得很高的成就.

1825 年 8 月, C. Jacobi 的博士学位论文是 "Disquisitiones analyticae de fractionibus simplicibus".

1826 年 5 月, C. Jacobi 来到 Königsberg 大学, 与 F. Bessel 和 F. Neumann[2]三人成为德国数学复兴的核心. 在教学上, 他创造了讨论班[3]的教学形式.

1827 年, C. Jacobi 从陀螺的旋转问题入手, 开始对椭圆函数进行研究, 第一个将椭圆函数论应用于数论研究. 后来又用椭圆函数论得到同余和型理论中的一些结果. 他曾给出过二次互反律的证明, 还陈述过三次互反律并给出了证明.

1829 年, C. Jacobi 的 "Fundamenta nova theoria functionum ellipticarum" (《椭圆函数论新基础》) 利用椭圆积分的反函数研究椭圆函数, 这是一个关键性的进展. 他还把椭圆函数论建立在 ϑ 函数的基础上, 引进了四个 ϑ 函数, 然后利用它们构造出椭圆函数的最简单形式, 还得到 ϑ 函数的各种无穷级数和无穷乘积的表示法.

1930 年 6 月 28 日, C. Jacobi 和 N. Abel 获法国科学院大奖.

1832 年, C. Jacobi 的 "Commentatio de transformatione integralis duplicis indefiniti in formam simpliciorem" 发现反演可以借助多于一个变量的函数来完成. 于是 p 个变量的 Abel 函数论产生了, 并成为 19 世纪数学的一个重要课题.

1834 年, C. Jacobi 证明了单变量的一个单值函数, 如果对于自变量的每一个有穷值都具有有理函数的特性 (即为一个亚纯函数), 它就不可能有多于两个周期且周期的比必须是一个非实数. 这个发现开辟了一个新的研究方向, 即找出所有双周期函数的问题.

椭圆函数论在 19 世纪数学领域中占有十分重要的地位. 它为发现和改进复

---

① Enno Heeren Dirksen (1788.01.03—1850.07.16), 德国人, J. Mayer (Johann Tobias Mayer, 1752.05.05—1830.11.30, 德国人, A. Kästner 和 G. Lichtenberg 的学生, 1773 年在 Göttingen 大学的博士学位论文是 "Tetragonometriae specimen") 和 B. Thibaut (Bernhard Friedrich Thibaut, 1775.12.22—1832.11.04, 德国人, A. Kästner 和 G. Lichtenberg 的学生, 1796 年在 Göttingen 大学的博士学位论文是 "Dissertio historiam controversiae circa numerorum negativorum et impossibilium logarithmos sistens") 的学生, 1820 年在 Göttingen 大学的博士学位论文是 "Historiae progressuum instrumentorum mensurae angulorum accuratiori interserventium inde a Tob. Meyeri temporibus ad umbratione non de artificio multiplicationis".

② Franz Ernst Neumann (1798.09.11—1895.05.23), 德国人, C. Neumann 的父亲, C. Weiß (Christian Samuel Weiß, 1780.02.26—1856.10.01, 德国人, Abraham Gottlob Werner 和 René Just Haüy 的学生, 1801 年在 Leipzig 大学的博士学位论文是 "Notionibus rigidi et fluidi accurate difiniendis", 1818—1819 年, 1832—1833 年任柏林大学校长) 的学生, 1825 年在柏林大学的博士学位论文是 "Lege zonarum principio evolutionis systematum crystallinorum", 1862 年当选为皇家学会会员, 1886 年获 Copley 奖.

③ 讨论班 (Seminar) 来源于拉丁文 "seminarium" ("种子地" 之意).

变函数论中的一般定理创造了有利条件.

1841 年, C. Jacobi 的 "Determinantibus functionalibus" (《函数行列式》) 和 "De formatione et proprietatibus determinantium" (《行列式的形成与性质》) 是 Jacobi 行列式方面著名的论文, 标志着行列式系统理论的形成, 其中给出了 Jacobi 行列式的导数公式; 还利用 Jacobi 行列式作为工具证明了, 函数相关或无关的条件是 Jacobi 行列式等于零或不等于零. 他又给出了 Jacobi 行列式的乘积定理, 引进偏导数符号 ∂.

1851 年年初, C. Jacobi 在患流行性感冒还未痊愈时, 又得了天花, 不久去世. J. Dirichlet 称 C. Jacobi 为 de Lagrange 以来最卓越的数学家.

1866 年, R. Clebsch[①]编辑了他的遗著 "Vorlesungen über Dynamik" (《动力学讲义》), 其中深入研究了 Hamilton 方程, 通过引入广义坐标变换后得到 Hamilton-Jacobi 方程.

值得一提的是, 在表述经典力学的各种理论中唯有 Hamilton-Jacobi 理论可用于量子力学. 另外, C. Jacobi 还找到了恰当表达 de Maupertuis[②]最小作用量原理的数学形式, 建立了 Jacobi 方程. 书中探讨过一个椭球上的测地线, 从而导出了两个 Abel 积分之间的关系.

1881—1891 年, 由 C. Borchardt 等编辑, 德国科学院陆续出版了 C. Jacobi 的全集 "Gesammelte Werke von Gustav Jacobi" 和增补集.

6.8　Fourier 级数奠基人——Johann Peter Gustav Lejeune Dirichlet

J. Dirichlet (1805.02.13—1859.05.05), 德国人, 1832 年当选为德国科学院院士, 1833 年当选为俄罗斯科学院通讯院士, 1854 年当选为法国科学院院士和瑞典皇家科学院院士, 1855 年当选为比利时皇家科学、人文和艺术院院士和皇家学会会员.

J. Dirichlet 生于 Düren, 卒于 Göttingen.

父亲: J. Dirichlet[③].

---

① Rudolf Friedrich Alfred Clebsch (1833.01.19—1872.11.07), 德国人, F. Neumann 的学生, 1854 年在 Königsberg 大学的博士学位论文是 "Motu ellipsoidis in fluido incompressibili viribus quibuslibet impulsi", 1868 年获第一个 Poncelet 奖, 还证明了对称矩阵特征根的性质. A. Buchheim (Arthur Buchheim, 1859—1888, 英格兰人) 在 1884 年的 "On the theory of matrices" 中也证明了对称矩阵特征根的性质.

② Pierre Louis Moreau de Maupertuis (1698.09.28—1759.07.27), 法国人, 1123 年当选为法国科学院助理院士 (1756 年为正式院士), 1728 年当选为皇家学会会员, 1743 年 6 月 27 日当选为法兰西学术院院士, 1746 年 5 月 12 日任德国科学院院长.

③ Johann Arnold Lejeune Dirichlet, 当地的邮政局局长, 商人, 市府委员.

师承: de Poisson 和 J. Fourier.

1817 年, 12 岁的 J. Dirichlet 就对数学有浓厚兴趣, 两年之后来到 Köln 的一所中学, 师从 G. Ohm[①]. 除 von Gauß 一人名噪欧洲外, 当时的德国数学水平较低, 于是, 16 岁的 J. Dirichlet 决定到巴黎上大学, 那里有一批灿如明星的数学家. 事实上, 后来德国数学成为世界上最好的, 他起了很大作用.

1822 年 5 月, J. Dirichlet 带着 von Gauß 的 "Disquisitiones Arithmeticae" 来到法兰西学院和巴黎理学院, 而其他人是带着圣经来的.

从 1823 年夏起, J. Dirichlet 受雇于 Foy 将军[②], 并住在将军在巴黎的家中. 将军对他非常好, 就像家中成员, 他也教将军的妻子和孩子们德语. 他担任此职, 不仅收入颇丰, 还结识了许多法国知识界的名流. 其中, 他对 de Fourier 尤为尊敬, 参加了以其为首的青年数学家小组的活动, 深受其在三角级数和数学物理方面工作的影响. 另外, 他从未放弃对 "Dispuisitiones Arithmeticae" 的钻研. 据传他即使在旅途中也总是随身携带此书, 形影不离. 当时还没有谁能完全理解 von Gauß 的这部书, 他是第一位真正掌握其精髓的人. 可以说, von Gauß 和 de Fourier 是对他学术研究影响最大的两位.

1825 年 11 月 28 日, Foy 将军死后的第二年, 在为振兴德国自然科学研究而奔走的 von Humboldt[③]的鼓励下, J. Dirichlet 决定回国. 但是, 他既无博士学位又不懂拉丁文, 在 19 世纪初的德国大学教书是不允许的. 还好, Köln 大学[④]授予他荣誉博士学位, 论文是 "Partial results on Fermat's last theorem, exponent 5". 这样, 他受聘于 Wrocławski 大学[⑤].

1829 年, J. Dirichlet 的 "Sur la convergence des séries trigonométriques" (《三角级数的收敛性》) 是在 de Fourier 有关热传导理论的影响下写成的, 讨论任意函数展成的三角级数及其收敛性, 证明了 Dirichlet 定理:

---

① Georg Simon Ohm (1789.03.16—1854.07.06), 德国人, M. Ohm 的哥哥, von Langsdorf (Karl Christian von Langsdorf, 1757.05.18—1834.06.10, 德国人, A. Kästner 的学生, 1871 年在 Göttingen 大学获博士学位) 的学生, 1827 年的 "Die galvanische Kette, mathmatisch bearbeitet" 给出 Ohm 定律, 1841 年获 Copley 奖和皇家奖, 1842 年当选为皇家学会会员.

② Général Maximilien Sébastien Comte de Foy (1775.02.03—1825.11.28), 1819 年任议员和反对派领袖, 直到去世, Napoléon 时代的英雄, 在 Napoléon 战争中是一个重要人物, 在 Waterloo 被打败后退休.

③ Friedrich Wilhelm Christian Alexander von Humboldt (1769.09.14—1859.05.06), 德国人, von Humboldt (Friedrich Wilhelm Christian Karl Ferdinand von Humboldt, 1767.06.22—1835.04.08, 德国人) 的弟弟, 首创等温线和等压线概念, 1805 年当选为德国科学院院士, 1810 年当选为瑞典皇家科学院院士, 1822 年当选为美国人文与科学院院士, 1852 年获 Copley 奖, 还是皇家学会会员.

④ Köln 大学 (Universität zu Köln) 创建于 1388 年, 1798 年关闭, 改为一所中学, 1919 年, 在 1901 年建立的商业学院基础上重建了 Köln 大学, 是德语区第四古老的大学, 在德国只比 Heidelberg 大学晚两年, 校训: Gute Ideen, seit 1388 (灵惠之思, 始于 1388).

⑤ Wrocławski 大学 (Uniwersytet Wrocławski) 创建于 1702 年, 原名为 Breslau 大学 (Universität Breslau), 是波兰第二古老和顶尖的公立研究型大学, 中欧最古老的大学之一.

(1) 在连续点处, 其 Fourier 级数收敛到函数本身;

(2) 在跳跃点处, 它收敛于函数左右极限值的算术平均.

早在 18 世纪, Daniel Bernoulli 和 L. Euler 就曾在研究弦振动问题时考察过这类级数. de Fourier 在 19 世纪初用它讨论热传导现象, 但未虑及其收敛性. 早些时候 de Poisson 的工作被 de Cauchy 指出是不严格的. de Cauchy 在 1823 年开始考虑它的收敛问题. J. Dirichlet 在文中指出 de Cauchy 的推理不严格, 其结论也不能涵盖某些已知其收敛性的级数. 这是第一个严格证明的有关 Fourier 级数收敛的充分条件, 开始了三角级数论的精密研究. 因此, 可以认为 J. Dirichlet 是 Fourier 级数的奠基者, 是 19 世纪分析严格化的倡导者之一.

1834 年, J. Dirichlet 提出鸽巢定理, 即抽屉原理 (Schubfachprinzip):

若将多于 $n+1$ 个的物体放入 n 个盒子, 则至少有一个盒子含有多于一个的物体.

1837 年, J. Dirichlet 的 "Die Darstellung Ganz Willkürlicher Funktionen durch Sinus-und Cosinusreihen" 扩展了当时普遍采用的函数概念 (即由数学符号及运算组成的表达式为函数的概念), 引入了现代的函数概念. 为说明该规则具有完全任意的性质, 他举出了 "病态" 的 Dirichlet 函数:

$$D(x) = \begin{cases} 0, & x为有理数时, \\ 1, & x为无理数时, \end{cases}$$

解析表达式是 $D(x) = \lim_{m \to \infty} \left(\lim_{n \to \infty} (\cos(\pi m!x))^{2n} \right)$. 但他的连续函数概念仍是直观的, 并由等距取函数值求和方法定义其积分, 在此基础上建立了 Fourier 级数论.

1837 年 7 月 27 日, J. Dirichlet 在德国科学院会议上提交了对 A. Legendre 一个猜想的解答, 证明任一形如 $a^n + b$ $(n = 0, 1, 2, \cdots)$ 的算术级数, 若 a, b 互素, 则它含有无穷多个素数以及二元二次型类数的计算等分析工具和方法, 成为解析数论的开创性工作. 他还证明了绝对收敛级数的性质, 与 G. Riemann 分别给出例子说明条件收敛级数通过重新排序可使其和等于任何已知数, 即 Riemann 重排定理:

对条件收敛级数, 对任意数 (可是正负无穷大), 总是可对级数中的项进行重排, 使得重排后级数的和是该数.

1839 年, J. Dirichlet 发表了三篇涉及力学的数学论文, 研究了系统的平衡点和位势论, 讨论重积分估值的方法, 用于确定椭球对其内部或外部任意质点的引力, 开始了他对数学物理问题的研究, 提出了研究 Laplace 方程的 Dirichlet 问题或第一边值问题: 求满足偏微分方程的位势函数, 使它在球面边界上取给定的值. 这一类型的问题在热力学和电动力学中特别重要, 也是数理方程研究中的基本课题. 他本人曾用所谓的 Dirichlet 原理给出了问题的解. 1852 年, 他讨论球在不可压缩流体中的运动, 得到流体动力学方程的第一个精确解.

1840 年, J. Dirichlet 把解析函数用于数论, 引入 Dirichlet 级数, 证明了超越数的存在性.

1846 年, 他的 "Zur Theorie der Complexen Einheiten" 得到了一个漂亮而完整的结果, 现称 Dirichlet 单元定理.

1858 年夏, J. Dirichlet 去瑞士作纪念 von Gauß 的演讲, 突发心脏病, 虽平安返回 Göttingen 大学, 但在病中遭夫人中风身亡的打击, 病情加重, 于 1859 年春去世.

N. Abel 说: "J. Dirichlet 是一位极有洞察力的数学家."

1863 年, J. Dirichlet 的遗著 "Vorlesungen über Zahlentheorie" (《数论讲义》) 由 J. Dedekind 编辑然后出版, 它不仅是对 "Disquisitiones Arithmeticae" 的最好注释, 而且融进了他在数论方面的许多精心创造, 之后多次再版, 成为数论经典之一. J. Dedekind 还与 H. Weber[①]一起编辑了 J. Dirichlet 的全集.

6.9　现代分析学之父——Karl Theodor Wilhelm Weierstraß

6.9.1　K. Weierstraß

K. Weierstraß (1815.10.31—1897.02.19), 德国人, 1856 年当选为德国科学院院士, 1868 年当选为法国科学院院士, 1873 年任柏林大学校长, 1881 年当选为皇家学会会员, 1895 年获 Copley 奖.

K. Weierstraß 生于 Ostenfelde, 卒于柏林.

父母: W. Weierstraß[②]和 T. Vonderforst[③].

师承: C. Gudermann[④].

在中学期间, K. Weierstraß 在数学方面显示了超常能力, 经常阅读《Crelle 杂志》. 然而, 父亲希望他学习金融. 1834 年进入波恩大学[⑤]学习金融和经济. 他面临着一个选择, 要么服从父亲的安排, 要么学习数学, 结果做了几年买卖, 同时又

---

① Heinrich Martin Georg Friedrich Weber (1842.03.05—1913.05.17), 德国人, O. Hesse 的学生 (不需要论文和答辩), 1890 年 9 月 18 日创建德国数学会 (1895 年和 1904 年两任会长), 1893 年任 "Mathematische Annalen" 主编, 1896 年当选为德国科学院院士, 还是瑞典皇家科学院院士、意大利国家科学院院士.

② Wilhelm Weierstraß, 当地市长秘书, 海关官员.

③ Theodora Vonderforst (?—1827).

④ Christoph Gudermann (1798.03.25—1852.09.25), 德国人, 1838 年引进一致收敛概念.

⑤ 波恩大学 (Rheinische Friedrich-Wilhelm-Universität Bonn) 创建于 1777 年, 1786 年改建为大学, 1818 年 10 月建为正规大学, 以 Friedrich Wilhelm 三世 (Friedrich Wilhelm Ⅲ, 1770.08.03—1840.06.07, 1797.11.16—1840.06.07 在位) 命名, 校训: 为了太阳升起, 我才来到这个世界.

有些酗酒. 在读了 de Laplace 的 "Traité du mécanique céleste"（《天体力学》）和 C. Jacobi 关于椭圆函数的工作之后, 下决心开始学习数学.

1839 年 5 月 22 日, K. Weierstraß 进入 Münster 大学①.

1842 年, K. Weierstraß 就有了一致收敛的概念, 并由此阐明了函数项级数的逐项微分和逐项积分定理. 直到 1853 年, K. Weierstraß 将 "Zur Theorie der Abelschen Functionen"（《Abel 函数理论》）寄给了《Crelle 杂志》, 确立了极限理论中一致收敛性的概念, 这才使他时来运转. 这篇文章中没有给出超椭圆积分的逆的全部理论, 但给出了表示 Abel 函数作为收敛的幂级数的初步描述.

1854 年 3 月 31 日, Königsberg 大学的一位数学教授亲自到他任教的中学向他颁发了博士学位证书. 教育部给了他一年假期从事研究.

1855 年, K. Weierstraß 证明了 Weierstraß 定理:

  任何一个连续函数都可以有一个多项式进行逼近.

这是 20 世纪函数构造论的出发点之一. 这个定理也称为 Stone②-Weierstraß 定理.

1856 年, K. Weierstraß 又在《Crelle 杂志》上发表了第二篇论文 "Theorie der Abelschen Functionen"（《Abel 函数理论》）, 发表了超椭圆积分逆的全部理论.

1856 年 6 月 14 日, 也就是他当了 15 年中学教师后, 教育部任命他为柏林工业大学③数学教授; 9 月, 柏林大学为他提供了教授职位, 直到去世.

1858 年, K. Weierstraß 对同时化两个二次型成平方和给出了一般方法, 并证明了若二次型之一是正定的, 即使某些特征值相等, 这个化简也是可能的. 1868 年, 他已完成二次型的理论体系, 并将这些结果推广到了双线性型. 与 H. Smith④一

---

① Münster 大学 (Westfälische Wilhelm-Universität Münster, WWU) 创建于 1780 年, 以 Wilhelm 二世 (Wilhelm II von Deutschland, Friedrich Wilhelm Viktor Albert, 1859.01.27—1941.06.04, 1888.06.15—1918.11.09 在位) 命名, 建校历史可追溯到 1588 年, 1771 年成立 Münster 国立大学, 1820 年改为现名, 是德国最大最著名的大学之一.

② Marshall Harvey Stone (1903.04.08—1989.01.09), 美国人, G. Birkhoff 的学生, 1926 年在 Harvard 大学的博士学位论文是 "Ordinary linear homogeneous differential equations of order n and the related expansion problems", 1938 年当选为美国国家科学院院士, 1943—1944 年任美国数学会会长, 1952—1954 年任美国数学联合会会长, 1982 年获美国国家科学奖.

③ 柏林工业大学 (Technische Universtät Berlin, TUB) 可以追溯到 1770 年 10 月创立的采矿学院 (Bergakademie), 1799 年 3 月 13 日创建的建筑学院 (Bauakademie) 和 1821 年的皇家职业学院 (Königliche Gewerbeakademie), 1879 年 4 月 1 日由三个学院合并成立皇家柏林高等工业学校 (Königliche Technische Hochschule zu Berlin), 亦称 Charlottenburg 高等工业学校 (Technische Hochschule Charlottenburg), 1946 年 4 月 9 日起用现在的名称, 是世界著名的理工科大学, 校训: Wir haben die Ideen für die Zukunft (我们有对未来的想法).

④ Henry John Stephen Smith (1826.11.02—1883.02.09), 爱尔兰人, 1861 年当选为皇家学会会员, 并任牛津大学 Savile 几何学教授, 1867 年的 "The orders and genera of quadratic forms containing more than three indeterminants" 就解决了法国科学院于 1882 年设立的此问题大奖, 为了不使法国科学院难堪, 再写一篇论文, 但在获奖之前去世了, 最后法国科学院决定发两个大奖, 一个给他, 另一个给了 H. Minkowski, 1868 年获 Steiner 奖, 1874—1876 年任伦敦数学会会长.

道创立了 λ-矩阵和初等因子理论.

1859—1860 年, K. Weierstraß 在 "Introduction to Analysis" 中第一次处理了数学分析的基础, 用 "ε-δ" 语言表示连续性的定义, 进而给出一般形式的极限定义. 我们今天学习的 "数学分析" 基本上是他给出的蓝本, 包括实数系、函数概念、连续性、可微性、解析延拓、奇异点、多变量解析函数和围道积分等.

稍后, 他又证明了 Weierstraß 第二定理:

闭区间上的连续函数可取到最值.

1860 年, K. Weierstraß 证明了聚点原理:

有界无限集有聚点.

他从自然数导出了有理数, 然后用递增有界序列的极限来定义无理数, 从而得到了整个实数系. 这是一种成功地为微积分奠定理论基础的理论.

1861 年, K. Weierstraß 第一个得到处处连续但处处不可导的函数:

$$f(x) = \sum_{n=1}^{\infty} a^n \cos(b^n \pi x), \quad b\text{是一个奇整数}, \quad 0 < a < 1, \quad ab > 1 + \frac{3\pi}{2},$$

称为 Weierstraß 函数, 如图 6.2 所示.

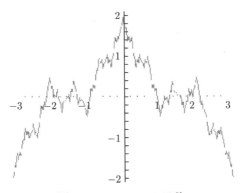

图 6.2　Weierstraß 函数

这个级数是一致收敛的, 所以这个函数是处处连续的, 但是可以推出对任意的 x_0 和任意的正数 M, 在 x_0 附近存在 x_1, x_2, 使得

$$\frac{f(x_1) - f(x_0)}{x_1 - x_0} > M, \quad \frac{f(x_2) - f(x_0)}{x_2 - x_0} < -M,$$

所以函数在 x_0 处是不可导的. 这使得基于直观的人们惊慌失措, 使人们意识到连续性与可微性的差异, 由此引出一系列对诸如 Peano 曲线等病态函数的研究[①].

为了说明直觉的不可靠, 1872 年 7 月 18 日, K. Weierstraß 在德国科学院的一次讲演中, 讲到了 Weierstraß 函数, 由此一举消除了当时一直存在的 "连续函数必可导" 的重大误解, 震惊了整个数学界! 这个例子推动了人们去构造更多的函数, 这样的函数在一个区间上连续或处处连续, 但在一个稠密集或在任何点上都不可微, 从而推动了函数论的发展.

1863 年, K. Weierstraß 证明了复数仅仅是实数的交换代数推广. von Gauß 曾在 1831 年试图给出一个证明, 但没有完成.

在 1863—1864 年的课程 "The general theory of analytic functions" 中, K. Weierstraß 开始系统化实数理论, 把复变函数论建立在了幂级数的基础上.

1877 年, K. Weierstraß 证明了著名的 Bolzano-Weierstraß 定理:

有界序列有收敛子列.

1879 年, K. Weierstraß 证明了弱变分的三个条件, 即函数取得极小值[②]的充分条件. 此后, 他转向了强变分问题, 并得到了强变分极大值[③]的充分条件. 在变分法方面还得到了不少的其他成果.

椭圆函数是双周期亚纯函数, 是从求椭圆弧长引起的, 是 19 世纪的热门课题. 继 N. Abel 和 C. Jacobi 之后, K. Weierstraß 在这方面做出了巨大贡献. 1882 年, 他将椭圆函数分别化成含有一个三次多项式平方根的三个不同形式, 把通过 "反演" 的第一个积分所得的椭圆函数作为基本的椭圆函数, 还证明了这是最简单的双周期函数. 他证明了每个椭圆函数均可用这个基本椭圆函数和它的导函数简单地表示出来. 总之, 他把椭圆函数论的研究推到了一个新的水平, 进一步完备、改写和美化了其理论体系. 他生前好像只写了一本关于椭圆函数的书, 即 "Formeln und Lehrsätze zum Gebrauche der elliptischen Funktionen" (《椭圆函数应用的公式和定理》).

K. Weierstraß 终身未婚, 但他的 70 岁和 80 岁庆典规模颇大, 遍布全欧各地的学生赶来向他致敬, 在某种程度上他被看作德意志的民族英雄.

K. Weierstraß 的最后三年一直在轮椅上. 1897 年年初, 他染上流行性感冒, 后转为肺炎, 终至不治, 于 2 月 19 日溘然上逝, 享年 82 岁.

---

① G. Hardy 在 1916 年证明了级数

$$W(x) = \sum_{n=1}^{\infty} a^n \cos(b^n x), \quad S(x) - \sum_{n=1}^{\infty} a^n \sin(b^n x), \quad 0 < a < 1, \quad ab \geqslant 1$$

均为处处连续但处处不可导的函数.

② 极小值 (minimum) 是拉丁文词汇, "最小" 之意.

③ 极大值 (maximum) 是拉丁文词汇, "最大" 之意.

1894 年出了他的全集第一卷, 1895 年出了第二卷; 死后于 1903 年出了第三卷, 1902 年出了第四卷, 1915 年出了第五和第六两卷, 1927 年出了第七卷, 1967 年又重印了以上七卷.

C. Klein 在比较 K. Weierstraß 与 G. Riemann 时说, "G. Riemann 具有非凡的直观能力, 他的理解能力胜过所有时代的数学家. K. Weierstraß 主要是一位逻辑学者, 他缓慢并系统地逐步前进. 在他工作的分支中, 他力图达到确定的形式."

J. Poincaré 评价时写道: "G. Riemann 的方法首先是一种发现方法, 而 K. Weierstraß 的则首先是一种证明的方法."

6.9.2　分析算术化

孕育于古希腊时代的微积分思想与方法, 经过漫长的酝酿, 到了 17 世纪, 在工业革命的刺激下, 终于通过 Sir Newton 和 von Leibniz 的首创脱颖而出了. 微积分的诞生, 创造性地把数学推到了一个崭新的高度, 它宣告了古典数学的基本结束, 同时标志着近代数学的开始.

尽管早期的微积分概念还比较粗糙, 可靠性还受到怀疑, 但它在计算技术上展示出来的那种卓越力量, 使得此前一切传统数学都相形见绌. 透过微积分的发明, 人们看到了数学新的福地. 整个 17 世纪和 18 世纪, 几乎所有人都对微积分表现出极大的兴趣和积极的奉献, 对于失去的严密性大都无动于衷. 正是因为 18 世纪的数学家在没有逻辑支持的情况下, 仍如此勇敢地冲杀向前, 对传统的批判, 对新方法的追求, 对新领域的拓展, 使他们共同谱写了一曲数学史上的 "英雄交响曲"!

数学的观念注定要在 19 世纪发生根本的改变. N. Abel 在 1826 年给友人的信中表露出对分析的忧虑: "人们在分析中确实发现了惊人的含糊不清之处. 这样一个完全没有计划和体系的分析, 竟有那么多人能研究它, 真是奇迹. 最坏的是, 从来没有严格对待过分析. 在高等分析中只有很少几个定理是用在逻辑上站得住脚的方式证明的. 人们到处发现这种从特殊到一般的不可靠推理方法, 而非常奇怪的是这种方法只导致了极少几个所谓的悖论."

真正在分析中注入严密性是从 B. Bolzano, de Cauchy, N. Abel 和 J. Dirichlet 开始的, 而由 K. Weierstraß 进一步完成的. 1799 年, von Gauß 曾从几何方面给出了代数基本定理的一个证明. 而 B. Bolzano 想要有一个单从算术、代数与分析推导出来的证明. 正如 de Lagrange 认为没有必要将时间与运动引入数学一样, B. Bolzano 在他的证明中力求避免涉及空间直观. 这样, 首先就需要有一个合适的连续性定义. 实际上, 当 Pythagoras 学派以数去代替几何量时, 所遇到的就是连续性的困难; Sir Newton 试图借助连续运动的直观来避免这个困难, von Leibniz 则用他的连续性公设来绕过这个问题. 如今, 分析又把人们领回到了历史的起点.

B. Bolzano 第一次明确指出连续观念的基础存在于极限概念之中:

> 如果函数 $f(x)$ 对于一个区间内的任一值 x, 和无论是正或负的
> 充分小的 Δx, 差 $f(x + \Delta x) - f(x)$ 始终小于任一给定的量.

这个定义和稍后 de Cauchy 的定义没有什么主要的差别.

1843 年, B. Bolzano 给出了一个不可微连续函数的例子, 澄清了几个世纪以来由几何或物理的直观所造成的印象, 表明连续函数未必有导数! 然而, 由于他的工作大部分湮没无闻, 他的这些观点对当时的微积分并未产生决定性的影响. 关于连续函数不可微的问题, 也要等到由 K. Weierstraß 给出的著名例子才再次引起人们的关注. 也许这个例子没有早出现反倒是微积分发展史上的幸事, 正如 C. Picard 在 1905 年所说的那样: "如果 Sir Newton 和 von Leibniz 知道了连续函数不一定可导, 微分学将无以产生." 的确, 严谨的思想有时也可以阻碍创造.

在一片争议中, de Cauchy 看出核心问题是极限. 他的极限概念是基于算术考虑的, 但他在定义中 "一个变量无限趋于一个极限" 的说法受到 K. Weierstraß 的批评, "这种说法不幸地使人们想起时间和运动". 为了消除 B. Bolzano 和 de Cauchy 在定义连续性和极限中用到的描述性的语言 "变为而且保持小于任意给定的量" 的不确定性, K. Weierstraß 给出了著名的 "ε-δ" 定义. 这个定义第一次使极限和连续性摆脱了与几何及运动的任何牵连, 给出了只建立在数与函数概念上清晰的定义, 从而使一个模糊不清的动态描述变成为一个严密叙述的静态观念, 这是变量数学史上的一次重大创新.

D. Hilbert 认为: "K. Weierstraß 以其酷爱批判的精神和深邃的洞察力, 为数学分析建立了坚实的基础. 通过澄清极小极大、函数和导数等概念, 他排除了在微积分中仍在出现的各种错误提法, 扫清了关于无穷大和无穷小等各种混乱观念, 决定性地克服了源于无穷大和无穷小朦胧思想的困难 …… 今天, 分析能达到这样和谐可靠和完美的程度 …… 本质上应该归功于 K. Weierstraß 的科学活动."

在极限有了严格的定义后, 无穷小被归入函数的范畴, 再也不是一个桀骜不驯的冥灵了. 在极限、无穷小和连续性等概念得到澄清后, 分析中一些重要的性质陆续登场. K. Weierstraß 在 1860 年应用 B. Bolzano 的 "最小上界原理" 证明了聚点原理和 Weierstraß 第二定理.

1870 年, H. Heine 定义了一致连续性, 而后证明了 Cantor 定理:

> 有界闭区间上的连续函数一致连续.

在证明中, 他利用了 "有限覆盖" 性质. 这一性质在 1895 年被 F. Borel 叙述为 Heine-Borel 有限覆盖定理:

> 若闭区间被一族开区间覆盖, 则必为其中有限多个所覆盖.

区间套的性质要到 1892 年才被 P. Bachmann[①]理解, 得到了闭区间套定理:

设 $\{[a_n, b_n]\}$ 是闭区间套, 满足 $a_n \leqslant a_{n+1} \leqslant b_{n+1} \leqslant b_n (n \in \mathbb{Z}^+)$, 则

(1) 存在 ξ, 使得 $a_n \leqslant \xi \leqslant b_n (n \in \mathbb{Z}^+)$;

(2) 又若 $b_n - a_n \to 0$, 则上述的 ξ 是唯一的.

这些工作把微积分及其推广从对几何概念、运动和直觉的完全依赖中解放出来, 造成了巨大的轰动.

分析的严密化促使人们对于数系缺乏清晰的理解, 这件事非补救不可. 例如, B. Bolzano 关于闭区间连续函数的 "零点定理" 证明的关键错误就是对实数系缺乏足够的理解. de Cauchy 不能证明他自己关于序列收敛准则的充分性, 也是由于他对实数系的结构缺乏深入的理解.

K. Weierstraß 指出, 为了要细致地建立连续函数的性质, 需要算术连续统的理论, 这正是分析算术化的根本基础.

1872 年是近代数学史上最值得纪念的一年. 这一年, C. Klein 提出了著名的 "Erlangen Programm", K. Weierstraß 给出了处处连续但处处不可微函数的著名例子. 也正是在这一年, 实数的三大派理论: J. Dedekind 的分割理论, G. Cantor, H. Heine 和 H. Méray[②]的基本序列理论, K. Weierstraß 的有界单调序列理论, 同时在德国出现了. 其中, J. Dedekind 的工作受到了崇高的评价, 这是因为 Dedekind 分割定义的实数是完全不依赖于空间与时间直观的人类智慧的创造物.

K. Weierstraß 在微积分领域中的最大贡献, 是在 de Cauchy 和 N. Abel 等开创的微积分严格化潮流中, 以 $\varepsilon\text{-}\delta$ 语言, 系统建立了分析的基础, 基本上完成了分析的算术化. 在建立分析基础的过程中, 引进了实数轴和 n 维 Euclid 空间中一系列的拓扑概念, 并将 Riemann 积分推广到在一个可数集上的不连续函数之上. 他用收敛级数的极限严格定义了无理数, 极大地影响了数学的未来. 在数学基础上, 他接受 G. Cantor 的想法, 甚至因此与多年好友 L. Kronecker 绝交. 他影响了整个 20 世纪分析 (甚至整个数学) 的风貌. 他用幂级数来定义解析函数, 并建立了一整套解析函数理论, 与 de Cauchy 和 G. Riemann 同为复变函数论的奠基人.

从已知的一个在限定区域内定义一个函数的幂级数出发, 根据幂级数的有关定理, 推导出在其他区域中定义同一函数的另一些幂级数, 这是他的一项重要发

---

① Paul Gustav Heinrich Bachmann (1837.06.22—1920.03.31), 德国人, F. Bachmann (Friedrich Bachmann, 1909.02.11—1982.10.01, 德国人, H. Scholz 的学生, 1934 年在 Münster 大学的博士学位论文是 "Untersuchungen zur Grundlegung der Arithmetik mit besonderer Beziehung auf Dedekind, Frege und Russell") 的祖父, E. Kummer 和 M. Ohm 的学生, 1862 年 3 月 24 日在柏林大学的博士学位论文是 "De substitutionum theoria meditationes quaedam".

② Hugues Charles Robert Méray (1835.11.12—1911.02.02), 法国人, 1869 年的 "Remarques sur la nature des quantités définies par la condition de servir de limites à des variables données" 给出无理数理论, 1872 年的 "Nouveau précis d'analyse infinitésimale" 用幂级数给出复变函数论.

现. 他把整函数定义为在全平面上都能表示为收敛幂级数和的函数; 还断定: 若整
函数不是多项式, 则在无穷远点有一个本性奇点. K. Weierstraß 关于解析函数的
研究成果, 组成了现今大学数学专业中复变函数论的主要内容.

实数的三大理论本质上是对无理数给出了严格定义, 从而建立了完备的实数
域, 使得两千多年来存在于算术与几何之间的鸿沟得以完全填平, 无理数不再是
"无理的数", 算术连续统的设想也终于在严格的科学意义下得以实现. 接下来的
目标是给出有理数的定义与性质. G. Ohm, K. Weierstraß, L. Kronecker 和 G.
Peano 在这方面做出了杰出的工作. 在 1859 年前后, K. Weierstraß 等就认识到:
只要承认了自然数, 建立实数就不再需要进一步的公理了. 因此建立实数理论的
关键是有理数系, 核心就在于构造普通整数的基础并确立整数的性质.

1872—1878 年, J. Dedekind 给出了一个整数理论.

1889 年, G. Peano 最先利用公理化的方法, 用一组公理引进了整数, 从而建
立了完备的自然数理论. 他创设的符号, 如 "$\in$" 表示属于, "$\subseteq$" 表示包含, N_0 表示
自然数类, $a+$ 表示后继于 a 的下一个自然数, 对今天仍影响深远. 可谁能相信正
是因为他在课堂上也使用这些符号, 因而学生们造了反, 他试着用全部及格的办
法去满足他们, 但没有起作用. 因而他被迫辞去在 Turino 大学的教授职位.

寻求统一是数学发展的重要动力. 回溯 "分析算术化" 的整个历程, 我们发现
在起跑处人们并不知道终点在那里, 也更不知道路该怎么走. 从 Pythagrass 学派
关于不可公度量的发现, 到 Zeno 悖论引发的对无限概念的关切, 从而孕育了微积
分的各种研究. J. Dedekind, G. Cantor 和 K. Weierstraß 等把无理数建立在有
理数的基础上, 而最后由 G. Peano 给出自然数的逻辑公理, 终于完成了有理数论,
因此实数系的基础问题最终宣告完备.

1900 年, 在巴黎举行的第二届国际数学家大会上, J. Poincaré 自豪地赞叹道:
"今天在分析中, 如果我们不厌其烦地严格的话, 就会发现只有三段论或归结于纯
数的直觉是不可能欺骗我们的. 今天我们可以宣称绝对的严密已经实现了."

6.9.3 K. Weierstraß 的教育事业

K. Weierstraß 在两处偏僻的中学度过了包括三四十岁这段黄金岁月. 但他以
惊人的毅力, 白天教课, 晚上研究 N. Abel 等的数学著作, 并写了许多论文. 其中
有少数发表在当时德国中学发行的一种不定期刊物《教学简介》上. M. Mittag-
Leffler 说: "没有人会到中学的《教学简介》中去寻找有划时代意义的数学论文."

K. Weierstraß 一生热爱教育事业, 热情指导学生, 终身孜孜不倦, 培养出了一
大批有成就的数学人才, 尤其是历史上第一位数学女博士 S. Kovalevskaya, 足以
证明他爱惜人才和培养人才的眼光之准确, 心胸之宽阔.

K. Weierstraß 很少正式发表自己的研究成果, 许多思想和方法主要是通过课

堂讲授而传播的, 其中有一些后来由他的学生整理发表出来. 在 1857 年开始的解析函数论课程中, 他给出了第一个严格的实数定义, 像大多数情况一样, 他只是在课堂上作了讲授. 1872 年, 有人曾建议他发表这一定义, 但被他拒绝了. 他高尚的风范和精湛的教学艺术是永远值得全球数学教师学习的光辉典范.

6.10 Leopold Kronecker

L. Kronecker (1823.12.07—1891.12.29), 德国人, 1861 年 1 月 23 日当选为德国科学院院士, 1868 年当选为法国科学院通讯院士, 1880 年任《Crelle 杂志》主编, 1884 年 1 月 31 日当选为皇家学会会员.

L. Kronecker 生于 Liegnitz, 现波兰的 Legnica, 卒于柏林.

父母: I. Kronecker[1]和 J. Prausnitzer[2].

师承: J. Encke[3]和 J. Dirichlet.

1841 年, L. Kronecker 进入柏林大学. 1845 年 7 月 30 日的博士学位论文是 "On complex units".

1864 年, L. Kronecker 给出矩阵秩的概念.

1870 年, L. Kronecker 给出了群论的公理结构, 这是研究抽象群的出发点.

L. Kronecker 主张分析应该奠基于算术, 而算术的基础是整数. 他的名言 "Die ganzen Zahlen hat der liebe Gott gemacht, alles andere ist Menschenwerk" (上帝创造了整数, 其余都是人的工作) 反映了他对当时的分析持批判态度.

L. Kronecker 作为直觉主义的代表人物, 还曾极力反对 Cantor 集论.

6.11 把数学向前推进了几代人时间的数学家——Georg Friedrich Bernhard Riemann

6.11.1 G. Riemann

G. Riemann (1826.09.17—1866.07.20), 德国人, 1859 年 8 月 11 日当选为德国科学院通讯院士, 1866 年当选为皇家学会会员.

G. Riemann 生于 Breselenz, 卒于意大利 Selasca.

父母: F. Riemann[4]和 Charlotte Ebell.

---

[1] Isidor Kronecker, 一个成功的商人.

[2] Johanna Prausnitzer, 出身于富有家庭.

[3] Johann Franz Friedrich Encke (1791.09.23—1865.08.26), 德国人, von Gauß 的学生, 1825 年当选为德国科学院院士.

[4] Friedrich Bernhard Riemann, 当地的牧师.

师承: von Gauß.

G. Riemann 是个安静多病而且害羞的人, 终生喜欢独处. 1840 年, G. Riemann 从校长家借到了 A. Legendre 的 "Théorie des nombers", 这本书有两卷四部分 859 页. 他十分珍惜, 如饥似渴地读了六天就还给校长了. 校长问他: "你读了几页?" 他说: "这是一本了不起的书, 我已经全部掌握了." 之后, 校长就这本书的内容考他. 他对答如流, 并回答得很全面.

1846 年, G. Riemann 进入 Göttingen 大学学习哲学和神学, 在得到父亲的允许后, 他改学数学. 1847 年春, 他转到柏林大学, 两年后回到 Göttingen 大学.

1851 年 12 月 16 日, G. Riemann 在柏林大学的博士学位论文 "Grundlagen für eine allgemeine theorie der funktionen einer veränderlichen complexen Größe" (《单复变函数一般理论基础》) 是近代数学史上最重要的文献之一, 论证了复变函数可导的充要条件, 即 Cauchy-Riemann 方程:

$$\frac{\partial u}{\partial x} = \frac{\partial v}{\partial y}, \quad \frac{\partial u}{\partial y} = -\frac{\partial v}{\partial x}.$$

借助 Dirichlet 原理阐述了 Riemann 映射定理, 提出共形映射原理, 复分析中的几何方法是拓扑方法的真正开始.

von Gauß 在审阅完后说: "Riemann 先生提出的论文是一种令人信服的证据, 说明作者对他所论述的那些题材有彻底深入的研究, 说明他具有创造性的、活跃的真正数学家的头脑, 具有灿烂丰富的独创力."

1853 年, G. Riemann 在 "Über die Darstellbarkeit einer Funktion durch einer trignometrische Reihe" (《利用三角级数表示一个函数的可能性》) 中指出, de Cauchy 没有必要将他的积分限制于连续函数, 给出 Riemann 或 Thomae[①] 函数:

$$R(x) = \begin{cases} \dfrac{1}{q}, & x = \dfrac{p}{q}, (p,q) = 1, q > 0, \\ 0, & x是无理数, \end{cases}$$

将 Cauchy 积分改进为 Riemann 积分.

1854 年, G. Riemann 发展了 von Gauß 关于曲面的微分几何研究, 提出用流形概念来理解空间的实质, 用微分弧长的平方所确定的正定二次型理解度量, 把 Euclid 几何和非 Euclid 几何包进了他的体系之中; 6 月 10 日, 在 Göttingen 大学初次登台作了题为 "Über die Hypothesen, welche der Geometrie zu Grunde liegen"

① Carl Johannes Thomae (1840.12.11—1921.04.01), 德国人, G. Riemann 和 E. Schering (Ernst Christian Julius Schering, 1824.05.31—1897.11.02, 德国人, 1857 年在 Göttingen 大学的博士学位论文是 "Zur mathematischen theorie der elektrischen Ströme") 的学生, 1864 年在 Göttingen 大学的博士学位论文是 "Allgemeine transformation der Thetafunctionen", Riemann 函数也称为 Thomae 函数.

(作为几何基础的假设) 的演讲 (1868 年由 J. Dedekind 编辑出版, 是数学史上了不起的八本著作之一), 其中研究了三角级数的函数表示, 给出函数的 Riemann 可积条件, n 维空间和 Riemann 空间的定义, 将曲面本身看成一个独立的几何实体, 而不是把它仅看作 Euclid 空间中的一个几何实体, 建立了更广泛的 Riemann 几何 (如图 6.3 所示), 并提出多维拓扑流形的概念. Riemann 几何是 20 世纪数学的研究中心, 在 21 世纪也未例外. 1915 年, A. Einstein 运用 Riemann 几何以及 1900 年 T. Levi-Civita[①]和 G. Ricci-Curbastro[②]在 1901 年的论文 "Méthodes de calcul differential absolu et leures applications" 中建立的张量分析工具创立了广义相对论.

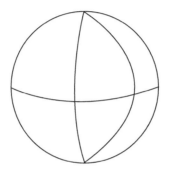

图 6.3　Riemann 几何示意图

1857 年, G. Riemann 的 "Theorie der Abel'schen Funktionen" 进一步研究 Riemann 曲面及拓扑性质, 把多值函数看成 Riemann 曲面上的单值函数, 解决了一般情形, 将 Abel 积分与 Abel 函数论做系统的研究, 创造了一系列对代数拓扑学发展影响深远的概念, 阐明了后来为 G. Roch[③]和 C. Thomae 所补足的 Riemann-Roch 定理. 1966 年, A. Grothendieck[④]给出 Riemann-Roch 定理的代数证明.

---

① Tullio Levi-Civita (1873.03.29—1941.12.29), 意大利人, G. Ricci-Curbastro 的学生, 1893 年在 Padova 大学的博士学位论文是 "Sugli invarianti assoluti", 1922 年获 Sylvester 奖, 1930 年当选为皇家学会会员.

② Gregorio Ricci-Curbastro (1853.01.12—1925.08.06), 意大利人, U. Dini 和 E. Betti 的学生, 1875 年在 Pisa 大学的博士学位论文是 "On Fuchs' research concerning linear differential equations", 1899 年当选为意大利国家科学院院士.

③ Gustav Roch (1839.12.09—1866.11.21), 德国人.

④ Alexander Grothendieck (1928.03.28—2014.11.13), 德国人, L. Schwartz 和 J. Dieudonné 的学生, 1953 年 2 月 28 日在 Nancy 第一大学的博士学位论文 "Produits tensoriels topologiques et espaces nucleaires" 中提出核空间的概念, 如今已得到广泛应用, 1959 年参与裁减巴黎高等科学研究所 (Institut des Hautes Études Scientifiques, IHÉS), 1960—1967 年与 J. Dieudonné 的 "Eléments de géométrie algébrique" 被简称为 "EGA", "Séminaire de géométrie algébrique" 被简称为 "SGA", 他还有一部被称为 "FGA" 的著作, 1966 年获 Fields 奖 (拒绝到莫斯科授奖), 1988 年获 Crafoord 奖.

1859 年 11 月, G. Riemann 的 "Über die Anzahl der Primzahlen unter einer gegebenen Größe" (《在给定大小之下的素数个数》) 研究了 Riemann ζ 函数[①]:

$$\zeta(s) = \sum_{n=1}^{\infty} \frac{1}{n^s} = \prod_{p\text{是所有素数}} \frac{1}{1-\dfrac{1}{p^s}}, \quad \mathrm{Re}(s) > 1,$$

给出了 ζ 函数的积分表示与它满足的函数方程, 指出素数的分布与 $\zeta(s)$ 之间存在深刻联系, 提出 Riemann 假设:

$\zeta(s)$ 的非平凡零点都位于复平面 $\mathrm{Re}(s) = \dfrac{1}{2}$ 直线上.

他首先提出用复变函数论特别是用 $\zeta(s)$ 研究数论的新思想和新方法, 开创了解析数论的新时期, 并对单复变函数论的发展有深刻的影响.

G. Riemann 是世界数学史上最具独创精神的数学家之一, 著作不多但却异常深刻, 极富对概念的创造与想象. 人们称其 "把数学向前推进了几代人的时间".

1866 年 7 月 20 日, G. Riemann 在第三次去意大利修养的途中因肺结核去世.

1876 年, J. Dedekind 和 H. Weber 编辑出版了 G. Riemann 的全集 "Gesammelte mathematische Werke und wissenschaftlicher Nachlass von Bernhard Riemann". 他的学生收集他的讲义笔记于 1902 年再出版, 作为全集的补充.

Sir Eddington 说: "一个像 G. Riemann 这样的几何学者几乎可以预见到现实世界更重要的特征."

E. Bell 认为: "作为一个数学家, G. Riemann 的伟大在于他给纯数学和应用数学揭示的方法和新观点的有力的普遍性和无限的范围."

C. Klein 说: "G. Riemann 具有非凡的直观能力, 他的理解能力胜过所有同代数学家."

"Encyclopedia Britannica" 的 "G. Riemann" 条目说: "他的学术成果大部分是杰作——充满了独创性的方法、意义深刻的思想和广泛深远的想象."

6.11.2 Riemann 奖

2019 年, Riemann 国际数学学校 (Riemann International School of Mathematics) 与意大利 Lombardy 大区政府以及该区域内的所有公立和私立大学, 还有 Varese 市府合作设立 Riemann 奖 (Riemann Prize), 奖励 40—65 岁的数学家. 2000 年, 陶哲轩[②]获第一个 Riemann 奖.

---

① 这里给出几个重要的等式: $\zeta(2) = \dfrac{\pi^2}{6}$, $\zeta(4) = \dfrac{\pi^4}{90}$, $\zeta(6) = \dfrac{\pi^6}{945}$, $\zeta(8) = \dfrac{\pi^8}{9450}$.

② Terence Chi-Shen Tao (1975.07.17—), 澳大利亚籍, 1986 年获国际数学奥林匹克竞赛铜牌, 接着两年分获银牌和金牌, E. Stein 的学生, 1996 年 6 月在 Princeton 大学的博士学位论文是 "Three regularity results in

6.12 实数理论奠基人之一——Julius Wilhelm Richard Dedekind

6.12.1 J. Dedekind

J. Dedekind (1831.10.06—1916.02.12), 德国人, 1880 年当选为德国科学院院士和意大利国家科学院院士, 1900 年当选为法国科学院院士.

J. Dedekind 生卒于 Braunschweig, 终身未婚.

父亲: J. Dedekind[①].

师承: von Gauß.

1848 年, J. Dedekind 进入 Carolin 学院.

1850 年, J. Dedekind 转入 Göttingen 大学新办的数学和物理学研习班.

1852 年, J. Dedekind 在 Göttingen 大学获博士学位, 论文是 "Über die Theorie der Eulerschen Integrale".

1855 年, J. Dedekind 提出了能与自己真子集建立一一对应的集是无限集的思想. 在研究理想子环理论时, 他将序集 (置换群) 概念用抽象群的概念来取代, 并用一种比较普通的公式表示出来, 比 G. Cantor 的公式要简化得多, 并直接影响了 Peano 自然数公理的诞生, 最早对实数理论提出了许多论据.

1871 年, J. Dedekind 引进了 "域" (Körper) 的概念, 而英文的 "域" (field) 是 E. Moore[②]于 1893 年引进的.

1872 年, J. Dedekind 的 "Stetigkeit und irrationale Zahlen" (《连续性与无理数》) 提出 "Dedekind 分割", 给出了无理数及连续性的纯算术的定义, 使他与 G. Cantor 和 K. Weierstraß 等一起成为现代实数理论的奠基人.

---

harmonic analysis", 2000 年获 Salem 奖和 Riemann 奖, 2002 年获 Bôcher 纪念奖, 2003 年获 Clay 研究奖, 2005 年获 Ostrowski 奖和 Conant 奖, 2006 年当选为澳大利亚科学院院士, 并获 Fields 奖、SASTRA Rāmānujan 奖和 MacArthur 奖, 2007 年当选为皇家学会会员, 2008 年当选为美国国家科学院院士, 2009 年当选为美国人文与科学院院士, 2010 年获 Pólya 奖, 2012 年获 Crafoord 奖, 2014 年与 B. Green (Ben Joseph Green, 1977.02.27—, 英格兰人, 牛津大学 Waynflete 纯数学教授, W. Gowers 的学生, 2003 年在剑桥大学的博士学位论文是 "Topics in arithmetic combinatorics", 2004 年获 Clay 研究奖, 2005 年获 Salem 奖和 Whitehead 奖, 2007 年获 SASTRA Rāmānujan 奖, 2010 年当选为皇家学会会员, 并获 Faisal 国王国际科学奖, 2014 年获 Sylvester 奖) 证明了 Erdös-Turán 等差数列猜想的弱化版本, "Finite time blowup for an averaged three-dimensional Navier-Stokes equation" 将 Navier-Stokes 方程全局正则性问题的超临界状态屏障形式化, 2014 年 6 月获第一个科学突破数学奖和皇家奖, 2015 年 9 月 17 日证明了 Erdös 差异问题, 2019 年证明了 "$3n + 1$" 问题, 2020 年获 Asturias 公主科学技术奖和第一个 Riemann 奖.

① Julius Levin Ulrich Dedekind, Carolin 学院的法学教授.

② Eliakim Hastings Moore (1862.01.26—1932.12.30), 美国人, H. Newton 的学生, 1885 年在 Yale 大学的博士学位论文是 "Extensions of certain theorems of Clifford and Cayley in the geometry of n dimensions", 1899—1907 年首任 "Transactions of the American Mathematical Society" 主编, 1901—1902 年任美国数学会会长, 美国国家科学院院士、美国人文与科学院院士.

1879 年, J. Dedekind 的 "Über die Theorie der ganzen algebraischen Zahlen" (《整代数理论》) 建立了现代代数数和代数数域的理论, 将 E. Kummer 的理想数加以推广, 引出了现代的 "理想" 概念, 并得到了代数整数环上理想的唯一分解定理. 今天把满足理想唯一分解条件的整环称为 Dedekind 整环.

1888 年, J. Dedekind 在 "Was sind und sollen die Zahlen" (《数是什么? 数应该是什么?》) 中给出 Peano 公理, 提出了算术公理的完整系统, 其中包括完全数学归纳法原理的准确表达方式, 把映射的许多概念用最普通的形式引入数学中. Sir Galton①也引进相关概念.

1917 年, E. Landau 在一次纪念演讲中说: "J. Dedekind 不只是一个伟大的数学家, 而且是数学史上过去和现在最伟大的数学家中的一个, 是一个伟大时代的最后一位英雄, 是 von Gauß 的最后一位学生, 40 年来他本人是一位经典大师, 从他的著作中, 不仅我们, 我们的老师, 我们老师的老师, 都汲取着灵感."

1930 年, E. Noether 和 O. Ore 编辑了 J. Dedekind 的全集 "Gesammelte Mathematische Werke".

6.12.2 Dedekind 分割

1858 年, J. Dedekind 用 Dedekind 分割严格定义无理数的方法是在他考虑怎样讲好微积分时想到的. 他说: "······ 绝不能认为以这种方式引入微分学是科学的. 这一点已经得到公认. 至于我本人, 也无法克制这种不满意的感觉而下定决心研究这个问题, 直到为无穷小分析原理建立纯粹算术的和完全严格的基础为止." 他还说: "由这样的平凡之见, 暴露了连续性的秘密."

Dedekind 分割: 假设给定某种方法, 把所有的有理数分为两个集, A 和 B, A 中的每一个元素都小于 B 中的每一个元素, 任何一种分类方法称为有理数的一个分割. 对于任一分割, 必有三种可能, 其中有且只有一种成立:

(1) A 有一个最大元素 a, B 没有最小元素.

(2) B 有一个最小元素 b, A 没有最大元素.

(3) A 没有最大元素, B 也没有最小元素.

第三种情况就定义了一个无理数, 前两种情况是有理数.

6.13　集论创始人——Georg Ferdinand Ludwig Philipp Cantor

6.13.1　G. Cantor

G. Cantor (1845.03.03—1918.01.06), 德国人, 1890 年 9 月 18 日创建德国数学会 (1891—1893 年首任会长), 1904 年获 Sylvester 奖.

G. Cantor 生于圣彼得堡, 卒于 Halle. 他还是一个小提琴家.

外祖父: F. Böhm[1].

父母: G. Cantor[2]和 M. Böhm[3].

师承: E. Kummer 和 K. Weierstraß.

集论的发展与其他数学分支的发展完全不同. 在其他数学分支总可以看到从最初的思想到最后的完善, 通常都会有许多人同时发现其重要性. 然而, "关于数学无穷的革命几乎是 G. Cantor 一个人独立完成的".

1847 年, B. Bolzano 就给出了集的概念. 这时, 人们不相信无限集的存在. G. Cantor 第一个打破了有限集观念的框架, 并举例说明不像有限集那样, 无限集可与其真子集一一对应. 这个思想最终可做有限集定义, 是 Cantor 集论的前导.

1862 年, G. Cantor 进入 Darmstadt 工业大学[4], 后进入苏黎世联邦理工学院[5]. 1863 年又去了柏林大学. 1866 年 12 月 14 日, G. Cantor 在柏林大学的博士学位论文 "De aequationibus secondi gradus indeterminatis" 研究整系数不定方程的求解.

1872 年, G. Cantor 的《三角级数中一个定理的推广》中定义了一系列点集论的基本概念. 这一年, 他证明了有理数集是可数的, 即可与自然数集一一对应, 即 $\mathrm{card}\mathbb{Q} = \aleph_0$[6] (表 6.1).

---

[1] Franz Böhm (1788—1846), 俄罗斯人, J. Böhm (Joseph Böhm, 1795.04.04—1876.03.28, 俄罗斯人, 小提琴家, 维也纳音乐学院教授) 的哥哥, 是著名音乐家, 俄罗斯帝国管弦乐队的独唱演员.

[2] Georg Waldemar Cantor (?—1863), 德国人, 圣彼得堡股票交易所的工作人员. 由于患病, 1856 年全家搬回德国.

[3] Maria Anna Böhm, 俄罗斯人, 音乐底蕴深厚.

[4] Darmstadt 工业大学 (Technische Universtät Darmstadt) 的前身是 Darmstadt 高等职业学校 (Höhere Gewerbeschule Darmstadt), 创建于 1877 年, 是世界著名、德国顶尖理工科大学之一, 校训: Mens agitat molem (mind drives matter).

[5] Zürich 联邦理工学院 (Eidgenössische Technische Hochschule Zürich, ETH) 创建于 1855 年 10 月 16 日, 是世界最著名的理工科大学之一, 在全球与 Massachusettes 理工学院有同样崇高的声誉.

[6] $\aleph$ 是犹太人使用的希伯莱文的第一个字母, 读做 aleph.

表 6.1　有理数是可数的排列方式

$$
\begin{array}{ccccccccc}
\dfrac{1}{1} & \rightarrow & \dfrac{2}{1} & & \dfrac{3}{1} & \rightarrow & \dfrac{4}{1} & & \dfrac{5}{1} & \rightarrow & \cdots \\
& \swarrow & & \nearrow & & \swarrow & & \nearrow & & & \cdots \\
\dfrac{1}{2} & & \dfrac{2}{2} & & \dfrac{3}{2} & & \dfrac{4}{2} & & \dfrac{5}{2} & & \cdots \\
\downarrow & \nearrow & & \swarrow & & \nearrow & & & & & \\
\dfrac{1}{3} & & \dfrac{2}{3} & & \dfrac{3}{3} & & \dfrac{4}{3} & & \dfrac{5}{3} & & \cdots \\
& \swarrow & & \nearrow & & & & & & & \\
\dfrac{1}{4} & & \dfrac{2}{4} & & \dfrac{3}{4} & & \dfrac{4}{4} & & \dfrac{5}{4} & & \cdots \\
\downarrow & \nearrow & & & & & & & & & \\
\dfrac{1}{5} & & \dfrac{2}{5} & & \dfrac{3}{5} & & \dfrac{4}{5} & & \dfrac{5}{5} & & \cdots \\
\vdots & & \vdots & & \vdots & & \vdots & & \vdots & &
\end{array}
$$

1873 年 12 月 7 日, G. Cantor 证明实数集是不可数的, 即 $\mathrm{card}[0,1] \neq \aleph_0$. 他构造 $b = 0b_1 b_2 \cdots b_n \cdots$, 但却不在表 6.2 中, 其中

$$
b_n = \begin{cases} 9, & p_{nn} = 1, \\ 1, & p_{nn} \neq 1. \end{cases}
$$

表 6.2　实数是 "可数" 的排列方式

$$
\begin{array}{ccl}
1 & \longleftrightarrow & a_1 = 0.p_{11}p_{12}\cdots p_{1n}\cdots \\
2 & \longleftrightarrow & a_2 = 0.p_{21}p_{22}\cdots p_{2n}\cdots \\
\vdots & & \vdots \\
n & \longleftrightarrow & a_n = 0.p_{n1}p_{n2}\cdots p_{nn}\cdots \\
\vdots & & \vdots
\end{array}
$$

这一天可以看成是集论的诞生日.

1874 年, G. Cantor 在《Crelle 杂志》上的 "Über eine Eigenschaft des Inbegriffes alles reellen algebraischen Zahlen" (《所有实代数集合的一个性质》) 严格叙述了无穷大的意义, 证明代数数集与自然数集一一对应, 即几乎所有的数是超越数. 他构造了著名的 Cantor 集, 给出测度为零的不可数集的例子: 将 $[0,1]$ 均分为三段, 删除中间的开区间 $\left(\dfrac{1}{3}, \dfrac{2}{3}\right)$ 后, 剩下两个闭区间 $\left[0, \dfrac{1}{3}\right]$, $\left[\dfrac{2}{3}, 1\right]$. 再将它们都均分为三段, 删除中间的两个开区间 $\left(\dfrac{1}{3^2}, \dfrac{2}{3^2}\right)$ 和 $\left(\dfrac{7}{3^2}, \dfrac{8}{3^2}\right)$, 剩下四个闭区间

$$
\left[0, \dfrac{1}{3^2}\right], \quad \left[\dfrac{2}{3^2}, \dfrac{3}{3^2}\right], \quad \left[\dfrac{6}{3^2}, \dfrac{7}{3^2}\right], \quad \left[\dfrac{8}{3^2}, 1\right].
$$

依此类推, 剩下点的集 C 称为 Cantor 集. 则 $\text{card}C = \aleph$.

　　G. Cantor 的这种证明是史无前例的. 他连一个具体的超越数都没有举出来, 就 "信口开河" 地说超越数存在, 而且比实代数数的 "总数" 多得多, 这怎么能不引起当时数学家的怀疑甚至愤怒呢? 其实, 他主要是证明了无穷之间也有差别, 既存在可数的无穷, 也存在那种像实数集合那样不可数的, 具有 "连续统的势" 的无穷. 过去数学家认为靠得住的只有有限, 而无穷最多只是模模糊糊的一个记号. 而他把无穷分成许多 "层次", 这真有点太玄乎了.

　　1877 年, G. Cantor 巧妙地将 $[0,1]$ 上的点与单位正方形的点一一对应起来. 第一时间, 他写信告诉了 J. Dedekind, 并弥补了其发现的一个漏洞. 其实, 他在 1874 年 1 月 5 日写给 J. Dedekind 的信中就提出了这个问题.

　　1878 年的 "Ein Beitrag zur Mannigfaltigkeitslehre" 使集论成为争论的中心, 其中, G. Cantor 证明有理数集有最小的无穷势[①], 还证明 $\mathbb{R}^n$ 与实数集是对等的. 进一步, 他还证明可数个实数集与实数集仍然是对等的. 此时, G. Cantor 还未使用可数的词, 这个词是在 1883 年才引入的. $\mathbb{Z}^+$ 的势称为可数势, 记 $\text{card}\mathbb{Z}^+ = \aleph_0$; 若 X 与 $\mathbb{Z}^+$ 一一对应, 则称其为可数的, 记 $\text{card}X = \aleph_0$.

　　G. Cantor 在写给 J. Dedekind 的信中说: "I see it, but I don't believe it!" (我看见了它, 但我不相信它!) 他曾想撤回这篇论文, 但 R. Dedekind 劝他不要撤回论文, K. Weierstraß 也支持发表论文.

　　从 1879 年到 1884 年, G. Cantor 在 "Mathematische Annalen" 上发表了六篇题为 "Über unendliche, lineare Punktmannigfaltigkeiten" (《无穷线性点集》) 的论文, 它们奠定了 Cantor 集论的基础. 特别是在 1883 年的第五篇论文, 单独作为专著出版时用了另外的标题 "Grundlagen einer allgemeinen Mannigfaltigkeitslehre, ein mathematischphilosophischer Versuch in der Lehre des Unendlichen" (《一般集论基础》), 这是数学史上了不起的八本著作之一和十大名著之一, 其中引进生成新的超穷数概念, 并提出了所谓连续统假设:

$$\text{可数基数后面紧接着就是实数基数, 即 } 2^{\aleph_0} = \aleph.$$

　　他相信这个假设正确, 但没能证明. 这个假设是 Hilbert 问题的第一个, 对 20 世纪数学基础的发展起着极其重大的作用.

　　Cantor 集论是数学史上最具有革命性的理论, 因此它的发展道路自然很不平坦. 因为当时, L. Kronecker 在数学界是极其有影响的人物, 他的批评主要是因为他只能接受正整数集经过有限步直观可构造的数学对象. 他甚至认为 π 都不存在, 证明 π 是超越数也毫无意义. 当时柏林是世界数学的中心之一, 他又是柏林学派的领袖人物, 因此他对集论发展的阻碍作用是非常大的.

---

① 势 (cardinal) 这个词是 J. Steiner 给出的.

1881 年, J. Venn[1]引进集论中非常有用的 "Venn 图". 1889 年, G. Peano 引进了 " $\cap, \cup, \in$ " 等符号, 其中 "$\cap$" 像个帽子, "$\cup$" 像个杯子, $\in$ 符号来源于希腊文 "$\varepsilon\sigma\tau\iota$" 的第一个字母, "是" 之意, 他使用这些符号比人们的广泛使用这些符号早了很多年.

1891 年, G. Cantor 的 "Über eine elementare Frage der Mannigfaltigkeitslehre" 在证明不可数集时给出了著名的 "Cantor 对角线方法".

1895 年和 1897 年的 "Beiträge zur Begründung der transfiniten Mengenlehre" (《超穷数理论基础文稿》) 从定义集和子集等概念出发, 也就是我们今天看到的样子了, 其中提出了 Cantor-Schröder-Bernstein[2]定理:

若 $\mathrm{card}X \leqslant \mathrm{card}Y$, $\mathrm{card}Y \leqslant \mathrm{card}X$, 则 $\mathrm{card}X = \mathrm{card}Y$.

1897 年, 对于 G. Cantor 是非常重要的一年, 第一次国际数学家大会在苏黎世召开, 他的工作受到了 A. Hurwitz[3]和 J. Hadamard 等所给予的最高礼遇.

X 所有子集构成的集 $\mathfrak{x} = \{V \mid V \subseteq X\}$ 称为 X 的幂集. 1899 年, G. Cantor 发现了 "所有集构成的集" 的悖论. 所有集构成的集的基数是什么? 显然, 它应该是最大的基数. 而 Cantor 定理告诉我们, 集的所有子集构成的幂集有更大的基数.

1902 年, B. Russell 提出了 Russell 悖论, E. Zermelo 也独立发现了这个悖论. 这就是史上第三次数学危机.

H. Lebesgue 于 1901 年定义的 Lebesgue 测度和 1902 年定义的 Lebesgue 积分都使用集论概念. 分析需要 Cantor 集论, 它不能承受将自己限制在 Kronecker 意义下的直观数学. 为让集论立得住, 就必须寻找消除悖论的方法.

H. Schwarz 是 G. Cantor 的好友, 由于反对集论而同 G. Cantor 断交.

J. Poincaré 说: "我个人, 而且还不只我一人, 认为重要之点在于, 切勿引进一些不能用有限个文字去完全定义好的东西. 集合论是一个有趣的 '病理学的情形', 后一代将 G. Cantor 集合论当作一种疾病, 而人们已经从中恢复过来了."

H. Weyl 认为, G. Cantor 关于基数的等级观点是雾上之雾.

C. Klein 不赞成集论的思想.

L. Kronecker 在 1891 年去世之后, 阻力才减少.

---

[1] John Venn (1834.08.04—1923.04.04), 英格兰人, 1883 年当选为皇家学会会员.

[2] Felix Bernstein (1878.02.24—1956.12.03), 德国人, D. Hilbert 的学生, 1901 年在 Göttingen 大学的博士学位论文是 "Untersuchungen aus der Mengenlehre", 1911 年在构造性地证明 Weierstraß 逼近定理时引进 Bernstein 多项式. 注意: 不要与 S. Bernstein 相混.

[3] Adolf Hurwitz (1859.03.26—1919.11.18), 德国人, C. Klein 和 W. Scheibner (Wilhelm Scheibner, 1826.01.08—1908.04.08, 德国人, C. Jacobi 的学生, 1848 年在 Halle-Wittenberg 大学获博士学位) 的学生, 1881 年在 Leipzig 大学的博士学位论文是 "Grundlagen einer independenten Theorie der dlliptischen Modulfunktionen und Theorie der Multiplikatorgleichungen erster Stufe".

除了 J. Dedekind 以外, M. Mittag-Leffler 在《Mittag-Leffler 杂志》上, 把 G. Cantor 的论文译成法文转载, 大大促进了集论在国际上的传播.

K. Weierstraß 也是集论的同情者.

D. Hilbert 在 1900 年的第二次国际数学家大会上, 高度赞扬了 Cantor 集论: "它是数学天才的最优秀作品, 是人类纯粹智力活动的最高成就之一." 1926 年又再次赞扬了他的超穷数论: "是数学思想最惊人的产物, 在纯粹理性的范畴中人类活动最美的表现之一."

从 1884 年春天起, G. Cantor 患了严重的忧郁症, 极度沮丧, 神态不安, 精神病时时发作, 经常住到精神院去, 变得很自卑, 甚至怀疑自己的工作是否可靠.

1918 年, G. Cantor 在 Halle-Wittenberg 大学[1]附属精神病院去世.

1930 年, A. Fraenkel[2]写了 G. Cantor 的传记.

1932 年, E. Zermelo 编辑了 G. Cantor 的全集 "G. Cantor, Gesammelte Abhandlungen mathematischen und philosophischen inhalts".

6.13.2　Cantor 奖

德国数学会设立每两年授予一次的 Cantor 奖 (Cantor medal).

1990 年, K. Stein[3]获第一个 Cantor 奖.

6.14　Erlangen 纲领提出者——Christian Felix Klein

C. Klein (1849.04.25—1925.06.22), 德国人, 1872—1895 年任 "Mathematische Annalen" 主编, 1885 年当选为皇家学会会员, 1890 年 9 月 18 日创建德国数学会 (1897 年、1903 年和 1908 年三任会长), 1893 年获 de Morgan 奖, 1896 年获枢密顾问头衔, 1897 年当选为荷兰皇家人文与科学院院士, 1912 年获 Copley 奖.

43^2 年 2^2 月 5^2 日, 43, 2, 5 都是素数, C. Klein 生于 Düsseldorf, 卒于 Göttingen.

父母: C. Klein[4]和 S. Kayser[5].

---

① Halle-Wittenberg 大学 (Martin-Luther-Universität Halle-Wittenberg) 是由 Wittenberg 大学 (创建于 1502 年) 和 Halle 大学 (创建于 1694 年) 于 1817 年合并而成, 以 M. Luther 命名, 是德国的公立研究型大学.

② Adolf Abraham Halevi Fraenkel (1891.02.17—1965.10.15), 以色列人, K. Hensel 的学生, 1914 年 1 月在 Marburg 大学的博士学位论文是 "Über die Teiler der Null und die Zerlegung von Ringen" 给出了 "环" 的公理化定义, 1922 年试图将集论纳入公理体系, 1956 年获以色列奖, 以色列科学与人文院士.

③ Karl Stein (1913.01.01—2000.10.19), 德国人, H. Behnke 的学生, 1937 年在 Münster 大学的博士学位论文是 "Zur Theorie der Funktionen mehrerer komplexer Veränderlichen; Die Regularitätshüllen niederdimensionaler Mannigfaltigkeiten", 1990 年获第一个 Cantor 奖.

④ Caspar Klein (1809—1889), 政府机关的秘书.

⑤ Sophie Elise Kayser (1819—1890).

妻子: A. Hegel[①].

师承: J. Plücker[②]和 R. Lipschitz.

1865 年, C. Klein 进入波恩大学学习数学和物理学. 他本来是想成为一位物理学家, 但是 J. Plücker 改变了他的主意. 1868 年的博士学位论文是 "Über die Transformation der allgemeinen Gleichungen des zweiten Grades zwischen Linien-Koordinaten auf eine kanonische Form".

1870 年, C. Klein 与 M. Lie 发现了 Kummer 面上曲线渐近线的基本性质.

1871 年 8 月, C. Klein 的 "Über die sogenannte nichteuklidische Geometrie" (《所谓的非 Euclid 几何》) 将非 Euclid 几何置于与 Euclid 几何同样坚实的基础之上.

1872 年, 在 C. Klein 被 Erlangen 大学[③]聘任为数学教授时的工作 "Vergleichende Betrachtangen über neure geometrische Forschungen" (《新近几何研究的比较研究》) 中, 即 "Erlanger programm" (《Erlangen 纲领》), 定义几何为空间在某给定变换群下不变性质的研究, 以此为标准来分类, 从而统一了几何, 影响深远, 极大地推动了数学发展, 是当时数学内容的一个综合. 他指明了如何用变换群来表达几何基本特性的方法, 而他自己认为他的贡献主要在函数论上.

1882 年, C. Klein 的 "Riemanns Theorie der algebraischen Funktionen und ihre Integrals" (《Riemann 的代数函数论》) 中用几何方法来处理函数论并把势论与共形映射联系起来. 他也经常把物理概念用在函数论上, 特别是流体力学.

1884 年, 在 C. Hermite 和 L. Kronecker 建立了与 F. Brioschi 类似的方法之后, C. Klein 立即在 "Vorlesungen über das Ikosaeder und die Auflösung der Gleichungen vom fünften Grade" (《二十面体及五次方程解讲义》) 中就用二十面体群去试图完全解决这个问题, 发现二十面体具有五次转动对称性[④], 得到了一种

---

① Anne Hegel, G. Hegel 的孙女.

② Julius Plücker (1801.07.16—1868.05.22), 德国人, C. Gerling (Christian Ludwig Gerling, 1788.07.10—1864.01.15, C. Gauß 的学生, 1812 年在 Göttingen 大学的博士学位论文是 "Methodi proiectionis orthographicae usum ad calculos parallacticos facilitandos explicavit simulque eclipsin solarem die") 的学生, 1823 年 8 月 30 日在 Marburg 大学的博士学位论文是 "Generalem analyyeseos applicationem ad ea quae geometriae altioris et mechanicae basis et fundamenta sunt e serie Tayloria deducit", 1828 年的 "Analytisch-geometrische" 发展 "Plücker abridged notation", 比 A. Möbius 和 K. Feuerbach (Karl Wilhelm Feuerbach, 1800.05.30—1834.03.12, 德国人, 1822 年给出三角形的九点圆, 1827 年引入齐性坐标) 晚年但独立地发现齐性坐标, 1855 年当选为皇家学会会员, 1865 年定义一个四维空间, 直线为基本元素而不是点, 几何有了大发展, 1866 年获 Copley 奖, 1868 年在解析几何中引进一些新的概念, 提出可以用直线和平面等作为基本的空间元素.

③ Erlangen 大学 (Friedrich-Alexander-Universität Erlangen-Nünberg) 创建于 1743 年, 是德国一所历史悠久的大学, 以 Brandenburg-Bayreuth 边疆伯爵 (Friedrich Margrave von Brandenburg-Bayreuth, 1711.05.10—1763.02.26) 和 Brandenburg-Ansbach 边疆伯爵 (Christian Friedrich Karl Alexander Margrave von Brandenburg-Ansbach, 1736.02.24—1806.01.05) 命名, 是德国历史悠久和最杰出的研究型大学之一, 校训: Wissen in Bewegung (知识流动).

④ 对称性 (symmetry) 来源于希腊文 "$\sigma \upsilon \mu \mu \varepsilon \tau \varrho \iota \alpha$".

连接代数与几何的重要关系, 导致他在一系列论文中对椭圆模函数的研究, 发展了自守函数论, 与 R. Fricke[①]合作的 "Vorlesungen über die Theorie der automorphen Funktionen" (《自守函数论讲义》, 1897 年和 1912 年出版) 和 "Vorlesungen über die Theorie der elliptischen Modulfunktionen" (《椭圆模函数论讲义》, 1890 年和 1892 年出版) 影响了以后 20 年.

1886 年, C. Klein 来到 Göttingen 大学, 直到 1913 年退休. 他在这里实现了要重建 Göttingen 大学作为世界数学中心的愿望.

1893 年, C. Klein 力促授予女人学位, 他本人就指导了 G. Young[②]的第一篇博士学位论文. 1895 年, 她在 Göttingen 大学的博士学位论文是 "Algebraisch-gruppentheoretische Untersuchungen zur sphärischen Trigonometrie".

这一年, C. Klein 邀请 D. Hilbert 来到 Göttingen 大学, 使得 Göttingen 大学到 D. Hilbert 去世前的 1943 年都一直是世界数学中心.

1897 年 (1898 年, 1903 年和 1910 年出版后三卷), C. Klein 与 A. Sommer-feld[③]的 "Theorie des Kreisels" (《陀螺理论》) 迄今在飞机和卫星制造等领域仍具有重大的应用价值.

1908 年和 1909 年, C. Klein 的 "Elementarmathematik vom höheren Stand-punkte aus" (《高观点下的初等数学》) 力推在中学教授解析几何和微积分学初步知识, 被译为多种文字, 影响至今不衰, 已成为世界上很多国家的做法.

1910 年, C. Klein 的 "Über die geometrischen Grundlagen der Lorentzgruppe" (《Lorentz 群的几何基础》) 已是相对论学习者必学的一篇论文.

1918 年, C. Klein 的 "Über die Integralform der Erhaltungssätze und die Theorie der räumlich-geschlossenen Welt" (《守恒律的积分形式和闭合空间理论》) 和 "Über die Differentialgesetze für die Erhaltung von Impuls und Energie

---

① Robert Karl Emanuel Fricke (1861.09.24—1930.07.18), 德国人, C. Klein 和 C. Neumann 的学生, 1886 年在 Leipzig 大学的博士学位论文是 "Über Systeme elliptischer Modulfunktionen von niederer Stufenzahl", 1920 年任德国数学会会长, 1930 年编辑了 J. Dedekind 的全集.

② Grace Chisholm Young (1868.03.15—1944.03.29), 英格兰人, W. Young 的妻子, L. Young (Laurence Chisholm Young, 1905.07.14—2000.12.24, 英格兰人, J. Littlewood 和 Sir Fowler 的学生, 1939 年在剑桥大学获博士学位, 1937 年的 "Generalized curves and the existence of an attained absolute minimum in the calculus of variation" 和 1942 年的 "Generalized surfaces in the calculus of variation" 中研究最优控制问题时给出了 Young 测度和 Young 积分) 的母亲, S. Wiegand (Sylvia Margaret Wiegand, 1945.03.08—, 英格兰人, Lawrence S. Levy 的学生, 1971 年的博士学位论文是 "Galois theory of essential expansions of modules and vanishing tensor powers", 1997—2000 年任女数学家联合会 (Association for women in mathematics) 会长) 的祖母.

③ Arnold Johannes Wilhelm Sommerfeld (1868.12.05—1951.04.26), 德国人, von Lindemann 的学生, 1891 年在 Königsberg 大学的博士学位论文是 "Die willkürlichen Functionen in der mathematischen Physik", 1926 年当选为皇家学会会员, 1931 年获 Planck 奖, 1939 年获 Lorentz 奖, 1949 年获 Ørsted 奖, 还是美国国家科学院院士、意大利国家科学院院士、苏联科学院院士、印度国家科学院院士, 他是量子力学和原子物理学开山鼻祖, 培养了 7 位 Nobel 奖得主, 自己也 80 余次被提名.

in der Einsteinschen Gravitationstheorie" (《Einstein 引力理论中动量和能量守恒的微分形式》), 以及 E. Noether 的不变变分问题, 是守恒律和对称性联系的奠基性工作.

1926—1927 年, C. Klein 的遗著 "Vorlesungen über die Entwicklung der Mathematik im 19 Jahrhundert" (《19 世纪数学史讲义》) 阐明了数学发展的历史意义.

R. Fricke 和 A. Ostrowski 编辑了 C. Klein 的全集 "Felix Klein Gesammelte Mathematische Abhandlungen", 共三卷, 1921—1923 年出版.

von Dyck[①]出版了 C. Klein 的包括书信在内的全集.

6.15　群表示论创始人——Ferdinand Georg Frobenius

F. Frobenius (1849.10.26—1917.09.03), 德国人, 1892 年当选为德国科学院院士.
F. Frobenius 生于柏林 Charlottenburg, 卒于柏林.
父母: C. Frobenius[②]和 Christine Elisabeth Friedrich.
师承: K. Weierstraß 和 E. Kummer.

1867 年, F. Frobenius 进入 Göttingen 大学. 1870 年在柏林大学获博士学位, 论文是 "De functionum analyticarum unius variabilis per series infinitas repraesentatione".

1874 年, F. Frobenius 给出有正则奇点的任意次齐次线性微分方程的一种无穷级数解, 后被称为 "Frobenius 方法". 这一问题的系统研究是由 L. Fuchs 开创的.

1878 年, F. Frobenius 发表了正交矩阵的正式定义, 并对相似矩阵和合同矩阵进行了研究. 1879 年又讨论了最小多项式问题, 联系行列式引入矩阵秩的概念. 他还以合乎逻辑的形式整理扩展了 K. Weierstraß 不变因子和初等因子理论, 这对线性微分方程理论具有重要意义.

1880 年, F. Frobenius 提出发散级数的一种可和性定义.

19 世纪末 20 世纪初, F. Frobenius 开始创立和发展有限群表示论. 作为群表示论的开端, 他对于有限群中 n 个变量的线性代换理论产生重大影响, 这一理论的所有重要方面最终由他和 I. Schur[③]共同完成. 群表示论就是用具体的线性群来

---

① Walther Franz Anton von Dyck (1856.12.06—1934.11.05), 德国人, C. Klein 的学生, 1879 年在 München 大学的博士学位论文是 "Über regulär verzweigte Riemann'sche Flächen und die durch sie definierten Irrationalitän", 1882 年的 "Gruppentheoretische Studien" 第一次建立了抽象群的公理定义, 1890 年 9 月 18 日创建德国数学会 (1901 年和 1912 年两任会长).

② Christian Ferdinand Frobenius, 牧师.

③ Issai Schur (1875.01.10—1941.01.10), 德国人, F. Frobenius 和 L. Fuchs 的学生, 1901 年在柏林大学的博士学位是 "Über eine Klasse von Matrizen, die sich einer gegebenen Matrix Zuordnen lassen", 首先提出群的表示理论, 1912 年获 Lobachevsky 奖, 1922 年当选为德国科学院院士.

描述群的理论, 其核心是群特征理论. 最重要的工作有三部著作:

(1) 1879 年与 L. Stickelberger[①]合作的 "Über Gruppen von vertauschbaren Elementen" (《可换元素群》) 指出抽象群的概念应该包含同余, Gauß 二次型组合以及 Galois 置换群, 还提到了无限群.

(2) 1895 年的 "Über endliche Gruppen" (《有限群》).

(3) 1896 年的 "Über die Gruppencharaktere"(《群特征》), "Über vertauschbare Matrizen" (《可交换矩阵》) 和 "Über die Primfaktoren der Gruppendeterminante" (《群行列式的素因子》) 建立了有限群特征标理论的基础: 两个表示等价当且仅当它们的特征等价, 解决了 J. Dedekind 提出的非 Abel 群的群行列式分解问题.

F. Frobenius 发表的与这一论题相联系的论文主要有下面的工作:

(1) 1887 年的 "Thèorémes sur les groupes de substitutions" 证明了有限抽象群的 Sylow 定理:

> 如果一个有限群的阶能被一个素数 p 的方幂 p^n 整除, 则它恒包
> 含一个 p^n 阶子群.

(2) 1897 年的 "Über die Darstellung der endlichen Gruppen durch lineare Substitutionen" (《有限群线性代换》) 首次介绍了有限群表示这一概念. 1901 年, 他首先提出群的表示理论.

(3) 1898 年的 "Über Relationen zwischenden Charakteren einer Gruppe und denen iher Untergruppen" (《群与其子群特征之间的关系》) 引进诱导表示的概念和 Frobenius 互反定理, 对群的特征与其子群的特征之间的关系进行了深刻的分析, 他正确地认识到了解这一关系对于表示和特征的实际计算非常重要.

(4) 1899 年的 "Über die Komposition der Charaktere einer Gruppe" (《群特征的结构》) 和 1906 年与 I. Schur 合作的 "Über die reellen Darstellungen der endlichen Gruppen" (《实有限群》) 等.

1897 年, W. Burnside 的 "Theory of groups of finite order" (《有限阶群论》, 1911 年出第二版) 是群论的经典著作之一, 在这本书中, 他表达了对 F. Frobenius 的感谢. 他说: "有限阶群作为线性变换的表示论主要由 F. Frobenius 创立, 而同源的群特征理论完全由他创立." 同时, W. Burnside 也独立发展了表示论和特征的方法.

20 世纪 20 年代, E. Noether 强调了 "模" 这一代数结构的重要性, 她将代数

---

① Ludwig Stickelberger (1850.05.18—1936.04.11), 瑞士人, K. Weierstraß 的学生, 1874 年在柏林大学的博士学位论文是 "On the transformation of quadratic forms to a diagonal form".

结构和群表示论融合为一, 推进了这两个分支的发展. 后来, R. Brauer[1]深化群表示论的研究, 引进模表示论.

6.16 数学界的无冕之王——David Hilbert

6.16.1 D. Hilbert

D. Hilbert (1862.01.23—1943.02.14), 德国人, 1890 年 9 月 18 日创建德国数学会 (1900 年任会长), 1903 年获 Poncelet 奖和 Lobachevsky 奖, 1910 年获 Bolyai 奖, 1928 年当选为皇家学会会员, 1939 年获 Mittag-Leffler 奖, 1942 年当选为德国科学院荣誉院士.

D. Hilbert 生于 Wehlau, 现在的 Znamensk, 卒于 Göttingen.

外祖父: K. Erdtmann[2].

父母: O. Hilbert[3]和 M. Erdtmann[4].

师承: von Lindemann.

1880 年, D. Hilbert 不顾父亲让他学法律的意愿, 进入 Königsberg 大学学数学.

1885 年, D. Hilbert 在 Königsberg 大学的博士学位论文是 "Über invariante Eigenschaften specieller binärer Formen, insbesondere der Kugelfunctionen".

1899 年, D. Hilbert 的 "Grundlagen der Geometrie" (《几何基础》) 是公理化思想的代表作, 是现代数学甚至某些物理领域中普遍使用的科学方法, 是数学史上了不起的八本著作之一和十大名著之一, 它把 Euclid 几何加以整理, 提出严格公理系统, 首次使用术语 "环"[5].

---

① Richard Dagobert Brauer (1901.02.10—1977.04.17), 德国人, A. Brauer (Alfred Theodor Brauer, 1894.04.09—1985, 德国人, I. Schur 和 E. Schmidt 的学生, 1928 年在柏林大学的博士学位论文是 "Über diophantische Gleichungen mit endlich vielen Lösungen") 的弟弟, I. Schur 和 E. Schmidt 的学生, 1926 年在柏林大学的博士学位论文是 "Über die Darstellung der Drehungsgruppe durch Gruppen linearer Substitutionen", 1943—1949 年任 "Transactions of Canadian Mathematical Congress" 主编, 1944—1950 年和 1963—1969 年任 "American Journal of Mathematics" 主编, 1949—1959 年任 "Canadian Journal of Mathematics" 主编, 1951—1956 年任 "Duke Mathematical Journal" 主编, 1953—1960 年任 "Annals of Mathematics" 主编, 1964—1970 年任 "Journal of Algebra" 主编, 1945 年当选为加拿大皇家科学院院士, 1949 年获 Cole 代数奖, 1954 年当选为美国人文与科学院院士, 1955 年当选为美国国家科学院院士, 1957—1958 年任美国数学会会长, 1971 年获美国国家科学奖. 段学复 (Hsio-Fu Tuan, 1914.07.29—2005.02.06, 陕西华州人, 1955 年 6 月当选为中国科学院首批学部委员 (院士)) 是他的学生, 1943 年在 Princeton 大学的博士学位论文是 "Groups whose orders contain a prime number to the first power"; 曹锡华 (1920.03.24—2005.12.22, 上海人) 也是他的学生, 1951 年在 Michigan 大学的博士学位论文是 "On groups of order $G = P^2 G'$".

② Karl Erdtmann, Königsberg, 商人.

③ Otto Hilbert, 法官.

④ Maria Therese Erdtmann, 熟悉哲学、天文学和素数.

⑤ 1892 年, D. Hilbert 给出了术语 "环" (ring), 德文是 "Zahlring".

1900 年 8 月 8 日, 在巴黎第二届国际数学家大会上, D. Hilbert 的 "Mathematische Probleme" (数学问题) 提出了新世纪人们应该努力解决的 23 个最重要的数学问题, 统称 Hilbert 问题 (Hilbertsche Probleme), 它们被认为是 20 世纪数学的至高点.

D. Hilbert 在讲演中说: "在我们中间, 常常听到这样的呼声: 这里有一个数学问题, 去找出它的答案! 你能通过纯思维找到它, 因为在数学中没有不可知."

D. Hilbert 还指出: "只要一门科学分支能提出大量的问题, 它就充满着生命力, 而问题缺乏则预示着独立发展的衰亡和终止."

1904—1910 年, D. Hilbert 和 M. Bôcher[1]奠定微分方程边值问题的理论基础.

1930 年, D. Hilbert 在接受 Königsberg 荣誉市民称号的讲演中, 满怀信心地说: "Wir müssen wissen, wir werden wissen" (我们必须知道, 我们将会知道). 他去世后, 这句话刻在了他的墓碑上.

1934 年和 1939 年, D. Hilbert 的 "Grundlagen der Mathematik" (《数学基础》) 提出了如何论证数论、集论或数学分析一致性的方案, 创立了元数学和证明论, 以克服悖论引起的危机, 一劳永逸地消除对数学基础以及数学推理方法可靠性的怀疑.

1996 年, C. Reid[2]写了 D. Hilbert 的传记 "Hilbert".

6.16.2 Hilbert 问题

Hilbert 问题分属四大块: 第 1—6 问题是数学基础问题; 第 7—12 问题是数论问题; 第 13—18 问题属于代数和几何; 第 19—23 问题属于数学分析.

(1) 连续统假设.

1938 年, K. Gödel 证明连续统假设与 Zermelo-Fraenkel 公理系统的相容性.

1963 年, P. Cohen[3]证明连续统假设与 Zermelo-Fraenkel 公理系统彼此独立.

(2) 算术公理的相容性.

1922 年, D. Hilbert 提出用形式主义证明论的方法证明. 1931 年, K. Gödel 的

---

[1] Maxime Bôcher (1867.08.28—1918.09.12), 美国人, C. Klein 的学生, 1891 年在 Göttingen 大学的博士学位论文是 "Über die Reihenentwicklung der potentialtheorie", 1904—1910 年和 D. Hilbert 奠定微分方程边值问题的理论基础, 1909 年当选为美国国家科学院院士, 1909—1910 年任美国数学会会长, 1899 年创办 "Transactions of the American Mathematical Society", 并首任主编五年时间, 他捐赠美国数学会设立 Bôcher 纪念奖 (Bôcher Memorial Prize), 从 1923 年开始颁发, 从 1993 年开始每三年授予一次. 胡明复 (1891.05.20—1927.06.12, 原名孔礼, 后改名为达, 字明复, 江苏无锡人, 创建中国科学社) 是他的学生, 1917 年在 Harvard 大学的博士学位论文是 "Linear integro-differential equations with a boundary condition", 是现代中国第一个数学博士, 中国科学社 9 名创始人之一.

[2] Constance Bowman Reid (1918.01.03—2010.10.14), 女, 美国人, J. Robinson 的姐姐.

[3] Paul Joseph Cohen (1934.04.02—2007.03.23), 美国人, A. Zygmund 的学生, 1958 年在 Chicago 大学的博士学位论文是 "Topics in the theory of uniqueness of trigonometric series", 1964 年获 Bôcher 纪念奖, 1966 年获 Fields 奖, 1968 年获美国国家科学奖, 还是美国国家科学院院士、美国人文与科学院院士.

"Über formal unentscheidbare Sätze der Principia mathematica und verwandter Systeme" (《"Principia mathematica" 及有关系统中的形式不可判定命题》) 给予了否定.

1936 年, G. Gentzen[1]的 "Concept of infinity and the consistency of mathematics" 使用超限归纳法证明了算术公理的相容性.

(3) 两个等底等高四面体的体积相等问题. 1900 年年底, M. Dehn[2]举出反例.

(4) 两点间以直线为距离最短线问题.

1973 年, A. Pogorelev[3]宣布, 在对称距离情况下, 问题获解决.

(5) 连续群的解析性. 1933 年, von Neumann 解决了紧群情形. 1939 年, L. Pontryagin[4]解决了交换群情形. 1941 年, C. Chevalley 解决了可解群情形.

1952 年, 由 A. Gleason[5]的 "Groups without small subgroups", 以及 D. Montgomery[6]和 L. Zippin[7]的 "Small subgroups of finite-dimensional groups" 及 "Four-dimensional groups" 共同解决.

----

[1] Gerhard Gentzen (1909.11.24—1945.08.04), 德国人, P. Bernays 的学生, 1933 年在 Göttingen 大学的博士学位论文是 "Untersuchungen über das logische Schließ en".

[2] Max Wilhelm Dehn (1878.11.13—1952.06.27), 德国人, D. Hilbert 的学生, 1899 年在 Göttingen 大学的博士学位论文是 "Die Legendreschen Sätze über die Winkelsumme im Dreieck", 1907 年与 P. Heegaard (Poul Heegaard, 1871.11.02—1948.02.07, 丹麦人, 1898 年在 Københavns Universitet 的博士学位论文是 "Forstudier til en topologisk Teori for de algebraiske Fladers sammenhöng") 的 "Analysis situs" 开创组合拓扑学, 建立群表示论的同构问题.

[3] Aleksei Vasilevich Pogorelev, Алексей Васильевич Погорелов (1919.03.03—2002.12.17), 乌克兰人, N. Efimov (Nikolai Vladimirovich Efimov, Николай Владимирович Ефимов, 1910.05.31—1982.10.16, 俄罗斯人, Yakov Semenovich Dubnov 的学生, 1940 年在莫斯科大学的博士学位论文是 "The curving of surfaces with parabolic points", 1951 年获 Lobachevsky 奖, 1979 年当选为苏联科学院通讯院士) 和 A. Aleksandrov 的学生, 1947 年在莫斯科大学获博士学位, 1950 年获斯大林奖, 1959 年获 Lobachevsky 奖, 1973 年获乌克兰国家奖, 1988 年获 Krylov 奖.

[4] Lev Semenovich Pontryagin, Лев Семёнович Понтрягин (1908.09.03—1988.05.03), 俄罗斯人, P. Aleksandrov 的学生, 1935 年在莫斯科大学获博士学位, 1937 年提出结构稳定性概念, 使动力系统的研究向大范围发展, 1939 年当选为法国科学院院士 (1959 年为正式院士), 1941 年获第一届斯大林奖, 1957 年发现最优控制的变分原理, 1966 年获 Lobachevsky 奖, 1970 年任国际数学联盟副主席.

[5] Andrew Mattei Gleason (1921.11.04—2008.10.17), 美国人, G. Mackey 的学生, 1981 年任美国数学会会长.

[6] Deane Montgomery (1909.09.02—1992.03.15), 美国人, E. Chittenden (Edward W. Chittenden, E. Moore 的学生, 1912 年在 Chicago 大学的博士学位论文是 "Infinite developments and the composition property $(R_{i2}B_1)$ in general analysis") 的学生, 1933 年在 Iowa 大学 (University of Iowa, 创建于 1847 年 2 月 25 日) 的博士学位论文是 "Sections of point sets", 1955 年当选为美国国家科学院院士, 1958 年当选为美国人文与科学院院士, 1961 年任美国数学会会长, 1974—1978 年任国际数学联盟主席, 1988 年获 Steele 奖.

[7] Leo Zippin (1905.01.25—1995.05.11), 美国人, J. Kline (John Robert Kline, 1891—1955, 美国人, Robert Lee Moore 的学生, 1916 年在 Pennsyvania 大学的博士学位论文是 "Double elliptic geometry in terms of point and order alone") 的学生, 1929 年 6 月 19 日在 Pennsyvania 大学 (University of Pennsyvania, 创建于 1740 年, 是美国第四古老的大学, 是美国第一所从事科学技术和人文教育的现代高等学府, 著名的研究型大学之一, 校训: Leges sine moribus vanae (法无德不立)) 的博士学位论文是 "A study of continuous curves and their relation to the Janiszewski-Mullikin theorem", 1970 年当选为美国人文与科学院院士.

1953 年, 山迈英彦[1]的 "On the conjecture of Iwasawa[2] and Gleason" 和 "A generalization of a theorem of Gleason" 去掉了有限维的限制得到完全肯定的结果.

(6) 物理学的公理化. 1933 年, A. Kolmogorov 将概率论公理化. 后来, 在量子力学和量子场论方面取得成功.

(7) 某些数的无理性与超越性. 1929 年, A. Gelfond[3]的 "Sur le septième de D. Hilbert", 1934 年, T. Schneider[4]的博士学位论文 "Transzendenzuntersuchungen periodischer Funktionen" 及 C. Siegel 分别独立地解决. Gelfond-Schneider 定理是一个可以用于证明许多数超越性的结果.

(8) 素数问题.

1966 年, 陈景润在 Goldbach 猜想问题上得到目前最好的结果 (1+2).

2013 年 4 月 17 日, 张益唐[5]的 "Bounded gaps between primes" 给出孪生素数猜想的一个弱化形式, 发现存在无穷多差小于 70000 万的素数对. 这一差值已被缩小至 246.

2018 年 9 月 24 日, Sir Atiyah[6]声明证明了 Riemann 假设, 并贴出了他证明 Riemann 假设的预印本. 事实上, 他只是提供了一个解决的思路, 并没有完整地解决 Riemann 假设.

(9) 在任意数域中证明最一般的互反律. 1921 年, 高木贞治[7], 1927 年, E. Artin 的 "Über die Zerlegung definiter Funktionen in Quadrate" 各自给以基本解决.

---

① 山迈英彦, やまべひでひこ (1923.08.22—1960.11.20), 日本人.

② 岩泽健吉, いわさわけんきつ (1917.09.11—1998.10.26), 日本人, 弥永昌吉的学生, 1945 年在东京大学的博士学位论文是 "Über die endlichen Gruppe und die Verbände ihrer Untergruppe", 1949 年的 "On some types of topological groups" 提出岩泽分解, 1962 年获 Cole 数论奖.

③ Aleksandr Osipovich Gelfond, Александр Осипович Гельфонд (1906.10.24—1968.11.07), 俄罗斯人, A. Khinchin 和 V. Stepanov (Vyacheslaw Vasilyevich Stepanov, Вячеслав Васильевич Степанов, 1889.09.04—1950.07.22, D. Egorov 的学生, 1915 年在莫斯科大学获博士学位, 1946 年当选为苏联科学院院士) 的学生, 1935 年在莫斯科大学获博士学位.

④ Theodor Schneider (1911.05.07—1988.10.31), 德国人, C. Siegel 的学生, 也是一个杰出的音乐家.

⑤ 张益唐, Tom Zhang (1955—), 上海人 (美国籍), 1992 年在 Purdue 大学 (Purdue University 创建于 1869 年, 以 J. Gray (John Purdue Gray, 1802.10.31—1876.09.12, 美国实业家) 命名, 1874 年 9 月 16 日正式开学, 是世界知名的综合性大学, 享有 "美国航空航天之母" 和 "工科大学之翘楚" 的美誉) 获博士学位, 2013 年获 Cole 数论奖、Ostrowski 奖和晨兴数学卓越成就奖, 2014 年获 Schock 数学奖和 MacArthur 奖, 2016 年获求是杰出科学家奖.

⑥ Sir Michael Francis Atiyah (1929.04.22—2019.01.11), 英格兰人, W. Hodge 的学生, 1955 年在剑桥大学的博士学位论文是 "Some applications of topological methods in algebraic geometry", 1961 年获 Berwick 奖, 1962 年当选为皇家学会会员 (1990—1995 年任会长), 1963 年任牛津大学 Savile 几何学教授, 1966 年获 Fields 奖, 1967 年发表 K-理论, 1968 年获皇家奖, 1974—1976 年任伦敦数学会会长, 1980 年获 de Morgan 奖, 1987 年获 Faisal 国王国际科学奖, 1988 年获 Copley 奖, 1993 年 7 月首任剑桥大学新设立 Newton 数学科学研究所 (Isaac Newton Institute for Mathematical Sciences) 所长, 2004 年获 Abel 奖.

⑦ 高木贞治, たかぎていぢ (1875.04.21—1960.02.29), 日本人, D. Hilbert 的学生, 1903 年在东京帝国大学的博士学位论文是 "Über die im Bereiche der rationalen complexen Zahlen Abel'schen Zahlkörper", 1920 年发表类域论的基本论文, 1933 年出版《近世数学史谈》.

(10) Diophantus 方程的可解性.

1950 年前后, M. Davis[①]的 "Hilbert's tenth problem is unsolvable", H. Putnam[②]和 J. Robinson[③]等取得关键性突破.

1970 年, A. Baker[④]等对含两个未知数的方程取得肯定结论.

1970 年, Yu. Matiyasevich[⑤]最终证明: 在一般情况下, 答案是否定的.

(11) 系数为任意代数的二次型论.

1923 年, H. Hasse 解决了有理数的部分. 20 世纪 20 年代, C. Siegel 也获重要结果. 20 世纪 60 年代, A. Weil 取得了新进展.

(12) 一般代数数域的 Abel 扩张.

1912 年, E. Hecke 用 Hilbert 模形式研究了实二次域的情形.

(13) 用两个变元函数解一般的七次方程.

1956 年, A. Kolmogorov 发现每一个不论是多少变元的连续函数都可以表示成三元连续函数的叠加.

---

① Martin David Davis (1928.03.08—), 美国人, A. Church (Alonzo Church, 1903.06.14—1995.08.11, 美国人, O. Veblen 的学生, 1927 年在 Princeton 大学的博士学位论文是 "Alternatives to Zermelo's assumption", 1935 年发明 lambda 微积分, 1936 年的 "An unsolvable problem in elementary number theory" 包含 Church 定理, 1978 年当选为美国国家科学院院士, 也是美国人文与科学院院士) 的学生, 1950 年在 Princeton 大学的博士学位论文是 "On the theory of recursive unsolvability", 1974 年获 Ford 奖, 1975 年 1 月获 Chauvenet 奖, 1975 年获 Steele 奖, 1982 年当选为美国人文与科学院院士.

② Hilary Whitehall Putnam (1926.07.31—2016.03.13), 美国人, H. Reichenbach (Hans Reichenbach, 1891.09.26—1953.04.09, 德国人, P. Hensel 和 M. Noether 的学生, 1916 年在 Erlangen 大学的博士学位论文是 "Der Begriff der Wahrscheinlichkeit für die mathematische Darstellung der Wirklichkeit") 的学生, 1951 年在 Californai 大学 (Los Angeles) 的博士学位论文是 "The meaning of the concept of probability in application to finite sequences", 1965 年当选为美国人文与科学院院士.

③ Julia Hall Bowman Robinson (1919.12.08—1985.07.30), 女, 美国人, R. Robinson 的妻子, C. Reid 的妹妹, A. Tarski 的学生, 1948 年在 California 大学 (Berkeley) 的博士学位论文是 "Definability and decision problems in arithmetic", 1976 年当选为美国国家科学院院士 (第一位女院士), 1982 年获 Noether 奖, 1983 年获 MacArthur 奖, 1983—1984 年任美国数学会会长 (第一个女会长), 1984 年当选为美国人文与科学院院士.

④ Alan Baker (1939.08.19—2018.02.04), 英格兰人, H. Davenport (Harold Davenport, 1907.10.30—1969.06.09, 英格兰人, J. Littlewood 的学生, 1937 年在剑桥大学获博士学位, 1940 年当选为皇家学会会员, 并获 Adams 奖, 1954 年获高级 Berwick 奖, 1957—1959 年任伦敦数学会会长, 1967 年获 Sylvester 奖) 的学生, 1964 年在剑桥大学的博士学位论文是 "Some aspects of Diophantine approximation", 1966 年证明 Gelfond 猜想, 1970 年获 Fields 奖, 1972 年获 Adams 奖, 1973 年当选为皇家学会会员, 1980 年当选为印度国家科学院院士, 1998 年当选为欧洲科学院首届院士, 2001 年当选为匈牙利科学院院士.

⑤ Yuri Vladimirovich Matiyasevich, Юрий Владимирович Матиясевич (1947.03.02—), 俄罗斯人, S. Maslov (Sergei Yurievich Maslov, Сергей Юрьевич Маслов, 1939—1982, N. Shanin 的学生, 1964 年在圣彼得堡大学的博士学位论文是 "Formal mechanisms for specifying recursively enumerable sets") 和 N. Shanin (Nikolai Aleksandrovich Shanin, Николай Александрович Шанин, 1919.05.25—2011.09.17, P. Aleksandrov 和小 A. Markov 的学生, 1942 年在 Steklov 数学研究所的博士学位论文是 "On extensions of topological spaces") 的学生, 1970 年在 Steklov 数学研究所 (Математический Институт имени В. Стеклова, 是在 V. Steklov 的建议下于 1921 年成立的, 是苏联科学院的一个研究所, 最初名为物理数学研究所, 他任所长, 在他 1926 年去世后, 研究所以其命名, 1934 年分为数学和物理两个研究所, 其中数学研究所仍以其命名) 的博士学位论文是 "Simple examples of undecidable canonical calculi", 1980 年获 Markov 奖, 1997 年当选为俄罗斯科学院通讯院士 (2008 年为正式院士).

1957 年, V. Arnold[①]证明了每个三元函数均可表示为二元函数的叠加, 从而对于连续函数的情形, 问题已经解决. 这进一步证明了不管是多少变元的连续函数都可以表示成一元 (或多元) 连续函数的叠加.

1964 年, A. Vituskin[②]推广到连续可微情形.

(14) 证明某类完备函数系的有限性. 1959 年, 永田雅宜[③]给出了反例.

(15) Schubert 计数演算的严格基础. 一个典型问题是: 在三维空间中有四条直线, 问有几条直线能和这四条直线都相交? H. Schubert[④]给出过一个直观的解法. D. Hilbert 要求一般化, 并给出严格基础.

(16) 代数曲线和曲面的拓扑问题.

1955 年, I. Petrovsky[⑤]宣布 $N(2) \leqslant 3$, 这个结果曾轰动一时.

1957 年, 叶彦谦[⑥]等证明了 (E_2) 不超过两串; 秦元勋[⑦]等具体给出了 $n = 2$ 的方程具有至少 3 个成串极限环的实例.

1978 年, 史松龄[⑧]的《二次系统 (E_2) 至少出现四个极限环的例子》, 以及陈兰荪[⑨]

---

① Vladimir Igorevich Arnold, Владимир Игоревич Арнольд (1937.06.12—2010.06.03), 俄罗斯人, A. Kolmogorov 的学生, 1961 年的副博士学位论文是 "On the representation of continuous functions of 3 variables by the superpositions of continuous functions of 2 variables", 1963 年的博士学位论文是 "Small denominators and stability in classical and celestial mechanics", 包含对 Hilbert 第 13 问题的解决, 1982 年获第一个 Crafood 奖, 1983 年当选为美国国家科学院院士, 1984 年当选为法国科学院院士, 1987 年当选为美国人文与科学院院士, 1988 年当选为皇家学会会员和意大利国家科学院院士, 1990 年当选为俄罗斯科学院院士, 1991 年当选为欧洲科学院院士, 1992 年获 Lobachevsky 奖, 2001 年获 Wolf 数学奖, 2007 年获俄罗斯国家奖, 2008 年获邵逸夫数学奖. 他 1978 年的 "Ordinary differential equations" 和 1980 年的 "Mathematical methods of classical mechanics" 在我国很有影响.

② Anatoly Georgievich Vituskin, Анатолий Георгиевич Витушкин (1931.06.25—2004.05.09), 俄罗斯人, A. Kolmogorov 的学生, 1958 年在莫斯科大学的博士学位论文是 "Estimation of the complexity of a tabulation problem".

③ 永田雅宜, ながたまさよし (1927.02.09—2008.08.27), 日本人, 中山正 (なかやまただし, 日本人, 高木贞治和正田建次郎 (しょうだけんじろう) 的学生, 1941 年在大阪大学 (おおさかだいがく, 创建于 1931 年, 是日本顶尖、世界一流的研究型综合国立大学, 校训: 立足本土、延伸世界) 的博士学位论文是 "On Frobeniusean algebra") 的学生, 1957 年在名古屋大学 (なごやだいがく, 创建于 1939 年, 是日本首届一指的国立大学之一, 校训: 做有勇气的知识分子) 的博士学位论文是 "Research on the 14th problem of Hilbert", 1983 年获弥永昌吉赏, 1988 年获秋季赏.

④ Hermann Cäsar Hannibal Schubert (1848.05.22—1911.07.22), 德国人, 1870 年在柏林大学的博士学位论文是 "De anglosaxonum arte metrica", 1890 年 9 月 18 日创建德国数学会.

⑤ Ivan Georgievich Petrovsky, Иван Георгиевич Петровский (1901.01.18—1973.01.15), 俄罗斯人, D. Egorov 的学生, 在莫斯科大学获博士学位, 1937 年提出偏微分方程组的分类法, 得出某些基本性质, 苏联科学院院士、罗马尼亚科学院院士, 曾任莫斯科大学校长.

⑥ 叶彦谦 (1923.11—2007.10.21), 浙江开化人, 1965 年著《极限环论》.

⑦ 秦元勋 (1923.02.13—2008.09.13), 贵州贵阳人, 1947 年在 Harvard 大学获博士学位, 1958 年著《运动稳定性的一般问题讲义》, 1959 年著《微分方程所定义的积分曲线》, 1963 年著《带有时滞的动力系统的运动稳定性》, 1982 年获国家自然科学奖一等奖, 1984 年创办 "计算物理学报".

⑧ 史松龄, 秦元勋的学生.

⑨ 陈兰荪 (1920—), 福建蒲城人, 被称为 "中国生物数学之父".

和王明淑[①]的《二次系统极限环的相对位置与个数》分别举出至少有 4 个极限环的具体例子.

1983 年, 秦元勋进一步证明了二次系统 (E_2) 最多有 4 个极限环, 并且是 $(1,3)$ 结构, 从而最终解决了二次系统 (E_2) 解的结构问题.

(17) 半正定形式的平方和表示. 1927 年, E. Artin 的 "Über die Zerlegung definiter Funktionen in Quadrate" 解决, 并提出实封闭域.

(18) 非正多面体能否密铺空间/球体最紧密的排列.

1911 年, L. Bieberbach[②]做出 " n 维 Euclid 空间只允许有限多种两两不等价的空间群".

1928 年, K. Reinhardt[③]证明不规则多面体亦可填满空间.

1998 年, T. Hales[④]提出了初步证明, 并于 2014 年 8 月 10 日的 "A formal proof of the kepler conjecture" 中用计算机完成了 Kepler 猜想的形式化证明, 证明球体最紧密的排列是面心立方和六方最密两种方式.

(19) Lagrange 系统的解是否总是解析函数?

1956—1958 年, de Giorgi[⑤]和 J. Nash[⑥]分别用不同方法解决.

(20) 一般边值问题.

[①] 王明淑 (1931—1984), 江苏南京人, 田刚 (1958.11.24—, 江苏南京人, 1988 年在 Harvard 大学的博士学位论文是 "Kähler metrics on algebraic manifolds", 1996 年获 Veblen 几何奖, 2001 年当选为中国科学院院士, 2004 年当选为美国人文与科学院院士, 2016.12—2019.12 任北京大学副校长, 2019 年 11 月 24 日任中国数学会理事长) 的母亲.

[②] Ludwig Georg Elias Moses Bieberbach (1886.12.04—1982.09.01), 德国人, C. Klein 的学生, 1910 年在 Göttingen 大学的博士学位论文是 "Zur Theorie der automorphen Funktionen", 1914 年引进 "Bieberbach 多项式" 概念, 1916 年提出 Bieberbach 猜想. 1994 年, de Branges (Louis de Branges de Bourcia, 1932.08.21—, 法国人, 1957 年在 Cornell 大学的博士学位论文是 "Local operators on Fourier transforms", 1989 年获第一个 Ostrowski 奖) 证明 Bieberbach 猜想, 获 Steele 论文奖.

[③] Karl August Reinhardt (1895.01.27—1941.04.27), 德国人, L. Bieberbach 的学生, 1918 年 7 月 16 日在 Frankfurt 大学 (Johann Wolfgang Geothe-Universität Frankfurt am Main, 创建于 1914 年 10 月 18 日, 以 Johann Wolfgang von Geothe (1749.08.28—1832.03.22) 命名) 的博士学位论文是 "Über die Zerlegung der Ebene in Polygone".

[④] Thomas Callister Hales (1958.06.04—), 美国人, R. Langlands 的学生, 1986 年在 Princeton 大学的博士学位论文是 "The subregular germ of orbital integrals", 2003 年获 Chauvenet 奖, 2008 年获 Ford 奖.

[⑤] Ennio de Giorgi (1928.02.08—1996.10.25), 意大利人, M. Picone (Mauro Picone, 1885.05.02—1977.04.11, 意大利人, L. Bianchi 的学生, 1907 年在 Pisa 高等师范学校获博士学位, 还是意大利国家科学院院士、波兰科学院院士、罗马尼亚科学院院士) 的学生, 1950 年在罗马大学获博士学位, 1960 年获 Caccioppoli (Renato Caccioppoli, 1904.01.20—1959.05.08, 意大利人, M. Picone 和 Ernesto Pascal 的学生, 1925 年在 Napoli 大学获博士学位, 1958 年当选为意大利国家科学院院士) 奖, 1973 年获意大利国家科学院奖, 1990 年获 Wolf 数学奖, 还是意大利国家科学院院士、法国科学院院士、美国国家科学院院士.

[⑥] John Forbes Nash (1928.06.13—2015.05.23), 美国人, A. Tucker (Albert William Tucker (1905.11.28—1995.01.25), 加拿大人, S. Lefschetz 的学生, 1932 年在 Princeton 大学的博士学位论文是 "An abstract approach to manifolds") 的学生, 1950 年在 Princeton 大学的博士学位论文是 "Non-cooperative games", 1994 年获 Nobel 经济学奖, 1999 年获 Steele 论文奖, 2015 年获 Abel 奖.

(21) 证明线性微分方程有给定的单值群.

1905 年, D. Hilbert 给出具有给定单值群的线性微分方程解的存在性证明.

1957 年, H. Röhrl[①]的 "Das Riemann-Hilbertsche Problem der linearen Differentialgleichungen" 给出重要结果.

1970 年, de Deligne[②]做出了出色贡献.

(22) 用自守函数构成的解析函数的单值化. 1907 年, P. Koebe[③]对一个变量情形已解决.

(23) 发展变分法的研究.

6.16.3　千禧年大奖问题

相应于 D. Hilbert 在 1900 年 8 月 8 日在巴黎第二届国际数学家大会上提出 "Mathematische Probleme", 2000 年 5 月 24 日, Clay 数学研究所 (The Clay Mathematics Institute) 在法兰西学院公布了七个数学问题, 也被称为千禧年大奖问题 (Millennium Prize Problems).

这七个数学问题是:

(1) PNP 问题, 是理论计算问题;

(2) Hodge 猜想, 是代数几何问题;

(3) Poincaré 猜想, 是拓扑学问题, 已由 G. Perelman 解决;

(4) Riemann 假设, 是数论问题;

(5) Yang-Mills[④]存在性和质量间隔问题, 是数学物理问题 (非 Abel 规范场);

① Helmut Röhrl (1927.03.22—2014.01.30), 德国人, R. König (Robert Johann Maria König, 1885.04.11—1979.07.09, 德国人, D. Hilbert 的学生, 1907 年在 Göttingen 大学的博士学位论文是 "Oszillationseigenschaften der Eigenfunktionen der Integralgleichung mit definitem Kern und das Jacobische Kriterium der Variationsrechnung") 和 O. Perron (Oskar Perron, 1880.05.07—1975.02.22, 德国人, von Lindemann 的学生, 1902 年在 München 大学的博士学位论文是 "Über die Drehung eines starren Körpers um seinen Schwerpunkt bei Wirkung aüß erer Kräfte") 的学生, 1949 年在 München 大学的博士学位论文是 "Über Differentialsysteme, welche aus multiplikativen Klassen mit exponentiellen Singularitäten entspringen".

② Pierre René Viscount de Deligne (1944.10.03—), 比利时人, A. Grothendieck 的学生, 1968 年在布鲁塞尔自由大学的博士学位论文是 "Théorème de Lefschetz et critéres de dégénérescence de suites spectrales", 1972 年在南巴黎大学的国家博士学位论文是 "Théorie de Hodge", 1973 年证明三个 Weil 猜想和一个 Rāmānujan 在 1916 年提出的猜想, 1974 年获 Poincaré 金奖, 1978 年获 Fields 奖, 并当选为法国科学院院士和美国人文与科学院院士, 1988 年获 Crafoord 奖, 2004 年获 Balzan 数学奖, 2008 年获 Wolf 数学奖, 2013 年获 Abel 奖.

③ Paul Koebe (1882.02.15—1945.08.06), 德国人, H. Schwarz 和 F. Schottky (Friedrich Hermann Schottky, 1851.07.24—1935.08.12, 波兰人, K. Weierstraß 和 von Helmholtz 的学生, 1875 年在柏林大学的博士学位论文是 "Über die conforme Abbildung mehrfach zusammenhängender ebener Fläche", 1900 年当选为德国科学院通讯院士, 1902 年为正式院士) 的学生, 1905 年在柏林大学的博士学位论文是 "Über diejenigen analytischen Funktionen eines Arguments, welche ein algebraisches Additionstheorem besitzen", 1907 年证明复变函数论的 Riemann 共形映射定理.

④ Robert Laurence Mills (1927.04.15—1999.10.27), 美国人, N. Kroll (Norman Myles Kroll, 1922.04.06—2004.08.08, 美国人) 的学生.

(6) Navier-Stokes 存在性和光滑性问题, 是微分方程问题;

(7) Birch[1]-Swinnerton-Dyer[2]猜想, 是代数几何和数论问题.

J. Tate 介绍了第一、第四和第七个问题, Sir Atiyah 介绍了其余的四个问题.

拟定这七个数学问题的有 Sir Atiyah, A. Connes[3], A. Jaffe[4], J. Tate, E. Witten[5]和 Sir Wiles 等.

6.17　Hermann Minkowski

H. Minkowski (1864.06.22—1909.01.12), 德国人, 1890 年 9 月 18 日创建德国数学会.

H. Minkowski 生于 Alexotas, 现在的 Kaunas, 卒于 Göttingen.

父母: L. Minkowski[6]和 Rachel Taubmann.

大哥: M. Minkowski[7].

二哥和侄子: O. Minkowski[8]和 R. Minkowski[9].

师承: von Lindemann.

---

[1] Brian John Birch (1931.09.25—), 英国人, J. Cassels (John William Scott Cassels, 1922.07.11—, 英格兰人, L. Mordell 的学生, 1949 年在剑桥大学获博士学位, 1963 年当选为皇家学会会员, 1967 年任剑桥大学 Sadleir 纯数学教授, 1973 年获 Sylvester 奖, 1976—1978 年任伦敦数学会会长, 1986 年获 de Morgan 奖) 的学生, 1958 年在剑桥大学的博士学位论文是 "The geometry of numbers", 1993 年获高级 Whitehead 奖, 2007 年获 de Morgan 奖, 皇家学会会员.

[2] Sir Henry Peter Francis Swinnerton-Dyer, 16th Baronet (1927.08.02—2018.12.26), 英国人, A. Weil 和 J. Littewood 的学生, 1967 年当选为皇家学会会员, 2006 年获 Sylvester 奖.

[3] Alain Connes (1947.04.01—), 法国人, J. Dixmier 的学生, 1973 年在高等师范学校的博士学位论文是 "A classification of factors of type III", 1977 年和 2004 年两获国家科学研究中心金奖, 1980 年当选为丹麦皇家科学与人文院院士, 1982 年当选为法国科学院院士, 并获 Fields 奖, 1990 年当选为美国人文与科学院院士, 1993 年当选为挪威皇家科学与人文院院士, 1995 年当选为加拿大皇家科学院院士, 1997 年当选为美国国家科学院院士, 2000 年获 Clay 研究奖, 2001 年获 Crafoord 奖, 2003 年当选为俄罗斯科学院院士.

[4] Arthur Michael Jaffe (1937.12.22—), 美国人, A. Wightman 的学生, 1966 年在 Princeton 大学的博士学位论文是 "Dynamics of a cut-off lambda phi to the 4 field theory", 1979—2001 年任 "Communications in Mathematical Physics" 主编, 1998 年与 L. Clay 创建 Clay 数学研究所.

[5] Edward Witten (1951.08.26—), 美国人, D. Gross (David Jonathan Gross, 1941.02.19—, 美国人, Geoffrey Foucar Chew 的学生, 1966 年在 California 大学 (Berkeley) 的博士学位论文是 "Investigation of the many-body, multichannel partial-wave scattering amplitude", 1985 年获 Dirac 奖, 2004 年获 Nobel 物理学奖, 2005 年获 Pythagoras 奖, 中国科学院外籍院士) 的学生, 1976 年在 Princeton 大学的博士学位论文是 "Some problems in the short distance analysis of gauge theories", 1982 年获 MacArthur 奖, 1985 年当选为美国人文与科学院院士, 并获 Einstein 奖, 1988 年当选为美国国家科学院院士, 1990 年获 Fields 奖, 1998 年当选为皇家学会会员, 2000 年当选为法国科学院院士, 2001 年获 Clay 研究奖, 2002 年获美国国家科学奖, 2006 年获 Poincaré 奖, 2008 年获 Crafoord 奖, 2010 年获 Lorentz 奖. 他是弦理论和量子场论方面的顶尖物理学家, 但其工作对数学界的冲击巨大.

[6] Lewin Minkowski, 商人.

[7] Max Minkowski (1844—1930), 法驻 Königsberg 领事.

[8] Oskar Minkowski (1858.01.13—1931.07.18), 被称为 "胰岛素之父".

[9] Rudolph Minkowski (1895.05.28—1976.01.04), 天体物理学家, 1959 年当选为美国国家科学院院士.

1880 年 4 月, H. Minkowski 进入 Königsberg 大学, 不久转到柏林大学, 三个学期后又回到 Königsberg 大学.

1881 年, 法国科学院悬赏一个数学难题:

任何一个正整数都可表成五个平方数的和.

H. Minkowski 的论文长达 140 页, 远远超出了原题的范围. 1883 年 4 月 2 日, 大奖揭晓, 他获奖了, 轰动了 Königsberg.

H. Minkowski 钻研了 von Gauß 和 J. Dirichlet 等的论著, 深入研究了 n 元二次型, 建立了完整的理论体系. 此后, 1905 年通过三个不变量刻画了有理系数二次型有理系数线性变换下的等价性, 完成了实系数正定二次型的约化理论, 现称 "Minkowski 约化理论".

1884 年, A. Hurwitz 来到 Königsberg 大学, 很快与 H. Minkowski 及 D. Hilbert 建立起友谊. 每天下午五点, 都可以看见他们三人在苹果园里散步, 时而低头苦思, 时而滔滔不绝, 时而互相争辩, 时而会心大笑, 旁人看来真是一群疯子. 就是这些讨论对他们的工作产生了重要影响. D. Hilbert 后来写道: 在无数次的散步中, 我们三人探究了数学的每一个角落. A. Hurwitz 学识渊博, 他总是我们的带路人.

1885 年夏, H. Minkowski 在 Königsberg 大学的博士学位论文是 "Untersuchungen über quadratische Formen, Bestimmung der Anzahl verschiedener Formen, welche ein gegebenes Genus enthält".

1887 年在波恩大学, H. Minkowski 协助 H. Hertz 研究电磁波理论.

1890 年 (1910 年出版), H. Minkowski 的 "Geometrie der Zahlen" (《数的几何》) 用几何方法研究 n 元二次型的约化问题, 得到了十分精彩而清晰的结果, 其中包括著名的 Minkowski 原理. 由这里又引导出他在 "凸体几何" 方面的研究, 这项研究的副产品就是著名的 Minkowski 不等式:

$$\left(\sum_{k=1}^{n}|a_k+b_k|^p\right)^{\frac{1}{p}} \leqslant \left(\sum_{k=1}^{n}|a_k|^p\right)^{\frac{1}{p}} + \left(\sum_{k=1}^{n}|b_k|^p\right)^{\frac{1}{p}}.$$

1907 年, H. Minkowski 认识到可以用非 Euclid 空间的想法来理解 H. Lorentz 和 A. Einstein 的工作, 他认为过去一直被认定是独立的时间和空间概念可结合在一个四维的时空结构中, 即 Minkowski 时空. 据此, 同一现象的不同描述能用简单的数学方式表出. 这些工作为广义相对论提供了骨架. 他在这方面的著述主要有 1907 年的 "Raum und Zeit" 和 1909 年的 "Zwei Abhandlungen uer die Grundgleichungen der Elektrodynamik".

M. Born 曾说, 他在 H. Minkowski 的数学工作中找到了 "相对论的整个武器库".

1907 年, H. Minkowski 还写了 "Diophantische Approximationen: Eine Einführung in die Zahlenthoerie".

1909 年 1 月 10 日, H. Minkowski 在创作力高峰时突患急性阑尾炎, 抢救无效, 不幸于 12 日去世, 年仅 45 岁.

1911 年, D. Hilbert 整理出版了他的全集 "Gesammelte Abhandlungen von Hermann Minkowski".

6.18　抽象代数学之母——Emmy Amalie Noether

Emmy Noether (1882.03.23—1935.04.14), 德国人.

E. Noether 生于 Erlangen, 卒于美国 Bryn Mawr, 终身未婚.

曾祖父: E. Samuel[①].

祖父母: H. Samuel[②]和 Amalie Würzburger.

父母: M. Noether[③]和 I. Kaufmann[④].

弟弟: A. Noether[⑤].

弟弟和侄子: F. Noether[⑥]和 H. Noether[⑦], G. Noether[⑧].

师承: P. Gordan[⑨].

童年的 E. Noether 没有显露突出数学才干, 十多岁时还像普通女孩一样, 喜欢音乐和跳舞.

1900 年, E. Noether 进入 Erlangen 大学. 当时, 大学里不允许女生注册, 顶多只有自费旁听的资格. 她坐在教室前排, 认真听课, 勤奋好学, 感动了主讲教授, 破例允许她与男生一样参加考试. 1903 年 7 月她通过了毕业考试, 男生们都取得

---

① Elias Samuel, 后改为 Elias Nöther.

② Hertz Samuel, 后改为 Hermann Nöther, 实业家.

③ Max Noether (1844.09.24—1921.12.13), 德国人, L. Hesse, G. Kirchhoff 和 L. Königsberger (Leo Königsberger, 1837.10.15—1921.12.15, 波兰人, K. Weierstraß 和 E. Kummer 的学生, 1860 年 5 月 22 日在柏林大学的博士学位论文是 "De motu puncti versus duo fixa centra attracti") 的学生, 1868 年 3 月 5 日在 Heidelberg 大学获博士学位, 1873 年的 "Über einen Satz aus der Theorie der algebraischen Funktionen" 给出两条代数曲线相交的重要结果, 称为 "Noether 条件", 1899 年任德国数学会会长, M. Noether 为很多人写了传记或编辑了全集.

④ Ida Amalie Kaufmann (1852—1915), 富有家庭出身.

⑤ Alfred Noether (1883.03.28—1918.12.13), 化学家.

⑥ Fritz Alexander Ernst Noether (1884.10.07—1941.09.10), A. Voß (Aurel Edmund Voß, 1845.12.07—1931.04.19, 德国人, R. Clebsch 的学生, 1869 年在 Göttingen 大学的博士学位论文是 "Über die Anzahl reeller und imaginärer Wurzeln höherer Gleichungen", 1898 年任德国数学会会长) 的学生, 1909 年在 München 大学的博士学位论文是 "Über rollende Bewegung einer Kugel auf Rotationsflächen".

⑦ Herman Dietrich Alexander Noether (1912—2007), 德国人, 化学家.

⑧ Gottfried Emanuel Noether (1915.01.07—1991.08.22), 数学家.

⑨ Paul Albert Gordan (1837.04.27—1912.12.21), 波兰人, C. Jacobi 的学生, 1862 年在 Wrocławski 大学的博士学位论文是 "De linea geodetica", 有 "不变量之王" 之称, 1914 年 M. Noether 写了他的传记.

了文凭, 而她却成没有. 这年冬天, 她来到 Göttingen 大学, 旁听了 D. Hilbert, C. Klein 和 H. Minkowski 等的讲课, 大开眼界, 大受鼓舞, 坚定了献身数学研究的决心.

不久, E. Noether 听说 Erlangen 大学允许女生注册学习的消息, 立即赶回母校. 1907 年 12 月, 她以优异的成绩获博士学位, 论文是 "Über die Bildung des Formensystems der ternären biquadratischen Form".

1916 年, 应 D. Hilbert 和 C. Klein 的邀请, E. Noether 来到 Göttingen 大学. 不久, 她就以 D. Hilbert 的名义讲授数学课程. D. Hilbert 十分欣赏 E. Noether 的才能, 想帮她在 Göttingen 大学找一份正式的工作. 他的努力遭到教授会中一些人的极力反对, 他们出于对妇女的传统偏见, 连聘为 "私人讲师" 这样的请求也断然拒绝. D. Hilbert 气愤极了, 在一次教授会上愤愤地说: "我简直无法想象候选人的性别竟成了反对她升任讲师的理由. 先生们, 别忘了这里是大学而不是洗澡堂!" D. Hilbert 的鼎鼎大名也没能帮她 "敲开" Göttingen 大学的校门.

只过了两年时间, E. Noether 就用一系列卓越的数学创造震撼了 Göttingen 大学, 震撼了整个数学界, 跻身于 20 世纪著名数学家行列. 她给出了 A. Einstein 的广义相对论的一种严格的纯数学方法, 还给出了 Noether 定理:

物理学中的连续对称性和守恒定律一一对应,

已成为现代物理学中的基本问题, 在此基础上孕育出能量守恒等基本定律, 成为现代物理学的指路明灯.

就这样, 以她出色的科学成就迫使那些歧视妇女的人也不得不于 1919 年 6 月准许她升任讲师. 此后, 她走上了完全独立的数学道路. 今天, E. Noether 的工作被用了黑洞的研究上. 在她去世后的几十年里, 她的工作仍是科幻小说的对象.

1921 年, E. Noether 从不同领域的相似现象出发, 把不同的对象加以抽象化和公理化, 然后用统一的方法加以处理, "Idealtheorie in Ringbereichen" (《环中的理想论》) 是交换代数发展的里程碑, 建立了交换 Noether 环论, 证明了准素分解定理, 这是一项非常了不起的数学创造, 它标志着抽象代数真正成为一门数学分支. 她也因此得到了极大的声誉, 被誉为 "抽象代数学之母".

1922 年, 由于 D. Hilbert 等的推荐, E. Noether 终于在 Göttingen 大学取得教授称号. 不过, 那只是一种编外教授, 没有正式工资, 且只能从学生的学费中支取一点点薪金来维持极其简朴的生活. 1929 年, 她竟然被撵出了居住的公寓.

1926 年, E. Noether 的 "代数数域及代数函数域的理想理论的抽象构造" 给了 Dedekind 环一个公理刻画, 指出素理想因子唯一分解的充要条件.

1930 年, B. van der Waerden 系统总结了 E. Noether, D. Hilbert, J. Dedekind 和 E. Artin 代数理论的 "Moderne Algebra", 风靡了数学界, 直接刺激了 Bourbaki

学派的诞生, 在我国也很有影响.

1932 年, E. Noether 在第九届国际数学家大会上作了一小时的大会发言, 受到广泛的赞扬. 然而, 巨大的声誉并未改善她的艰难处境. 在不合理的制度下, 灾难和歧视的影子一样缠绕着她. 1933 年 4 月, 她被逐出校园.

后来, 她去了美国. 1935 年 4 月 14 日不幸死于一次外科手术, 年仅 53 岁.

P. Aleksandrov[1], A. Einstein, J. Dieudonné, H. Weyl 和 N. Wiener 称其为数学史上最重要的女人. 她彻底改变了环、域和代数的理论, 被称为 "现代数学之母".

曾炯之[2]是 E. Noether 和 F. Schmidt[3]的学生, 1934 年在 Göttingen 大学的博士学位论文是 "Algebren über Funktionenkörpern".

6.19 有限元方法奠基人——Richard Courant

R. Courant (1888.01.08—1972.01.27), 德国人, 美国国家科学院院士、苏联科学院院士.

R. Courant 生于波兰 Lublinitz, 卒于 New Rochelle.

父母: Siegmund Courant 和 Martha Freund.

妻子: N. Runge[4].

儿子: E. Courant[5].

---

① Pavel Sergeevich Aleksandrov (Павел Сергеевич Александров, 1896.05.07—1982.11.16), 苏联人, 1915 年给出一个结果: 每个不可数 Borel 集包含一个完全集, 不仅结果重要, 而且所用方法也重要, 创办 "Uspekhi matematicheskikh nauk", D. Egorov 和 N. Luzin 的学生, 1927 年在莫斯科大学获博士学位, 1929 年当选为苏联科学院通讯院士 (1953 年为正式院士), 1932—1964 年任莫斯科数学会会长, 1951 年获 Lobachevsky 奖, 1958—1962 年任国际数学联盟副主席, 1943 年获斯大林奖, 奥地利科学院院士、美国国家科学院院士.

② 曾炯之 (1897.04.03—1940.11), 江西新建人.

③ Friedrich Karl Schmidt (1901.09.22—1977.01.25), 德国人, A. Loewy (Alfred Loewy, 1873.06.20—1935.01.25, 波兰人, von Lindemann 和 G. Bauer 的学生, 1894 年在 München 大学的博士学位论文是 "Über die Transformation einer quadratischen Form in sich selbst mit Anwendungen auf die Linien-und Kugelgeometrie") 的学生, 1925 年 5 月 22 日在 Freiburg 大学 (Albert-Ludwig-Universität Freiburg im Breisgau, 创建于 1457 年, 是欧洲历史最悠久和最有名望的大学之一, 是德国政府资助的九所精英大学之一, 校训: Die Wahrheit wird euch frei machen (真理让你们解放)) 的博士学位论文 "Allgemeine Körper im Gebiet der höheren Kongruenzen" 推广了 E. Artin 工作的算术部分.

④ Nerina Runge, C. Runge 的女儿.

⑤ Ernst David Courant (1920.03.26—2020.04.21), 粒子加速器发明人, 美国国家科学院院士.

女儿和女婿: G. Courant[1]和 J. Moser[2].

儿子: H. Courant[3].

女儿和女婿: L. Courant[4]和 P. Lax[5].

师承: D. Hilbert.

1907 年 11 月 1 日, R. Courant 进入 Göttingen 大学. 1910 年 2 月 16 日, 由 D. Hilbert, W. Voigt[6]和 E. Husserl[7]组成的答辩委员会通过了 R. Courant 的博士学位论文 "Über die Anwendung des Dirichletschen Prinzipes auf die Probleme der konformen Abbildung".

1924 年, R. Courant 与 D. Hilbert 的 "Methoden der mathematischen Physik" (《数学物理方法》) 发展了起源于物理问题的数学方法, 并试图使这些结果纳入统一的数学理论, 历经百年仍然享誉全球, 被众多名校采纳为理工科必修教材. 值得注意的是, 脚注中已提到了有限元法, 这个术语是 20 世纪 60 年代才出现的.

这一年, R. Courant 在 Göttingen 大学筹建数学研究所, 于 1929 年 12 月 2

---

① Gertrude C. Courant (1922—2014), 生物学家.

② Jürgen Kurt Moser (1928.07.04—1999.12.17), 德国人, F. Rellich (Franz Rellich, 1906.09.14—1955.09.25, 意大利人, van der Waerden 的妹夫, R. Courant 的学生, 1929 年在 Göttingen 大学的博士学位论文是 "Verallgemeinerung der Riemannschen integrationsmethode auf Differentialgleichungen n-ter Ordnung in zwei Veränderlichen") 和 C. Siegel 的学生, 1952 年在 Göttingen 大学的博士学位论文是 "Störungstheorie des kontinuierlichen Spektrums für gewöhnliche Differentialgleichungen zweiter Ordnung", 1962 年的 "On invariant curves of area-preserving mappings of an annulus" 给出可以应用到几乎所有 Hamilton 型动力系统的方法, 得到 Moser 扭转定理, 结合 A. Kolmogorov 和 V. Arnold 的工作引出现在以他们三人命名的 KAM 理论, 1968 年的 "Lectures on Hamiltonian systems" 给出解的稳定性问题、幂级数展开的收敛性和 Hamilton 系统在临界点附近的积分, 同年获第一个 Birkhoff 应用数学奖, 1973 年的 "Stable and random motions in dynamical systems" 给出解析保守微分方程组的稳定性态和统计性态, 同年当选为美国国家科学院院士, 1984 年获 Brouwer 奖、1992 年获 Cantor 奖、1995 年获 Wolf 数学奖, 1983—1986 年任国际数学联盟主席.

③ Hans Courant, 物理学家, 参加了 "Manhatten 计划".

④ Leonore Courant (1928—2015), 专业小提琴家.

⑤ Péter Dávid Lax (1926.05.01—), 匈牙利人, 1945 年参加了 "Manhatten" 计划, K. Friedrichs 的学生, 1949 年在纽约大学的博士学位论文是 "Nonlinear system of hyperbolic partial differential equations in two independent variables", 1957 年的 "Asymototic solutions of oscillating initial value problems" 开创了 Fourier 积分算子理论, 1966 年和 1973 年两获 Ford 奖, 1974 年获 Chauvenet 奖, 1975 年获 Wiener 应用数学奖, 1982 年当选为法国科学院院士、美国国家科学院院士和美国人文与科学院院士, 1986 年获美国国家科学奖, 1987 年获 Wolf 数学奖, 1989 年当选为苏联科学院院士, 1993 年当选为匈牙利科学院院士, 并获 Steele 奖, 2002 年的 "Functional analysis" 是一本非常有影响的研究生教材, 2005 年获 Abel 奖, 2013 年获 Lomonosov 金奖, 2014 年和 2017 年与 Maria Terrell 合编的 "Calculus with Applications" 和 "Multivariable Calculus with Applications" 在 2020 年 6 月被译为中文, 他还是挪威皇家科学与人文院院士.

⑥ Woldemar Voigt (1850.09.02—1919.12.13), 德国人, F. Neumann 的学生, 1874 年在 Königsberg 大学的博士学位论文是 "Untersuchung der Elastizitätsverhältnisse des Steinsalzes", 1898 年引进 "张量" 术语.

⑦ Edmund Gustav Albrecht Husserl (1859.04.08—1938.04.27), 德国人, L. Königsberger 和 C. Stumpf (Carl Stumpf, 1848.04.21—1936.12.25, 德国人, Rudolf Hermann Lotze 的学生, 1869 年在 Göttingen 大学的博士学位论文是 "Verhältniß des Platonischen Gottes zur Idee des Guten") 的学生, 1881 年在维也纳大学的博士学位论文是 "Beiträge zur Theorie der Variationsrechnung".

日正式成立并任所长.

I. Gelfand[1]在晚年时说: "读完 R. Courant 与 D. Hilbert 的出色著作 'Methoden der mathematischen Physik', 使我懂得了阅读基础著作的必要性, 不要吝惜时间来思考基础理论问题, 这点非常重要."

20 世纪 20 年代, R. Courant 和 von Neumann 等发展了 Lord Rayleigh 等在 1899 年提出的基于统计概念的 Monte-Carlo 方法, 后在电子计算机上得到广泛应用.

1928 年, R. Courant 提出解偏微分方程的差分方法.

1941 年, R. Courant 与 H. Robbins[2]的 "What is Mathematics?"《数学是什么?》现在仍在全球不断印刷. 1985 年湖南教育出版社出版中译本《数学是什么?》.

1942 年, 美国科学研究发展局建立应用数学小组, "我们必须毫无保留地把 R. Courant 看作我们中一员!" 不拘一格用人才是美国得以发展的重要因素之一.

R. Courant 领导了应用数学小组, 后发展为数学和力学研究所. 应用数学小组的第一项任务是研究水下声学和爆炸理论, 在 Los Alamos 科学实验室, 用 Courant-Friedrichs[3]-烈伟[4]有限差分法求出了双曲型偏微分方程的解. 喷气式飞机的喷嘴设计也是应用数学小组的一项研究成果.

K. Friedrichs 在回忆工作情况时说: "我们并不懂得工程方面的事, 所以向火箭专家问了大量的问题, 很自然地, 我作为数学家解决问题的方法和他们常用的不同. 这迫使专家们用不同的观点更本质地看问题, 这可能帮助了他们, 但最终还是专家们自己解决问题."

---

① Israil Moiseevich Gelfand, Израиль Моисеевич Гельфанд (1913.09.02—2009.10.05), 乌克兰人, 莫斯科泛函分析学派的领袖, A. Kolmogorov 的学生, 1935 年的副博士学位论文是 "Abstract functions and linear operators", 1940 年提出交换群调和分析的理论, 1941 年创立赋范环理论, 主要用于群上调和分析与算子环论, 1946 年与 M. Naimark (Mark Aronovich Naimark, Марк Аронович Наймарк, 1909.12.05—1978.12.30, 乌克兰人, M. Krein 的学生, 1936 年在 Odessa 大学获博士学位, 1943 年在 Hilbert 空间中证明 Gelfand-Naimark 定理) 建立 Lorenz 群的表示理论, 1968—1970 年任莫斯科数学会会长, 1977 年当选为皇家学会会员, 1978 年获第一个 Wolf 数学奖, 1994 年获 MacArthur 奖, 2005 年获 Steele 终身成就奖, 还两获苏联国家奖, 美国国家科学院院士、美国人文与科学院院士、爱尔兰皇家科学院院士.

② Herbert Ellis Robbins (1915.01.12—2001.02.12), 美国人, H. Whitney 的学生, 1938 年在 Harvard 大学的博士学位论文是 "On the classification of the maps a 2-complex into a space", 美国国家科学院院士、美国人文与科学院院士.

③ Kurt Otto Friedrichs (1901.09.28—1982.12.31), 德国人, R. Courant 的学生, 1925 年在 Göttingen 大学的博士学位论文是 "Die Randwert-und Eigenwertprobleme aus der Theorie der elastischen Platten", 1959 年当选为美国人文与科学院院士和美国国家科学院院士, 1968—1969 年任美国数学会副会长, 1972 年获美国国家科学院应用数学奖, 1976 年获美国国家科学奖.

④ 烈伟, Hans Lewy (1904.10.20—1988.08.23), 波兰人, R. Courant 的学生, 1926 年在 Göttingen 大学的博士学位论文是 "Über einen Ansatz zur numerischen Lösung von Randwertproblem", 1957 年提出一个光滑的线性偏微分方程无解的例子, 即 $\frac{\partial u}{\partial x} + \mathrm{i}\frac{\partial u}{\partial y} - 2\mathrm{i}(x+\mathrm{i}y)\frac{\partial u}{\partial z} = g$, 1979 年获 Steele 奖, 1984 年获 Wolf 数学奖, 还是美国国家科学院院士、美国人文与科学院院士、意大利国家科学院院士.

纽约大学[①]应用数学小组的名声越来越大, 一些人把这个小组称为 "Courant 仓库", 应用数学的成就于是和 R. Courant 的名字紧紧连在一起.

1943 年, R. Courant 给了有限元方法一个坚实的数学基础. 这种方法现在仍是一个最经典的如何解决偏微分方程的数值方法.

1948 年, R. Courant 与 K. Friedrichs 总结了非线性微分方程在流体力学方面的应用, 推进了这方面的研究.

1954 年 11 月 29 日, R. Courant 在纽约大学创建了 Courant 数学科学研究所 (Courant Institute of Mathematical Sciences, CIMS).

1965 年, R. Courant 与 F. John[②]的 "Introduction to Calculus and Analysis" 已被认为是近代写得最好的该学科的代表作.

1976 年, C. Reid 写了他的传记 "Courant in Göttingen and New York".

1996 年, R. Courant 的学生 J. Keller[③]获 Wolf 数学奖.

6.20　最后一位全能数学家——Hermann Klaus Hugo Weyl

H. Weyl (1885.11.09—1955.12.08), 德国人, 1927 年获 Lobachevsky 奖, 1932 年任德国数学会会长, 1936 年当选为皇家学会会员.

H. Weyl 生于 Elmshorn, 卒于苏黎世.

父母: L. Weyl[④]和 Anna Dieck.

妻子: F. Joseph[⑤].

儿子: F. Weyl[⑥].

师承: D. Hilbert.

1904 年, H. Weyl 进入 Göttingen 大学. 1908 年的博士学位论文 "Singuläre Integralgleichungen mit besonder Berücksichtigung des Fourierschen Integraltheorems" 把 D. Hilbert 积分方程的工作推广到积分上限为无穷的情形.

---

① 纽约大学 (New York University) 创建于 1831 年, 全美规模最大的私立非盈利高等教育机构, 世界顶尖大学, 校训: Perstare et praestare (坚持和超越).

② Fritz John (1910.06.14—1994.02.10), 德国人, R. Courant 的学生, 1934 年在 Göttingen 大学的博士学位论文是 "Bestimmung einer Funkyion aus ihren Integralen über geweisse Mannigfaltigkeiten", 1961 年与 L. Nirenberg 提出 BMO 空间概念, 1973 年获 Birkhoff 应用数学奖, 1984 年获 MacArthur 奖和 Steele 奖.

③ Joseph Bishop Keller (1923.07.31—2016.09.07), 美国人, R. Courant 的学生, 1948 年在纽约大学的博士学位论文是 "Reflection and transmission of electromagnetic waves by thin curved shells", 1976 年和 1977 年两获 Ford 奖, 1979 年获 von Kármán 奖, 1988 年获美国国家科学奖, 1996 年获 Wolf 数学奖, 2007 年获 Lagrange 奖.

④ Ludwig Weyl, 银行家.

⑤ Friedrike Bertha Helene Joseph (1893.03.30—1948.09.05), Joseph 博士 (Dr. Bruno Joseph, 1861.12.13—1934.06.10, 德国人, 物理学家) 的女儿, 哲学家和翻译家.

⑥ Fritz Joachim Weyl (1915.02.19—1977.07.20), 德国人, S. Bochner 的学生, 1939 年在 Princeton 大学的博士学位论文是 "Analytic curves", 1960—1961 年任 SIAM 会长.

1913 年, H. Weyl 的 "Die Idee der Riemannschen Fläche" (《Riemann 曲面的概念》) 综合了分析、几何和拓扑, 初步产生了复流形的概念, 第一次给 Riemann 曲面奠定了严格的拓扑基础. 他与 É. Cartan 完成了半单纯 Lie 代数有限维表示理论, 奠定了 Lie 群表示论的基础, 这在量子力学和基本粒子理论中有重要应用.

1915—1933 年, H. Weyl 研究与物理有关的数学问题, 企图解决引力场与电磁场的统一理论问题, 他的工作对以后发展起来的各种场论和广义微分几何有深远影响. 1918 年出版了 "Raum-Zeit-Materie" (《空间、时间、物质》).

H. Weyl 引进的 Weyl 群是数学中的重要工具. 量子力学产生后, 他首先把群论应用到量子力学中, 1928 年出版了 "Gruppentheorie und Quantenmechanik" (《群论与量子力学》).

1933 年, H. Weyl 任 Göttingen 大学数学研究所所长, 同年去了美国 Princeton 高等研究所.

1943 年, H. Weyl 还与儿子合著了 "Meromorphic Functions and Analytic Curves" (《亚纯函数与解析曲线》).

H. Weyl 被称为 20 世纪上半叶出现的最后一位 "全能数学家".

1968 年, Springer Verlag 出版了 H. Weyl 的全集 "Gesammelte Abhandlungen von Hermann Weyl", 共四卷.

6.21   Bourbaki 学派的先驱——Emil Artin

E. Artin (1898.03.03—1962.12.20), 德国人, 1957 年当选为美国人文与科学院院士.

E. Artin 生于维也纳, 卒于 Hamburg.

父母: E. Artin[1]和 E. Laura[2].

妻子: N. Jasnaya[3].

女儿和女婿: K. Tate[4]和 J. Tate.

儿子: M. Artin[5].

---

[1] Emil Artin, 画商.

[2] Emma Laura, 芭蕾舞演员.

[3] Natalya Naumovna Jasnaya (1909.06.11—2003.02.03), 俄罗斯人, N. Jasnay (Naum Jasnay, 农学家) 的女儿, 1948 年创建 Courant 数学研究所, 1958 年与 E. Artin 离婚.

[4] Karin Tate (1932—), 钢琴家.

[5] Michael Artin (1934.06.28—), 德国人, O. Zariski 的学生, 1960 年在 Harvard 大学的博士学位论文是 "On Enriques's surfaces", 1969 年当选为美国人文与科学院院士, 1977 年当选为美国国家科学院院士, 1991—1992 年任美国数学会会长, 2002 年获 Steele 终身成就奖, 2013 年获 Wolf 数学奖, 2015 年获美国国家科学奖, 还是荷兰皇家人文与科学院院士, "Journal of American Mathematical Society" 首任主编.

师承: G. Herglotz[1]和 O. Hölder[2].

E. Artin 的艺术气质来自他的父母, 他的子女也有音乐素质. 他在音乐史方面有着令人吃惊的深邃知识.

1955 年去日本开会时, E. Artin 表现出对佛教很感兴趣, 而且这不是一般的西方人对东方文化的好奇心. 为了回答他的问题, 接待他的日本同行要去请教佛学专家. 实际上早在 30 多年前, 他就已经广泛阅读有关佛教的书籍了.

不仅是 E. Artin, Bourbaki 的第一代成员在文化各方面的兴趣都不亚于他们的数学, H. Cartan 弹得一手好钢琴正如他吹得一口好黑管一样, A. Weyl 对日本工艺品也正如他对佛教建筑一样着迷.

1916 年, E. Artin 进入维也纳大学[3]学习.

第一次世界大战后, 1919 年 1 月, E. Artin 进入 Leipzig 大学继续学习, 1921 年 6 月的博士学位论文是 "Quadratische Körper im Gebiete der höheren Kongruenzen". 1926 年, 28 岁的 E. Artin 便成为 Hamburg 大学教授, 这里很快成为德国数学的中心之一.

1927 年, E. Artin 的 "Über die Zerlegung definiter Funktionen in Quadrate" 解决了 Hilbert 第 17 问题, 基本解决了 Hilbert 第 9 问题; "Beweis des allgemeinen Reziprozitätsgesetzes" 中给出互反律.

20 世纪 30 年代初, E. Noether 等注意到类域论与结合代数理论之间的密切关系. 他们证明了主定理, 后来被 H. Hasse 用来证明 E. Artin 的互反律. 1951—1952 年, E. Artin 与 J. Tate 合作写出其著名的 "Class Field Theory" (《类域论》, 1968 年出版), 其中包括大量新结果, 特别是 J. Tate 完成的上同调理论, 把 E. Artin 的互反律变为高阶上同调群 Tate 定理的特殊情形, 这显示出新方法的巨大威力.

1944 年, E. Artin 研究 Artin 环.

1957 年, E. Artin 的 "Geometric algebra" 给出几何直观下的代数计算观点.

1962 年 12 月 20 日, E. Artin 因心脏病突然去世.

H. Cartan 称 E. Artin 为天才的数学家和艺术家, 是一个完美的人.

---

① Gustav Herglotz (1881.02.02—1953.03.22), 捷克人, Ritter von Seeliger (Hugo Hans Ritter von Seeliger, 1849.09.23—1924.12.02, 德国人, Carl Christian Bruhns 的学生, 1872 年在 Leipzig 大学的博士学位论文是 "Zur Theorie der Doppelsternbewegungen") 和 L. Boltzmann 的学生, 1900 年在 München 大学的博士学位论文是 "Über die scheinbaren Helligkeitsverhältnisse eines planetarischen Körpers mit drei ungleichungen Hauptträgheitsachsen".

② Ludwig Otto Hölder (1859.12.22—1937.08.29), 德国人, du Bois-Reymond 的学生, 1882 年在 Tübingen 大学的博士学位论文是 "Betträge zur Potentialtheorie", 1889 年的 "Über einen Mittelwerthsatz" 中给出著名的 Hölder 不等式, 1918 年任德国数学会会长.

③ 维也纳大学 (Universität Wien) 创建于 1365 年, 是奥地利第一所大学及最高学府, 也是德语区最古老的大学之一, 欧洲规模最大的大学之一.

E. Artin 是 Bourbaki 学派的先驱. 在 1930—1935 年, 他作为一个代数学家, 其思想方法和表述方式成为年轻一代的楷模.

H. Cartan 甚至说, E. Artin 也许不自觉地促成了 Bourbaki 学派的出现, 而 J. Herbrand, C. Chevalley 和 A. Weyl 更是直接受他的影响.

Bourbaki 的著作也多多少少追随 E. Artin 的思想方式与表述方法. 尤其使 Bourbaki 成员感到骄傲的是, 他为 Bourbaki "代数" 卷的第一至第三册写了一个详尽的述评, 其中不乏对 Bourbaki 思想的深刻理解与赞誉之词.

王湘浩[①]是 E. Artin 的学生, 1949 年在 Princeton 大学的博士学位论文是 "On Grunwald's theorem".

6.22 20 世纪最伟大的逻辑学家——Kurt Friedrich Gödel

K. Gödel (1906.04.28—1978.01.14), 奥地利人, 1951 年获第一个 Einstein 奖, 1968 年当选为皇家学会会员, 1974 年获美国国家科学奖, 美国国家科学院院士、法兰西研究院院士.

K. Gödel 生于捷克 Brünn, 卒于 Princeton.

祖父: J. Gödel[②].

外祖父: G. Handschuh[③].

父母: R. Gödel[④]和 M. Handschuh[⑤].

哥哥: R. Gödel[⑥].

师承: H. Hahn[⑦].

儿时的 K. Gödel 就被家里人称为 "Herr Warum" (为什么先生), 好奇心很强.

1924 年, K. Gödel 进入维也纳大学. 1929 年的博士学位论文 "Über die Vollstän-digkeit des Logikkalküls" 证明了 "狭谓词演算的有效公式皆可证".

1931 年, K. Gödel 的 "Über formal unentscheidbare Sätze der Principia mathematica und verwandter Systeme" 证明了公理化数学体系的不完备性, 是 20 世

---

① 王湘浩 (1915.05.05—1993.05.04), 河北安平人, 1955 年 6 月当选为中国科学院首批学部委员 (院士), 1976—1984 年任吉林大学 (创建于 1946 年, 时为东北行政学院, 1950 年更名为东北人民大学, 1958 年改为现名, 校训: 求实创新、励志图强) 副校长.

② Joseph Gödel, 当地男子合唱团 (Brünn Männergesangverein) 的成员, 是一个著名歌手.

③ Gustav Handschuh, 纺织企业主.

④ Rudolf Gödel (1874—1929), 纺织企业主.

⑤ Marianne Handschuh (1879—1966), 奥地利人.

⑥ Rudolf Gödel (1902—?), 毕业于维也纳大学医学院.

⑦ Hans Hahn (1879.09.27—1934.07.24), 奥地利人, von Escherich 的学生, 1902 年在维也纳大学的博士学位论文是 "Zur Theorie der zweiten Variation einfacher Integrale", 1926 年任德国数学会会长, 1922 年得到共鸣定理, 1922—1923 年独立引入赋范线性空间概念, 1927 年完全解决了完备赋范线性空间上的泛函延拓定理, 并第一次引进对偶空间概念, 奥地利科学院院士.

纪在逻辑学和数学基础方面最重要的文献之一, 是数学史上了不起的八本著作之一, 其中给出了两个不完备性定理, 即使把初等数论形式化之后, 在这个形式的演绎推理体系中也总可以找出一个合理的命题来, 在该系统中无法证明它为真或假 (图 6.4).

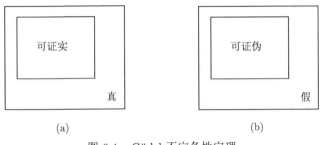

图 6.4　Gödel 不完备性定理

1932 年, K. Gödel 与 S. Kleene[1]等建立递归函数理论, 这是数理逻辑的一个分支, 在自动机和算法语言中有重要应用.

1940 年, K. Gödel 证明连续统假说在集论公理系中的相容性.

1951 年, von Neumann 评价说: "K. Gödel 在现代逻辑中的成就是非凡的, 不朽的——他的不朽甚至超过了纪念碑, 他是一个里程碑, 是永存的纪念碑."

1956 年, K. Gödel 写信给 von Neumann 时首次提出了 PNP 问题, 被认为是理论计算机的先驱. PNP 问题分别由 S. Cook[2]在 1971 年的 "The complexity of theorem proving procedures" 中和 L. Levin[3]在 1973 年精确陈述.

① Stephen Cole Kleene (1909.01.05—1994.01.25), 美国人, A. Church 的学生, 1934 年在 Princeton 大学的博士学位论文是 "A theory of positive integers in formal logic", 1969 年当选为美国国家科学院院士, 1983 年获 Steele 奖.

② Stephen Arthur Cook (1939.12.14—), 美国人, 王浩 (1921.05.20—1995.05.13, 山东济南人, Willard van Orman Quine 的学生, 1948 年在 Harvard 大学的博士学位论文是 "An economical ontology for classical arithmetic", 英国学术院院士、美国国家科学院院士) 的学生, 1966 年在 Harvard 大学的博士学位论文是 "On the minimum computation time of functions", 1982 年获 Turing 奖, 皇家学会会员, 加拿大皇家科学院院士、美国国家科学院院士、美国人文与科学院院士.

③ Leonid Anatolievich Levin, Леонид Анатолиевич Левин (1948.11.02—), 俄罗斯人, A. Kolmogorov 的学生, 1972 年在莫斯科大学的博士学位论文是 "Some theorems on the algorithmic approach to probability theory and information theory" (未答辩), da Silva Meyer (Albert Ronald da Silva Meyer, 1941—, Patrick Carl Fischer 的学生, 1972 年在 Harvard 大学的博士学位论文是 "On complex recursive functions", 1987 年当选为美国人文与科学院院士) 的学生, 1979 年在 Massachusetts 理工学院的博士学位论文是 "A general notion of independence of mathematical objects: Its applications to some problems of probability theory, mathematical logic and algorithm theory", 2012 年获高德纳奖.

J. Casti[①]和 Werner DePauli 写了 "Gödel: A life of logic"(《逻辑人生——Gödel 传》).

1999 年 12 月 26 日, K. Gödel 被 "Time" 评为 "世纪伟人".

---

① John Louis Casti (1943—), 美国人, R. Bellman (Richard Ernest Bellman, 1920.08.26—1984.03.19, 美国人, 动态规划创始人, S. Lefschetz 的学生, 1947 年在 Princeton 大学的博士学位论文是 "On the boundedness of solutions of nonlinear differential and difference equations", 1970 年获 Wiener 奖和第一个 Dickson 奖, 1975 年当选为美国人文与科学院院士, 1976 年获 von Neumann 奖, 1977 年当选为美国国家工程院院士, 1979 年获 IEEE 金奖, 1983 年当选为美国国家科学院院士) 的学生, 1970 年在南 California 大学的博士学位论文是 "Invariant imbedding and the solution of Fredholm integral equations with displacement kernels", 曾任 "Applied Mathematics and Computation" 和 "Complexity" 主编.

第 7 章 瑞 士 篇

7.1 瑞士数学简介

说起瑞士数学, Bernoulli 家族和 L. Euler 是我们非常熟悉的.

Bernoulli 家族代代相传, 人才辈出, 在三代中连续出过十余位数学家, 而在他们一代又一代的子孙中, 有一半都成为杰出人物, 后裔中至少有 120 位被人们系统地追溯过, 堪称数学史上的一个奇迹, 可以被称为数学史上的第一家族, 其中著名的有 Jacob Bernoulli 和 Johann Bernoulli 兄弟, 以及 Johann Bernoulli 的次子 Daniel Bernoulli 等.

这个家族为建立和发展近代数学、物理学和力学创下了不朽的功勋, 特别是微积分在欧洲大陆的迅速普及和发展, 多半应该归功于他们, 尤其需要提出的是 Jacob Bernoulli 和 Johann Bernoulli 兄弟的精心研究和大力推广. 他们兄弟的工作构成了现今初等微积分的大部分内容.

这个家族的特点是数学基础好, 具有严密的逻辑推理能力, 而且能从数学出发, 对数学变量赋予物理概念, 从而揭示出物理规律.

读者可以看一下 Bernoulli 家族树谱 (图 7.1).

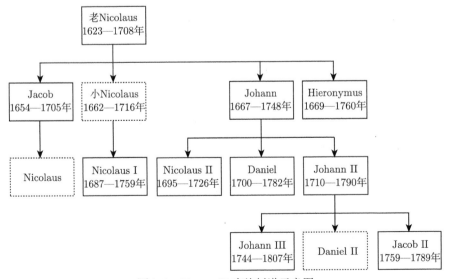

图 7.1 Bernoulli 家族树谱示意图

L. Euler 是 Johann Bernoulli 的学生, 有 "数学家之英雄" 之称. 人们有时提到三大数学家, 即 Archimedes, Sir Newton 和 von Gauß, 而更多的人经常说到四大数学家或数学界的四大天王, 那就可以加上他了.

作为瑞士数学家, G. Cramer 虽然与 Bernoulli 家族和 L. Euler 无法相提并论, 但他给出的 Cramer 法则也是值得称道的.

7.2 概率论先驱之一——Jacob Bernoulli

Jacob Bernoulli (1654.12.27—1705.08.16), 瑞士人, 1699 年当选为法国科学院院士, 1701 年当选为德国科学院院士.

Jacob Bernoulli 生卒于 Basel.

六世祖: Leon Bernoulli[1].

五世祖: Jacob Bernoulli.

祖父: Jacob Bernoulli[2].

父母: Nicolaus Bernoulli[3]和 M. Schönauer[4].

妻子: J. Stupanus[5].

弟弟: Nicolaus Bernoulli[6], Johann Bernoulli 和 Hieronymus Bernoulli[7].

儿子: Nicolaus Bernoulli[8].

师承: P. Werenfels[9]和 N. Malebranche[10].

1676 年, Jacob Bernoulli 在 Basel 大学[11]获神学博士学位, 论文是 "Primi et secundi adami collatio".

---

[1] Leon Bernoulli (?—1561), 医生.

[2] Jacob Bernoulli, 做香料生意.

[3] Nicolaus Bernoulli (1623—1708), 做香料生意, 当地行政官员.

[4] Margaretha Schönauer, 一个银行家的女儿.

[5] Judith Stupanus, E. Stupanus (Emmanuel Stupanus, 1587.12.13—1664.02.26, 瑞士人, Johann Nicolaus Stupanus 的儿子, Petrus Ryff 的学生, 1613 年的博士学位论文是 "De omnis pleuritidis theoria et generali therapia themata medica") 的孙女.

[6] Nicolaus Bernoulli (1662—1716), 画家, 当地市议员.

[7] Hieronymus Bernoulli (1669—1760), 母亲是 Catharina Ebneter.

[8] Nicolaus Bernoulli, 艺术家, 当地市议员.

[9] Peter Werenfels (1627.05.20—1703.05.23), 瑞士人, T. Zwinger (Theodor Zwinger, 1597—1654, 瑞士人, Sebastian Beck 的学生, 1630 年在 Basel 大学的博士学位论文是 "De illustri sententia apostolica hebr") 的学生, 1649 年在 Basel 大学的博士学位论文是 "Diatribe in psalmum S. S. Psalterii promum. De Vnica et vera hominis felicitate".

[10] Nicolas Malebranche (1638.08.06—1715.10.13), 法国人, von Leibniz 的学生, 1699 年当选为法国科学院院士, 著有 "Traité des lois de la communication du mouvement".

[11] Basel 大学 (Universität Basel) 1460 年 4 月 4 日正式建立, 是瑞士最古老的大学.

1684 年, Jacob Bernoulli 又在 Basel 大学获数学博士学位, 论文是 "Solutionem tergemini problematis arithmetici, geometrici et astronomici".

1687 年, Jacob Bernoulli 在 "Acta Eruditorum" 上给出了用两条相互垂直的直线将任意一个三角形的面积四等分的方法.

1689 年, Jacob Bernoulli 的《关于无穷级数及其有限和的算术应用》被认为是级数理论方面的第一部教科书 (1704 年出版), 其中给出了 Bernoulli 不等式:

$$x^n \geqslant 1 + n(x-1), \quad x > 0.$$

2012 年, L. Maligranda[①]在 "The Mathematical Intelligencer" 上的 "The AM-GM inequality is equivalent to the Bernoulli inequality" 证明了 Bernoulli 不等式与算术-几何平均值不等式是等价的.

Jacob Bernoulli 还证明了调和级数

$$1 + \frac{1}{2} + \frac{1}{3} + \frac{1}{4} + \frac{1}{5} + \cdots$$

的发散性, 并得到 Basel 级数:

$$1 + \frac{1}{2^2} + \frac{1}{3^2} + \frac{1}{4^2} + \frac{1}{5^2} + \cdots < 2.$$

他还以为是一个新结果. 事实上, P. Mengoli[②]已经在 40 年前的 "Novae quadraturae arithmetricae, seu de additione fractionum" 中证明了.

1690 年, Jacob Bernoulli 的 "Ergo et horum integralia aequantur" 把悬链线的研究扩展到密度可变的链和有心力作用下的链, 现在已应用于悬桥和高压输电线上; 他对与钟摆运动有关的等时曲线和与光线路径有关的 "正交轨线问题" 也做过深入研究, 指出决定等时曲线等价于解一个非线性微分方程, 用分离变量法解出了这个方程, 这在微积分的历史上是非常重要的. 他还第一次提出 "积分" 术语, 用以表达曲线下的面积.

1691 年, Jacob Bernoulli 发明了极坐标, 并给出了直角坐标和极坐标的曲率半径公式, 指出某些高次曲线用极坐标表示比较简单, 且便于研究, 这也是系统地使用极坐标的开始.

1692 年, Jacob Bernoulli 对 R. Descartes 于 1638 年发现的对数螺线 (图 7.2) 或等角螺线进行了极为深入的探讨, 发现了这种曲线经过多种变换后仍是对数螺线, 例如, 对数螺线的渐屈线和渐伸线仍是对数螺线, 从极点引切线的垂线, 其垂

---

① Lech Maligranda (1953.09.02—), 波兰人, 1982 年获 Banach 奖.
② Pietro Mengoli (1626—1686), 意大利人, B. Cavalieri 的学生, 在 1672 年的 "Circolo" 中研究了无穷级数, 给出了 $\frac{\pi}{2}$ 的无穷乘积展开式, 还计算了定积分 $\int_0^1 x^{\frac{m}{2}} (1-x)^{\frac{n}{2}} \mathrm{d}x$, 第一个提出 Basel 问题.

足的轨迹也是对数螺线, 以极点为发光点经过对数螺线反射后得到无数根反射线, 和所有这些反射线相切的曲线 (回光线) 还是对数螺线. 他非常赞叹这种曲线的美妙性质, 称其为 "spira mirabilis" (神奇的螺线), 并在遗嘱中要求把对数螺线刻在他的墓碑上 (但雕刻师误刻了 Archimedes 螺线, 即等速螺线) 并题颂词: "Eadem mutata resurgo" (虽经沧桑, 依然故我).

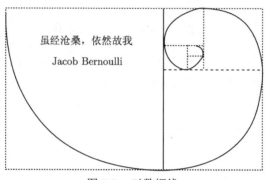

图 7.2   对数螺线

1694 年 9 月, Jacob Bernoulli 还最早发现和研究了 Bernoulli 双纽线, 即到两定点距离之积等于常量的曲线, 如图 7.3 所示, 术语 "双纽线" 也是他给出的. 它的弧长将是一个椭圆积分, 是产生椭圆积分的一个来源.

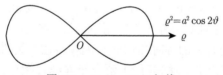

图 7.3   Bernoulli 双纽线

1718 年, dei Toschi[①]首先研究了双纽线弧长的积分性质. 他在 1750 年的 "Produzioni matematiche" (《数学成果》) 中给出了双纽线弧长的 "加倍公式":

$$2\int_0^x \frac{\mathrm{d}t}{\sqrt{1-t^4}} = \int_0^{\frac{2x\sqrt{1-x^4}}{1+x^4}} \frac{\mathrm{d}t}{\sqrt{1-t^4}},$$

这使得 1751 年 L. Euler 证明了椭圆积分中的加法公式:

[①] Giulio Carlo Fagnano dei Toschi (Marquis de Toschi, 1682.12.06—1766.09.26), 意大利人, 1721 年封伯, 1723 年当选为皇家学会会员, 1745 年晋侯, 德国科学院院士, 还被建议参选法国科学院院士, 但在当选前去世.

$$\int_0^x \frac{\mathrm{d}t}{\sqrt{1-t^4}} + \int_0^y \frac{\mathrm{d}t}{\sqrt{1-t^4}} = \int_0^{\frac{x\sqrt{1-y^4}+y\sqrt{1-x^4}}{1+x^2y^2}} \frac{\mathrm{d}t}{\sqrt{1-t^4}}.$$

需要指出的是, 1680 年, G. Cassini[①]提出过 Cassini 卵形线, 而 Bernoulli 双纽线是它的特例. 人们在百年间都没有认识到这个问题, 由于出发点不同, G. Cassini 更没有注意过它, 人们仍称其 Bernoulli 双纽线是合适的.

1695 年, Jacob Bernoulli 提出了 Bernoulli 方程:

$$y' = p(x)y + q(x)y^n,$$

1696 年, von Leibniz 用变量代换 $z = y^{1-n}$ 解出了 Bernoulli 方程.

1700 年, Jacob Bernoulli 提出并讨论过等周问题, 也是最早研究变分法的数学家之一.

1713 年, Jacob Bernoulli 的遗著 "Ars Conjectandi" (《猜度术》) 是概率论发展史上一件大事, 首次尝试将概率论建立在稳固的理论基础之上, 其中有 Bernoulli 试验、Bernoulli 数、Bernoulli 多项式和 1685 年的 Bernoulli 大数定律:

若某事件的概率是 p, 且若 n 次独立试验中有 k 次发生该事件,
则当 $n \to \infty$ 时, $\dfrac{k}{p} \to p$.

1718 年, Jacob Bernoulli 的遗著 "Calculus of Variations" 发表.

1742 年, G. Cramer 编辑了 Jacob Bernoulli 的全集, 但漏了 "Ars Conjectandi".

7.3 他那个时代的 Archimedes——Johann Bernoulli

Johann Bernoulli (1667.07.27—1748.01.01), 瑞士人, 1699 年当选为法国科学院院士, 1701 年当选为德国科学院院士, 1712 年当选为皇家学会会员, 1725 年当选为俄罗斯科学院院士.

Johann Bernoulli 生卒于 Basel.

[①] Giovanni Domenico Cassini (1625.01.08—1712.09.14), 意大利人, G. Riccioli (Giovanni Battista Riccioli, 1598.04.17—1671.06.25, 意大利人) 和 F. Grimaldi (Francesco Maria Grimaldi, 1618.04.02—1663.12.28, 意大利人) 的学生, 第一个注意到土星的四个卫星, Lapetus (1671), Rhea (1672), Tethys (1684) 和 Dione (1684), 1672 年当选为皇家学会会员. Cassini 家族四代传承, 儿子 J. Cassini (Jacques Cassini, 1677.02.08—1756.04.18), 法国人, P. Varignon 和 G. Cassini 的学生, 1691 年在巴黎大学的博士学位论文是 "Theses mathematicæ de optica", 1698 年当选为皇家学会会员; 孙子 de Thury (César-François Cassini de Thury, 1714.06.17—1784.09.04, 1771 年任巴黎天文台台长); 曾孙 Comte de Casiini (Jean-Dominique Comte de Casiini, 1748.06.30—1845.10.18, 1770 年 7 月 23 日当选为法国科学院院士).

师承: Jacob Bernoulli 和 N. Eglinger[①].

在以前, 人们只是将函数作为几何上的解释, Johann Bernoulli 认为函数可借助常量和变量用解析式表达出来, 这在当时是一个了不起的进步.

1691 年, Johann Bernoulli 关于微积分的教科书促进了微积分在物理学和力学上的应用及研究. 这一年, von Leibniz, C. Huygens 和 Johann Bernoulli 分别解决了 "悬链线问题".

1694 年, Johann Bernoulli 在 Basel 大学的博士学位论文 "Dissertatio de effervescentia et fermentatione; dissertatio inauguralis physico-anatomica de motu musculorum" 中发现了 l'Hôpital 法则, 是他写信告诉 de l'Hôpital 的.

1694 年 10 月, Johann Bernoulli 也发现和研究了 Bernoulli 双纽线, 比 Jacob Bernoulli 只晚了一个月.

1696 年 6 月, Johann Bernoulli 向全欧数学家提出了一个挑战性的问题——最速降线问题:

　　设在垂直平面内有两个任意点, 一个质点受地心引力的作用, 自较高点下滑到较低点, 不计摩擦, 问沿什么曲线时间最短?

Sir Newton, von Leibniz, de l'Hôpital, Jacob Bernoulli 和他本人都给出了摆线的正确解答. 稍后, L. Euler 和 de Lagrange 进一步给出了普遍解法, 引出了变分法. D. Hilbert 在第二届国际数学家大会上对此给予了极高的评价. 他说: "Johann Bernoulli 在当时杰出的分析学家面前提出的这个问题, 好比一块试金石, 通过它分析学家们可以检验其方法的价值, 衡量他们的能力. 变分法的起源应该归功于这个 Bernoulli 问题和相似的一些问题."

1699 年, Johann Bernoulli 对于积分给出了变量代换, 如

$$\int \frac{a^2}{a^2 - x^2} \mathrm{d}x \xrightarrow{x = a\frac{b^2 - t^2}{b^2 + t^2}} \int \frac{1}{t} \mathrm{d}t.$$

1702 年, Johann Bernoulli 化有理函数为部分分式的方法是他的重要贡献, 如

$$\frac{a^2}{a^2 - x^2} = \frac{a}{2} \left(\frac{1}{a + x} + \frac{1}{a - x} \right).$$

1714 年, Johann Bernoulli 的 "Théorie de la manoeuvre des vaisseaux" (《军舰操作技术理论》) 澄清了力与能量的混乱.

---

① Nikolaus Eglinger (1645—1711), 瑞士人, E. Stupanus 和 J. Bauhin (Johann Caspar Bauhin, 1541.12.12—1613.10.26, 瑞士人, E. Stupanus 的学生, 1649 年在 Basel 大学的博士学位论文是 "Signorum medicorum doctrina annexa sphygmice, uromantia & crisium theoria, ex praecipuis Galen. & Hippocr. monumentis semeioticis excerpta") 的学生, 1661 年在 Basel 大学的博士学位论文是 "Disputatio medica in universam physiologiam; disputatio medica inauguralis de angina".

1715 年, Johann Bernoulli 首次引入空间直角坐标系; 还提出了虚功原理, 对物理学的发展产生了重大的推动作用, 对于分析力学的发展具有重要理论价值. 这一原理也称虚位移原理.

1727 年, Johann Bernoulli 的 "Discous sur les lois de la communication du mouvement" (《运动的交换规律》) 研究了行星的椭圆轨道和行星轨道的倾斜度.

1738 年, Johann Bernoulli 发表 "Hydraulica", 书名成为水力学的学科名称.

1742 年, Johann Bernoulli 的 "Lections mathematies de method integralium" (《积分学讲义》) 是微分方程发展中的重要著作, 汇集了他在微积分方面的研究成果, 不仅给出了各种不同积分法的例子, 还给出了曲面求积、曲线求长和不同类型微分方程的解法, 如研究了齐次微分方程的解法, 并给出悬链线问题的另一解法; 首次将积分因子法用于求解常系数微分方程, 导出了一族曲线正交轨线所满足的微分方程, 使微积分更加系统化. 这部著作使微积分在欧洲大陆得到了正确评价, 也使其成为数学界最有影响的人物之一.

Johann Bernoulli 曾将函数展成级数, 与 Taylor 级数相似, 但比 B. Taylor 要早.

Johann Bernoulli 被称为 "他那个时代的 Archimedes", 并刻在墓碑上.

1742 年, G. Cramer 编辑了 Johann Bernoulli 的全集, 1745 年又编辑了 Johann Bernoulli 与 von Leibniz 的通信.

von Leibniz 认为 Bernoulli 兄弟在微积分方面所做的工作和他自己一样多.

7.4　数学物理方法奠基人——Daniel Bernoulli

Daniel Bernoulli (1700.02.08—1782.03.17), 瑞士人, 1725 年当选为俄罗斯科学院首届院士, 1747 年当选为德国科学院院士, 1748 年当选为法国科学院院士, 1750 年当选为皇家学会会员.

Daniel Bernoulli 生于 GrÖningen, 卒于 Basel.

父母: Johann Bernoulli 和 Drothea Falkner.

师承: Johann Bernoulli.

1721 年, Daniel Bernoulli 在 Basel 大学的博士学位论文是 "Dissertatio inauguralis physico-medica de respiratione".

1724 年, Daniel Bernoulli 的 "Exercitationes mathematicae" (《数学练习》) 用分离变量法解决了 Riccati 方程.

Daniel Bernoulli 在数学和物理学等多方面都做出了卓越的贡献, 曾 10 次获法国科学院大奖:

(1) 1728 年因对地球引力的研究获奖.

(2) 1734 年与父亲的天文学工作 "Quelle est la cause physique de l'inclinaison des plans des orbits des planétes par rapport au plan de l'équateur de la révolution du soleilautour de son axe"（《行星轨道与太阳赤道不同交角的原因》）获双倍奖金.

(3) 1740 年与 C. Maclaurin 和 L. Euler 共同因潮汐理论的研究获奖.

(4), (5) 1743 年和 1746 年因磁学的研究获奖.

(6) 1747 年因振动理论的研究获奖.

(7) 1748 年因洋流的研究获奖.

(8) 1751 年因海水流的研究获奖.

(9), (10) 1753 年和 1757 年因船体航行稳定的研究获奖.

1738 年, Daniel Bernoulli 的 "Hydrodynamica"（《流体力学》）是他的代表作, 书名即给出了这个学科的术语, 将力学中的能量守恒定律引入流体力学, 解决了流体的流动理论, 将 de Lagrange 的 "Mécanique analytique" 中的所有结果都变成了能量守恒定律的推论, 第一次正确分析了水从容器的洞中流出, 提出流体力学的基本定理之一——Bernoulli 定律:

$$p + \frac{1}{2}\varrho v^2 + \varrho gh = C,$$

奠基和开拓了数理方程和流体力学. 这本书的第 10 章还讨论了气体分子运动理论的基础, 但不详细. 一个多世纪后, 1873 年 6 月 14 日, van der Waals[1]在 Leiden 大学的博士学位论文 "Over de continuiteit van den gas en vloeistoftoestand" 中提出了状态方程.

Daniel Bernoulli 在概率论中引入正态分布误差理论, 编写了第一个正态分布表, 是概率论与数理统计的先驱.

一次旅途中, Daniel Bernoulli 跟一位陌生人聊天, 他自我介绍说: "我是 Daniel Bernoulli." 陌生人立即带着讥讽的神情回答说: "那我还是 Issac Newton 呢!" 这是他有生以来受到过的最诚恳的赞颂, 这使他一直到晚年都甚感欣慰.

W. Ball 称 Daniel Bernoulli 是 Bernoulli 家族年轻一代中成就最大的科学家.

7.5 Bernoulli 家族其他人员

7.5.1 Nicolaus I Bernoulli

Nicolaus I Bernoulli (1687.10.21—1759.11.29), 瑞士人, 1713 年当选为德国科学院院士, 1714 年当选为皇家学会会员, 四任 Basel 大学校长.

---

[1] Johannes Diderik van der Waals (1837.11.23—1923.03.08), 荷兰人, P. Rijke 的学生, 1910 年获 Nobel 物理学奖, 是荷兰皇家人文与科学院院士 (1896—1912 年任秘书), 爱尔兰皇家科学院院士, 法国科学院院士, 德国科学院院士, 比利时皇家科学、人文和艺术院院士, 美国国家科学院院士.

Nicolaus I Bernoulli 生卒于 Basel.

父亲: Nicolaus Bernoulli.

师承: Jacob Bernoulli.

1709 年, Nicolaus I Bernoulli 在 Basel 大学的博士学位论文 "Dissertatio in-auguralis mathematico-juridica de usu artis conjectandi in jure" 研究了概率论在一些法律问题上的应用.

1710—1712 年, Nicolaus I Bernoulli 在致 de Montmort[1]的信中提出圣彼得堡悖论. 1713 年, de Montmort 的 "Essai d'analyse sur les jeux de hazard" 发表了这个悖论.

1742—1743 年, Nicolaus I Bernoulli 与 L. Euler 通信中也解决了 Basel 问题.

Nicolaus I Bernoulli 构造了曲线族的正交轨线, 证明了混合二阶偏导数与求导顺序无关.

Nicolaus I Bernoulli 协助出版了 Jacob Bernoulli 的遗著 "Ars Conjectandi", 根据 Jacob Bernoulli 的日记编辑了他的全集 "Jacobi Bernoulli Opera".

7.5.2 Nicolaus II Bernoulli

Nicolaus II Bernoulli (1695.02.06—1726.07.31), 瑞士人, 1725 年当选为俄罗斯科学院首届院士.

Nicolaus II Bernoulli 生于 Basel, 卒于圣彼得堡.

父母: Johann Bernoulli 和 Drothea Falkner.

1720 年, Nicolaus II Bernoulli 证明了在一定条件下二阶混合偏导数与求导顺序无关.

1716 年, Sir Newton 解决了具体的 "正交轨线问题"; 一般的正交轨线是 Nicolaus II Bernoulli 解决的; 1737 年, J. Hermann[2]给出了此类问题的一般规则.

7.5.3 Johann II Bernoulli

Johann II Bernoulli (1710.05.28—1790.07.17), 瑞士人.

Johann II Bernoulli 生卒于 Basel.

父母: Johann Bernoulli 和 Drothea Falkner.

Johann II Bernoulli 至少四获法国科学院大奖.

---

① Pierre Rémond de Montmort (1678.10.27—1719.10.07), 法国人, 命名了 "Pascal 三角形", 1715 年当选为皇家学会会员, 1716 年当选为法国科学院副院士.

② Jakob Hermann (1678.07.16—1733.07.11), 瑞士人, Jacob Bernoulli 的学生, 1696 年在 Basel 大学的博士学位论文是 "Positionum de seriebus infinitis pars tertia: Tractans de earum usu in quadraturis spatiorum curvarum", 1729 年正式宣布了极坐标普遍可用, 并给出平面直角坐标系与极坐标系的互换公式, 1733 年当选为法国科学院院士.

1736 年, Johann II Bernoulli 把光看作弹性介质中的压力波得到一个微分方程, 并用级数求出它的解.

7.5.4 Johann III Bernoulli

Johann III Bernoulli (1744.11.04—1807.07.13), 瑞士人, 1763 年当选为柏林皇家天文学家.

Johann III Bernoulli 生于 Basel, 卒于柏林.

父亲: Johann II Bernoulli.

在 1776—1789 年间, Johann III Bernoulli 创办了 "Leipzig Journal for Pure and Applied Mathematics".

7.5.5 Jacob II Bernoulli

Jacob II Bernoulli (1759.10.17—1789.08.15), 瑞士人, Crater Bernoulli.

Jacob II Bernoulli 生于 Basel, 卒于圣彼得堡.

父亲: Johann II Bernoulli.

妻子: L. Euler 的孙女.

1789 年, Jacob II Bernoulli 在研究板的弯曲时把板当作两组互相正交的梁, 并认为导出的四阶偏微分方程是近似的, 只是作为解板问题的一种初步尝试.

7.6 Gabriel Cramer

G. Cramer (1704.07.31—1752.01.04), 瑞士人, 1749 年当选为皇家学会会员, 还是德国科学院院士、法国科学院院士、意大利国家科学院院士.

G. Cramer 生于日内瓦, 卒于 Bagnols-sur-Cèze.

父母: J. Cramer[1]和 Anne Mallet.

1722 年, 年仅 18 岁的 G. Cramer 就在日内瓦学院 (Académie de Genève)[2]获博士学位, 论文是关于声学的.

1750 年, G. Cramer 的 "Introduction à l'analyse des lignes courbes algébriques" (《代数曲线的分析引论》) 第一次正式引入坐标系的纵轴, 然后讨论曲线变换, 并依据曲线方程的阶数将曲线进行分类. 为了确定经过五个点的一般二次曲线的系数, G. Cramer 对行列式的定义和展开法则给出了比较完整和明确的阐述. 在第三章, G. Cramer 给出曲线的分类和 Cramer 法则.

---

[1] Jean Isaac Cramer, 医生.

[2] 日内瓦学院创建于 1559 年 5 月 29 日, 1873 年改为日内瓦大学 (Université de Genève).

注记 不要与 C. Cramér[1]相混淆.

7.7 数学家之英雄——Leonhard Euler

7.7.1 L. Euler

L. Euler (1707.04.15—1783.09.18), 瑞士人, 1724 年当选为俄罗斯科学院首届院士, 1727 年和 1740 年获法国科学院大奖 (共获奖 12 次), 1747 年当选为皇家学会会员, 1755 年当选为瑞典皇家科学院院士, 1782 年当选为美国人文与科学院院士, 头像印在瑞士 10 法郎上.

L. Euler 生于 Basel, 卒于圣彼得堡.

父母: P. Euler[2]和 M. Brucker[3].

儿子: J. Euler[4]和 Christoph Euler.

孙女婿: Jacob II Bernoulli.

后裔: von Euler-Chelpin[5]于 1929 年获 Nobel 化学奖, 妻子 A. von Euler[6]是瑞典的第一位女博士, 儿子 U. von Euler[7]于 1970 年获 Nobel 生理学或医学奖.

师承: Johann Bernoulli.

1720 年, 13 岁的 L. Euler 入读 Basel 大学. Johann Bernoulli 很快就发现他在数学方面的潜力.

1723 年秋, 在 Johann Bernoulli 的劝说下, 父亲同意他学习数学.

---

① Carl Harald Cramér (1893.09.25—1985.10.05), 瑞典人, 瑞典概率论与数理统计学派的领头人物之一, M. Riesz 的学生, 1917 年在斯德哥尔摩大学的博士学位论文是 "Sur une classe de series de Dirichlet", 1937 年的 "Random variables and probability distributions" 开创了平稳随机过程理论, 1950—1961 年任斯德哥尔摩大学校长. 钟开莱 (Kai Lai Chung, 1917.09.19—2009.06.02, 浙江杭州人) 是他和 J. Tucky (John Wilder Tucky, 1915.06.16—2000.07.26, 美国人, S. Lefschetz 的学生, 1939 年在 Princeton 大学的博士学位论文是 "On denumerability in topology", 发展了快速傅里叶变换 (FFT), 给出术语 "bit", 1973 年获美国国家科学奖) 的学生, 1947 年在 Princeton 大学的博士学位论文是 "On the maximum partial sums of sequences of independent random variables".

② Paul III Euler (?—1783.09.18), 牧师, 曾在 Basel 大学学习神学, 听过 Jacob Bernoulli 的课.

③ Marguerte Brucker, 一位牧师的女儿.

④ Johann Albrecht Euler, 1769 年任俄罗斯科学院秘书.

⑤ Hans Karl August Simon von Euler-Chelpin (1873.02.15—1964.11.07), 瑞典人, L. Euler 的后裔, A. von Euler 的丈夫, U. von Euler 的父亲, 1895 年在 Würzburg 大学获博士学位, 1929 年获 Nobel 化学奖.

⑥ Astrid M. Cleve von Euler (1875.01.22—1968.04.08), 瑞典人, P. Cleve (Per Teodor Cleve, 1840.02.10—1905.06.18, 瑞典人, A. von Euler 的父亲, U. von Euler 的母亲, von Euler-Chelpin 的岳父, 1868 年在 Uppsala 大学的博士学位论文是 "Mineral-analytiska under-sökningar", 1871 年当选为瑞典皇家科学院院士, 1879 年发现钬 (Ho, Holmium, 67) 和铥 (Tm, Thulium, 69), 1894 年和 1904 年两次获 Davy 奖) 的女儿, von Euler-Chelpin 的妻子, 1898 年 5 月在 Uppsala 大学的博士学位论文是 "Studier ofver några svanska väksters gronningstid och förstärkningstadium", 是瑞典的第一位女博士.

⑦ Ulf Svante von Euler (1905.02.07—1983.03.09), 瑞典人, von Euler-Chelpin 和 A. von Euler 的儿子, 1930 年在 Karolinska 研究所 (Karolinska Institutet) 获博士学位, 1970 年获 Nobel 生理学或医学奖, 1973 年当选为皇家学会会员.

1726 年, L. Euler 获博士学位, 论文是 "Dissertatio physica de sono".

1727 年 5 月 27 日, 在 Daniel Bernoulli 的推荐下, L. Euler 到建立刚刚两年的俄罗斯科学院从事研究工作.

这一年, L. Euler 的 "Meditation upon experiments made recently on firing of cannon" (《关于最近所做火炮发射试验的思考》) 中就使用符号 e 作为自然对数的底, 但直到 1862 年才发表.

1728 年, L. Euler 在《将二阶微分方程化为一阶微分方程的新方法》中对于非齐次方程提出了一种降低方程阶的解法.

1734 年, L. Euler 从形式上指出二阶混合偏导数与求导顺序无关.

1734—1735 年间, L. Euler 提出了积分因子法, 并确定了可采用积分因子法的微分方程类型, 证明了凡是可用变量分离法求解的微分方程都可以用积分因子法求解, 但反之不然.

1736 年, L. Euler 得到任意阶的 Bessel[①]方程, 还用积分表达式求出了解, 这恐怕是二阶方程的解用积分来表达的第一个结果.

这一年, L. Euler 的 "Mechanica, sive motus scientia analytica exposita" (《力学, 或运动学分析》) 是用微分方程分析方法发展 Newton 质点动力学的第一本著作, 奠基了分析力学, 其中 e 第一次出现在出版物中. 1765 年, 他的 "Theory of the motions of rigid bodies" 建立分析力学基础.

1737 年, L. Euler 以连分数为基础证明了 e 是无理数. 事实上, 由

$$e = \frac{p}{q} = \left(1 + \frac{1}{1!} + \frac{1}{2!} + \cdots + \frac{1}{q!}\right) + \varepsilon_q$$

知 ε_q 是 $\frac{1}{q!}$ 的整数倍即可. 他相当精确地计算出 Euler-Mascheroni[②]常数:

$$\gamma = \lim_{n \to \infty} \left(1 + \frac{1}{2} + \cdots + \frac{1}{n} - \ln n\right) \approx 0.5772156649015328606065 1209 \cdots$$

的值. Sir Wrench 计算 Euler-Mascheroni 常数到 328 位. 迄今, 我们不知道他是有理数还是无理数. 他还得到

---

① Friedrich Wilhelm Bessel (1784.07.22—1846.03.17), 德国人, 确定恒星距离第一人, 1804 年使用 T. Harriot 在 200 年前的观测数据研究了 Halley 彗星的轨道, von Gauß 的学生, 1810 年在 Göttingen 大学获博士学位 (honoris causa), 1812 年当选为德国科学院院士, 1817 年在研究 J. Kepler 的在相互引力作用下决定三体问题时发现 Bessel 函数, 1824 年在研究行星扰动中进一步发展 Bessel 函数, 1825 年当选为皇家学会会员.

② Lorenzo Mascheroni (1750.05.13—1800.07.14), 意大利人, 1789—1793 年任 Pavia 大学校长, 1797 年的 "Geometria del compasso" 证明所有 Euclid 结构可以只用圆规而不用直尺.

$$e = 2 + \cfrac{1}{1 + \cfrac{1}{2 + \cfrac{1}{1 + \cfrac{1}{1 + \cfrac{1}{4 + \cdots}}}}}.$$

这一年, L. Euler 第一个得到 Basel 级数 (即 $\zeta(2)$) 的和. 他的做法在今天看来似乎有不严谨的地方, 但也绝对是出乎意料. 由

$$f(x) = \frac{\sin x}{x} = 1 - \frac{x^2}{3!} + \frac{x^4}{5!} + \cdots$$

有根 $x = \pm n\pi (n$ 为正整数), 然后, 他大胆地写下该方程的乘积形式

$$f(x) = 1 - \frac{x^2}{3!} + \frac{x^4}{5!} + \cdots = \left(1 - \frac{x^2}{\pi^2}\right)\left(1 - \frac{x^2}{2^2\pi^2}\right)\left(1 - \frac{x^2}{3^2\pi^2}\right)\cdots.$$

比较 x^2 的系数可得 Basel 级数的和是 $\dfrac{\pi^2}{6}$. 然而在 1673 年的时候, J. Pell[1] 曾经将 Basel 级数提供给 von Leibniz, 他无论如何也没有能够解决.

有趣的是, 随机取两个整数, 它们互素的概率是 $\dfrac{6}{\pi^2}$, 恰好是 $\dfrac{\pi^2}{6}$ 的倒数. 事实上, 任意取两个数, 则它们都能被 2 整除的概率是 $\dfrac{1}{2^2}$, 不能被 2 整除的概率是 $1 - \dfrac{1}{2^2}$. 类似地, 它们不能被 3 整除的概率是 $1 - \dfrac{1}{3^2}$, 等等. 于是, 它们互素的概率是 $\left(1 - \dfrac{1}{2^2}\right)\left(1 - \dfrac{1}{3^2}\right)\cdots$. 注意到

$$\frac{1}{1 - \dfrac{1}{2^2}} = 1 + \frac{1}{2^2} + \frac{1}{2^4} + \frac{1}{2^6} + \cdots,$$

我们可以得到

$$\frac{1}{\left(1 - \dfrac{1}{2^2}\right)\left(1 - \dfrac{1}{3^2}\right)\cdots} = 1 + \frac{1}{2^2} + \frac{1}{3^2} + \frac{1}{4^2} + \cdots.$$

再由 Basel 级数的和即得结论. 同样的方法也可用于 Gregory-Leibniz 级数的和. 事实上, 由

$$1 - \sin x = 1 - x + \frac{x^3}{3!} - \frac{x^5}{5!} + \cdots$$

---

[1] John Pell (1611.03.01—1685.12.12), 英格兰人, 为素数制表的早期代表人物, 1663 年 5 月 20 日当选为皇家学会首批会员.

有二重根 $x = (-1)^{n-1}\dfrac{(2n-1)\pi}{2}$ (n 为正整数). 然后, 我们可以大胆地写下该方程的乘积形式

$$1 - \sin x = 1 - x + \frac{x^3}{3!} - \frac{x^5}{5!} + \cdots = \left(1 - \frac{2x}{\pi}\right)^2 \left(1 + \frac{2x}{3\pi}\right)^2 \left(1 - \frac{2x}{5\pi}\right)^2 \cdots.$$

比较 x 的系数可得 Gregory-Leibniz 级数的和是 $\dfrac{\pi}{4}$.

1741 年 7 月 25 日, L. Euler 受 Friedrich 大帝的邀请回到德国科学院担任物理数学所所长. 1759 年, 负责德国科学院工作.

1743 年, L. Euler 利用指数变换 $y = \mathrm{e}^{rx}$ 关于 n 阶常系数线性微分方程的完整解法是高阶微分方程求解的重要突破, 最早引入术语通解和特解.

1744 年, L. Euler 的 "Methodus inveniendi lineas curvas maximi minimive proprietate gaudentes, sive solutio problematis isoperimetrici latissimo sensu accepti" (《求证最值的曲线方法, 或等周问题的解答》) 开创了变分法, 导出了 Euler 方程, 发现某些极小曲面. C. Carathéodory 称赞它是数学史上最漂亮的书之一.

1748 年, L. Euler 区分了函数中的隐函数与显函数、单值与多值和一元与多元的概念, 认为函数的连续性就是函数有定义.

1749 年, L. Euler 的《论弦的振动》将二维物体振动的问题归结出了一至三维波动方程的解法, 是偏微分方程的第一篇论文.

1755 年 8 月 12 日, L. Euler 收到年仅 19 岁的 de Lagrange 的来信, 信中对 "等周问题" 提出了与其不同的新颖方法, L. Euler 立即于 9 月 6 日回信, 给予他热情赞扬, 并压下自己的论文. 后来又向 Friedrich 大帝推荐年仅 30 岁的 de Lagrange 来接替自己任德国科学院物理数学研究所所长, 使其才华大展. 同时, J. d'Alembert 也做了推荐. 这一年, L. Euler 导出流体平衡方程和无黏性流体的运动方程, 即 Euler 方程, 从而建立了理想流体动力学. 此时, 黏性流体动力学已呼之欲出.

1760 年, L. Euler 的 "Recherches sur la courbure des surfaces" (《曲面上曲线的研究》) 建立了曲面论, 引入了空间曲线的参数方程, 给出了空间曲线曲率半径的解析表达式和正确的曲面曲率概念, 被公认为微分几何史上的一个里程碑.

1760—1761 年, L. Euler 证明方程 $y' + y^2 = ax^n$ 在已知一个特解 y_1 的情况下, 通过变换 $z = \dfrac{1}{y} - y_1$ 化为线性方程.

九点圆问题是几何学史上的一个著名问题. 1804 年, B. Beven[1]最早提出了九

---

[1] Benjamin Beven (1773.12.26—1833.07.02), 英格兰人.

点圆问题, 而第一个完全证明此定理的是 J. Poncelet 和/或 J. Gergonne[①].

1765 年, L. Euler 的《三角形的几何学》提出了 Euler 点、Euler 线和 Euler 圆的定理 (图 7.4):

(1) 连接三角形各顶点与垂心所得三线段的中点称为 Euler 点.

(2) 三角形外心、重心和垂心共线, 这条线称为 Euler 线; 外心到重心的距离等于垂心到重心距离的一半.

(3) 三角形三边的中点、三高的垂足和三个 Euler 点九点共圆, 这个圆称为 Euler 圆, 也称为 Feuerbach[a] 圆; Euler 圆的圆心在 Euler 线上, 并且恰为垂心和外心连线的中点; Euler 圆的半径三角形外接圆半径的一半; Euler 圆与内切圆和旁切圆均相切.

---

a. Karl Wilhelm von Feuerbach (1800.05.30—1834.03.12), 德国人, L. von Feuerbach (Ludwig Andreas von Feuerbach, 1804—1880, 德国人, 著名哲学家) 的哥哥.

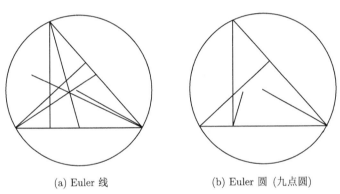

(a) Euler 线　　　　　　　　(b) Euler 圆 (九点圆)

图 7.4　Euler 线和 Euler 圆

1766 年, L. Euler 应 Catherine 大帝敦聘重回俄罗斯科学院.

1768—1772 年, L. Euler 写了三卷风趣、文笔优雅的科普著作 "Letters of Euler on different subjects in natural philosophy: Addressed to a German princess" (《致德国公主关于物理学中几个问题的信》).

---

① Joseph Diaz Gergonne (1771.06.19—1859.05.04), 法国人, 1810 年创办第一个数学专门杂志 "Annales de mathématiques pures et appliquées", 被称为 "Annales de Gergonne", 1831 年休刊, 1830 年任 Montpellier 大学 (Université de Montpellier, 创建于 1289 年, 由当时 Montpellier 的医学院、艺术学院和法学院组成, 1970 年大学一分为三, 第一大学以医学领域著称, 第二大学籍自然科学见长, 第三大学以人文科学闻名于世, 2015 年 1 月, Montpellier 第一和第二大学又重新合并为 Montpellier 大学. 校训: 以卓越和创新为动力) 校长, 给出 Gergonne 点的概念: 三角形 ABC 的内切圆分别切边 AB, BC, CA 于点 D, E, F, 则 AE, BF, CD 三线共点, 这个点称为 Gergonne 点.

1770 年, L. Euler 的 "Vollstandige Anleitung zur Algebra" (《代数全面指南》) 发现每个实系数多项式必分解为一次或二次因子之积. 他还给出了 Fermat 小定理的三个证明, 并引入了数论中重要的 Euler 函数 $\varphi(n)$. 他的一系列成果奠定了数论成为数学中的一个独立分支. 他又用解析方法讨论数论问题, 发现了 ζ 函数所满足的函数方程, 并引入 Euler 乘积. 他还给出了用累次积分和变量代换计算二重积分的方法.

1771 年, 一场重病使他的左眼亦完全失明, L. Euler 以其惊人的记忆力和心算技巧继续从事科学创作, 惊人的是, 他的几乎一半的著作是在他失明期间, 在他的两个儿子等的帮助下完成的.

1772 年, L. Euler 证明完美数定理的逆:

偶完美数都具有 $2^{p-1}(2^p-1)$ 的形式, 其中 2^p-1 是素数.

1777 年, L. Euler 引进符号 i, 取自拉丁文 "imaginarius" 的第一个字母, 但直到 1794 年才在出版物中出现.

1783 年 9 月 18 日晚餐后, L. Euler 一边喝着茶一边与外孙玩耍, 突然间, 烟斗从他的手里掉了下来. 他说了声: "我的烟斗," 并弯腰去捡, 结果再也没有站起来, 他抱着头说了一句: "我死了."

de Condorcet① 在悼词中说: "…… 他停止了计算和生活."

M. Newman 称其是 "数学家之英雄".

de Laplace 说: "Read Euler, read Euler, he is the master of us all."

L. Euler 是数学史上最多产的数学家, 论著有八百多种, 他的全集 "Leonhardi Euleri Opera Omnia" 有 74 卷之多, 俄罗斯科学院连续 50 多年出版了他的著作.

M. Kline[10] 说: "没有一个人像他那样多产, 像他那样巧妙地把握数学; 也没有一个人能收集和利用代数、几何和分析的手段去产生那么多令人钦佩的成果. 他是顶呱呱的方法发明家, 又是一个熟练的巨匠."

von Gauß 说: "对 L. Euler 工作的研究, 是科学不同领域的最好学校, 没有任何别的可以代替它."

G. Pólya 说: "在前辈数学家中 ……L. Euler 对我的影响最大. 主要原因在于, L. Euler 做了一些跟他才能相当的伟大数学家从没做过的事, 即他解释了他是如何发现他的结果的. 对此, 我是如获至宝." L. Euler 自己也说: "一个科学家如

① Marie Jean Antoine Nicolas de Caritat, Marquis de Condorcet (1743.09.17—1794.03.29), 法国人, 1769 年 2 月 25 日当选为法国科学院院士 (1777 年任终身秘书), 1785 年当选为瑞典皇家科学院院士, 这一年的 "Essai sur l'application de l'analyse à la probabilité des décisions rendues à la pluralité des voix" 使得概率论在社会科学上的应用取得重大进展, 1792 年当选为美国人文与科学院院士, 1989 年移入法国先贤祠, 也是德国科学院院士和俄罗斯科学院院士.

果是做出了给科学宝库增加财富的发现, 而不能坦率阐述那些引导他做出发现的思想, 那么他就没有给科学做出足够的工作."

L. Euler 的著作在表述上思路清晰, 极富启发性, 行文优美而流畅, 且妙趣横生. 因此, 人们把他誉为 "数学界的 Shakespeare[①]".

7.7.2 L. Euler 在微积分史上里程碑式的工作

L. Euler 在微积分史上承上启下、贡献杰出, 有三部里程碑式的著作:

(1) 1748 年的 "Introductio in Analysis Infinitorum" (《无穷分析引论》) 定义了函数并第一次将函数作为分析的主要研究对象, 打牢了初等函数理论, 是第一部最系统的分析引论, 是数学史上了不起的八本著作之一, 人们称其为 "分析的化身". 这本书基于量的代数关系给出函数概念的新定义, 并引入 1735 年就开始使用的 $f(x)$ 来表示一个没有明确规定的函数; 用 $\sum$ 来表示求和; 首创了对函数 $\log x$ 和 e^x 的现代拼法并发现 $\log x$ 的多值性.

1740 年 10 月 28 日给 Johann Bernoulli 的信中, L. Euler 研究了谐振子方程, 得到两种不同形式的特解 $2\cos x$ 和 $\mathrm{e}^{-\mathrm{i}x} + \mathrm{e}^{\mathrm{i}x}$, 并用级数展开的方法证明它们恒等导出三角和指数函数之间的联系 $\mathrm{e}^{\mathrm{i}x} = \cos x + \mathrm{i}\sin x$ 和 $\mathrm{e}^{\mathrm{i}\pi} + 1 = 0$, 并重新发现了共振现象. 这个体现数学简洁之美的 Euler 公式将数学中最重要的五个数 $0, 1, \mathrm{e}, \mathrm{i}, \pi$ 联系在了一起. von Gauß 曾说: "如果一个人第一次看到这个公式时没有感受到它的魅力, 他就不可能成为数学家."

L. Euler 还给出了空间坐标变换公式和曲面的六种标准形式, 即锥面、柱面、椭球面、单叶和双叶双曲面、双曲抛物面和抛物柱面.

(2) 1755 年的 "Institutiones Caculi Differentialis" (《微分学研究》) 将导数作为微分学的基本概念, 开始了对有限差分[②]的研究, 还包括微分方程和一些特殊函数, 提出了二阶偏微分的演算, 并给出关于微分后的结果与微分次序无关的条件, 但没有给出证明, 研究了二元函数的极值, 给出了全微分的可积条件, 确定未定型的极限运算法则, 引出了很多函数的无穷级数和无穷乘积的展式.

(3) 1768—1770 年的 "Institutionum Caculi Integralis" (《积分学研究》)(1774 年出版) 将不定积分定义为原函数, 发展了定积分, 演算了大量广义积分, 如 $\int_0^{\infty} \dfrac{\sin x}{x} \mathrm{d}x$; 奠定了 Gamma 函数 (图 7.5) 和 Beta 函数

$$\Gamma(\alpha) = \int_0^{\infty} t^{\alpha-1}\mathrm{e}^{-t}\mathrm{d}t, \quad B(\alpha, \beta) = \int_0^1 (1-t)^{\alpha-1}t^{\beta-1}\mathrm{d}t$$

---

① William Shakespeare (1564.04.23—1616.04.23), 文艺复兴时期英国杰出的思想家、作家、戏剧家和诗人.

② 1922 年, L. Richardson (Lewis Fry Richardson, 1881.10.11—1953.09.30, 英格兰人, 1926 年当选为皇家学会会员, Crater Richardson) 的 "Weather prediction by numerical process" 第一个应用有限差分到天气预报.

的理论基础, 其中 Gamma 和 Beta 函数也被分别称为第一类和第二类 Euler 积分.

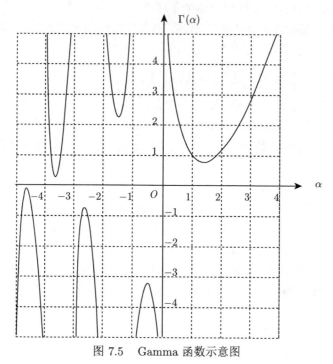

图 7.5   Gamma 函数示意图

1771 年, L. Euler 给出了 Gamma 函数的 Stirling 公式, 以及 Gamma 和 Beta 函数之间的关系, 即 Euler 定理:

$$\Gamma(\alpha+1) \sim \sqrt{2\pi\alpha}\left(\frac{\alpha}{e}\right)^{\alpha}, \quad \alpha \to \infty, \quad B(\alpha,\beta) = \frac{\Gamma(\alpha)\Gamma(\beta)}{\Gamma(\alpha+\beta)}.$$

L. Euler 发明了一系列对人类影响深远的符号, 用形式化方法把微积分从几何中解脱出来, 使其建立在算术和代数的基础之上, 为微分几何及分析的一些重要分支的产生与发展奠定了基础, 把无穷级数由一般的运算工具转变为一个重要的研究领域, 从而为完成实数系统打通了渠道. Johann Bernoulli 在给他的信中说: "我介绍高等分析的时候, 它还是个孩子, 而你正在把它带大成人."

7.7.3   Euler 猜想

1769 年, L. Euler 的 "Dioptics" 给出 Euler 猜想:

对于每个大于 2 的整数 n, 任何 $n-1$ 个正整数 n 次幂的和都不是某正整数的 n 次幂.

1966 年, Leon J. Lander 和 Thomas R. Parkin 用计算机找到 $n = 5$ 的反例:

$$27^5 + 84^5 + 110^5 + 133^5 = 144^5.$$

1988 年, N. Elkies[①]找到一个对于 $n = 4$ 构造反例的方法, 最小的是

$$2682440^4 + 15365639^4 + 18796760^4 = 20615673^4.$$

R. Frye[②]用 N. Elkies 的方法在电脑上直接搜索, 找到 $n = 4$ 时最小的反例:

$$95800^4 + 217519^4 + 414560^4 = 422481^4.$$

7.7.4　Königsberg 七桥问题

1735 年, L. Euler 在访问 Königsberg 时, 发现当地市民正从事一项非常有趣的消遣活动, 那里有一条河——Pregel (Преголя) 河穿城而过, 在河上建有七座桥, 在周末作一次走过所有七座桥的散步, 每座桥只能经过一次而且始终点是同一地点. 事实上, 除起点外, 每一次由一座桥进入一块陆地的同时也由另一座桥离开此点. 所以每行经一点时计算两座桥, 从始点离开的线与最后回到始点的线亦计算两座桥, 因此每一个陆地与其他陆地连接的桥数必为偶数. 七桥所成之图形中没有一点含有偶数条数, 所以此种走法是不可能的. 1736 年, L. Euler 的 "Solutio problematis ad geometriam situs pertinentis" (《对一个有关位置几何问题的解答》) 解决了 Königsberg 七桥问题, 开创了图论和拓扑学 (图 7.6).

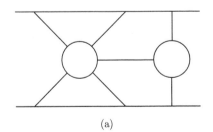
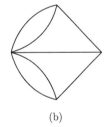

(a)　　　　　　　　　　　　　　　　　(b)

图 7.6　Königsberg 七桥问题

① Noam David Elkies (1966.08.25—), 美国人, B. Gross (Benedict Hyman Gross, 1950.06.22—, 美国人, J. Tate 的学生, 1978 年在 Harvard 大学的博士学位论文是 "Arithmetic on elliptic curves with complex multiplication", 1986 年获 MacArthur 奖, 1987 年获 Cole 数论奖, 1992 年当选为美国人文与科学院院士, 2004 年当选为美国国家科学院院士) 和 B. Mazur (Barry Charles Mazur, 1937.12.19—, 美国人, R. Fox 和 R. H. Bing 的学生, 1959 年在 Princeton 大学的博士学位论文是 "On embeddings of spheres", 1966 年获 Veblen 几何奖、1982 年获 Cole 数论奖, 并当选为美国国家科学院院士, 1994 年获 Chauvenet 奖, 2000 年获 Steele 论文奖, 2011 年获美国国家科学奖) 的学生, 1987 年在 Harvard 大学的博士学位论文是 "Supersingular primes of a given elliptic curve over a number-field", 2004 年获得 Conant 奖和 Ford 奖, 2017 年当选为美国国家科学院院士.

② Roger E. Frye (1941—2014.03.02), 美国人.

1750 年, L. Euler 在给 C. Goldbach 的信中给出了多面体的面数、顶点数和棱数的关系满足 $f + v - e = 2$. 事实上, 1635 年, R. Descartes 就发现了这个关系. 由此可以得出只存在五种正多面体.

7.7.5 Euler 图书奖

P. Halmos[1]和 V. Halmos[2]夫妇捐赠给美国数学联合会[3], 并于 2005 年设立 Euler 图书奖 (Euler Book Prize), 以表彰那些改观了公众对数学观点的通俗书籍作者.

2007 年, J. Derbyshire[4]获第一个 Euler 图书奖.

同时, 他们夫妇还捐赠美国数学会, 设立 Doob[5]奖 (Doob Prize), 从 2005 年开始授奖, 每三年颁发一次, 授予影响深远的研究类书籍的作者.

2005 年, W. Thurston 获第一个 Doob 奖.

---

[1] Paul Richard Halmos, Halmos Pál (1916.03.03—2006.10.02), 匈牙利人, J. Doob 的第一个学生, 1938 年在 Illinois 大学的博士学位论文是 "Invariants of certain stochastic transformations: The mathematical theory of gambling systems", 1942 年的 "Finite dimensional vector spaces" 为其赢得杰出数学作者的声誉, 1947 年获 Chauvenet 奖, 1950 年的 "Measure Theory" (《测度论》) 在中国很有影响, 1970 年的 "How to write mathematics" 中建议用 "for every" 或 "for each" 而不要用 "for any", 1971 年和 1977 年两获 Ford 奖, 1982—1986 年任 "American Mathematical Monthly" 主编, 1983 年获 Steele 论著奖和 Pólya 奖, 曾任美国数学会会长, 任研究生数学丛书 (Graduate Texts in Mathematics, GTM) 和本科生数学丛书 (Undergraduate Texts in Mathematics, UTM) 主编, 将 if and only if 缩写为 iff, 用 ■ 表示证明完毕.

[2] Virginia Halmos (?—2015.01.19), 美国人.

[3] 美国数学联合会 (Mathematical Association of America) 创建于 1915 年.

[4] John Derbyshire (1945.06.03—), 英格兰人.

[5] Joseph Leo Doob (1910.02.27—2004.06.07), 美国人, J. Walsh (Joseph Leonard Walsh, 1895.09.21—1973.12.06, 美国人, 海军上校, M. Bôcher 和 G. Birkhoff 的学生, 1920 年在 Harvard 大学的博士学位论文是 "On the location of the roots of the Jacobian of two binary forms", 1936 年当选为美国国家科学院院士, 1949—1950 年任美国数学会会长) 的学生, 1932 年在 Harvard 大学的博士学位论文是 "Boundary values of analytic functions", 20 世纪 50 年代发现 Brown 运动与 Dirichlet 问题的关系, 1953 年的 "Stochastic Processes" 在 1990 年再版发展了鞅论, 成为经典著作, 1963—1964 年任美国数学会会长, 1965 年当选为美国人文与科学院院士, 1975 年当选为法国科学院院士, 1979 年获美国国家科学奖, 1984 年获 Steele 论著奖, 还是美国国家科学院院士. 周元燊 (Yuan Shin Chow, 1924.09.01—2022.03.03, 湖北南漳人) 是他的学生, 1958 年在 Illinois 大学的博士学位论文是 "The theory of martingales in an S-finite measure space indexed by directed sets".

第 8 章 苏 俄 篇

8.1 苏俄数学简介

俄罗斯的精英教育起源于 Peter 大帝[①]时代, 基本上学自法国, 圣彼得堡大学[②]和莫斯科大学[③]从创建起就奉行精英教育. 他们的精英教育是指:

(1) 22 岁左右时应该解决一个众多人不能解决的大问题, 这将决定他未来的成就大小;

(2) 在 30—35 岁时应该建立自己的理论, 并为同行接受;

(3) 在 40—45 岁时应该在国际上建立自己的学派, 有相当数量的追随者.

百年苏俄涌现了上百位世界一流的数学家, 他们大多毕业于圣彼得堡大学和莫斯科大学, 数量之多和质量之高, 恐怕除了 Göttingen 大学, 在 20 世纪就没有哪个大学敢与之相比了, 即使是 Princeton 大学.

19 世纪以前, 俄罗斯数学是相当落后的. 在 Peter 大帝去世那年建立起来的俄罗斯科学院中, 早期数学方面的院士都是外国人, 其中著名的有 L. Euler, Nicolaus III Bernoulli, Daniel Bernoulli 和 C. Goldbach 等, 没有自己的数学家, 没有大学, 甚至没有一部像样的教科书.

19 世纪上半叶, 俄罗斯才开始出现了像 N. Lobachevsky, V. Bunyakovsky[④]和 M. Ostrogradsky 那样优秀的数学家. 但只有 N. Lobachevsky 是本土数学家, 而

---

① Peter the Great, Peter I, Пётр Алексеевич Ромаановы (1672.06.09—1725.02.08), 1682.04—1725.02.08 在位.

② 圣彼得堡大学 (Санкт-Петербургский Государственный Университет, SPBU) 与圣彼得堡科学院一道, 创建于 1724 年 1 月 28 日, 1821.10.31—1914 年称为圣彼得堡皇家大学, 1924—1991 年称为列宁格勒大学, 校训: Hic tuta perennat (此地乃安定之地).

③ 莫斯科大学 (Московский Государственный Университет имени М.В. Ломоносова, МГУ) 创建于 1755 年 1 月 25 日, 1940 年改以 M. Lomonosov (Mikhail Vasilevich Lomonosov, Михайл Васильевич Ломоносова, 1711.11.19—1765.04.15, 俄罗斯人, 1745 年当选为圣彼得堡科学院院士, 1755 年创建莫斯科大学, 1760 年当选为瑞典皇家科学院院士, 1959 年苏联科学院设立 Lomonosov 金奖) 命名, 校训: Наука есть ясное познание истины, просве щение разума (科学是对真理的清楚认识和心灵的启示).

④ Viktor Yakovlevich Bunyakovsky, Виктор Яковлевич Буняковский (1804.12.16—1889.12.12), 乌克兰人, de Cauchy 的学生, 1825 年在巴黎大学的博士学位论文是 "Rotary motion in a resistant medium of a set of plates of constant thickness and defined contour around an axis inclined with respect to the horizon", 1828 年当选为俄罗斯科学院助理院士 (1841 年为正式院士, 1864—1889 年任副院长), 1875 年当选为俄罗斯科学院院士, 设立 Bunyakovsky 奖.

且他们的成果在当时还不足以引起人们的充分重视.

P. Chebyshev 就是在这种历史背景下从事他的数学创造的. 他不仅是土生土长的学者, 而且以他自己的卓越才能和独特魅力吸引了一大批年轻人, 在 19 世纪末, 形成了一个以他为中心的、具有鲜明风格的数学学派, 即圣彼得堡学派, 从而使俄罗斯数学摆脱了落后境地而开始走向世界前列, 在概率论、解析数论和函数逼近论领域的开创性工作从根本上改变了法、德等传统数学大国的数学家对俄罗斯数学的看法.

D. Egorov[①]的主要贡献在微分几何和数学分析等领域, 他在 20 世纪 20 年代开设讨论班, 最初以由经典分析衍生出来的微分几何为主题, 而几何问题的分析应用促使人们需要进一步澄清实分析的基本概念, 由此而令莫斯科学派成型.

可以说, D. Egorov 等在继承和发展圣彼得堡学派的理论及传统的基础上创立了莫斯科学派. 但是, 莫斯科学派与圣彼得堡学派还是不同, 他们更多地侧重理论数学.

N. Luzin[②]是现代实变函数论的开创者和奠基人之一, 在解析函数论、微分几何和微分方程等领域都有建树, 他进一步发展了莫斯科学派, 培养了一大批学生, 如 D. Menshov[③]的复分析, P. Aleksandrov 的集论和代数拓扑学, P. Urysohn[④]的点集拓扑学, M. Suslin[⑤]的函数论, L. Lusternik[⑥]从拓扑学角度的变分学和偏微分方程与 L. Pontryagin 的拓扑学和常微分方程等, 都是从扎实而雄厚的实分析核心出发, 各自为函数论做出了成绩, 更进一步延伸奠定并发展了现代数学的一系列

---

① Dmiyri Fyodorovich Egorov, Дмитрий Фёдорвич Егоров (1869.12.02—1931.09.10), 俄罗斯人, N. Bugaev (Nicolai Vasilyevich Bugaev, Николай Васильевич Бугаев, 1837.09.14—1903.06.11, 格鲁吉亚人, K. Weierstraß, E. Kummer 和 J. Liouville 的学生, 1866 年在莫斯科大学的博士学位论文是 "Number identities connected with properties of symbole", 莫斯科数学会创建者之一 (1891 年任会长)) 的学生, 1899 年 9 月 22 日在莫斯科大学的副博士学位论文是 "Second-order partial differential equations in two independent variables", 1901 年 3 月 24 日在莫斯科大学的博士学位论文 "On a class of orthogonal systems" 给出了 Egorov 定理, 1922 年任莫斯科数学会会长, 1924 年当选为苏联科学院通讯院士 (1929 年 2 月 13 日为正式院士).

② Nikolai Nikolaevich Luzin, Николай Николаевич Лузин (1883.12.09—1950.01.28), 俄罗斯人, D. Egorov 的学生, 1915 年在莫斯科大学的博士学位论文是 "The integral and Trigonometric series", 1927 年当选为苏联科学院助理院士 (1929 年为正式院士).

③ Dmitry Evgenevich Menshov, Дмитрий Евгеньевич Меньшов (1892.04.18—1988.11.25), 俄罗斯人, D. Egorov 和 N. Luzin 的学生, 1916 年在莫斯科大学的副博士学位论文是 "The Riemann theory of trigonometric series", 1953 年当选为苏联科学院通讯院士.

④ Pavel Samuilovich Urysohn, Павел Самуилович Урысон (1898.02.03—1924.08.17), 俄罗斯人, N. Luzin 的学生, 1921 年在莫斯科大学获博士学位.

⑤ Mikhail Yakovlevich Suslin, Михайл Яковлевич Суслин (1894.11.15—1919.12.21), 俄罗斯人, N. Luzin 的学生, 在莫斯科大学获博士学位.

⑥ Lazar Aronovich Lusternik, Лазарь Аронович Люстерник (1899. 12.31—1981.07.23), 波兰人, N. Luzin 的学生, 1926 年在莫斯科大学的博士学位论文是 "Direct methods of calculus of variations", 1946 年获斯大林奖.

新领域. 还有 S. Sobolev[1]的广义函数论.

以 20 世纪 30 年代 A. Kolmogorov 建立概率论的公理体系为标志, 苏联在这一领域取得了无可争辩的领先地位. 到了 20 世纪四五十年代, 莫斯科学派的鼎盛离不开他的努力, 无穷可分分布律的研究也经 S. Bernstein[2]和 A. Khinchin 等之手而臻于完善, 成为 P. Chebyshev 所开拓的古典极限理论, 在 20 世纪抽枝发芽的繁茂大树. A. Kolmogorov 为整个苏联数学界培养了一大批数学人才, 为莫斯科学派的发展起到了推动作用, 成为莫斯科学派的领袖和灵魂人物.

莫斯科学派的数学家编写了大量的教材, 对中国的数学高等教育有重大的影响, 有些甚至影响至今.

1955 年, G. Fichtengolz[3]的 "Курс дифференциального и интегрального исчисления" (《微积分学教程》)被称为数学分析的百科全书.

B. Demidovich[4]的《数学分析习题集》是我国绝大部分数学专业学生必做的一个习题集, 即便是对数学有兴趣的非数学专业学生也会做.

V. Smirnov[5]的 "Курс высшей математики" (《高等数学教程》)是一部为物理学专业学生写的数学百科全书, 曾获斯大林奖, 中译本在 1952—1979 年就印

---

① Sergei Lvovich Sobolev, Сергей Львович Соболев (1908.10.06—1989. 01.03), 俄罗斯人, N. Günter (Nikolai Maksimovich Günter, Николай Максимович Гюнтер, 1871.12.17—1941.05.04, 俄罗斯人, A. Korkin 和 A. Markov 的学生, 1915 年在圣彼得堡大学的博士学位论文是 "On the theory of characteristics of systems of partial differential equations") 和 V. Smirnov 的学生, 1929 年在圣彼得堡大学的博士学位论文是 "On analytic solutions of a system of partial differential equations with two independent variables", 1936 年提出偏微分方程泛函分析方法 (1962 年发表 "Applications of functional analysis in mathematical physics"), 1988 年获 Lomonosov 金奖, 三获国家奖, 苏联科学院院士、法国科学院院士和意大利国家科学院院士.

② Sergei Natanovich Bernstein, Сергей Натанович Бернштейн (1880.03.05—1968.10.26), 俄罗斯人, C. Picard 和 D. Hilbert 的学生, 1904 年在巴黎大学的博士学位论文是 "Sur la nature analytique des solutions des équations aux dérivées partielles du second ordre", 1913 年在 Kharkiv 大学的博士学位论文 "About the best approximation of continuous functions by polynomials of given degree" 利用 Bernstein 多项式给出 Weierstraß逼近定理的构造证明, 1924 年当选为俄罗斯科学院通讯院士 (1929 年为正式院士), 1925 年当选为美国国家科学院院士, 1927 年当选为法国科学院通讯院士 (1955 年为正式院士), 1941 年与伊藤清建立 Markov 过程与随机微分方程的联系, 1942 年获斯大林奖.

③ Grigorii Mikhailovich Fichtengolz, Григорий Михайлович Фихтенгольц (1888.06.05—1959.06.26), S. Shatunovsky (Samuil Osipovich Shatunovsky, Самуил Осипович Шатуновский, 1859.03.25—1929.03.27, 乌克兰人, 1917 年在 Odessa 大学的博士学位论文是 "Algebra as a doctrine of comparisons of functional modules") 的学生, 1918 年在圣彼得堡大学的博士学位论文是 "Theory of depending on parameter primary definite integrals".

④ Boris Pavlovich Demidovich (Борис Павлович Демидович, 1906.03.02—1977.04.23), 白俄罗斯人, 1936 年在莫斯科大学获副博士学位.

⑤ Vladimir Ivanovich Smirnov (Владимир Иванович Смирнов, 1887.06.10—1974.02.11), 俄罗斯人, V. Steklov (Vladimir Andreevich Steklov, Владимир Андреевич Стеклов, 1864.01.09—1926.05.30, 俄罗斯人, A. Lyapunov 的学生, 1901 年在 Kharkiv 大学的博士学位论文是 "General methods of solution of the fundamental problems in mathematical physics", 1910 年当选为俄罗斯科学院院士, 1921 年创建俄罗斯科学院数学研究所, 1934 年以其命名, Crater Steklov) 的学生, 1918 年在圣彼得堡大学获博士学位, 1936 年当选为苏联科学院院士, 还写了 A. Lyapunov 的传记.

刷了 16 次, 在中国有重要影响.

1928 年, M. Lavrentev[①]与 L. Ahlfors[②]提出拟共形映射理论, 他的 "Методы теории функций комплекного переменного" (《复变函数论方法》)在中国也很有名.

时至今日, 俄罗斯已经是一个数学发达的国家, 俄罗斯数学界的领袖仍以自己被称为 P. Chebyshev 和莫斯科学派的传人而自豪.

1990 年, I. Piatetski-Shapiro[③]获 Wolf 数学奖. 他对莫斯科学派发表评论说: "苏联的纯数学在世界上享有盛誉."

在荣获国际数学界最高奖——Wolf 数学奖的数学家中, 在 I. Piatetski-Shapiro 之前就有三位是苏联人, 即 I. Gelfand, A. Kolmogorov 和 M. Krein[④].

I. Piatetski-Shapiro 认为苏联数学取得巨大成就有下列几个原因:

"首先, 苏联数学学派的兴起是革命前俄罗斯苏联数学学派的自然延续······苏联数学学派继承了居于世界前列的俄罗斯数学学派——N. Lobachevsky 和 P. Chebyshev 学派的传统和标准."

---

① Mikhail Alekseevich Lavrentev, Михаил Алексеевич Лаврентьев (1900.11.19—1980.10.15), 乌克兰人, N. Luzin 的学生, 1933 年在莫斯科大学获博士学位, 1945 年任乌克兰国家科学院副院长, 1957 年当选为捷克科学院院士, 1957—1975 年任苏联科学院副院长, 1966 年当选为保加利亚科学院院士, 1969 年当选为德国科学院院士和芬兰科学与人文院士, 1971 年当选为法国科学院院士和波兰科学院院士, 并获荣誉军团高等骑士勋位, 1977 年获 Lomonosov 金奖.

② Lars Valerian Ahlfors (1907.04.18—1996.10.11), 芬兰人, E. Lindelöf (Ernst Leonard Lindelöf, 1870.03.07—1946.06.04, 芬兰人, 芬兰现代数学奠基人, Robert Hjalmar Mellin 的学生, 1893 年在赫尔辛基大学的博士学位论文是 "Sur les systèmes complets et le calcul des invariants differentiels des groupes continus finis") 和 R. Nevanlinna (Rolf Herman Nevanlinna, 1895.10.22—1980.05.28, 芬兰人, E. Lindelöf 的学生, 1919 年在赫尔辛基大学的博士学位论文是 "Über beschränkte Funktionen die in gegebenen Punkten vorgeschriebene Werte annehman", 1938 年当选为德国科学院院士, 1959—1962 年任国际数学联盟主席, 1967 年当选为瑞典皇家科学院院士和丹麦皇家科学与人文院士, 1970 年当选为匈牙利科学院院士和法兰西研究院院士, 1975 年当选为芬兰科学与人文院士, 1982 年赫尔辛基大学出资, 国际数学联盟设立 Nevanlinna 奖, R. Tarjan 获第一个 Nevanlinna 奖) 的学生, 1932 年在赫尔辛基大学 (Helsingin yliopisto, 创建于 1640 年 3 月 26 日, 时为 Åbo 皇家学院, 1828 年改为大学) 获博士学位, 1936 年获第一个 Fields 奖, 1953 年当选为美国国家科学院院士, 1981 年获 Wolf 数学奖, 1982 年获 Steele 论著奖, 是芬兰科学与人文院士、瑞典皇家科学院院士、丹麦皇家科学与人文院士, 曾任美国数学会副会长, 他的 "Complex Analysis"(中译本《复分析》) 在中国很有影响.

③ Ilya Iosifovich Piatetski-Shapiro, Илья Иосифович Пятецкий-Шапиро (1929.03.30—2009.02.21), 俄罗斯人, A. Buchstab 的学生, 1954 年在莫斯科师范学院 (Moscow State Pedagogical Institute) 获博士学位, 1978 年当选为以色列科学与人文院士, 1990 年获 Wolf 数学奖.

④ Mark Grigorievich Krein, Марко Григорьевич Крейн (1907.04.03—1989.10.17), 乌克兰人, 创立线性非自伴算子理论, 建立 Banach 空间中锥论, 形成 Odessa 学派, N. Chebotarev (Nikolai Grigorievich Chebotarev, Николаи Григорьевич Чеботарёв, 1894.06.15—1947.07.02, 乌克兰人, D. Grave 的学生, 在基辅大学 (Taras Shevchenko National University of Kyiv, 创建于 1834 年 7 月 15 日, 校训: Utilitas, honor et gloria (事业, 荣誉和光荣)) 获博士学位) 的学生, 在 Odessa 大学 (Odessa I. Mechnikov National University, 创建于 1865 年 5 月 13 日, 以乌克兰 1908 年 Nobel 生理或医学奖获得者 Élie Metchnikoff, Ilya Ilyich Mechnikov (Илья Ильич Мечников, 1845.05.15—1916.07.15) 命名) 获博士学位, 1939 年当选为乌克兰国家科学院通讯院士, 1968 年当选为美国人文与科学院院士, 1979 年当选为美国国家科学院院士, 1982 年获 Wolf 数学奖.

"其次, 革命使得许多有才智的年轻人能够受到高等教育. 而在革命前, 这是他们做梦都不敢想的. I. Gelfand 就是一个突出的例子, 革命确实为他打开了通向数学世界的大门. 这些出色的人物使得苏联数学学派更加强大."

"另外, 苏联政府对数学家相对是比较宽容的."

"总之, 由于俄罗斯和苏联数学发展的连续性, 新的天才人物不断涌现 ······ 今天苏联数学依然具有很高的水准, 居于世界前列."

1990 年, V. Drinfeld[①]在获 Fields 奖后接受采访时说: "学生时代给我影响最大的是 Yu. Manin 和 I. Piatetski-Shapiro."

8.2 几何学中的 Copernicus——Nikolai Ivanovich Lobachevsky, Николаи Иванович Лобачевский

8.2.1 N. Lobachevsky

N. Lobachevsky (1792.12.01—1856.02.24), 俄罗斯人, 1827—1846 年任 Kazan 大学[②]校长.

N. Lobachevsky 生于 Nizhny Novgorod (Стадион Нижний Новород), 卒于 Kazan (Казан).

父母: I. Lobachevsky[③]和 Praskovia Aleksandrovna Lobacheskaya.

师承: J. Bartels[④].

1807 年, N. Lobachevsky 进入 Kazan 大学.

1815 年, N. Lobachevsky 循着前人的思路, 试图证明第五公设. 可是, 很快他便意识到自己的证明是错误的. 前人和自己的失败从反面启迪了他, 使他大胆思索问题的相反提法: 可能根本就不存在它的证明, 并发现一个新的几何世界. 他大胆断言, 这个 "在结果中并不存在任何矛盾" 的新公理系统可构成一种新的几何,

---

① Vladimir Gershonovich Drinfeld, Владимир Гершонович Дринфельд (1954.02.14—), 乌克兰人, Yu. Manin 的学生, 1978 年在莫斯科大学获博士学位, 1990 年获 Fields 奖, 1992 年当选为乌克兰国家科学院院士, 2008 年当选为美国人文与科学学院院士, 2018 年获 Wolf 数学奖.

② Kazan 大学 (Казанский Университет) 创建于 1804 年 11 月 5 日, 2009 年 10 月 21 日更名为 Kazan 联邦大学 (Казанский Федеральный Университиет), 是俄罗斯东部最高等的学府, 是俄罗斯继莫斯科大学和圣彼得堡大学之后的第三所大学.

③ Ivan Maksimovich Lobachevsky (?—1799), 做土地测量工作的职员.

④ Johann Christian Martin Bartels (1769.08.12—1836.12.20), 德国人, von Gauß的少年朋友, J. Pfaff, A. Kästner 和 G. Lichtenberg (Georg Christoph Lichtenberg, 1742.07.01—1799.02.24, 德国人, 1793 年当选为皇家学会会员, A. Kästner 的学生, 1799 年在 Jena 大学的博士学位论文是 "Elementa calculi variationum", Crater Lichtenberg) 的学生, 1799 年的博士学位论文是 "Elementa calculi variationum", 1823 年当选为俄罗斯科学院院士.

它的逻辑完整性和严密性可以和 Euclid 几何相媲美. 而这个相容的新几何的存在就是对其可证性的反驳, 也就是对其不可证性的逻辑证明.

1826 年 2 月 23 日, N. Lobachevsky 在 Kazan 大学数学系作了一个报告 "简要论述平行线定理的一个严格证明", 这一天被认为是非 Euclid 几何诞生的日子. I. Simonov[①], Kuifer[②]及 N. Brashman[③]本来认为他是很有才华的, 可在简短的开场白之后, 接着说的全是 "莫名其妙" 的话, 诸如三角形的内角和小于两直角, 锐角一边的垂线可以和另一边不相交, 等等. 这些命题不仅离奇古怪, 与 Euclid 几何相冲突, 而且还与人们的日常经验相背离. 这些古怪的语言, 竟然出自一个头脑清楚和治学严谨的数学教授之口, 不得不使与会者感到意外. 他们先是表现一种疑惑和惊呆, 不久, 便流露出各种否定的表情. 图 8.1 为 Lobachevsky 几何.

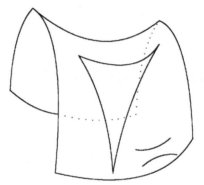

图 8.1   Lobachevsky 几何

宣讲论文后, 谁也不肯作任何公开评论, 会场上一片冷漠. 一个具有独创性的重大发现出现了, 那些最先聆听到发现者本人讲述发现内容的同行专家, 却因思想上的守旧, 不仅没能理解这一发现的重要意义, 反而采取了冷淡和轻慢的态度, 这实在是一件令人遗憾的事情. 会后, I. Simonov, Kuifer 及 N. Brashman 组成三人鉴定小组, 对 N. Lobachevsky 的论文作出书面鉴定. 他们的态度无疑是否定的, 但又迟迟不肯写出书面意见, 以致最后连文稿也给弄丢了. 但他并没有因此灰心丧气, 而是顽强地继续独自探索新几何的奥秘.

1829 年, 他又撰写了《论几何原理》, 这篇论文重现了第一篇论文的基本思想, 并有所补充和发展. 可能出自对校长的 "尊敬", "Kazan Messenger" 全文发表

① Ivan Mikhailovich Simonov, Иван Михайлович Симонов (1794.07.01—1855.01.22), 俄罗斯人, 1829 年当选为俄罗斯科学院通讯院士, 1846 年任 Kazan 大学校长.

② Kuifer, Куифер, 俄罗斯科学院院士.

③ Nikolai Dmetrievich Brashman, Николай Дмитриевич Брашман (1796.06.14—1866.05.25), 捷克人, von Littrow (Joseph Johann von Littrow, 1781.03.13—1840.11.30, 奥地利人) 和 N. Lobachevsky 的学生, 1834 年在 Kazan 大学和莫斯科大学获博士学位, 1964 年任莫斯科数学会首任会长, 俄罗斯科学院院士.

了这篇论文.

1832 年, N. Lobachevsky 把这篇论文呈送俄罗斯科学院评审, 科学院委托 M. Ostrogradsky 作评定. 可惜的是, M. Ostrogradsky 也没能理解他的新几何思想, 甚至比 Kazan 的教授们更加保守. 如果说教授们对 N. Lobachevesky 本人还是很 "宽容" 的话, 那么, 他则是使用极其挖苦的语言, 对 N. Lobachevsky 作了公开的指责和攻击. 同年 11 月 7 日, 他在给科学院的鉴定书中一开头就以嘲弄的口吻写道: "看来, 作者旨在写出一部使人不能理解的著作. 他达到了自己的目的." 接着, 对他的新几何思想进行了歪曲和贬低. 最后粗暴地断言: "由此我得出结论, Lobachevsky 校长的这篇论文谬误连篇, 因而不值得引起科学院的注意."

1837 年, N. Lobachevsky 在《Crelle 杂志》上的 "Géométrie imaginaire" 被很多人知道了, 但数学界并不接受.

1840 年, N. Lobachevsky 的 "Geometrische Untersuchungen zur Theorie der Parellellinien" (《平行线理论的几何研究》)给出 Lobachevsky 平行线公设:

给定一条直线和直线外一点, 过该点可作两条直线与已知直线平行.

N. Lobachevsky 开创了数学的一个新领域, 但他的创造性工作在生前始终没能得到学术界的重视和承认. 就在他去世的前两年, V. Bunyakovsky 还在其著作中对 N. Lobachevsky 发难, 他试图通过论述非 Euclid 几何与经验认识的不一致性, 来否定它的真实性.

de Morgan 对非 Euclid 几何的抗拒心理表现得就更加明显了, 他甚至在没有亲自研读非 Euclid 几何著作的情况下就武断地说: "我认为, 任何时候也不会存在与 Euclid 几何本质上不同的另外一种几何." 他的话代表了当时学术界对非 Euclid 几何的普遍态度. 在创立和发展非 Euclid 几何的艰难历程上, N. Lobachevsky 始终没能遇到他的公开支持者, 就连非 Euclid 几何的另一位发现者 von Gauß也不肯公开支持他的工作.

von Gauß由于害怕新几何会激起学术界的不满和社会的反对, 会由此影响他的尊严和荣誉, 生前一直没敢把自己的这一重大发现公之于世, 只是谨慎地把部分成果写在日记和与朋友的往来书信中. 当他看到 1840 年 N. Lobachevsky 的工作后, 内心是矛盾的. 一方面, 他私下高度称赞他是 "俄罗斯最卓越的数学家之一"; 另一方面, 却又不准朋友向外界泄露他对非 Euclid 几何的有关告白, 也从不以任何形式对他的非 Euclid 几何研究工作加以公开评论. 他积极推选 N. Lobachevsky 为 Göttingen 皇家科学院通讯院士. 可是, 在评选会上和他亲笔写给 N. Lobachevsky 的推选通知书中, 却对 N. Lobachevsky 创立的非 Euclid 几何避而不谈. 凭借其在数学界的声望和影响, von Gauß完全有可能减少 N. Lobachevsky 的压力, 促进学术界对非 Euclid 几何的公认. 然而, 在顽固的保守势力面前他却丧失了斗争的勇气. 他的沉默和软弱的表现严重限制了 N. Lobachevsky 在非 Euclid 几何研究上所能达到的高度, 而且客观上助长了保守势力对 N. Lobachevsky 的攻击.

1846 年, N. Lobachevsky 被迫离开他终生热爱的工作, 这使他在精神上受到严重打击. 家庭的不幸更增加了他的苦恼. 他最喜欢的大儿子因患肺结核医治无效死去, 这使他十分悲痛. 他的身体也变得越来越差, 眼睛最后也失明了.

1856 年 2 月 12 日, N. Lobachevsky 在苦闷和抑郁中走完了他生命的最后一段路程, Kazan 师生为他举行了隆重的追悼会. 在追悼会上, 许多同事和学生高度赞扬他在建设 Kazan 大学、提高民族教育水平和培养数学人才等方面的卓越功绩, 但谁也不提他的非 Euclid 几何研究工作, 此时的人们还普遍认为非 Euclid 几何纯属 "无稽之谈".

1868 年, E. Beltrami[①]的 "Saggio di interpretazione della geometria non-euclidea" (《关于非 Euclid 几何的解释》)证明非 Euclid 几何可在 Euclid 空间中的伪球面, 即曳物线[②]的旋转曲面 (图 8.2) 上一一对应地实现, 即非 Euclid 几何命题可以翻译成相应的 Euclid 几何命题, 如果 Euclid 几何没有矛盾, 非 Euclid 几何也就没有矛盾. 直到这时, 长期无人问津的非 Euclid 几何才受到学术界的普遍注意和深入研究, N. Lobachevsky 的独创性研究由此得到学术界的高度评价和一致赞美.

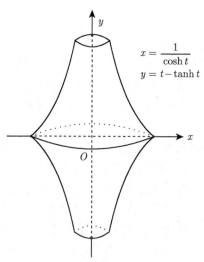

$$x = \frac{1}{\cosh t}$$
$$y = t - \tanh t$$

图 8.2 曳物线的旋转曲面

---

① Eugenio Beltrami (1835.11.16—1900.02.18), 意大利人, F. Brioschi 的学生, 1856 年在 Pavia 大学获博士学位, 1898 年任意大利国家科学院院长, 1899 年任意大利参议员.

② 1692 年, C. Huygens 研究并命名了曳物线 (tractrix), 来源于拉丁文 "trahere"("引、曳" 之意).

W. Clifford[①]赞其为 "几何中的 Copernicus".

1893 年, 在 Kazan 大学树立起世界上第一个数学家的塑像, 他就是非 Euclid 几何的创始人之一——N. Lobachevsky.

D. Hilbert 曾说: "19 世纪最富启发性和最值得注意的成就是非 Euclid 几何的发现."

J. Milnor[②]对非 Euclid 几何学进一步补充了如下见解: "非 Euclid 几何在它前 40 多年的历史中就像一个没手没脚的躯体一样, 与数学的其余分支完全脱离, 而且也没有任何牢靠的基础. 但是 von Gauß的曲面理论以及 G. Riemann 高维弯曲流形的理论为把非 Euclid 几何学变成一个更有地位的数学分支铺平了道路 …… 1868 年, E. Beltrami 的两篇论文的发表成为非 Euclid 几何学历史的转折点."

8.2.2 非 Euclid 几何的诞生

公元 20 年, Geminus[③]的 "Theory of Mathematics" 试图证明第五公设.

Proclus 也给出一个错误证明, 但给出等价的结果, 这是 1795 年在 J. Playfair[④]写的评注中知道的, 即 Playfair 公理:

> 给定一条直线和直线外一点, 过该点作且只能作一条直线与已
> 知直线平行.

1733 年, G. Saccheri[⑤]的 "Euclides ab omni naevo vindicatus" (《Euclid 无懈可击》)首次假定第五公设不对, 并试图得到矛盾, 其已得到非 Euclid 几何的结果, 但他没有认识到.

1766 年, J. Lambert 的 "Theorie der Parallellinien" (《平行线理论》)走了类似于 G. Saccheri 的路, 但其注意到在这个新几何中, 随着三角形面积减少, 三角之和在增大, 事实上, J. Lambert 已得到大量的非 Euclid 几何结果.

A. Legendre 花了 40 年时间在这个公设上, 并写在 "Eléments de Géométrie" 的附录上. 此时起, 初等几何问题开始集中于此问题.

---

① William Kingdon Clifford (1845.05.04—1879.03.03), 英格兰人, 1874 年当选为皇家学会会员, 提出并证明了五圆定理: 五边形五边延长线交五点并且引出五个三角形, 它们的外接圆的五个不在五边形上的交点共圆.

② John Willard Milnor (1931.02.21—), 美国人, 中学时获 Putnam 数学竞赛优胜奖, R. Fox (Ralph Hartzler Fox, 1913.03.24—1973.12.23, 美国人, S. Lefschetz 的学生, 1941 年在 Princeton 大学的博士学位论文是 "On the Lusternik-Schnirelmann category") 的学生, 1957 年在 Princeton 大学的博士学位论文是 "Isotopy of links", 1956 年的 "On manifolds homeomorphic to the 7-sphere" 开创了微分拓扑学, 1962 年获 Fields 奖, 1967 年当选为美国人文与科学院院士和美国国家科学院院士, 并获美国国家科学奖, 任美国数学会副会长, 1970 年和 1984 年两获 Ford 奖, 1982 年获 Steele 奖, 1989 年获 Wolf 数学奖, 2004 年获 Steele 论著奖, 2011 年获 Steele 终身成就奖和 Abel 奖.

③ Geminus of Rhodes, $\varepsilon\mu\iota\nu\circ\varsigma$ o $Po\delta o\varsigma$ (公元 10—60), 希腊人.

④ John Playfair (1748.03.10—1819.07.20), 苏格兰人, 1807 年当选为皇家学会会员.

⑤ Giovanni Girolamo Saccheri (1667.09.05—1733.10.25), 意大利人.

第一个真正理解第五公设问题的是 von Gauß. 1792 年, 15 岁的他开始考虑这个问题, 首先也是试图证明它, 但到 1813 年还毫无进展. 他写道: "在平行线理论中, 我们甚至还没有 Euclid 走得远. 这是数学的耻辱⋯⋯"

1817 年, 他已认识到这个公设的独立性, 推出直线外一点可作不止一条平行线. 然而从未发表他的结果, 并保守秘密. 此时, Kant 思想控制着知识界, 称 Euclid 几何是不可战胜的, 而他不想论战.

1823 年, J. Bolyai 写信给父亲说: "我惊奇地发现了一个奇妙的事情⋯⋯ 不管怎样, 我已经发现了一个奇怪的新世界." 两年后发表在父亲的书中作为 24 页的附录: "strange new world." von Gauß 在读后写道: "我认为这个年轻人 Bolyai 是一流的几何学家." 事实上, J. Bolyai 只是给出了新几何的可能性. 他们都不知道 N. Lobachevsky 于 1829 年用俄文发表在 "Kazan Messenger" 上的工作.

8.2.3　Lobachevsky 奖

1895 年, Kazan 大学为纪念 N. Lobachevsky 诞生百年而设立 Lobachevsky 奖 (Lobachevsky Prize), 1897 年首次颁发, 1950 年起到苏联解体由苏联科学院颁发, 1991 年起由俄罗斯科学院颁发.

1897 年, M. Lie 获第一个 Lobachevsky 奖.

8.3　莫斯科学派的奠基者之一——Mikhail Vasilyevich Ostrogradsky, Михайл Васйльевич Остроградский

M. Ostrogradsky (1801.09.24—1862.01.01), 乌克兰人, 1828 年当选为俄罗斯科学院助理院士 (1830 年为副院士, 1832 年为正式院士), 还是美国国家科学院院士、意大利国家科学院院士、法国科学院院士.

M. Ostrogradsky 生卒于 Poltawa (Полтава).

父母: Vasily Ivanovich Ostrogradsky 和 Irina Andreevna Sakhno-Ustimovich.

师承: de Poisson 和 de Cauchy.

1816 年, M. Ostrogradsky 进入 Kharkiv 大学[①]学习, 虽然成绩优异, 但由于不信教而未获毕业文凭.

1822 年, M. Ostrogradsky 留学巴黎, 先后在综合理工学校、巴黎大学和法兰西学院学习.

1823 年, M. Ostrogradsky 在巴黎大学获博士学位.

---

① Kharkiv 大学 (Харькоский Национальный Университет имени В. Н. Каразина) 成立于 1805 年 1 月 29 日, 是东欧最古老的大学之一, 校训: Cognoscere, docere, erudire (去学习, 去教育, 去启发).

1826 年, M. Ostrogradsky 的 "Démonstration d'un théorèm du calcul intégral" 给出一般散度定理.

1831 年, M. Ostrogradsky 的 "Note sur la théorie de la chaleur" 主要研究热传导理论, 证明了关于三重积分和曲面积分之间的关系.

von Gauß不知道 M. Ostrogradsky 的结果, 在 1833 年和 1839 年证明了特殊情形, 现在仍称为 Gauß公式:

$$\iiint\limits_V \left(\frac{\partial P}{\partial x} + \frac{\partial Q}{\partial y} + \frac{\partial R}{\partial z} \right) \mathrm{d}v = \iint\limits_S (P\cos\alpha + Q\cos\beta + R\cos\gamma)\mathrm{d}S.$$

1834 年 1 月 24 日, M. Ostrogradsky 的 "Mémorire sur la calcul des variations des integrales multiples" 是关于偏微分方程的重要论文; 1836 年, 《Crelle 杂志》重印了这篇论文; 1861 年, I. Todhunter[1]将其译为英文.

1836 年, M. Ostrogradsky 重新发现 Green 公式.

1840 年, M. Ostrogradsky 将弹道学引进俄罗斯, 在常微分方程方面的重要工作考虑了带有参数的幂级数解法, J. Liouville 也得到类似结果.

8.4 莫斯科学派奠基人和领袖——Pafnuty Lvovich Chebyshev, Пафнутий Львович Чебышёв

P. Chebyshev (1821.05.16—1894.12.08), 俄罗斯人, 1853 年当选为俄罗斯科学院候补院士 (1856 年为副院士, 1859 年为正式院士), 1860 年当选为法国科学院院士, 1871 年当选为德国科学院通讯院士, 1877 年当选为皇家学会会员, 1880 年当选为意大利国家科学院院士, 1893 年当选为瑞典皇家科学院院士.

P. Chebyshev 生于 Okatovo (Окатово), 卒于圣彼得堡, 终身未婚.

父母: L. Chebyshev[2]和 A. Pozniakova[3].

弟弟: V. Chebyshev[4].

表姐: Avdotya Kvintillianovna Sukhareva.

师承: N. Brashman.

P. Chebyshev 的左脚生来有残疾, 童年时经常独坐家中, 所以养成了在孤寂中思索的习惯. 他有一个富有同情心的表姐, 当其他孩子在庄园里嬉戏时, 表姐就

---

[1] Isaac Todhunter (1820.11.23—1884.03.01), 英格兰人, W. Hopkins 的学生, 1948 年在剑桥大学获博士学位, 1862 年当选为皇家学会会员, 1874 年获 Adams 奖, 伦敦数学会创建人之一.

[2] Lev Pavlovich Chebyshev, Лев Павлов Чебышёв, 参加过抵抗 Napoléon 入侵的卫国战争.

[3] Agrafena Ivanovna Pozniakova, Аграфена Иванова Чебышева.

[4] Vladimir Lvovich Chebyshev, Владимир Львович Чебышёв, 炮兵将军, 圣彼得堡炮兵科学院的教授, 在机械制造与微振动理论方面颇有建树.

教他唱歌、读法文和做算术. 一直到临终前, 他都把表姐的相片珍藏在身边.

1832 年, P. Chebyshev 全家迁往莫斯科. 为了孩子们的教育, 父母请了一位相当出色的家庭教师 P. Pogorelsky[①], 他是当时莫斯科最有名的私人教师, 并是几本流行的初等数学教科书的作者, P. Chebyshev 从他那里学到了很多东西, 并对数学产生了浓厚的兴趣.

1837 年, 16 岁的 P. Chebyshev 进入莫斯科大学. 1841 年, 他的 "Вычисление корней уравнений" (《方程根的计算》)提出了一种建立在反函数的级数展开式基础之上的方程近似解法, 因此获该年度系里颁发的银奖. 这篇文章在 20 世纪 50 年代才发表出来.

1845 年, 他的副博士学位论文 "Опыт елементаарногоанализа теории вероятностей" (《概率论的基础分析》)借助于 $\ln(1+x)$ 的 Maclaurin 展开式, 对 Bernoulli 大数定律作了精细的分析和严格的证明, 于次年夏天通过了答辩.

P. Chebyshev 是在概率论门庭冷落的年代从事这门学问的. 他一开始就抓住了古典概率论中具有基本意义的问题, 即大数定律. 历史上的第一个大数定律是由 Jacob Bernoulli 提出来的, 后来 de Poisson 又提出了一个条件更宽的陈述, 除此之外在这方面没有什么进展. 相反, 由于有些人过分强调概率论在伦理科学中的作用, 甚至企图以此来阐明 "隐蔽着的神的秩序", 又加上理论工具的不充分和古典概率定义自身的缺陷, 当时人们往往把它排除在科学之外.

1846 年, P. Chebyshev 的 "Démonstration èlèmentaired'une proposition génerale de la théorie des probabilités" (《概率论中基本定理的初步证明》)给出了 Poisson 形式大数定律的证明. 1866 年的 "Осредних величинах"(《平均数》)讨论了作为大数定律极限值的平均数问题.

1847 年春天, P. Chebyshev 的 "Об интегрировании с номошью логарифмов"(《用对数积分》)彻底解决了 M. Ostrogradsky 不久前提出的一类代数无理函数的积分问题. 他提出的一个关于二项微分式积分的方法, 今天可以在任何一本微积分教程之中找到.

1849 年 5 月 27 日, P. Chebyshev 的博士学位论文 "Теория сравнений"(《论同余式》)在圣彼得堡大学通过了答辩. 数天之后, 他被告知荣获俄罗斯科学院的最高数学荣誉奖.

1849 年, Euler 的全集的数论部分 "Euleri Commentationes Arithmeticae Collectae" 在圣彼得堡正式出版了, 同时 P. Chebyshev 也从 L. Euler 的著作中体会到了深邃的思想和灵活的技巧结合在一起的魅力, 特别是 L. Euler 所引入的 ξ 函

---

① P. N. Pogorelsky, П. Н. Погорелский, 俄罗斯人, I. Turgenev (Ivan Sergeevich Turgenev, Иван Сергееич Тургенев, 1818.11.09—1883.09.03, 俄罗斯人, 著名作家, 1862 年的《父与子》是 19 世纪最重要的作品之一) 的老师.

数及用它对素数无穷这一古老命题所作的奇妙证明, 吸引他进一步探索素数分布的规律.

1850 年, P. Chebyshev 的 "On primary numbers" 证明了 Bertrand 猜想:

$$n > 1 \text{ 时在 } n \text{ 和 } 2n \text{ 之间至少存在一个素数.}$$

1854 年, P. Chebyshev 的 "Théorie des mécanismes connus sous le nom de parallélogrammes" (《平行四边形机构的理论》)和 1869 年的《论平行四边形》给出了著名的 Chebyshev 多项式, 开始建立函数逼近论, 利用初等函数来逼近复杂函数.

1865 年 9 月 30 日, P. Chebyshev 在莫斯科数学会[1]上宣读了一封信, 信中把自己应用连分数理论于级数展开式的工作归因于 N. Brashman 的启发.

1867 年, P. Chebyshev 提出的一个计算圆形炮弹射程的公式很快被弹道专家所采用, 他关于插值理论的研究也部分地来源于分析弹着点数据的需要. 他的 "Черченiе географических карт"(《地图制法》)精辟地分析了数学理论与实践结合的意义, 详尽讨论了如何减少投影误差的问题.

1878 年, 在法国科学院第七次年会上, P. Chebyshev 的 "Sur la coupe des vtements"(《服装裁剪》)提出的 "Chebyshev 网" 后来成了曲面论中的一个重要概念.

1887 年, P. Chebyshev 的 "Одвух теоремах относительно вероятностей" (《概率的两个定理》)开始对随机变量和收敛到正态分布的条件, 即中心极限定理, 进行讨论. 他引出的一系列概念和研究题材为苏俄数学家继承和发展. A. Markov 对 "矩方法" 作了补充, 圆满地解决了随机变量的和按正态收敛的条件问题. A. Lyapunov 则发展了特征函数方法, 从而引起中心极限定理研究向现代化方向的转变.

A. Kolmogorov 在 "Роль сусской науки в сазвии теории вероятносгей" (《俄罗斯概率科学的发展》)中写道: "从方法论的观点来看, P. Chebyshev 所带来的根本变革的主要意义不在于他是第一个在极限理论中坚持绝对精确的 de Moivre, de Laplace 和 de Poisson 的证明与形式逻辑的背景是不协调的, 他们不同于 Jacob Bernoulli, 后者用详尽的算术精确地证明了他的极限定理, P. Chebyshev 工作的主要意义在于他总是渴望从极限规律中精确地估计任何次试验中的可能偏差并以有效的不等式表达出来. 此外, 他是清楚地预见到诸如 '随机变量' 及其 '期望 (平均) 值' 等概念的价值, 并将它们加以应用的第一个人. 这些概念在他之前

---

[1] 莫斯科数学会 (Московское Математическое Общество, Moscow Mathematical Society) 创建于 1864 年 9 月 27 日, 首批会员 14 人.

就有了, 它们可以从 '事件' 和 '概率' 这样的基本概念导出, 但是随机变量及其期望值是能够带来更合适与更灵活的算法的课题."

V. Bunyakovsky 向俄罗斯科学院推荐, 让 P. Chebyshev 担任 Euler 的全集的数论部分的编辑.

35 年间, P. Chebyshev 讲的课深受学生们欢迎. A. Lyapunov 说道: "他的课程是精练的, 他不注重知识的数量, 而是热衷于向学生阐明一些最重要的观念. 他的讲解是生动和富有吸引力的, 总是充满了对问题和科学方法之重要意义的奇妙评论."

P. Chebyshev 的日常生活十分简朴, 他仅有的一点积蓄全部用来买书和制造机器, 最大的乐趣是与年轻人讨论数学问题.

1894 年 11 月底, 他的腿疾突然加重, 随后思维也出现了障碍, 但是病榻中的他仍然坚持要求研究生前来讨论问题, 这个学生就是俄罗斯代数领域中的开拓者 D. Grave[①].

1894 年 12 月 8 日上午 9 时, P. Chebyshev 在自己的书桌前溘然长逝. 他既无子女又无金钱, 但是他却给人类留下了一个光荣的俄罗斯学派.

8.5 第一位科学院女院士——Sofia Vasilyevna Kovalevskaya, Софья Васильевна Ковалевская

S. Kovalevskaya (1850.01.15—1891.02.10), 俄罗斯人, 1889 年 11 月当选为俄罗斯科学院通讯院士.

S. Kovalevskaya 生于莫斯科, 卒于斯德哥尔摩.

外高祖: J. Schubert[②].

外曾祖: von Schubert[③].

祖父: V. Krukovsky[④].

---

① Dmitry Aleksandrovich Grave, Дмитрий Александрович Граве (1863.09.06—1939.12.19), 俄罗斯人, A. Korkin (Aleksandr Nikolayevich Korkin, Александр Николаевич Коркин, 1837.03.03—1908.08.19, 俄罗斯人, P. Chebyshev 和 Osip Ivanovich Somov 的学生, 1860 年 12 月 11 日在圣彼得堡大学的副博士学位论文是 "On determining arbitrary functions in integrals of linear partial differential equations", 1867 年底在圣彼得堡大学的博士学位论文是 "On systems of first order partial differential equations and some questions on mechanics") 的学生, 1889 年的副博士学位论文是 "On the integration of first order partial differential equations", 1896 年的博士学位论文是 "On the fundamental problems of the mathematical theory of constructing geographical maps", 1919 年当选为乌克兰国家科学院院士, 1929 年当选为苏联科学院院士.

② Johann Ernst Schubert, 德国人, 神学教授, 修道院院长.

③ Friedrich Theodor von Schubert (1758.10.30—1825.10.21), 德国人, 天文学家和地理学家, 1785 年移居俄罗斯, 当年当选为俄罗斯科学院助理院士 (1789 年为正式院士), 并任天文台台长, 1812 年当选为美国人文与科学院院士, 曾来中国考察过.

④ Vasily Semenovich Krukovsky, 移居俄罗斯的波兰地主.

外祖父母: von Schubert[①]和 Sophie Rall.

父母: V. Korvin-Krukovsky[②]和 Y. Schbert[③].

伯父: Pyotr Vasilyevich Korvin-Krukovsky.

丈夫: V. Kovalevsky[④].

师承: K. Weierstraß.

儿时就对知识有强烈的渴望, 而较早使她对数学产生兴趣的人却是她的伯父. 伯父是一位不幸但又很温和、有着孩子般天真情趣的人, 妻子去世以后, 他唯一的乐趣就是读书, 并愿意把所学知识传授给别人, 而 S. Kovalevskaya 正好是他最理想的听众. 正是从伯父那里, 她首次接触到了许多数学问题. 虽然这些知识还很不丰富, 但却对她有极大的启发作用. 尽管她不能完全明白这些概念是什么意思, 但她可以想象, 慢慢地, 她对数学产生了崇敬, 觉得这是一个神秘而崇高的科学知识. 她理解数学的能力达到了令人吃惊的程度, 简直可以说是一位天才的小数学家, 刚刚 10 岁就学完了微积分的课程, 被称为 "新 Pascal".

这时沙俄普遍存在歧视妇女的现象, 妇女上大学读书的道路举步维艰, 沙俄政府顽固坚持歧视妇女的政策, 从而使得 S. Kovalevskaya 想在圣彼得堡上大学的希望化为泡影.

S. Kovalevskaya 为了摆脱家庭的束缚和争得出国的机会, 采取了一种 "假婚" 的方法, 即选择一位志同道合并也想出国求学的男子假结婚, 这样就可不受家庭的束缚一起出国. 于是在 1868 年 9 月, 她与 V. Kovalevsky 举行了 "婚礼", 然后来到圣彼得堡. 次日, 为了避免大学当局的注意, 她在一群人的护卫下听课.

1869 年 5 月, S. Kovalevskaya 来到 Heidelburg. 没料到, 这里的大学也不让女生注册, 只勉强同意旁听. 她学完三个学期后, 于第二年秋天来到柏林. 遗憾的是, 柏林大学规定女生不得听教授讲课. 最后, 她抱着一线希望登门向 K. Weierstraß 讨教. 他接见了她, 并向她提出一些比较新颖的难题, 告诉她如果能够解出这些题目, 就再来找他. 不到一个星期, 她真的拿着答案回来了. 他拿过来一看, 吃惊地发现不仅每道题都答对了, 而且答案也很有独创性. 这名异国女青年独

---

① Theodor Friedrich von Schubert (1789—1865), 1845 年成为俄军将军, 科学家, 16 岁时曾随父亲来中国考察, 还是俄罗斯科学院院士.

② Vasily Vasilyevich Korvin-Krukovsky (1801—1875), 俄军中将, 莫斯科炮兵司令, 精通英语、法语及自然科学.

③ Yelizaveta Fedorovna Schbert (1820—1879), 俄罗斯人.

④ Vladimir Kovalevsky (1842.08.02—1883.04.15), 俄罗斯人, Onufry Osipovich Kovalevsky 和 Polina Petrovna 的儿子, 古生物学和地质学家, 俄罗斯最早承认 Darwin (Charles Robert Darwin, 1809.02.12—1882.04.19, 英格兰人, 1839 年 1 月 24 日当选为皇家学会会员, 1853 年获皇家奖, 1859 年 11 月 24 日发表著名的 "On the origin of species by means of natural selection, or the preservation of favoured races in the struggle for life", 1864 年 11 月 3 日获 Copley 奖, Darwin College Cambridge 创建于 1964 年 7 月 28 日, 是剑桥大学唯一的纯研究生学院, 是德国科学院院士, 阿根廷国家科学院院士) 进化论的学者之一.

到的解题技巧和思维方法给他留下了深刻的印象, 便破例答应每周日为她个别授
课. 后来, S. Kovalevskaya 回忆说: "这样的学习对我整个科学生涯影响至深, 它
最终决定我后来的研究方向."

1874 年 8 月, 她的三篇论文 "Towards a theory of partial differential equa-
tions"(《偏微分方程论》), "Supplements and remarks to Laplace's investigation
of the form of Saturn's rings"(《Laplace 关于土星环研究的补充与注记》) 和
"On the reduction of a class of Abelian integrals of the third rank to elliptic
integrals"(《一类三阶 Abel 积分化简为椭圆积分》), 分别是关于偏微分方程的
Cauchy-Kovalevskaya 定理、Abel 积分和土星环动力学的. 她破格获 Göttingen
大学的 "最高荣誉的博士学位", 不需要考试和答辩, 成为历史上第一个获数学博士
学位的妇女. 之后便与 V. Kovalevsky 举行了正式婚礼, 并于 1874 年秋回到俄罗
斯. 尽管她的学术成就得到公认, 但回国谋职仍成问题, 因为沙俄时代根本不允许
妇女得到科学家的称号, 只安排她做小学教师.

1881 年春, S. Kovalevskaya 带着女儿来到柏林. 她常与 K. Weierstraß一起研
究光折射方面的问题, 并继续进行电学方面的实验. 他们不辞劳苦地翻阅了大量
的有关著作和材料, 以期找到合适的突破口.

1883 年春, V. Kovalevsky 弃职从商, 因破产而自杀. S. Kovalevskaya 决定再
度出国谋个能施展才华的职业. 11 月 17 日到达斯德哥尔摩, 在 M. Mittag-Leffler
帮助下好不容易取得斯德哥尔摩大学①无报酬试教一年的职位. 由于她讲课条理
清晰, 生动感人, "有着充满启迪人思绪的热情", 一年后被聘任为该校教授, 实现了
"干自己应该干的事, 做自己想做的人" 的夙愿. 她仅在两个星期内就能讲一口较
顺畅的瑞典语, 这使得她能够在为她而举行的招待会上应对自如. 由于教学上的
成功, 通过 M. Mittag-Leffler 的推荐, 1889 年 6 月中旬 V. Kovalevsky 赢得了斯
德哥尔摩大学终身教授职称, 而且担任了 "Acta Mathematica" 的编委, 这是近代
第一位获此荣誉的妇女.

1888 年, S. Kovalevskaya 还与 A. Leffler②合作写过有关在男权社会中妇女地
位的剧本 "Kampen för Lyckan" (《为幸福而战》).

"数学水妖" 问题就是刚体绕定点的转动问题, 由于它在理论和应用上的重要
性, 法国科学院曾三次悬赏. 1888 年, 当法国科学院再次宣布新的悬赏时, S. Ko-
valevskaya 以艰苦的劳动获得了成功. 学术委员会一致认为她的 "Mémoire sur un
cas particulier du problème de le rotation d'un corps pesant autour d'un point
fixe" (《刚体物体绕固定点的旋转》)大大超出了预期, 奖金从三千法郎提高到五

---

① 斯德哥尔摩大学 (Stockholms Universitet, SU) 创建于 1878 年, 1960 年成为国立大学.

② Anne Charlotte Edgren-Leffler (1849.10.01—1892.10.21), 瑞典人, M. Mittag-Leffler 的妹妹, 1890 年的剧
本 "En räddende engel" 写的就是 S. Kovalevskaya 的生平.

千法郎. 1888 年 12 月 24 日, 法国科学院为她举行了隆重的授奖仪式. 她打破了一个多世纪在这个问题上的僵持局面, 开辟了近代力学中应用数学分析方法的新方向. 许多尖端技术部门广泛使用的 "陀螺仪" 力学原理, 就是她研究成功的刚体绕定点运动.

1889 年, 斯德哥尔摩大学隆重举行 S. Kovalevskaya 的 "巴黎论文" 获奖大会, 瑞典皇家科学院同时给她进一步的工作颁发了奖金.

S. Kovalevskaya 像一颗闪闪发光的新星升起在科学天空上, 受到人们的敬仰. 同时, 在俄罗斯国内也引起了巨大的反响. 但沙俄政府仍拒绝接受她到俄工作. 在以 P. Chebyshev 为首的一批学者的努力下, 沙俄政府破例修改院章中有关 "不让女性取得院士荣誉" 的条款. 1889 年 11 月俄罗斯科学院正式授予她通讯院士称号. 这是历史上第一个当选为科学院院士的妇女.

1891 年 12 月, S. Kovalevskaya 的最后一篇论文 "Sur un théorème de M. Bruns" (《关于 Bruns 先生的一个定理》)给出了 E. Bruns[1]关于齐性物体势函数性质定理的一个新的简单证明.

1890 年 5 月, S. Kovalevskaya 到圣彼得堡旅行. 当时 V. Bunyakovsky 去世了, 她希望能填补这一空缺而被选为俄罗斯科学院常任院士, 但未能实现.

1891 年 1 月下旬, S. Kovalevskaya 不幸患肺炎, 因误诊而导致病情恶化, 2 月 10 日上午与世长辞, 时年只有 41 岁.

1896 年, 由妇女界集资在她的墓前塑造了一座纪念像.

L. Kronecker 称颂她是 "罕见的探索者".

M. Mittag-Leffler 赞扬道: "作为一名教师, 她诚心诚意地献出了自己丰富的知识."

A. Koblitz[2]称她是 "20 世纪前最伟大的女科学家", 并为她写了传记 "Kovalevskaya".

在 S. Kovalevskaya 逝世近百年时, 人们证实了她对偏微分方程中一个重要问题的猜测是正确的.

8.6 Andrei Andreyevich Markov, Андрей Андреевич Марков

A. Markov (1856.06.14—1922.07.20), 俄罗斯人, 1886 年当选为俄罗斯科学院助理院士 (1890 年为副院士, 1896 年为正式院士).

---

[1] Ernst Heinrich Bruns (1848.09.04—1919.09.23), 德国人, K. Weierstraß和 E. Kummer 的学生, 1871 年在柏林大学的博士学位论文是 "De proprietate quadam functionis potentialis corporum homogeneorum".

[2] Ann Hibner Koblitz (1952—), 美国人.

A. Markov 生于 Ryazan (Рязань), 卒于圣彼得堡.

父母: A. Markov[①]和 Nadezhda Petrovna.

妻子: Maria Ivanova Valvatyeva.

弟弟: V. Markov[②].

儿子: A. Markov[③].

师承: P. Chebyshev.

1880 年, A. Markov 在圣彼得堡大学的副博士学位论文 "On the binary quadratic forms with positive determinant" 受到了 P. Chebyshev 的赞扬, 它代表了圣彼得堡数论学派乃至俄罗斯学派的最好结果之一. 但当时, 他的工作没有引起西欧的重视, 直到 20 世纪 10—20 年代, F. Frobenius 和 R. Remak[④]才注意到.

1884 年, A. Markov 在圣彼得堡大学的博士学位论文是 "On certain applications of continued fractions".

1906—1912 年, A. Markov 提出 Markov 链的数学模型, 开创了一种无后效的随机过程, 即 Markov 过程.

1923 年, N. Wiener 首先严格处理了连续 Markov 过程.

20 世纪 30 年代, A. Kolmogorov 奠定了 Markov 过程的一般理论.

A. Markov 是一个诗人, 他还将元辅音看作两个状态以应用他的 Markov 链.

8.7 运动稳定性理论的创始人——Aleksandr Mikhailovich Lyapunov, Александр Михайлович Ляпунов

A. Lyapunov (1857.06.06—1918.11.03), 俄罗斯人, 1901 年初当选为俄罗斯科学院通讯院士 (年底成为院士), 1909 年当选为意大利国家科学院院士, 1916 年当选为法国科学院院士.

---

① Andrei Grigorievich Markov, 林业部工作人员.

② Vladimir Andreyevich Markov, Владимир Андреевич Марков (1871.05.08—1897.01.18), 俄罗斯人, A. Markov 的弟弟, P. Chebyshev 的学生, 在圣彼得堡大学获博士学位, 与其兄 A. Markov 共同证明了 Markov 兄弟不等式 $P(|\xi| \geqslant \alpha) \leqslant \dfrac{E(|\xi|)}{\alpha}$.

③ Andrei Andreyevich Markov, Андрей Андреевич Марков (1903.09.09—1979.10.11), 与父亲同名, 是莫斯科学派构造数学和递归函数方面的重要奠基人之一, 1947 年证明了半群的字问题和 Thue (Axel Thue, 1863.02.19—1922.03.07, 挪威人, Elling Holst 的学生, 1889 年在 Christiania 大学获博士学位) 问题是不可解的重要结果, E. Post (Emil Leon Post, 1897.02.11—1954.04.21, 波兰人, 儿时在一次事故中失去一只胳膊, C. Keyser 的学生, 1920 年在 Columbia 大学的博士学位论文 "Introduction to a general theory of elementary propositions" 证明了 Lord Russell 与 A. Whitehead 的 "Principia Mathematica" 中提出的命题运算的完全性与一致性) 同时独立地得到了相同的结果, 1960 年得到四维流形的分类是不可确定的, 即在四维及四维以上区分任意两个流形不存在一般算法.

④ Robert Erich Remak (1888.02.14—1942.11.13), 德国人, F. Frobenius 和 H. Schwarz 的学生, 1911 年在柏林大学的博士学位论文是 "Über die Zerlegung der endlich Gruppe in direkte unzerlegungbare Faktoren".

A. Lyapunov 生于 Yaroslavl (Ярославская область), 卒于 Odessa, 属乌克兰.

父母: M. Lyapunov[1]和 Sofia Aleksandrovna Shilipova.

弟弟: S. Lyapunov[2]和 B. Lyapunov[3].

师承: P. Chebyshev.

1876 年, A. Lyapunov 考入圣彼得堡大学物理数学系, 被 P. Chebyshev 的渊博学识深深吸引, 在其影响下, 大四时就写出具有创见的论文而获金质奖章.

1881 年, A. Lyapunov 发表了 "On the equilibrium of heavy bodies in heavy liquids contained in a vessel of certain shape" 和 "On the potential of hydrostatic pressures".

1885 年, A. Lyapunov 在圣彼得堡大学获副博士学位, 论文是 "On the stability of ellipsoidal forms of equilibrium of a rotating liquid".

1868 年, J. Maxwell 的 "On governors"(《调节器》)分析蒸汽机调速器和钟表机构稳定性.

1877 年, E. Routh[4]的 "Treatise on the stability of a given state of motion, particularity steady motion" (《已知运动状态的稳定性》)研究了稳定性.

1882 年, N. Zhukovsky[5]在莫斯科大学的博士学位论文 "On the stability of motion"(《运动稳定性》)也研究了稳定性.

1892 年 10 月 12 日, A. Lyapunov 在莫斯科大学的博士学位论文 "Обшая задача устойчивости движения" (《运动稳定性的一般问题》)将 J. Poincaré 关于在奇点附近积分曲线随时间变化的定性研究发展至高维一般情形而形成专门的 "运动稳定性" 分支, 已成为经典名著.

A. Lyapunov 第一个给运动稳定性以精确的数学定义并系统地解决了运动稳定性问题, 提出两个方法:

(1) 第一方法适用于运动状态为已知的情形;

(2) 第二方法则完全是定性的, 只要求知道运动的微分方程.

[1] Mikhail Vasilyevich Lyapunov (1820.10.12—1868.12.02), 天文学家.

[2] Sergei Mikhailovich Lyapunov (1859.11.30—1924.11.08), 作曲家.

[3] Boris Lyapunov, 语言学家, 苏联科学院院士, 1929 年写了 A. Lyapunov 的传记.

[4] Edward John Routh (1831.01.20—1907.06.07), 加拿大人, Sir Airy (Sir George Biddell Airy, 1801.07.27—1892.01.02, 英格兰人, W. Hopkins 的学生, 1826 年任剑桥大学 Lucas 数学教授, 1831 年获 Copley 奖, 1835—1881 年任皇家天文学家, 1836 年当选为皇家学会会员 (1871—1873 年任会长), 1845 年获皇家奖, 1872 年当选为法兰西研究院院士) 的女婿, W. Hopkins 和 I. Todhunter 的学生, 1857 年在剑桥大学获硕士学位, 解决了代数的有理逼近, 1872 年当选为皇家学会会员.

[5] Nikolai Egorovich Zhukovsky, Николай Егорович Жуковский (1847.01.17—1921.03.17), 俄罗斯人, 1876 年在莫斯科大学的副博士学位论文是 "On the kinematics of a liquid", 列宁称其为 "俄罗斯航空之父", 1885 年获 Brashman 奖, 1920 年 12 月 3 日设立 Zhukovsky 奖.

Lyapunov 第二方法在 20 世纪被广泛用于分析力学系统和自动控制系统, 开创性地提出了 Lyapunov 函数法, 它把解的稳定性同 Lyapunov 函数的存在性联系起来, 奠定了常微分方程稳定性理论的基础.

A. Lyapunov 还研究过旋转流体的平衡形状及其稳定性. 这一问题与天体起源理论有关. J. Poincaré 曾提出平衡形状有可能从一个椭球派生 (称为分岔) 出一个梨形体. 他指出这种梨形形状是不稳定的.

1898 年, A. Lyapunov 的 "Sur certaines questions qui se rattachent au problème de Dirichlet" (《Dirichlet 问题的某些研究》)首次对单层和双层位势的若干基本性质进行了严谨的探讨, 指出了给定范围内本问题有解的若干充要条件. 他的研究成果奠定了边值问题经典方法的基础.

A. Lyapunov 在 1900 年的 "Sur une théorème du calcul des probabilité" (《概率论的一个定理》)和 1901 年的 "Nouvelle forme du théorème sur la limite de probabilité" (《概率论极限定理的新形式》)中引入了特征函数, 从一个全新的角度去考察中心极限定理, 在相当宽的条件下证明了中心极限定理. 这个方法的特点在于能保留随机变量分布规律的全部信息, 提供了特征函数的收敛性质与分布函数的收敛性质之间的一一对应关系, 给出了比 P. Chebyshev 和 A. Markov 关于中心极限定理更简单而严密的证明, 他还利用这一定理第一次科学地解释了为什么实际中遇到的许多随机变量近似服从正态分布.

8.8　现代概率论的奠基者之一——Aleksandr Yakovlevich Khinchin, Александр Яковлевич Хинчин

A. Khinchin (1894.07.19—1959.11.18), 苏联人, 1932—1934 年任莫斯科大学数学力学研究所所长, 1939 年当选为苏联科学院通讯院士, 1941 年获斯大林奖.

A. Khinchin 生于 Kondrovo (Кондрово), 卒于莫斯科.

师承: N. Luzin.

1912 年, A. Khinchin 进入莫斯科大学. 1935 年获物理数学博士学位.

A. Khinchin 引进了渐近导数的概念, 推广了 A. Denjoy 在 1912 年引进的 Denjoy 积分, 建立了 Khinchin 积分.

1927 年, A. Khinchin 的 "Recherches sur la structure des fonctions mesurables" 研究了可测函数的结构, 并把函数的度量理论应用于数论和概率论中; 而 "Basic laws of probability theory" 有最早的概率成果——Bernoulli 试验序列的重对数律, 它源于数论, 是莫斯科概率论学派的开端, 直到现在重对数律仍然是概率论的重要研究课题之一. 关于独立随机变量序列, 他首先与 A. Kolmogorov 讨论了随机变量级数的收敛性, 他证明了

(1) 作为强大数律先声的 Khinchin 弱大数律;

(2) 随机变量无穷小三角列的极限分布类与无穷可分分布类相同.

1934 年, A. Khinchin 提出平稳过程理论, 提出并证明了严格平稳过程的一般遍历定理, 首次给出了宽平稳过程的概念并建立了它的谱理论基础. 他还研究了概率极限理论与统计力学基础的关系, 并将概率论方法广泛应用于统计物理学的研究.

1936 年的 "Continued Fractions"(《连分数》, 1949 年再版)中, A. Khinchin 给出 Diophantus 逼近论和连分数的度量理论, 建立了许多新的定理. 例如, 任意的实数 x 都可以写成下面的形式:

$$x = a_0 + \cfrac{1}{a_1 + \cfrac{1}{a_2 + \cfrac{1}{a_3 + \cfrac{1}{\cdots}}}},$$

其中, $a_0, a_1, a_2, \cdots \in \mathbb{Z}$, 而 $[a_0, a_1, a_2, \cdots]$ 就称为 x 的连分数展开.

1964 年, A. Khinchin 证明了对几乎所有的 x 有

$$\lim_{n \to \infty} \left(\prod_{i=1}^{n} a_i \right)^{\frac{1}{n}} = K_0 = \prod_{n=1}^{\infty} \left(1 + \frac{1}{n(n+2)} \right)^{\log_2 n} \approx 2.6854520010,$$

这个 K_0 被称为 Khinchin 常数. 人们还不知道它是不是无理数. Sir Wrench 计算 Khinchin 常数到 65 位.

A. Khinchin 十分重视人才培养, 潜心编著多本思路清晰、引人入胜、突出论题本质风格的教材和专著, 如 "Краткий курс математическою анализа" (《数学分析简明教程》)和 1943 年的 "Восемь лекций по математическому анализу" (《数学分析八讲》)已成为理解数学分析的一部名著. 他在第一本书的序言中说道: "为了使教程能够尽可能地简明, 我的方法完全在于选取最精简的材料, 而不在叙述上压缩辞句."

8.9 现代概率论的奠基者之一——Andrei Nikolaevich Kolmogorov, Андрей Николаевич Колмогоров

A. Kolmogorov (1903.04.25—1987.10.20), 俄罗斯人, 曾任《苏联大百科全书》数学学科的主编, 创办《概率论及其应用》杂志, 1933 年任莫斯科大学数学力学研究所所长, 1939 年当选为苏联科学院院士, 1941 年获斯大林奖, 1956 年当选

为罗马尼亚科学院院士, 1959 年当选为美国人文与科学院院士, 1962 年获第一个 Balzan[1]数学奖, 1963 年当选为荷兰皇家人文与科学院院士, 1964 年当选为皇家学会会员, 1967 年当选为美国国家科学院院士, 1968 年当选为法国科学院院士, 1980 年获 Wolf 数学奖, 1986 年获 Lobachevsky 奖, 还是罗马尼亚科学院院士.

A. Kolmogorov 生于 Tambov (Тамбов), 卒于莫斯科.

外祖父: Yakov Stepanovich Kolmogorov.

父母: N. Kataev[2]和 M. Kolmogorova[3].

姨母: Vera Yakovlena Kolmogorova.

师承: N. Luzin.

1920 年, A. Kolmogorov 进入莫斯科大学. 1922 年, 他还是大学生时就构造了函数的 Fourier 级数几乎处处发散和处处发散的例子. 这两个例子完全出乎人们的预料, 引起了极大反响, 并使其声名鹊起. 1929 年, A. Kolmogorov 获副博士学位, 1935 年获博士学位, 是苏联首批博士.

20 世纪 20 年代, A. Kolmogorov 在概率论方面还做了关于强大数定律和重对数律的基本工作, 他和 A. Khinchin 成功地找到了具有相互独立随机变量项的级数收敛的充要条件, 成功地证明了大数定律的充要条件, 证明了在项上加上极宽的条件时独立随机变量的重对数法则, 得到了在独立同分布项情形下强大数律的充要条件. 他是随机过程论的奠基人之一.

1931 年 (1938 年出版) 的 "Analytical Methods of Probability Theory" (《概率论的解析方法》)为现代 Markov 随机过程论和揭示概率论与常微分方程及二阶偏微分方程的深刻联系奠定了基础. 他还创立了具有可数状态的 Markov 链理论. 他找到了连续分布函数与它的经验分布函数之差上确界的极限分布, 这个结果是非参数统计中分布函数拟合检验的理论依据, 成为统计学的核心之一.

A. Kolmogorov 说: "概率论作为数学学科, 可以而且应该从公理开始建设, 和几何、代数的路一样." 1933 年的 "Grundbegriffe der Wahrscheinlichkeitsrechnung" (《概率论的基本概念》)首次在测度论基础上建立了概率论的严密公理体系, 证明了 "相容性定理", 解决了随机过程概率分布的存在问题, 提出条件概率和条件期望的概念, 使 Markov 过程以及很多关于随机过程的概念得以严格定义, 奠定了概率论的基础, 使其建立在严格的数学基础之上. 这一光辉成就使他名垂史册.

---

① Eugenio Francesco Balzan (1874.04.20—1953.07.15), 意大利人, 女儿 A. Balzan (Angela Lina Balzan, 1892—1956, 意大利人) 为纪念其父在 1956 年捐助国际 Balzan 基金会 (International Balzan Foundation), 在 1961 年设立 Balzan 奖 (Prix Balzan), 这是一项综合性学术奖, 它包括文学、伦理学、艺术、物理学、数学、自然科学和医学, 每年颁发三项, 在意大利享有最高的声誉.

② Nikolai Matveevich Kataev (?—1919), 一个牧师的儿子, 农艺师, 曾任农业部一个部门领导.

③ Maria Yakovlena Kolmogorova (?—1903), A. Kolmogorov 随母姓.

在 20 世纪 30—40 年代之交, A. Kolmogorov 建立了 Hilbert 空间几何与平稳随机过程和平稳随机增量过程的一系列问题之间的联系, 给出了这两种过程的谱表示, 完整地研究了它们的结构以及平稳随机过程的内插与外推问题等. 他的平稳过程结果创造了一个全新的随机过程论的分支, 有着广泛的应用, 而他的关于平稳增量随机过程的理论对于各向同性湍流的研究有深刻的影响.

关于湍流内部结构的研究, A. Kolmogorov 等提出的统计理论占主导地位, 他还引入了局部各向同性湍性的概念, 从物理的观点对能量传播进行了考察, 并利用考察的结果和量纲分析推导出能谱函数.

1942 年, 他与 N. Wiener 开始研究随机过程的预测、滤过理论及其在火炮自动控制上的应用, 由此产生了 "统计动力学".

1949 年, B. Gnedenko[①]和 A. Kolmogorov 的 "Limit Distribution for Sums of Independent Random Variables" 是一部论述 20 世纪 30 年代以来以无穷可分律和稳定律为中心的独立随机变量和的弱极限理论的总结性著作.

1954 年, A. Kolmogorov 的 "General Theory of Dynamical Systems and Classical Mechanics" 解决了非对称重刚体高速旋转的稳定性和磁力线曲面的稳定性. 在此基础上, V. Arnold 和 J. Moser 完成了 KAM 理论. 他在动力系统与遍历理论中引进了 K 熵, 对具有强随机性动力系统内部不稳定性问题的分析起到了重要作用.

20 世纪 60 年代以后, A. Kolmogorov 创造了信息算法理论, 独立地在拓扑学中引入了 ∇ 算子的概念. 利用这个算子, 他先是对任何一紧空间创立了上同调群理论, 对于许多拓扑问题的研究, 其中包括与连续映射有关的研究, 上同调群概念提供了很方便和很有效的方法.

在拓扑空间中, A. Kolmogorov 给出了 Kolmogorov 公理:

对于相异两点, 至少存在一方的邻域不含有另一方.

A. Kolmogorov 认为能在数学领域作出成就的青年人应该具有以下三种能力:

(1) 算法能力, 即对于复杂式子做高明的变形, 对于标准方法解不了的方程式做巧妙解决的能力;

(2) 几何直观能力, 即对于抽象的东西, 能够在头脑中像画画一样描绘出来并加以思考;

(3) 一步一步地做逻辑性推理的能力, 例如, 能够正确地应用数学归纳法.

A. Kolmogorov 还是一位优秀的教育家, 他认为好的教师应该是:

---

① Boris Vladimirovich Gnedenko, Борис Владимирович Гнеденко (1912.01.01—1995.12.27), 俄罗斯人, A. Kolmogorov 和 A. Khinchin 的学生, 1937 年 6 月在莫斯科大学的副博士学位论文是 "On some results in the theory of infinitely divisible distributions", 1945 年当选为乌克兰国家科学院院士, 他的《概率论教程》在我国很有影响.

(1) 讲课高明, 比如能用其他科学领域的例子来吸引学生;

(2) 以清晰的解释和宽广的数学知识来吸引学生;

(3) 善于作个别指导, 在其能力范围内安排学习内容, 使学生增强信心.

1988 年, 伊藤清在《Kolmogorov 的数学观与业绩》中说: "A. Kolmogorov 在数学的几乎所有领域中, 都提出了独创性的思想, 导入了崭新的方法, 他的业绩是非常辉煌的."

A. Kolmogorov 的学生 Ya. Sinai[①]于 1996 年获 Wolf 数学奖, 2014 年获 Abel 奖. Ya. Sinai 的学生 G. Margulis[②]于 1978 年获 Fields 奖, 2005 年获 Wolf 数学奖, 2020 年 3 月 18 日获 Abel 奖.

---

① Yakov Grigorevich Sinai, Яаков Григорьевич Синай (1935.09.21—), 俄罗斯人, A. Kolmogorov 的学生, 1960 年在莫斯科大学获博士学位, 1996 年获 Wolf 数学奖, 2009 年获 Poincaré 奖, 2013 年获 Steele 终身成就奖, 2014 年获 Abel 奖.

② Gregori Aleksandrovich Margulis, Григорий Александрович Маргулис (1946.02.24—), 俄罗斯人, Ya. Sinai 的学生, 1970 年在莫斯科大学的博士学位论文是 "On some aspects of the theory of Anosov flows", 1978 年获 Fields 奖 (未出席在赫尔辛基举行的 Fields 奖颁奖典礼), 1986 年, 证明 Oppenheim (Alexander Oppenheim, 1903.02.04—1997.12.13, 英格兰人, L. Dickson 的学生, 1930 年在 Chicago 大学的博士学位论文是 "The minima of indefinite quaternary quadratic forms") 猜想, 1996 年获 Lobachevsky 奖, 2005 年获 Wolf 数学奖, 2009 年获 Poincaré 奖, 2020 年 3 月 18 日获 Abel 奖, 是美国人文与科学院院士.

第 9 章 挪 威 篇

9.1 椭圆函数论奠基人——Niels Henrik Abel

9.1.1 N. Abel

N. Abel (1802.08.05—1829.04.06), 挪威人.

N. Abel 生于 Frindöe, 卒于 Froland.

祖父母: H. Abel[①]和 E. Normann[②].

外祖父: Niels Henrik Saxild Simonsen.

父母: S. Abel[③]和 A. Simonsen[④].

师承: B. Holmböe[⑤].

15 岁时, B. Holmböe 发现 N. Abel 是位数学天才, 他读了前人的著作, 以此对数学产生了浓厚的兴趣. 16 岁时, N. Abel 写了一篇解方程的论文. C. Degen[⑥]看过后, 为其数学才华而惊叹. 当时正兴起对椭圆积分的研究, 于是给他回信写道: "······ 与其着手解决被认为非常难解的方程问题, 不如把精力和时间投入到分析和力学的研究上. 例如, 椭圆积分就是很好的题目, 相信你会取得成功 ·······" 于是, 他开始转向对椭圆函数的研究.

1821 年, N. Abel 进入奥斯陆大学[⑦].

1823 年, N. Abel 分别在 "En alminnelig fremstilling af multigheten at integrere alle mulige differential-formler" (《用定积分解某些问题》)和 "Solutions of some problems by means of definite integrals"(《某些定积分问题的解》) 中提出 Abel 积分方程和它的第一解:

---

① Hans Mathias Abel (1738—1803).

② Elisabeth Knuth Normann (1737—1817).

③ Søren Georg Abel (1772.01.03—1820.05.05), 牧师.

④ Anne Marie Simonsen, 出生于船舶商人的家庭, 喜欢社交.

⑤ Bernt Michael Holmböe (1795.03.23—1850.03.28), 挪威人, S. Rasmussen (Søren Rasmussen, 1768.12.15—1850.06.26, 挪威人) 和 C. Hansteen (Christopher Hansteen, 1784.09.26—1873.04.11, 挪威人, Hans Christian Ørsted 的学生, 1806 年在哥本哈根大学获博士学位) 的学生, 1918 年在奥斯陆大学获博士学位.

⑥ Carl Ferdinand Degen (1766.11.01—1825.04.08), 挪威人.

⑦ 奥斯陆大学 (Universitet i Oslo, UiO) 的前身是 Christiania 大学, 即皇家 Frederik 大学 (Det Kongelige Frederiks Universitet) 创建于 1811 年 9 月 2 日, 1939 年改为现名, 是挪威规模最大、历史最悠久的大学, 校训: Et nos petimus astra (为繁星而奋斗).

$$t(h) = \frac{1}{\sqrt{2g}} \int_0^h \frac{s'(y)}{\sqrt{h-y}} \mathrm{d}y, \quad s(y) = \frac{\sqrt{2g}}{\pi} \int_0^y \frac{t(\zeta)}{\sqrt{y-\zeta}} \mathrm{d}\zeta.$$

1824 年, N. Abel 的 "Beweis der Unmöglichkeit, algebraische Gleichungen von höheren Grade als dem vierten allgemein aufzulösen" 证明了次数大于四次的一般代数方程不可能有根式解. 这一论文也寄给了 von Gauß, 但他连信都未开封.

1825 年, N. Abel 在《Crelle 杂志》的前三卷发表了 22 篇论文, 其中包括 "Recherches sur les fonctions elliptiques"（《椭圆函数的研究》),开创了椭圆函数论.

1826 年 10 月 30 日, N. Abel 在《关于一类极广泛的超越函数的一般性质》中发现连续函数级数之和并非连续函数, 提交给法国科学院, 文中提出了 Abel 积分.

N. Abel 在给 B. Holmböe 的信中自信地说: "…… 已确定在下月法国科学院例会上宣读我的论文, 由 de Cauchy 审阅, 恐怕还没有来得及过目. 不过, 我认为这是一件非常有价值的工作, 我很想能尽快听到权威人士的意见, 现在正昂首以待 ……" 可是, de Cauchy 把论文放进了抽屉里. 据说, 1952 年, V. Brun 在 Firenze 旅行期间重新发现了这篇论文原稿.

N. Abel 等到年末毫无音信, 一气之下离开了巴黎, 于 1827 年 5 月 20 日回到了挪威. 由于过度疲劳和营养不良, 感染了肺结核, 这在当时是不治之症. 他原希望回国后能被聘为大学教授, 但这一希望又一次落空. 他靠给私人补课谋生. C. Jacobi 得知情况后, 非常吃惊, 在 1829 年 3 月 14 日写信抗议道: "…… 这恐怕是数学中最重要的发现, 虽然向 '老爷们' 的科学院提交此论文达两年之久, 但一直没有得到诸位先生的注意, 这是为什么呢? ……."

1829 年 4 月 5 日夜间, N. Abel 的病情急剧恶化, 于 4 月 6 日 11 时去世. 第二天, A. Crelle 写信说, "…… 我国教育部决定聘您为柏林大学教授 …… 月内就能发出聘书 ……" 还提到, 希望他能尽量用最好的药物治疗, 不要考虑费用.

A. Crelle 在《Crelle 杂志》写的纪念文章中说: "N. Abel 在他的所有著作中都打下了天才的烙印和表现出了不起的思维能力. 我们可以说他能够穿透一切障碍深入问题的根底, 具有似乎无坚不摧的气势 …… 他又以品格纯朴高尚以及罕见的谦逊精神出众, 这使他的人品也像他的数学天才那样受到人们不同寻常的爱戴."

1930 年 6 月 28 日, N. Abel 死后与 C. Jacobi 共获法国科学院大奖.

C. Hermite 说: "N. Abel 留下的东西足够数学家们忙五百年."

K. Weierstraß说: "N. Abel 做出了永恒不朽的东西! 他的思想将永远给我们的科学以丰饶的影响."

A. Legendre 感叹道: "这个挪威小伙子究竟是长了个什么脑袋啊!"

1873—1881 年, P. Sylow[1]与 M. Lie 编辑了 N. Abel 的全集 "Œuvres Complète de Niels Henrik Abel", 并于 1881 年 12 月 9 日出版.

O. Ore 写了 N. Abel 的传记.

9.1.2 Abel 奖

早在 1899 年, 为了纪念 N. Abel 诞辰百年, M. Lie 在去世前建议设立 Abel 奖 (Abel Prize), Oscar 二世也已准备赞助. 但由于瑞典和挪威解体, 此事不了了之.

2002 年 1 月, 为了纪念 N. Abel 诞辰两百年, 挪威设立 Abel 纪念基金 (大约 2200 万美元), 同时设立 Abel 奖, 目的在于提高年轻人对数学研究的兴趣, 加强数学领域的研究, 增加国际社会对挪威作为知识国家的认知程度.

2003 年, J. Serre[2]获第一个 Abel 奖.

其他获 Abel 奖的还有:

L. Carleson (Lennart Axel Edvard Carleson, 1928.03.18—), 瑞典人, A. Beurling[3]的学生, 1950 年在 Uppsala 大学[4]的博士学位论文是 "On a class of meromorphic functions and its exceptional sets", 1956—1979 年任 "Acta Mathematica" 主编, 1968—1984 年任 Mittag-Leffler 研究所所长, 1978—1982 年任国际数学联盟主席 (期间促成中国数学会的代表权), 1984 年获 Steele 奖, 1992 年获 Wolf 数学奖, 2003 年获 Sylvester 奖, 2006 年获 Abel 奖, 还是瑞典皇家科学院院士、美国国家科学院院士、俄罗斯科学院院士、法国科学院院士、丹麦皇家科学与人文院院士、挪威皇家科学与人文院[5]院士、芬兰科学与人文院[6]院士.

---

① Peter Ludwig Mejdell Sylow (1832.12.12—1918.09.07), 挪威人, 1883 年任 "Acta Mathematica" 主编.

② Jean-Pierre Serre (1926.09.15—), 法国人, H. Cartan 的学生, 1951 年在巴黎第六大学 (Université Paris VI, 即 Curie 夫妇大学, Université Pierre et Marie Curie, 创建于 1971 年, 是法国唯一一所只有理工科的公立大学, 欧洲顶级大学之一) 的博士学位论文 "Homologie singulière des espaces fibrés. Applications" 用谱序列研究纤维丛理论, 1954 年获 Fields 奖, 1970 年任法国数学会会长, 1974 年当选为皇家学会会员, 1977 年当选为法国科学院院士, 1978 年当选为荷兰皇家人文与科学院院士, 1979 年当选为美国国家科学院院士, 1981 年当选为瑞典皇家科学院院士, 1985 年获 Balzan 数学奖, 1995 年获 Steele 论著奖, 2000 年获 Wolf 数学奖, 2003 年当选为俄罗斯科学院院士, 并获第一个 Abel 奖, 2009 年当选为挪威皇家科学与人文院院士, 还获荣誉军团军官勋位.

③ Arne Carl-August Beurling (1905.02.03—1986.11.20), 瑞典人, A. Wiman (Anders Wiman, 1865.02.11—1959.08.13, 瑞典人, Carl Fabian Emanuel Björling 的学生, 1892 年在 Lund 大学的博士论文是 "Klassifikation af regelytorna af sjette graden", 1905 年当选为瑞典皇家科学院院士) 的学生, 1933 年在 Uppsala 大学的博士学位论文 "Etudes sur un problème de majoration" 证明了 Denjoy 猜想, 第二次世界大战时破译德军 G-Schreiber 密码, 瑞典皇家科学院院士、芬兰科学与人文院院士、丹麦皇家科学院院士、美国人文与科学院院士.

④ Uppsala 大学 (Uppsala Universitet) 创建于 1477 年, 1515 年关闭, 1593 年重开, 是瑞典第一所大学, 北欧最古老、世界顶尖的综合性大学, 校训: Gratiae veritas naturae (神意与自然之真理).

⑤ 挪威皇家科学与人文院 (Det Kongelige Norske Videnskaps Selskab, DKNVS) 创建于 1760 年, 最初的名字是 Trondhjem 学会 (Det Trondhiemske Selskab), 1767 年 7 月 17 日得到皇家许可, 1788 年 1 月 29 日改为现名, 负责颁发 Nobel 和平奖.

⑥ 芬兰语的芬兰科学与人文院 (Suomalainen Tiedeakatemia) 创建于 1908 年; 瑞典语的芬兰科学与人文院 (Finska Vetenskaps-Societeten) 创建于 1838 年.

S. Varadhan (Sathamangalam Ranga Iyengar Srinivasa Varadhan, 1940.02.
02—), 印度人, C. Rao①的学生, 1963 年在 Kolkata 印度统计研究所的博士学位论
文是 "Convolution properties of distributions on topological groups", 1988 年当
选为美国人文与科学院院士和第三世界科学院院士, 1994 年获 Birkhoff 奖, 1995
年当选为美国国家科学院院士, 1996 年获 Steele 论文奖, 1998 年当选为皇家学会
会员, 2004 年当选为印度国家科学院②院士, 2007 年获 Abel 奖, 2009 年当选为挪
威皇家科学与人文院院士, 2010 年获美国国家科学奖.

J. Tits (Jacques Tits, 1930.08.12—), 比利时人, P. Libois③的学生, 1950 年
在布鲁塞尔自由大学④的博士学位论文是 "Généralisation des groupes projectifs
basés sur la notion de transitivité", 1976 年获 Poincaré 奖, 1979 年当选为法国
科学院院士, 1988 年当选为挪威皇家科学与人文院院士、荷兰皇家人文与科学院
院士和欧洲科学院⑤首届院士, 1991 年比利时皇家科学、人文和艺术院院士, 1992
年当选为美国人文与科学院院士和美国国家科学院院士, 1993 年获 Wolf 数学奖,
1995 年获荣誉军团骑士勋位, 1996 年获 Cantor 奖, 2008 年获 Abel 奖.

J. Thompson (John Griggs Thompson, 1932.10.13—), 美国人, L. MacLane⑥
的学生, 1959 年在 Chicago 大学⑦的博士学位论文是 "A proof that a finite group
with a fixed-point-free automorphism of prime order is nilpotent", 1965 年获 Cole

---

① Calyampudi Radhakrishna Rao (1920.09.10—), 印度人, Sir Fisher (Sir Ronald Aylmer Fisher,
1890.02.17—1962.07.29, 英格兰人, 现代统计学与现代进化论的奠基者, Sir James Hopwood Jeans 和 Lt Colonel
Frederick John Marrian Stratton 的学生, 1926 年在剑桥大学获博士学位, 1929 年当选为皇家学会会员, 1938 年获
皇家奖, 1952 年封爵, 1955 年获 Copley 奖, 由于他对优生学的观点, 历史上人们误会他是个 "法西斯主义者", 2020
年, 在席卷欧美的反种族主义呼声下, 剑桥大学 Gonville 和 Caius 学院决定移除已经存在 30 年的他的纪念窗) 的
学生, 1948 年在剑桥大学的博士学位论文是 "Statistical problems of biological classifications", 1967 年当选为皇家
学会会员, 1995 年当选为美国国家科学院院士, 2002 年获美国国家科学奖, 还是印度国家科学院院士、第三世界科
学院院士.

② 印度国家科学院 (Indian National Science Academy, INAS) 创建于 1935 年 1 月, 是印度的主要科技中心,
原名印度科学学会.

③ Paul Joseph Marie Léopold Libois (1901.04.06—1990.12.17), 比利时人, A. Enriques 的学生, 参议员.

④ 布鲁塞尔自由大学 (Université Libre de Bruxelles) 创建于 1834 年, 时为比利时自由大学, 1842 年改为现
名, 因语言纠纷, 1970 年拆分为法语布鲁塞尔自由大学 (Université Libre de Bruxelles) 和荷兰语布鲁塞尔自由大
学 (Vrije Universiteit Brussel, VUB), 是世界闻名的研究型大学, 校训: Scientia vincere tenebras (用自由征服黑
暗).

⑤ 欧洲科学院 (Academia Europaea) 是欧洲多国科学部长共同倡导, 皇家学会等多个欧洲国家科学院共同发
起, 于 1988 年创建的.

⑥ Leslie Saunders MacLane (1909.08.04—2005.04.14), 美国人, H. Weyl 和 P. Bernays 的学生, 1934 年在
Göttingen 大学的博士学位论文是 "Abgekürzte Beweise im Logikkalkul", 1941 年获 Chauvenet 奖, 1942 年与 S.
Eilenberg 引进 "Hom" 和 "Ext" 符号, 1945 年他们又提出范畴论, 企图将数学统一于某些原理, 1949 年当选为美国
国家科学院院士 (1973—1981 年任副院长), 1973—1974 年任美国数学会会长, 1986 年获 Steele 奖, 1989 年获美
国国家科学奖.

⑦ Chicago 大学 (University of Chicago) 创建于 1890 年, 1892 年 10 月 1 日正式开学, 是美国最富盛名的私
立研究型大学之一, 校训: Crescat scientia, vita excolatur (益智厚生).

代数奖, 1970 年获 Fields 奖, 1971 年当选为美国国家科学院院士, 1979 年当选为皇家学会会员, 1982 年获高级 Berwick①奖, 1985 年获 Sylvester 奖, 1992 年获 Poincaré 奖和 Wolf 数学奖, 2000 年获美国国家科学奖, 2008 年获 Abel 奖, 2013 获 de Morgan 奖.

M. Gromov (Mikhael Leonidovich Gromov, Михаил Леонидович Громов, 1943.12.23—), 俄罗斯人, V. Rokhlin②的学生, 1968 年在圣彼得堡大学获博士学位, 1981 年获 Veblen 几何奖, 1984 年获 Cartan 奖 (Prix Cartan), 1989 年当选为美国国家科学院院士和美国人文与科学院院士, 1993 年获 Wolf 数学奖, 1997 年获 Steele 论文奖和 Lobachevsky 奖, 并当选为法国科学院院士, 1999 年获 Balzan 数学奖, 2002 年获京都赏 (きょうとうしょう), 2005 年获 Bolyai 奖, 2009 年获 Abel 奖, 2011 年当选为挪威皇家科学与人文院院士和皇家学会会员.

E. Szemerédi (Endre Szemerédi, 1940.08.21—), 匈牙利人, I. Gelfand 的学生, 在莫斯科大学获博士学位, 1975 年获 Pólya 奖, 1982 年当选为匈牙利科学院通讯院士 (1987 年为正式院士), 2008 获 Steele 奖和 Schock 数学奖, 2012 年获 Abel 奖.

Y. Meyer (Yves F. Meyer, 1939.07.19—), 法国人, 构造了一维正交小波, 被称为 Meyer 小波, 是小波分析理论创始人之一, J. Kahane 的学生, 1966 年在 Strasbourg 大学获博士学位, 1993 年当选为法国科学院院士, 2010 年获 Gauß数学应用奖, 2017 年获 Abel 奖, 2020 年获 Asturias 公主科学技术奖③.

R. Langlands (Robert Phelan Langlands, 1936.10.06—), 加拿大人, C. Tulcea④的学生, 1960 年在 Yale 大学的博士学位论文是 "Semi-groups and representations of Lie groups", 1967 年在给 A. Weil 的信中提出在数论、代数几何和群

---

① William Edward Hodgson Berwick (1888.03.11—1944.05.13), 英格兰人, 1929 年任伦敦数学会副会长, 其遗孀 Daisy May Thomas 捐赠, 并与伦敦数学会于 1946 年设立 Berwick 奖 (Berwick Prizes), 分为高级 Berwick 奖 (senior Berwick Prizes, 1946 年开始颁发), 偶数年颁发给在伦敦数学会刊物上发表的优秀论文, 初级 Berwick 奖 (junior Berwick Prizes, 1947 年开始颁发), 奇数年颁发给 40 岁以下还不是皇家学会会员的伦敦数学会会员的优秀论文.

② Vladimir Abramovich Rokhlin, Владимир Абрамович Рохлин (1919.08.23—1984.12.03), 阿塞拜疆人, A. Plessner (Abraham Ezechiel Plessner, 1900.02.13—1961.04.18, 俄罗斯人, Ludwig Schlessinger 和 F. Engel 的学生, 1923 年在 Gießen 大学的博士学位论文是 "Zur Theorie der konjugierten trigonometrischen Reihen") 的学生, 1947 年在莫斯科大学的博士学位论文是 "Lebesgue spaces and their automorphisms", 1987 年与 L. Greengard (Leslie F. Greengard, 1958—, 美国人, V. Rokhlin 的学生, 博士学位论文是 "The rapid evaluation of potential fields in particle systems", 2001 年获 Steele 论文奖, 2006 年当选为美国国家科学院院士, 2016 年当选为美国人文与科学院院士) 发明了快速多极算法, 2001 年获 Steele 论文奖, 2011 年获 Maxwell 奖.

③ Asturias 公主奖 (Premios Princesa de Asturias) 创建于 1980 年 9 月 24 日, 当时是 Asturias 王子奖 (Premios Príncipe de Asturias), 分为人文、艺术、文学、社会学、科学技术、国际关系、体育及和平等共八项, 单项奖金为五万欧元. Asturias 是西班牙王储的封号.

④ Cassius Tocqueville Ionescu Tulcea (1923.10.14—), 罗马尼亚人, E. Hille 的学生, 1959 年在 Yale 大学的博士学位论文是 "Semi-groups of operators".

表示论之间建立联系的 Langlands 纲领, 被称为数学界的 "大统一理论", 在过去的几十年里对数学的发展产生了极大影响, 1972 年当选为加拿大皇家科学院院士, 1981 年当选为皇家学会会员, 1982 年获 Cole 数论奖, 1988 年获第一个美国国家科学院数学奖, 1995 年获 Wolf 数学奖, 2005 年获 Steele 论文奖, 2007 年获邵逸夫数学奖, 2018 年获 Abel 奖. 2015 年, 他的学生 J. Arthur[①]获 Wolf 数学奖.

　　G. Laumon[②]的两个学生 L. Lafforgue[③]和吴宝珠[④]都在 Langlands 纲领方面做出了重要贡献, 分别于 2002 年和 2010 年获 Fields 奖, 其中 L. Lafforgue 证明了 Langlands 纲领在特征为正的代数曲线函数域的 $GL(n)$ 上成立, 2008 年, 吴宝珠引入新的代数几何方法证明了 Langlands 纲领自守形式中基本引理的一般情形, 该成果被 "Time" 周刊评为年度十大科学发现之一.

　　K. Uhlenbeck (Karen Keskulla Uhlenbeck, 1942.08.24—), 女, 美国人, R. Palais[⑤]的学生, 1968 年在 Brandeis 大学[⑥]的博士学位论文是 "The calculus of variations and global analysis", 1979 年获 Wolf 物理学奖, 1983 年获 MacArthur 奖, 1985 年当选为美国人文与科学院院士, 1986 年当选为美国国家科学院院士, 2007 年获 Steele 论文奖, 2010 年获 Ford 奖, 2019 年获 Abel 奖.

　　H. Furstenberg (Harry Furstenberg, 1935.09.29—), 德国人, S. Bochner[⑦]的

---

　　① James Greig Arthur (1944.05.18—), 加拿大人, R. Langlands 的学生, 1970 年在 Yale 大学的博士学位论文是 "Analysis of tempered distributions on semisimple Lie groups of real rank one", 1981 年当选为加拿大皇家科学院院士, 1992 年当选为皇家学会会员, 2003 年当选为美国人文与科学院院士, 2015 年获 Wolf 数学奖, 2017 年获 Steele 终身成就奖.

　　② Gérard Laumon (1952—), 法国人, L. Illusie (Luc Illusie, 1940—, 法国人, A. Grothendieck 的学生, 1971 年在南巴黎大学的博士学位论文是 "Complexe cotangent, applications", 1977 年获 Longevin 奖, 2012 年获 Picard 奖) 的学生, 1983 年在南巴黎大学的博士学位论文是 "Charactéristique d'Euler-poincaré et sommes exponentielles", 2004 年获 Clay 研究奖.

　　③ Laurent Lafforgue (1966.11.06—), 法国人, 1984 年和 1985 年两获国际数学奥林匹克竞赛银牌, G. Laumon 的学生, 1994 年在南巴黎大学的博士学位论文是 "D-stukas de drinfeld", 2000 年获 Clay 研究奖, 2001 年获 Herbrand 奖, 2002 年 8 月 20 日获 Fields 奖, 2003 年 11 月 18 日当选为法国科学院院士.

　　④ Bao-Châu Ngô (1972.06.28—), 1988 和 1989 年两获国际数学奥林匹克竞赛金牌, 其中 1988 年是满分, 越南人, G. Laumon 的学生, 1997 年在南巴黎大学的博士学位论文是 "Sommes de Klosterman et lemme fondamental; lemme fondamental de Jacquet-Ye et cohomoligie étale", 2004 年与 G. Laumon 证明了 Langlands 纲领自守形式中基本引理的酉群情形, 并获 Clay 研究奖, 2008 年又引入新的代数几何方法证明了 Langlands 纲领自守形式中基本引理的一般情形, 该成果被 "Time" 周刊评为年度十大科学发现之一, 2010 年 8 月 19 日获 Fields 奖 (第一个越南人), 2011 年获荣誉军团勋位.

　　⑤ Richard Sheldon Palais (1931.05.22—), 美国人, A. Gleason 和 G. Mackey 的学生, 1956 年在 Harvard 大学的博士学位论文是 "A global formulation of the Lie theory of transformation groups", 1965—1982 年任 "Journal of Differential Geometry" 主编, 1966—1969 年任 "Transactions of the American Mathematical Society" 主编.

　　⑥ Brandeis 大学 (Brandeis University) 创建于 1948 年 4 月 26 日, 以 L. Brandeis (Louis Dembitz Brandeis, 1856.11.13—1941.10.05) 命名, 校训: Emet(真理).

　　⑦ Salomon Bochner (1899.08.20—1982.05.02), 波兰人, E. Schmidt 的学生, 1921 年在柏林大学的博士学位论文是 "Über orthogonale Systeme analytischer Funktionen", 1950 年当选为美国国家科学院院士, 1957—1958 年任美国数学会副会长, 1979 年获 Steele 奖.

学生, 1958 年在 Princeton 大学的博士学位论文是 "Prediction theory", 2006 年获 Wolf 数学奖, 2020 年 3 月 18 日获 Abel 奖, 以色列科学与人文院[①]院士、美国国家科学院院士.

9.2 Lie 群和 Lie 代数的创始人——Marius Sophus Lie

M. Lie (1842.12.17—1899.02.18), 挪威人, 1892 年当选为法国科学院院士, 1895 年当选为皇家学会会员和美国国家科学院院士, 1897 年获第一个 Lobachevsky 奖.

M. Lie 生于 Nordfjordeide, 卒于 Kristiania, 今奥斯陆.

父亲: J. Lie[②].

师承: C. Bjerknes[③]和 C. Guldberg[④].

1859 年, M. Lie 进入奥斯陆大学.

1869 年, 他的第一篇论文 "Repräsentation der Imaginären der Plangeometrie" 发表在《Crelle 杂志》上, 同年获奖学金去柏林学习.

1870 年夏, M. Lie 在研究微分方程解的分类时, 引入了一般的连续变换群. 这个群的每个变换以及两个变换之乘积都依赖于参数, 而且这种依赖关系是解析的, 后来称之为局部 Lie 群, 这应该是他的最大贡献. 他还讨论了连续变换群的单位元附近取导数构成的无穷小变换集, 这个集不仅是一个线性空间, 而且对于换位运算 $[x, y] = xy - yx$ 适合 Jacobi 法则:

$$[x, [y, z]] + [y, [z, x]] + [z, [x, y]] = 0.$$

这种代数结构, 称之为 Lie 代数. 他当时已注意到 Lie 群与 Lie 代数之间的对应关系. 他的 "Theorie der Transformationsgruppen" (《变换群理论》)由 F. Engel[⑤]协助整理于 1888—1893 年出版, 这是一部内容广博而深刻的著作.

1871 年, M. Lie 回挪威, 次年的博士学位论文 "Over en Classe geometriske Transformationer" 被 J. Darboux 称为 "现代几何最漂亮的发现之一".

---

① 以色列科学与人文院 (Israel Academy of Sciences and Humanities) 创建于 1959 年 12 月 27 日.

② Johann Herman Lie, 牧师.

③ Carl Anton Bjerknes (1825.10.24—1903.03.20), 挪威人, V. Bjerknes (Vilhelm Frimann Koren Bjerknes, 1862.03.14—1951.04.09, 挪威人, H. Hertz, C. Bjerknes 和 J. Poincaré 的学生, 1892 年在奥斯陆大学的博士学位论文是 "Om elektricitetsbevaegelsen i Hertz' primaere leder", 1893 年当选为挪威皇家科学与人文院院士, 1923 年当选为荷兰皇家人文与科学院院士, 1928 年当选为德国科学院院士, 1933 年当选为皇家学会会员, 1934 年当选为美国国家科学院院士, 1936 年当选为意大利国家科学院院士) 的父亲, B. Holmböe, J. Dirichlet 和 G. Riemann 的学生, 1948 年在奥斯陆大学获博士学位.

④ Cato Maximiliam Guldberg (1836.08.11—1902.01.14), 挪威人, 物理化学先驱.

⑤ Friedrich Engel (1861.12.26—1941.09.29), 德国人, C. Klein 和 W. Scheibner 的学生, 1883 年在 Leipzig 大学的博士学位论文是 "Zur Theorie der Berührungstransformationen", 1910 年任德国数学会会长, 还是俄罗斯科学院院士、挪威皇家科学与人文院院士和德国科学院院士, 获 Lobachevsky 奖.

M. Lie 最先有了在北欧创办数学杂志的想法. 1881 年, 他找到 M. Mittag-Leffler 提出建议. 1882 年, M. Mittag-Leffler 在 C. Malmsten[①]的帮助下创办了具有北欧风格的 "Acta Mathematica". 11 月 2 日定名, 称为《Mittag-Leffler 杂志》.

1884 年, M. Lie 奠定了 Lie 群的研究.

1887 年, M. Lie 发现了 "E8" 数学结构群. 人们一直试图彻底了解这个由 40 多万个行和列组成的数字矩阵表达的超级复杂物体, 这是一个复杂的 248 维对称结构. 这个结构的维数所代表的并不是一个与我们生活的三维空间类似的必要空间, 但却与数学自由度相符合, 每一个维数代表一个不同的变量.

1889 年 11 月, M. Lie 不幸患精神分裂症, 治愈后, 健康大受影响.

然而, M. Lie 的工作在其生前一直得不到足够的重视, 直到 20 世纪初, 由于 W. Killing, É. Cartan 和 H. Weyl 等的工作才得以发扬.

1913 年, W. Ślebodziński[②]给出了 Lie 导数的概念和术语. 但 J. Schouten[③]说是在 van Dantzig[④]的论文中首次出现的.

1962 年, N. Jacobson[⑤]发表了他的经典教材 "Lie Algebras".

1900 年, M. Noether 写了 M. Lie 的传记.

F. Engel 编辑了 M. Lie 的全集.

---

① Carl Johan Malmsten (1814.04.09—1886.02.11), 瑞典人, 1844 年当选为瑞典皇家科学院院士, 1859—1866 年任无任所大臣.

② Władysław Ślebodziński (1884.02.06—1972.01.03), 波兰人, 1946 年与 B. Knaster (Bronisław Knaster, 1893.05.22—1980.11.03, 波兰人, S. Mazurkiewicz 的学生, 1922 年在华沙大学的博士学位论文是 "Un continu dont tout sous-continu est indécomposable"), E. Marczewski (Edward Marczewski, 1907.11.15—1976.10.17, 波兰人, W. Sierpiński 的学生, 1932 年在华沙大学获博士学位) 和 H. Steinhaus 共同创办 "Colloquium Mathematicum".

③ Jan Arnoldus Schouten (1883.08.23—1971.01.20), 荷兰人, J. Cardinaal (Jacob Cardinaal, 1848—1922, Jan de Vries 的学生, 1903 年在 Utrecht 大学获数学物理荣誉博士学位) 的学生, 1914 年在 Delft 理工大学的博士学位论文是 "Grundlagen der Vektor- und Affinoranalysis", 1933 年当选为荷兰皇家人文与科学院院士.

④ David van Dantzig (1900.09.23—1959.07.22), 荷兰人, van der Waerden 的学生, 1931 年在 Groningen 大学的博士学位论文是 "Studien over topologische algebra", 1947 年给出单纯形法, 成为线性规划学科的重要基石, 1949 年当选为荷兰皇家人文与科学院院士.

⑤ Nathan Jacobson (1910.09.08—1999.12.05), 波兰人, J. Wedderburn (Joseph Henry Maclagen Wedderburn, 1882.02.02—1948.10.09, 苏格兰人, G. Chrystal 的学生, 1908 年在 Edinburgh 大学的博士学位论文是 "On hypercomplex numbers", 1933 年当选为皇家学会会员) 的学生, 1934 年在 Princeton 大学的博士学位论文是 "Non-commutative polynomials and cyclic algebra", 1971—1972 年任美国数学会会长, 1998 年获 Steele 终身成就奖, 美国人文与科学院院士和美国国家科学院院士.

第 10 章　匈牙利篇

10.1　匈牙利数学简介

G. Pólya 精辟地总结出三个使得匈牙利数学繁荣发展的原因:

(1) Eötvös[①]中学数学竞赛;

(2) "Középiskolai Matematikai és Fizikai Lapok"[②];

(3) 匈牙利数学奠基人 L. Fejér.

匈牙利是中学数学竞赛的发源地之一, 开始于 1894 年, 是近代首次以国家名义举行的中学数学竞赛, 通过它选拔了许多有才华的年轻人, 而这要归功于 von Eötvös. 他任教育部部长期间, 积极改进中学教学模式, 支持 "Középiskolai Matematikai és Fizikai Lapok", 组织开展中学数学竞赛.

对于中学数学竞赛, von Kármán[③]回忆道: "每年都会对中学数学竞赛优胜者

---

① Lóránd Baron von Eötvös (1848.07.27—1919.04.08), 匈牙利人, G. Kirchhoff, L. Königsberger 和 R. Bunsen (Robert Wilhelm Eberhard Bunsen, 1811.03.30—1899.08.16, 德国人, Friedrich Stromeyer 的学生, 1830 年在 Göttingen 大学的博士学位论文是 "Enumeratio ac descriptio hygrometrorum quae inde a saussurii temporibus proposita sunt", 1842 年当选为法国科学院院士, 1853 年发明 Bunsen 灯, 并当选为德国科学院通讯院士, 1858 年当选为皇家学会会员, 1859 年发明光谱分析仪, 1860 年获 Copley 奖, 并当选为瑞典皇家科学院院士, 1877 年获第一个 Davy 奖) 的学生, 1870 年在 Heidelberg 大学获博士学位, 1871 年任议会上议院议员, 1873 年当选为匈牙利科学院通讯院士 (1883 年为正式院士, 1889—1905 年任院长), 1891 年创建匈牙利数学与物理学会, 1894—1895 年任内阁公共指导部长.

② "Középiskolai Matematikai és Fizikai Lapok"(《中学数学物理杂志》) 由高中教师 Dániel Arany 创办于 1894 年, 月刊, 有点类似于我国的《数学通报》, 每期提出若干问题, 大概限制在中学水平, 欢迎所有人投稿解题, 正确解出问题人的名字与解法公布于下一期.

③ Theodore von Kármán (1881.05.11—1963.05.07), 匈牙利人, L. Prandtl (Ludwig Prandtl, 1875.02.04—1953.08.15, 德国人, August Otto Föppl 的学生, 1899 年在 München 大学的博士学位论文是 "Kipp-Erscheinungen, Ein Fall von instabilem elastischem Gleichgewicht", 1901 年提出边界层理论, 现代流体力学之父, 1943 年创办 "Quarterly of Applied Mathematics". 陆士嘉 (Hsiu-Chen Chang-Lu, 1911.03.18—1986.08.29, 原名陆秀珍, 江苏苏州人, 山西巡抚陆钟琦的孙女, 早年同盟会成员陆光熙的女儿, 张维的妻子) 是他唯一的女学生, 1942 年在 Göttingen 大学的博士学位论文是《圆柱射流遇垂直气流时的上卷》) 的学生, 1908 年在 Göttingen 大学的博士学位论文是 "Untersuchungen über Knickfestigkeit", 1946 年当选为皇家学会会员, 1963 年 2 月 18 日获第一个美国国家科学奖. 钱学森 (Tsien Hsue-shen, 1911.12.11—2009.10.31, 浙江杭州人, 吴越王钱镠第 33 世孙, "中国航天之父" 和 "中国导弹之父", 1957 年增补为中国科学院学部委员 (院士), 1980 年任中国科协主席, 1991 年 10 月被授予 "国家杰出贡献科学家" 荣誉称号和一级英雄模范奖章, 1999 年获 "两弹一星" 功勋奖章) 是他的学生, 1937 年在 California 理工学院的博士学位论文是 "Problems in motion of compressible fluids and reaction propulsion"; 林家翘 (Chia-Chiao Lin, 1916.07.07—2013.01.13, 北京人, 1951 年当选为美国人文与科学院院士, 1962 年当选为美国国家科学院院士, 1994 年 6 月 8 日当选为中国科学院首批外籍院士) 也是他的学生, 1944 年在 California 理工学院的博士学位论文是 "Investigations on the theory of turbulence".

发奖. 获奖的学生将赢得巨大的荣誉, 所以竞争非常激烈. 而现在我注意到, 一半以上移居国外的著名匈牙利科学家, 以及其中在美国的著名人士, 都曾得到这份荣誉 ……." 如 M. Riesz 就在 1904 年 Eötvös 数学竞赛中获第一名.

L. Fejér 本人就是第二届 Eötvös 中学数学竞赛的获胜者. 他不仅取得了巨大的成就, 还常与学生们在咖啡馆里讨论数学问题, 并讲述数学家的故事, 吸引了相当一部分天才学生进入他的数学圈, 形成了强大的匈牙利学派.

F. Riesz 是匈牙利数学继 L. Fejér 之后的另一个突出代表, 建立了 Riesz-Fischer 表示定理, 开创了泛函分析.

20 世纪 20 年代开始, 布达佩斯的公园里常有一群年轻人聚集, 他们自称是"无名小组", 如离散数学和数论的带头人就是 P. Erdös[①]和 P. Turán[②], 他们曾给出 Erdös-Turán 等差数列猜想:

> 对正整数序列的任意子序列 $\{A_n\}$, 若 $\sum\limits_{n=1}^{\infty} \dfrac{1}{A_n} = \infty$, 则 $\{A_n\}$ 中含有任意长度的等差子序列.

1932 年, P. Erdös 还曾提出 Erdös 差异问题:

> 在任意只有 1 和 −1 组成的无限数列中, 能找到项与项间等距的有限子列, 使得子列各项之和的绝对值大于一个任意大的常数.

1936 年, D. König[③]的 "Theorie der endlichen und unendlichen Graphen" 是第一本图论专著, 直到 1958 年还是唯一的一本图论专著, 在博弈论、规划论和信息论等方面得到广泛应用.

10.2　匈牙利数学奠基人——Lipót Fejér

L. Fejér (1880.02.09—1959.10.15), 匈牙利人, 1911 年当选为匈牙利科学院院士, 1912 年 8 月担任在剑桥大学召开的国际数学家大会副主席, 1957 年当选为波兰科学院[④]院士.

---

① Pál Erdös (1913.03.26—1996.09.20), 匈牙利人, 终身未婚, 被称为流浪学者, 大一时就给出 n 和 $2n$ 之间必有一个素数的简单证明, 1932 年提出的 Erdös 差异问题, L. Fejér 的学生, 1934 年在布达佩斯大学的博士学位论文是 "Über die Primzahlen gewisser arithmetrischer Reihen", 1949 年给出素数定理的初等证明, 1951 年获 Cole 数论奖, 1983 年获 Wolf 数学奖, 还是匈牙利科学院院士.

② Pál Turán (1910.08.18—1976.09.26), 匈牙利人, L. Fejér 的学生, 1935 年在布达佩斯大学的博士学位论文是 "Az egész számok primosztóinak számáról", 1948 年当选为匈牙利科学院院士, 1949 年和 1952 年两获匈牙利国家奖.

③ Dénes König (1884.09.21—1944.10.19), 匈牙利人, J. König (Julius König, 1849.12.16—1913.04.08, 匈牙利人, L. Königsberger 的学生, 1870 年在 Heidelberg 大学的博士学位论文是 "Zur Theorie der Modulargleichungen der elliptischen Functionen", 1889 年当选为匈牙利科学院院士) 的儿子, J. Kürschák (József Kürschák, 1864.03.14—1933.03.26, 匈牙利人, 1897 年当选为匈牙利科学院院士) 和 H. Minkowski 的学生, 1907 年在布达佩斯技术与经济大学的博士学位论文是 "Elementary discussion of rotations and finite rotation group of a space of many dimensions".

④ 波兰科学院 (Polska Akademia Nauk) 创建于 1952 年.

L. Fejér 生于 Pécs, 卒于布达佩斯.

L. Fejér 的原名为 Leopold Weiß, 而 Weiß在德文中是 "白色" 之意, 1900 年改为匈牙利文的 Lipót Fejér, 而 Fejér 也是 "白色" 之意.

外曾祖父: S. Nachod[1].

外祖父: J. Goldberger[2].

父母: S. Weiß[3]和 Viktória Goldberger.

师承: H. Schwarz.

L. Fejér 是《中学数学物理杂志》的忠实读者, 1894 年参加过 Eötvös 中学数学竞赛. 1897 年又参加了 Eötvös 中学数学竞赛, 因获第二名而进入布达佩斯技术与经济大学[4].

1900 年, L. Fejér 的 "Sur les fonctions bornées et intégrables" 给出 Fourier 分析中的重要基本定理, 称为 Fejér 定理:

$$连续函数 Fourier 级数的 Cesàro 平均一致收敛于自身,$$

成为现代调和分析的先驱. J. Kahane[5]称这个结果至少有 50 年的基本意义.

1902 年, L. Fejér 在布达佩斯大学, 即现在的 Eötvös 大学[6]获得博士学位, 其博士学位论文包含了上面的重要结果, 即 Fejér 定理. 这个结果发表在 1904 年的 "Untersuchungen über Fouriersche Reihen" 中.

传闻在 1905 年, J. Poincaré 到匈牙利来领 Bolyai 奖时, 一下火车便问: "L. Fejér 在哪?" 并称赞他是当今最伟大的数学家之一.

10.3　泛函分析的开创者——Frigyes Riesz

F. Riesz (1880.01.22—1956.02.28), 匈牙利人, 曾任 Szeged 大学[7]校长, 1922

---

[1] Sámuel Nachod, 来自 Pécs 的一个医生.

[2] József Goldberger, 编著过《希伯来文-匈牙利文词典》.

[3] Samuel Weiß, Pécs 的一个店主.

[4] 布达佩斯技术与经济大学 (Budapesti Müszaki és Gazdaságtudományi Egyetem, BME) 是匈牙利第一所公立高等工程技术大学, 前身是 1782 年创建的布达佩斯技术学院, 1861 年升格为大学, 1871 年改名为 Joseph 综合技术大学, 1934 年与数所专业学院合并为布达佩斯技术与经济大学, 是中欧历史上非常具有历史意义和代表性的公立综合性大学之一, 校训: Courses in contemporary engineering-harmonising theory and practice (现代工程学课程教学理论与实践).

[5] Jean-Pierre Kahane (1926.12.11—2017.06.21), 法国人, S. Mandelbrojt 的学生, 1954 在国家科学研究中心的博士学位论文是 "Sur quelques problemes d'unicite et de prolongement relatifs aux fonctions approchables par des sommes d'exponentielles", 1971—1973 年任法国数学会会长, 1982 年当选为法国科学院通讯院士 (1998 年为正式院士), 2002 年获荣誉军团高等骑士勋位.

[6] Eötvös 大学 (Eötvös Lóránd Tudományegyetem) 创建于 1635 年, 前身是布达佩斯大学 (Péter Pázmány Tudományegyetem), 1950 年更名为 Eötvös 大学, 是匈牙利历史最悠久、规模最大的顶尖大学之一.

[7] Szeged 大学 (Szegedi Tudományegyetem) 创建于 1581 年, 是匈牙利的一所大型国立研究型大学, 是匈牙利最顶尖大学之一, 是中欧首届一指的高等教育机构, 也是国际一流的学府. 旧校训: Veritas, virtus, libertas (真理、勇敢、自由); 新校训: Where knowledge and challenge meet (知识遇到挑战的地方).

年任 "Acta Scientiarum Mathematicarum" 主编, 1935 年任法国数学会会长, 1949
年当选为匈牙利科学院院士和法国科学院院士, 1953 年获 Kossuth①奖.

F. Riesz 生于 Györ, 卒于布达佩斯.

父亲: I. Riesz②.

弟弟: M. Riesz.

师承: G. Vályi③.

1902 年, 他在布达佩斯大学的博士学位论文是 "A negyedrendú elsófajú térgö-
rbén lévó pontkonfiguráci".

1906 年, F. Riesz 与 R. Fréchet 引入了一系列函数空间, 并建立了 Riesz-
Fischer 表示定理, 这是泛函分析的发源.

1907 年, F. Riesz 与 R. Fréchet 独立发现在二次 Lebesgue 可积空间中泛函
的积分表达式, 证明了 L^2 和 ℓ^2 同构.

1910 年, F. Riesz 开创了算子理论, 建立了紧算子谱理论, 引入了弱收敛概念.

1916—1918 年, F. Riesz 引入全连续算子概念.

1918 年, F. Riesz 的工作几乎建立了 Banach 空间的公理体系, 形成了 Hilbert
空间理论.

1922 年, F. Riesz 与 L. Fejér 在共形映射方面做了重要工作.

这一年, F. Riesz 与 A. Haar 在 Szeged 大学建立了 Bolyai 数学研究所 (Bolyai
Intézet), 并创办 "Acta Scientiarum Mathematicarum".

1938 年, F. Riesz 给出了平均各态历经定理的初等证明.

1952 年, F. Riesz 与 B. Szökefalvi-Nagy④合作的专著 "Leçons d'analyse fonc-
tionnelle" (《泛函分析讲义》)是泛函分析方面最值得阅读的著作之一.

10.4   Marcel Riesz

M. Riesz (1886.11.16—1969.09.04), 匈牙利人, 瑞典皇家科学院院士.

哥哥: F. Riesz.

① Lajos Kossuth (1802.09.19—1894.03.20), 匈牙利人, 政治家, 1948 年国家设立 Kossuth 奖 (Kossuth-díj),
以纪念 L. Kossuth.

② Ignácz Riesz, 医生.

③ Gyula Vályi (1855.01.25—1913.10.13), 罗马尼亚人, M. Réthy (Mór Réthy, 1846.11.09—1925.10.16, 匈牙
利人, L. Königsberger 的学生, 1874 年在 Geidelberg 大学获博士学位, 1878 年当选为匈牙利科学院通讯院士 (1900
年当选为正式院士), 1891 年参与创建 Bolyai 数学会) 的唯一学生, 1881 年的博士学位论文是 "A másodrendü
partialis differentialis egyenletek elméletéhez".

④ Béla Szökefalvi-Nagy (1913.07.29—1998.12.21), 匈牙利人, A. Haar 和 F. Riesz 的学生, 1936 年在 Szeged
大学的博士学位论文是 "On isomorphic systems of functions", 曾任 "Zentralblatt für Mathematik" "Acta Scien-
tiarum Mathematicarum" 和 "Analysis Mathematica" 主编, 1953 年获 Kossuth 奖, 1979 年获 Lomonosov 金奖,
父亲 Gyula Szökefalvi-Nagy 也是有名的数学家.

师承: L. Fejér.

1904 年, M. Riesz 在 Eötvös 中学数学竞赛中获第一名.

1907 年, 他在布达佩斯大学的博士学位论文是 "Summierbare trigonometris-che Reihen und Potenzreihen".

1914 年, M. Riesz 给出三角多项式的插值公式, 这在现在的教科书中经常出现, 它可以很方便地证明 Bernstein 不等式和 Markov 不等式.

1915 年, M. Riesz 与 G. Hardy 的 "The general theory of Dirichlet's series" 给出了 Riesz 平均的概念.

1949 年, M. Riesz 长达 223 页的 "L'intégrale de Riemann-Liouville et le problème de Cauchy" 给出在波动方程中非常重要的 Riemann-Liouville 型重积分, 在 "Problems related to characteristic surface" 中得到了波动方程的解.

M. Riesz 和 L. Gårding[1]的学生 L. Hörmander[2]于 1962 年获 Fields 奖, 1988 年获 Wolf 数学奖.

10.5　George Pólya

10.5.1　G. Pólya

G. Pólya (1887.12.13—1985.09.07), 匈牙利人, 法国科学院通讯院士、美国国家科学院院士、美国人文与科学院院士、匈牙利科学院院士.

G. Pólya 生于布达佩斯, 卒于美国 Palo Alto.

父母: J. Pólya[3]和 A. Deutsch[4].

哥哥: E. Pólya[5].

师承: L. Fejér.

中学时, G. Pólya 对文学特别感兴趣, 尤其喜欢 C. Heine[6]的作品, 曾将他的诗作译成匈牙利文而获奖, 因为与他有相同的生日而感到自豪, 后来甚至组织了

---

① Lars Gårding (1919.03.07—2014.07.07), 瑞典人, M. Riesz 的学生, 1944 年在 Lund 大学的博士学位论文是 "On a class of linear transformations connected with group representations", 1953 年当选为瑞典皇家科学院院士.

② Lars Valter Hörmander (1931.01.24—2012.11.25), 瑞典人, M. Riesz 和 L. Gårding 的学生, 1955 年在 Lund 大学 (Lunds Universitet, 创建于 1666 年, 是瑞典一所现代化、具有高度活力、历史悠久和最大的综合性大学, 欧洲顶级名校之一, 校训: Ad utrumque (两者兼顾)) 的博士学位论文 "On the theory of general partial differential equations" 给出线性偏微分算子的一般理论, 1962 年获 Fields 奖, 1976 年当选为美国国家科学院院士, 1987—1990 年任国际数学联盟副主席, 1988 年获 Wolf 数学奖, 2006 年获 Steele 论著奖, 还是美国人文与科学院院士.

③ Jakab Pólya (?—1897), 律师.

④ Anna Deutsch (1853—?).

⑤ Eugene Pólya (1876—?), 著名的外科医生, 一种胃外科手术以其命名.

⑥ Christian Johann Heinrich Heine (1797.12.13—1856.02.17), 德国人, 1825 年在 Göttingen 大学获博士学位, 著名抒情诗人和散文家, 被称为 "德国古典文学的最后一位代表", 1972 年, Düsseldorf 市设立 Heine 奖.

一个 "13 日生日俱乐部", 将出生在 13 日的朋友与同事组织在一起.

1905 年, G. Pólya 进入布达佩斯大学. 母亲竭力劝他从事父亲的法律职业, 他便遵母命到法学院学习, 但只一个学期便感厌倦, 一度想改学生物学, 在其兄劝阻下放弃了这个念头, 而改学语言与文学, 两年后又将兴趣转向哲学. 他的哲学课老师 B. Alexander[1]认为学习物理与数学有助于对哲学的理解, 因而劝他将这两门课程作为他学习哲学的一部分. 1977 年, 他 90 岁时回忆这一段学习情况: "事实上, 我不是直接选中数学这一行的. 我对物理和哲学更有兴趣 …… 我认为我并不擅长搞物理, 但很适合于搞哲学, 数学则介于两者之间."

1912 年, G. Pólya 在布达佩斯大学获博士学位, 论文是 "A valószinuségszámitás néhány kérdésérol és bizonyos velük összefüggo határozott integrálokról".

G. Pólya 于 1912—1913 年在 Göttingen 大学和 1914 年在巴黎大学从事博士后研究工作, 这对他后来的研究工作都产生了很大影响.

此后, 他开始了对概率论的一系列富有成效的研究. 早期工作主要涉及几何概率方面. 有人认为, G. Pólya 是第一个在论著中使用 "中心极限定理" 这一术语的人. 他还进一步研究了概率论中的特征函数, 提出所谓的 "Pólya 准则". 他还提出 Pólya 罐子模型:

在一个罐子中, 放有 r 个红球和 b 个黑球, 当随机取出一个球后, 就另外取来与其同色的 c 个球代替它而放入罐子中.

这个模型经常用来描述蔓延现象, 它的一个分支就是 Pólya 分布.

G. Pólya 对概率论最重要的贡献是 1921 年有关随机游动的论文. 他首创了术语 "随机游动". 他证明了在一维与二维格网中, 只要次数足够大, 任意游动的点必定返回起始点. 但在更高维的格网中, 这并不是必然发生的 (三维情形的概率大约是 34%). 他曾将二维情形形象地说成是 "平面上的道路条条通罗马!" 1964 年在纽约世界博览会上, IBM 在其展览厅内当众演示了随机游动.

虽然 G. Pólya 在概率论方面的成就是引人注目的, 但他最深奥和最艰难的工作要算复变函数论了, 特别是全平面内没有奇点的单值整函数研究. 1914 年, 他和 I. Schur 合作引进了 Pólya-Schur 函数, 包括 Schoenberg[2]样条函数逼近工作. 1957 年, 他与 I. Schoenberg 提出了一个有关幂级数的 Pólya-Schoenberg 猜想:

能够将单位圆映入凸区域的两个幂级数的 Hadamard 积, 仍是一个具有同样性质的幂级数.

---

[1] Bernát Alexander (1850.04.13—1927.10.23), 匈牙利人, A. Rényi 的外祖父, 匈牙利科学院通讯院士.

[2] Isaac Jacob Schoenberg (1903.04.21—1990.02.21), 罗马尼亚人, E. Landau 的女婿, S. Sanielevici (Simion Sanielevici, 1870.08.04—1963.08.12, 罗马尼亚人) 和 I. Schur 的学生, 1926 年 6 月在 Cuza 大学 (Universitatea Alexandru Ioan Cuza, 创建于 1860 年, 是罗马尼亚第一所现代大学, 以罗马尼亚大公 Alexandru Ioan Cuza (1820.03.20—1873.05.15) 命名) 的博士学位论文是 "Über die asymptotische Verteilung reeller Zahlen mod 1", 1974 年获 Ford 奖.

经过一些数学家的不懈努力, 15 年后, 在 1973 年由 Stephen Ruscheweyh 和 T. Sheil-Small 合作的 "Hadamard products of Schlicht functions and the Pólya-Schoenberg conjecture" 论文中最后给出证明.

G. Pólya 在函数论方面最重要的工作是有关函数零点的结果, 它与 Riemann 假设密切相关. 1919 年的 "Verschiedene Bemerkungen zur Zahlentheone" (《数论的种种评论》) 提出了一个猜想, 被称为 Pólya 猜想:

> 对每个 $x > 1$, 在不超过 x 的正整数中, 含有奇数个素数因子 (不一定是不同的) 的整数个数不少于含有偶数个素数因子的整数个数.

在很长时期里, 人们都认为 Pólya 猜想是正确的. 直到 1958 年, C. Haselgrove[1]从理论上证明了存在着无穷多个反例, 1962 年, R. Lehman[2]找到了一个具体反例: 906,180,359, 从而推翻了 Pólya 猜想.

1924 年在 G. Hardy 的推荐下, G. Pólya 去英国逗留了一年, 先后访问牛津大学和剑桥大学等, 参加了由 G. Hardy 与 J. Littlewood 主持的 "Inequalities" 的写作.

1926 年, G. Pólya 的 "Bemerkung über die Integraldarstellung der Riemannschen ζ-Funktion"(《关于 Riemann ζ 函数的积分表示的评论》)明显地涉及了 Riemann 假设, 虽然失败了, 但却导致了统计方法的重大进展.

在 20 世纪 30 年代, G. Pólya 就一系列数学问题与 G. Julia 进行过密切合作. 1933 年他再次访问 Princeton 大学, 这一年夏天, 又访问了 Stanford 大学[3].

在前人研究同分异构体计数问题的基础上, 1937 年, G. Pólya 的 "Kombinatorische Anzahlbestimmungen für Gruppen, Graphen und Chemische Verbindungen" (《关于群、图和化学化合物的组合计算方法》)长达 110 页, 是组合数学中具有深远意义的著名论文, 推广了 Burnside[4]引理, 给出了普遍适用的一般计数方法, 其主要定理现称为 "Pólya 计数定理" 写入组合数学的教材中, 它提供了强有力

① Colin Brian Haselgrove (1926.09.26—1964.05.27), 英格兰人, A. Ingham (Albert Edward Ingham, 1900.04.03—1967.09.06, 英格兰人, J. Littlewood 的学生, 1925 年在剑桥大学获博士学位, 1945 年当选为皇家学会会员) 的学生, 1956 年在剑桥大学的博士学位论文是 "Some theorems in the analytic theory of numbers".

② Russell Sherman Lehman (1954—2002), 烈伟的学生, 1954 年在 Stanford 大学的博士学位论文是 "Developments in the neighborhood of the beach of surface waves over an inclined bottom".

③ Stanford 大学 (Leland Stanford Junior University) 创建于 1885 年, 以 A. Stanford (Amasa Leland Stanford, 1824.03.09—1893.06.21, 美国人, 铁路大王, 1861 年任 California 州长) 和 J. Lathrop (Jane Elizabeth Lathrop, 1828.08.25—1905.02.28, 美国人) 夫妇 1884 年去世的小儿子 L. Stanford (Leland DeWitt Stanford, 1868.05.14—1884.03.13, 美国人) 命名, 1891 年 10 月 1 日正式开学, 是世界著名的私立研究型大学, 校训: Die Luft der Freiheit weht (自由之风劲吹).

④ William Burnside (1852.07.02—1927.08.21), 英格兰人, 1893 年当选为皇家学会会员, 1899 年获 de Morgan 奖, 1904 年获皇家奖, 1906—1908 年任伦敦数学会会长.

和巧妙的方法, 对图及化合物进行计数.

在 20 世纪 40 年代后期, G. Pólya 撰写了一些有关微分方程的论文以及数学物理方面的一系列论文. 其中有些内容, 后来出现在与 G. Szegö[①]合著的 "Isoperimetric inequalities in mathematical physics" (《数学物理中的等周不等式》)中.

10.5.2 G. Pólya 的教育思想

1953 年, G. Pólya 从 Stanford 大学退休后继续从事教学与写作, 对教师的培训工作越来越感兴趣, 93 岁时仍亲自讲授解题研究与数学方法论.

1974 年, G. Pólya 与人合写 "The Stanford Mathematics Problem Book: with hints and solutions" (《Stanford 数学问题集》), 1963 年有 "Mathematical methods in science" (《科学中的数学方法》), 1984 年与 R. Tarjan[②]等合写 "Notes on introductory combinatorics" (《组合学导引札记》)等.

G. Pólya 精湛的教学艺术与杰出的数学研究相结合, 产生了他特有的和丰富的数学教育思想. 它有两个基点: 一是关于对数学科学的认识, 他认为数学有二重性, 它既是 Euclid 式的演绎推理科学, 但在创造与认识过程中, 它又是一门实验性的归纳科学; 二是关于对数学学习的认识, 他认为生物发生律 (也称重演律) 可以运用于数学教学与智力开发, 为此他在 1962 年发表了 "The teaching of mathematics and the biogenetic law" (《数学教学与生物发生律》).

1963 年, G. Pólya 提出了著名的数学教学与学习的心理三原则, 即主动学习、最佳动机、阶段循序. 他认为教师在学生的课堂学习中, 仅仅是 "助产士", 他的主导作用在于引导学生自己去发现尽可能多的东西; 引导学生积极地参与提出问题和解决问题. 他认为科学地提出问题需要更多的洞察力和创造性, 很可能成为一项发现的重要组成部分, 而学生一旦提出了问题, 那么他们解决问题的注意力更集中, 主动性会更强烈. 教师的教学应该立足于学生的主动学习, 这就是主动性原则. 但他又认为如果学习者缺少活动的动机, 那么也不会有所行动. 他认为对所学材料产生兴趣是最好的学习刺激, 而紧张的思维活动后所感受到的快乐是对这种活动的最好奖赏. 这就是最佳动机原则. 他根据生物发生律的思想, 将数学学习过程由低级到高级分成三个不同阶段: 一是探索阶段, 是人类的活动与感受阶段, 处于直观水平; 二是形式化阶段, 引入术语、定义和证明, 上升到概念水平; 三是同

---

① Gábor Szegö (1895.01.20—1985.08.07), 匈牙利人, W. Wirtinger 和 F. Furtwängler (Friedrich Pius Philipp Furtwängler, 1869.04.21—1940.05.14, 德国人, C. Klein 的学生, 1895 年在 Göttingen 大学的博士学位论文是 "Zur Theorie der in Linearfaktoren zerlegbaren ganzzahlingen ternären Kubischen Formen", 1931 年当选为德国科学院院士) 的学生, 1918 年在维也纳大学的博士学位论文是 "Ein Grenzwertsatz über die Toeplitz determinanten einer reellen Funktion", 1960 年当选为奥地利科学院院士, 1965 年当选为匈牙利科学院院士.

② Robert Endre Tarjan (1948.04.30—), 美国人, R. Floyd (Robert W. Floyd, 1936.06.08—2001.09.25, 美国人, 1978 年获 Turing 奖) 和高德纳的学生, 1982 年获第一个 Nevanlinna 奖, 1984 年获美国国家科学奖, 1986 年获 Turing 奖.

化阶段, 将所学的知识消化、吸收和融汇于学习者的整体智力结构中. 每一个人的思维必须有序地通过这三个阶段, 这就是阶段循序原则. 他认为在课程设计及教学时, "生物发生律" 不仅可以决定应该教什么内容与理论, 而且还可以预见到用什么样的先后顺序和适当方法来讲授这些内容与理论.

G. Pólya 主张数学教育的主要目的之一是发展学生解决问题的能力, 教会学生思考. 在 G. Hardy 的启发下, 1944 年出版了 "How to Solve It" (《怎样解题》), 总结了人类解决数学问题的一般规律和程序, 对数学解题研究有着深远影响. 他说: "如果你不能解决一个问题, 那么就有一个较为容易的问题你没有解决, 先找到它." 迄今此书已销售一百万册, 被译成至少 17 种语言广为传播, 可说是一部现代数学名著. 陶哲轩说, 他就是使用这本书来准备国际数学奥林匹克竞赛[①]的.

他随后又写了两部这类书. 其一是 1954 年出版的两卷本 "Mathematics and Plausible Reasoning"(《数学与合情合理》), 提出 "合情推理" 概念, 认为在数学研究与数学教学中合情推理占有很重要的地位, 再次阐述了在 "How to solve it" 以及其他论文中所提到的启发式原理, 被译成六种语言. 其二是两卷本的 "Mathematical Discovery"(《数学的发现》), 进一步强调人类的后代学习数学应该重走人类认识数学的重大几步. 这些书籍一经出版, 立刻在全美轰动, 风行世界, 使 G. Pólya 成为当代的数学方法论、解题研究与启发式教学的先驱. "按 Pólya 风格" 和 "按 Pólya 方法" 成了世界各地数学教师的口头禅或专门用语. 20 世纪七八十年代, 中国陆续翻译出版了 G. Pólya 的上述著作, 随之在中国掀起一股 "Pólya 热".

1925 年, G. Pólya 与 G. Szegö 合著的 "Aufgaben und Lehrsätze aus der Analysis" (《数学分析中的问题和定理》)并不是一部普通的习题集, 其新颖之处在于不是按内容而是按解题方法编排的, 用意在于激励读者在数学分析的几个重要领域中进行独立的思考与工作, 并养成有用的思维习惯. 中文版的第一和第二卷分别在 1981 年和 1985 年出版. 近一个世纪以来, 此书一直是许多研究课题的重要来源, 是各类试题的几乎取之不尽的源泉, 在数学教育界堪称一绝.

de Bruijn[②]说: "G. Pólya 是对我影响最大的数学家. 他的所有研究都体现出使人愉快的个性, 令人惊奇的鉴赏力, 水晶般清晰的方法论, 简捷的手段和有力的结果. 如果有人问我, 想成为什么样的数学家, 我会毫不迟疑地回答: G. Pólya."

[①] 国际数学奥林匹克竞赛 (International Mathematical Olympiad, IMO) 是由罗曼于 1956 年提出倡议, 并于 1959 年 7 月在罗马尼亚举行了第一届, 当时只有保加利亚、捷克斯洛伐克、匈牙利、波兰、罗马尼亚和苏联参加, 以后每年举行 (中间只在 1980 年断过一次), 1985 年我国第一次参加.

[②] Nicolaas Govert de Bruijn (1918.07.09—2012.02.17), 荷兰人, J. Koksma (Jurjen Ferdinand Koksma, 1904.04.21—1964.12.17, 荷兰人, Johannes van der Corput 的学生, 1930 年在阿姆斯特丹大学的博士学位论文是 "Over stelsels Diophantische ongelijkheden") 的学生, 1943 年在阿姆斯特丹大学的博士学位论文是 "Over modulaire vormen van meer veranderlijken", 1957 年当选为荷兰皇家人文与科学院院士.

10.5.3 Pólya 奖

伦敦数学会设立 Pólya 奖 (Pólya Prize), 每两年颁发一次, 以组合论和 G. Pólya 感兴趣的领域交替进行, 包括逼近论、复分析、数论和正交多项式等.

1971 年, 葛立恒、K. Leeb、B. Rothschild[1]、A. Hales[2]和 R. I. Jewett 获第一个 Pólya 奖.

10.6 计算机之父——John von Neumann

10.6.1 von Neumann

von Neumann (1903.12.28—1957.02.08), 匈牙利人, 1938 年获 Bôcher 纪念奖, 1947 年和 1956 年两获美国国家科学奖, 1956 年获 Fermi[3]奖和 Einstein 奖, 1951—1952 年任美国数学会会长, 美国人文与科学院院士、美国国家科学院院士、荷兰皇家人文与科学院院士、意大利国家科学院院士等.

von Neumann 生于布达佩斯, 卒于华盛顿.

外祖父母: Jakab Kann 和 Katalin Meisels.

父母: Max von Neumann[4]和 Margit Kann.

师承: L. Fejér.

von Neumann 天赋异禀, 8 岁时掌握微积分, 10 岁时花数月读完了一部 48 卷的世界史, 可以对当前发生的事件和历史上某个事件做出对比, 并且讨论两者的军事理论和政治策略, 12 岁读懂领会了 1898 年 F. Borel 的 "Leçons sur la théorie des fonctions". 父亲请 von Kármán 去说服 von Neumann 学习经济, 大概是请错了人, von Neumann 最后决定到布达佩斯大学学习数学, 事实上却去了柏林大学学习化学.

其后的四年间, von Neumann 在布达佩斯大学注册为数学方面的学生, 但并不听课, 只是每年按时参加考试, 考试都得 A. 与此同时, 1921 年, von Neumann

---

① Bruce Lee Rothschild (1941.08.26—), 美国人, O. Ore 的学生, 1967 年在 Yale 大学的博士学位论文是 "A generalization of Ramsey's theorem and a conjecture of Rota", 1971 年获第一个 Pólya 奖.

② Alfred Washington Hales (1938.11.30—), 美国人, R. Dilworth (Robert Palmer Dilworth, 1914.12.02—1993.10.09, 美国人, Edit Henry Morgan Ward 的学生, 1939 年在 California 理工学院的博士学位论文是 "The structure and arithmetical theory of non-commutative residuated lattices") 的学生, 1962 年在 California 理工学院的博士学位论文是 "On thre nonexistence of free complete Boolean algebras", 1971 年获第一个 Pólya 奖.

③ Enrico Fermi (1901.09.29—1954.11.28), 意大利人, L. Puccianti (Luigi Puccianti, 1875.06.11—1952.06.09, 意大利人, Angelo Battelli 的学生, 1898 年在 Pisa 大学获博士学位) 的学生, 1922 年在 Pisa 大学的博士学位论文是 "Un teorema di calcolo delle probabilità ed alcune sue applicazioni", 1938 年获 Nobel 物理学奖, 1950 年当选为皇家学会会员, 1953 年获 Rumford 奖, 1956 年美国原子能委员会 (United States Atomic Energy Commission) 设立 Fermi 奖, 1999 年 12 月 26 日被 "Time" 评为 "世纪伟人".

④ Max von Neumann (1873—1928), 大银行家.

进入柏林大学, 1923 年又进入瑞士苏黎世联邦工业大学学习化学. 1926 年, 他在苏黎世联邦工业大学获得化学方面的大学毕业学位, 通过在每学期期末回到布达佩斯大学通过课程考试, 他也获得了布达佩斯大学数学博士学位.

　　von Neumann 的这种不参加听课只参加考试的求学方式, 当时是非常特殊的, 就整个欧洲来说也是完全不合规则的. 但是这不合规则的学习方法, 却又非常适合 von Neumann. 逗留在苏黎世期间, von Neumann 常常利用空余时间研读数学、写文章和数学家通信. 在此期间 von Neumann 受到了 D. Hilbert 和他的学生 F. Schmidt 和 H. Weyl 的思想影响, 开始研究数理逻辑. 当时 H. Weyl 和 G. Pólya 两位也在苏黎世, von Neumann 和他们有过交往. 一次 H. Weyl 短期离开苏黎世, von Neumann 还代他上过课. 聪慧加上得天独厚的栽培, von Neumann 在茁壮地成长, 当他结束学生时代的时候, 他已经漫步在数学、物理、化学三个领域的某些前沿.

　　1922 年, von Neumann 与 M. Fekete[1]的 "Über die Lage der Nullstellen gewisser Minimum Polynome" 给出 Chebyshev 多项式求根法的 Fejér 定理推广.

　　1925 年, von Neumann 提出并由 P. Bernays[2]和 K. Gödel 完善 NBG 公理系统. 在这个系统中, 集论的悖论得以消除.

　　1926 年, von Neumann 在苏黎世联邦理工学院毕业, 在布达佩斯大学获数学博士学位, 论文是 "Az általános halmazelmélet axiomatikus felépítése".

　　1928 年, von Neumann 在对策论中证明最小最大定理, 提出自伴算子谱分析理论并应用于量子力学.

　　1929 年, von Neumann 引入了 Hilbert 空间中有界线性算子的自共轭代数在弱算子拓扑中是闭的, 他称这样的算子代数为 "代数环", 后来被称为 W*-代数.

　　1929—1932 年, von Neumann 正式引入并定名抽象的 Hilbert 空间概念, 引进稠定算子概念, 在谱理论方面做了奠基性的工作, 标志着泛函分析数学分支诞生.

　　1932 年, von Neumann 的 "Mathematische Grundlagen der Quantenmechanik" (《量子力学的数学基础》)是一本革命性的著作, 它引起理论物理学的巨大变化, 成为新量子理论的坚实基础, 还建立了各态历经的数学理论.

　　1933 年和 1935 年, von Neumann 分别任 "Annals of Mathematics" 和 "Compositio Mathematica" 的主编.

　　1936 年, von Neumann 建立算子环论, 可表达量子场论中的一些概念.

---

　　[1] Michael Fekete (1886.07.19—1957.05.13), 塞尔维亚人, L. Fejér 的学生, 1909 年在 Eötvös 大学获博士学位. Fekete 是 "黑色" 之意.

　　[2] Paul Isaac Bernays (1888.10.17—1977.09.18), 英格兰人, E. Landau 的学生, 1912 年在 Göttingen 大学的博士学位论文是 "Über die Darstellung von positiven, ganzen Zahlen durch die primitiven, binären quadratischen Formen einer nicht-quadratischen Diskriminante", 比利时皇家科学、人文和艺术院院士, 挪威皇家科学与人文院院士.

20 世纪 30 年代后期和 40 年代初, von Neumann 和 F. Murray[1]的 "On rings of operators" 系列论文建立了 von Neumann 代数的坚实基础. 1957 年, J. Dixmier[2]在 "Algebras of operators in Hilbert space (von Neumann algebras)" 中称为 von Neumann 代数.

1946 年, von Neumann 与 S. Ulam[3]和 N. Metropolis[4]发展了 Monte-Carlo 法.

在 von Neumann 临去世的前几天, 肿瘤已经占据了他的大脑, 但他的记忆力有时还是不可思议地好. 一天, S. Ulam 坐在他的病榻前用希腊语朗诵一本 Thucydide[5]的书中他特别喜欢的一段故事时, 他还会纠正 S. Ulam 的错误和发音.

1992 年, N. Macrae[6]写了他的传记 "John von Neumann: The Scientific Genius Who Pioneered the Modern Computer, Game Theory, Nuclear Deterrence, and Much More" (《天才的拓荒者, von Neumann 传》).

10.6.2　博弈论与计算机

1944 年, von Neumann 与 O. Morgenstern[7]的 "Theory of Games and Economic Behavior" (《博弈论与经济行为》)用不动点理论证明了最小最大定理, 建立了博弈论 (对策论), 并应用到经济学, 是博弈论的奠基性著作, von Neumann 被称为 "博弈论之父".

在 von Neumann 的精心指导下, 1945 年春, 其设计的 "ENIAC" 开始试运行, 两位计算机专家在 "ENIAC" 上进行有关原子核裂变的能量计算, 它为世界第一颗原子弹的早日问世出了一把大力. 1955 年 10 月 2 日, 它功德圆满, 实际运行了

① Francis Joseph Murray (1911.02.03—1996.03.15), 美国人, B. Koopman (Bernard Osgood Koopman, 1900—1981.08.18, 法国人, G. Birkhoff 的学生, 1926 年在 Harvard 大学的博士学位论文是 "On rejection to infinity and exterior motion in the restricted problem of three bodies") 的学生, 1936 年在 Columbia 大学的博士学位论文是 "Linear transformations between Hilbert spaces and the application of the theory to linear partial differential equations".

② Jacques Dixmier (1924.01.01—), 法国人, G. Julia 的学生, 1949 年在巴黎大学的博士学位论文是 "Étude sur les variétés et les opérateurs de Julia avec quelques applications", 1950 年任法国科学院长, 曾任法国数学会会长, 1976 年获 Ampère 奖, 1993 年获 Steele 奖, 2001 年获 Picard 奖.

③ Stanisław Marcin Ulam (1909.04.13—1984.05.13), 波兰人, K. Kuratowski 和 W. Stożek (Włodzmierz Stożek, 1883.07.23—1941.07.03, 波兰人, S. Zaremba 的学生, 1922 年在 Jagielloński 大学获博士学位) 的学生, 1933 年在 Lwów 工业大学 (Politechnika Lwowska) 获博士学位.

④ Nicholas Constantine Metropolis ($N\iota\kappa o\lambda a o\varsigma\ K\omega\nu\sigma\tau a\nu\tau\iota\nu o\varsigma\ M\eta\tau\varrho o\pi o\upsilon\lambda o\varsigma$, 1915.06.11—1999.10.17), 希腊人, 美国人文与科学院院士, 1992 年在电影 "Husbands and wives" 中饰演过科学家角色.

⑤ Thucydide ($\Theta o\upsilon\kappa\upsilon\delta\iota\delta\eta\varsigma$, 公元前 460—前 400), 希腊人, 被称为 "历史学之父".

⑥ Norman Alastair Duncan Macrae (1923—2010.06.11), 英国人.

⑦ Oskar Morgenstern (1902.01.24—1977.07.26), 奥地利人, Ludwig von Mises (Ludwig Heinrich Edler von Mises, 1881.09.29—1973.10.10, 乌克兰人, Eugen Böhm van Bawerk 的学生) 的学生.

80223 小时. 这十年间, 它的算术运算量比有史以来人类大脑所有运算量的总和还要多.

在 von Neumann 生命的最后几年, 他的思想仍甚活跃, 他综合早年对逻辑研究的成果和关于计算机的工作, 把眼界扩展到一般自动机理论. 他以特有的胆识进击最为复杂的问题: 怎样使用不可靠元件去设计可靠的自动机, 以及建造自己能再生产的自动机, 意识到计算机和人脑机制的某些类似. 未完成的手稿于 1958 年以 "The Computer and the Brain"(《计算机与人脑》)为名出版.

A. Turing[1], N. Wiener 和 von Neumann 常被称为将计算机带上路的三驾马车.

10.6.3　von Neumann 奖

1990 年, 国际电气与电子工程师协会 (Institute of Electrical and Electronics Engineers, IEEE) 设立 von Neumann 奖 (von Neumann Medal).

1992 年, C. Bell[2]获第一个 von Neumann 奖.

---

[1] Alan Mathison Turing (1912.06.23—1954.06.07), 英格兰人, "计算机科学之父", 1936 年的 "On Computable Numbers and Entscheidungsproblem" 描述了 Turing 机, A. Church 的学生, 1938 年在 Princeton 大学的博士学位论文是 "Systems of logic based on ordinals", 1950 年的 "Computing machinery and intelligence in mind" 提出机器能思维的观点, 第二次世界大战时破译过德军的 "Enigma" 密码, 1951 年当选为皇家学会会员, 1960 年美国计算机学会设立 Turing 奖 (Turing Award), 1999 年 12 月 26 日被 "Time" 评为 "世纪伟人".

[2] Chester Gordon Bell (1934.08.19—), 美国人, 1977 年当选为美国国家工程院院士, 1987 年设立 Bell 奖, 1991 年获美国国家技术奖, 1994 年当选为美国人文与科学院院士, 2007 年当选为美国国家科学院院士, 2009 年当选为澳大利亚技术科学与工程院院士.

第 11 章 波 兰 篇

11.1 波兰数学简介

20 世纪 20 年代, 波兰数学迅速兴起, 成为举世瞩目的大事. 波兰历史上多次被列强瓜分, 科学发展受到严重压抑.

第一次世界大战前, 波兰由德奥俄占领. 在德占区, 波兰文化受到严重摧残. 第一次世界大战给波兰带来了巨大的变化, 他们创建了自己的大学.

曾任 Lwów 大学①校长的 K. Twardowski②是波兰 Lwów-华沙学派 (Lwowska-Warszawska szkoła matematyczna) 最初的倡导者和组织者, 他的远见卓识和领导才能, 为波兰学派的形成提供了正确的指导方针.

两本杂志的创办是波兰 Lwów-华沙学派形成的标志, 并且它们很快就成了国际性的数学杂志. 它们采纳了 H. Lebesgue 两个有益的建议:

(1) 为了扩大国际影响, 毅然用外文发表论文;

(2) 不仅刊登集论方面的论文, 也刊登集论应用方面的论文. 一本是 W.Sierpiński③,

---

① Lwów 大学 (Uniwersytet Lwowski) 创建于 1661 年 1 月 20 日, 时属波兰, 现属乌克兰.

② Kazimierz Jerzy Skrzypna Twardowski (1866.10.20—1938.02.11), 波兰人, F. Brentano (Franz Clemens Honotatus Hermann Brentano, 1838.01.16—1917.03.17, 德国人, Franz Jakob Clements 和 Friedrich Adolf Tredelenburg 的学生, 1862 年在 Tübingen 大学的博士学位论文是 "Von der mannigfachen Bedeutung des Seienden nach Aristoteles") 和 von Zimmermann (Robert von Zimmermann, 1824.11.02—1898.09.01, 捷克人, B. Bolzano 的学生, 1846 年在维也纳大学获博士学位) 的学生, 1891 年在维也纳大学的博士学位论文是 "Idea and perception—An epistemological investigation of Descartes".

③ Wacław Sierpiński (1882.03.14—1969.10.21),波兰人, S. Zaremba (Stanisław Zaremba, 1863.10.03—1942.11.23, 波兰人, J. Darboux 和 C. Picard 的学生, 1889 年在巴黎第四大学的博士学位论文是 "Sur un problème concernant l'état calorifique d'un corps solide homogène indéfini", 1915 年提出 Sierpiński 三角形, 它是自相似集的例子, 1919 年首任波兰数学会会长) 和 G. Voronoy (Georgy Fedoseevich Voronoy, Георгий Феодосьевич Вороной, 1868.04.28—1908.11.20, 乌克兰人, 1933 年做了世界上第一例人对人的肾移植手术的世界著名移植外科医生 Yuri Voronoy 的父亲, A. Markov 的学生, 1894 年的副博士学位论文是 "On the algebraic integers associated with the roots of an irreducible cubic equation", 1897 年的博士学位论文是 "On a generalization of the algorithm of continued fractions", 他的副博士学位论文和博士学位论文获 Bunyakovsky 奖) 的学生, 1906 年在 Jagielloński 大学获博士学位, 1921 年当选为波兰科学院院士, 1928 年任波兰数学会会长, 1936 年当选为保加利亚科学院院士, 1947 年当选为意大利国家科学院院士, 1950 年当选为德国科学院院士, 1959 年当选为美国人文与科学院院士, 1960 年当选为法国科学院院士, 1961 年当选为荷兰皇家人文与科学院院士和比利时皇家科学、人文和艺术院院士, 1965 年当选为罗马尼亚科学院院士.

S. Leśniewski[1], Z. Janiszewski[2] 和曾任华沙大学[3]副校长的 S. Mazurkiewicz[4]创办于 1920 年的 "Fundamenta Mathematicae", 杂志的名字是 Z. Janiszewski 建议的; 另一本是 H. Steinhaus 和 S. Banach 创办于 1929 年的 "Studia Mathematica".

特别是 S. Banach 和 H. Steinhaus, 他们是 Lwów 学派的开创人, 是泛函分析的开创人, 他们领导的泛函分析研究中心最出色的工作是 S. Banach 于 1923 年提出 Banach 空间的有界线性算子理论, 以及他们提出的共鸣定理, 以其深刻和概括著称于世. 他们的研究方式很特别, 到 "Scottish Café"(苏格兰咖啡馆) 去喝咖啡, 热烈地讨论数学问题.

11.2 Hugo Dyonizy Steinhaus

H. Steinhaus (1887.01.14—1972.02.25), 波兰人.

H. Steinhaus 生于 Jasło, 卒于 Wrocław.

师承: D. Hilbert.

1911 年, H. Steinhaus 在 Göttingen 大学的博士学位论文是 "Neue Anwendungen des Dirichlet'schen Prinzips".

1916 年, H. Steinhaus 在 Lwów 的公园中散步, 听到有人说了 Lebesgue 测度这个词后, 直奔长椅走去, 发现两个年轻人. 这两个年轻人就是 S. Banach 和 O. Nikodym[5]. 从此, 他们结下了友谊, 并决定成立 Kraków 数学会.

H. Steinhaus 后来说: "S. Banach 是我最伟大的科学发现."

1919 年 4 月 2 日, H. Steinhaus, S. Banach 和 O. Nikodym 等创建 Kraków 数学会, 第一次世界大战后成为波兰全国性的数学会.

1931 年, 来自 Lwów 的 H. Steinhaus 和 S. Banach, 来自华沙的 Kuratowski[6],

---

① Stanisław Leśniewski (1886.03.30—1939.05.13), 波兰人, K. Twardowski 的学生, 1912 年在 Lwów 大学的博士学位论文是 "A contribution to analysis of existential propositions".

② Zygmunt Janiszewski (1888.06.12—1920.01.03), 波兰人, H. Lebesgue 的学生, 1911 年的博士学位论文是 "Sur les continus irréductibus entre deux points".

③ 华沙大学 (Uniwersytet Warszawski, UW) 是 1816 年由 1363 年创建的 Jagielloński 大学 (Uniwersytet Jagielloński w Krakowie, 是欧洲第六古老的大学, 波兰第一所大学, 校训: Plus ratio quam vis(理性胜过强权)) 分离并在华沙重新建成, 命名为华沙皇家大学, 后更名为华沙帝国大学, 沙俄统治结束后, 1818 年正式命名为华沙大学, 第二次世界大战时成了纳粹军营, 1945 年 12 月重开.

④ Stefen Mazurkiewicz (1888.09.25—1945.06.19), 波兰人, W. Sierpiński 的学生, 1913 年在 Lwów 大学的博士学位论文是 "O krzywych wypelniajacych kwadrat", 1933—1935 年任波兰数学会会长, 1946 年, 波兰数学会设立只奖励波兰公民的 Mazurkiewicz 奖 (Mazurkiewicz Award), 每年授奖.

⑤ Otton Marcin Nikodym (1887.08.13—1974.05.04), 波兰人, W. Sierpiński 的学生, 1927 年给出 Nikodym 集的概念, 1930 年给出一般情形的 Radon-Nikodym 定理.

⑥ Kazimierz Kuratowski (1896.02.02—1980.06.18), 波兰人, S. Mazurkiewicz 和 Z. Janiszewski 的学生, 1921 年在华沙大学获博士学位, 1930 年证明了平面群定理,1949—1968 年任波兰科学院数学研究所所长、苏联科学院院士、匈牙利科学院院士、奥地利科学院院士、德国科学院院士、意大利国家科学院院士, 曾任波兰科学院副院长和波兰数学会会长.

S. Mazurkiewicz 和 W. Sierpiński 等创办了 "Mathematical Monographs" 丛书系列.

1937 年, H. Steinhaus 出版了重要著作 "The Theory of Orthogonal Series".

11.3 泛函分析的开创者——Stefan Banach

11.3.1 S. Banach

S. Banach (1892.03.30—1945.08.31), 波兰人, 1939 年任波兰数学会①会长.

S. Banach 生于 Kraków, 卒于 Lwów (今属乌克兰).

父母: S. Greczek②和 K. Banach③.

师承: H. Steinhaus 和 K. Twardowski.

1920 年, S. Banach 在 Lwów 大学的博士学位论文 "Sur les opérations dans les ensembles abstraits et leur application aux équations intégrales" 标志着泛函分析的诞生, 它公理化地给出了 Banach 空间④的概念.

1922—1923 年, S. Banach 开始推动赋范向量空间的发展, 得到压缩映像的不动点定理和开映射定理.

1926 年, S. Banach 与 A. Tarski⑤的 "Sur la décomposition des ensembles de points en parties respectivement congruent" (《分解点集为相同的两部分》)给出 Banach-Tarski 悖论或分球怪论:

存在一个方法将一个三维实心球分成有限部分, 然后通过旋转

和平移, 可以组成两个和原来完全相同的球.

1929 年, S. Banach 与 H. Steinhaus 创办 "Studia Mathematica", 并共同担任主编, 与 K. Kuratowski 合作解决了一般测度问题.

1931 年, S. Banach 的 "Théorie des opérations linéaires" (《线性算子理论》) 标志着泛函分析已作为独立的数学分支诞生.

20 世纪 40 年代, S. Banach 完成了理论力学的公理化.

11.3.2 Banach 奖

1946 年, 波兰数学会设立只奖励波兰公民的 Banach 奖 (Banach Award), 每年授奖.

---

① 波兰数学会 (Polskie Touarzystwo Matematyczne) 的前身是创建于 1919 年 4 月 2 日的 Kraków 数学会, 在此之前的 1917 年, Lwów 成立了数学会, 其后的 1923 年, 华沙也成立了数学会, 1924 年初, 三个地区性的数学会合并为全国性的波兰数学会.

② Stefan Greczek, 税务官员.

③ Katarzyna Banach, 在 S. Banach 出生四天后即消失了, S. Banach 曾试图找到谁是他的母亲, 但父亲一直不说.

④ Banach 空间 (Banach space) 是 R. Fréchet 给出的名称.

⑤ Alfred Tarski, Alfred Tajtelbaum (1901.01.14—1983.10.26), 波兰人, S. Leśniewski 的学生, 1924 年在华沙大学的博士学位论文是 "O wyrazie pierwotnym logistyki", 1936 年证明了无法在算术系统中定义所谓的 "算术的真理", 美国国家科学院院士、荷兰皇家人文与科学院院士.

第 12 章 荷 兰 篇

12.1　Simon Stevin

S. Stevin (1548—1620.02), 荷兰人.

S. Stevin 生于 Bruges(根据进入 Leiden 大学时登记的名字 Simon Stevinus Brugensis (猜测)), 卒于 Hague.

父母: A. Stevin[①]和 Cathelijne van der Poort.

次子: H. Stevin[②].

S. Stevin 曾为 Maurits 亲王[③]的老师和顾问.

S. Stevin 多才多艺, 涉猎广泛, 他的大部分著作都是用荷兰语写成, 他说: "荷兰语是最适合诠释科学的语言." 除此之外, 他更希望能借此帮助不在学术界和不懂拉丁文的荷兰人认识科学. 除了理论著作之外, 他还获得了大量的专利, 并积极参与 Maurits 亲王开展的风车、港口和防御工事的建设. 他还因建造大帆船车而闻名于世.

1582 年, S. Stevin 的 "Tafelen van Interest"(《利率表》)是他的第一部著作.

1583 年, 35 岁的 S. Stevin 进入 Leiden 大学.

1583 年, S. Stevin 的 "Problemata Geometrica"(《几何问题》)是他唯一的拉丁文著作, 其中系统介绍了 Euclid 几何和 Archimedes 的工作.

1585 年, S. Stevin 的 "De Thiende"(《十进制》)很快在商业中得到普及, 尤其是在货币结算中广泛使用. "Practique d'Arithmétique" (《算术实践》)和 "L'arithmétique" (《算术》)是 S. Stevin 仅有的两部法文著作, 其中给出算术和代数的一般论述, 引入新的符号表示多项式, 并给出二次到四次方程的统一解法.

1586 年, S. Stevin 的 "De beghinselen der weeghconst"(《平衡原理》)和 "De beghinselen des waterwichts" (《流体静力学原理》)包含力的三角形定理, 它们在力学方面给予了 Galileo 以重要影响, 解决了斜面上物体的平衡问题, 给 Galileo 在实验斜面上论证惯性定律以一定的启示, 是落体运动定律的先驱. 他在 Delft 做

---

① Anthuenis Stevin, Veurne 市长的学童.

② Hendrik Stevin, 著名的科学家.

③ Maurits van Nassau (1567.11.14—1625.04.23), 在攻城略地的军事行动中非常注重老师 S. Stevin 的攻城理论, 1585—1625.04.23 为荷兰国王.

了落体实验, 否定 Aristotle 重物体比轻物体落得快的理论, 早于 Galileo 的实验三年, 研究了滑轮组的平衡和流体静力学的问题, 使用了平行四边形法则, 提出了永动机不可能原理. 他在 Archimedes 浮力原理以外加上一条定理, 就是浮力在流体中平衡, 其重心和浮体所排除流体的重力中心 (即浮心) 一定处在同一直线上, 从而使自 Archimedes 以来几乎停滞的静力学发展起来. C. Boyer 在 "A History of Mathematics" 中说: "1586 年 S. Stevin 的 'De beghinselen des waterwichts' 中含有微积分的先声." 1606 年, van Roijen 的 "Hypomnemata Mathematica" 是 S. Stevin 力学工作的拉丁文译本.

1605—1608 年间, S. Stevin 出版 "Wiskonstighe Ghedachtenissen"(《数学记录》), 包括早期的 "Driehouckhandel"(三角学), "Meetdaet" (测量的实践)和 "Deursichtighe"(透视学)等.

1608 年, S. Stevin 的 "Hemelloop" 是 Copernicus 学说的早期拥护者, 捍卫并传播了太阳中心说, 建构了荷兰的天文学理论体系.

S. Stevin 创造了许多荷兰语的数学名词, 这使得荷兰语成为唯一的大部分数学名词的源头不是来自拉丁语的西欧语言, 如 wiskunde (数学)、natuurkunde (物理学)、scheikunde (化学)、sterrenkunde (天文学)、wijsbegeerte (哲学)、meetkunde (几何)、optellen (加)、aftrekken (减)、vermenigvuldigen (乘)、delen (除) 和 middellijn (直径) 等.

S. Stevin 的次子编辑了他的全集.

12.2 近代科学的重要开拓者——Christiaan Huygens

C. Huygens (1629.04.14—1695.07.08), 荷兰人, 1663 年当选为皇家学会第一个外籍会员, 1666 年 12 月 22 日参与创建法国科学院并当选为首届院士.

C. Huygens 生卒于 Hague, 终身未婚.

祖父: C. Huygens[1].

父亲: C. Huygens[2].

哥哥: C. Huygens[3].

师承: van Schooten 和 de Jonge Stampioen[4].

---

[1] Christiaan Huygens, 沉默者 Willem (Willem de Zwijger, Willem van Oranje, 1533.04.24—1584.07.10, 1581.07.26—1584.07.10 在位, 在荷兰被称为 "Vader des Vaderlands"(国父), 荷兰的国歌 "Het wilhemus" 即其所作, 建立 Leiden 大学, 加冕前两天的 1584 年 7 月 10 日在 Delft 遇刺身亡) 以及 Maurits 亲王的秘书.

[2] Constantijn Huygens, Frederik Hendrik 亲王 (Frederik Hendrik van Oranje, 1584.01.29—1647.03.14) 的秘书, 有绘画才能, 也是一个音乐家和作曲家, 尤其是一个杰出的诗人, 他那些用荷兰文和拉丁文写下的篇章, 令他在荷兰文学史上获得了经久不衰的地位.

[3] Constantijn Huygens, 一直服务于 Oranje 家族的外交事务.

[4] Jan Jansz de Jonge Stampioen (1610—1690), 荷兰人, Willem 二世的老师.

他是介于 Galileo 与 Sir Newton 之间一位重要的物理学先驱, 对力学和光学有杰出贡献, 数学和天文学有卓越成就, 是近代科学的一位重要开拓者.

Huygens 家族有一个坚实的教育和文化传统. 祖父积极参与到对孩子们的教育中. 像祖父一样, 父亲也积极地致力于孩子的教育. Huygens 兄弟俩在家中接受父亲和私人教师的良好教育, 一直到 16 岁.

作为一个天才的学生, C. Huygens 在幼年就展示出了兼顾理论方面的兴趣以及对实际应用与建造的洞察力, 他的父亲就常用 "我的 Archimedes" 来称呼他. 13 岁时曾自制一台车床, 表现出很强的动手能力, 这也成了他后来的科学工作的特点.

从 1645 年 5 月到 1647 年 3 月, C. Huygens 在 Leiden 大学学习.

从 1647 年 3 月到 1649 年 8 月, C. Huygens 在新成立的 Oranje 学院①学习法律, 父亲是这所学校的校长.

C. Huygens 没有选择外交这个本来对于他的出身和教育更自然的职业. 而随着 Willem 二世②的去世, Huygens 家族失去了从事外交的首要机会.

1651 年, C. Huygens 的 "Theoremata de quadratura hyperboles, ellipsis et circuli" (《双曲线、椭圆和圆的求积定理》)包括对 de Saint Vincent③在 1647 年的 "Opus geometricum quadraturae circuli et sectionum coni" (《求圆和圆锥曲线的面积》)的反驳; 1654 年发表 "De circuli magnitudine inventa" (《圆大小的发现》).

在接下来的岁月中, C. Huygens 研究了抛物线求长、旋转抛物面求积、蔓叶线、摆线 (与 B. Pascal 在 1658 年公开提出的一个问题有联系) 和对数曲线的切线及面积问题, 还发现了摆线与抛物线的区别.

C. Huygens 有几次重要的旅行.

(1) 1655 年的 7—9 月, 他来到巴黎. 与其兄一样, 利用在法停留的机会, 在 Angers 大学④取得了一个民法及教会法规博士学位 (utriusque juris).

(2) 1660 年 10 月到 1661 年 3 月, 他在巴黎停留. 后来他去了伦敦, 待到 1661 年 5 月, 在伦敦期间他参加了 Gresham⑤学院的会议.

(3) 1663 年 4 月到 1664 年 5 月, 他来到巴黎, 中间有一次去伦敦的旅行 (1663 年 6—9 月). 他在伦敦成为皇家学会首批会员. 接着他回到巴黎, 在那里从 Louis

---

① Oranje 学院 (College van Oranje) 创建于 1646 年 9 月 16 日, 由于学生太少, 学院于 1669 年关闭.

② Willem Ⅱ van Oranje (1626.05.27—1650.11.06), 1647.03.14—1650.11.06 在位.

③ Grégorius de Saint Vincent (1584.09.08—1667.01.27), 比利时人, 用级数求和打破了 21 个世纪以来的 Zeno 关于 "Achilles 和乌龟" 的悖论, 1647 年的 "Opus geometricum quadraturae circuli et sectionum coni" 首次使用 "穷竭法" 名称, 还提出了 "极坐标" 的概念.

④ Angers 大学 (Université d'Angers) 创建于 1080 年, 原来是 Angers 学校, 1356 年改为现名, 1793 年关闭, 1971 年重组.

⑤ Sir Thomas Gresham (1519—1579.11.21), 英格兰人, 1559 年封爵, 1565 年投资兴建伦敦皇家交易所.

大帝得到了科学工作的第一笔薪俸.

1656 年, C. Huygens 发明了摆钟. 这在 1658 年的 "Horologium" (《时钟》) 中有记述. 1659 年, 他发现摆线等时性, 研究渐屈线和摆动中心的理论.

1657 年, C. Huygens 的 "Tractatus de Ratiociniis in Aleae ludo" (《赌博中的计算》) 是真正意义上的第一部概率论著作, 其中引入数学期望概念, 他成为概率论的创始人.

1664 年, J. Colbert 提议为 M. Mersenne 之后在巴黎举行的非正式学者会议给予一个官方的地位以及资助. 1666 年 12 月 22 日, 法国科学院成立, C. Huygens 获得了院士资格, 并在那年 5 月前往巴黎. 此后在巴黎一直待到 1681 年, 中间仅因为健康原因, 有两次在 Hague 待了一段时间.

C. Huygens 同 J. Wallis 和 Sir Wren 在同一时期发现弹性体的碰撞规律. 在 1668—1669 年皇家学会碰撞问题征文悬赏中, 他是得奖者之一. 他详尽地研究了完全弹性碰撞问题 (当时叫 "对心碰撞"). 在 1703 年的遗著《物体的碰撞运动》中, 他纠正了 R. Descartes 不考虑动量方向性的错误, 并首次提出完全弹性碰撞前后的守恒. 他还研究了岸上与船上两个人手中小球的碰撞情况并把相对性原理应用于碰撞现象的研究. 大约在 1669 年, 他就已经提出解决了碰撞问题的 "活力" 守恒原理, 他成为能量守恒的先驱.

1672 年, 荷法爆发战争. Willem 三世[①]上台, 而 C. Huygens 之父兄在荷兰担任重要职位. 他留在巴黎, 虽然他对荷兰的事业有着深切的关注, 但他仍然在 J. Colbert 的保护下继续他的工作.

1673 年, C. Huygens 开始了关于摆的研究, 包括摆的运动方程、离心力和摆动中心, 提出著名的单摆周期公式. 在研究摆的重心升降问题时, 他发现了物体系的重心与后来 L. Euler 称之为转动惯量的量, 还引入了 "反馈" 这一物理思想, 设计了船用钟和手表平衡发条, 大大缩小了钟表的尺寸. 他还用摆求出重力加速度的准确值, 并建议用秒摆的长度作为自然长度标准, 用摆测量重力加速度, 指出物体在地球赤道处受到的离心力是重量的 $\dfrac{1}{289}$, 并设计出由弹簧而非钟摆来校准时间的钟表. 接着, 就发生了他与 R. Hooke 的优先权之争. 他的 "Horologium oscillatorium sive de motu pendulorum" (《摆钟》) 提出, 一个做圆周运动的物体具有飞离中心的倾向, 它向中心施加的离心力与速度的平方成正比, 与运动半径成反比, 其中研究了平面曲线的渐屈线和渐伸线并给出摆线和抛物线的渐屈线. 这也是他对有关的 Galileo 摆动学说的扩充, 这是他获得 Louis 大帝资助的职位后的第一部著作, 他把它献给了法国国王. 这一举动有助于巩固他在巴黎的地位, 但在荷兰引起了一些反对.

---

① Willem Ⅲ Hendrik van Oranje (1650.11.14—1702.03.19).

后来, C. Huygens 和 R. Hooke 还各自发现了螺旋式弹簧丝的振荡等时性, 这为近代游丝怀表和手表的发明创造了条件.

1678 年, C. Huygens 在一次演讲中公开反对了 Newton 的光的微粒说. 他说, 如果光是微粒性的, 那么光在交叉时就会因发生碰撞而改变方向. 可当时人们并没有发现这现象, 而且利用微粒说解释折射现象, 将得到与实际相矛盾的结果.

1683 年后, C. Huygens 待在荷兰继续光学研究, 建造了许多钟表, 并试用于几次长距离航海中, 他还写下了 "Cosmotheoros" (《被发现的天上世界》).

1689 年 6 月到 9 月, C. Huygens 在英国遇到了 Sir Newton. Sir Newton 的 "Philosophiae Naturalis Principia Mathematica" 引起了他的仰慕之情但也激起了他强烈的分歧, 两者的证据在 "Traité de la lumière" 及其补编的 "Discours de la cause de la pesanteur" (《重力的原因》)中能找到.

1690 年, C. Huygens 的 "Traité de la lumière"(《光论》)正式提出了光的波动说, 即 Huygens 原理. 在此原理基础上, 他从弹性碰撞理论出发, 认为这样一群微粒虽然本身并不前进, 但能同时传播向四面八方行进的脉冲, 因而光束彼此交叉而不相互影响, 并在此基础上用作图法导出了光的反射和折射定律, 圆满地解释了光速在光密介质中减小的原因, 同时还解释了光进入冰洲石所产生的双折射现象, 认为这是由于冰洲石分子微粒为椭圆形所致. 书中有几十幅复杂的几何图, 足以看出他的数学功底.

Huygens 原理是近代光学的一个重要基本理论. 它虽然可预料光的衍射现象的存在, 却不能对这些现象作出解释, 即它可确定光波的传播方向, 而不能确定沿不同方向传播的振幅. 直到 A. Fresnel 对他的光学理论作了发展和补充, 创立了 "Huygens-Fresnel 原理", 才较好地解释了衍射现象, 完成了光的波动说.

C. Huygens 终身未娶, 把时光和精力都献给了科学事业. Sir Newton 称其是 "尽善尽美的 C. Huygens".

荷兰皇家人文与科学院编辑出版了 C. Huygens 的全集, 共 22 卷.

12.3 经典电子论的创立者——Hendrik Antoon Lorentz

12.3.1 H. Lorentz

H. Lorentz (1853.07.18—1928.02.04), 荷兰人, 1881 年当选为荷兰皇家人文与科学院院士, 1902 年获 Nobel 物理学奖, 1905 年当选为皇家学会会员, 1908 年获 Rumford 奖, 1917 年获 Franklin 奖, 1918 年获 Copley 奖, 1921 年任荷兰高等教育部部长.

H. Lorentz 生于 Arnhem, 卒于 Haarlem.

父母: G. Lorentz[1]和 van Ginkel[2].

师承: P. Rijke[3].

H. Lorentz 填补了经典电磁场理论与相对论之间的鸿沟, 是经典物理和近代物理间的一位承上启下式的科学巨擘, 是第一代理论物理学家的领袖、经典电子论的创立者, 导出了 Einstein 狭义相对论基础的 Lorentz 变换, 这是 J. Poincaré 首先给出的名字.

1870 年, H. Lorentz 进入 Leiden 大学, 1875 年的博士学位论文 "Over de theorie der terugkaatsing en breking van het licht" 用 Maxwell 电磁理论来处理光在电介质交界面上的反射和折射问题. 在文末, 他提到把光磁理论与物质的分子理论结合起来的前景, 这就是他后来创立电子论的根源. 1877 年 11 月 17 日, 年仅 24 岁的 H. Lorentz 被 Leiden 大学聘请为理论物理学教授.

1895 年, H. Lorentz 认为电具有 "原子性", 电本身是由微小的实体组成的. 他以电子概念为基础来解释物质的电性质. 从电子论推导出运动电荷在磁场中要受到 Lorentz 力的作用.

1896 年, H. Lorentz 认为一切物质分子都含有电子, 阴极射线的粒子就是电子, 把以太与物质的相互作用归结为以太与电子的相互作用. 这一理论成功地解释了由 P. Zeeman[4]新近发现的原子光谱磁致分裂现象. 他断定该现象是由原子中负电子的振动引起的. 他从理论上导出了负电子的荷质比, 由于 Zeeman 效应的发现和解释, 他和 P. Zeeman 分享了 1902 年度的 Nobel 物理学奖.

1904 年, H. Lorentz 证明, 当把 Maxwell 电磁场方程组用 Galileo 变换从一个参考系变换到另一个参考系时, 真空中的光速将不是一个不变量, 从而导致对不同惯性系的观察者来说, Maxwell 方程及各种电磁效应可能是不同的. 为了解决这个问题, 他提出了另一种变换公式, 即 Lorentz 变换:

---

[1] Gerrit Frederik Lorentz (1822—1893), 一家婴儿托管所的经营者.

[2] Geettruida van Ginkel (1826—1861).

[3] Pieter Leonard Rijke (1812.07.11—1899.04.07), 荷兰人, P. Uylenbroek (Pieter Johannes Uylenbroek, 1797—1844, 荷兰人, Jan Hendrik van Swinden 和 Hendrik Arent Hamaker 的学生, 1816 年在阿姆斯特丹大学的博士学位论文是 "Specimen geographico-historicum, exhibens dissertationem de Ibn Haukalo geographo, nec non descriptionem Iracae Persicae, cum ex eo scriptore, tum ex aliis manuscriptis Arabicis bibliothecae Lugduno-Batavae petitam", 荷兰皇家人文与科学院院士) 的学生, 1836 年在 Leiden 大学的博士学位论文是 "Specimen physicum inaugurale de origine electicitatis Voltaicae", 1863 年当选为荷兰皇家人文与科学院院士.

[4] Pieter Zeeman (1865.05.25—1943.10.09), 荷兰人, H. Onnes (Heike Kamerlingh Onnes, 1853.09.21—1926.02.21, 荷兰人, 1879 年的博士学位论文是 "Nieuwe bewijzen voor de aswenteling der aarde", 1905 年当选为荷兰皇家人文与科学院院士, 1912 年获 Rumford 奖, 1913 年获 Nobel 物理学奖, 1915 年获 Franklin 奖, 皇家学会会员) 的学生, 1902 年获 Nobel 物理学奖, 1922 年获 Rumford 奖.

$$
\begin{cases}
x' = \gamma(x - vt), \\
y' = y, \\
z' = z, \\
t' = \gamma\left(t - \dfrac{vx}{c^2}\right).
\end{cases}
$$

后来, A. Einstein 把 Lorentz 变换用于力学关系式, 创立了狭义相对论.

1928 年 1 月, H. Lorentz 病重, 2 月 4 日去世, 终年 75 岁. 在举行葬礼的 2 月 10 日, 荷兰王国电信和电话中止三分钟. 王室、政府以及来自世界各地科学界的著名人物参加了葬礼.

A. Einstein 在墓前致辞: H. Lorentz 的成就 "对我产生了最伟大的影响", 他是 "我们时代最伟大和最高尚的人".

12.3.2 Lorentz 奖

1925 年, 荷兰皇家人文与科学院设立 Lorentz 奖 (Lorentzmedaille), 每四年颁奖一次.

12.4 连分数解析理论之父——Thomas Joannes Stieltjes

T. Stieltjes (1856.12.29—1894.12.31), 荷兰人, 1885 年当选为荷兰皇家人文与科学院院士.

T. Stieltjes 生于 Zwolle, 卒于 Toulouse.

父亲: T. Stieltjes[1].

师承: C. Hermite 和 J. Darboux.

1873 年, T. Stieltjes 进入 Delft 理工大学[2]. 1886 年, 他的博士学位论文 "Recherches sur quelques séries sémi-convergentes" 研究了发散级数, 并与 J. Poincaré 独立地给出了一个级数渐近于一个函数的定义.

1887 年, T. Stieltjes 与 P. Sabatier 共同创办 "Annales de la Faculté des Sciences de Toulouse", 原本是多学科的, 现在只是关于数学的杂志.

1894 年 6 月 18 日, T. Stieltjes 的 "Recherches sur les fractions continues" (《连分数的研究》)提出了在解析函数论和一元实变函数论中本质上是全新的问题, 为了表示一个解析函数序列的极限, 引进了 Stieltjes 积分: $\int_a^b f(x)\mathrm{d}\mu(x)$, 其中 $\mu(x)$ 是有界变差函数. 这种积分后来成为研究一般测度上积分的开端, 在现代

---

[1] Thomas Stieltjes (?—1878.06.23), 在 Leiden 大学获博士学位, 土木工程师, 议员, 最著名的工作是 Rotterdam 港的建设, 并建有塑像.

[2] Delft 理工大学 (Technische Universiteit Delft) 创建于 1842 年 1 月 8 日, 时名为 "皇家工程学院", 1905 年 5 月 22 日更名为 "Delft 高等技术学院", 1985 年 9 月 5 日改为现名.

数学中起到重要作用, 是 Hilbert 空间理论的重要一步, 为连分数解析理论的研究奠定了基础, T. Stieltjes 被称为 "连分数解析理论之父". 与此相关, 他还提出了 "矩量问题", 研究了正交多项式和近似积分法等经典分析课题.

第 13 章 东 方 篇

13.1 日本的 Newton——关孝和

13.1.1 关孝和

关孝和, せきたかかず或せきこうわ (1642—1708.12.05), 又名新助, 字子豹, 号自由亭, 日本人, 谥法行院宗达日心居士.

关孝和生于藤冈 (ふぢおか), 卒于江户 (えど) (今东京 (とうきょう)).

父亲和养父: 内山永明[①]和关五郎左卫门.

师承: 高原吉种.

明末, 毛利重能[②]将程大位在 1592 年的《算法统宗》和算盘带回日本, 开日本 "和算"(わさん) 之先河. 1622 年著有《割算法》(除法).

1671 年, 泽口一之[③]解读朱世杰在 1299 年的《算学启蒙》中的天元术, 发表了《古今算法记》(ここんさんぽき).

在此基础上, 1674 年, 关孝和发表了《发微算法》(はつばさんぽ), 这是唯一一部生前出版的书籍, 将天元术的内容利用省略符号表示成笔算式的代数, 开创了和算独有的笔算代数 "傍书法"(ぼうしょほう), 为 "和算" 的形成奠定了独立的基础和体系, 关孝和在日本被尊为算圣, 与 Sir Newton 和梅文鼎并称 17 世纪的 "三大世界科学巨擘". 三上义夫称其为 "日本的 Newton".

1678 年, 田中由真[④]的《算法明记》(さんぽめいき)指出《发微算法》中的错误并给予订正.

1683 年, 关孝和最早引入行列式概念.

1685 年, 建部贤弘的《发微算法谚解》(はつばさんぽげんだい), 将关孝和的 "演段术" 作了详解, 使之传播开来. 1710 年与关孝和合著的《大成算经》(たいせいさんけい)详述了日本数学概要, 给出行列式的 Laplace 公式. 1723 年, 建部贤弘的《缀术算经》是算学史上的重要典籍, 标志着和算圆理进入分析方法, 也是汉字文化圈数学史上的优秀著作, 给出精确到小数点后 41 位的圆周率.

---

① 内山永明, 本姓安间, 关孝和外祖父的养子, 改姓内山 (うちやま).
② 毛利重能, 毛利勘兵卫, もうりしげよし, もうりかんべい (1573—1620), 日本人.
③ 泽口一之, さわぐちかずゆき, 日本人, 桥本正数 (はしもとまちかづ) 的学生.
④ 田中由真, たなかよしざね, 日本人, 桥本正数的学生.

1712 年, 荒木村英和大高由昌用中文整理出版关孝和的遗著《扩要算法》.

另有秘传的 "三部抄", 包括 1683 年的《解见题之法》、1683 年的《解伏题之法》(かいぴくだいのぱ)和 1685 年的《解隐题之法》, 其中见题指加减乘除即可解答的题, 隐题指只用一个方程即可解答的题, 而伏题是必须用两个以上方程才可解答的题. 其中在《解伏题之法》中有关孝和于 1683 年提出的行列式概念与算法.

还有秘传的 "七部书", 包括 1683 年的《方阵之法·圆攒之法》和《算脱之法·验符之法》, 1685 年的《开放翻变之法》《提术辨议之法》《病题明致之法》《求积》《球阙变形草》等.

在 "三部抄" 和 "七部书" 中又阐述了 "傍书法" 和 "演段术", 提出方程组求解理论并建立了行列式概念及其初步理论, 完善了中国传入的数字方程近似解法, 发现方程正负根存在的条件, 对勾股定理、椭圆面积公式、Archimedes 螺线和圆周率的研究, 开创 "圆理"(径弧矢间关系的无穷级数表达式) 研究、幻方理论和连分数理论等.

关孝和的其他著作还有《开方算式》, 1680 年的《八法略诀》《授时发明》《授时历经立成之法》《授时历经立成》《星曜算法》, 1686 年的《关订书》, 1697 年的《四余算法》和《宿曜算法》, 以及 1699 年的《天文数学杂著》.

关孝和作为一个数学家的同时又是一位数学教育家, 根据学生的情况分成五个等级分别集中指导, 每一级都规定有相应的具体数学内容和具体教材. 初级的教以珠算, 进而筹算, 高级的从演段术到点窜术, 有 "见题免许" "隐题免许" "伏题免许" "别传免许" "印可免许" 五个等级. 后来这种方式不断发展, 成为关流严格的教育制度——五段免许制 (大概相当于毕业证书). 只有得到五个等级的免许之后, 才可以被称为 "关流第几传", 最后得到 "印可" 的只限于几名高徒.

13.1.2　关孝和赏

日本数学会设立了关孝和赏 (せきたかかずしょう).

1995 年, 谷口[①]获第一个关孝和赏.

13.2　印度之子——Srīnivāsa Aiyangar Rāmānujan

13.2.1　S. Rāmānujan

S. Rāmānujan (1887.12.22—1920.04.26), 印度人, 1918 年 5 月 2 日当选为皇家学会会员 (亚洲第一人).

S. Rāmānujan 生于 Erode, 卒于 Kumbakonam.

---

① 谷口, たにぐちとよさぶる, 日本人.

父母: K. Lyengar[1]和 Komalatammal.

1898 年 1 月, S. Rāmānujan 进入一所中学, 第一次接触正规数学.

13 岁时, S. Rāmānujan 就掌握了 1893 年 S. Loney[2]的 "Plane Trigonometry", 甚至还推导了 Euler 公式. 他的天才在 14 岁时开始显露. 他不仅在他的学生岁月里不断获得荣誉证书和奖学金, 还帮学校处理把 1200 个学生 (各有不同需要) 分配给 35 个教师的后勤事务, 他甚至在一半的给定时间内完成测验, 这已经显示出他对无穷级数的熟练掌握.

1903 年, S. Rāmānujan 借到 1880 年 G. Carr[3]的 "Synopsis of elementary results in pure and applied mathematics containing propositions, formulae, and methods of analysis, with abridged demonstrations" (《纯粹与应用数学的基本结果公式概要汇编》), 其中收录 5000 多个方程, 但没有详细证明. 他把每一个方程当成一个研究课题, 尝试对其进行独特的证明, 还对其中一些进行推广, 计算 Bernoulli 数和 Euler-Mascheroni 常数到 15 位小数, 留下了几百页的数学笔记. 他的同学回忆说: "我们, 包括老师, 很少可以理解他, 并对他 '敬而远之'."

S. Rāmānujan 高中毕业时各科成绩突出, 被校长形容为 "用满分也不足以说明他如此出色". 但 1904 年进入当地的一个学院后, 他把全部精力投入数学, 导致其他科目不及格, 他失去了奖学金, 并被学校开除. 1905 年, 18 岁的他为此离家出走三个月. 这一年, 他被 Madras 的一个学院录取, 但这个数学成绩优异的学生, 还是难以逃脱被开除的命运. 此后他开始做家教维持生计, 同时从图书馆借来数学书, 然后把研究结论写在笔记本里.

根据印度的习俗, 家人在 1909 年 7 月 14 日为他安排了婚事, 妻子是一个十岁的女孩 Janaki[4], 在当时的印度这是相当常见的. 有了家而且是长子, 必须帮助家里解决一些生活费用问题, 他不得不极力寻找工作.

1911 年, V. Aiyer[5]推荐他去找 Madras 港务信托处的 R. Rao[6]. R. Rao 很赏识他的数学才能, 每个月给他一些钱, 让他挂名不上班, 在家专心从事数学研究. 他只好接受这些钱, 又继续他的研究工作.

1911 年, S. Rāmānujan 的第一篇论文 "Some properties of Bernoulli's number" 发表在 "Journal of the Indian Mathematical Society" 上.

带着他的数学计算能力, S. Rāmānujan 在 Madras 到处找抄写员的工作. 最

---

[1] Kuppuswamy Srīnivāsa Lyengar, 一家布店的小职员.

[2] Sidney Luxton Loney (1860.03.16—1939.05.16), 英格兰人.

[3] George Shoobridge Carr (1837.05.14—1914.08.29), 英国人.

[4] Janaki Ammal (1899.03.21—1994.04.13).

[5] V. Ramaswamy Aiyer (1871.08.04—1936.01.22), 印度人, 1907 年创建印度数学会 (Indian Mathematical Society).

[6] Raghunatha Ramachandra Rao (1871—1936.07), 印度数学会秘书.

后他找到了 Madras 总会计师事务所的职员职位, 他奢望可以完全投入到数学中而不用做其他工作, 他恳请有影响的印度人给予支持, 但并未成功找到经济支持. 此时, Sir Mukherjee① 试图支持他的事业.

由于印度当时的数学水平不高, 几乎没人能看懂 S. Rāmānujan 的论文. V. Aiyer 让他把研究成果寄给英国数学家. H. Baker 和 E. Hobson② 都未回复.

1913 年 1 月 16 日, S. Rāmānujan 再次鼓起勇气写信给 G. Hardy. 信是这样开头的: "尊敬的先生, 谨自我介绍如下: 我是 Madras 港务信托处的一个职员 …… 我未能按常规念完大学的正规课程, 但我在开辟自己的路 …… 本地人说我的结果是 '惊人的' …… 如果您认为这些内容是有价值的话, 请您发表它们." 他还给 G. Hardy 寄去了一大堆自己研究得出的数学公式和命题. 由于没有证明的过程, 有些连 G. Hardy 也不大明白. 但更诡异的是, 这些公式给人的直觉, 它们一定是对的. "因为如果它们不对, 没人能有这样的想象力创造出它们." G. Hardy 在咨询了 J. Littlewood 之后, 认定他是一个难得的数学天才. 读着不知名和未经训练的印度人的突然来信, 他们评论道: "没有一个定理可以放到世界上最高等的数学测试中." G. Hardy 说: "完全打败了我 …… 我从没见过任何像这样的东西."

注记 在 S. Rāmānujan 给 G. Hardy 的第一封信中, 有一个公式给 G. Hardy 留下了深刻的印象. 但 G. Bauer③ 已在 1859 年利用广义连分数证明过了.

S. Rāmānujan 多少有些运气, G. Hardy 的慧眼识金, 使他能在 1914 年 4 月进入剑桥大学. 这一年, 他给出了精度比较高的椭圆周长近似公式:

$$\pi \left(3(a+b) - \sqrt{(a+3b)(3a+b)}\right).$$

1917 年, S. Rāmānujan 患上了当时难以医治的肺结核. 有一天, G. Hardy 去医院看他, 抱怨所乘的出租车牌号 1729 是个不吉利的数字. 而他的第一反应则是, 它可写成 12 的立方④ 与 1 的立方之和, 也可以写成 10 的立方与 9 的立方之和, 在可以用两个数立方之和来表达而且有两种表达方式的数之中, 1729 是最小的. 后来, J. Littlewood 回应这宗轶闻说: "每个整数都是 S. Rāmānujan 的朋友."

---

① Sir Ashutosh Mukherjee (1864.06.29—1924.05.25), 印度人, 1906—1914 年和 1921—1923 年两任 Kolkata 大学 (University of Calcutta, 创建于 1857 年 1 月 24 日, 校训: Advancement of learning) 校长.

② Ernest William Hobson (1856.10.27—1933.04.19), 英格兰人, 1893 年当选为皇家学会会员, 1900—1902 年任伦敦数学会会长, 1907 年获 Copley 奖和皇家奖, 1907 年的 "Theory of functions of a real variable" 是第一本关于测度和积分的英文书, 1920 年获 de Morgen 奖, 皇家学会会员.

③ Gustav Conrad Bauer (1820.11.18—1906.04.03), 德国人, 1842 年在 Erlangen 大学的博士学位论文是 "Von der Theorie der Wärme", 是 A. Einstein 博士学位论文的两个评阅人之一.

④ 立方 (cube) 来源于希腊文 "κυβος".

1918 年, S. Rāmānujan 与 G. Hardy 首创了自然数分割函数 $P(n)$ 的渐近公式:

$$P(n) \sim \frac{\mathrm{e}^{\pi\sqrt{\frac{2n}{3}}}}{4n\sqrt{3}}.$$

1920 年, J. Uspensky[①]也独立给出了证明.

S. Rāmānujan 思乡心切, 却因为第一次世界大战爆发而无法回国. 这一度令他变得抑郁, 甚至试图卧轨自杀. 1919 年 3 月 13 日, 他终于回到印度, 但回家之后的生活并不愉快, 且病情日渐加重. 1920 年 4 月 26 日, 他病逝于 Madras, 年仅 32 岁.

S. Rāmānujan 的数学贡献为人们提供了很好的史料, 对现代数学的发展产生了难以估量的影响. 他有着很强的直觉洞察力, 独立发现了近 3900 个数学公式和命题. 他所预见的数学命题, 日后有许多得到了证实. 1973 年, de Deligne 证明了 S. Rāmānujan 在 1916 年提出的一个猜想, 并因此获 1978 年的 Fields 奖. 他身后留下了一份使人着魔和深奥的数学遗产. 许多人都致力于这方面的研究, 一直到 1997 年, 才总算是完成了其中的一部分, 并整理成五大卷出版.

Rāmānujan 理论还得到了广泛的应用, 在粒子物理、统计力学、计算机科学、密码技术和空间技术等不同领域起着相当重要的作用, 甚至晶体和塑料的研制也受到他创立的整数分拆理论的启发, 而他在 Riemann ζ 函数方面的研究成果, 现在已经与齿轮技术的进步挂上了钩, 还被用于测温学及冶金高炉的优化. 他生命中的最后一项成果——模 ϑ 函数有力地推动了用孤立波理论来研究癌症和海啸. 最近有人认为, 这一函数很可能被用来解释宇宙黑洞的部分奥秘.

G. Hardy 曾感慨道: "我们学习数学, S. Rāmānujan 则发现并创造了数学." 他更喜欢公开声称的是, 自己在数学上最大的成就是 "发现了 S. Rāmānujan".

G. Hardy 设计了一种关于天生数学才能非正式的评分表, 给自己评了 25 分, 给 J. Littlewood 评了 30 分, 给 D. Hilbert 评了 80 分, 而给 S. Rāmānujan 评了 100 分.

1936 年, G. Hardy 参与了整理 S. Rāmānujan 的论文集, 并且有一个 "印度数学家 S. Rāmānujan" 的演讲, 他这样评价说: "他对代数公式的洞察力、无穷级数变换的能力, 实在是最令人惊羡的. 在这方面, 我绝未见过堪与他旗鼓相当的人, 只能拿他和 L. Euler 或 C. Jacobi 相提并论."

这则动人故事如今已成为数学史乃至科学史上的传奇故事之一, 同时作为两个人学术生涯的转折点, S. Rāmānujan 因 G. Hardy 而崭露头角, G. Hardy 因

---

① James Victor Uspensky, Виктор Успенский (1883.04.29—1947.01.27), 俄罗斯人, A. Markov 的学生, 1910 年在圣彼得堡大学获博士学位, 1921 年当选为俄罗斯科学院院士.

S. Rāmānujan 而增光溢彩. 在五年时间里, 他们共同发表了 28 篇重要论文. G. Hardy 曾将这段经历描述为 "我一生中最浪漫的事件".

我们再看几个 S. Rāmānujan 得到的公式. 重复使用 $n=\sqrt{1+(n-1)(n+1)}$ 可得到一个 Rāmānujan 恒等式:

$$3 = \sqrt{1+2\sqrt{1+3\sqrt{1+4\sqrt{1+5\sqrt{1+\cdots}}}}}.$$

而下面的恒等式还给出了黄金分割与 e 和 π 之间的关系:

$$\sqrt{\frac{1+\sqrt{5}}{2}+2}-\frac{1+\sqrt{5}}{2}=\cfrac{e^{-\frac{2\pi}{5}}}{1+\cfrac{e^{-2\pi}}{1+\cfrac{e^{-4\pi}}{1+\cfrac{e^{-6\pi}}{1+\cdots}}}}.$$

13.2.2 纪念 S. Rāmānujan

印度人在纪念 S. Rāmānujan 时, 把他与圣雄 Gandhi[1]和 R. Tagore[2]一道称作 "印度之子".

1950 年, Madras 大学[3]建立了 Rāmānujan 高等数学研究所.

1975 年, 印度成立了 "Rāmānujan 学会", 1986 年开始出版会刊.

1976 年, G. Andrews[4]在剑桥大学三一学院发现了凝聚 S. Rāmānujan 最后一年心血的遗著 "Ramanujan's Lost Notebook"(《遗失的笔记本》).

1985—2005 年, B. Berndt[5]编辑出版了 "Ramanujan's Notebook". 2005—2013 年与 G. Andrews 编辑出版了 "Ramanujan's Lost Notebook".

1997 年, Florida 大学[6]创办了 "Ramanujan Journal", 专门发表 "受到他影响的数学领域" 的研究论文.

1999 年 12 月 26 日, S. Rāmānujan 被 "Time" 评为 "世纪伟人".

印度于 2012 年 2 月 26 日宣布 S. Rāmānujan 的诞辰为 "印度数学日" 及 2012 年为 "印度数学年", 举办了一系列纪念他的活动.

[1] Mahatma Gandhi, Mohandas Karamchand Gandhi (1869.10.02—1948.01.30), 印度国父.

[2] Rabindranath Tagore (1861.05.07—1941.08.07), 印度诗人, 1913 年获 Nobel 文学奖, 皇家学会会员.

[3] Madras 大学 (University of Madras) 创建于 1857 年.

[4] George Eyre Andrews (1938.12.04—), 美国人, H. Rademacher 的学生, 1964 年在 Pennsyvania 大学的博士学位论文是 "On the theorems of Watson and Dragonette for Rāmānujan's mock theta functions", 1997 年当选为美国人文与科学院院士, 2003 年当选为美国国家科学院院士.

[5] Bruce Carl Berndt (1939.03.13—), 美国人, 1989 年和 1994 年两获 Ford 奖, 1996 年获 Steele 论著奖.

[6] Florida 大学 (University of Florida, UF) 创建于 1853 年.

"Transactions of the American Mathematical Society" 在 2012 年 12 月号和 2013 年 1 月号上连续刊发纪念他的系列文章, 高度评价了他对数学做出的巨大贡献.

世界上有多种关于他的传记版本, 其中 R. Kanigel[1]在 1991 年的 "The man who know infinity: A life of the genius Rāmānujan" 最为成功, 其中有一句话, "S. Rāmānujan 是印度在过去千年中所诞生的超级伟大的数学家. 他的直觉跳跃甚至令今天的数学家感到迷惑, 在他死后 70 多年, 他的论文中埋藏的秘密依然在不断地被挖掘出来. 他发现的定理被应用到他活着的时候很难想象到的领域". 1992 年, 这部传记获 "美国书评界传记奖". 2015 年, 这部传记被拍成了电影.

M. Gardner[2]对这部传记的评语是: "至今出版过的关于当代数学家的传记中, 这是最好的、文献最丰富的作品之一 ⋯⋯ 你一定会发现, 对本世纪最杰出、谜一般的智者之一的光辉的研究会吸引住你."

2008 年, 齐民友[3]等将这部传记翻译成中文《知无涯者: 拉马努金传》.

13.2.3 SASTRA Rāmānujan 奖

SASTRA Rāmānujan 奖 (SASTRA Rāmānujan Prize) 是由 S. Rāmānujan 家乡的 Shanmugha Arts, Science, Technology and Research Academy 于 2005 年创立, 授奖年龄限制在 32 岁, 奖金一万美元.

2005 年, M. Bhargava[4]和 K. Soundararajan[5]获第一个 SASTRA Rāmānujan 奖.

13.2.4 ICTP Rāmānujan 奖

ICTP Rāmānujan 奖 (ICTP Rāmānujan Prize) 由国际理论物理中心 (International Centre for Theoretical Physics, ICTP)、印度科技部和国际数学联盟于 2005 年创立, 每年颁给不满 45 岁的发展中国家数学家.

2005 年, da Silva[6]获第一个 ICTP Rāmānujan 奖.

---

① Robert Kanigel (1946.05.28—), 美国人.

② Martin Gardner (1914.10.21—2010.05.22), 美国人, 1987 年获 Steele 奖.

③ 齐民友 (1930.02—2021.08.08), 安徽芜湖人, 1988.04—1992.10 任武汉大学 (可追溯到由张之洞于 1893 年上奏清廷创办的 "自强学堂", 1928 年定名为国立武汉大学, 校训: 自强、弘毅、求是、拓新) 校长.

④ Manjul Bhargava (1974.08.08—), 印度人, Sir Wiles 的学生, 2001 年在 Princeton 大学的博士学位论文是 "Higher composition laws", 1996 年获 de Morgan 奖, 2005 年获 Clay 研究奖和第一个 SASTRA Rāmānujan 奖, 2008 年获 Cole 数论奖, 2011 年获 Fermat 奖, 2013 年当选为美国国家科学院院士, 2014 年获 Fields 奖, 2019 年当选为皇家学会会员.

⑤ Kannan Soundararajan (1973.12.27—), 印度人, P. Sarnak 的学生, 1998 年在 Princeton 大学的博士学位论文是 "Quadratic twists of Dirichlet L-functions", 2005 年获第一个 SASTRA Rāmānujan 奖, 2011 年获 Ostrowski 奖.

⑥ Marcelo Miranda Viana da Silva (1962.03.04—), 巴西人, 1998 年获第三世界科学院奖, 2005 年获第一个 ICTP Rāmānujan 奖, 2011—2014 年任国际数学联盟副主席, 2013—2015 年任巴西数学会 (Sociedade Brasileira de Matemática) 会长.

13.2.5 古印度 Siddhānda 时代四大数学家

Siddhānda[1]时代是古印度数学的繁荣鼎盛时期, 主要是算术和代数, 而且明显受到了希腊数学的影响, 出现了一些著名的数学家, 其中包括 Āryabhata I, Brahmagupta, Mahāvīra 和 Bhāskara II 等四大数学家.

13.2.5.1 Āryabhata I

Āryabhata I (476—550), 印度人.

Āryabhata I 是印度迄今为止第一位有明确记载的数学家, 研究一次不定方程式的解法、度量术和三角学等.

499 年, Āryabhata I 的 "Āryabhatīya" 中给出了 π 的近似值, 以及整数的平方和与立方和公式:

$$1^2 + \cdots + n^2 = \frac{n(n+1)(2n+1)}{6},$$

$$1^3 + \cdots + n^3 = (1 + 2 + \cdots + n)^2.$$

575 年, Varāhamihira[2]的 "Pancasiddhāntikā" (《五大历数全书汇编》)在正弦表的精度方面改进了 Āryabhata I 的 "Āryabhatīya".

Bhāskara I[3]评论了 Āryabhata I 的 "Āryabhatīya". Nilakantha 误以为作者就是 Bhāskara I.

1976 年, 为纪念 Āryabhata I 诞辰 1500 周年, 印度发射了以其命名的第一颗人造卫星.

注记 不要与 Āryabhata II[4]相混淆.

13.2.5.2 Brahmagupta

Brahmagupta (598—668), 印度人.

Brahmagupta 提出 0 和负数, 第一个赋予负数意义, 用 "财富" 和 "债务" 的概念来表示正负数, 以及提出负数的运算法则, 如 "负负为正" 等, 给出解二次方程和求平方根的方法, 研究定方程和不定方程、四边形、梯形和序列, 给出方程 $ax + by = c(a, b, c$ 是整数) 的第一个一般解.

---

① 梵文 "Siddhānda" 是佛教因明术语, "宗" 或 "体系" 之意, Siddhānda 时代在 400—1200 年.

② Varāhamihira (505—587), 印度人.

③ Bhāskara I (600—680), 印度人, "Mahabhaskariya" 中给出了非常准确的正弦函数公式:

$$\sin x = \frac{16x(\pi - x)}{5\pi^2 - 4x(\pi - x)}.$$

④ Āryabhata II (920—1000), 印度人.

628 年, Brahmagupta 的 "Brāhmasphutasiddhānta" 包括 "算术" 和 "不定方程" 等章节, 其中给出了用四边长表达圆内接四边形面积的 Brahmagupta 公式:

$$S = \sqrt{(s-a)(s-b)(s-c)(s-d)},$$

其中 $s = \dfrac{a+b+c+d}{2}$. 但它仅适用于圆内接四边形. 当然, 若 ϑ 为四边形对角和之半时, 依然有广义 Brahmagupta 公式:

$$S = \sqrt{(s-a)(s-b)(s-c)(s-d) - abcd\cos^2\vartheta}.$$

Brahmagupta 还给出过一个 Brahmagupta 定理 (图 13.1):

在圆内接四边形中, 对角线互相垂直, 自对角线的交点向一边作垂线, 其延长线必平分对边.

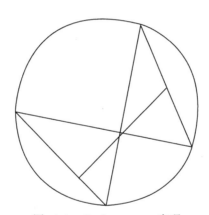

图 13.1 Brahmagupta 定理

13.2.5.3 Mahāvīra

Mahāvīra (800—870), 印度人.

850 年, 在 Āryabhata I, Bhāskara I 和 Brahmagupta 的著作基础上, Mahāvīra 写的 "Ganita Sara Samgraha" (《计算精华》)由九章组成, 包含古印度在 9 世纪中叶的数学知识, 是古印度最早的数学著作. 书中给出了一般性的组合数的公式, 还给出了椭圆周长近似公式: $\sqrt{24b^2 + 16a^2}$.

Mahāvīra 的 "Ganita Sara Samgraha" 有很多问题和方法与《九章算术》相同或相似, 所以有人认为他受到过《九章算术》或中国其他算书的影响.

Mahāvīra 取四边形的一边为零, 由 Brahmagupta 公式得到了 Heron 公式.

注记 不要与 Mahāvīra[1]相混淆.

---

① Mahāvīra, 原名 Vardhamana (公元前 599—前 527), 印度人, Jaina 教第二十四代祖师.

13.2.5.4　Bhāskara Ⅱ

Bhāskara Ⅱ (1114—1185), 印度人.

Bhāskara Ⅱ 的 "Siddhānda iromani" 中有关的数学部分是关于算术和几何的 "Līlā vatī" (《美丽》)[①]以及关于代数的 "Bijaganita" (《算法本源》), 是东方算术和计算方面的重要著作.

Bhāskara Ⅱ 对 Pell 方程 $x^2 - dy^2 = 1$ 的研究要早于 J. Pell 好几个世纪.

---

① 书名 "Līlā vatī" 是其女儿的名字, "美丽" 之意.

参 考 文 献

[1] Bell E. Men of Mathematics: The Lives and Achievements of the Great Mathematicians from Zeno to Poincaré [M]. New York: Dover Publications, 1937.

(徐源译. 数学精英 [M]. 北京: 商务印书馆, 1991)

[2] Boyer C. A History of Mathematics [M]. New York: John Wiley & Sons, Inc., 1968.

(秦传安译. 数学史 [M]. 北京: 中央编译出版社, 2012)

[3] 蔡天新. 难以企及的人物: 数学天空的群星闪耀 [M]. 桂林: 广西师范大学出版社, 2009.

[4] Eves H. Great Moments in Mathematics [M]. Washington: Mathematical Association of America, 1983.

(欧阳绛等译. 数学史上的里程碑 [M]. 北京: 北京科学技术出版社, 1990)

[5] Gårding L. Encounter with Mathematics [M]. New York: Springer-Verlag, 1977.

(胡作玄译. 数学概观 [M]. 北京: 科学出版社, 1984)

[6] 郭书春解读. 九章算术 [M]. 北京: 科学出版社, 2019.

[7] 郭书春. 中国科学技术典籍通汇: 数学卷 [M]. 郑州: 河南教育出版社, 1993.

[8] 胡作玄, 赵斌. 菲尔兹奖获得者传 [M]. 长沙: 湖南科学技术出版社, 1984.

[9] 华罗庚. 从祖冲之的圆周率谈起 [M]. 北京: 人民教育出版社, 1964.

[10] Kline M. Mathematical Thought from Ancient to Modern Times [M]. Oxford: Oxford University Press, Ltd., 1972.

(古今数学思想 (第 1—4 册)[M]. 上海: 上海科学技术出版社, 1979—1981)

[11] Koyré A. Études Galiléennes [M]. Paris: Hermann, 1939.

(刘胜利译. 伽利略研究 [M]. 北京: 北京大学出版社, 2008)

[12] 李迪. 中国数学通史 [M]. 南京: 江苏教育出版社, 1999.

[13] 李文林. 数学史概论 [M]. 2 版. 北京: 高等教育出版社, 2002.

[14] 李文林. 数学珍宝——历史文献精选 [M]. 北京: 科学出版社, 1998.

[15] 李心灿. 当代数学大师——沃尔夫数学奖得主及其建树与见解 [M]. 北京: 航空工业出版社, 1994.

[16] 李心灿. 当代数学大师——阿贝尔奖得主及其生平与贡献 [M]. 上海: 上海科技教育出版社, 2020.

[17] 李心灿. 微积分的创立者及其先驱 [M]. 修订版. 北京: 高等教育出版社, 2002.

[18] 梁宗巨. 世界数学史简编 [M]. 沈阳: 辽宁人民出版社, 1980.

[19] 梁宗巨. 世界数学通史 [M]. 沈阳: 辽宁教育出版社, 1995.

[20] 梁宗巨. 数学家传略辞典 [M]. 济南: 山东教育出版社, 1989.

[21] Sarton G. Introduction to the History of Science [M]. Baltimore: Williams & Wilkins, 1927, 1931, 1947.

[22] 时宝, 黄朝炎. 微分方程基础及其应用 [M]. 北京: 科学出版社, 2007.

[23] 时宝, 刘孝磊, 盖明久, 等. 实用矩阵分析基础 [M]. 北京: 国防工业出版社, 2018.

[24] 时宝, 王兴平, 盖明久. 实用泛函分析基础 [M]. 北京: 国防工业出版社, 2016.

[25] 时宝, 袁建, 程业. 系统、稳定与控制基础 [M]. 北京: 电子工业出版社, 2020.

[26] 时宝, 张德存, 盖明久. 微分方程理论及其应用 [M]. 北京: 国防工业出版社, 2005.

[27] Spivak M. Calculus on Manifolds: A Modern Approach to Classical Theorems of Advanced Calculus [M]. New York: W. A. Benjamin, Inc., 1965.

(齐民友, 路见可译. 流形上的微积分——高等微积分中的一些经典定理的现代化处理 [M]. 双语版. 北京: 人民邮电出版社, 2006)

[28] 吴文俊. 世界著名数学家传记 [M]. 北京: 科学出版社, 2003.

[29] 张奠宙. 现代数学家传略辞典 [M]. 南京: 江苏教育出版社, 2001.

附录 数学重要奖项及获奖的数学家

比较重要的 Abel 奖已经在前面介绍过了, 这最后一篇, 主要介绍一下 Wolf 数学奖和 Fields 奖, 以及前面没有介绍过的 Wolf 数学奖和 Fields 奖获得者.

A.1 Wolf 数学奖和 Fields 奖简介

1976 年元旦, R. Wolf[1]及其家族以 "为了人类的利益促进科学和艺术" 为宗旨, 捐赠成立 Wolf 基金会, 设立 Wolf 奖 (Wolf Prize), 其宗旨主要是为了促进全世界科学和人文的发展, 这个奖主要是奖励对推动人类科学与人文文明做出杰出贡献的人士, 每年评奖一次, 由以色列教育和文化部从 1978 年开始颁发, 包括科学和人文奖, 其中科学奖包括农学、化学、数学、医学和物理学等, 人文奖包括音乐、绘画、雕刻和建筑等.

1978 年, I. Gelfand 和 C. Siegel 获第一个 Wolf 数学奖 (Wolf Prize in Mathematics).

1932 年在苏黎世召开的第九次国际数学家大会接受 J. Fields[2]的遗愿设立 Fields 奖 (Fields Medal), 并决定于 1936 年在奥斯陆召开的第十次国际数学家大会开始颁发. 之后, 第二次世界大战期间没有颁发, 直到 1950 年继续颁发. 这个奖每四年颁发一次, 每次颁给 2—4 名有卓越贡献的 40 岁以下年轻数学家, 在由国际数学联盟主办的四年一次的国际数学家大会上举行颁发仪式.

1936 年, L. Ahlfors 和 J. Douglas[3]获第一个 Fields 奖.

---

[1] Ricardo Wolf (1887—1981.02), 德国人, 化学家, 1961—1973 年古巴驻以色列大使, 后定居以色列.

[2] John Charles Fields (1863.05.14—1932.08.09), 加拿大人, 1887 年在 Johns Hopkins 大学的博士学位论文是 "Symbolic finite solutions, and solutions by definite integrals of the equation $(\mathrm{d}^n/\mathrm{d}x^n)\,y - (x^m)\,y$", 1907 年当选为加拿大皇家科学院院士, 1913 年当选为皇家学会会员, 1924 年任国际数学联盟主席, 也是俄罗斯科学院院士, 第一个推进加拿大研究生教育.

[3] Jesse Douglas (1897.07.03—1965.10.07), 美国人, E. Kasner (Edward Kasner, 1878.04.02—1955.01.07, 美国人, C. Klein 和 D. Hilbert 的学生, 1899 年的博士学位论文 "The invariant theory of the inversion group: geometry upon a quadric surface" 是 Columbia 大学的第一篇博士学位论文, 1917 年当选为美国国家科学院院士) 的学生, 1921 年在 Columbia 大学的博士学位论文是 "On certain two-point properties of general families of curves: The geometry of variations", 1931 年的 "Solution of the problem of Plateau" 和 T. Radó (Tibor Radó, 1895.06.02—1965.12.12, 匈牙利人, F. Riesz 和 L. Fejér 的学生, 1922 年在 Szeged 大学获博士学位, 曾任 "American Journal of Mathematics" 主编) 在 1930 年的 "The problem of least area and the problem of Plateau" 独立地解决了极小曲面的 Plateau (Joseph Antoine Ferdinand Plateau, 1801.10.14—1883.09.15, 比利时人, 1834 年 4 月 15 日当选为比利时皇家科学、人文和艺术院通讯院士 (1836 年 12 月 15 日正式院士), 1840 年提出 Plateau 问题: 给定边界的极小曲面存在性, 1870 年当选为皇家学会会员, 1872 年当选为荷兰皇家人文与科学院院士, 他的《论光在视觉器官中产生的若干性质》首先发现快速运动物体的视觉暂留问题) 问题, 1936 年获第一个 Fields 奖, 1943 年获 Bôcher 纪念奖.

A.2 获过 Wolf 数学奖或 Fields 奖的数学家

A.2.1 Wolf 数学奖

小平邦彦(こだいらくにひこ, 1915.03.16—1997.07.26), 日本人, 第二次世界大战后日本最杰出的数学家, 弥永昌吉的学生, 1949 年在东京大学的博士学位论文是 "Harmonic fields in Riemannian manifolds", 1954 年获 Fields 奖, 1959 年获日本学士院赏和日本文化勋章, 1965 年当选为日本学士院院士, 1975 年当选为美国国家科学院院士, 1978 年当选为美国人文与科学院院士, 1984 年获 Wolf 数学奖.

A. Calderón (Alberto Pedro Calderón, 1920.09.14—1998.04.16), 阿根廷人, C. Calderón[①]的哥哥, A. Zygmund[②]的学生, 1950 年在 Chicago 大学的博士学位论文是 "I: On the ergodic theorems", "II: On the behavior of harmonic functions at the boundary" 和 "III: On the theorem of Marcinkiewicz and Zygmund", 1957 年当选为美国人文与科学院院士, 1959 年当选为阿根廷国家科学院[③]院士, 1968 年当选为美国国家科学院院士, 1970 年当选为西班牙皇家科学院[④]院士, 1979 年获 Bôcher 纪念奖, 1984 年当选为法国科学院院士, 1989 年获 Steele 奖和 Wolf 数学奖, 还是第三世界科学院院士.

E. Stein (Elias Menachem Stein, 1931.01.13—2018.12.23), 比利时人, A. Zygmund 的学生, 1955 年在 Chicago 大学的博士学位论文是 "Linear operators on L^p spaces", 1974 年当选为美国国家科学院院士, 1982 年当选为美国人文与科学院院士, 1984 年获 Steele 奖, 1993 年获首个 Schock 数学奖, 1999 年获 Wolf 数学奖, 2002 年获美国国家科学奖. 他的学生 C. Fefferman[⑤]于 1978 年获 Fields 奖, 2017 年获 Wolf 数学奖.

---

① Calixto Pedro Calderón, A. Calderón 的弟弟, Albert González Domínguez 的学生, 1969 年在布宜诺斯艾利斯大学的博士学位论文是 "Transformación múltiple de Weierstrass y sumabilidad de las series múltiples de Hermite y de Laguerre".

② Antoni Szczepan Zygmund (1900.12.25—1992.05.30), 波兰人, A. Rajchman (Alexander Michal Rajchman, 1890.11.13—1940.07, 波兰人, S. Mazurkiewicz 和 H. Steinhaus 的学生, 1921 年在华沙大学的博士学位论文是 "On uniqueness of representation of a function by a trigonometric series") 和 S. Mazurkiewicz 的学生, 1923 年在华沙大学获博士学位, 1959 年当选为波兰科学院院士, 1961 年当选为美国国家科学院院士, 1964 年当选为阿根廷国家科学院院士, 1967 年当选为西班牙皇家科学院院士和美国人文与科学院院士, 1979 年获 Steele 奖, 1986 年 3 月 12 日获美国国家科学奖, 20 世纪最伟大的分析学家之一, 建立了 Chicago 分析学派.

③ 阿根廷国家科学院 (Academia Nacional de Ciencias Exactas, Físicas y Naturales, ANCEFN) 创建于 1869 年.

④ 西班牙皇家科学院 (Real Academia de Ciencias Exactas, Físicas y Naturales, RACEFN) 创建于 1847 年 2 月 25 日.

⑤ Charles Louis Fefferman (1949.04.18—), 美国人, E. Stein 的学生, 1969 年在 Princeton 大学的博士学位论文是 "Inequalities for strongly singular convolution operators", 1972 年当选为美国人文与科学院院士, 1978 年获 Fields 奖, 1979 年当选为美国国家科学院院士, 2008 年获 Bôcher 纪念奖, 2017 年获 Wolf 数学奖.

L. Lovász (László Lovász, 1948.03.09—), 匈牙利人, 1964—1966 年三获国际数学奥林匹克竞赛金牌, 并获得两次特别奖, T. Gallai[1]的学生, 1971 年在 Eötvös 大学的博士学位论文是 "Factors of graphs", 1979 年获 Pólya 奖, 1982 年和 2012 年两获 Fulkerson[2]奖, 1993 年获 Brouwer[3]奖, 1999 年获 Wolf 数学奖和高德纳奖, 2001 年获 Gödel 奖, 2005 年获 von Neumann 奖, 2007—2010 年任国际数学联盟主席, 2010 年获京都赏, 还是匈牙利科学院院士 (曾任院长)、俄罗斯科学院院士, 2021 年获 Abel 奖.

R. Bott (Raoul H. Bott, 1923.09.24—2005.12.20), 匈牙利人, R. Duffin[4]的学生, 1949 年在 Carnegie[5]-Mellon[6]大学[7]的博士学位论文是 "Electrical network theory", 1964 年当选为美国国家科学院院士, 并获第一个 Veblen 几何奖, 1987 年获美国国家科学奖, 1990 年获 Steele 奖, 1995 年当选为法国科学院院士, 2000 年获 Wolf 数学奖. 他的学生 D. Quillen[8]于 1978 年获 Fields 奖.

---

[1] Tibor Gallai (1912.07.15—1992.01.02), 匈牙利人, D. König 的学生, 在布达佩斯技术大学获博士学位.

[2] Delbert Ray Fulkerson (1924.08.14—1976.01.10), 美国人, C. MacDuffee (Cyrus Colton MacDuffee, 1895.06.29—1961.08.21, 美国人, L. Dickson 的学生, 1921 年在 Chicago 大学的博士学位论文是 "Invariantive characterization of linear algebras with associative law not assumed") 的学生, 1951 年在 Wisconsin 大学的博士学位论文是 "Quasi-Hermite forms of row-finite matrices", 1979 年, 美国数学会与美国优化学会联合设立 Fulkerson 奖 (Fulkerson Prize), 奖励在离散数学方面的杰出论文.

[3] Luitzen Egbertus Jan Brouwer (1881.02.27—1966.12.02), 荷兰人, D. Korteweg 的学生, 1907 年在阿姆斯特丹大学的博士学位论文 "Over de grondslagen der wiskunde" 攻击数学的逻辑基础, 反对在数学中使用排中律, 标志直觉主义学派的开始, 1910 年发现 Brouwer 不动点原理, 并证明代数基本定理, 后来又发现了维数定理和单纯形逼近法, 使代数拓扑学成为系统理论, 1912 年当选为德国科学院院士, 1948 年当选为皇家学会会员, 还证明了毛球定理, 即: 在球体表面, 不存在连续的单位向量场. 1970 年荷兰皇家数学会 (Koninklijk Wiskundig Genootschap, 创建于 1778 年) 设立 Brouwer 奖 (Brouwer Medal), 每三年颁发一次.

[4] Richard James Duffin (1909—1996.10.29), 美国人, H. Mott-Smith (Harold Meade Mott-Smith, 1872—1948, 美国人, Robert Daniel Carmichael 的学生, 1933 年在 Illinois 大学的博士学位论文是 "Certain integral transformations connected with the summation problem") 和 D. Bourgin (David Gordon Bourgin, 1900—1980, 美国人, Edwin Crawford Kemble 和 G. Birkhoff 的学生, 1926 年在 Harvard 大学的博士学位论文是 "Intensities of the lines of the hydrogen chloride fundamental band") 的学生, 1935 年在 Illinois 大学的博士学位论文是 "Galvanomagnetic and thermomagnetic phenomena", 1941 年与 A. Schaeffer (Albert Charles Schaeffer, 1907.08.13—1957.02.02, 美国人, Eberhard Frederich Ferdinand Hopf 的学生, 1936 年在 Massachusetts 理工学院的博士学位论文是 "Existence theorem for the flow of an ideal incompressible fluid in two dimensions") 提出度量数论, 1972 年当选为美国国家科学院院士, 1984 年当选为美国人文与科学院院士.

[5] Andrew Carnegie (1835.11.25—1919.08.11), 美国人.

[6] Andrew William Mellon (1855.03.24—1937.08.26), 美国人.

[7] Carnegie-Mellon 大学 (Carnegie-Mellon University, CMU) 创建于 1900 年, 以 A. Carnegie 命名, 当时名为 Carnegie Technical School, 1912 年改为 Carnegie Institute of Technology; Mellon 工业研究所 (Mellon Institute of Industrial Research) 创建于 1913 年, 以 A. Mellon 命名, 1967 年合并为 Carnegie-Mellon 大学, 校训: My heart is in the work (我心于业).

[8] Daniel Gray Quillen (1940.06.27—2011.04.30), 美国人, R. Bott 的学生, 1964 年在 Harvard 大学的博士学位论文是 "Formal properties of over-determined systems of linear partial differential equations", 1975 年获 Cole 代数奖, 1978 年获 Fields 奖, 1984—2006 年任牛津大学 Waynflete 纯数学教授.

S. Shelah (Saharon Shelah, 1945.07.03—), 以色列人, M. Rabin[①]的学生, 1969年在 Hebrew 大学[②]获博士学位, 1992 年获 Pólya 奖, 2001 年获 Wolf 数学奖, 2013年获 Steele 论文奖, 还是以色列科学与人文院院士.

佐藤干夫(さとうみきお, 1928.04.18—), 日本人, 弥永昌吉的学生, 1963 年在东京大学的博士学位论文是 "Theory of hyperfunctions", 1993 年当选为美国国家科学院院士, 1997 年获 Schock 数学奖, 2002 年获 Wolf 数学奖.

S. Novikov (Sergei Petrovich Novikov, Сергей Петрович Новиков, 1938.03.20—), 俄罗斯人, P. Novikov[③]和 L. Keldysh[④]的三子, M. Keldysh[⑤]的外甥, M. Postnikov[⑥]的学生, 1964 年获副博士学位, 1965 年获博士学位, 1966 年当选为苏联科学院通讯院士 (1981 年为正式院士), 1970 年获 Fields 奖 (未出席在 Nancy 举行的 Fields 奖颁奖典礼), 1980 年获 Lobachevsky 奖, 1984 年当选为塞尔维亚科学与人文院[⑦]院士, 1985—1996 年任莫斯科数学会会长, 1994 年当选为美国国家科学院院士, 2005 年获 Wolf 数学奖.

D. Sullivan (Dennis Parnell Sullivan, 1941.02.12—), 美国人, W. Browder[⑧]的学生, 1966 年在 Princeton 大学的博士学位论文是"Triangulating homotopy equivalences", 1971 年获 Veblen 几何奖, 1983 年当选为美国国家科学院院士, 1984年当选为巴西科学院院士, 1990—1993 年任美国数学会副会长, 1991 年当选为

---

① Michael Oser Rabin (1931.09.01—), 以色列人, A. Church 的学生, 1957 年在 Princeton 大学的博士学位论文是 "Recursive unsolvability of group theoretic problems", 1976 年获 Turing 奖, 还是美国国家科学院院士、法国科学院院士、皇家学会会员、以色列科学与人文院院士.

② Hebrew 大学 (Hebrew University of Jerusalem) 创建于 1918 年, 落成于 1925 年.

③ Petr Sergeevich Novikov, Пётр Сергеевич Новиков (1901.08.15—1975.01.09), 苏联人, N. Luzin 的学生, 1952 年证明了半群的字问题或 Thue 问题是不可解的重要结果, 1965 年提出 Novikov 猜想.

④ Lyudmila Vsevolodovna Keldysh, Людмила Всеволодовна Келдыш (1904.03.12—1976.02.16), 苏联人, M. Keldysh 的姐姐, N. Luzin 的学生, 1941 年在莫斯科大学的博士学位论文是 "Structure of B-sets", 1944 年的 "Sur la structure des ensembles mesurables B" 总结了在高维 Borel 类集结构方面的重要工作.

⑤ Mstislav Vsevolodovich Keldysh, Мстислав Всеволодович Келдыш (1911.02.10—1978.06.24), 苏联人, M. Lavrentev 的学生, 1937 年在莫斯科大学的博士学位论文是"Functions of complex variable and harmonic functions representation with polynomial series", 1942 年和 1946 年两获斯大林奖, 1943 年当选为苏联科学院通讯院士 (1946 年为正式院士, 1962—1975 年任院长), 1944 年任莫斯科运河和地铁的设计师, 1947 年提出了一种远距离轨道轰炸机的设计方案, 1962 年当选为波兰科学院院士和捷克斯洛伐克科学院院士, 1965 年当选为罗马尼亚科学院院士, 1966 年当选为德国科学院院士、美国人文与科学院院士和保加利亚科学院院士, 1970 年当选为匈牙利科学院院士, 并任苏联空间计划首席科学家, 第一个建议建造人造卫星的人.

⑥ Mikhail Mikhailovich Postnikov, Михаил Михайлович Постников (1927.10.27—2004.05.27), 俄罗斯人, L. Pontryagin 的学生, 1964 年在莫斯科大学的副博士学位论文是 "Homotopically equivalent smooth manifolds", 1970 年证明了单连通微分流形有理 Pontryagin 示性类的拓扑不变性.

⑦ 塞尔维亚科学与人文院 (Serbian Academy of Sciences and Arts) 创建于 1886 年 11 月 1 日.

⑧ William Browder (1934.01.06—), 美国人, J. Moore (John Coleman Moore, 1923.05.27—2016.01.01, 美国人, George William Whitehead 的学生, 1952 年在 Brown 大学的博士学位论文是 "Some applications of homology theory to homotopy problems") 的学生, 1958 年在 Princeton 大学的博士学位论文是 "Homology of loop spaces", 1980 年当选为美国国家科学院院士, 1984 年获 MacArthur 奖, 并当选为美国人文与科学院院士, 1990 年当选为芬兰科学与人文院院士.

美国人文与科学院院士, 1994 年获 Faisal 国王国际科学奖, 2004 年获美国国家科学奖, 2006 年获 Steele 终身成就奖, 2010 年获 Wolf 数学奖, 2022 年获 Abel 奖. 他的学生 C. McMullen[1]于 1998 年获 Fields 奖, 而 C. McMullen 的学生 M. Mirzakhani[2]于 2014 年获 Fields 奖, 是迄今为止唯一获 Fields 奖的女数学家, 美国数学竞赛设置了 Mirzakhani 奖, 突破奖中设立了 Mirzakhani 新前沿奖.

M. Aschbacher (Michael George Aschbacher, 1944.04.08—), 美国人, R. Bruck[3]的学生, 1980 年获 Cole 代数奖, 1990 年当选为美国国家科学院院士, 1992 年当选为美国人文与科学院院士, 2011 年获 Schock 数学奖, 2012 年获 Steele 论著奖和 Wolf 数学奖.

L. Caffarelli (Luis Ángel Caffarelli, 1948.12.08—), 阿根廷人, C. Calderón 的学生, 1971 年在布宜诺斯艾利斯大学[4]的博士学位论文是 "Sobre conjugación y sumabilidad de series de Jacobi", 1984 年获 Bôcher 纪念奖, 1986 年当选为美国人文与科学院院士, 1991 年当选为美国国家科学院院士, 2005 年获 Schock 数学奖, 2009 年获 Steele 终身成就奖, 2012 年获 Wolf 数学奖, 2014 年获 Steele 论文奖, 2018 年获邵逸夫数学奖, 还是意大利国家科学院院士.

G. Mostow (George Daniel Mostow, 1923.07.04—2017.04.04), 美国人, G. Birkhoff 的学生, 1948 年在 Harvard 大学[5]的博士学位论文是 "The extensibility of local Lie groups of transformations and groups on surfaces", 1974 年当选为美国国家科学院院士, 1987—1988 年任美国数学会会长, 1993 年获 Steele 论文奖, 2013 年获 Wolf 数学奖.

P. Sarnak (Peter Clive Sarnak, 1953.12.18—), 南非人, P. Cohen 的学生, 1980 年在 Stanford 大学的博士学位论文是 "Prime geodesic theorems", 1998 年获 Pólya 奖, 2001 年获 Ostrowski 奖, 2002 年当选为美国国家科学院院士和皇家学会会员, 2003 年获 Conant 奖, 2005 年获 Cole 数论奖, 2012 年获 Ford 奖, 2014 年获 Wolf

---

① Curtis Tracy McMullen (1958.05.21—), 美国人, D. Sullivan 的学生, 1985 年在 Harvard 大学的博士学位论文是 "Families of rational maps and iterative root-finding algorithms", 1998 年当选为美国人文与科学院院士, 并获 Fields 奖, 2007 年当选为美国国家科学院院士, 2014 获 Balzan 数学奖.

② Maryam Mirzakhani (1977.05.12—2017.07.14), 女, 伊朗人, 1994 年和 1995 年两获国际数学奥林匹克竞赛金牌, 并且是历史上罕见的满分, C. McMullen 的学生, 2004 年在 Harvard 大学的博士学位论文是 "Simple geodesics on hyperbolic surfaces and volume of the moduli space of curves", 2014 年获 Fields 奖和 Clay 研究奖, 是迄今为止唯一一位获 Fields 奖的女数学家, 2015 年当选为法国科学院院士, 2016 年当选为美国国家科学院院士和美国人文与科学院院士.

③ Richard Hubert Bruck (1914.12.26—1991.12.18), 美国人, R. Brauer 的学生, 1940 年在 Toronto 大学的博士学位论文是 "The general linear group in a field of characteristic p", 1956 年获 Chauvenet 奖.

④ 布宜诺斯艾利斯大学 (Universidad de Buenos Aires) 创建于 1821 年 8 月 12 日, 是阿根廷最大的公立综合性大学.

⑤ Harvard 大学(Harvard University) 的前身是创建于 1636 年的新市民学院 (The College at New Towne), 1639 年 3 月 13 日命名为 Harvard 学院 (Harvard College), 以 J. Harvard 牧师 (John Harvard, 1607.11.26—1638.09.14, 英格兰人) 命名, 1780 年改为现名, 是世界最顶尖的私立研究型大学之一, 校训: Amicus Plato, amicus Aristotle, sed magis amicus veritas (与 Plato 为友, 与 Aristotle 为友, 更要与真理为友).

数学奖, 2019 年获 Sylvester 奖. 2018 年, 他的学生 A. Venkatesh[1]获 Fields 奖.

A. Beilinson (Aleksandr A. Beilinson, Александр A. Беилинсон, 1957.06.
13—), 俄罗斯人, Yu. Manin 的学生, 1999 年获 Ostrowski 奖, 2008 年当选为美国人文与科学院院士, 2017 年当选为美国国家科学院院士, 2018 年获 Wolf 数学奖, 2020 年 5 月 21 日获邵逸夫数学奖.

G. Lawler (Gregory Francis Lawler, 1955.07.14—), 美国人, E. Nelson[2]的学生, 1979 年在 Princeton 大学的博士学位论文是 "A self-avoiding random walk", 2006 年获 Pólya 奖, 2006—2008 年任 "Annals of Probability" 主编, 2009—2013 年任 "Journal of American Mathematical Society" 主编, 1995 年创办 "Electronic Journal of Probability" (1995—1999 年任主编), 2013 年 4 月 30 日当选为美国国家科学院院士, 2019 年获 Wolf 数学奖, 还是美国人文与科学院院士.

J. le Gall (Jean François le Gall, 1959.11.15—), 法国人, M. Yor[3]的学生, 1982 年在巴黎第六大学的博士学位论文是 "Temps locaux et équations différentielles stochastiques", 2005 年获 Fermat 奖, 2019 年获 Wolf 数学奖. 2006 年, 他的学生 W. Werner[4]获 Fields 奖. J. Le Gall 还是法国科学院院士.

Ya. Eliashberg (Yakov Matveevich Eliashberg, Яков Матвеевич Элиашберг, 1946.12.11—), 俄罗斯人, V. Rokhlin 的学生, 1972 年在圣彼得堡大学的博士学位论文是 "Surgery of singularities of smooth mappings", 2001 年获 Veblen 几何奖, 2002 年当选为美国国家科学院院士, 2016 年获 Crafoord[5]奖, 2020 年获 Wolf 数学奖.

Sir Donaldson (Sir Simon Kirwan Donaldson, 1957.08.20—), 英格兰人, Sir Atiyah 和 N. Hitchin[6]的学生, 1983 年在牛津大学的博士学位论文是 "The Yang-

---

① Akshay Venkatesh (1981.11.21—), 印度人, 1993 年获国际数学奥林匹克竞赛铜牌, P. Sarnak 的学生, 2002 年在 Princeton 大学的博士学位论文是 "Limiting forms of the trace formula", 2008 年获 SASTRA Rāmānujan 奖, 2017 年获 Ostrowski 奖, 2018 年获 Fields 奖, 还是皇家学会会员.

② Edward Joseph Nelson (1932.05.04—2014.09.10), 美国人, I. Segal 的学生, 1955 年在 Chicago 大学的博士学位论文是 "On the operator theory of Markoff process", 1995 年获 Steele 论文奖.

③ Marc Yor (1949.07.24—2014.01.09), 法国人, P. Priouret (Pierre Priouret, Jacques Neveu 的学生) 的学生, 还是法国科学院院士.

④ Wendelin Werner (1968.09.23—), 德国人, 1982 年在影片 "La passante du Sans-Souci" 中担任过角色, J. Le Gall 的学生, 1993 年在巴黎第六大学的博士学位论文是 "Quelques propriétés du mouvement brownien plan", 2006 年获 Pólya 奖, 2008 年当选为法国科学院院士, 2006 年获 Fields 奖.

⑤ Holger Crafoord (1908.06.25—1982.05.21), 瑞典人, 企业家, 人工肾脏发明者, 他和妻子 Anna-Greta Crafoord (1935—1982) 资助, 瑞典皇家科学院于 1980 年设立 Crafoord 奖 (Crafoord Prize), 是世界性科学大奖, 包括数学与天文学、地球科学和生物科学, 轮流奖励一个学科, 1982 年开始授予.

⑥ Nigel James Hitchin (1946.08.02—), 英格兰人, B. Steer (Brian F. Steer, John Henry Constantine Whitehead 和 Ioan Mackenzie James 的学生, 1961 年在牛津大学的博士学位论文是 "Topics in algebraic topology") 和 Sir Atiyah 的学生, 1972 年在牛津大学的博士学位论文是 "Differentiable manifolds: The space of harmonic spinors", 1981 年获 Whitehead 奖, 1990 年获高级 Berwick 奖, 1991 年当选为皇家学会会员, 1997 年任牛津大学 Savile 几何学教授, 2000 年获 Sylvester 奖, 2002 年获 Pólya 奖, 2013 年任 "Mathematische Annalen" 编辑, 2016 年获邵逸夫数学奖.

Mills equations on Kähler[①] manifolds", 1983 年的 "Self-dual connections and the topology of smooth 4-manifolds" 证明了四维中特有现象, 是 20 世纪数学界的重大事件之一, 是第一个用物理研究数学并取得成功的范例, 1984 年获 Whitehead 奖, 1986 年当选为皇家学会会员, 并获 Fields 奖, 1992 年获皇家奖, 1994 年获 Crafoord 奖, 1999 年获 Pólya 奖, 2000 年当选为美国国家科学院院士, 2006 年获 Faisal 国王国际科学奖, 2009 年获邵逸夫数学奖, 2012 年封爵, 2014 年 6 月获第一个科学突破数学奖[②], 2019 年获 Veblen 几何奖, 2020 年获 Wolf 数学奖.

G. Lusztig (George Lusztig, 1946—), 罗马尼亚人, 1962 年和 1963 年两获国际数学奥林匹克竞赛银牌, Sirl Atiyah 和 W. Browder 的学生, 1971 年在 Princeton 大学获博士学位, 1983 年当选为皇家学会会员, 1991 年当选为美国人文与科学院院士, 1992 年当选为美国国家科学院院士, 2003 年获罗马尼亚国家勋章, 2005 年当选为罗马尼亚科学院院士, 2008 年获 Steele 终身成就奖, 2014 年获邵逸夫数学奖, 2022 年获 Wolf 数学奖, 还曾获 Cole 奖.

A.2.2 Fields 奖

K. Roth (Klaus Friedrich Roth, 1925.10.29—2015.11.10), 波兰人, T. Estermann 的学生, 1950 年在伦敦大学[③]的博士学位论文是 "Proof that almost all positive integers are sums of a square", 1955 年解决了代数数的有理逼近问题, 1958 年获 Fields 奖, 1960 年当选为皇家学会会员, 1983 年获 de Morgan 奖, 1991 年获 Sylvester 奖.

森重文(もりしげふみ, 1951.02.23—), 日本人, 永田雅宜的学生, 1978 年在京都大学[④]的博士学位论文是 "The endomorphism rings of some Abelian varieties",

---

① Erich Kähler (1906.01.16—2000.05.31), 德国人, L. Lichtenstein (Leon Lichtenstein, 1878.05.16—1933.08.21, 波兰人, H. Schwarz 和 F, Schottky 的学生, 1909 年在柏林大学的博士学位论文是 "Zur Theorie der gewöhnlichen Differentialgleichungen zweiter Ordnung. Die Lösungen als Funktionen der Randwerte und der Parameter") 的学生, 1928 年在 Leipzig 大学的博士学位论文是 "Über die Existenz von Gleichgewichtsfiguren, die sich aus gewissen Lösungen des n-Körperproblems ableiten", 1955 年当选为德国科学院院士, 1857 年当选为意大利国家科学院院士.

② 科学突破奖 (Breakthrough Prizes) 由 Y. Milner (Yuri Vorisovich Milner, Юрий Борисович Мильнер, 1961.11.11—, 俄罗斯人, 投资人) 和 Julia Milner 夫妇最先发起, S. Brin (Sergey Mikhaylovich Brin, Сергей Михайлович Брин, 1973.08.21—, 俄罗斯人, Google 联合创始人) 和 A. Wojcicki (Anne E. Wojcicki, 1973.07.28—, 美国人) 夫妇、M. Zuckerberg (Mark Elliot Zuckerberg, 1984.05.14—, 美国人, Facebook 联合创始人) 和 P. Chan (Priscilla Chan, 1985.02.24—, 华裔) 夫妇、马云 (Jack Ma, 1964.09.10—, 浙江杭州人, 阿里巴巴集团创始人) 夫妇和马化腾 (Pony Ma, 1971.10.29—, 广东汕头人, 腾讯创始人之一) 夫妇等共同创立, 于 2013 年 2 月启动, 包括生命科学突破奖、数学突破奖、物理学新视野奖、数学新视野奖和青年挑战突破奖.

③ 伦敦大学 (University of London, UoL) 是一所公立联邦制大学, 1836 年由伦敦大学学院和创建于 1829 年的伦敦国王学院 (King's College London, 是英国第四古老、全球顶尖的大学, 校训: Sancte et sapienter (圣洁与智慧)) 合并而成.

④ 京都大学 (きょうとだいがく) 创建于 1869 年, 1897 年 6 月 18 日设立为京都帝国大学, 第二次世界大战后改为现名, 校训: 自重自敬、自主独立.

其中证明了 Hartshorne[①]猜想, 1983 年获春季赏, 1988 年获秋季赏, 1990 年获 Fields 奖和 Cole 代数奖.

Sir Jones (Sir Vaughan Frederick Randal Jones, 1952.12.31—2020.09.08), 新西兰人, A. Haefliger[②]的学生, 1979 年在日内瓦大学的博士学位论文是 "Actions of finite groups on the hyperfinite type II 1 factor", 1990 年当选为皇家学会会员, 并获 Fields 奖, 1992 年当选为澳大利亚科学院[③]院士, 1993 年当选为美国人文与科学院院士, 1999 年当选为美国国家科学院院士, 2001 年当选为挪威皇家科学与人文院院士, 2004 年任美国数学会副会长, 2009 年封爵.

de Bourgain (Baron Jean de Bourgain, 1954.02.28—2018.12.22), 比利时人, F. Delbaen[④]的学生, 1977 年在荷兰语布鲁塞尔自由大学获博士学位, 1989 年解决 Banach 空间的 L^p 问题, 1991 年获 Ostrowski 奖, 1994 年获 Fields 奖, 2000 年当选为法国科学院院士和波兰科学院院士, 2009 年当选为瑞典皇家科学院院士, 2010 年获邵逸夫数学奖, 2012 年获 Crafoord 奖, 2015 年封男爵, 2016 年 12 月获科学突破数学奖, 2018 年获 Steele 终身成就奖.

E. Zelmanov (Efim Isaakovich Zelmanov, Ефим Исаакович Зелманов, 1955.09.07—), 俄罗斯人, L. Bokut[⑤]和 A. Shirshov[⑥]的学生, 1981 年在 Sobolev 数学研究所的博士学位论文是 "Jordan division algebras", 1994 年获 Fields 奖, 2001 年当选为美国国家科学院院士.

J. Yoccoz (Jean-Christophe Yoccoz, 1957.05.29—2016.09.03), 法国人, 擅长国际象棋, 1973 年获国际数学奥林匹克竞赛银牌, 第二年获金牌, 他是 Bourbaki 学派成员, M. Herman[⑦] 的学生, 1985 年在综合理工学校的博士学位论文是 "Cen-

① Robin Cope Hartshorne, J. Moore 和 O. Zariski 的学生, 1963 年在 Princeton 大学的博士学位论文是 "Connectedness of the Hilbert scheme", 1979 年获 Steele 奖.

② André Haefliger (1929.05.22—), 瑞士人, C. Ehresmann 的学生, 1958 年在巴黎大学的博士学位论文是 "Structures feuilletées et cohomologie à valeurs dans un faisceau de groupoides", 1974—1975 年任瑞士数学会会长.

③ 澳大利亚科学院 (Australian Academy of Sciences, AAS) 按皇家学会的模式创建于 1954 年, 其前身是创建于 1919 年的澳大利亚国家研究理事会 (Australian National Research Council).

④ Freddy Delbaen (1946—), 比利时人, Lucien Waelbroeck 和 Jean Teghem 的学生, 1971 年在布鲁塞尔自由大学获博士学位, 在金融数学中奠定风险度量和套利理论的基础.

⑤ Leonid Arkadievich Bokut, Леонид Аркадьевич Бокут, A. Shirshov 的学生.

⑥ Anatoly Illarionovich Shirshov, Анатолий Илларионович Ширшов (1921.08.08—1981.02.28), 苏联人, A. Kurosh (Aleksandr Gennadievich Kurosh, Александр Геннадьевич Курош, 1908.01.19—1971.05.18, 苏联人, P. Aleksandrov 的学生, 1936 年 4 月 22 日在莫斯科大学的博士学位论文是 "Research on infinite groups", 1944 年写了第一本现代的和高水平的 "群论" 教材, 曾任莫斯科数学会副会长) 的学生, 1953 年在莫斯科大学的博士学位论文是 "Some problems on the theory of non-associative rings and algebras".

⑦ Michael Robert Herman (1942.11.06—2000.11.02), 美国人, H. Rosenberg (Harold William Rosenberg, 1941.02.19—, 美国人, Stephen P. L. Diliberto 的学生, 1963 年在 California 大学 (Berkeley) 获博士学位, 2004 年当选为巴西科学院院士) 的学生, 1976 年在南巴黎大学的博士学位论文是 "Sur la conjugaison différentiable des difféomorphismes du cercle a des rotations", 并获 Salem 奖, 1979 年引进 Herman 环.

tralisateurs et conjugaison différentiable des difféomorphismes du cercle", 1988 年获 Salem 奖, 1994 年获 Fields 奖, 并当选为法国科学院院士和巴西科学院院士, 1995 年获荣誉军团骑士勋位.

R. Borcherds (Richard Ewen Borcherds, 1959.11.29—), 南非人, 1977 年获国际数学奥林匹克竞赛银牌, 第二年获金牌, J. Conway[1]的学生, 1985 年在剑桥大学的博士学位论文是 "The Leech lattice and other lattices", 1992 年获 Whitehead 奖, 1994 年当选为皇家学会会员, 1998 年获 Fields 奖, 2014 年当选为美国国家科学院院士.

W. Gowers (William Timothy Gowers, 1963.11.20—), 英格兰人, 擅长小提琴和钢琴, 1981 年获国际数学奥林匹克竞赛金牌, Sir Gowers[2]的曾孙, B. Bollobás[3]的学生, 1990 年在剑桥大学的博士学位论文是 "Symmetric structure in Banach spaces", 1995 年获 Whitehead 奖, 1998 年获 Fields 奖, 1999 年当选为皇家学会会员, 2011 年获 Euler 图书奖.

V. Voevodsky (Vladimir Aleksandrovich Voevodsky, Владимир Александрович Воеводский, 1966.06.04—2017.09.30), 俄罗斯人, 1990 年获 MacArthur 奖, D. Kazhdan[4]的学生, 1992 年在 Harvard 大学的博士学位论文是 "Homology of schemes and covariant motives", 1999 年获 Clay 研究奖, 2002 年 8 月 20 日获 Fields 奖, 还是欧洲科学院院士.

A. Okounkov (Andrei Yuryevich Okounkov, Андрей Юрьевич Окуньков, 1969.07.26—), 俄罗斯人, A. Kirillov[5]的学生, 1995 年在莫斯科大学的博士学位论文是 "Admissible representation of Gelfand pairs associated with the infinite

① John Horton Conway (1937.12.26—2020.04.11), 英格兰人, H. Davenport 的学生, 1967 年在剑桥大学的博士学位论文是 "Homogeneous ordered sets", 1970 年提出 "生命游戏", 被称为 "生命游戏之父", 1971 年获 Berwick 奖, 1981 年当选为皇家学会会员, 1987 年获 Pólya 奖, 2000 年获 Steele 论著奖, 2020 年 4 月 11 日逝世, 据说他提出的困扰世界 50 年的 Conway 扭结 (Conway knot) 被 Texas 大学 (University of Texas 是一个大学系统, 创建于 1883 年, 是世界著名的公立研究型大学, 包括 Austin, Dallas, Arlington 等 15 个分校. 校训: Disciplina praesidium civitatis (教育是社会的守护者)) 一位叫 Lisa Marie Piccirillo 的女博士在 2020 年 2 月在 "Annals of Mathematics" 上的 "The Conway knot is not slice" 解决了, 证明了 Conway 扭结不是光滑切片, 并完善了少于 13 个交叉的切片扭结的分类, 因此这位博士 2020 年 9 月 10 日获 2021 年度的 Maryam Mirzakhani 新前沿奖.

② Sir William Richard Gowers (1845—1915), 1886 年在 "Manual of the diseases of the nervous system" 中描绘了 Parkinson 病 (Parkinson's disease, PD), 是 Parkinson 病研究的先驱.

③ Béla Bollobás (1943.08.03—), 匈牙利人, L. Tóth (László Fejés Tóth, 1915.03.12—2005.03.17, 匈牙利人, L. Fejés 的学生, 1939 年在布达佩斯大学获博士学位, 1957 年获 Kossuth 奖, 1962 年当选为匈牙利科学院院士, 1973 年获匈牙利国家奖) 和 P. Erdös 的学生, 也是 J. Adams 的学生, 1972 年在剑桥大学的博士学位论文是 "Banach algebras and the theory of numerical ranges".

④ David Kazhdan, Dmitry Aleksandrovich Kazhdan, Дмитрий Александрович Каждан (1946.06.20—), 俄罗斯人, A. Kirillov 的学生, 2020 年 5 月 21 日获邵逸夫数学奖.

⑤ Aleksandr Aleksandrovich Kirillov, Александр Александрович Кириллов (1936.05.09—), 俄罗斯人, I. Gelfand 的学生, 1962 年在莫斯科大学的博士学位论文是 "Unitary representation of nilpotent Lie groups".

symmetric group", 2006 年获 Fields 奖.

E. Lindenstrauss (Elon Lindenstrauss, 1970.08.01—), 以色列人, 1988 年获国际数学奥林匹克竞赛铜牌, 并获特别奖, J. Lindenstrauss[1] 的儿子, B. Weiss[2]的学生, 1999 年在 Hebrew 大学的博士学位论文是 "Entropy properties of dynamical systems", 2009 年获 Fermat 奖和 Erdös 奖, 2010 年 8 月 19 日获 Fields 奖, 是以色列科学与人文院院士.

S. Smirnov (Stanislav Konstaninovich Smirnov, Станислав Константович Смирнов, 1970.09.03—), 俄罗斯人, 1986 年和 1987 年两获国际数学奥林匹克竞赛金牌 (满分), N. Makarov[3]的学生, 2001 年获 Clay 研究奖, 2010 年 8 月 19 日获 Fields 奖.

C. Villani (Cédric Patrice Thierry Villani, 1973.10.05—), 法国人, P. Lions 的学生, 1998 年在巴黎第九大学[4]的博士学位论文是 "Contribution à l'étude mathématique des équations de Boltzmann et de Landau en théorie cinétique des gaz et des plasmas", 2009 年获 Fermat 奖和 Poincaré 奖, 2010 年 8 月 19 日获 Fields 奖, 2011 年获荣誉军团骑士勋位, 2013 年当选为法国科学院院士, 2014 年获 Doob 奖, 2017 年任法国国民议会下院议员. 2018 年, 他和 L. Ambrosio[5]的学生 A. Figalli[6]获 Fields 奖.

Sir Hairer (Sir Martin Hairer, 1975.11.14—), 奥地利人, J. Eckmann[7]的学生,

---

① Joram Lindenstrauss (1936.10.28—2012.04.29), 以色列人, A. Dvoretzky (Aryeh Dvoretzky, Арье Дворецкий, 1916.05.03—2008.05.08, 乌克兰人, M. Fekete 的学生, 1941 年在 Hebrew 大学获博士学位, 1959—1961 年任 Hebrew 大学副校长, 1973 年获以色列数学奖, 1974—1980 年任以色列科学与人文院院长) 和 B. Grünbaum (Branko Grünbaum, 1929.10.02—2018.09.14, 南斯拉夫人, A. Dvoretzky 的学生, 1957 年在 Hebrew 大学的博士学位论文是 "On some properties of Minkowski spaces", 1976 年获 Ford 奖, 2005 年获 Steele 论著奖) 的学生, 1962 年在 Hebrew 大学的博士学位论文是 "Extension of compact operators", 1986 年当选为以色列科学与人文院院士, 2000 年当选为奥地利科学院院士.

② Benjamin Weiss (1941—), 美国人, W. Feller 的学生, 1965 年在 Princeton 大学的博士学位论文是 "Vibrating systems and positivity preserving semi-groups", 2000 年当选为美国人文与科学院院士.

③ Nikolai Georgievich Makarov, Николаи Георгиевич Макаров (1955.01—), 俄罗斯人, N. Nikolsky (Nikolai Kapitonovich Nikolsky, Никвлай Капитонович Никольский, 1940.11.16—, 俄罗斯人, Viktor Petrovich Havin 的学生, 1966 年在列宁格勒大学的博士学位论文是 "Invariant subspaces of certain compact operators") 的学生, 1986 年在列宁格勒大学的博士学位论文是 "Metric properties of harmonic measure".

④ 巴黎第九大学 (Université Paris IX), 即 Dauphine 大学 (Université Paris-Dauphine), 创建于 1968 年, 2010 年并入巴黎文理研究大学.

⑤ Luigi Ambrosio (1963.01.27—), 意大利人, de Giorgi 的学生, 1985 年在 Pisa 高等师范学校获硕士学位, 2003 年获 Fermat 奖, 2005 年当选为意大利国家科学院院士, 2019 年获 Balzan 数学奖.

⑥ Alessio Figalli (1984.04.02—), 意大利人, C. Villani 和 L. Ambrosio 的学生, 2007 年在 Pisa 高等师范学校和 Lyon 高等师范学校的博士学位论文是 "Optimal transportation and action-minimizing measures", 2018 年获 Fields 奖.

⑦ Jean-Pierre Eckmann (1944.01.27—), 瑞士人, B. Eckmann (Beno Eckmann, 1917.03.31—2008.11.25, 瑞士人, H. Hopf 和 Ferdinand Gonseth 的学生, 1942 年在苏黎世联邦理工学院的博士学位论文是 "Zur Homotopietheorie gefaserter Räume", 1956—1961 年任国际数学联盟秘书, 1962—1963 年任瑞士数学会会长) 的儿子, M. Guénin (Marcel André Guénin, 1937—, 瑞士人, Ernst Carl Gerlach Stückelberg 的学生, 1962 年在日内瓦大学获博士学位) 的学生, 2001 年当选为欧洲科学院院士.

2002 年在日内瓦大学获博士学位, 2008 年获 Whitehead 奖, 2013 年获 Fermat 奖, 2014 年当选为皇家学会会员, 并获 Fields 奖, 2015 年当选为奥地利科学院院士, 2020 年 9 月 10 日获 2021 年度科学突破数学奖.

Cordeiro de Melo (Artur Avila Cordeiro de Melo, 1979.06.29—), 巴西人, 1995 年获国际数学奥林匹克竞赛金牌, Celso de Melo[①]的学生, 2001 年在巴西纯粹与应用数学研究所的博士学位论文是 "Bifurcations of unimodal maps", 2006 年获 Clay 研究奖, 2013 年当选为巴西科学院院士, 2014 年获 Fields 奖, 2019 年 4 月当选为美国国家科学院院士.

C. Birkar (Caucher Birkar, 1978.07.01—), 伊朗人, V. Shokurov[②]和 I. Fesenko[③]的学生, 2004 年在 Nottingham 大学[④]的博士学位论文是 "Topics in modern algebraic geometry", 2018 年获 Fields 奖[⑤], 还是皇家学会会员.

P. Scholze (Peter Scholze, 1987.12.11—), 德国人, 2004 年获国际数学奥林匹克竞赛银牌, 接着三年连续获金牌, 其中一次是满分, M. Rapoport[⑥]的学生, 2012 年在波恩大学的博士学位论文是 "Perfectoid spaces", 2013 年获 SASTRA Rāmānujan 奖, 2014 年获 Clay 研究奖, 2015 年获 Cole 代数奖、Ostrowski 奖和 Fermat 奖, 2016 年获 Leibniz 奖, 2018 年获 Fields 奖.

H. Duminil-Copin (Hugo Duminil-Copin, 1985.08.26—), 法国人, S. Smirnov 的学生, 2012 年在日内瓦大学获博士学位, 2017 年获科学突破数学奖, 2019 年当选为欧洲科学院院士, 2020 年接近证明了共形不变性是这些物理系统在相位之间转换时的必要特征, 2022 年获 Fields 奖.

J. Maynard (James Maynard, 1987—), 英格兰人, Roger Heath-Brown 的学生, 2013 年在牛津大学获博士学位, 2014 年获 SASTRA Rāmānujan 奖, 2015 年获 Whitehead 奖, 2020 年证明了 Duffin-Schaeffer 猜想, 并获 Cole 数论奖, 2022

---

① Welington Celso de Melo (1946.11.17—2016.12.21), 巴西人, J. Palis (Jacob Palis, 1940.03—, 巴西人, 1970 年当选为巴西科学院院士, 曾任巴西科学院院长) 的学生, 1972 年在巴西纯粹与应用数学研究所的博士学位论文是 "Structural stability on 2-dimension manifolds", 1991 年当选为巴西科学院院士.

② Vyacheslav Vladimirovich Shokurov, Вячеслав Владимирович Шокуров (1950.05.18—), 俄罗斯人, Yu. Manin 的学生, 1976 年在莫斯科大学获博士学位.

③ Ivan Fesenko, Иван Фесенко (1962—), 俄罗斯人, S. Vostokov (Sergei Vladimirovich Vostokov, Сергей Владимирович Востоков (1945.05.18—), 俄罗斯人, Zenon Ivanovich Borevich 的学生, 1973 年在圣彼得堡大学的博士学位论文是 "Additive Galois modules of number fields") 和 Aleksandr Sergeievich Merkurjev 的学生, 1987 年在圣彼得堡大学的博士学位论文是 "Explicit constructions in local class field theory".

④ Nottingham 大学 (University of Nottingham) 创建于 1881 年, 是英国的世界百强名校, 校训: A city is built on wisdom (城市建于智慧之上).

⑤ 半小时后, 他的奖牌被盗. 几天后, 国际数学家大会组委会举行了一个特别仪式, 为他重新颁奖.

⑥ Michael Rapoport (1948.10.02—), 奥地利人, de Deligne 的学生, 1976 年在南巴黎大学的博士学位论文是 "Compactifications de l'espace de modules de Hilbert-Blumenthal", 1992 年获 Leibniz 奖, 2016 年获科学突破数学新视野奖 (谢绝领奖).

年获 Fields 奖.

许俊 (June Huh, 1983—), 韩国人, 记者出身, 破格获得广中平佑的推荐, M. Mustaţă[①] 的学生, 2011 年证明了图论中的 Read 猜想, 2014 年在 Michigan 大学的博士学位论文是 "Rota's conjecture and positivity of algebraic cycles in permutohedral varieties", 2015 年证明了 Rota 猜想, 2019 年获科学突破数学奖, 2022 年获 Fields 奖.

M. Viazovska (Maryna Sergiivna Viazovska, Марина Серіївна Вязоська, 1984.11.02—), 女, 乌克兰人, 2002 和 2005 年两次获国际奥林匹克数学竞赛金奖, D. Zagier 的学生, 2013 年在 Bonn 大学的博士学位论文是 "Modular functions and special cycles", 2016 年的 "The sphere packing problem in dimension 8" 完全解决了 8 维空间的装球问题, 一个星期后的 "The sphere packing problem in dimension 24" 用类似的方法完全解决了 24 维空间的装球问题, 2017 年获 Clay 研究奖和 SASTRA Rāmānujan 奖, 2018 年获科学突破数学奖, 2019 年获 Fermat 奖, 2022 年获 Fields 奖.

---

① Mircea Immanuel Mustaţă, D. Eisenbud (David Eisenbud, 1947.04.08—, 美国人, L. MacLane 和 James Christopher Robson 的学生, 1970 年在 Michigan 大学的博士学位论文是 "Torsion modules over Dedekind prime rings") 的学生, 2001 年在 California 大学 (Berkeley) 的博士学位论文是 "Singularities and jet schemes", 2003-2005 年任美国数学会会长, 2006 年当选为美国美国人文与科学院院士, 2010 年获 Steele 论著奖.

人 名 索 引

I. Kant, Immanuel Kant, 155

von Kármán, Theodore von Kármán, 359

J. al-Kāshī, Ghiyaāth al-Dīn Jamshīd Mas'ū d al-Kāshī, 56

D. Kazhdan, David Kazhdan, Dmitry Aleksandrovich Kazhdan, 403

J. Keill, John Keill, 211

L. Keldysh, Lyudmila Vsevolodovna Keldysh, 398

M. Keldysh, Mstislav Vsevolodovich Keldysh, 398

J. Keller, Joseph Bishop Keller, 301

Lord Kelvin, William Thomson Lord Kelvin, 162

Sir Kempe, Alfred Bray Kempe, 225

à Kempis, Thomas à Kempis, 164

A. Kennelly, Arthur Edwin Kennelly, 84

al-Khwārizmī, Abu Ja'far Muhammad ibn Mūsā al-Khwārizmī, 55

W. Killing, Wilhelm Karl Joseph Killing, 238

G. Kirchhoff, Gustav Robert Kirchhoff, 256

A. Kirillov, Aleksandr Aleksandrovich Kirillov, 403

S. Kleene, Stephen Cole Kleene, 305

M. Kline, Morris Kline, 14

S. Klingenstierna, Samuel Klingenstierna, 59

H. Kneser, Hellmuth Kneser, 255

M. Kneser, Martin Kneser, 255

A. Koblitz, Ann Hibner Koblitz, 343

J. Koch, John Koch, 226

P. Koebe, Paul Koebe, 293

D. König, Dénes König, 360

M. Kontsevich, Maxim Lvovich Kontsevich, 185

L. Kossuth, Lajos Kossuth, 362

A. Koyré, Alexandre Koyré, 12

M. Krein, Mark Grigorievich Krein, 330

Kristina 女王, Kristina Alexandra, Drottning

av Sverige, 130

Kuifer, 332

E. Kummer, Ernst Eduard Kummer, 136

K. Kuratowski, Kazimierz Kuratowski, 373

L

S. Lacroix, Sylvestre François Lacroix, 163

L. Lafforgue, Laurent Lafforgue, 356

de Lagny, Thomas Fantet de Lagny, 57

de Lalande, Joseph Jérôme Lefrangçais de Lalande, 249

J. Lambert, Johann Heinrich Lambert, 57

G. Lamé, Gabriel Lamé, 135

E. Landau, Edmund Georg Hermann Landau, 232

R. Langlands, Robert Phelan Langlands, 355

G. Laumon, Gérard Laumon, 356

M. Lavrentev, Mikhail Alekseevich Lavrentev, 330

G. Lawler, Gregory Francis Lawler, 400

H. Lawson, Herbert Blaine Lawson, 89

P. Lax, Péter Dávid Lax, 299

M. Leathes, Margaret Leathes, 233

S. Lefschetz, Solomon Lefschetz, 238

L. Legendre, Louis Legendre, 159

R. Lehman, Russell Sherman Lehman, 365

D. Lehmer, Derrick Henry Lehmer, 125

J. Leray, Jean Leray, 222

S. Leśniewski, Stanisław Leśniewski, 373

Leucippus, Leucippus of Miletus, 14

T. Levi-Civita, Tullio Levi-Civita, 273

L. Levin, Leonid Anatolievich Levin, 305

烈伟, Hans Lewy, 300

S. Lhuilier, Simon Antoine Jean Lhuilier, 212

李淳风, 45

李德载, 73

李鸿章, 78

李潢, 52

利玛窦, Matteo Ricci, 75